Jochen Schindelmeiser

Anatomie und Physiologie für Sprachtherapeuten

Für meine Tochter Berit

Jochen Schindelmeiser

Anatomie und Physiologie

für Sprachtherapeuten

2., überarbeitete Auflage

ELSEVIER
URBAN & FISCHER

URBAN & FISCHER München

Zuschriften und Kritik an:
Elsevier GmbH, Urban & Fischer Verlag, Hackerbrücke 6, 80335 München

Autor
Prof. Dr. Jochen Schindelmeiser
REHA-Med., Lehranstalt für Logopädie GmbH
Kardinal-Galen-Ring 84
48431 Rheine

Wichtiger Hinweis für den Benutzer
Die Erkenntnisse in der Medizin unterliegen laufendem Wandel durch Forschung und klinische Erfahrungen. Der Autor dieses Werkes hat große Sorgfalt darauf verwendet, dass die in diesem Werk gemachten therapeutischen Angaben (insbesondere hinsichtlich Indikation, Dosierung und unerwünschten Wirkungen) dem derzeitigen Wissensstand entsprechen. Das entbindet den Nutzer dieses Werkes aber nicht von der Verpflichtung, anhand weiterer schriftlicher Informationsquellen zu überprüfen, ob die dort gemachten Angaben von denen in diesem Buch abweichen und seine Verordnung in eigener Verantwortung zu treffen.
Wie allgemein üblich wurden Warenzeichen bzw. Namen (z.B. bei Pharmapräparaten) nicht besonders gekennzeichnet.

Bibliografische Information der Deutschen Nationalbibliothek
Die Deutsche Nationalbibliothek verzeichnet diese Publikation in der Deutschen Nationalbibliografie; detaillierte bibliografische Daten sind im Internet über http://www.d-nb.de abrufbar.

1. Auflage 2005
2. Auflage 2010

Der Urban & Fischer Verlag ist ein Imprint der Elsevier GmbH.

12 13 14 15 5 4 3 2

Um den Textfluss nicht zu stören, wurde bei Patienten und Berufsbezeichnungen die grammatikalisch maskuline Form gewählt. Selbstverständlich sind in diesen Fällen immer Frauen und Männer gemeint.

Planung: Anne Wiehage, Fröndenberg
Lektorat: Christiane Tietze, München
Herstellung: Kerstin Wilk, Leipzig
Satz: abavo GmbH, Buchloe/Deutschland; TnQ, Chennai/Indien
Druck und Bindung: Printer Trento, Trento/Italien
Umschlaggestaltung: SpieszDesign, Neu-Ulm
Titelillustration: Foto: © olly – Fotolia, Grafik: Verlagszeichnung

Printed in Italy
ISBN 978-3-437-48071-3

Aktuelle Informationen finden Sie im Internet unter **www.elsevier.de** und **www.elsevier.com**

Vorwort zur 2. Auflage

Da rund fünf Jahre nach dem Erscheinen der 1. Auflage der „Anatomie und Physiologie“ nunmehr eine 2. Auflage erforderlich ist, zeigt sich, dass dieses Buch die Lücke im Lehrbuchangebot der Sprachtherapeuten offenbar recht erfolgreich schließen konnte. Das Grundkonzept des Lehrbuchs wurde beibehalten, aber eine Reihe von Erweiterungen (z.B. von klinischen Hinweisen) wurde vorgenommen sowie einige Korrekturen von Fehlern aus der 1. Auflage durchgeführt – nicht zuletzt dank einiger Vorschläge aus der Leserschaft. Die Hoffnung besteht, dass das Buch dadurch noch gezielter den Bedürfnissen angehender Sprachtherapeuten entspricht und selbst den steigenden Anforderungen im Rahmen der zunehmenden Akademisierung der Ausbildung speziell der Logopäden Rechnung trägt.

Rheine, im März 2010
Jochen Schindelmeiser

Vorwort zur 1. Auflage

Die Ausbildung zu den verschiedenen sprachtherapeutisch tätigen Berufszweigen findet an Berufsfachschulen, Fachhochschulen und Hochschulen statt. Diese Aufsplitterung wird auch anhand der unterschiedlichen Berufsbezeichnungen der sprachtherapeutisch tätigen Gruppen ersichtlich: Logopäden, Sprachheilpädagogen, klinische Linguisten, Patholinguisten, klinische Sprechwissenschaftler, Atem-, Sprech- und Stimmlehrer u.a.

Trotz dieser Vielfalt benötigen alle Sprachtherapeuten solide anatomische und physiologische Kenntnisse in den relevanten Bereichen des menschlichen Körpers. Es handelt sich dabei um die Atemorgane, den Kehlkopf, die Sprechorgane, das Nervensystem sowie das Hör- und Gleichgewichtsorgan. Darüber hinaus sind Grundkenntnisse im Bereich der Zellen- und Gewebelehre, der embryonalen Entwicklung sowie des Herz-Kreislauf-Systems erforderlich.

Wie seit langem von Auszubildenden und Studierenden dieser Fachbereiche bemängelt wird, gibt es kein spezielles Lehrbuch der Anatomie und Physiologie für Sprachtherapeuten auf dem deutschsprachigen Lehrbuchmarkt. Benutzt werden deshalb einerseits Lehrbücher der Anatomie und Physiologie, die insgesamt nur Grundkenntnisse vermitteln, wie sie vielleicht für die Bereiche Zellen- und Gewebelehre oder Herz-Kreislauf-System ausreichen, aber für die sprachtherapeutischen Spezialgebiete viel zu oberflächlich bleiben.

Auf der anderen Seite sind die umfangreichen großen Standardlehrbücher der Anatomie und Physiologie zwar auf den Gebieten der Atem-, Sprech- und Stimmorgane sowie des Nervensystems und Hör- und Gleichgewichtsystems detailliert genug, oftmals aber durch ihre Darstellung schwer lesbar. Dazu enthalten diese Lehrbücher umfangreiches Spezialwissen in vielen Bereichen, die für den angehenden Sprachtherapeuten nicht oder kaum von Interesse sind.

Die sich dadurch aufzeigende Lücke soll das vorliegende Werk schließen. Bereiche, in denen von den angehenden Sprachtherapeuten nur Grundkenntnisse erwartet werden, sind entsprechend kurz dargestellt. Hingegen findet der Lernende in „seinen“ wichtigen Abschnitten die notwendige Tiefe und Breite in der Darstellung mit entsprechend ausführlichen Erklärungen.

Damit soll auch das notwendige anatomisch-physiologische Fundament für das Verständnis der aufbauenden Vorlesungen, wie z. B. Phoniatrie, Neurologie, HNO, Kieferorthopädie, Stimme, Aphasie, Dysarthrie u. a. geliefert werden. An vielen Stellen des Lehrbuchs wird deshalb auch schon in Kurzform in speziellen Kästchen auf klinische Begriffe eingegangen, die in den genannten aufbauenden Vorlesungen dann ausführlich behandelt werden.

Da dem Autor als Leiter einer Berufsfachschule für Logopädie und seit vielen Jahren Dozent für Anatomie und Physiologie die Probleme mit dem Verständnis der medizinischen Fachsprache bekannt sind, wurde in diesem Lehrbuch ein neues Konzept verwirklicht, dem Lernenden im Umgang mit den Fachbegriffen so weit wie möglich zu helfen. So findet der Leser in grafisch auffälliger Weise genaue Erklärungen aller in diesem Buch verwendeten Fachtermini in unmittelbarer Nähe zu dem im Text verwendeten Begriff. Dabei werden die sprachliche Herkunft, die Bedeutung, evtl. grammatische Besonderheiten in speziellen Kästchen erklärt, wenn nötig, auch an mehreren Stellen des Buches, wenn der Begriff später im Text erneut auftaucht.

Zusätzlich enthält das Buch einen Anhang, in dem zunächst die Besonderheiten der medizinischen Fachsprache für den Sprachtherapeuten erläutert werden. Daran anschließend findet sich noch einmal ein alphabetisch gegliedertes Verzeichnis aller im Buch verwendeten Fachausdrücke zum Nachschlagen. Eine große Hilfe waren dem Autor hierbei „Das große Fremdwörterbuch" des Dudenverlags und das Lehrbuch „K. S. Zadeh: Medizinische Terminologie" aus dem Burgverlag/Tecklenburg.

Am Beginn eines jeden Kapitels finden sich Zusammenfassungen der Lerninhalte, die dem „Curriculum für die Ausbildung des Logopäden", 2. Auflage 1993, Renate Gross Verlag, entnommen worden sind. Damit lässt sich gezielt überblicken, was an anatomisch-physiologischen Fachkenntnissen von einem Logopäden und weitgehend analog auch von anderen Sprachtherapeuten erwartet wird.

Ebenso sind am Ende der Kapitel Zusammenfassungen der wichtigsten Lerninhalte angefügt, um die essentiellen Fakten des vorangegangenen Kapitels bei der Prüfungsvorbereitung besser aufarbeiten zu können.

Eine naturgemäß ganz besondere Bedeutung haben in einem solchen Lehrbuch die Abbildungen. In zahlreichen Lehrbüchern sind diese Abbildungen in reichlicher Zahl und exzellenter Qualität vorhanden, so dass es dem Autor sinnlos schien, diese alle neu zu erstellen. Es wurde also fast durchgehend auf bewährte Abbildungen anderer Lehrbücher zurückgegriffen. Allerdings wurden diese in den meisten Fällen entweder im Zusammenhang mit der Beschriftung, teilweise auch noch einmal grafisch an die spezifischen Anforderungen der „sprachtherapeutisch relevanten Anatomie und Physiologie" angepasst.

Speziell die Beschriftungen vieler anatomischer Abbildungen sind überaus komplex und für den angehenden Sprachtherapeuten vermutlich auch recht verwirrend. So wurden die Beschriftungen vereinfacht und speziell der Sprachtherapie angepasst, so dass viele Details weggelassen werden konnten, ohne auf wesentliche Inhalte zu verzichten.

Da das vorliegende Buch „Neuland" in der sprachtherapeutischen Ausbildung betritt, werden naturgemäß auch noch nicht alle Wünsche der (angehenden) Sprachtherapeuten berücksichtigt worden sein. Ebenso werden sich trotz aller Bemühungen Fehler nicht vollständig vermeiden lassen. Der Autor bittet deshalb um Rückmeldungen aus der Leserschaft, um das Buch in der Zukunft gezielt weiter verbessern zu können.

Mein Dank gilt den Mitarbeitern des Elsevier-Verlags, speziell den Lektorinnen Christiane Tietze und Ingrid Stöger sowie Hilde Graf von der Herstellung für die Betreuung und für wertvolle Diskussionen und Anregungen bei der Erstellung dieses Buches.

Rheine, im Dezember 2004
Jochen Schindelmeiser

Abbildungsnachweis

Abb. 1.1, 1.2, 1.3, 1.5, 4.7, 4.16, 7.19, 7.28, 7.33, 7.37a, 8.12: Benninghoff, Anatomie Bd. 1+2, 15. Auflage, Urban & Schwarzenberg München, 1994. D. Drenckhahn, Würzburg; C. Fiebiger, Marburg

Abb. 1.4: Henriette Rintelen, Velbert, aus Speckmann/Wittkowski, Bau und Funktion des menschlichen Körpers, 19. Auflage, Urban & Fischer Verlag, München, 2000

Abb. 1.6, 1.7, 2.1, 3.4, 3.5, 3.6, 3.7, 3.8, 4.3, 4.12, 4.30, 4.31, 6.11, 6.22, 7.2, 7.3, 7.6, 7.13, 7.15, 7.26, 7.34, 7.38, 8.7, 8.16: G. Raichle, Ulm, in Verbindung mit der Reihe Pflege konkret, Elsevier GmbH, Urban & Fischer Verlag, München

Abb. 2.2: J. Schindelmeiser, Rheine

Abb. 2.3, 3.11, 4.14, 6.21, 6.24: G. Raichle, Ulm, aus Huch/Jürgens (Hrsg.), Mensch Körper Krankheit, 5. Auflage, Elsevier GmbH München, 2007

Abb. 3.1, 4.2, 4.9, 4.11, 4.13a, 5.13, 6.6, 7.20, 7.24b, 8.6: Susanne Adler, Lübeck

Abb. 3.2: mod. nach Michael Budowick, München, aus Speckmann/Wittkowski, Bau und Funktion des menschlichen Körpers, 19. Auflage, Urban & Fischer, München, 2000

Abb. 3.3, 4.1, 4.4a, 4.5, 4.8, 4.10, 4.13b, 4.15, 4.20, 4.23, 4.24, 5.2, 5.3, 5.4, 5.7, 5.9, 5.10, 5.11, 5.12, 5.15, 6.2, 6.4, 6.5, 6.9, 6.10, 6.15, 6.19, 7.8, 7.18, 7.22, 7.24a, 7.25, 7.27, 7.31, 7.32, 7.35, 8.3, 8.5a, 8.11, 8.18: Sobotta, Atlas der Anatomie des Menschen, Bd. 1+2, 21. Auflage, Elsevier GmbH München, 2004

Abb. 4.6, 4.17, 4.18, 4.19, 4.25, 5.1, 6.1, 6.13, 6.16, 6.17, 6.18, 7.5, 8.2a,c: G. Raichle, Ulm

Abb. 3.9, 6.7, 6.20: Sobotta J., H. Becher, Atlas der Anatomie des Menschen, Bd. 2, 16. Auflage, München 1965

Abb. 3.10, 4.21, 6.3, 7.1, 7.12, 7.14, 7.23, 8.1, 8.2b, 8.13: Benninghoff, Anatomie Bd. 1+2, 16. Auflage, Elsevier GmbH München, 2004

Abb. 4.22: Lippert, H., Lehrbuch Anatomie, 6. Auflage, Urban & Fischer Verlag München, 2003

Abb. 4.26, 4.27, 7.30, 8.10: G. Raichle, Ulm, aus Kugler, Zelle, Organ, Mensch, Elsevier GmbH München, 2006

Abb. 4.28: Henriette Rintelen, Velbert, aus Schütz/Casper/Speckmann, Physiologie. 3. Auflage, Urban & Schwarzenberg, München Wien, Baltimore, 1982

Abb. 4.29: Henriette Rintelen, Velbert, aus Speckmann/Hescheler/Köhling, Physiologie, 5. Auflage, Elsevier GmbH München, 2008

Abb. 4.32: Mary-Anna Barratt-Dimes aus Speckmann/Wittkowski, Bau und Funktion des menschlichen Körpers, 20. Auflage, Elsevier GmbH, Urban & Fischer, München, 2004

Abb. 5.5, 5.6: Ferner, H., J. Staubesand (Hrsg.), Sobotta, Atlas der Anatomie des Menschen, Bd. 1, 18. Auflage, München, 1982

Abb. 5.8: Welsch (Hrsg.), Sobotta, Lehrbuch Histologie, Elsevier GmbH München, 2003

Abb. 5.14: Moll/Moll, Atlas Anatomie, 4. Auflage Elsevier GmbH, Urban & Fischer Verlag München, 2004

Abb. 6.8, 6.14, 7.21, 8.5b: Benninghoff A., K. Goerttler, Lehrbuch der Anatomie des Menschen, Bd. 2+3, 8. Auflage, München 1967

Abb. 6.12: Meyer, W., Entwicklung der Zähne und des Gebisses. In: Häupl, K. W. Meyer, K. Schuchardt (Hrsg.), Die Zahn-, Mund- und Kieferheilkunde, Bd. 1 S. 307–346. 1958

Abb. 6.23, 7.7, 7.9, 7.10, 7.11, 8.14, 8.15: Speckmann/Wittkowski, Anatomie und Physiologie, 20. Auflage, Elsevier GmbH München, 2004

Abb. 7.4, 7.16: Jonathan Dimes aus Speckmann/Wittkowski, Bau und Funktion des menschlichen Körpers, 19. Auflage, Urban & Fischer Verlag München, 2000

Abb. 7.17: Sobotta, Atlas der Anatomie des Menschen Bd. 1, 19. Auflage, Urban & Schwarzenberg, München, Wien, Baltimore, 1988

Abb. 7.29: Sobotta, Atlas der Anatomie des Menschen, Bd. 1, 20. Auflage Urban & Schwarzenberg, München, Wien, Baltimore 1993

Abb. 7.36: Broser, F., Topische und klinische Diagnostik neurologischer Krankheiten, 1975

Abb. 7.37b,c: Lippert H., Anatomie, Text und Atlas, 5. Auflage München, 1989

Abb. 8.8: Schumacher/Aumüller, Topographische Anatomie des Menschen, 7. Auflage, Elsevier Urban & Fischer Verlag München, 2004

Abb. 8.9: Schiebler/Schmidt, Anatomie, 5. Auflage, Springer Verlag Heidelberg, 1991
Mit freundlicher Genehmigung von Springer Science and Business Media

Abb. 8.17: Henriette Rintelen, Velbert, aus Deetjen/Speckmann, Physiologie. 2. Auflage, Urban & Schwarzenberg, München, Wien, Baltimore, 1994

Inhaltsverzeichnis

Benutzerhinweise

GELBER KASTEN

Hier werden die Fachbegriffe erklärt. Ein Wort, das exakt der griechischen oder lateinischen Wortbedeutung entspricht, ist in Klammern gesetzt; ansonsten steht das Wort vor der Klammer. Bei mehrmaligem Auftauchen der Fachbegriffe an verschiedenen Stellen im Buch werden sie wiederholt erklärt.

GRÜNER KASTEN

Hier werden klinische Bezüge hergestellt. Fachbegriffe, die hier auftauchen, werden gleich an dieser Stelle erklärt.

ROTER KASTEN

Der Lernzielkasten am Kapitelanfang sowie die Zusammenfassung am Kapitelende erleichtern das Lernen wichtigen Unterrichtsstoffs.

Glossar

Zum schnellen Nachschlagen findet der Leser alle Fachbegriffe – alphabetisch sortiert – noch einmal in Kapitel 9 am Ende des Buches.

Elsevier.de bietet mehr!

Für eine effektive Prüfungsvorbereitung können Sie mit dem PIN-Code unter www.elsevier.de hilfreiche Lernunterlagen freischalten:

- 80 Prüfungsfragen und -antworten
- 75 Lernkarten mit wichtigen Fakten in Übersicht

KAPITEL

1 Zellen, Gewebe, Organe

Lernziele

- Aufbau des menschlichen Körpers aus Zellen, Zwischensubstanzen, Fasern, Geweben, Organen, Apparaten (Systemen)

Der menschliche Körper besteht aus ca. 10–100 Billionen **Zellen**. Im 19. Jahrhundert, nach der Entdeckung des Zellkerns, wurde die eigentliche Bedeutung der Zelle als elementare **Baueinheit** des menschlichen Körpers deutlich. Die Zellenlehre, also die Lehre vom Aufbau der Zelle und der Funktion der Zellkomponenten, wird **Zytologie** genannt.

cella (lat.): Kammer, Zelle; der Begriff in seiner biologisch-medizinischen Bedeutung entstand bei der Beobachtung von Schnitten durch pflanzliche Strukturen, wird aber auch heute noch im ursprünglichen Sinn bei Begriffen wie Gefängniszelle, Nasszelle etc. benutzt
Zytologie Zellenlehre; gebildet aus kytos (griech.): Zelle und -logia (griech.): Lehre

Zwischen den Zellen befinden sich die von den Zellen gebildeten ungeformten Zwischenzellsubstanzen, in die geformte Substanzen, sog. Fasern, eingelagert sein können.

1.1 Übersicht über den Bau der Zelle

Die Zelle ist umschlossen von einer Zellhülle, die man **Zellmembran** nennt. Dieser Begriff beinhaltet die Funktionen, das in der Zelle Enthaltene nach außen abzuschließen, aber auch einen Stoffaustausch zwischen außen und innen zu ermöglichen. Andere Begriffe für Zellmembran sind auch Plasmamembran, Zytolemm oder **Plasmalemm**. Den Raum innerhalb der Zellen nennt man **Intrazellularraum**, den außerhalb der Zellen **Extrazellularraum** oder auch („zwischen den Zellen“) **Interzellularraum**.

membrana (lat.), **lemma** (griech.): Haut, Hülle
plasma (griech.): das Geformte
intra (lat.): innerhalb, **extra** (lat.): außerhalb
inter (lat.): zwischen
nucleus (lat.): Kern

Die Zellmembran umhüllt den Binnenraum der Zelle. Dieser gliedert sich in den Zellleib (**Zytoplasma**) und den Zellkern (**Nucleus**). Der Zellkern stellt eine Unterabteilung des Binnenraums der Zelle dar; er besitzt ein eigenes Membransystem, die Kernhülle, durch die er vom restlichen Binnenraum abgetrennt ist. Auch diese Hülle des Zellkerns besitzt eine ähnliche Funktion wie die Zellmembran selbst, d.h. Abschluss nach außen, aber auch Stoffaustausch.

Eine solche Unterabteilung des Binnenraums der Zelle bezeichnet man als **Kompartiment**. Auch innerhalb des eigentlichen Zytoplasmas gibt es noch weitere Kompartimente, die man **Zellorganellen** nennt. Sie sind jeweils durch eigene Membranen umschlossen und besitzen wiederum einen eigenen Binnenraum, der sich vom Rest des Zytoplasmas in Zusammensetzung und Funktion unterscheidet (➢ Abb. 1.1).

Kompartiment (engl., frz.: compartment): Abteilung
Organelle Verkleinerungsform des Wortes „Organ"

Zieht man vom gesamten Binnenraum der Zelle den Zellkern und die Zellorganellen ab, dann bleibt eine

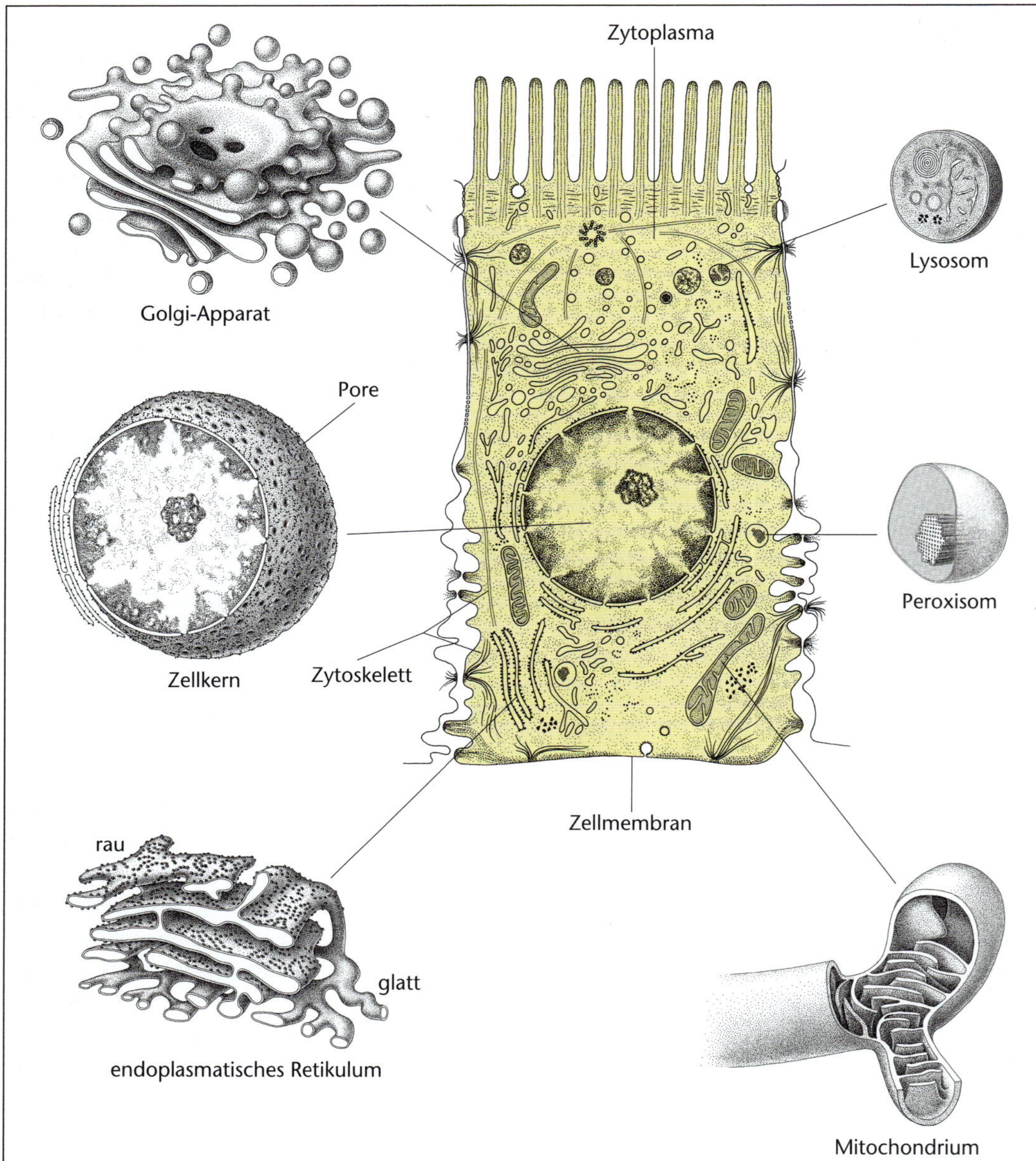

Abb. 1.1 Übersicht über die Zelle: Zellmembran, Zytoplasma, Zellkern und Zellorganellen

Grundsubstanz übrig, das sog. Zytosol. Der Begriff „sol" steht für eine Flüssigkeit, die außer Wasser und Salzen noch weitere kleinere und größere Moleküle, vor allem **Proteine**, enthält.

Zusätzlich sind im Zytosol auch kleine Partikel suspendiert. Zu diesen zählen vor allem die **Ribosomen**, die die für die Zelle und den Stoffwechsel überaus wichtigen Proteine herstellen, sowie Speicherpartikel u.a. für Fett und Traubenzucker, aber auch für Farbstoffe (Pigmente).

Proteine aus Aminosäuren aufgebaute Eiweißkörper
Ribosomen gebildet aus soma (griech.: Körper) und ribo (leitet sich von Desoxyribonukleinsäure ab: DNS, Erbsubstanz; enthält den Zucker Ribose)

Zur Stabilisierung der Zellstruktur, für Zellbewegungen, aber auch für Transportvorgänge innerhalb der Zelle finden sich im Zytoplasma röhren- und fadenförmige Proteinstrukturen, die man insgesamt als Zellskelett oder Zytoskelett bezeichnet (➤ Abb. 1.1).

1.1.1 Zellmembran

Die Zellmembran (➤ Abb. 1.1) bildet eine Grenzstruktur zwischen dem Intra- und Extrazellularraum. Damit kann die Zelle in ihrem Binnenraum ein Milieu aufrechterhalten, das sich von dem des Extrazellularraums unterscheidet. Diese Grenzstruktur ist jedoch keine undurchdringliche Hülle, sondern erlaubt in beiden Richtungen einen kontrollierten Stoffaustausch zwischen Intra- und Extrazellularraum.

Grundlage dafür ist der Aufbau der Membran aus einer **Lipid**doppelschicht, in die **Membranproteine** eingelagert sind (➤ Abb. 1.2). Die Lipidmoleküle der Doppelschicht sind für die meisten Moleküle des Stoffwechsels undurchdringlich, sodass sich der Stoffaustausch zwischen außen und innen vor allem auf die integrierten Membranproteine konzentriert, die vielfältige Transportaufgaben über die Zellmembran hinweg wahrnehmen. Auf der nach außen gerichteten Seite der Zellmembran sind an den Membranproteinen, aber auch an den Lipidmolekülen teilweise lange Zuckerketten (Kohlenhydrate) gebunden, die eine Rolle bei der Zellerkennung spielen (➤ Abb. 1.2).

lipos (griech.): Fett

Die Membranproteine sind zusätzlich noch für weitere Funktionen der Zellmembran verantwortlich: sie spielen eine große Rolle im Zusammenhang mit den elektrischen Eigenschaften von Zellen, die die Grundlage für die Funktion des Nervengewebes, aber auch für Muskelkontraktionen darstellt, und besitzen teilweise die Eigenschaft, vorbeikommende Botenstoffe spezifisch zu binden und damit zu erkennen. Damit können sie die Rolle von **Rezeptoren** spielen, die nach dem Erkennen dieser Botenstoffe der Zelle, in deren Membran sie sich befinden, ganz bestimmte Signale übermitteln.

Rezeptor abgeleitet aus recipere (lat.): aufnehmen; der Begriff Rezeptor wird auch für Zellen insgesamt benutzt, wenn sie eine Wahrnehmungs- oder Aufnahmefunktion haben (z.B. Zellen in Sinnesorganen)

1.1.2 Zellkern

Der Zellkern (Nucleus) befindet sich in fast allen menschlichen Zellen. Die einzige bedeutsame Ausnahme bilden die reifen roten Blutkörperchen (Blutzellen), bei denen der Zellkern während der ca. einwöchigen Entwicklung dieser Zellen ausgestoßen wird, um mehr Platz für den roten Blutfarbstoff zu haben.

Die Kernhülle besteht aus einer doppelten Membran, deren äußerer Abschnitt mit einer Zellorganelle, dem endoplasmatischen Retikulum (➤ Kap. 1.1.3), verbunden ist. In diesem Membransystem des Zellkerns sind zahlreiche Poren enthalten, die als Transportkanäle den Stofftransport aus dem übrigen Zyto-

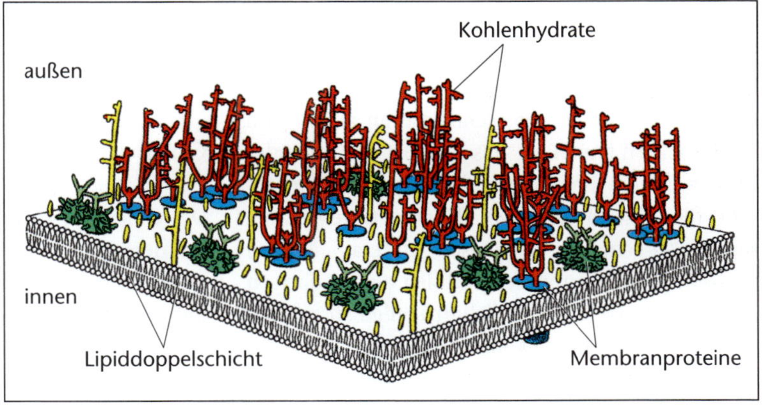

Abb. 1.2 Aufbau der Zellmembran aus Lipiddoppelschicht und Membranproteinen; außen: extrazellulär, innen: intrazellulär

plasma in den Zellkern hinein, aber auch in umgekehrter Richtung ermöglichen (➤ Abb. 1.1).

Der menschliche Zellkern enthält die Erbsubstanz in Form von 46 Desoxyribonukleinsäure-Molekülen (DNS-Molekülen, engl. DNA). Diese DNS-Moleküle enthalten zahlreiche Abschnitte, die sog. Gene, auf denen sich Informationen für die Herstellung von zelleigenen Proteinen befinden. Diese Proteine sind wiederum verantwortlich für den Aufbau und die Funktion jeder Zelle.

Damit die Information auf den DNS-Molekülen „abgelesen" werden kann, müssen die extrem langen Molekülfäden in abgewickelter oder entknäuelter Form in der Zelle vorliegen. Für die Durchführung einer Zellteilung und Entstehung von zwei neuen Tochterzellen (➤ Kap. 2.1) ist es erforderlich, die Zahl der DNS-Moleküle zunächst zu verdoppeln, damit jede Tochterzelle nach der Teilung wieder die gleiche Anzahl von DNS-Molekülen wie die Mutterzelle besitzt. Anschließend müssen die DNS-Moleküle dann „aufgewickelt" und extrem dicht gepackt werden.

In dieser sog. kondensierten Form werden die DNS-Moleküle bei bestimmten Färbetechniken im Mikroskop sichtbar; diese Form der DNS-Moleküle nennt man **Chromosomen**.

> **Chromosomen** gebildet aus chroma (griech.): Farbe und soma (griech.): Körper

Vereinfacht spricht man also von 46 Chromosomen in jeder menschlichen Zelle, auch wenn diese als solche dort nur selten präsent sind.

1.1.3 Zytoplasma, Zellorganellen

Der Raum zwischen der Zellmembran außen und dem Zellkern innen ist das Zytoplasma oder der Zellleib. Dieser Binnenraum der Zelle enthält insgesamt fünf Unterabteilungen (**Kompartimente**), die sog. Zellorganellen. In diesen Unterabteilungen herrscht jeweils ein anderes Milieu als im übrigen Zytoplasma, wodurch die Zellorganellen spezifische Aufgaben übernehmen können.

Bei einem dieser Kompartimente (endoplasmatisches Retikulum) handelt es sich nur um einen einzigen Hohlraum, bei den anderen vier (Golgi-Apparat, Lysosomen, Peroxisomen, Mitochondrien) bilden viele voneinander getrennte kleine Hohlräume (Bläschen) mit jeweils gleichem Binnenmilieu ein Kompartiment (➤ Abb. 1.1).

Endoplasmatisches Retikulum

Das **endoplasmatische Retikulum** (abgekürzt: ER) ist ein membranumgebenes Kompartiment, das mit der Kernhülle in Verbindung steht. Es besteht aus miteinander kommunizierenden Schläuchen und säckchenartigen Hohlräumen, die teilweise außen von Ribosomen besetzt sind und dann raues ER genannt werden. Ribosomenfreie Abschnitte werden als glattes ER bezeichnet (➤ Abb. 1.1).

> **endoplasmatisches Retikulum**
> endo (griech.): innen; reticulum (lat.): Netz
> plasmatisch steht hier für Zytoplasma
> ER also wörtlich übersetzt: Netzwerk innerhalb des Zytoplasmas

Ein Teil der Proteine, die die Zelle für sich selbst, aber auch für den „Export" aus der Zelle heraus benötigt, wird mithilfe der Ribosomen am rauen ER gebildet. Diese Proteine, in der Regel noch als Vorstufen, werden zunächst in den Schlauchsystemen des ER gespeichert, dann in Form kleiner Bläschen abgeschnürt und zur weiteren Bearbeitung sowie zur Transportvorbereitung in das nächste Kompartiment, den Golgi-Apparat, abgegeben.

Im glatten ER werden verschiedene Lipide hergestellt, wie sie z.B. für die Zellmembran benötigt werden. Auch diese gehen den Weg über den Golgi-Apparat.

Golgi-Apparat

Der **Golgi-Apparat** steht räumlich und funktionell mit dem ER in Verbindung. Er besteht aus flachen sackförmigen Membranen und kleinen Vesikeln, meist in der Nähe des Zellkerns (➤ Abb. 1.1). Seine Hauptfunktion ist darin zu sehen, die noch unfertigen Protein- und Lipidprodukte des ER weiter in Richtung zu Endprodukten zu verändern und diese dann zu sortieren, zu verpacken und weiter zu den Orten zu versenden, wo sie benötigt werden. So etwas nennt man heute Logistik-Zentrum.

Golgi Eigenname (italienischer Pathologe), das 2. „g" wird weich ausgesprochen

Lysosomen

Eines der Produkte des ER und des Golgi-Apparats stellen die **Lysosomen** dar; sie bilden eine größere Zahl von Bläschen (**Vesikel**) in der Zelle, die in der Gesamtheit ein weiteres Kompartiment darstellen (➢ Abb. 1.1). Wörtlich übersetzt sind die Lysosomen als Auflöskörperchen zu bezeichnen. Dieser Begriff erklärt dann ihre Funktion.

Lysosom gebildet aus lysis (griech.): Lösung und soma (griech.): Körper
Vesikel Bläschen, abgeleitet aus vesicula, der Verkleinerungsform von vesica (lat.: Blase)
Enzym (auch: Ferment): der Begriff stammt aus dem Griechischen en-: hinein und zyme: Sauerteig; es handelt sich um größere Proteine, die Stoffwechselvorgänge des Organismus erleichtern („katalysieren")

Die Lysosomen enthalten eine Vielzahl von **Enzymen**, deren Aufgabe es ist, von außen aufgenommene oder nicht mehr benötigte zelleigene Stoffe wie Kohlenhydrate, Proteine, Fette u.a. zu verdauen. Da die Lysosomen wegen ihrer Eigenschaften potenziell für alle noch benötigten und intakten Strukturen der eigenen Zelle gefährlich sind, bilden sie ein membranumhülltes, vom restlichen Zytoplasma abgetrenntes eigenes Kompartiment.

Solche Vorgänge der „Verdauung" werden als **Autophagie** bezeichnet, wenn zelleigenes Material wie z.B. defekte Zellorganellen verdaut werden; bei der Aufnahme von zellfremdem Material oder fremden Zellen wie z.B. abgetöteten Bakterien spricht man von **Phagozytose**.

Autophagie, Phagozytose gebildet aus auto- (griech.): selbst, phagein (griech.): fressen bzw. kytos (griech.): Zelle; die Endung -ose bedeutet Vorgang oder Zustand (griech. -osis)

Peroxisomen

Peroxisomen ähneln äußerlich den Lysosomen, bilden aber ein eigenständiges Kompartiment (➢ Abb. 1.1). Die Peroxisomen haben vor allem Entgiftungsfunktionen; schwerpunktmäßig sind sie verantwortlich für den Abbau des bei einigen Stoffwechselvorgängen entstehenden Wasserstoffperoxids H_2O_2 (daher der Name), das auch als „Peroxid" vom Haarbleichen bekannt ist.

Mitochondrien

Das letzte Kompartiment stellen die **Mitochondrien** dar. Sie besitzen ähnlich wie der Zellkern eine Hülle aus einer doppelten Membran. Vermutlich ist diese Struktur darauf zurückzuführen, dass Mitochondrien Relikte von in der Urzeit phagozytierten Bakterien darstellen, die nicht von der aufnehmenden Zelle verdaut worden sind, sondern eine Zweckgemeinschaft (Symbiose) mit dieser Zelle eingegangen sind. Das erklärt auch, warum sich Mitochondrien unabhängig von der Zelle, in der sie vorkommen, eigenständig teilen können und noch Reste einer eigenen Erbsubstanz enthalten.

Mitochondrien gebildet aus mitos (griech.): Faden und chondrion (griech.): Körnchen; damit wird die rundliche oder längliche Form dieser Zellorganellen beschrieben

Die Funktion, die die Mitochondrien für die Zelle so „wertvoll" macht, besteht darin, dass sie die sog. Zellatmung (auch Gewebsatmung oder innere Atmung genannt) durchführen. Unter Verwendung von Sauerstoff, den wir einatmen und der über das Blut und dann per Diffusion bis zu den Mitochondrien gelangt, setzen diese dann energiereiche Verbindungen wie Kohlenhydrate, Fettsäuren und Aminosäuren, die aus der Verdauung der aufgenommenen Nahrung entstanden sind, letztlich zu Wasser und Kohlendioxid um. Die dabei gewonnene Energie wird in Form von Adenosintriphosphat (ATP) gespeichert und steht für alle Energie verbrauchenden Vorgänge des Körpers zur Verfügung.

Die Funktion der Mitochondrien ist vergleichbar z.B. mit einem Automotor, der mit Hilfe von Sauerstoff energiereiche Stoffe wie Benzin zu Wasserdampf und Kohlendioxid verbrennt und dabei Wärme und Bewegungsenergie (das Auto fährt) erzeugt. Auch in einem Kraftwerk laufen ähnliche Prozesse ab; hier werden Erdöl, Kohle oder Gas verbrannt und in Wärme und elektrische Energie umgewandelt. Wegen dieser Analogien werden Mitochondrien auch scherzhaft als „Kraftwerke der Zelle" bezeichnet.

1.2 Übersicht über die Gewebe

Das im Kapitel 1.1 beschriebene Grundprinzip des Zellaufbaus ist für alle Zellen praktisch gleich; bei genauerer Betrachtung gibt es allerdings erhebliche Unterschiede in der Gestalt und Funktion der Zellen.

Die Entwicklung des Menschen beginnt mit der befruchteten Eizelle (➤ Kap. 2.1), aus der nach Zellteilungen zunächst Tochterzellen mit nahezu gleichem Aussehen und gleichen Fähigkeiten entstehen. Im Zuge weiterer Zellteilungen dieser Tochterzellen beginnen diese sich jedoch mehr und mehr zu unterscheiden (zu „differenzieren"). Dabei entstehen im Rahmen dieser Differenzierung vier große Gruppen von Zellen mit untereinander etwa gleichem Aussehen und gleicher Funktion, die sog. **Gewebe**. Ein Gewebe ist definiert als ein Zellverband mit gleichartiger **Differenzierung**.

Differenzierung abgeleitet aus differre (lat.): abweichen, sich unterscheiden
Histologie gebildet aus histos (griech.): Gewebe und logia (griech.): Lehre

Die Lehre von den Geweben nennt man Histologie. Bestimmte Formen eines dieser Gewebetypen, nämlich das Bindegewebe, können bei Betrachtung in einem Mikroskop ähnliche Strukturen aufweisen wie gewebte Stoffe (daher der Name). Allerdings gilt der Begriff Gewebe auch für die anderen Gewebeformen.

Trotz der komplexen Struktur des menschlichen Körpers besteht er aus nur vier Grundgeweben:

- Epithel- und Drüsengewebe (➤ Abb. 1.3 und ➤ Abb. 1.4)
- Binde- und Stützgewebe (➤ Abb. 1.5)
- Muskelgewebe (➤ Abb. 1.6)
- Nervengewebe (➤ Abb. 1.7).

Alle Gewebe sind durch ihre Zellen charakterisiert. So gibt es Epithel- bzw. Drüsenzellen, Bindegewebs- bzw. Stützgewebszellen, Muskelzellen und Nervenzellen. Zwischen den Zellen der einzelnen Gewebe liegen sehr unterschiedlich große Interzellularräume (Extrazellularräume), in denen sich für die einzelnen Gewebe charakteristische ungeformte Zwischenzellsubstanzen und evtl. Fasern befinden (➤ Abb. 1.5).

Im Zuge der weiteren Spezialisierung während der Entwicklung differenzieren sich natürlich auch die Zellen der vier Grundgewebe weiter, sodass sich weitere Zellunterarten ergeben, z.B. eine Schleimdrüsenzelle, eine Herzmuskelzelle, eine Fettzelle, eine Sinneszelle des Innenohrs usw.

1.2.1 Epithel- und Drüsengewebe

Epithel und Endothel

Epithelgewebe oder auch kurz „**Epithelien**" bedecken die äußere Oberfläche (Teil der Haut), aber auch die verschiedenen inneren Oberflächen (Teil der Schleimhaut) des menschlichen Körpers. Die inneren Oberflächen sind sehr vielfältig: z.B. die Auskleidung der Mundhöhle, aber auch des gesamten Verdauungstraktes, die Auskleidung der Nasenhöhle, aber auch der gesamten Atemwege, die Auskleidung des Herzens, der Blutgefäße, der Harnblase u.v.m. Ein Epithel, das Blutgefäße innen auskleidet, bezeichnet man auch als **Endothel**.

Epithel/Endothel
epi- (griech.): darauf; endo- (griech.): innen
thele (griech.): Brustwarze; thelein (griech.): üppig wachsen

Epithelien bilden dicht aneinanderliegende Zellverbände mit nur sehr kleinen Interzellularräumen, also auch entsprechend wenig Interzellularsubstanzen. Alle Epithelien ruhen auf einer dünnen Schicht aus Fasern und bestimmten spezifischen Interzellularsubstanzen. Diese Schicht wird als **Basalmembran** oder **Basallamina** bezeichnet. Darunter befindet sich eine Schicht aus lockerem Bindegewebe, die man **Lamina propria** nennt.

Basalmembran, Basallamina, Lamina propria
basis (griech.): Sockel, Grundlage; membrana (lat.): Haut; lamina (lat.): Blatt
propria: weibl. Form von proprius: eigen (**Lamina propria**: die dem Epithel zugehörige Bindegewebsschicht)

Man unterscheidet die verschiedenen Epithelgewebe hauptsächlich nach folgenden Kriterien:

- Anzahl der Zellschichten, aus denen sie aufgebaut sind (einschichtig, mehrschichtig),
- Zellform der obersten Schicht (z.B. Plattenepithel, hochprismatisches Epithel),
- strukturelle Besonderheiten der obersten Zellschicht (z.B. Flimmerepithel, ➢ Kap. 4.5.2),
- „nass" oder „trocken".

Ein „nasses" Epithel wird von einer Flüssigkeit bedeckt; diese kann z.B. aus Schleim bestehen, dann spricht man von einer Schleimhaut. Das Endothel von Blutgefäßen hat Kontakt mit Blut, das Epithel der Harnblase wird von Harn bedeckt usw. Die äußerste Schicht der Haut ist das einzige „trockene" Epithel; es wird nicht von Flüssigkeit bedeckt. Hier wandeln sich als Besonderheit die Epithelzellen bei ihrem Transport aus der Tiefe des Epithels an die Oberfläche in schützende Hornplättchen um, die von Sekreten der Talgdrüsen eingefettet und damit geschmeidig gehalten werden, bis sie nach einer gewissen Zeit als Hornschüppchen abfallen.

Die im „sprachtherapeutisch relevanten Bereich" vorkommenden Epithelien sind im Wesentlichen (➢ Abb. 1.3):

- einschichtiges Plattenepithel (kleidet die Lungenbläschen, aber auch als Endothel den Herzinnenraum und die Blutgefäße aus)
- respiratorisches Flimmerepithel (Schleimhaut der Atemwege mit Flimmerhärchen zum Schleimtransport)
- mehrschichtiges Plattenepithel ohne Verhornungsprozess (Schleimhaut z.B. der Mundhöhle)
- mehrschichtiges Plattenepithel mit Verhornungsprozess (oberste Schicht der äußeren Haut).

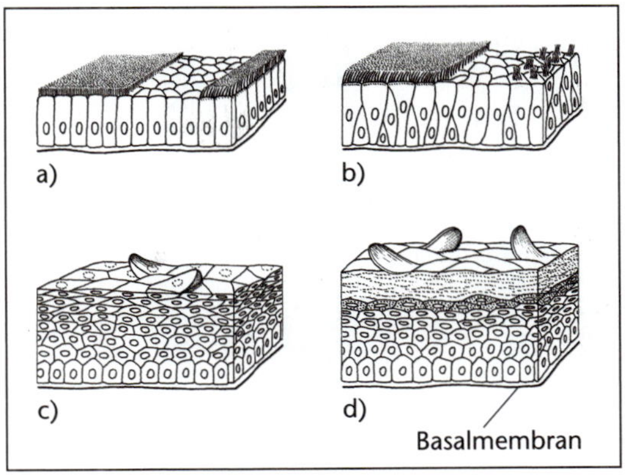

Abb. 1.3 Verschiedene Epitheltypen: a) einschichtiges Plattenepithel, b) respiratorisches Flimmerepithel, c) mehrschichtiges Plattenepithel ohne Verhornung, d) mehrschichtiges Plattenepithel mit Verhornung

Die Epithelien besitzen überwiegend Schutzfunktionen. Bei einschichtigen Epithelien, z.B. dem Endothel der Blutgefäße, kann aber auch der Transport über dieses Epithel hinweg eine bedeutende Rolle spielen.

Drüsen

Einige Epithelzellen haben sich darauf spezialisiert, Produkte, die mit Hilfe des endoplasmatischen Retikulums und des Golgi-Apparats hergestellt wurden, aus der Zelle heraus zu transportieren. Diesen Vorgang nennt man **Sekretion**. **Sezernierende** Zellen werden als Drüsen(zellen) bezeichnet. So ist das Drüsengewebe letztlich auf das Epithelgewebe zurückzuführen und wird mit ihm zusammen als *ein* Gewebetyp angesehen.

Sekretion, sezernieren
secretio (lat.): Absonderung; secernere (lat.): absondern

Drüsenzellen können einzeln in Epithelzellschichten liegen; sie sezernieren ihr Produkt (Sekret) dann an ihre Oberfläche und die unmittelbare Umgebung (➢ Abb. 1.4a). Solche einzelligen Drüsen finden sich u.a. in Epithelien der Atemwege; sie produzieren überwiegend Schleim.

Sind größere Sekretmengen erforderlich, teilen sich die Drüsenzellen und bilden größere Drüsen,

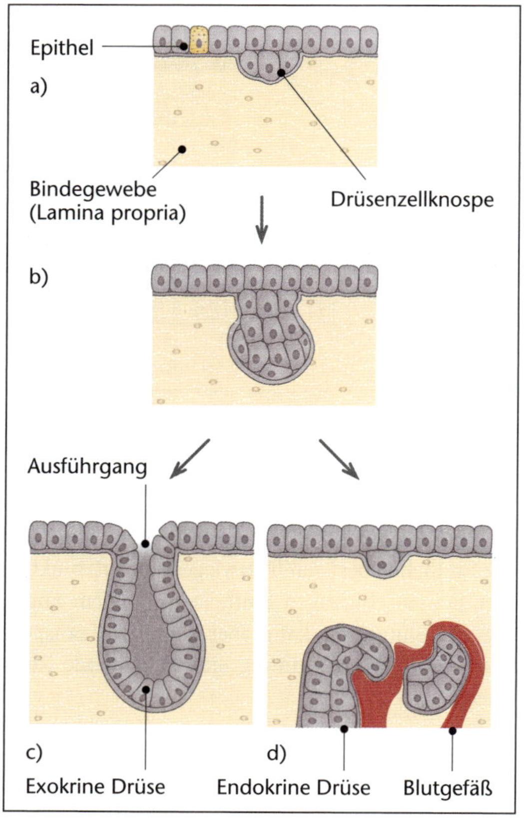

Abb. 1.4 Entwicklung von Drüsengewebe aus Epithelgewebe. a) einzellige exokrine Drüse (gelb) in einem Epithel, Entstehung einer Drüsenzellknospe, b) eine Drüse entwickelt sich in Richtung auf das Bindegewebe unterhalb des Epithels, c) exokrine Drüse, die über einen Ausführgang mit der Epitheloberfläche verbunden bleibt, d) endokrine Drüse, deren Produkte an die Blutbahn abgegeben werden

die sich dann in die Gewebsschicht (Lamina propria) unterhalb des Epithels verlagern, mit diesem aber über einen Ausführgang verbunden bleiben (➤ Abb. 1.4b, c). Solche großen Drüsen finden sich u.a. in der Mundschleimhaut (z.B. die sog. Speicheldrüsen wie Unterkieferdrüse, Ohrspeicheldrüse u.a., ➤ Kap. 6.2.3), aber auch in der Haut (Talgdrüsen, Schweißdrüsen).

Die bis jetzt beschriebenen Drüsenzellen bzw. größeren Drüsen bezeichnet man als **exokrin**, da sie ihr Sekret mit oder ohne Ausführgang an die Haut oder an eine innere Oberfläche des Körpers abgeben.

exokrin/endokrin
exo- (griech.): außen, draußen; endo- (griech.): innen, krinein (griech.): ausscheiden
Diffusion (lat. diffusio): Auseinanderfließen, Hinüberfließen

Der zweite Sekretionsweg wird als **endokrin** bezeichnet. Dabei haben die Drüsen (➤ Abb. 1.4d) die Verbindung zur Oberfläche verloren und sezernieren über **Diffusion** an die Blutbahn. Die auf diese Weise sezernierten Zellprodukte sind die Hormone, also Wirkstoffe, die über die Blutbahn zu Rezeptoren (➤ Kap. 1.1.1) von Zellen transportiert werden, an denen sie eine spezifische Wirkung ausüben.

1.2.2 Binde- und Stützgewebe

Das Binde- und Stützgewebe besteht aus einzeln, meist weit entfernt voneinander liegenden Bindegewebs- bzw. Stützgewebszellen, zwischen denen sich große Mengen der von ihnen gebildeten Zwischenzellsubstanzen und Fasern befinden (➤ Abb. 1.5). Bei diesen Fasern unterscheidet man kollagene und elastische Fasern. Kollagene Fasern sind kaum dehnbar und für hohe mechanische Anforderungen vorgesehen, während elastische Fasern stark dehnbar sind.

Knorpel und Knochen bilden das Stützgewebe, das als Sonderform des Bindegewebes mit bestimmten mechanischen Eigenschaften anzusehen ist. Das übrige Bindegewebe kommt im Körper an zahlreichen Stellen vor: es findet sich unter allen Epithelien (als Lamina propria), als Grundgerüst der Organe, als umhüllendes Gewebe für Nerven und Gefäße, in Form von Sehnen und Bändern, aber auch als Fettgewebe. Auch die Abwehr von Krankheitserregern findet überwiegend im Bindegewebe statt (➤ Abb. 1.5).

1.2.3 Muskelgewebe

Muskelzellen, die man auch Muskelfasern nennt, haben bei der Differenzierung die Fähigkeit erlangt, sich aktiv verkürzen zu können. Diese mechanische Arbeit benötigt Energie in Form von ATP (➤ Kap. 1.1.3) und wird als **Kontraktion** bezeichnet.

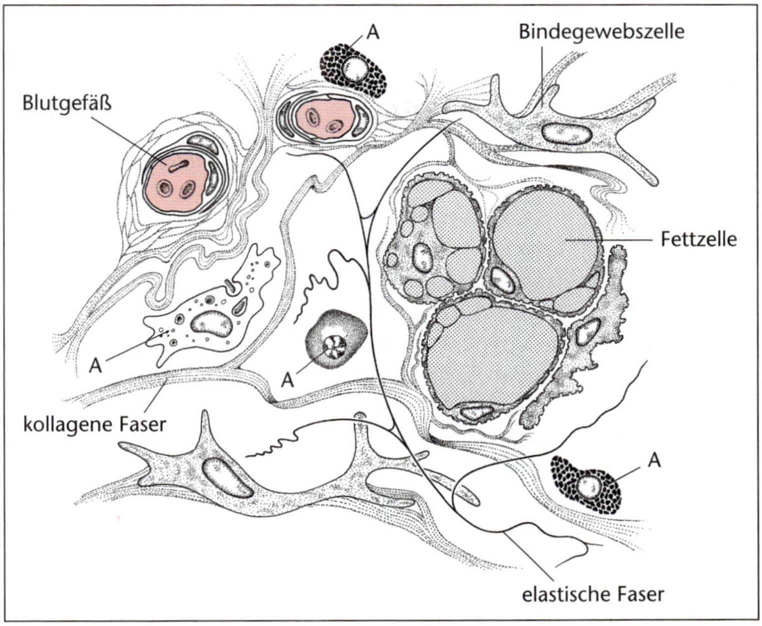

Abb. 1.5 Bindegewebe mit Bindegewebszellen, Fettzellen und Fasern (A: verschiedene Zellen der Abwehr)

Kontraktion (lat. contractio): Zusammenziehung

Diese Kontraktionen sind u.a. Grundlage für Körperbewegungen, Atmung, Herztätigkeit, Kreislauf, Verdauung und Ausscheidung, aber auch für die Stimme und das Sprechen.

Grundlage der Kontraktionen der Muskelzellen sind zahlreiche intrazelluläre Proteinfäden, die sich gegeneinander verschieben können. Damit kann sich die Muskelzelle verkürzen. Nach Beendigung der Kontraktion, die sehr unterschiedlich lange dauern kann, erschlafft die Muskelzelle wieder.

Vor allem nach der Anordnung dieser Proteinfäden kann man drei Arten von Muskelzellen unterscheiden, die in unterschiedlichen Bereichen des Körpers vorkommen (➤ Abb. 1.6):

- **Quergestreifte Skelettmuskulatur:** Der Begriff „Querstreifung" ergibt sich durch die besondere und regelmäßige Anordnung der Proteinfäden in diesen großen und langen Muskelzellen, die bei bestimmten mikroskopischen Techniken sichtbar wird; diese Art von Muskelzellen bildet die gesamte Skelettmuskulatur des Menschen einschließlich der Muskeln, die für die Atmung, das Sprechen, die Stimme, überwiegend auch für das Schlucken eingesetzt werden. Nur die quergestreifte Skelettmuskulatur kann mit dem Willen (d.h. willkürlich) direkt beeinflusst werden.
- **Quergestreifte Herzmuskulatur:** Diese kommt nur im Herzen vor; sie ähnelt der quergestreiften

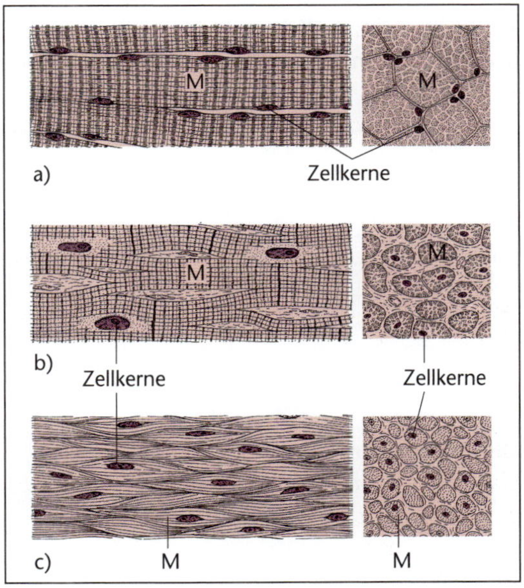

Abb. 1.6 Die drei Muskelarten (M: einzelne Muskelzellen) im Längsschnitt (links) und Querschnitt (rechts). a) quergestreifte Skelettmuskulatur, b) quergestreifte Herzmuskulatur, c) glatte Muskulatur

Skelettmuskulatur in der Anordnung der Proteinfäden, allerdings gibt es u.a. bezüglich der Größe der Muskelzellen, der Stellung des Zellkerns, der Verbindung der Zellen untereinander auch starke Abweichungen.

- **Glatte Muskulatur:** Die besondere, regelmäßige Anordnung der Proteinfäden, wie sie bei den quergestreiften Muskeln charakteristisch ist, findet sich bei den glatten Muskeln nicht; die Bezeichnung „glatt" ergibt sich damit lediglich aus dem Fehlen der Querstreifung. Glatte Muskeln finden sich in der Wand der Blutgefäße und der Organe, die Bewegungen ausführen können (z.B. Verdauungs- und Ausscheidungsorgane), sie wird deshalb auch als Eingeweidemuskulatur bezeichnet.

1.2.4 Nervengewebe

Das Nervengewebe ist zuständig für die Aufnahme, Verarbeitung und Weitergabe, teilweise auch die Speicherung von Informationen. Dazu dienen hoch spezialisierte Nervenzellen, die man auch **Neurone** nennt.

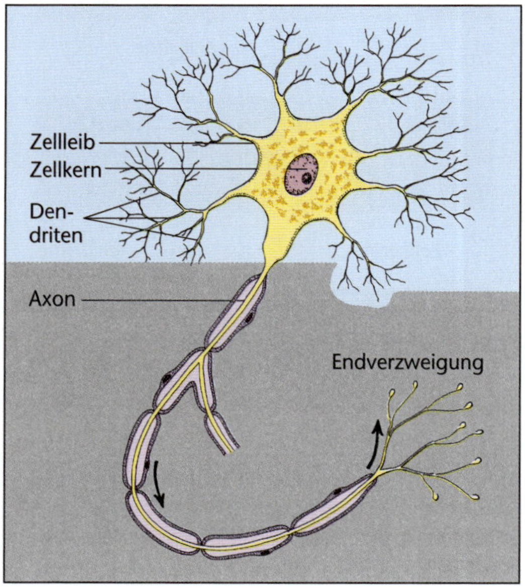

Abb. 1.7 Nervenzelle des am häufigsten vorkommenden multipolaren Typs mit Zellkern, Zellleib und zahlreichen Fortsätzen; stark verzweigt und blau unterlegt: Fortsätze für den Empfang von Informationen (Dendriten); ein langer Fortsatz (Axon) mit Endverzweigungen, grau unterlegt: Weiterleitung von Informationen

neuron (griech.): Nervenzelle; eigentlich „Sehne", Nerv
glia (griech.): Leim (gemeint ist das Gewebe zwischen den Nervenzellen)

Die Nervenzelle besteht aus einem Zellleib und charakteristischen Fortsätzen (➤ Abb. 1.7, auch ➤ Kap. 7.3 für weitere Details). Außer den Nervenzellen zählt man zum Nervengewebe die **Gliazellen**, deren Zahl deutlich höher ist als die der Nervenzellen. Die Gliazellen erfüllen zahlreiche Hilfs- und Stützfunktionen für die Nervenzellen sowie spezifische Stoffwechsel- und Abwehraufgaben, sind aber auch von großer Bedeutung für die Nervenleitung.

1.3 Übersicht über Organe, Apparate und Systeme

Nach den Zellen und Geweben sind die nächsthöheren Organisationsstrukturen des menschlichen Körpers die verschiedenen Organe, Apparate und Systeme. Sie sind jeweils in unterschiedlicher Zusammensetzung aus den vier Grundgeweben aufgebaut. Die Bezeichnungen sind nicht einheitlich; so kann man vom Verdauungsapparat oder -system, aber auch von den Verdauungsorganen sprechen. Entscheidend ist, dass diese Organisationsstrukturen Funktionseinheiten bilden, die ganz bestimmte Aufgaben wie Atmung, Verdauung, Informationsverarbeitung etc. durchführen.

Der menschliche Körper lässt sich beispielsweise in die folgenden Funktionseinheiten einteilen:

- Bewegungsapparat (Skelett, Muskeln)
- Haut
- Verdauungssystem, -organe, -apparat
- Atmungssystem, -organe, -apparat
- Harn- und Geschlechtsorgane
- Herz und Kreislaufsystem, Blut
- endokrine Organe (Hormonbildung)
- Nervensystem und Sinnesorgane.

Bei Sonderfunktionen wie der Stimmbildung oder dem Sprechen werden Teile dieser Funktionseinheiten zu neuen speziellen Funktionseinheiten zusammengefasst (Stimmorgane, Sprechorgane).

Die Kenntnis einiger dieser Funktionseinheiten (z.B. Harn- und Geschlechtsorgane, Haut, Blut, endokrine Organe, große Teile des Bewegungsapparats und des Verdauungssystems) ist sprachtherapeutisch von keiner oder nur geringer Bedeutung; deshalb werden diese Bereiche in diesem Lehrbuch nicht oder nur ganz kurz angesprochen. Hier sei dann auf Standard-Lehrbücher der Anatomie verwiesen, wenn man darüber mehr wissen möchte.

Zusammenfassung

Die Zelle ist die elementare Baueinheit des menschlichen Körpers. Sie ist aufgebaut aus Zellmembran, Zytoplasma und Zellkern. Die Zellmembran besteht aus einer Lipiddoppelschicht und Membranproteinen. Der Zellkern enthält die Erbsubstanz. Die verschiedenen im Zytoplasma enthaltenen Zellorganellen (endoplasmatisches Retikulum, Golgi-Apparat, Lysosomen, Peroxisomen, Mitochondrien) erfüllen spezifische Aufgaben im Zellstoffwechsel.

Aus der Differenzierung der Zellen entstehen die Gewebe, deren Zellen untereinander ähnliches Aussehen und ähnliche Funktion aufweisen. Zwischen den Zellen befinden sich die Interzellularsubstanzen, die u.a. kollagene und elastische Fasern enthalten können. Man unterscheidet vier Gewebetypen: Epithel- und Drüsengewebe, Binde- und Stützgewebe, Muskelgewebe und Nervengewebe.

Das Epithelgewebe bedeckt innere und äußere Oberflächen, exokrine Drüsen sezernieren Produkte an diese Oberflächen, endokrine Drüsen sezernieren Hormone, die sie an die Blutbahn abgeben.

Das Stützgewebe erfüllt mechanische Aufgaben im Skelett (Knorpel, Knochen), andere Formen des Bindegewebes finden sich als Hüllen um Gefäße und Nerven, liegen unter Epithelien, bilden Grundgerüste in Organen oder erfüllen Abwehraufgaben.

Muskelgewebe ist zur Kontraktion befähigt; es werden quergestreifte Muskelzellen entweder des Skeletts oder des Herzens unterschieden; glatte Muskulatur kommt in der Wand von Blutgefäßen und Hohlorganen vor.

Das Nervengewebe dient der Aufnahme, Verarbeitung, Weiterleitung und Speicherung von Informationen. Es wird in seiner Tätigkeit durch Gliazellen unterstützt, die Hüll- und Stützfunktionen, Ernährungs- und Abwehrfunktionen haben, aber auch eine Rolle bei der Nervenleitung spielen.

Durch unterschiedliche Zusammensetzung aus den vier Grundgeweben bilden sich verschiedene größere Funktionseinheiten im Körper: Bewegungsapparat, Haut, Verdauungssystem, Atmungssystem, Harn- und Geschlechtsorgane, Herz- und Kreislaufsystem, Blut, endokrine Organe, Nervensystem und Sinnesorgane.

KAPITEL

2 Fortpflanzung und Entwicklung

Lernziele

- Grundlagen der Zellteilung
- diploider und haploider Chromosomensatz, mögliche Anomalien seiner Zahl
- verschiedene Entwicklungs- und Wachstumsstufen vom Embryo bis zum Greisenalter

2.1 Grundlagen der Zellteilung (Mitose und Meiose)

Der Weg von der befruchteten Eizelle bis zum erwachsenen Menschen mit ca. 10–100 Billionen Zellen erfordert während der Entwicklungs- und Wachstumsphase eine große Zahl von Zellteilungen, die von einer Differenzierung der Zellen zu ihrer endgültigen Form und Funktion begleitet wird.

Aber auch im ausgewachsenen Organismus laufen Zellteilungen in großer Zahl ab, um verletztes, erkranktes, verbrauchtes oder stark belastetes Gewebe zu regenerieren. Im quergestreiften Skelettmuskelgewebe z.B. ist das Ausmaß der Regenerationsfähigkeit allerdings recht gering. Quergestreifte Herzmuskulatur und Nervengewebe können sich beim erwachsenen Menschen offenbar so gut wie gar nicht regenerieren.

Mitose

Mit Ausnahme der Geschlechtszellen, die auch zur sog. Reifeteilung (**Meiose**) befähigt sind, teilen sich alle anderen Zellen nach dem Mechanismus der normalen Zellteilung (**Mitose**).

Mitose/Meiose
mitos (griech.): Faden, -osis (griech.): Zustand, also wörtlich: Fadenzustand (damit ist das Sichtbarwerden der Chromosomen gemeint)
meiosis (griech.): Verringern (damit ist die Verringerung der Chromosomensätze gemeint)

Interphase
gebildet aus inter (lat.): zwischen und Phase (griech. phasis): Zustand

Wenn eine Zelle gerade nicht mit einer Zellteilung in zwei identische Tochterzellen, also der Mitose und deren unmittelbarer Vorbereitung, beschäftigt ist, befindet sie sich in einer sog. Zwischenphase oder **Interphase**, in der sie ihren sonstigen Funktionen nachkommt und in der die normalen Stoffwechselaktivitäten ablaufen.

Als erste Vorbereitung für eine Zellteilung muss die Zahl der DNS-Moleküle („Chromosomen") verdoppelt werden, damit die beiden Tochterzellen nach der Zellteilung, die ja auch eine Kernteilung beinhaltet, wieder die gleiche Chromosomenzahl wie die ursprüngliche Mutterzelle besitzen.

Vor dieser Verdoppelung befinden sich in einer normalen menschlichen Zelle 46 Chromosomen, von denen jeweils 23 von der Mutter und 23 vom Vater des gerade betrachteten Individuums stammen (➤ Abb. 2.1).

22 Chromosomen von der Mutter und 22 Chromosomen vom Vater entsprechen einander. Sie werden **Autosomen** genannt, von denen es damit 44 gibt, die zu 22 Chromosomenpaaren zusammengefasst werden. Diese nummeriert man von 1 bis 22 durch (➤ Abb. 2.1).

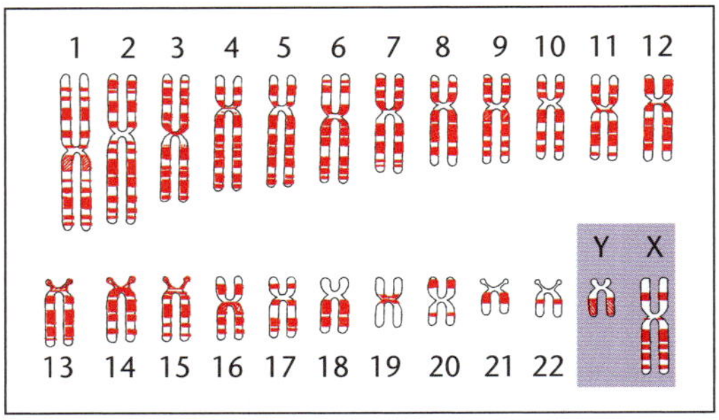

Abb. 2.1 22 Autosomen, X-Chromosom, Y-Chromosom. Die Chromosomen weisen ein typisches Streifen- oder Bandenmuster auf, das sich bei bestimmten Färbetechniken ergibt.

Autosom/Gonosom
gebildet aus auto (griech.): selbst bzw. gone (griech.): Geschlecht und soma (griech.): Körper
Ein Autosom ist von der Bedeutung her ein nicht geschlechtsgebundenes Chromosom.

Die beiden noch fehlenden Chromosomen eines Individuums sind geschlechtsgebunden und werden deshalb Geschlechtschromosomen (**Gonosomen**) genannt. Bei einem weiblichen Individuum sind die beiden Geschlechtschromosomen gleich; sie werden beide als X-Chromosom bezeichnet. Eines davon stammt von der Mutter, das andere wiederum vom Vater. Bei einem männlichen Individuum sind die beiden Geschlechtschromosomen ungleich; das X-Chromosom stammt von der Mutter, das Y-Chromosom vom Vater.

Für die Beschreibung des Chromosomensatzes eines Individuums verwendet man in der Regel eine Abkürzung, bei der zunächst die Gesamtzahl der Chromosomen genannt wird, dann – durch ein Komma getrennt – die beiden Geschlechtschromosomen. Ein weibliches Individuum hat in dieser Beschreibung den Chromosomensatz 46,XX und ein männliches Individuum den Chromosomensatz 46,XY.

Wenn also die Rede von 23 Chromosomenpaaren in (dem Kern) einer menschlichen Zelle ist, dann ist diese Aussage bei einem männlichen Individuum nicht ganz korrekt, da das 23. Paar aus zwei ungleichen Chromosomen (X und Y) besteht. Dennoch behält man diese Beschreibung von 23 Chromosomenpaaren in der Zelle bei; ein solcher Chromosomensatz wird als **diploid** bezeichnet, wobei mit „diploid" gemeint ist, dass jedes Chromosom (mit der Ausnahme des Geschlechtschromosoms beim Mann) doppelt vorhanden ist.

Anstelle der Bezeichnung diploid verwendet man auch die Bezeichnung 2n, wobei n die Zahl der Chromosomensätze angibt.

diploid/haploid
diploid (griech. diploos): doppelt, Nachsilbe -id kommt von eides (griech.): förmig
haploid (griech. haploides): einfach

Damit eine Zelle eine Zellteilung durchlaufen kann, muss sie die Chromosomensätze verdoppeln (2 × 2n), damit jede Tochterzelle nach der Zellteilung wieder ihren normalen diploiden Chromosomensatz (2n) beibehält (➤ Abb. 2.2).

Die gesamte Abfolge der Ereignisse in der Zelle, die zur Teilung in zwei identische Tochterzellen führt, wird als Zellzyklus bezeichnet. Ein solcher Zellzyklus kann im Minimum weniger als einen Tag dauern, meistens aber deutlich länger.

Meiose

Bei der Befruchtung verschmelzen Eizelle und Spermium. Wären dies normale Zellen mit einem jeweils diploiden Chromosomensatz, würde eine befruchtete Eizelle dann vier Chromosomensätze enthalten. Sie wäre damit nicht lebens- und entwicklungsfähig.

Unter anderem aus diesem Grund müssen Geschlechtszellen bei ihrer Entwicklung und Reifung eine andere Art von Teilungsprozess durchlaufen, den man **Meiose** (Reifeteilung) nennt und bei dem am Ende Geschlechtszellen mit nur **haploidem** (1n), also einfachem Chromosomensatz entstehen. Wenn diese dann bei der Befruchtung miteinander verschmelzen, ist wieder ein Organismus mit diploidem Chromosomensatz (n+n) entstanden (➤ Abb. 2.2).

Befruchtungsfähige Eizellen besitzen nach der üblichen Bezeichnung dann 23,X Chromosomen (22 Autosomen und ein X-Chromosom), während Spermien entweder ebenfalls einen Chromosomensatz von 23,X aufweisen (dann entsteht bei der Befruchtung ein Mädchen) oder 23,Y (dann entsteht bei der Befruchtung ein Knabe).

Weil sich bei den Reifeteilungen zusätzlich zur Erzeugung eines haploiden Chromosomensatzes der Eizellen und Spermien auch die Erbsubstanz nach

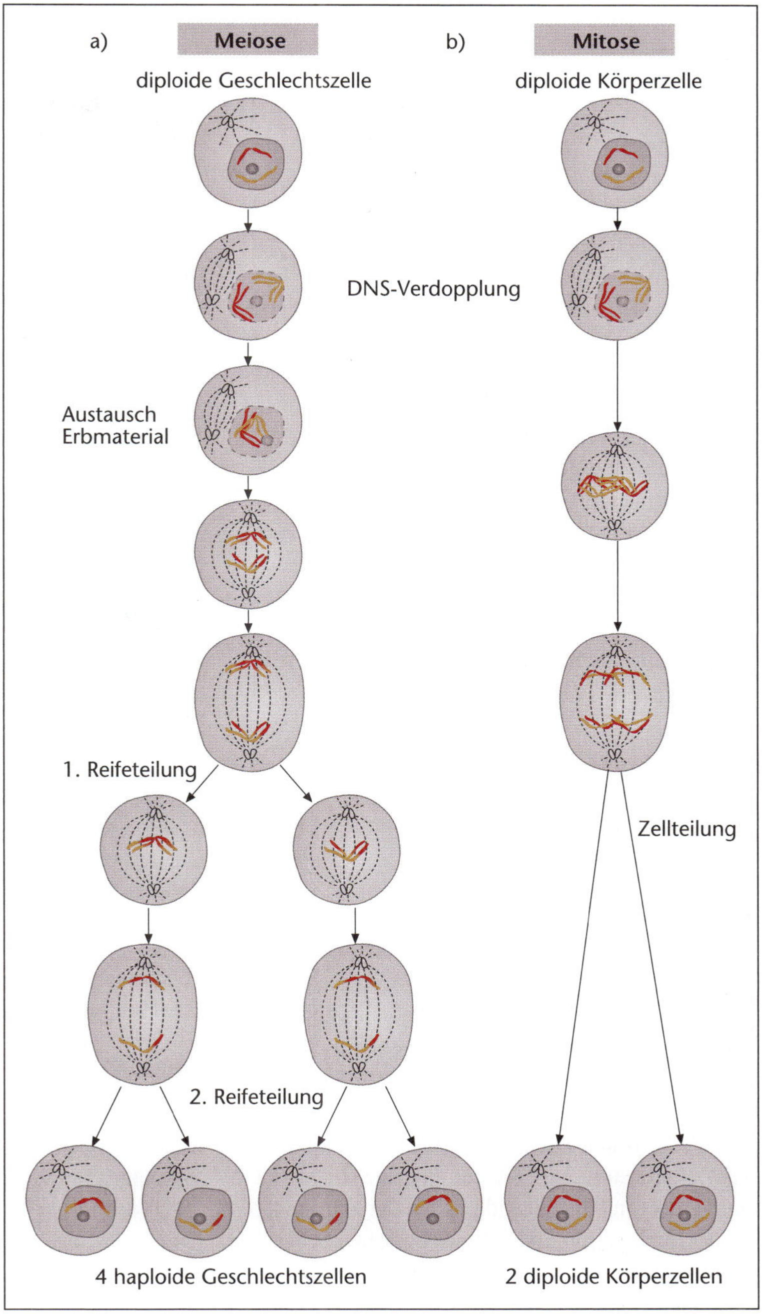

Abb. 2.2 Zellteilungen: a) Meiose, b) Mitose

einem Zufallsprinzip austauscht (sog. „crossing-over"), entstehen nach der Befruchtung neue Lebewesen mit zufälliger Mischung von Chromosomen und Chromosomenanteilen (➤ Abb. 2.2).

Diese Vorgänge machen deutlich, warum in einer Geschlechtszelle zunächst die Menge des Erbmaterials verdoppelt wird (wie bei der Mitose), dann – vereinfacht dargestellt – in einer 1. Reifeteilung auf zwei neue Zellen, in einer 2. Reifeteilung auf insgesamt vier neue Zellen mit dem dann endgültigen haploiden Chromosomensatz aufgeteilt wird. Aus diesen gehen dann die befruchtungsfähigen Eizellen und Spermien hervor.

Monosomie, Trisomie

Vor allem bei den Reifeteilungen weiblicher Geschlechtszellen treten mit steigendem Alter der Frau (das Risiko steigt ab etwa dem 35. Lebensjahr) Fehler auf. Dadurch können befruchtungsfähige Eizellen entstehen, die anstelle von 23 Chromosomen nur 22 oder gar 24 enthalten. Dies entsteht dadurch, dass bei den Reifeteilungen die Chromosomen nicht gleichmäßig auf die Tochterzellen verteilt wurden.

Verschmilzt eine haploide Eizelle mit nur 22 Chromosomen mit einem normalen haploiden Spermium, entsteht ein Organismus mit nur insgesamt 45 Chromosomen (**Monosomie**). Bei der Befruchtung einer Eizelle mit 24 Chromosomen mit einem normalen Spermium entsteht ein Organismus mit insgesamt 47 Chromosomen (**Trisomie**) in jeder Zelle.

Monosomie/Trisomie
gebildet aus monos (griech.): einzeln bzw. tri (lat./griech.): drei(fach) und soma (griech.): Körper

Monosomie bedeutet, dass ein Chromosom nicht doppelt, sondern nur einfach vorhanden ist. Bei der **Trisomie** kommt dafür ein Chromosom nicht doppelt, sondern dreifach vor. Monosomien und Trisomien kommen sowohl bei den Autosomen als auch bei den Geschlechtschromosomen vor. Diese Chromosomenabweichungen können dazu führen, dass sich die befruchtete Eizelle nicht oder nicht regelrecht weiterentwickelt. Es kommen gehäuft Spontanaborte (vorzeitige Beendigungen der Schwangerschaft) vor, bei Kindern nach ausgetragener Schwangerschaft aber auch schwere genetische Schäden. Einige relativ häufige Fälle sind im untenstehenden Kasten beschrieben.

Down-Syndrom: kommt bei 600–700 Geburten durchschnittlich einmal vor; hierbei handelt es sich um eine Trisomie 21, das Autosom 21 kommt also dreifach vor. Das Krankheitsbild wird wegen der besonderen Augenstellung auch als „Mongolismus" bezeichnet (ein Begriff, der heute nicht mehr benutzt werden sollte). Die Kinder zeigen u.a. unterschiedliche Grade der geistigen Behinderung, eine große Zunge und andere Abweichungen im Kopf- und Gesichtsbereich, eine mangelnde Muskelspannung und oftmals Missbildungen am Herzen. Sie müssen intensiv auch sprachtherapeutisch behandelt werden.
Ullrich-Turner-Syndrom: manchmal auch nur Turner-Syndrom genannt, Häufigkeit 1:2500 bei weiblichen Geburten. Diese Störung bezieht sich auf das Geschlechtschromosom, das durch eine Monosomie nur einmal vorhanden ist. Das einzelne Geschlechtschromosom ist dann immer das X-Chromosom. Solche Patienten haben einen Chromosomensatz von 45,X0. Die „0" steht für das fehlende zweite Geschlechtschromosom. Vom äußeren Erscheinungsbild sind die Patienten kleinwüchsige Frauen mit äußeren weiblichen Geschlechtsmerkmalen, die denen eines präpubertären Mädchens entsprechen. Die Eierstöcke fehlen. Verschiedene weitere körperliche Besonderheiten werden beschrieben, eine geistige Behinderung wird in der Regel nicht gefunden.
Klinefelter-Syndrom: Häufigkeit 1:500 bis 1:1000 bei männlichen Geburten (Häufigkeit bei Sonderschülern 1:100). Hier sind in den meisten Fällen drei Geschlechtschromosomen vorhanden. Der Chromosomensatz ist z.B. 47,XXY. Die davon betroffenen Knaben sind oftmals leicht geistig behindert und haben Lernschwierigkeiten, sie weisen eine Unterentwicklung der äußeren und inneren Geschlechtsmerkmale und unproportionale Körpermaße auf. Auch motorisch sind sie oft nicht altersgemäß entwickelt und benötigen hier therapeutische, oft auch sprachtherapeutische Unterstützung.

Syndrom (griech. syndrome): das Zusammenkommen (gemeint ist das gleichzeitige Auftreten bestimmter Symptome)
Symptom (griech. symptoma): wörtlich „vorübergehende Eigentümlichkeit" (gemeint sind im medizinischen Bereich Krankheitszeichen)
Down, Ullrich, Turner, Klinefelter Eigennamen
präpubertär gebildet aus prae (lat.): vor und pubertas (lat.): Geschlechtsreife

2.2 Entwicklung und Wachstum

Pränatale Entwicklung

Die pränatale Entwicklung von der Befruchtung bis zur Geburt dauert im Durchschnitt 39–40 Wochen mit allerdings häufigen Abweichungen nach oben und unten.

pränatal prae- (lat.): vor; natalis (lat.): zur Geburt gehörig

Während dieser Zeit (der Schwangerschaft) unterscheidet man aus Sicht des sich entwickelnden Kindes drei Abschnitte:

- **Präembryonal**entwicklung (Woche 1–2)
- **Embryonal**entwicklung (Woche 3–8)
- **Fetal**entwicklung (ab Woche 9 bis zur Geburt).

Embryo (griech. embryon): ungeborene Leibesfrucht (Plural: Embryonen)
Fetal- abgeleitet aus fetus oder foetus (lat.): Leibesfrucht
Spermium (griech. spermeios): zum Samen gehörend

Die menschliche Entwicklung beginnt mit der Befruchtung der weiblichen Geschlechtszelle (Eizelle) durch die männliche Geschlechtszelle (**Spermium**). Diese Befruchtung findet in den meisten Fällen in dem erweiterten Anfangsabschnitt des Eileiters statt (➤ Abb. 2.3).

Fachbegriffe für weibliche Geschlechtsorgane
Eierstock: (das) Ovar oder Ovarium (lat. wörtlich „das Ei")
Eileiter: (die) Tuba uterina; zusammengesetzt aus tuba (lat.): Röhre und uterina (lat.): zum Uterus (Gebärmutter) gehörig, in der medizinischen Alltagssprache oft auch nur als „Tube" bezeichnet
Gebärmutter: (der) Uterus (lat. für Leib, Unterleib, Gebärmutter)

Nach der Befruchtung entsteht die erste Zelle des neuen Individuums; sie ist diploid und wird als **Zygote** bezeichnet.

Zygote (griech. zygotos): wörtl. „durch ein Joch verbunden", damit ist die Verbindung oder Verschmelzung der weiblichen und männlichen Geschlechtszelle gemeint

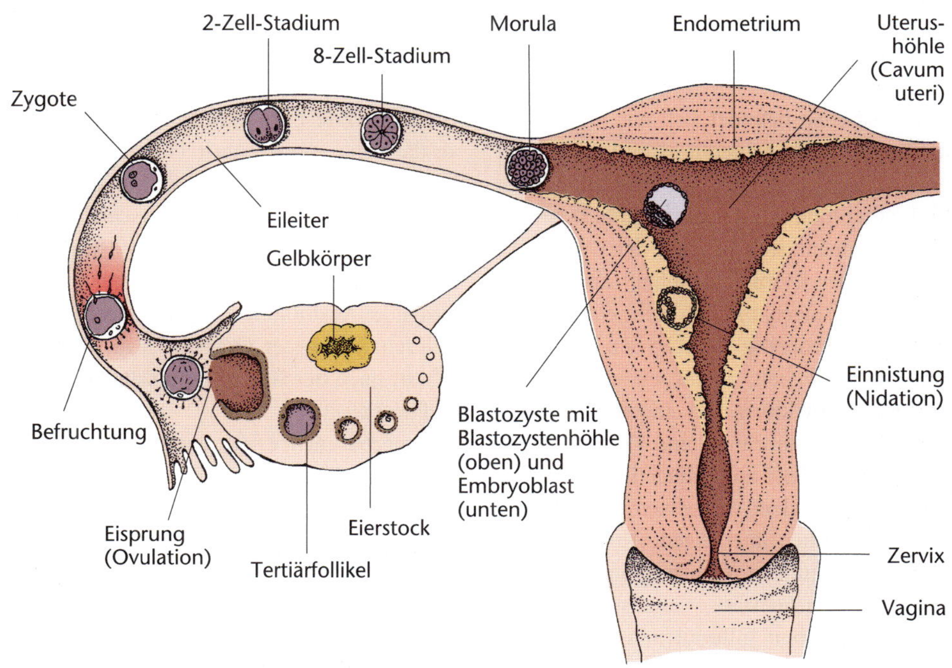

Abb. 2.3 Übersicht über Eierstock, Eileiter und Gebärmutter mit den wichtigsten Stadien der Präembryonalentwicklung. Entwicklung des Keimes von der Zygote (weiblicher/männlicher Zellkern noch getrennt) über das Zwei-Zell-Stadium, Morula bis zur Blastozyste und deren Einnistung in der Gebärmutterschleimhaut

Die Zygote beginnt nun mit einer Reihe von normalen Zellteilungen (Mitosen) sich zu entwickeln; dabei wandert sie langsam in Richtung zur Gebärmutter (➤ Abb. 2.3). Diese ersten Mitosen bezeichnet man auch als Furchungsteilungen, weil die Zygote und die daraus entstehenden Tochterzellen an den Teilungsstellen zunächst von außen sichtbare Furchen bilden. Etwa nach 3 Tagen hat die Zygote den Wandbereich der Gebärmutter erreicht.

Nach mehreren Furchungsteilungen ähnelt die Zygote nun äußerlich einer Maulbeere und wird deshalb als **Morula** bezeichnet, die als solche langsam die Gebärmutterhöhle erreicht. Zu diesem Zeitpunkt besteht die Morula etwa aus 12–16 Zellen.

Morula Verkleinerungsform von morum (lat.): Maulbeere; ähnelt der bei uns bekannteren Brombeere
Blastozyste abgeleitet aus blastos (griech.): Keim und kystis (griech.): Blase

Im Inneren der Morula bilden sich im Alter von 3–4 Tagen langsam kleine Spalträume, die dann zu einer einheitlichen Höhle zusammenfließen. Aus der Morula hat sich die **Blastozyste**, das sog. Keimbläschen, entwickelt (➤ Abb. 2.3).

Das Keimbläschen befindet sich nun in der Gebärmutterhöhle. Nach weiteren strukturellen und funktionellen Veränderungen wird es ca. 6 Tage nach der Befruchtung implantationsfähig. Damit ist die Fähigkeit gemeint, sich am Ende der 1. Entwicklungswoche an der Uterusschleimhaut anzuheften, dann in sie einzudringen und sich in ihr einzunisten. Der Implantationsvorgang ist etwa am Ende der 2. Woche abgeschlossen; damit endet auch die **Präembryonalentwicklung**. Das eingenistete Keimbläschen hat seine Ernährungs- und Versorgungssituation durch Anschluss an Blutgefäße der Uterusschleimhaut entscheidend verbessert. Gleichzeitig teilt das Keimbläschen über eigene Hormone (im Wesentlichen das humane **Choriongonadotropin**, abgekürzt hCG, über Schwangerschaftstests z.B. im Urin nachweisbar) dem mütterlichen Organismus seine „Anwesenheit“ mit, sodass die nächste reguläre Schleimhautabstoßung (Monatsblutung) unterbleibt und die weitere Entwicklung des Keims während der Embryonal- und anschließenden Fetalperiode ablaufen kann.

Implantation (lat. implantatio): Einpflanzung, Einnistung
Choriongonadotropin gebildet aus chorion (griech.): Zottenhaut (spezieller Abschnitt der Blastozyste), gone (griech.): Geschlecht(sorgan) und tropin (griech. trepein): anregen

Die **Embryonalperiode** von der 3.–8. Woche nach Befruchtung ist die wichtigste während der menschlichen Entwicklung. Es bilden sich Nervensystem, Organe und alle wichtigen Körperstrukturen aus. Es läuft die Hauptdifferenzierung der Zellen und Gewebe ab. Schon während dieser Periode wird die spätere menschliche Gestalt in den Grundzügen erkennbar.

Schwerpunkte der sich anschließenden **Fetalperiode** ab der 9. Woche sind dann die Zellvermehrung, das Größenwachstum und die Feindifferenzierung der Organe und Gewebe bis zur Geburtsreife.

Postnatale Entwicklung

Die **pränatale** Entwicklung endet mit der Geburt, an die sich die **postnatale** Entwicklung anschließt. Es erfolgen das weitere Wachstum des Körpers bis zur endgültigen Größe, die Verschiebung der Proportionen (z.B. das geringere Wachstum des Kopfes im Vergleich zum restlichen Körper), die Zahnbildung, die Ausbildung von Nervenbahnen, die Ausdifferenzierung der Organe u.v.m. In diesem Abschnitt nach der Geburt unterscheidet man folgende Phasen:

- Neugeborenenperiode (ca. 1./2. Lebenswoche)
- Säuglingsalter (ca. die ersten 12 Lebensmonate)
- Kleinkindalter (2.–6. Lebensjahr)
- Schulalter (6. Lebensjahr bis zur Pubertät)
- **Pubertät** (Auftreten der ersten **sekundären Geschlechtsmerkmale** bis zur vollständigen Geschlechtsreife, bei Mädchen vom 9.–17. Lebensjahr, bei Knaben vom 12.–17. Lebensjahr)

- Adoleszentenphase (wörtlich Heranwachsendenphase, Zeit zwischen Geschlechtsreife und Abschluss des Körperwachstums zwischen ca. dem 17. und maximal dem 20.–23. Lebensjahr)
- Erwachsenenalter (ab dem ca. 18.–23. Lebensjahr bis zum Greisenalter)
- Greisenalter, **Senium** (individuell sehr verschieden und gekennzeichnet durch die Einschränkung der körperlichen und geistigen Fähigkeiten).

prä-/postnatal prae- (lat.): vor; post- (lat.): nach, natalis (lat.): zur Geburt gehörig
Pubertät (lat. pubertas): Geschlechtsreife
sekundäre Geschlechtsmerkmale (secundarius, lat.: zweitrangig): damit sind die äußeren Geschlechtsmerkmale (Änderung der Körperbehaarung, Brustentwicklung, Kehlkopfwachstum, Änderung der Stimmlage) gemeint im Gegensatz zu den primären (erstrangigen) Geschlechtsmerkmalen, den Keimdrüsen.
senium (lat.): Greisenalter

Zusammenfassung

In allen Zellen mit Ausnahme der Geschlechtszellen finden sich 23 Chromosomenpaare (diploider Chromosomensatz), davon 22 Autosomenpaare und ein Geschlechtschromosomenpaar (XX bei der Frau, XY beim Mann).
Sowohl im wachsenden als auch im ausgewachsenen Organismus laufen zahlreiche Zellteilungen (Mitosen) ab. Wichtige Voraussetzung dafür ist zunächst eine Verdoppelung des Chromosomensatzes, damit die Tochterzellen nach der Zellteilung wieder über den ursprünglichen diploiden Chromosomensatz verfügen.
Bei der Meiose (Reifeteilung der Geschlechtszellen) wird der Chromosomensatz ebenfalls zunächst verdoppelt und dann in zwei Reifeteilungen jeweils halbiert, sodass haploide Geschlechtszellen (Eizelle, Spermium) entstehen, die 23 einzelne Chromosomen enthalten. Bei den Reifeteilungen kommt es außerdem zum Austausch von Erbmaterial („crossing-over"); dadurch erklären sich die Unterschiede zwischen den Individuen.
Durch Fehler bei den Reifeteilungen können Organismen mit Abweichungen von der normalen Chromosomenzahl entstehen (Monosomie, Trisomie); dies ist für die Betroffenen oft mit Behinderungen unterschiedlicher Art verbunden.
Bei der Befruchtung entsteht durch Verschmelzung zweier haploider Geschlechtszellen eine neue diploide Zelle, die Zygote. Diese teilt sich in der 1. Woche der Präembryonalentwicklung mehrfach mitotisch, wird zur Morula und dann zur Blastozyste (Keimbläschen), die das Uteruslumen erreicht. In der 2. Woche der Präembryonalentwicklung erfolgt die Einnistung (Implantation) in die Gebärmutterschleimhaut. In der Embryonalperiode (3.–8. Woche) werden alle Organe und die Körperstruktur angelegt, in der nachfolgenden Fetalperiode bis zur Geburt erfolgen die weitere Differenzierung und das Wachstum.
Nach der Geburt wird die weitere Entwicklung unterteilt in Neugeborenenperiode, Säuglingsalter, Kleinkindalter, Schulalter, Pubertät, Adoleszentenphase, Erwachsenenalter und Senium.

KAPITEL

3 Kreislaufsystem

Lernziele

- verschiedene Abschnitte des Blutkreislaufs
- Unterschied zwischen Blutgefäßsystem und Lymphgefäßsystem
- parallel und hintereinandergeschaltete Organe
- Wandschichten der Gefäße und des Herzens
- Lage und Form der Herzklappen
- Verteilung der Arbeitsmuskulatur und der spezifischen Herzmuskulatur im Herzen

3.1 Übersicht über Herz, Kreislauf und Gefäße

3.1.1 Aufbau und Funktion des Kreislaufsystems

Das Blut ist als „flüssiges Organ" anzusehen. Es besteht aus Zellen (**Leukozyten**) und Abkömmlingen von Zellen, die keine Zellkerne mehr enthalten (**Erythrozyten**, **Thrombozyten**) sowie einer „Interzellularsubstanz", dem Blutplasma. Man unterscheidet rote Blutzellen, sog. rote Blutkörperchen (Erythrozyten), die den roten Blutfarbstoff Hämoglobin (➤ Kap. 4.10.3) enthalten, weiße Blutzellen, sog. weiße Blutkörperchen (Leukozyten), die Abwehraufgaben erfüllen, und Blutplättchen (Thrombozyten), die die Blutstillung und Blutgerinnung unterstützen.

Erythrozyten, Leukozyten, Thrombozyten
gebildet aus erythros (griech.): rot, leukos (griech.): weiß, thrombos (griech.): Blutpfropf und kytos (griech.): Zelle

Das Blut liefert den Körperzellen lebensnotwendige Stoffe wie Sauerstoff, Nährstoffe und Wasser, ist aber auch zuständig für die „Entsorgung" der Körperzellen (Abgabe von Kohlendioxid sowie „Abfallstoffen") und transportiert Hormone, Wärme und Abwehrzellen. Bei einer Verletzung der Blutgefäße können diese durch die Mechanismen der Blutstillung und Blutgerinnung abgedichtet werden.

Das Kreislaufsystem hat die Aufgabe, das Blut durch ein geschlossenes „Schlauchsystem", die Blutgefäße, durch den ganzen Körper „im Kreis herum" zu transportieren. Eine Pumpe, das Herz, ist in dieses Schlauchsystem integriert und treibt den Kreislauf an. Damit bleibt das Blut ständig in Bewegung und kann seine Transportaufgaben zu den Zellen hin bzw. von diesen weg erfüllen.

Blutgefäße, die Blut vom Herzen weg zu den Zellen hin transportieren, bezeichnet man als Schlagadern oder **Arterien**. Kurz vor Erreichen der Zellen in den Geweben und Organen sind diese Arterien durch vielfache Abzweigungen so klein geworden, dass sie als „kleine Schlagadern" oder mit dem Fachbegriff **Arteriolen** gekennzeichnet werden. Diese gehen dann in noch kleinere Blutgefäße über, die Haargefäße oder **Kapillaren** genannt werden. Auf der Ebene der Kapillaren (und im Wesentlichen nur hier) findet der Stoffaustausch zwischen den Zellen und dem Blut statt.

Arterie (lat./griech. arteria): Schlagader
Arteriole Verkleinerungsform von „Arterie"
Kapillare abgeleitet von capillus (lat.): Haar
Vene (lat. vena): Blutader
Venole (selten auch Venule): Verkleinerungsform von „Vene" (= Venula)

So gibt es zahlreiche „Kapillargebiete" in den Organen und Geweben des Körpers, über die diese mit Sauerstoff und Nährstoffen versorgt werden. Gleichzeitig geben die Zellen hier Kohlendioxid und ihre sonstigen Abfallstoffe an das Blut zurück. An die Kapillargebiete schließen sich die Blutgefäße an, die das Blut zum Herzen zurückführen. Zunächst sind es kleine Blutadern, deren Fachbezeichnung „**Venolen**" eine Verkleinerungsform des Begriffs **Venen** (Blutadern) darstellt. Venen transportieren grundsätzlich das Blut zum Herzen hin.

Da die Begriffe „Schlagader" und „Blutader" schnell verwechselt und oft auch unpräzise benutzt werden, sollten nur die Fachbegriffe Arterien und Venen Verwendung finden. Auch für die kleineren Blutgefäße sind die Begriffe Arteriolen, Kapillaren und Venolen (bzw. Venulen) Standard.

Für die Versorgung der Körperzellen ist es notwendig, dass das Blut mit neuen Nährstoffen versehen wird: dies geschieht mithilfe des Verdauungstrakts und der Leber. Auf der anderen Seite sorgen im Wesentlichen die Leber und die Niere für eine Entsorgung der im Blut kreisenden Abfallstoffe der Zellen.

Da auch Sauerstoff von den Zellen verbraucht wird, muss dieser dem Blut wieder zugeführt werden. Dies geschieht in den Kapillargebieten der Lunge, wo Sauerstoff aus der Atemluft letztlich in das Blut überführt wird. In umgekehrter Richtung erfolgt an der gleichen Stelle die Abgabe des „Zellabgases" Kohlendioxid vom Blut an die Ausatemluft.

3.1.2 Herz- und Kreislaufmodelle

Das Herz, das den Transport des Blutes vollzieht, ist ein sich rhythmisch zusammenziehender Muskelschlauch. Damit das Blut in eine bestimmte Richtung aus dem Herzen fließt, sind Ventile, die sog. Herzklappen, erforderlich.

Unter Verwendung der bisherigen Überlegungen lässt sich ein primitives Herz- und Kreislaufmodell erstellen, wie es in der ➤ Abb. 3.1a) zu sehen ist.

Dieses „primitive" Kreislaufmodell hat zwei entscheidende Nachteile:

- Wenn das Herz das Blut zu den Lungenkapillaren gepumpt hat, wo es sich wieder mit Sauerstoff belädt, ist im Anschluss an das Kapillargebiet der Blutdruck zu niedrig, um die Zellen in der Umgebung der Körperkapillaren bei einem Organismus wie dem des Menschen ausreichend mit Sauerstoff und Nährstoffen zu versorgen und das Blut anschließend dem Herzen wieder zuzuführen.

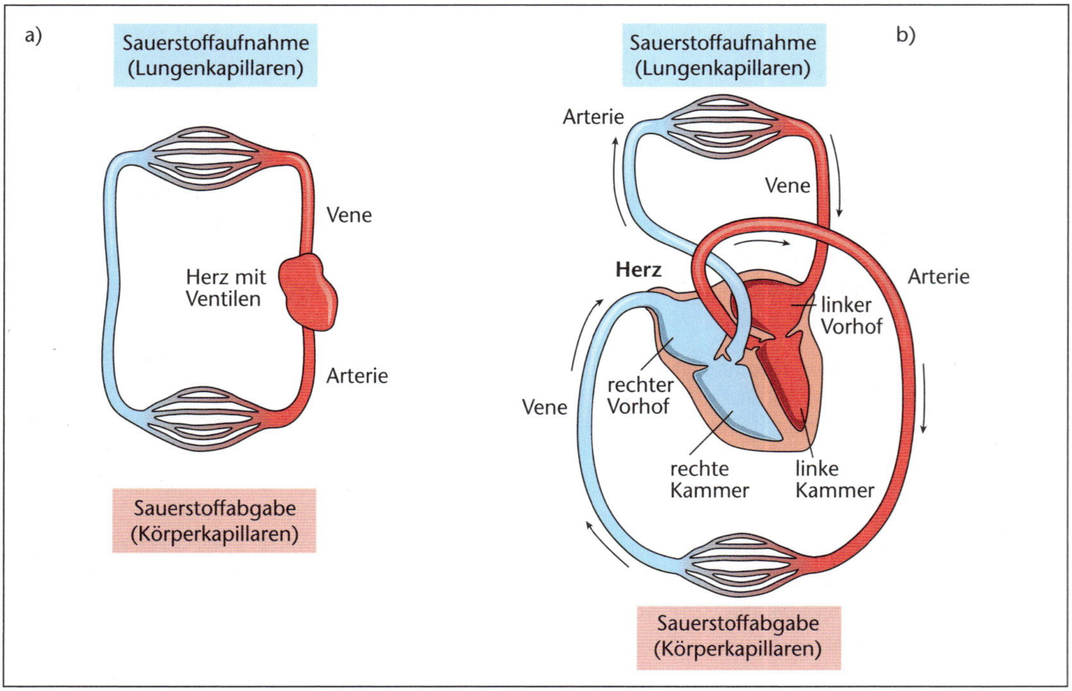

Abb. 3.1 a) primitives Kreislaufmodell ohne getrennten Körper- und Lungenkreislauf und ohne Herzvorhof, b) Kreislaufmodell beim Menschen (Ventile nicht eingezeichnet); a) und b) sauerstoffarmes Blut: blau, sauerstoffreiches Blut: rot

- Wenn das Herz die in ihm enthaltene Blutmenge durch eine Muskelkontraktion herausgepumpt hat, dauert es zu lange, bis sich der Innenraum des Herzens wieder neu mit Blut gefüllt hat.

Diese Nachteile sind im Kreislaufmodell des Menschen und anderer Säugetiere durch zwei entscheidende Veränderungen beseitigt (➢ Abb. 3.1b):

- Eine Pumpe (das rechte Herz oder die rechte „Herzhälfte") pumpt das Blut zu den Lungenkapillaren, von wo es dann zum linken Herzen (der linken Herzhälfte) zurückkehrt, das es dann zu den Körperkapillaren pumpt, von wo es wieder in das rechte Herz zurückkehrt.
- Vor das eigentliche, pumpende Herz (rechte bzw. linke Herzkammer) ist ein Vorratsbehälter geschaltet (rechter bzw. linker Herzvorhof), in dem sich das Blut während der Pump- und Austreibungsaktion der Herzkammer sammelt; damit es schneller für eine erneute Pumpaktion zur Verfügung steht.

Die Herzkontraktion, das Zusammenziehen des Herzmuskels, bezeichnet man als **Systole**, das anschließende Erschlaffen des Herzmuskels als **Diastole**.

systole (griech.): das Zusammenziehen
diastole (griech.): das Auseinanderziehen

Insgesamt vier Ventile befinden sich zwischen dem jeweiligen Vorhof und der Kammer sowie zwischen den jeweiligen Kammern und Arterien, über die das Blut entweder zu den Lungenkapillaren (rechtes Herz) oder zu den Körperkapillaren (linkes Herz) transportiert wird. Beide Herzen arbeiten in der Regel bezüglich Systole und Diastole absolut synchron und transportieren jeweils auch die gleiche Blutmenge zur Lunge bzw. zum Körper.

Wenn die Systole der beiden Herzkammern beginnt, schließen sich die Ventile zu den Vorhöfen, damit das Blut nicht in diese zurückfließt. Die Ventile zu den abgehenden Arterien sind so lange geschlossen, bis der Blutdruck in den Kammern einen bestimmten Wert (diastolischer Blutdruckwert) erreicht hat. Dann öffnen sich die beiden Ventile zu den abgehenden Arterien, und das Blut gelangt in diese Arterien in Richtung Lungen bzw. Körper. Dabei erreicht der Blutdruck seinen Spitzenwert (systolischer Blutdruckwert).

Anschließend erschlaffen die Kammern wieder. Zunächst schließen sich die Ventile zu den abgehenden Arterien, damit das Blut nicht in die Herzkammern zurückfließt und der diastolische Blutdruck in den Arterien erhalten bleibt. Der Blutdruck in den Kammern sinkt dann so weit ab, dass sich zum Schluss die Ventile zu den Vorhöfen öffnen, in denen sich in der Zwischenzeit Blut aus den zuführenden Venen aus der Lunge bzw. aus dem Körper gesammelt hat. Dann beginnt die Systole der Kammern erneut.

Blutdruck/Bluthochdruck

Der Blutdruck wird meist in mm Hg (Millimeter Quecksilbersäule) gemessen. Als „normal" wird ein Blutdruck unter 130/85 mm Hg angesehen, als „optimal" gilt ein Wert von unter 120/80 mm Hg. Dabei ist der systolische Wert 120 mm Hg, der diastolische Wert 80 mm Hg. Überschreitet der systolische Wert 140 mm Hg und/oder der diastolische Wert 90 mm Hg, spricht man von Bluthochdruck (Hypertonie); heutzutage wird meist auch ein systolischer Blutdruck zwischen 130 und 139 mm Hg bzw. ein diastolischer Blutdruck zwischen 85 und 89 mm Hg als kritisch angesehen.
Hg: chemisches Symbol für Quecksilber (Hydrargurum).

3.1.3 Körper- und Lungenkreislauf

Zwei Pumpen, das rechte und das linke Herz, sind zu einer einzigen Pumpe, dem Organ „Herz", zusammengewachsen. Das Herz treibt aber zwei getrennte Kreisläufe an, die man als Lungenkreislauf („kleiner Kreislauf") und Körperkreislauf („großer Kreislauf") bezeichnet.

Das rechte Herz treibt den Lungenkreislauf an; es erhält verbrauchtes, sauerstoffarmes Blut, das aus den Organen und Geweben des Körpers, also aus dem Körperkreislauf, stammt (➢ Abb. 3.4). Dieses Blut gelangt über Venen in den rechten Vorhof, dann über ein Ventil zur rechten Kammer, die das Blut bei der Systole durch ein weiteres Ventil in eine Arterie drückt, die sich dann zur rechten und linken Lunge hin aufzweigt.

In den Lungen wird das Blut mit Sauerstoff wieder „aufgefrischt", während ein Teil des Kohlendioxids Richtung Ausatemluft abgegeben wird. Aus den Lungen gelangt das dann sauerstoffreiche Blut über Venen zum linken Herzvorhof. Der eigentliche Lungenkreislauf endet dann hier am linken Vorhof.

Das sauerstoffreiche Blut gelangt über ein Ventil vom linken Vorhof in die linke Kammer, die als Pumpe den Körperkreislauf antreibt. Aus der linken Kammer wird das sauerstoffreiche Blut über ein weiteres Ventil in die große Arterie des Körperkreislaufs (Aorta) gedrückt, über die das Blut dann zu den Geweben und Organen des Körpers verteilt wird. In den Kapillargebieten der Organe und Gewebe werden Sauerstoff und Nährstoffe den Zellen zugeführt, wohingegen Abfallstoffe und Kohlendioxid vom Blut aufgenommen werden. An die Kapillargebiete des Körpers schließen sich Venolen und dann Venen an, die das Blut dem rechten Herzvorhof und damit wieder dem Lungenkreislauf zuführen.

Die Wege des Blutkreislaufs sind in der Abbildung 3.1b nur schematisch dargestellt. Abbildung 3.2 zeigt die Verhältnisse innerhalb des aufgeschnittenen Herzens anatomisch korrekter.

Anatomische Nomenklatur der Arterien und Venen

Eine Arterie wird mit Arteria (abgekürzt A.) und einem näher bestimmenden Adjektiv oder sonstigen Zusatz gekennzeichnet, z.B. Arteria vertebralis (A. vertebralis), das ist die Wirbelarterie, die teilweise durch die Halswirbelsäule (lat. vertebra: Wirbel) verläuft.
Verwendet man die Arterienbezeichnungen im Plural, dann heißt es Arteriae vertebrales bzw. abgekürzt Aa. vertebrales.
Bei den Venen ist es entsprechend: die Lungenvene heißt Vena pulmonalis (lat. pulmo: Lunge), abgekürzt V. pulmonalis, im Plural Venae bzw. Vv. pulmonales.

Der Weg des sauerstoffarmen Bluts führt über zwei große Venen (sog. Hohlvenen) zum rechten Vorhof. Man nennt das sauerstoffarme Blut auch „venös", wobei es allerdings im Lungenkreislauf in Arterien und nicht wie sonst im Körperkreislauf in Venen fließt (Achtung: Verwechslungsgefahr!). Die beiden zum rechten Vorhof führenden Venen heißen **V. cava superior** bzw. **V. cava inferior**; sie transportieren

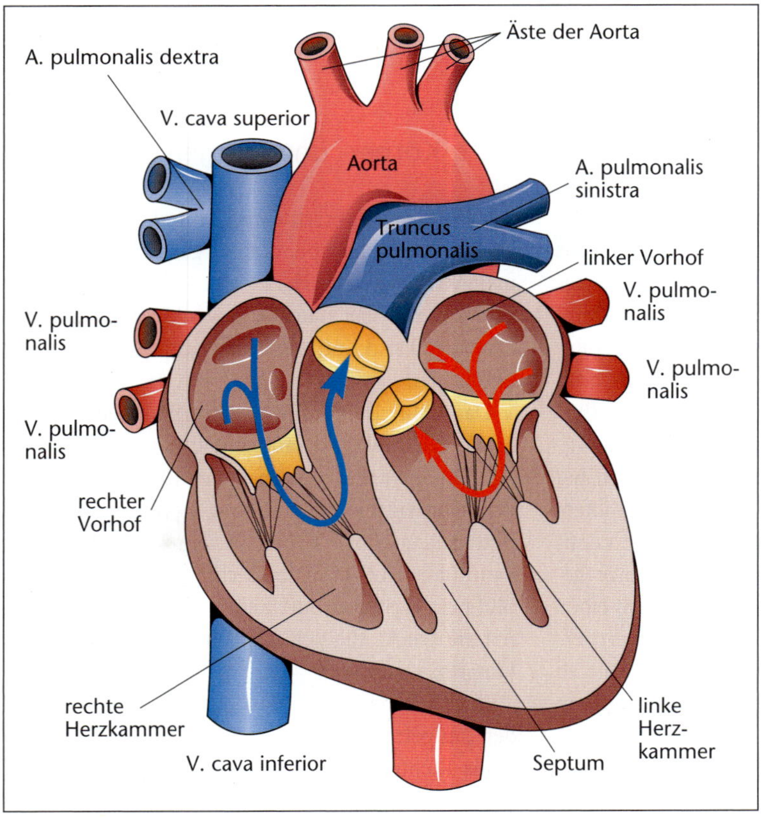

Abb. 3.2 Längsschnitt durch das Herz. Die sauerstoffreiches Blut führenden Gefäße (Arterien bzw. Venen) des Herzens sind rot, die sauerstoffarmes Blut führenden Gefäße (Arterien bzw. Venen) des Herzens blau dargestellt. Der Weg des sauerstoffarmen Bluts ist mit einem blauen Pfeil, der Weg des sauerstoffreichen Bluts ist mit einem roten Pfeil gekennzeichnet.

das „venöse“ Blut aus dem Körperkreislauf zum Herzen. Die V. cava superior transportiert das Blut aus Kopf, Hals und Arm zum Herzen, die V. cava inferior aus dem restlichen Körper.

cava ist die weibliche Form von cavus (lat.): geräumig, bauchig (auch: hohl, der Begriff Hohlvene ist also ungenau)
superior (lat.): oben gelegen oder der/die/das obere …
inferior (lat.): unten gelegen oder der/die/das untere …
V. cava superior: obere Hohlvene, V. cava inferior: untere Hohlvene

Das Blut aus dem rechten Herzvorhof gelangt zur rechten Herzkammer, die es dann über eine Arterie zu den Lungen auswirft. Die beiden Lungenarterien zur rechten und linken Lunge besitzen einen gemeinsamen „Stamm“, der aus der rechten Kammer abgeht. Daher ergeben sich die Bezeichnungen für diese Arterien: aus der rechten Herzkammer geht der **Truncus pulmonalis** hervor, der sich zur **A. pulmonalis dextra** und zur **A. pulmonalis sinistra** aufzweigt.

truncus (lat.): Stamm
pulmonalis (lat.): zur Lunge (pulmo) gehörend
dextra weibliche Form von dexter (lat.): rechts, der rechte
sinistra weibliche Form von sinister (lat.): links, der linke
Aorta (griech. aorte): Hauptschlagader des menschlichen Körpers

Jeweils zwei Lungenvenen (V. pulmonalis) gelangen aus jeder Lunge zum linken Vorhof. Von dort fließt das sauerstoffreiche Blut zur linken Kammer, die es über die **Aorta** genannte große Körperschlagader auswirft. Man nennt das sauerstoffreiche Blut auch „arteriell“, wobei es allerdings im Lungenkreislauf in Venen und nicht wie sonst im Körperkreislauf in Arterien fließt. Über die zahlreichen Äste und Aufzweigungen gelangt das „arterielle“ Blut dann zu den Organen und Geweben des Körpers.

3.1.4 Blutversorgung der Organe und Gewebe

Die Aorta hat in ihrem Anfangsbereich drei große Äste (➤ Abb. 3.2 und ➤ Abb. 3.3), durch die der Kopf, der Hals und beide Arme versorgt werden. Der zuerst abgehende Aortenast bildet einen „Stamm“ ähnlich wie der Truncus pulmonalis. Dieser Stamm verzweigt sich rasch in eine Arterie zum rechten Arm (**A. subclavia dextra**) und eine Arterie zur rechten Hälfte des Kopfes und Halses (**A. carotis communis dextra**).

Der zweite Aortenast ist die **A. carotis communis sinistra**, der dritte Ast die **A. subclavia sinistra**. Die Aorta biegt dann nach unten um und verläuft hinter dem Herzen durch den hinteren Brustraum und weiter mit zahlreichen Ästen und Aufzweigungen zu den übrigen Körperbereichen.

A. subclavia Unterschlüsselbeinarterie, sub (lat.): unter und clavicula (lat.): Schlüsselbein
A. carotis communis dextra bzw. sinistra rechte bzw. linke gemeinsame Halsschlagader
communis (lat.): gemeinsam, **karotis** (griech.): Kopf-, Halsschlagader
interna (lat.): innen, die innere; **externa** (lat.): außen, die äußere
A. vertebralis Wirbelarterie, vertebra (lat.): Wirbel

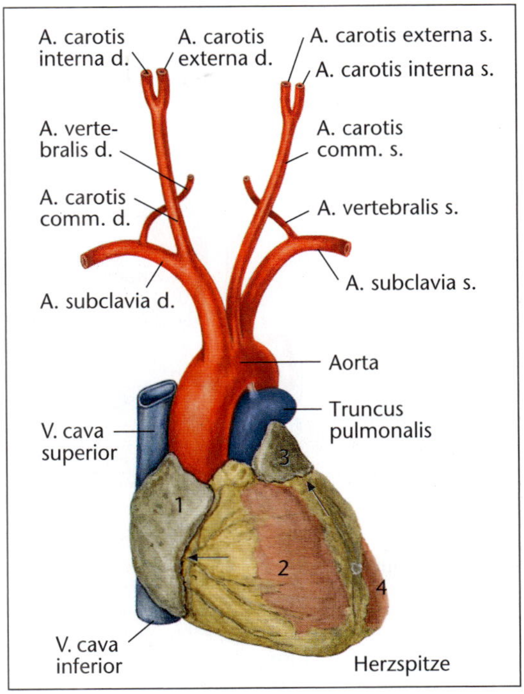

Abb. 3.3 Herz in der Ansicht von vorne mit Abgängen der großen Arterien.
Abkürzungen: comm.: communis, s.: sinistra, d.: dextra
1 rechter Vorhof, 2 rechte Kammer, 3 linker Vorhof, 4 linke Kammer; die Pfeilspitzen zeigen auf die Herzkranzfurche

3

Die A. carotis communis teilt sich im oberen Halsbereich jeweils in eine **A. carotis interna** und eine **A. carotis externa** (hier lässt sich der Puls fühlen!). Die A. carotis interna zieht ohne Äste bis zur Schädelbasis. Im Inneren des Schädels versorgt sie die Augenhöhle und große Teile des Gehirns. Die A. carotis externa versorgt die äußeren Regionen von Kopf und Hals (➤ Abb. 3.3).

Die A. subclavia versorgt nicht nur die Arme, sondern über einen **A. vertebralis** genannten Ast zusammen mit der A. carotis interna auch das Gehirn (➤ Abb. 3.3).

Das verbrauchte Blut aus Kopf, Hals und beiden Armen sammelt sich letztlich in der V. cava superior und gelangt dann zum rechten Vorhof (➤ Abb. 3.2).

Die Organe, Gewebe und Körperregionen sind in ihrer Blutversorgung im Prinzip alle parallel geschaltet, d.h., jedes Organ wird mit einem eigenen Ast aus der Aorta versorgt. Dieser Ast verzweigt sich innerhalb des Organs bis zu den Kapillaren. Damit ist gewährleistet, dass die Qualität des Blutes im Hinblick auf Sauerstoff und Nährstoffe für alle Körperbereiche annähernd gleich ist (➤ Abb. 3.4).

Bei einer Hintereinanderschaltung der Organe bezüglich ihrer Blutversorgung würde die Qualität des Blutes mit jedem Organ, das passiert würde, immer schlechter. Mit nur einer Ausnahme beim Übergang des Blutes vom Darm, das dort die Nährstoffe aufgenommen hat, zum Stoffwechselzentrum Leber kommt eine solche Hintereinanderschaltung der Organe im Körper praktisch nicht vor.

3.1.5 Aufbau der Blutgefäße

Die Blutgefäße weisen einen dreischichtigen Bau wie das Herz selbst auch auf. Sie bestehen von innen nach außen aus folgenden Schichten (➤ Abb. 3.5):

- **Intima:** einschichtiges Plattenepithel (Endothel, ➤ Kap. 1.2.1), das die Grenze zum Blut bildet; unter dem Endothel liegen eine Basalmembran und eine sehr dünne Bindegewebsschicht,

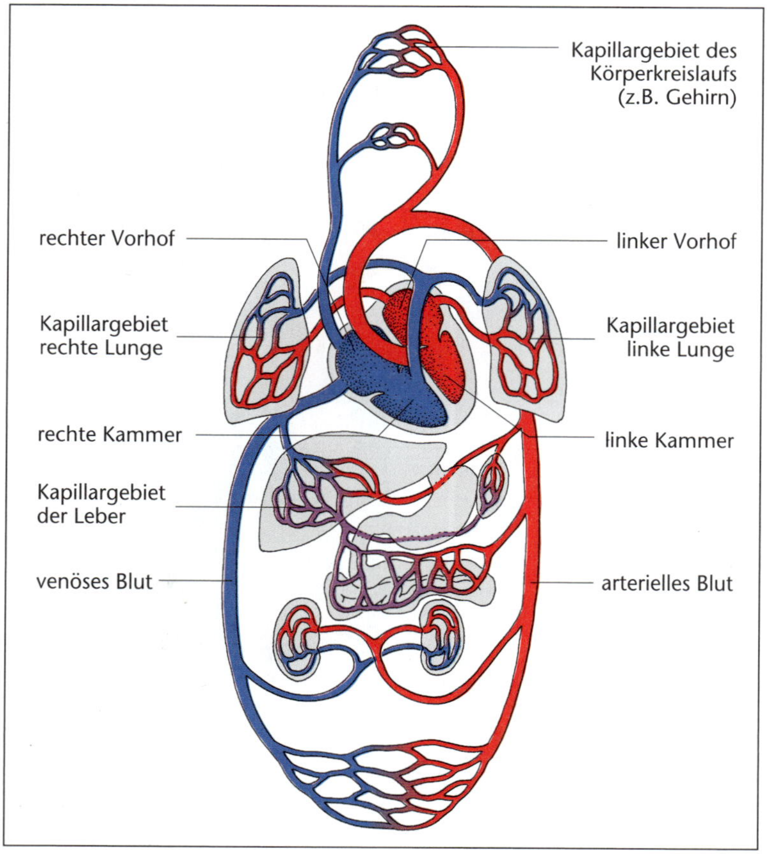

Abb. 3.4 Blutversorgung der Organe, Gewebe und Körperregionen des Menschen. Rot: sauerstoffreiches Blut, blau: sauerstoffarmes Blut, violett: Übergangszonen zwischen sauerstoffreich und sauerstoffarm (Sonderfall: die Leber bekommt sowohl sauerstoffreiches Blut aus der Leberarterie als auch sauerstoffarmes, aber nährstoffreiches Blut aus dem Darm)

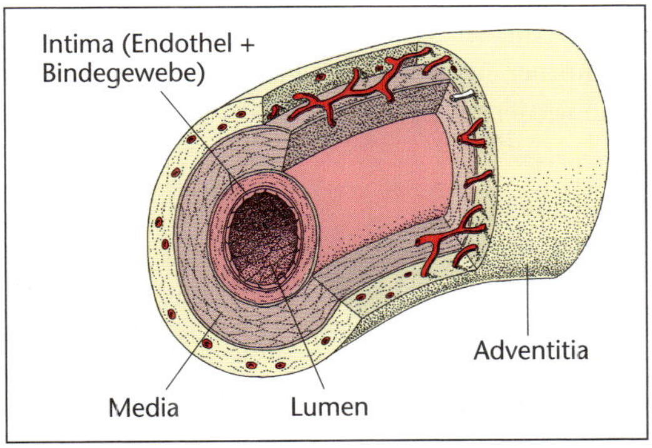

Abb. 3.5 Wandaufbau größerer Blutgefäße (Arterien, Venen). Die Adventitia besitzt eigene kleine Blutgefäße zur Versorgung der äußeren Wandschichten der größeren Blutgefäße

- **Media:** unterschiedlich dicke Schicht aus ringförmig angeordneten glatten Muskelzellen (➤ Kap. 1.2.3), teilweise auch mit elastischen Fasern (➤ Kap. 1.2.2); die Muskelzellen können sich verengen und damit das **Lumen** der Blutgefäße verringern (speziell in Arteriolen),
- **Adventitia:** Bindegewebe (➤ Kap. 1.2.2), bei größeren Blutgefäßen mit eigenen kleinen Gefäßen und Nerven; über diese Bindegewebsschicht erfolgt die Verankerung der Blutgefäße in der Umgebung.

lumen (lat.): eigentlich „Licht" (vgl.: Lichtung), hier der Hohlraum eines röhrenförmigen oder hohlen Organs

Arterien und Arteriolen haben die Aufgabe, Blut zu den Kapillargebieten der Gewebe und Organe zu bringen. Sie sind reine Verteilergefäße und besitzen zu diesem Zwecke eine kräftige Muskulatur, die dem Blutdruck standhalten muss.

Elastische Fasern finden sich in herznahen Arterien, sie fangen die Blutdruckspitze bei der Systole der linken Kammer durch eine elastische Dehnung auf. Nach Ende der Systole ziehen sich die elastischen Fasern wieder zusammen und drücken dadurch das Blut in die herzfernen Arterien nach.

Arteriolen weisen einen Innendurchmesser unter 0,1 mm auf. Ihre Muskelschicht ist recht dünn, kann aber das Lumen der Arteriolen bei Bedarf sehr stark verengen oder gar verschließen, sodass dadurch die Blutzufuhr zu den dahinter liegenden Kapillargebieten reguliert werden kann.

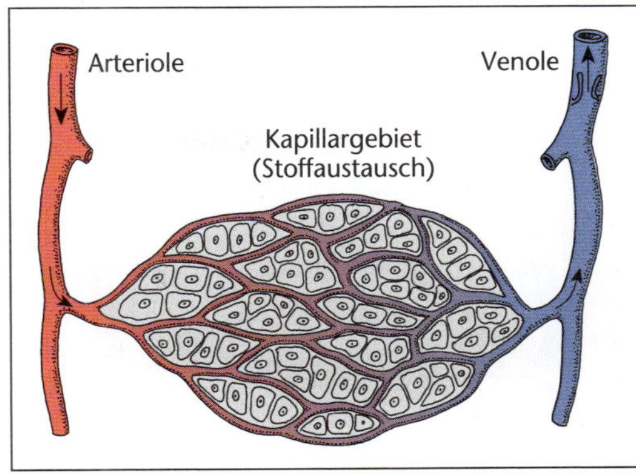

Abb. 3.6 Übergang Arteriole – Kapillargebiet – Venole im Körperkreislauf; rot: sauerstoffreiches Blut, blau: sauerstoffarmes Blut

Kapillaren bestehen nur noch aus dem Endothel der Intima und etwas aufgelagertem Bindegewebe; sie besitzen überhaupt keine Muskelschicht mehr. In den Kapillargebieten erfolgt der Stoffaustausch zwischen Blut und den umliegenden Zellen. Hier werden die Atemgase Sauerstoff und Kohlendioxid, Wasser, Salze, Nähr- und Abfallstoffe ausgetauscht (➤ Abb. 3.6).

Venolen und Venen haben die Aufgabe, Blut aus den Kapillargebieten aufzunehmen und zum Herzen zurückzutransportieren. Ihre Wandstruktur ähnelt derjenigen der Arteriolen und Arterien; allerdings ist der Wandaufbau sehr viel lockerer. Dadurch können sich diese sog. Sammelgefäße relativ stark dehnen.

3.1.6 Übersicht über das Lymphgefäßsystem

Neben dem Blutkreislauf existiert ein zweites Transportsystem, das **Lymphgefäßsystem**.

Lymphgefäße

Lymphe (lat. lympha): Quellwasser

Außer Sauerstoff treten in den Kapillargebieten u.a. blutdruckbedingt die von den Zellen benötigten Nährstoffe zusammen mit einer erheblichen Menge an Wasser und Salzen aus den Kapillaren aus und gelangen in den Interzellularraum. Teilweise werden diese Stoffe von den Zellen aufgenommen, teilweise geben diese aber auch selbst Abfallstoffe, Wasser

3

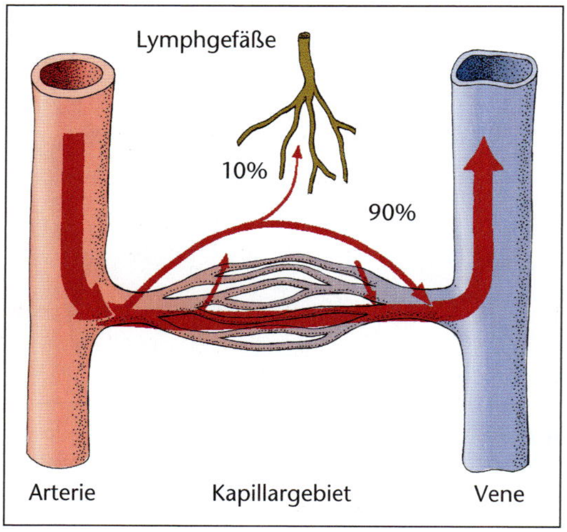

Abb. 3.7 Entstehung und Abtransport der Lymphe im Interzellularraum

und Salze an den Interzellularraum ab. Der größte Teil dieser Stoffe wird im Kapillargebiet von den Kapillaren auch wieder aufgenommen (➤ Abb. 3.7).

Bezogen auf den gesamten menschlichen Körper und den Zeitraum eines Tages werden von den Kapillaren ca. 20 l Flüssigkeit abgegeben und 18 l wieder aufgenommen. Der Rest von ca. 2 l pro Tag (10%) verbleibt zunächst im Interzellularraum. Dieser Flüssigkeitsrest, der im Wesentlichen in seiner Zusammensetzung dem Blutplasma entspricht, wird vom Lymphgefäßsystem aufgenommen und nach Reinigung an große Venen des Körperkreislaufs zurückgegeben. Der Blutkreislauf hat somit einen Nebenweg, das Lymphgefäßsystem.

Die Flüssigkeit im Interzellularraum kann zusätzlich zu Komponenten des Blutplasmas auch noch Stoffe, Partikel, Krankheitserreger, unter Umständen sogar Tumorzellen enthalten. Diese Gewebsflüssigkeit mit allen Zusätzen wird von blind in Gewebespalten beginnenden sog. Lymphkapillaren aufgenommen und dann als **Lymphe** bezeichnet (➤ Abb. 3.7).

Von den Lymphkapillaren aus gelangt dann die Lymphe – vergleichbar dem Blutfluss in den Venolen und Venen – zu immer größeren Lymphgefäßen, in die allerdings zur Filterung, Reinigung und Bekämpfung von Krankheitserregern und Tumorzellen zahlreiche Filterstationen, die sog. Lymphknoten, eingebaut sind. Der Wandaufbau der Lymphkapillaren ähnelt dem der Blutkapillaren, der Wandaufbau der größeren Lymphgefäße entspricht dem von Venolen und Venen.

An zwei Stellen gelangt die Lymphe aus dem gesamten Körper in herznahe Venen und vereinigt sich dann wieder mit dem Blut.

Lymphödem

Durch zahlreiche Faktoren bedingt kann die Funktion der Lymphgefäße reduziert sein: angeborene Störungen, Entzündungen, Verschlüsse, Verbrennungen und Vernarbungen. Dann staut sich die Lymphe im Interzellularraum und führt zu Schwellungen (griech. oidema: Schwellung), z.B. unter der Haut oder Schleimhaut.
Im Bereich des Verschlussapparates des Kehlkopfs, der sog. Glottis (➤ Kap. 5.2.3), kann ein Ödem (Glottisödem) zu Schwellungen der Schleimhaut führen. Heiserkeit und Atemnot zählen zu den wichtigsten Symptomen; evtl. tritt sogar akut Erstickungsgefahr auf.

3.2 Aufbau und Funktion des Herzens

Herz

cor (lat.), wird in medizinischen Begriffen eher selten benutzt, taucht in dem veralteten deutschen Wort „kordial" für herzlich noch auf
häufiger das griechische kardia (Betonung auf dem i), z.B. Kardiologe: Facharzt für Herzkrankheiten, Elektrokardiogramm (EKG): Aufzeichnung der elektrischen Aktivitäten des Herzens

3.2.1 Außenansicht und Binnenräume

Das Herz gleicht einem abgestumpften Kegel, dessen Spitze nach links unten vorne und dessen Basis nach rechts oben hinten zeigt (➤ Abb. 3.3). Etwa ⅔ des Herzens liegen links, etwa ⅓ rechts von der Körpermitte.

Da das Herz eigentlich aus zwei Teilherzen besteht und jedes Teilherz wiederum aus zwei Hohlräumen, Vorhof und Kammer, unterscheidet man insgesamt vier Binnen- oder Hohlräume des Herzens, den rechten und linken Vorhof (**Atrium dextrum**, **Atrium sinistrum**) sowie die rechte und linke Kammer (**Ventriculus dexter**, **Ventriculus sinister**). Die Grenze zwischen den beiden Teilherzen bildet im Inneren des Herzens die Herzscheidewand (das **Septum**, ➤ Abb. 3.2). Die von außen sichtbare Grenze zwischen den Vorhöfen und den Kammern nennt sich Herzkranzfurche (➤ Abb. 3.3).

atrium (lat.): eigentlich Hauptraum eines Hauses, aber auch Innenhof („Atriumbungalow") oder Vorhof, in medizinischen Begriffen bedeutet „atrium" Vorhof oder Vorkammer
ventriculus (lat.): Verkleinerungsform von venter (lat.): der Magen (Bauch), also wörtlich der „kleine Bauch", in medizinischen Begriffen bedeutet „ventriculus" Kammer oder Hohlraum, eingedeutscht „Ventrikel"
dextrum, dexter (lat.): rechts; **sinistrum, sinister** (lat.): links
septum (lat.): Scheidewand, Zwischenwand

3.2.2 Funktionelle und nutritive Gefäße des Herzens

Die in ➤ Kap. 3.1.3 besprochenen sog. „großen" Gefäße des Herzens (Aorta, Hohlvenen, Lungenarterien, Lungenvenen) bezeichnet man auch als „funktionelle" Gefäße des Herzens, da sie die wesentlichen Elemente des Körper- und Lungenkreislaufs sind.

Zusätzlich existieren am Herzen aber auch noch „kleine" oder „**nutritive**" Gefäße, die das Herz selbst mit Blut versorgen. Da sie – eingehüllt in Fettgewebe – teilweise in der Herzkranzfurche (**Sulcus coronarius**) verlaufen, werden sie auch als Herzkranzgefäße (Koronargefäße) bezeichnet.

nutritiv abgeleitet von nutrire (lat.): ernähren; damit ist die Versorgung vor allem des Herzmuskels gemeint
sulcus (lat.): Furche
coronarius (lat.): kranzförmig, corona (lat.): Kranz (das deutsche Wort „Krone" hat den gleichen Ursprung)

Die beiden Arterien des sog. Koronarkreislaufs, die rechte und linke Koronararterie, entspringen direkt nach dem Abgang der Aorta aus der linken Herzkammer (➤ Abb. 3.9), verzweigen sich später zu Arteriolen und gehen dann in das Kapillargebiet über, das vor allem das Herzmuskelgewebe versorgt. Die sich anschließenden Venolen und Venen münden überwiegend in den rechten Vorhof, wohin auch das verbrauchte Blut des Körperkreislaufs gelangt.

Herzinfarkt

Auch als „Koronarinfarkt", Infarkt der Koronararterien, bezeichnet; damit ist der rasche Gewebsuntergang von Teilen des Herzmuskels nach Unterbrechung der Sauerstoff- und Nährstoffzufuhr durch einen Verschluss (von Ästen) der Koronararterien gemeint (häufige Todesursache).
Infarkt (lat. infarcire): Absterben eines Gewebestücks (infolge unzureichender Blutversorgung, z.B. bei Gefäßverschluss).
Da die Herzmuskulatur praktisch keine Regenerationsfähigkeit besitzt, werden zugrunde gegangene Herzmuskelzellen durch Bindegewebe ersetzt, das Narben bildet.

3.2.3 Herzklappen

Damit das Blut während der Systole der Herzkammern nicht in die Vorhöfe zurückgedrückt wird, befinden sich zwischen den Vorhöfen und den Kammern Ventile. Diese schließen sich kurz nach dem Beginn der Systole und öffnen sich erst wieder am Ende der Diastole der Kammer, damit sich diese dann mit dem in der Zwischenzeit im Vorhof angesammelten Blut füllen kann.

Segelklappen

Die Ventile zwischen den Vorhöfen und den Kammern sind nicht nur segelförmig aufgebaut (➤ Abb. 3.2 und ➤ Abb. 3.8a), sondern funktionieren auch wie Segel und werden deshalb als Segelklappen oder **Kuspidalklappen** bezeichnet. Die Klappe zwischen rechtem Vorhof und rechter Kammer besteht aus drei Segelzipfeln, folglich lautet der Fachbegriff **Trikuspidalklappe**. Die Klappe zwischen linkem Vorhof und linker Kammer besteht aus zwei etwas stärker gebogenen Zipfeln, heißt also **Bikuspidalklappe**. Wegen der Ähnlichkeit der linken Segelklappe mit einer Bischofsmütze (Mitra) und wegen der Verwechslungsgefahr der beiden ähnlich klingenden Bezeichnungen wird für die linke Segelklappe üblicherweise der Begriff **Mitralklappe** verwendet.

Unter Einbeziehung der Begriffe für Vorhof (Atrium) und Kammer (Ventriculus) findet man auch die Bezeichnungen Atrioventrikularklappen oder kurz AV-Klappen anstelle der mehr Aufbau und Funktion beschreibenden Benennungen.

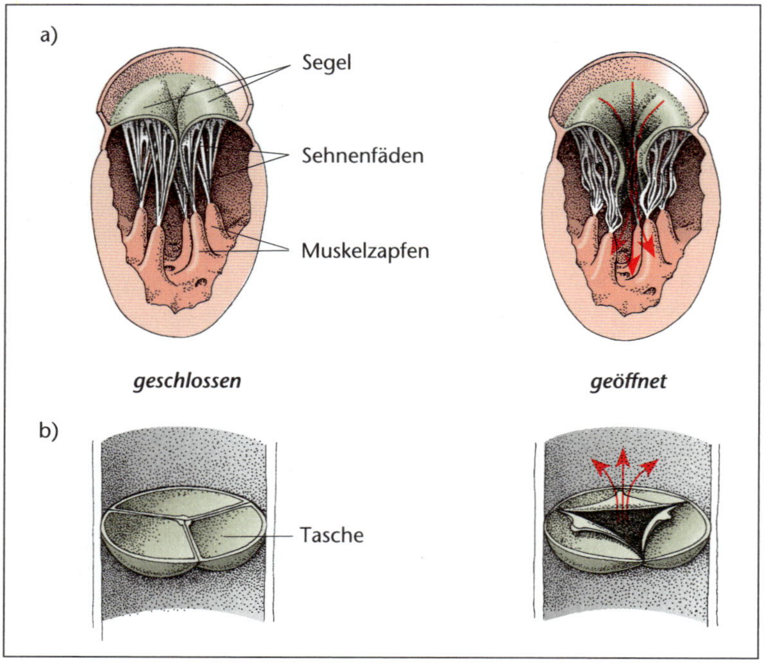

Abb. 3.8 Herzklappen.
a) Segelklappen,
b) Taschenklappen. Die roten Pfeile zeigen die Richtung des Blutstroms bei geöffneten Klappen an.

Damit die Segel während der Systole nicht in die Vorhöfe zurückschlagen, sind sie über kräftige Sehnenfäden an Muskelzapfen befestigt, die mit der Herzkammer verbunden sind (➤ Abb. 3.8a). Die Ventile sind geschlossen, wenn der Blutdruck in der Kammer höher ist als der im Vorhof. Sie öffnen sich, wenn der Blutdruck der Kammer am Ende der Diastole unter den des Vorhofs sinkt.

Kuspidalklappen abgeleitet von cuspis (lat.): Zipfel
tri- (lat., griech.): dreiteilig; **bi-** (lat.): zweiteilig, doppelt
mitra (lat., griech.): u.a. Bischofsmütze

Taschenklappen

Auch die beiden Arterien, die aus der rechten und linken Kammer abgehen, besitzen in ihrem Anfangsabschnitt Ventile. Da die Arterie der rechten Kammer der gemeinsame Stamm der Lungenarterien ist, lautet die Bezeichnung für diese Klappe Pulmonalklappe. Folgerichtig wird die Klappe am Übergang der linken Kammer zur Aorta Aortenklappe genannt (➤ Abb. 3.2 und ➤ Abb. 3.8b). Diese beiden Klappen bestehen aus jeweils drei halbmondförmigen Taschen, daher die aus ihrer Form abgeleitete Bezeichnung Taschenklappen.

Die Aortenklappe öffnet sich, wenn die linke Kammer bei der Systole einen Druck über dem diastolischen Blutdruck (z.B. 80 mm Hg) erreicht hat. Dann wird das Blut in die Aorta ausgeworfen. Nach Erreichen des Maximalwerts des systolischen Blutdrucks (z.B. 120 mm Hg) sinkt der Blutdruck mit beginnender Diastole wieder. Dabei fließt das Blut aus der Aorta zurück, füllt die Taschen und schließt dadurch die Aortenklappe bei Wiedererreichen des diastolischen Blutdruckwerts. Der Druck in der linken Kammer kann dann weiter sinken – die Aortenklappe bleibt geschlossen und erhält den diastolischen Blutdruck in der Aorta bis zum nächsten Öffnen der Klappe aufrecht. Im rechten Herzen sind die Verhältnisse analog, nur die Drücke sind deutlich geringer.

Die vier großen Herzklappen liegen etwa in einer Ebene, die von außen durch die Herzkranzfurche sichtbar ist (➤ Abb. 3.3, ➤ Abb. 3.9); diese Ebene nennt man die Ventilebene (sie liegt senkrecht zur Herzachse, die die Herzspitze mit der Herzbasis verbindet).

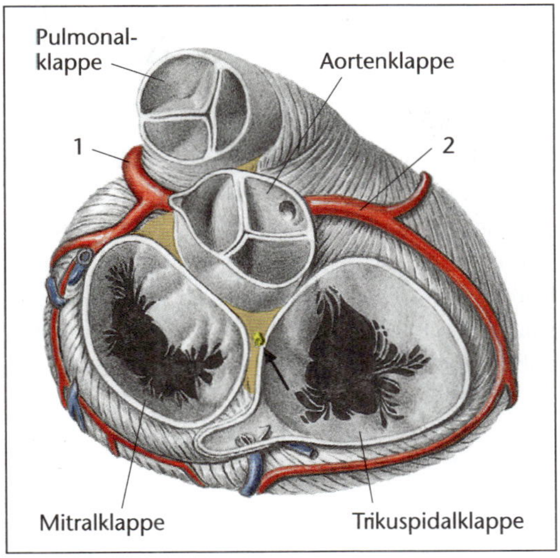

Abb. 3.9 Ventilebene des Herzens, sichtbar gemacht nach Entfernung der Vorhöfe und Abtrennen der großen Arterien. Diese Ebene ist nach rechts hinten unten geneigt. Direkt aus dem Anfangsabschnitt der Aorta oberhalb der Aortenklappe entspringen linke (1) und rechte (2) Herzkranzarterie. Der Pfeil zeigt auf den Durchtritt des AV-Bündels durch das Herzskelett (hellbraun).

3.2.4 Schichtenaufbau des Herzens; Herzbeutel

Das Herz ist wie die Blutgefäße dreischichtig aufgebaut, da beide entwicklungsgeschichtlich den gleichen Ursprung haben. Die drei Schichten des Herzens nennt man von innen nach außen:

- Herzinnenhaut (**Endokard**)
- Herzmuskulatur (**Myokard**)
- Herzaußenhaut (**Epikard**).

kardia (griech.): Herz
endo- (griech.): innen, epi- (griech.): darauf
myo- (griech.) aus mys (griech.): Muskel (eigentlich „Maus", z.B. der bei Muskelanspannung wie eine Maus hervorspringende Bizepsmuskel am Oberarm)

Endokard

Das Endokard bedeckt lückenlos die gesamte innere Oberfläche des Herzens einschließlich der Herzklappen und geht ohne Unterbrechung in die innere Schicht der Blutgefäße (Intima) über. Das Endokard besteht ebenso wie die Intima aus einem einschichtigen Plattenepithel sowie einer dünnen, darunter liegenden Bindegewebsschicht.

Myokard

Das Myokard ist die Arbeitsmuskulatur des Herzens, die aus den typischen, nur hier vorkommenden quergestreiften Herzmuskelzellen (oder -fasern) besteht (➤ Kap. 1.2.3). Da dieses Gewebe bei einem Herzinfarkt teilweise zugrunde geht, spricht man auch von einem Myokardinfarkt (➤ Kap. 3.2.2).

Die Herzmuskelzellen haben gewisse Ähnlichkeiten zu den Skelettmuskelzellen, jedoch sind die Herzmuskelzellen kleiner, meist verzweigt und durch besondere Zellverbindungen netzartig miteinander verbunden. Signale zur Muskelkontraktion breiten sich im Myokard über diese Zellverbindungen von einer Muskelzelle zur nächsten aus.

Die Herzmuskelzellen haben einen hohen Sauerstoff- und Nährstoffbedarf; so besitzt beim erwachsenen Menschen jede Herzmuskelzelle eine eigene Blutkapillare.

Herzinsuffizienz

Bei besonderer Beanspruchung können die einzelnen Herzmuskelzellen dicker und länger werden (das Herz wird größer); die pro Herzschlag ausgeworfene Blutmenge nimmt zu, nicht jedoch die Zahl der Blutkapillaren.
Arbeitet das Herz unökonomisch (z.B. bei defekten Herzklappen, bei denen das ausgeworfene Blut teilweise wieder zurückfließt), vergrößert sich das Herz über ein vernünftiges Maß hinaus und die Blutzufuhr reicht nicht mehr aus (Herzinsuffizienz).
Insuffizienz (lat. insufficientia): Schwäche, Unzulänglichkeit.

Serosaverhältnisse

Auf dem Myokard laufen die Koronargefäße und ihre Äste; sie sind in Fett- und Bindegewebe eingebettet. Da sich das Herz ein Leben lang im Brustkorb bewegt, muss seine Oberfläche eine besondere Einrichtung aufweisen, wodurch die bei diesen Bewegungen auftretenden Probleme der „Reibungswärme" und des „Abriebs" vermieden werden. Ähnliche Probleme treten auch bei den Lungen und dem Magen-Darm-Trakt auf, bei denen analoge Mechanismen zu finden sind.

3

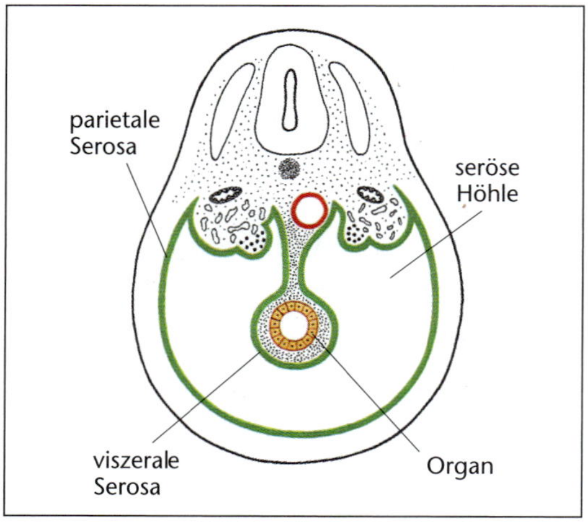

Abb. 3.10 Schematische Darstellung einer serösen Höhle sowie der viszeralen und parietalen Serosa (grün) eines Organs (z.B. Herz, Lunge, Darm) in der Frühphase der Entwicklung; Bindegewebe (nicht dargestellt) befindet sich der parietalen Serosa aufgelagert und zwischen Organ und viszeraler Serosa

Während der Entwicklung des Menschen treten im Körper mehrere schmale, flüssigkeitsgefüllte Höhlen auf, die von einem dünnen, glatten Epithel ausgekleidet sind, das man Serosa nennt.

Serosa Kurzform von Tunica serosa, tunica (lat.): Hülle, serosa (lat.): Serum absondernd, serum (lat.): nicht mehr gerinnbarer Teil des Blutplasmas (ursprünglich „Molke")

Die Serosa produziert und kontrolliert die in der „serösen Höhle" enthaltene geringe Menge an Flüssigkeit, die weitgehend dem Blutserum entspricht.

Organe wie das Herz, aber auch die Lunge und der Magen-Darm-Trakt wachsen bei der Entwicklung auf die serösen Höhlen zu, überziehen sich dabei mehr oder weniger mit der Serosa und drücken die serösen Höhlen bis auf einen schmalen Spalt zusammen (➤ Abb. 3.10).

Als **viszerale** Serosa bezeichnet man dabei den Teil der gesamten Höhlenauskleidung, der das jeweilige Organ mehr oder weniger bedeckt, als **parietale** Serosa wird der wandständige Teil der Höhlenauskleidung bezeichnet, der das Organ nicht bedeckt. Viszerale und parietale Serosa sind allerdings nur unterschiedlich bezeichnete Abschnitte einer einheitlichen Höhlenauskleidung, sie gehen an sog. Umschlagfalten ineinander über.

viszeral die Eingeweide (lat. viscera): betreffend
parietal wandständig, abgeleitet von paries (lat.): die Wand

Viszerale und parietale Serosaschichten berühren sich nahezu im gesamten Bereich; sie sind nur durch eine sehr geringe Menge seröser Flüssigkeit getrennt. Bei einer Organbewegung gleiten letztlich die beiden Serosaschichten aufeinander, die spiegelglatt sind und sich wie mit „Getriebeöl" benetzt praktisch reibungsfrei gegeneinander bewegen können.

Epikard, Perikard

Die viszerale Serosaschicht des Herzens wird Epikard genannt. Die Serosa setzt sich im Bereich des Abgangs der großen Herzgefäße in die parietale Schicht fort. Die parietale Serosaschicht hat zur Verstärkung außen noch eine kräftige Bindegewebsschicht, parietale Serosa mit bindegewebiger Verstärkung wird zusammen als **Perikard** oder Herzbeutel bezeichnet. Daher hat auch die Höhle zwischen den beiden Serosaschichten die Bezeichnung Perikardhöhle.

Man kann sich die Serosaverhältnisse am Herzen (aber auch an den Lungen bzw. am Magen-Darm-Trakt) verdeutlichen, indem man eine durchsichtige Plastiktüte aufbläst, eine kleine Menge Wasser hineingibt und dann eine Faust langsam so lange gegen die Tüte drückt, bis die Luft aus der Tüte verschwunden und die Faust von der Tüte fast vollständig bedeckt ist. Dann gleitet die mit „viszeraler Serosa" bedeckte Faust, getrennt durch das „Schmiermittel" Wasser, gegen die Außenhülle der Plastiktüte (die „parietale Serosa").

Perikard

gebildet aus peri- (griech.): um ... herum und kardia (griech.): Herz

3.2.5 Erregungsbildungs- und -leitungssystem

Im Gegensatz zur quergestreiften Skelettmuskulatur, die für eine Kontraktion Nervenimpulse benötigt (➤ Kap. 7), geschieht die Kontraktion des Herzmuskels – abgesehen von den modulierenden Einflüssen

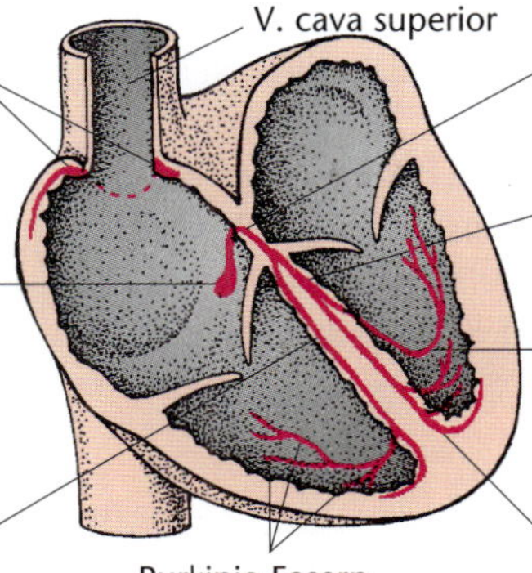

Abb. 3.11 Erregungsbildungs- und Erregungsleitungssystem des Herzens mit schematischer Darstellung von Sinusknoten, AV-Knoten, Kammerschenkeln und Purkinje-Fasern. Das His-Bündel durchstößt die Ventilebene.

des vegetativen Nervensystems (➤ Kap. 7.12) – autonom, d.h. unabhängig von Nervenimpulsen.

Die Signale zur Kontraktion der Herzmuskelzellen stammen vom sog. Erregungsbildungs- und Erregungsleitungssystem des Herzens, zu dem sich einige der Herzmuskelzellen umgewandelt haben. Diese Vorgänge ähneln stark den Abläufen bei der Entstehung und Weiterleitung von Nervenimpulsen (➤ Kap. 7.5) und sollen deshalb hier nicht weiter besprochen werden.

Die Zellen des Erregungsbildungs- und Erregungsleitungssystems haben die Fähigkeit, spontan und rhythmisch elektrische Erregungen zu bilden und weiterzuleiten. Dieses System bildet Knoten und Stränge; an seinen Enden wird die Erregung auf „normale" Herzmuskelzellen übertragen, die diese wegen ihrer Verbindungen untereinander ebenfalls weiterleiten können, sodass alle Herzmuskelzellen auf diese Weise zur Kontraktion gebracht werden.

Das Erregungs- oder Reizleitungssystem besteht aus mehreren Abschnitten, wobei der Schrittmacher für das gesamte Herz der **Sinusknoten** ist, der unter normalen Umständen etwa 60–80 Erregungen in der Minute bildet und weiterleitet. Da beide Herzabschnitte synchron arbeiten, ist auch nur ein Sinusknoten vorhanden, der im rechten Vorhof in der Nähe der Einmündung der V. cava superior liegt.

Sinusknoten sinus (lat.) bedeutet hier, dass der Sinusknoten einen gleichmäßigen, mathematisch als Sinuskurve zu beschreibenden Sinusrhythmus bildet; der Sinusknoten wird nach seinen Erstbeschreibern auch Keith-Flack-Knoten genannt

Atrioventrikularknoten (AV-Knoten) aus atrium (lat.): Vorhof und ventriculus (lat.): Kammer; wird nach seinen Entdeckern auch Aschoff-Tawara-Knoten genannt
Atrioventrikularbündel (AV-Bündel) wird nach seinem Entdecker meist His-Bündel genannt
Kammerschenkel (rechts, links) werden nach ihrem Entdecker auch Tawara-Schenkel genannt
Purkinje-Fasern nach ihrem Entdecker benannt

Auch in der Wand der Vorhöfe befindet sich eine dünne Schicht Herzmuskulatur, die die Erregung vom Sinusknoten aufnimmt und das Austreiben des Blutes in die beiden Kammern bewirkt. Die Vorhofmuskulatur ist von der Kammermuskulatur durch eine elektrische Isolierschicht, das bindegewebige sog. Herzskelett (➤ Abb. 3.9), getrennt, sodass die Erregung nicht ohne weiteres von den Vorhöfen auf die Kammern überspringen kann.

Damit sich auch die Kammern kontrahieren können, ist deshalb ein zweiter Schrittmacher erforderlich, der **Atrioventrikularknoten** oder AV-Knoten, der sich im rechten Vorhof in der Nähe der Trikuspidalklappe befindet.

Da der AV-Knoten noch im Vorhof liegt, wird er von der Erregung der Vorhofmuskulatur erreicht. Um die Aktionen der Vorhöfe optimal mit denen der Kammern abzustimmen, gibt der AV-Knoten die Erregung mit einer gewissen Verzögerung an das nachfolgende Erregungsleitungssystem weiter. Bei Ausfall des Sinusknotens kann der AV-Knoten einen eigenen Rhythmus bilden, dessen Frequenz dann aber deutlich unter der des Sinusknotens liegt. Die Kammern kontrahieren sich dann im Rhythmus des AV-Knotens („Kammerautomatie", Frequenz ca. 30 Erregungen/min).

Um die Kammern zu erreichen, muss das vom AV-Knoten ausgehende Erregungsleitungssystem die Isolierschicht des Herzskeletts durchdringen. Dies geschieht über eine kleine Öffnung, über die die Fortsetzung des AV-Knotens, das sog. **AV-Bündel** (nach seinem Entdecker meist His-Bündel genannt), zum Anfangsabschnitt der Herzscheidewand gelangt (➤ Abb. 3.9).

Dort zweigt sich das AV-Bündel zu den beiden Herzkammern in zwei Schenkel, die **Kammerschenkel**, und dann weiter in zahlreiche Fasern auf, die **Purkinje-Fasern** genannt werden. Diese erreichen dann sämtliche Abschnitte der Kammermuskulatur (➤ Abb. 3.11).

Zusammenfassung

Blut besteht aus weißen und roten Blutzellen, Blutplättchen und Blutplasma. Es wird vom Herzen durch die Blutgefäße des Körper- und Lungenkreislaufs gepumpt. In der Lunge wird das sauerstoffarme (venöse) Blut wieder mit Sauerstoff aufgeladen. Durch den Körperkreislauf werden die Zellen und Gewebe durch sauerstoffreiches (arterielles) Blut u.a. mit Sauerstoff und Nährstoffen versorgt; gleichzeitig nimmt das Blut Kohlendioxid und Ausscheidungsprodukte der Zellen auf.

Die Blutgefäße werden unterschieden in Arterien, die das Blut vom Herzen wegtransportieren, und Venen, die das Blut dem Herzen zuführen. Kleine Verzweigungen der Arterien werden als Arteriolen, kleinere Verzweigungen der Venen als Venolen bezeichnet; Arteriolen und Venolen sind über Kapillargebiete miteinander verbunden, in denen der Stoffaustausch erfolgt.

Das rechte Herz treibt den Lungenkreislauf, das linke Herz den Körperkreislauf an. Die Kontraktion des Herzmuskels wird als Systole, die Entspannung als Diastole bezeichnet.

Die Aorta nimmt das arterielle Blut aus der linken Herzkammer auf; sie gibt in ihrem Anfangsverlauf Blutgefäße zum Arm (A. subclavia) und Kopf-Hals-Bereich (A. carotis communis) ab; im weiteren Verlauf versorgt sie den restlichen Körper mit Blut.

Blutgefäße haben einen dreischichtigen Aufbau aus Intima (innen liegendes Endothel), Media (mittig liegende Schicht aus glatter Muskulatur) und Adventitia (außen liegende Bindegewebsschicht).

Lymphgefäße entstehen blind in Gewebespalten und transportieren überschüssige Gewebeflüssigkeit zum venösen Schenkel des Blutkreislaufs; dabei erfolgt eine Reinigung der Lymphe über Lymphknoten.

Das Herz besteht aus rechtem und linkem Vorhof (Atrium) sowie rechter und linker Kammer (Ventrikel), die durch die Herzscheidewand (Septum) voneinander getrennt sind. Man unterscheidet am Herzen die großen, funktionellen Gefäße des Körper- und Lungenkreislaufs von den kleinen nutritiven Gefäßen des Koronarkreislaufs (Herzkranzgefäße).

Die Richtung des Blutstroms wird durch Ventile (Herzklappen) geregelt. Zwischen den Vorhöfen und Kammern befinden sich die Segelklappen: rechts die Trikuspidalklappe, links die Mitralklappe. Zwischen den beiden Kammern und den abgehenden Arterien befinden sich Taschenklappen: rechts die Pulmonal- und links die Aortenklappe.

Auch das Herz hat wie die Blutgefäße einen dreischichtigen Aufbau: Endokard (innen liegendes Endothel), Myokard (kräftige mittlere Schicht aus quergestreifter Herzmuskulatur) und Epikard (viszerale Serosa). Der Herzbeutel (Perikard) besteht innen aus der parietalen Serosa und außen aus Bindegewebe.

Die Herzkontraktion wird ausgelöst durch die elektrische Aktivität des Erregungsbildungs- und Erregungsleitungssystem, das aus modifizierten quergestreiften Herzmuskelzellen besteht. Der Schrittmacher ist der Sinusknoten in der Wand des Vorhofs; von hier wird die Vorhofmuskulatur zur Kontraktion gebracht. Dieses Signal übernimmt der Atrioventrikularknoten, der es über das His-Bündel, die Kammerschenkel und die Purkinje-Fasern auf die gesamte Kammermuskulatur überträgt.

KAPITEL

4 Atmungsorgane

Lernziele Anatomie der Atmungsorgane

- Aufbau des Thorax aus Knochen, Bändern, Gelenken und Muskeln
- Aufbau der Bauchwand aus Muskeln und Aponeurosen
- Atem- und Hilfsatemmuskulatur einschließlich ihrer Innervation
- Aufteilung und Wandaufbau des Bronchialbaums bis zu den Alveolen
- Pleurahöhlen, ihre Auskleidung und Komplementärräume
- Einteilung der Lungen
- Aufbau der Alveolarsepten
- Nasenhöhlen, Nasengänge und Nasennebenhöhlen
- Einteilung des Pharynx, sein muskulöser Aufbau und seine Öffnungen
- lymphatisches Gewebe der Pharynxwand

Lernziele Physiologie der Atmungsorgane

- funktionelle Gliederung des Respirationstraktes
- Atmungsbewegungen von Thorax und Lunge (Inspiration, Exspiration, Pleuraspalt, intrapleuraler Druck, Pneumothorax)
- Lungen- und Atemvolumina (Volumeneinteilung, Vitalkapazität)
- Totraumventilation und alveoläre Ventilation (Atemzeitvolumen, Funktionen des anatomischen Totraums, Totraumventilation, alveoläre Ventilation)
- Atmungsmechanik (elastische und visköse Atmungswiderstände)
- Austausch der Atemgase (Zusammensetzung des alveolären Gasgemisches, Partialdrücke, Diffusion der Atemgase)
- Atmungsregulation (Aufgaben, Zentren, mechanische und chemische Kontrolle der Atmung)
- Atemgastransport im Blut
- Grundzüge der Gewebsatmung

Durch die Atmung wird Luft über die Atemwege (Nase, Rachen, Kehlkopf, Luftröhre, Bronchien) in die Lungen geleitet. In den Lungenbläschen erfolgt der lebensnotwendige sog. „Gasaustausch" zwischen Atemluft und Blut, d.h., Sauerstoff aus der Atemluft gelangt in das Blut, Kohlendioxid wird aus dem Blut abgegeben und vermischt sich mit der Ausatemluft.

Die Atmung verläuft mithilfe der Atemmuskulatur, die aus quergestreiften Skelettmuskelzellen (➤ Kap. 1.2.3) besteht. Die Steuerung der Atmung erfolgt über das Gehirn, das über abgehende Nervenfasern (➤ Kap. 7) die Kontraktion der Atemmuskulatur bewirkt.

Aus sprachtherapeutischer Sicht ist die Atmung außerdem Grundlage der Stimmbildung und des Sprechvorgangs.

4.1 Aufbau des Thorax

Als **Thorax** bezeichnet man entweder den oberen **Rumpfabschnitt** mit den darin liegenden Eingeweiden (u.a. Lungen und Herz) oder auch nur seine Wand aus Knochen, Knorpel, Muskulatur und bindegewebigen Bändern.

thorax (lat./griech.): Brust, Brustpanzer, in medizinischen Zusammenhängen spricht man von Brustkorb
Rumpf ist der Körperstamm ohne Kopf, Hals und Gliedmaßen; außer dem Thorax besteht der Rumpf noch aus Bauch, Becken und Rücken

4.1.1 Bänderthorax

Die Wand des Rumpfabschnitts „Thorax" wird vom knöchern-knorpeligen Thorax gebildet. Dieser besteht aus der Brustwirbelsäule, dem Brustbein und 12 Rippenpaaren, die hinten an den 12 Brustwirbeln befestigt sind (➤ Abb. 4.1). Die Verbindungen dieser Skelettteile untereinander sind durch zahlreiche bindegewebige Bänder verstärkt; deshalb bezeichnet man die bisher beschriebenen Elemente des Thorax (ohne die Zwischenrippenmuskeln, ➤ Kap. 4.1.2) als Bänderthorax.

Die ersten 7 Rippenpaare haben vorne über einen Knorpelabschnitt eine direkte Verbindung zum Brustbein (➤ Abb. 4.1), sie werden deshalb als echte Rippen bezeichnet im Gegensatz zu den Rippenpaaren 8–12, die man falsche Rippen nennt. Von diesen haben die ersten 3 Paare (also Rippen 8–10) keine direkte Verbindung zum Brustbein mehr, sondern nur noch zu den über ihnen stehenden Rippen. In der Regel enden die letzten beiden Rippenpaare frei in der Bauchwandmuskulatur (➤ Abb. 4.1).

Der Rippenbogen ist der von außen tastbare Rand des Knorpels des 7. Rippenpaars, an den sich die Knorpelabschnitte der 8.–10. Rippenpaare anheften.

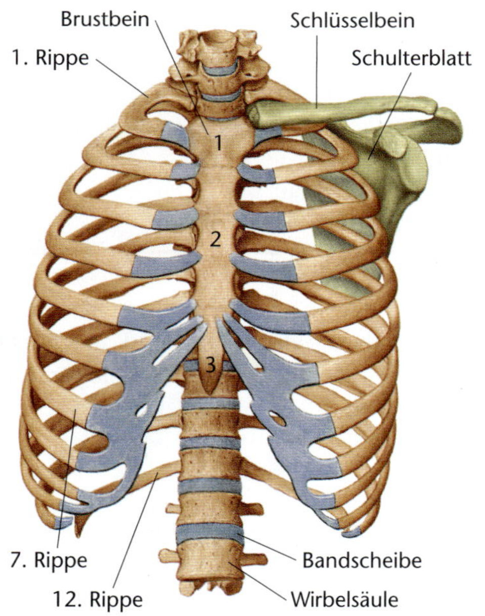

Abb. 4.1 Übersicht über den knöchern-knorpeligen Thorax von vorne gesehen. Knorpelige Skelettelemente sind blau dargestellt; zur Orientierung ist ebenfalls der linke Schultergürtel, bestehend aus Schlüsselbein und Schulterblatt, eingezeichnet (er gehört jedoch nicht zum Thorax). Brustbein: 1 Handgriff, 2 Körper, 3 Schwertfortsatz

Fachbegriffe zum Thorax

Rippe (lat. costa): bestehend aus einem längeren hinteren knöchernen und einem kürzeren vorderen knorpeligen Abschnitt
Brustbein (lat. sternum, griech. sternon) Brust; die Endung „-bein" steht für Knochen, siehe auch Stirnbein, Schlüsselbein, Hüftbein etc.; das Brustbein ist aufgebaut von oben nach unten aus einem „Handgriff", einem „Körper" und einem „Schwertfortsatz" (➤ Abb. 4.1)
Brustwirbel, **Vertebra thoracis** vertebra (lat.): Wirbel, thoracis ist der Genitiv von thorax

Bei der Einatmung wird der gesamte Thorax gehoben und dabei auch gleichzeitig nach vorne und zur Seite aufgeweitet, bei der Ausatmung senkt sich der Thorax bei gleichzeitiger Verengung wieder. Dies ist u.a. möglich durch eine leichte Verbiegung der Knorpelanteile der Rippen. Da mit zunehmendem Alter die Knorpelanteile der Rippen verkalken und verknöchern, sinkt die Fähigkeit zur Verbiegung ab: die Atmung wird flacher.

Weitere Grundlage für die Bewegungen des Thorax sind **Gelenke** zwischen den Rippen und den Brustwirbeln bzw. dem Brustbein.

Gelenke

articulatio (lat.): Gelenk (Artikulation im sprachtherapeutischen Zusammenhang bedeutet auch: Lautbildung, deutliche Aussprache oder deutlich gegliederter Vortrag)
Bei den Gelenken sind zwei (manchmal mehr) Knochen beweglich, sozusagen „gelenkig" miteinander verbunden; die Knochen besitzen an den „artikulierenden" Enden einen Knorpelüberzug (Gelenkknorpel), dazwischen befindet sich der Gelenkspalt, der eine Gelenkschmiere (Synovia) enthält und außen von einer bindegewebigen Gelenkkapsel umschlossen ist; diese kann durch Bänder verstärkt sein.

Gelenknamen werden in der medizinischen Fachsprache durch „Articulatio" und einen zugehörigen Begriff gebildet, der das Gelenk näher erklärt (z.B. Articulatio coxae: Hüftgelenk; coxae ist der Genitiv von coxa, lat.: Hüfte). Muskeln bewegen die Knochen in den Gelenken, teilweise sichern sie auch den Zusammenhalt der Knochen in den Gelenken.

Die echten Rippen haben vorne Gelenke mit dem Brustbein, hinten über das hintere Rippenende (den sog. „Rippenkopf") mit den Brustwirbeln. In diesen Rippen-Wirbel-Gelenken findet bei der Einatmung eine geringe Dreh- und Schiebebewegung statt, die in der Gesamtheit aller beteiligten Rippen die Erweiterung und Anhebung des Thorax unterstützt. Bei der Ausatmung sind die Bewegungen der Rippen und des Thorax entsprechend rückläufig. Die Bewegungen in den Brustbein-Rippen-Gelenken sind bei der Ein- und Ausatmung sehr gering; überwiegend verbiegen sich dabei nur die Knorpelenden der Rippen.

Die falschen Rippen haben nur noch Gelenke mit den Brustwirbeln; die Bewegungen entsprechen dabei denen der echten Rippen.

4.1.2 Muskeln des Thorax

Der Rauminhalt des Thorax (d.h. sein Volumen) wird bei der Einatmung vergrößert, bei der Ausatmung verkleinert. Diese Volumenveränderungen werden durch die Atemmuskeln bewirkt, die bei der Einatmung ein zusätzliches Atemluftvolumen in den Thorax bringen, bei der Ausatmung aber wieder aus ihm entfernen. Dadurch ergeben sich auch Druckunterschiede im Thorax bei der Atmung und die Notwendigkeit, u.a. die Räume zwischen den Rippen luftdicht abzuschließen.

Die Räume zwischen den Rippen (➤ Abb. 4.1) werden als **Interkostalräume** (Zwischenrippenräume) bezeichnet. Sie sind durch die inneren und äußeren **Interkostalmuskeln** (Zwischenrippenmuskeln) verschlossen, die gleichzeitig auch Funktionen bei der Ein- und Ausatmung haben (➤ Abb. 4.2). In diesen Räumen verlaufen auch Blutgefäße und Nerven, die diese Muskeln versorgen. Die Öffnung des Thorax zum Hals ist u.a. durch Fett- und Bindegewebe, zum Bauchraum durch das Zwerchfell (➤ Kap. 4.2) verschlossen.

Interkostalmuskeln

Die Fachbezeichnung eines Muskels ergibt sich aus Musculus, abgekürzt M. (Plural: Musculi, abgekürzt Mm.) und einem oder mehreren nachgestellten erläuternden Begriffen
musculus (lat.): Muskel
Zwischenrippenmuskeln: Mm. intercostales, inter (lat.): zwischen, costa (lat.): Rippe
externi (lat.): Plural von externus: außen, der äußere; interni (lat.): Plural von internus: innen, der innere
Interkostalräume: zwischen zwei übereinanderstehenden Rippen, in der medizinischen Fachsprache meist mit ICR für Interc(k)ostalraum abgekürzt; der 2. ICR ist der Raum zwischen der 2. und 3. Rippe, der Brustwirbelsäule hinten und dem Brustbein vorne

Die Zwischenrippenmuskeln sind in zwei Schichten übereinander angeordnet, wobei sich der Verlauf der einzelnen Muskelfasern in der äußeren Schicht (Mm. intercostales externi) wie die jeweilige „Hand in der Hosentasche" schräg von hinten oben nach vorne unten, die der inneren Schicht (Mm. intercostales interni) etwa im rechten Winkel dazu schräg von vorne unten nach hinten oben darstellt (➤ Abb. 4.2).

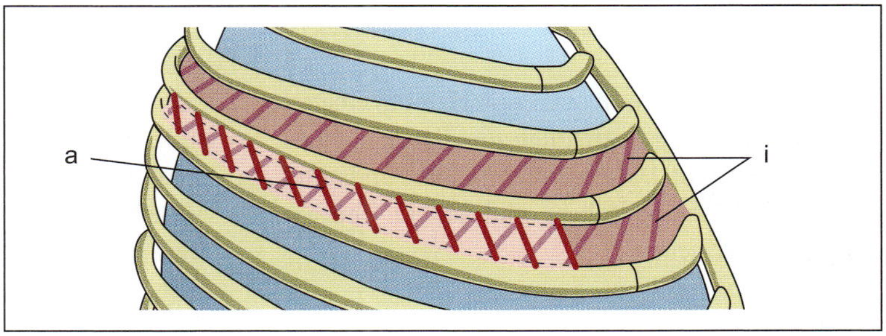

Abb. 4.2 Vorderer Abschnitt des Thorax mit Bändern. Nur in zwei Zwischenrippenräumen (ZR-Räumen) sind die entsprechenden Zwischenrippenmuskeln (ZR-Muskeln) eingezeichnet: im oberen ZR-Raum nur die inneren, tief liegenden ZR-Muskeln (i), im unteren ZR-Raum zusätzlich auch die äußeren, oberflächlicher liegenden ZR-Muskeln (a).

Einen ähnlichen Verlauf wie die äußeren Zwischenrippenmuskeln haben auch die sog. **Mm. scaleni** (Treppenmuskeln, vgl. ➤ Abb. 4.6). Rippen hat es bei der Entwicklung ursprünglich nicht nur an der Brustwirbelsäule, sondern auch an der Hals- und Lendenwirbelsäule gegeben. Sie sind allerdings zu Rudimenten an seitlichen Fortsätzen dieser Wirbel verkümmert. Von diesen Rippenrudimenten der unteren Halswirbel ziehen die drei Treppenmuskeln zur 1. und 2. Rippe herunter.

Mm. scaleni Treppenmuskeln, scala (lat.): Treppe bzw. scalenus (lat.) oder skalenos (griech.): treppenförmig (auch schief, dreieckig, ungleichförmig), scaleni: Plural von scalenus (vgl. auch den Begriff Skala: stufenartige Einteilung an Messinstrumenten)
Rudiment (lat. rudimentum): erster Versuch, Überbleibsel

Die Treppenmuskeln, die äußeren Zwischenrippenmuskeln und die vorne neben dem Brustbein liegenden Anteile der inneren Zwischenrippenmuskeln heben bei ihrer Kontraktion den Thorax an und erweitern ihn nach vorne und seitlich. Dadurch vergrößert sich das Volumen des Thorax, d.h., diese Muskeln unterstützen die Einatmung. Die seitlich und hinten liegenden Anteile der inneren Zwischenrippenmuskeln wirken dieser Bewegung entgegen; sie tragen zur Verringerung des Thoraxvolumens bei und unterstützen damit die Ausatmung (➤ Abb. 4.6; Details zur Innervation ➤ Kap. 4.4.3, zur Atemmechanik ➤ Kap. 4.8).

4.1.3 Brusthöhle und Öffnungen des Thorax

Der knöchern-knorpelige Thorax, ergänzt durch die zugehörigen Muskeln und Bänder, umgibt einen Eingeweideraum, den man als Brusthöhle bezeichnet.

Der Thorax weist nach oben zum Hals hin eine relativ kleine Öffnung, nach unten zum Bauch hin eine große Öffnung auf. Diese werden als obere und untere Brustkorböffnung (obere und untere **Thoraxapertur**) beschrieben.

Thoraxapertur

Eingedeutschte Form des Begriffs Apertura thoracis: Thoraxöffnung
apertura (lat.): Öffnung, thoracis: Genitiv von thorax (lat.): Brustkorb
Apertura thoracis superior/inferior: obere/untere Thoraxöffnung
superior (lat.): oben, der/die obere ...; inferior (lat.): unten, der/die untere ...

Die obere Brustkorböffnung wird vom ersten Brustwirbel, vom ersten Rippenpaar und vom oberen Abschnitt (Handgriff) des Brustbeins begrenzt (➤ Abb. 4.1). Die Lungenspitzen ragen über diese Öffnung noch ein wenig nach oben hinaus; Luftröhre und Speiseröhre ziehen vom Hals aus durch diese Öffnung nach unten in die Brusthöhle.

Die untere, sehr weite Brustkorböffnung wird vom Zwerchfell (➤ Kap. 4.2) verschlossen und vom 12. Brustwirbel, vom Rippenbogen, vom 11. und 12. Rippenpaar sowie vom unteren Abschnitt des Brustbeins (Schwertfortsatz) begrenzt. Das Zwerchfell enthält u.a. Öffnungen für den untersten Abschnitt der Speiseröhre und für die Aorta.

Die Brusthöhle ist von einer bindegewebigen Schicht, der **Fascia endothoracica**, ausgekleidet, die innen u.a. die knöchernen und knorpeligen Anteile der Rippen sowie die Zwischenrippenmuskeln bedeckt. Sie ist vergleichbar mit dem bindegewebigen Teil des Herzbeutels (➤ Kap. 3.2.4).

Fascia endothoracica

fascia (lat.): Bindegewebshülle (eingedeutscht Faszie), z.B. um einen Muskel herum
endo (griech.): innen, thoracica abgeleitet von thorax (lat.): Brustkorb
also wörtlich: eine den Thorax innen auskleidende Bindegewebshülle

Der Eingeweideraum der Brusthöhle ist in folgende Abschnitte unterteilt:

- rechte und linke **Pleurahöhle** mit rechter und linker Lunge
- Mittelfellraum **(Mediastinum)** mit Herzbeutel, Herz und Perikardhöhle sowie Luftröhre, Speiseröhre, Aorta, anderen Gefäßen und Nerven.

Genauso wie das Herz einen Überzug aus viszeraler Serosa (genannt: Epikard), eine seröse Höhle (genannt: Perikardhöhle) und eine parietale Serosa (Innenauskleidung des Herzbeutels) aufweist (➤ Abb. 3.10, ➤ Kap. 3.2.4), finden sich analoge Strukturen bei den Lungen.

Die viszerale Serosa, die den größten Teil der Lungen bedeckt, wird hier viszerale **Pleura** (Lungenfell) genannt. Die seröse Höhle bezeichnet man als Pleurahöhle und die parietale Serosa als parietale **Pleura** (Rippenfell), die über weite Strecken mit der **Fascia endothoracica** verwachsen ist.

pleura (griech.) eigentlich: Seite des Leibes, Rippen, innere Auskleidung des Brustkorbs; im Deutschen wird dafür der Begriff „Fell" (dünne Haut) verwendet, sodass man von Lungenfell und Rippenfell spricht
Mediastinum (lat.): Mittelfell, aus medianus (lat.): in der Mitte befindlich

Der bindegewebige Raum zwischen den Lungen und den zugehörigen Höhlen wird als Mittelfellraum oder **Mediastinum** bezeichnet; damit ist der Raum zwischen der rechten und linken Pleurahöhle gemeint. In seinem vorderen Bereich befindet sich das Herz mit der Perikardhöhle und dem Herzbeutel, im hinteren Bereich die Luftröhre, Speiseröhre, Blutgefäße, Lymphgefäße und Nerven.

Auf die Bedeutung der Pleura und des Pleuraspalts für die Atmung wird im ➤ Kap. 4.8 näher eingegangen.

4.2 Zwerchfell

Das Zwerchfell ist der wichtigste Atemmuskel und damit lebenswichtig. Das Zwerchfell oder **Diaphragma** ist ein dünner, aber sehr großflächiger Muskel, der die Grenze zwischen Brusthöhle und Bauchhöhle bildet.

diaphragma (lat./griech.): Zwischenwand zwischen einzelnen Körperteilen; der Begriff wird nicht nur für das Zwerchfell verwendet, sondern auch für den muskulären Mundboden und den muskulären Beckenboden (auch in der Empfängnisverhütung: spiraliger Ring in der Scheide)
Der Begriff „zwerch" stammt wahrscheinlich aus dem Mittelhochdeutschen und bedeutet „quer".

Das Zwerchfell hat seinen Ursprung an der Lendenwirbelsäule, an den unteren Rippenpaaren und dem Rippenbogen sowie vorne am unteren Brustbeinabschnitt (➤ Abb. 4.3). Von dieser Befestigungs- oder Ursprungslinie steigt das Zwerchfell in beiden Tho-

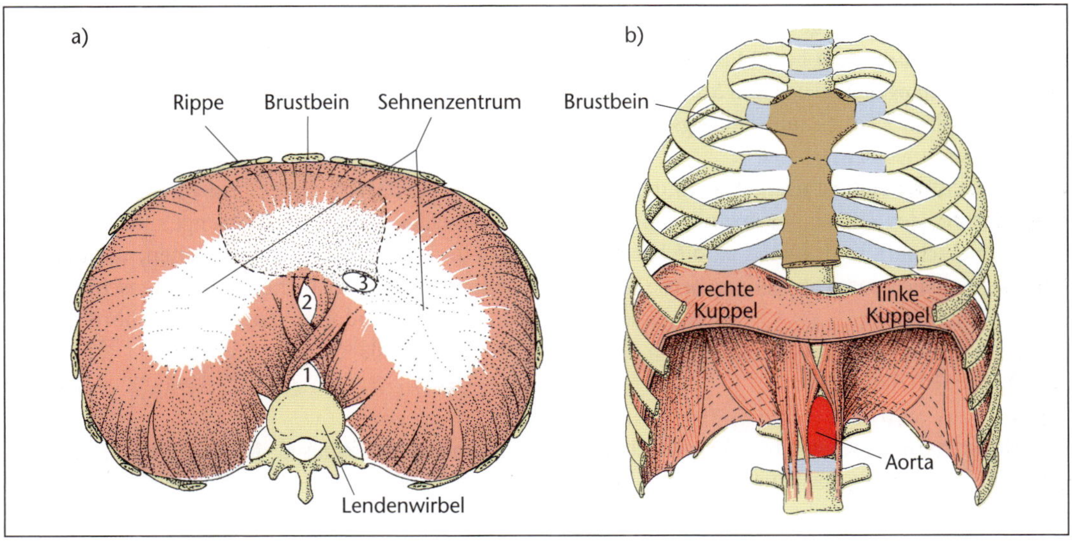

Abb. 4.3 Zwerchfell: a) in der Sicht von oben, 1 Durchtrittspforte für Aorta, 2 Durchtrittspforte für Speiseröhre, 3 Durchtrittspforte für untere Hohlvene; gestrichelt umrandete Fläche Verwachsungszone des Zwerchfells mit dem Herzbeutel; b) in der Sicht von vorne (Teile des Brustbeins, des Rippenbogens und des vorderen Zwerchfellabschnitts sind entfernt)

4

raxhälften kuppelförmig auf. Wegen des hohen Platzbedarfs der rechts liegenden Leber wölbt sich die rechte Zwerchfellkuppel noch weiter in den Brustraum vor als die linke, unter der sich der Magen und die Milz befinden.

In der Mitte des Zwerchfells befindet sich eine großflächige Bindegewebsplatte, das sog. Sehnenzentrum, in das die Muskelfasern des Zwerchfells von allen Seiten einlaufen (➤ Abb. 4.3a).

Bei der Kontraktion senken sich die beiden Zwerchfellkuppeln nach unten und vergrößern damit das Volumen des Brustkorbs (Einatmung). Damit werden die unter dem Zwerchfell liegenden Bauchorgane (Leber, Magen, Darm) nach unten vorne weggedrückt. Bei der Erschlaffung des Zwerchfells steigt es durch den hohen Druck innerhalb des Bauchraums wieder nach oben, wodurch sich das Volumen des Brustkorbs verringert (Ausatmung).

Die Nervenversorgung des Zwerchfells und die Situation eines Zwerchfellhochstands werden in ➤ Kap. 4.4.3 behandelt.

4.3 Aufbau der Bauchwand

Die Bauchwand umgibt die Baucheingeweide. Anders als beim Brustkorb wird die Bauchwand nicht zusätzlich durch knöchern-knorpelige Skelettelemente verstärkt, sondern besteht aus einem Gefüge von bindegewebigen Anteilen und Muskeln, die sich dem wechselnden Druck und Füllungszustand der Bauchorgane anpassen.

Die Bauchwand grenzt nach oben an die unteren Rippenpaare, den Rippenbogen und den unteren Brustbeinabschnitt, nach hinten an die Lendenwirbelsäule und nach unten an das knöcherne Becken.

4.3.1 Gesamtaufbau

Die Muskeln der Bauchwand sind großflächig, dienen der Verspannung der Bauchwand und besitzen breite, flächige **Sehnen**, die man als **Aponeurosen** bezeichnet. Diese tragen ebenfalls zur Stabilität der Bauchwand bei.

Sehnen/Aponeurosen

Muskeln bestehen außer aus Muskelzellen (Muskelfasern), die sich kontrahieren können, noch aus Anteilen aus straffem Bindegewebe, die man als **Sehnen** bezeichnet. Über diese Sehnen sind die Muskeln meist mit den Skelettelementen verbunden, die sie bei einer Kontraktion gegeneinander bewegen können. Die Sehnen können aber auch an anderen Strukturen befestigt sein wie an der Haut, oder sie können Muskeln der beiden Körperhälften miteinander verbinden, z.B. beim Zwerchfell (Sehnenzentrum) oder bei den Bauchmuskeln.
Sind die Sehnen großflächig ausgebildet, spricht man von **Aponeurosen** (aponeurosis, griech.: flächenhafte Sehne).

Die Bauchmuskulatur mit ihren Aponeurosen ist, wie die meisten anderen Körperstrukturen auch, beidseitig symmetrisch aufgebaut, d.h., die beiden Hälften der Bauchwand ähneln sich zumindest im Groben wie Bild und Spiegelbild (➤ Abb. 4.4a).

Man unterscheidet dabei einen vorn liegenden rechten und linken geraden Bauchmuskel sowie auf jeder Seite (rechts und links) drei übereinander liegende seitliche Bauchmuskeln. Da sich die Muskeln spiegelbildlich entsprechen, wird im Folgenden nur die Muskulatur einer der beiden Seiten besprochen (zur Innervation ➤ Kap. 4.4.3).

4.3.2 Gerader Bauchmuskel

Der gerade Bauchmuskel (**M. rectus abdominis**) verläuft von den Knorpelanteilen der drei unteren echten Rippen (5.–7.) und dem unteren Abschnitt des Brustbeins bis zum Schambein des Beckens. Die Muskelfasern dieses großen Muskels verlaufen ebenfalls in dieser Richtung, sind aber durch 3–4 Zwischensehnen unterbrochen, die man bei schlanken, sportlich trainierten Menschen durch die Haut hindurch sieht („Waschbrettbauch", ➤ Abb. 4.4b).

M. rectus abdominis M.: Musculus, rectus (lat.): gerade; abdominis, Genitiv von abdomen (lat.): Bauch, also wörtlich: gerader Muskel des Bauches
Linea alba gebildet aus linea (lat.): Linie und alba (lat.): weiß (weibl. Form von albus)

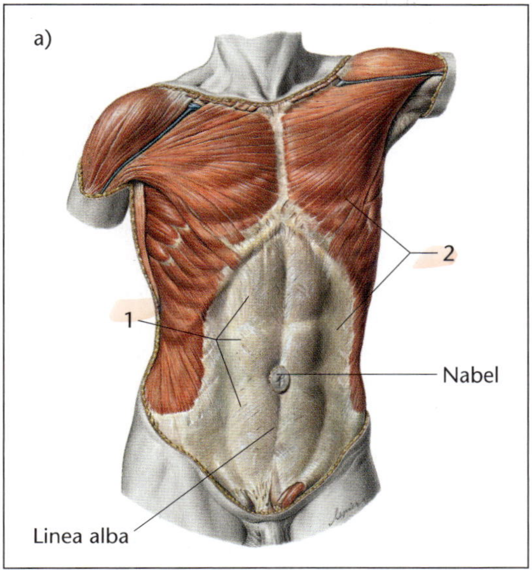

Abb. 4.4 a) Muskulatur der Brust- und Bauchwand nach Entfernung der Haut und des Unterhautfettgewebes; 1 rechter gerader Bauchmuskel, bedeckt vom oberflächlichen Blatt der Rektusscheide (zwei Zwischensehnen sind sichtbar), 2 linker äußerer schräger Bauchmuskel mit Muskelfasern und Aponeurose;
b) „Waschbrettbauch"

Die bindegewebige Grenzlinie, die zwischen den beiden geraden Bauchmuskeln in der Körpermitte verläuft (hier liegt auch der Bauchnabel), wird als **Linea alba** bezeichnet (➤ Abb. 4.4a).

Die beiden geraden Bauchmuskeln verlaufen jeweils in einer Bindegewebsscheide, die als Rektusscheide bezeichnet wird; sie wird auf jeder Seite gebildet durch die zur Körpermitte laufenden Aponeurosen der drei seitlichen Bauchmuskeln, die sich zu einem vorderen, oberflächlichen und zu einem hinteren tiefen Blatt aufspalten. In der Körpermitte treffen die Bindegewebsstrukturen des hinteren und vorderen Blatts wieder zusammen und durchflechten sich in der Linea alba.

4.3.3 Seitliche Bauchmuskeln

Die seitlichen Bauchmuskeln liegen jeweils rechts und links in drei Schichten mit unterschiedlicher Faserverlaufsrichtung übereinander. Sie haben ihren Ursprung an den Rippen, an der Lendenwirbelsäule bzw. am Becken und laufen dann in flächigen Aponeurosen aus, die die Rektusscheide aufbauen. Von oberflächlich nach tief sind folgende Muskeln zu finden (➤ Abb. 4.4, ➤ Abb. 4.5, ➤ Abb. 4.6):

- äußerer schräger Bauchmuskel (**M. obliquus externus abdominis**)
- innerer schräger Bauchmuskel (**M. obliquus internus abdominis**)
- querer Bauchmuskel (**M. transversus abdominis**).

seitliche Bauchmuskeln

obliquus (lat.): schräg, transversus (lat.): quer
abdominis, Genitiv von abdomen (lat.): Bauch

Der äußere schräge Bauchmuskel hat – wie auch die äußeren Zwischenrippenmuskeln – einen Verlauf wie die jeweilige „Hand in der Hosentasche", also von hinten oben nach vorne unten. Die Fasern des darunter liegenden inneren schrägen Bauchmuskels liegen etwa im rechten Winkel dazu, vergleichbar den inneren Zwischenrippenmuskeln. Als zusätzliche innerste Schicht kommen die Fasern des queren Bauchmuskels dazu, die gürtelförmig, also im rechten Winkel zu den geraden Bauchmuskeln, laufen (deshalb wird dieser auch als „Taillenmuskel" bezeichnet).

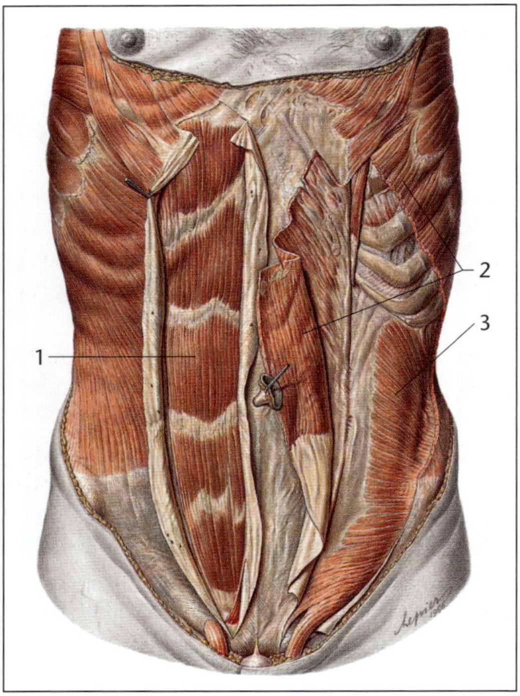

Abb. 4.5 Muskeln der Bauchdecke. Auf der rechten Körperseite ist der gerade Bauchmuskel (1) nach Längsaufspaltung der Rektusscheide mit seinen Zwischensehnen sichtbar, auf der linken Körperseite ist der äußere schräge Bauchmuskel (2) durchtrennt, um den darunter liegenden inneren schrägen Bauchmuskel (3) sichtbar zu machen; der quere Bauchmuskel befindet sich dann in der Schicht darunter.

4.3.4 Funktion der Bauchmuskeln

Seitliche und gerade Bauchmuskeln beider Seiten bilden eine korsettartige Verspannung der Bauchdecke mit vertikaler, horizontaler und schräger Verlaufsrichtung.

Die Funktionen der Bauchmuskeln lassen sich in drei Bereiche zusammenfassen:

- Bewegungen der Wirbelsäule und damit auch des Rumpfes nach vorne und zur Seite, außerdem sind Drehbewegungen möglich.
- Anpassung an Druck- und Volumenveränderungen in der Bauchhöhle (Atmung, Nahrungsaufnahme, Entleerung der Ausscheidungsorgane, Schwangerschaft u.a.).
- Bauchpresse: Voraussetzung ist die verschlossene Stimmritze (➤ Kap. 5.2.3). Weil die Kraft des Zwerchfells geringer ist als die der Bauchmuskeln, würde bei geöffneter Stimmritze und Kontraktion der Bauchmuskeln das Zwerchfell in den Thorax hineingedrückt.

Nach Stimmritzenschluss wird der Druck im Bauchraum durch Kontraktion der Bauchmuskeln erhöht, um dann Vorgänge wie Stuhlgang, Erbrechen, Geburt (Presswehen) und Husten zu unterstützen.

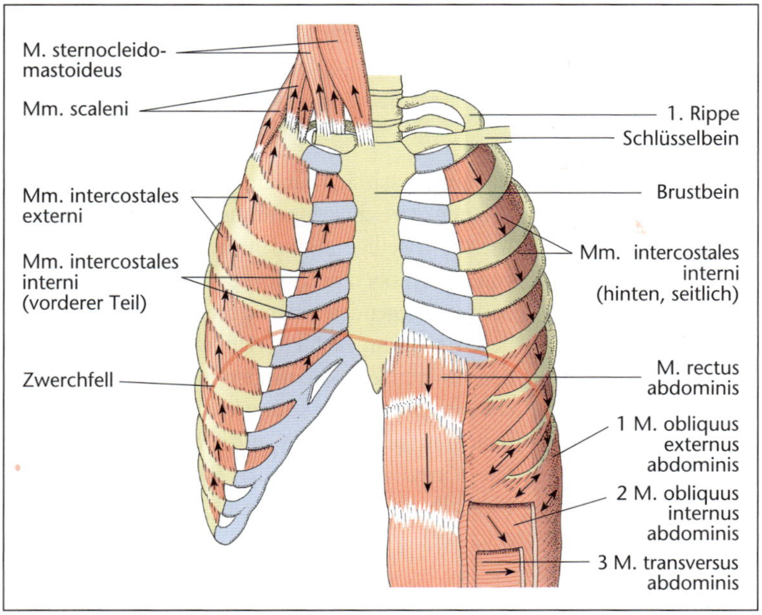

Abb. 4.6 Muskeln der Inspiration und Exspiration. Die Pfeile zeigen die Hauptzugrichtung der Muskeln an.
Seitliche Bauchmuskeln:
1 M. obliquus externus abdominis,
2 M. obliquus internus abdominis,
3 M. transversus abdominis

4.4 Äußere Atmung

Bei der Atmung wird das Volumen des Thorax im lebenslangen ständigen Wechsel vergrößert (Einatmung, **Inspiration**) und verkleinert (Ausatmung, **Exspiration**). Die regelmäßige Abfolge von Ein- und Ausatmung nennt man **Respiration** (Atmung), daher wird das Atmungssystem auch als respiratorisches System oder Respirationstrakt bezeichnet.

Diese Art der Atmung bezeichnet man als äußere Atmung im Gegensatz zur sog. inneren Atmung (➤ Kap. 1.1.3), Zell- oder Gewebeatmung, womit die Verwendung von Sauerstoff zur „Verbrennung" der Nahrungskomponenten durch die Mitochondrien gemeint ist (Ziel: Energiegewinnung).

Inspiration (lat. inspiratio): Einhauchung, Einatmung (vgl. auch inspirieren: Gedanken „einhauchen"), spirare (lat.): atmen, in- (lat.): ein-
Exspiration (lat. exspiratio): Ausdünstung, Ausatmen; ex- (lat.): aus-
Respiration (lat. respiratio): Atemholen, re- (lat.): wieder-, wörtlich also „Wiederatmen"

4.4.1 Atemtypen

Die äußere Atmung verläuft mit Hilfe von Muskelbewegungen durch die Atemmuskulatur, die für eine Volumenerhöhung oder -erniedrigung des Thorax sorgt. Dabei unterscheidet man zwei Atemtypen:

- Brustatmung, auch Rippenatmung, **Kostalatmung** oder **Thorakalatmung** genannt
- Bauchatmung, auch Zwerchfellatmung oder **Abdominalatmung** genannt.

Kostalatmung costa (lat.): Rippe
Thorakalatmung thorax (lat.): Brustkorb
Abdominalatmung abdomen (lat.): Bauch

Bei der Brustatmung werden die Rippen nach oben geschwenkt; gleichzeitig werden die Rippenknorpel verbogen. Dadurch erweitert sich der Thorax nach vorne und seitlich. Bei der Bauchatmung kontrahiert sich das Zwerchfell; dadurch senkt es sich und erweitert den Thorax nach unten. Die Bauchmuskeln geben dabei nach.

In der Regel findet sich beim Erwachsenen eine Mischatmung aus etwa ⅓ Brust- und ⅔ Bauchatmung; je nach äußeren Bedingungen kann jedoch die eine oder andere Form der Atmung stärker vorherrschen, z.B.:

- Beim Schlafen ist die Bewegung der Rippen eingeschränkt, sodass die Bauchatmung stärker vorherrscht.
- Der Anteil der Brustatmung nimmt zu, wenn die Bewegungen der Bauchwand eingeschränkt sind (zu enge Kleidung, Schwangerschaft).
- Bei Säuglingen und Kleinkindern stehen entwicklungsbedingt die Rippen noch fast horizontal; dadurch ist hier der Anteil der Bauchatmung höher.
- Im höheren Alter sinkt der Anteil der Brustatmung zugunsten der Bauchatmung wegen der stark zurückgegangenen Elastizität des Bänderthorax weiter ab.

Klavikularatmung

Auch als Schlüsselbeinatmung (lat. clavicula: Schlüsselbein), Kostoklavikularatmung (lat. costa: Rippe), Hochatmung oder Schulteratmung bezeichnet. Dies ist ein krankhafter Brustatemtyp, bei dem bei der Einatmung zusätzlich der Schultergürtel, bestehend aus Schlüsselbein und Schulterblatt, gehoben wird. Ursache kann z.B. eine asthmabedingte Atemnot sein.

4.4.2 Atem- und Atemhilfsmuskeln

Folgende Atemmuskeln sind bei der **Ruheatmung** beteiligt (➤ Abb. 4.6):

- **Inspiration:** praktisch nur das Zwerchfell, in ganz geringem Umfang findet sich eine Beteiligung der Treppenmuskeln (die vermutlich wichtigsten Inspirationsmuskeln der Brustatmung) und der obersten 2–3 äußeren Zwischenrippenmuskeln,
- **Exspiration:** diese geschieht ohne Einsatz von Muskelkraft nur dadurch, dass die Kontraktion des Zwerchfells nachlässt; die nach unten gedrückten Bauchorgane gelangen durch die nachlassende Absenkung des Zwerchfells wieder in eine höhere Position; der bei der Einatmung leicht

gedehnte Bänderthorax stellt sich bei der ruhigen Ausatmung ohne Muskelkraft in seine Ausgangsposition zurück.

Vor allem bei körperlicher Tätigkeit, aber auch bei Erregung können sich die Atemfrequenz, vor allem aber das Atemvolumen pro Atemzug, stark erhöhen. Dann sind zusätzlich zu den bei der Ruheatmung tätigen Muskeln oder wirksamen Faktoren weitere Muskeln tätig, die man teilweise als Atemhilfsmuskeln bezeichnet (➤ Abb. 4.6):

- **starke Inspiration:** außer dem Zwerchfell, den Treppenmuskeln und den 2–3 oberen äußeren Zwischenrippenmuskeln auch die nach unten folgenden äußeren Zwischenrippenmuskeln sowie die vorne neben dem Brustbein liegenden Anteile der inneren Zwischenrippenmuskeln; als einziger bedeutsamer Atemhilfsmuskel bei starker Einatmung ist der „Kopfwender" **(M. sternocleidomastoideus)** zu nennen (➤ Abb. 4.6, ➤ Abb. 5.5),
- **starke Exspiration:** seitlich und hinten liegende Anteile der inneren Zwischenrippenmuskeln; als Hilfsatemmuskeln bei starker Ausatmung gelten die Muskeln der Bauchwand, bei starkem Husten auch der überwiegend am Rücken liegende breite Rückenmuskel **(Musculus latissimus dorsi)**.

M. sternocleidomastoideus

sterno (lat. sternum): Brustbein
cleido (griech. cleis): Schlüssel (gemeint ist clavicula, lat.: Schlüsselbein)
mastoideus geht zurück auf den lat. Begriff für den Warzenfortsatz (Processus mastoideus, Processus: Fortsatz, mastoideus: warzenförmig), den man am Schädel hinter dem Ohr tasten kann.
Der Kopfwender hat seine Fachbezeichnung daher, dass er mit einem Anteil vom Brustbein, einem anderen vom Schlüsselbein entspringt und insgesamt zum Warzenfortsatz zieht; er ist an verschiedenen Bewegungen des Kopfes beteiligt, kann aber auch die starke Einatmung dadurch unterstützen, dass er Brustbein und Schlüsselbein kopfwärts zieht.

M. latissimus dorsi

latissimus (lat.): sehr breit, sehr groß; dorsi, Genitiv von dorsum (lat.): Rücken
also wörtlich: der sehr breite Muskel des Rückens
Dieser Muskel zieht großflächig vom Rücken und von den am Rücken liegenden Anteilen der drei untersten Rippen durch die Achselhöhle zur Vorderseite des Oberarms; bei seiner Kontraktion presst er u.a. den Thorax zusammen und unterstützt den Hustenstoß (daher auch sein Beiname „Hustenmuskel").

Die Bedeutung aller anderen in der Literatur genannten sog. Atemhilfsmuskeln ist minimal oder nicht nachweisbar.

4.4.3 Innervation der Atem- und Atemhilfsmuskeln

Die Kontraktion der Atemmuskeln wird vom Atemzentrum im Gehirn gesteuert (➤ Kap. 7.9.8). Die Nervenimpulse verlaufen über Nerven zu den Atem- und Atemhilfsmuskeln, die sich dann mehr oder weniger stark kontrahieren bzw. entspannen. Als Innervation bezeichnet man die Versorgung von Muskeln (aber auch aller anderen Körperteile, die vom Nervensystem beeinflusst werden) durch Nerven, die mit ihnen strukturell und funktionell verbunden sind.

Innervation

in- (lat.): ein-, hinein-; nervus (lat.): Nerv

Zwerchfell

Anlagebedingt besteht das Zwerchfell aus je einem rechten und einem linken Teilmuskel, die zusammengewachsen sind. Die Kontraktion des Zwerchfells wird über Nervenimpulse des Zwerchfellnervs, **N. phrenicus**, bewirkt, den es dementsprechend rechts und links gibt. Jeder Zwerchfellnerv bewirkt die Kontraktion einer Zwerchfellhälfte.

N. phrenicus

Die Fachbezeichnung für einen Nerv leitet sich aus Nervus (lat.): Nerv (eigentlich: Sehne) und einem oder mehreren erläuternden Zusatzbegriffen ab. Dabei wird der Begriff „Nervus" üblicherweise als N. abgekürzt (Plural: Nervi, abgekürzt Nn.)
phrenicus (lat.): zum Zwerchfell gehörig

Der N. phrenicus stammt aus dem Halsabschnitt des Rückenmarks und ist entwicklungsbedingt wie das

Zwerchfell selbst mit seinen Endigungen aus dem Halsbereich an die spätere Position abgewandert.

Zwerchfellhochstand

Fällt einer der beiden Zwerchfellnerven aus, so ist das Zwerchfell auf der entsprechenden Seite nicht mehr in der Lage, sich zu kontrahieren und damit zu senken. Die gelähmte Zwerchfellhälfte verbleibt bei einem Atemzug in der erschlafften hohen Position stehen; man spricht von einem einseitigen Zwerchfellhochstand, der die Atemfunktion beeinträchtigen kann. Außer einer Nervenlähmung treten auch noch andere Ursachen für einen Zwerchfellhochstand auf. Außer dem einseitigen kann auch ein beidseitiger Zwerchfellhochstand vorkommen, der mit erheblichen Atemproblemen verbunden sein kann.

Schluckauf

Fachbegriff: singultus (lat.: Schluchzen, Schlucken); der Schluckauf entsteht z.B. durch Reizung des Zwerchfellnervs, aber auch bei Hirnerkrankungen; durch den Schluckauf kommt es zu einer unwillkürlichen, krampfartigen Zuckung des Zwerchfells mit einem typischen Einatmungsgeräusch bei einem plötzlichen Verschluss der Stimmritze (➤ Kap. 5.2.3).

Muskeln des Thorax

Die äußeren und inneren Zwischenrippenmuskeln werden von Ästen der Interkostalnerven, **Nn. intercostales**, versorgt. Diese treten links und rechts aus dem Rückenmark aus und gelangen dann in die jeweiligen Interkostalräume.

Nn. Nervi (Plural von Nervus, lat.): Nerv
intercostales inter- (lat.): zwischen; costa (lat.): Rippe
plexus (lat.): Geflecht; **cervicalis** (lat.): zum Hals gehörig (lat. cervix: Hals, Nacken); **brachialis** (lat.): zum Arm gehörig (lat. brachium: der Arm); **lumbalis** (lat.): zur Lende gehörig (lat. lumbum: die Lende)

Mm scaleni: Die links und rechts aus dem Rückenmark austretenden Nerven bilden mit ihren nach vorne ziehenden Ästen u.a. im unteren Hals- und oberen Brustbereich Nervengeflechte, den **Plexus cervicalis** und den **Plexus brachialis**. Aus diesen gehen Äste für die Innervation der Treppenmuskeln hervor.

Atemhilfsmuskeln

Der Kopfwender, M. sternocleidomastoideus, wird von einem Hirnnerv, dem N. accessorius (➤ Kap. 7.11), versorgt.

Die Bauchmuskeln werden teilweise von den unteren Interkostalnerven, teilweise von Ästen aus einem Nervengeflecht im Lendenbereich des Rückenmarks innerviert (**Plexus lumbalis**).

Der breite Rückenmuskel, M. latissimus dorsi, erhält seine Nervenversorgung über den **N. thoracodorsalis**, einem Ast aus dem **Plexus brachialis**.

N. thoracodorsalis

thoraco- abgeleitet von thorax (lat.): Brustkorb; -dorsalis (lat): rückenwärts, rückseitig

4.5 Nasenhöhle und Nebenhöhlen

Der Gasaustausch zwischen Blut und Atemluft findet in den Lungenbläschen im Inneren der Lungen statt. Die luftleitenden Organe müssen die Atemluft bei der Einatmung aus der Umgebung der Nase („stumme Atmung") bzw. des Mundes („Sprechatmung") zu den Lungenbläschen führen bzw. bei der Ausatmung auch wieder zurück an die Umwelt.

Diese luftleitenden Organe unterteilt man in obere und untere Luftwege. Die oberen Luftwege bestehen aus den paarigen Nasenhöhlen mit ihren Nebenhöhlen und dem Rachen, je nach Betrachtungsweise auch der Mundhöhle, die aber bei den Sprechorganen (➤ Kap. 6) behandelt wird. Zu den unteren Luftwegen zählt man den Kehlkopf, die Luftröhre und den Bronchialbaum.

Bronchialbaum

Bestehend aus zahlreichen Aufzweigungen der Bronchien, beginnend mit der ersten Aufzweigung der Luftröhre zu den beiden Hauptbronchien
Bronchien (auch Bronchen genannt, meist im Plural benutzt) bronchia (lat.) bzw. brogchia (griech.): Luftröhrenast (griech. brogchos: Luftröhre, Kehle)

4.5.1 Nase: Gesamtaufbau und Funktion

Über die äußere Nase mit den beiden Nasenlöchern gelangt die Atemluft zu den beiden hinter den Nasenlöchern liegenden Nasenhöhlen, die durch die Nasenscheidewand voneinander getrennt sind. Jede Nasenhöhle steht mit ihren zugehörigen Nebenhöhlen in Verbindung. Über die hintere Öffnung der beiden Nasenhöhlen gelangt die Atemluft in den Rachen (➤ Kap. 4.6).

Die Nasenlöcher weisen eine Auskleidung aus äußerer Haut mit Haaren auf. Die dahinter liegenden Nasenhöhlen mit ihren Nebenhöhlen sind von Nasenschleimhaut (➤ Kap. 4.5.2) ausgekleidet, die die über den reinen Lufttransport hinausgehenden Funktionen der Nase vermittelt:

- Reinigung, Anfeuchtung und Erwärmung der Atemluft
- Niesreflex
- Riechen (➤ Kap. 4.5.6).

Zusätzlich weisen die Hohlräume der Nase noch Funktionen im Zusammenhang mit der Lautbildung („Nasenlaute") auf.

4.5.2 Nasenschleimhaut

Die Nasenschleimhaut besteht aus **respiratorischem Flimmerepithel** (➤ Kap. 1.2.1), das einzellige Schleimdrüsen im Epithel selbst (➤ Abb. 4.7) enthält, und einem Bindegewebe (**Lamina propria**) unterhalb des Epithels mit mehrzelligen, größeren Schleimdrüsen. Die größeren Drüsen weisen Ausführgänge auf, die den Schleim zur Epitheloberfläche leiten. Damit ist die gesamte Oberfläche des Epithels von einem Schleimfilm bedeckt.

respiratorisch abgeleitet von respiratio (lat.): Atemholen, Atmung
Epithel abgeleitet von epi- (griech.): darauf und thele (griech.): Brustwarze, thelein (griech.): üppig wachsen; Bedeutung: bedeckt die innere Oberfläche, hier der Nasenhöhle und Nebenhöhlen
Lamina (lat.): Blatt, **propria** weibl. Form von proprius: eigen (Lamina propria: die dem Epithel zugehörige Bindegewebsschicht)

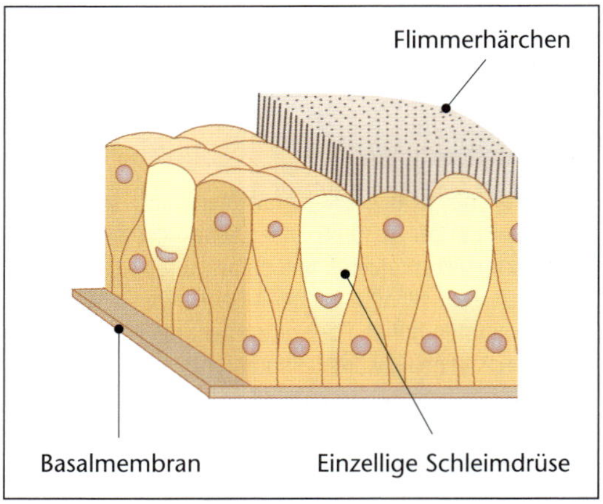

Abb. 4.7 Ausschnitt aus dem respiratorischen Flimmerepithel mit einzelligen Drüsen. Die Epithelzellen sind im linken Bildteil zur besseren Erkennbarkeit ohne Flimmerhärchen gezeichnet. Die großen Schleimdrüsen unterhalb des Epithels sind nicht dargestellt.

Reinigung der Atemluft

Die Flimmerhärchen befinden sich auf den Epithelzellen (nicht auf den Drüsenzellen, ➤ Abb. 4.7). Sie führen im gesamten Epithel koordinierte Wellenbewegungen durch. Erreger und Partikel, die mit der Atemluft eingeatmet werden, bleiben zu einem großen Anteil auf dem Schleimfilm des Epithels hängen.

Durch die Wellenbewegungen der Flimmerhärchen werden die eingefangenen Erreger und Partikel nach hinten zum Rachen hin transportiert, von wo sie durch Schluckbewegungen in den Magen gelangen (weitgehende Zerstörung durch Magensäure!). Durch Niesen, Schnäuzen, Husten oder Auswerfen kann der Schleim teilweise auch anderweitig aus dem Körper entfernt werden.

Niesen ist ein Reflex (➤ Kap. 7.8.3), der ausgelöst werden kann, wenn Partikel, zuviel Schleim, Erreger, Pollen u. Ä. auf die Nasenschleimhaut gelangen. Über Nervenfasern in der Nasenschleimhaut werden Signale zum Gehirn geleitet, von wo reflektorisch das Niesen ausgelöst wird. Dabei wird Luft aus den unteren Atemwegen bei geöffneter Stimmritze (➤ Kap. 5.2.3) und geschlossenem Mund stoßartig durch die Nasenhöhlen geleitet.
Husten ist keine Erkrankung, sondern – ähnlich wie das Niesen – ein Reflex zur Reinigung des respiratorischen Flimmerepithels überwiegend der unteren Luftwege. Durch die Bauchpresse (➤ Kap. 4.3.4) wird bei geschlos-

sener Stimmritze Druck im Bauchraum erzeugt. Durch plötzliche Öffnung der Stimmritze entweicht die Luft explosionsartig und reißt Schleim mit Fremdstoffen mit. Auch hier erfolgt der Hustenreiz über Schleimhaut-Nervenfasern, die die Information über die Reizung an das Gehirn leiten, worauf das Kommando für den Hustenstoß reflektorisch von dort aus über Nerven zu den Ausatmungsmuskeln geleitet wird.

Das respiratorische Flimmerepithel befindet sich auch im größten Bereich der übrigen Atemwege, sodass die Atemluft so weit gereinigt wird, dass nur noch feinste Stäube, Fasern und einige Erreger in die Lungenbläschen gelangen. Die Wellenbewegungen der Flimmerhärchen in den unteren Luftwegen führen den Schleim mit eingefangenen Verunreinigungen allerdings nach oben in Richtung zum Kehlkopf und zum Speiseröhreneingang, von wo es dann ebenfalls zum Magen geht.

Erwärmung und Anfeuchtung der Atemluft

Zum Schutz der für den Gasaustausch erforderlichen Strukturen in den Lungenbläschen muss die Atemluft nicht nur weitestgehend gereinigt, sondern auch auf Körpertemperatur angewärmt und mit Wasserdampf gesättigt werden.

Dies geschieht im Wesentlichen über die Schleimhaut der Nasenhöhle und ihrer Nebenhöhlen; nur bei sehr kalter und trockener Außenluft sind auch die Schleimhäute des Rachens und der unteren Luftwege mit beteiligt.

Zuständig für die Befeuchtung der Atemluft sind vor allem die zahlreichen kleinen und großen Drüsen der Nasenschleimhaut, nicht zuletzt aber auch die Tränendrüse, deren überschüssiges Sekret in die Nasenhöhle geleitet wird (➤ Kap. 4.5.4).

Die Erwärmung der Atemluft erfolgt über die kräftigen venösen Gefäßgeflechte in der Schleimhaut. Da das Blut in diesen Gefäßen Körpertemperatur besitzt, wirken die Blutgefäße wie eine Heizung. Die Oberflächenvergrößerung der Nasenschleimhaut vor allem durch die Nasenmuscheln (➤ Kap. 4.5.4, ➤ Abb. 4.10) ist vergleichbar mit der Rippenstruktur von Heizkörpern.

Abwehr: Die Nasenschleimhaut hat naturgemäß erhebliche Abwehrfunktionen gegen Erreger zu erfüllen, die mit der Atemluft eingedrungen sind. Diese Abwehrfunktionen laufen deutlich effektiver ab, wenn die Nasenschleimhaut warm und feucht gehalten wird.

„Verstopfte Nase": Bei Infektionen und allergischen Reaktionen (z.B. Heuschnupfen) kann die Blutfüllung der Venengeflechte in der Nasenschleimhaut so zunehmen, dass der Durchtritt der Atemluft durch die Nase behindert wird.

Nasenbluten: Teilweise bilden die Venengeflechte der Nasenschleimhaut Schwellkörper, die bei starker Blutfüllung nicht nur die Nasenatmung verlegen können, sondern bei Verletzungen, Infektionen, Bluthochdruck und verschiedenen Erkrankungen Ausgangspunkt von Nasenbluten sein können.

4.5.3 Äußere Nase und Nasenvorhof

Die äußere Nase besteht aus dem knöchernen Nasenskelett, das den hinteren Abschnitt der äußeren Nase bildet; zur Verringerung der Bruchgefahr ist das knöcherne Skelett nach vorne durch den Nasenknorpel ergänzt. In den Nasenflügeln gibt es nur kleine Knorpelstückchen. Auch die Nasenscheidewand (**Nasenseptum**) besitzt vorne einen Knorpelanteil, der sich zum Nasenrücken fortsetzt; nach hinten geht der Knorpel ebenfalls in Knochen über (➤ Abb. 4.8).

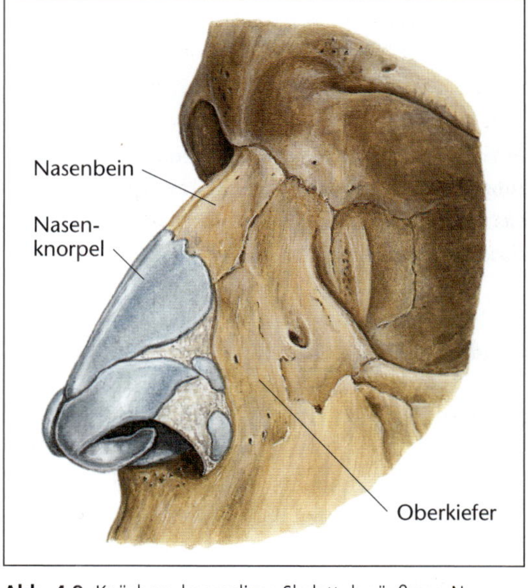

Abb. 4.8 Knöchern-knorpeliges Skelett der äußeren Nase

Das Nasenskelett besteht aus dem Nasenbein (**Os nasale**), aus Abschnitten des Oberkiefers (**Maxilla**) und anderen Knochen des Gesichtsschädels.

Nasenseptum septum (lat.): Zwischenwand
Os nasale (lat.): Nasenbein, die Bezeichnung vieler Knochen leitet sich aus „os" (lat.: Knochen, Bein) und einem oder mehreren ergänzenden Begriffen ab; nasale (lat.): zur Nase zugehörig (lat. nasus: die Nase)
maxilla (lat.): Oberkiefer

Die Binnenräume der äußeren Nase werden vom paarigen Nasenvorhof (**Vestibulum nasi**) gebildet, der sich nach außen über die Nasenlöcher öffnet und nach hinten zur jeweiligen Nasenhöhle (**Cavitas nasi**) führt. Der Nasenvorhof ist nach außen von den Nasenflügeln und innen vom Nasenseptum begrenzt; er besitzt eine Auskleidung aus äußerer Haut mit teilweise kräftigen Haaren, die das Eindringen von Fremdkörpern und kleinen Insekten verhindern sollen.

Vestibulum nasi vestibulum (lat.): Vorhof (eigentlich: Vorhalle des altrömischen Hauses, vgl. den eingedeutschten Begriff Vestibül); nasi, Genitiv von nasus (lat.): die Nase
Der Begriff „vestibulum" wird anatomisch mehrfach benutzt, z.B. auch für den Vorhof der Mundhöhle, den Vorhof des Kehlkopfs, oder für den knöchernen Schädelhohlraum, in dem das Gleichgewichtsorgan lokalisiert ist, deshalb „Vestibularapparat".
cavitas (lat.): Hohlraum (eingedeutscht: Kavität)

Am hinteren Ende des Nasenvorhofs geht die Auskleidung aus äußerer Haut mit Haaren nach einer haarlosen Übergangszone dann in die eigentliche Nasenschleimhaut über.

4.5.4 Nasenhöhle und Septum

Begrenzungen der Nasenhöhle

Die beiden Nasenhöhlen haben einen dreieckigen Querschnitt und laufen nach oben spitz zu. Sie werden jeweils nach innen von der Fortsetzung der knöchernen Nasenscheidewand (Septum) begrenzt; die Begrenzung nach außen stellt das seitliche knöcherne Nasenskelett dar, von dem die Nasenmuscheln vorspringen (➤ Abb. 4.9, ➤ Abb. 4.10). Der Boden der beiden Nasenhöhlen wird vom Gaumen gebildet, das Dach von der Schädelbasis (➤ Abb. 4.9).

Septum

Die Nasenscheidewand trennt die beiden Nasenhöhlen voneinander. Sie ist beim Neugeborenen noch einigermaßen gerade, beim Erwachsenen aber sehr oft nach einer Seite verbogen. Diese Verbiegung wird als **Septumdeviation** bezeichnet (➤ Abb. 4.9).

Auch unter normalen Umständen ist die Nasenscheidewand bei den meisten Erwachsenen nicht perfekt gerade, sondern vor allem im unteren Bereich zur linken oder rechten Seite vorgewölbt oder verbogen („verkrümmt"). Ursächlich können Verletzungen der Nase oder unterschiedliche Wachstumsgeschwindigkeiten innerhalb des Nasenskeletts sein. Ist die Verkrümmung nicht allzu stark, bleibt sie symptomlos. Dann ist auch kein therapeutischer Eingriff erforderlich.
Bei stärkerer Verkrümmung kommt es jedoch in der dann engeren der beiden Nasenhöhlen zu Behinderungen der Nasenatmung (in Extremfällen bis zur Atemnot), zu Artikulationsstörungen (Rhinophonie = Näseln), zur Verringerung des Riechvermögens und in der Folge zu häufigeren Entzündungen (Mandeln, Rachen, Nebenhöhlen, Mittelohr). Unter diesen Umständen kann eine operative Korrektur erforderlich sein.
Septumdeviation: abgeleitet von septum (lat.): Zwischenwand und -deviation (lat. deviatio): Abweichung

Nasenmuscheln

Die jeweils nach außen weisenden (**lateralen**) Wände der beiden Nasenhöhlen (➤ Abb. 4.9, ➤ Abb. 4.10) sind durch die Nasenmuscheln (**Conchae nasales**) stark oberflächenvergrößert. Diese Muscheln hängen wie lange, hakenförmige Leisten von der seitlichen Nasenwand nach unten. Sie bestehen im Inneren aus Knochenplatten und sind von gut durchbluteter Schleimhaut überzogen. Von ihrer Funktion her sind sie mit den Rippen eines Heizkörpers vergleichbar.

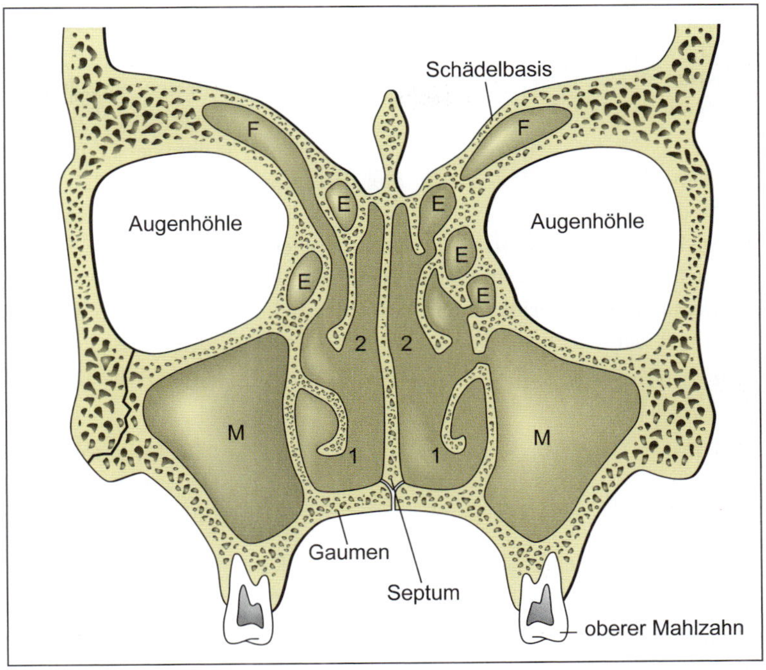

Abb. 4.9 Frontalschnitt durch den knöchernen Schädel, parallel zur Stirn. Nasennebenhöhlen: M Kieferhöhlen, E Siebbeinzellen, F Stirnhöhlen
1 untere Nasenmuscheln, 2 mittlere Nasenmuscheln

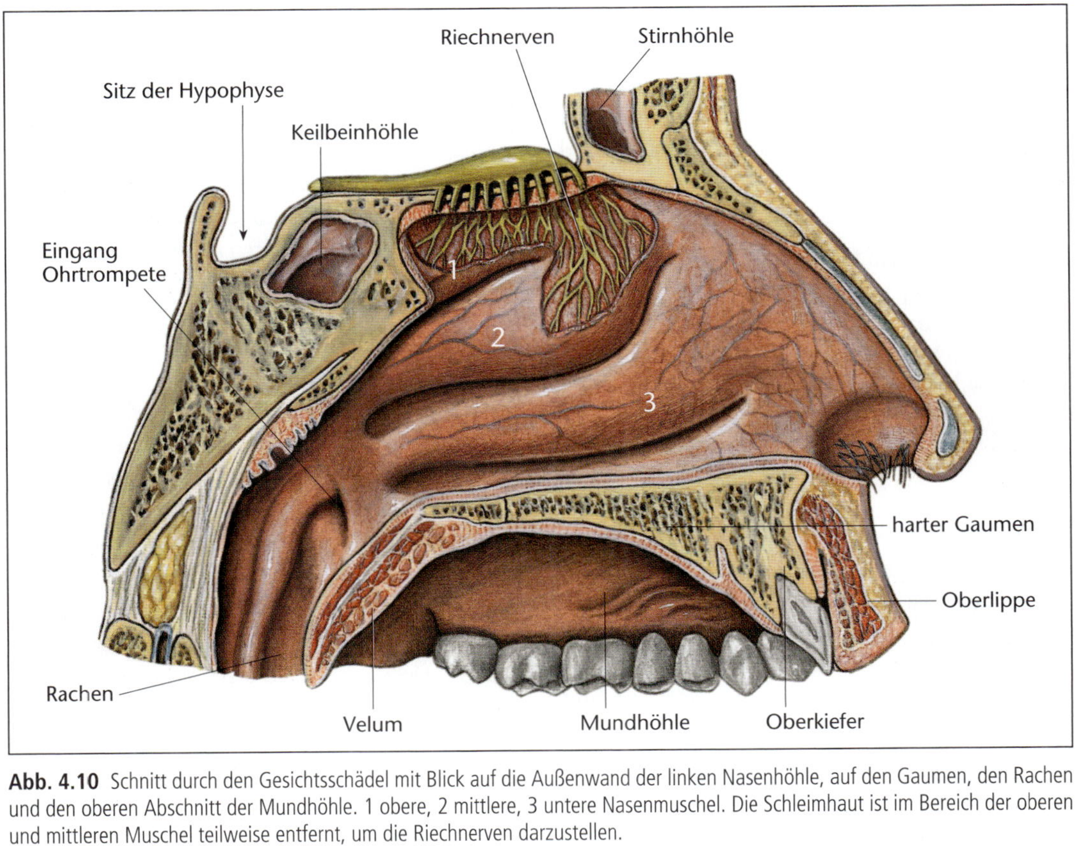

Abb. 4.10 Schnitt durch den Gesichtsschädel mit Blick auf die Außenwand der linken Nasenhöhle, auf den Gaumen, den Rachen und den oberen Abschnitt der Mundhöhle. 1 obere, 2 mittlere, 3 untere Nasenmuschel. Die Schleimhaut ist im Bereich der oberen und mittleren Muschel teilweise entfernt, um die Riechnerven darzustellen.

lateral (lat. lateralis): seitlich, außen
concha (lat.): Muschel; **nasalis** (lat.): zur Nase gehörig
superior (lat.): die obere, **media** (lat.): die mittlere, **inferior** (lat.): die untere

In jeder Nasenhöhle finden sich drei Nasenmuscheln, die als

- **Concha nasalis superior:** obere Nasenmuschel
- **Concha nasalis media:** mittlere Nasenmuschel
- **Concha nasalis inferior:** untere Nasenmuschel

bezeichnet werden. Die obere Nasenmuschel ist die kleinste, die untere die größte von den dreien (➤ Abb. 4.10).

4

Nasengänge

Unter und hinter jeder Nasenmuschel bleiben Kanäle für den Luftstrom frei, die sog. Nasengänge. Die Atemluft strömt überwiegend durch den mittleren und unteren Nasengang. Bedingt durch die Schnittführung sind in ➤ Abb. 4.9 teilweise nur der untere Nasengang (unter und hinter der unteren Nasenmuschel) und der mittlere Nasengang (unter und hinter der mittleren Nasenmuschel) deutlich sichtbar. Der obere Nasengang befindet sich unter und hinter der oberen Nasenmuschel (➤ Abb. 4.9, ➤ Abb. 4.10).

Fachbezeichnungen für die Nasengänge

oberer Nasengang: Meatus nasi superior
mittlerer Nasengang: Meatus nasi medius
unterer Nasengang: Meatus nasi inferior
meatus (lat.): der Gang, nasi: Genitiv von nasus (lat.): die Nase
superior (lat.): der obere, medius (lat.): der mittlere, inferior (lat.): der untere

Aus den eigentlichen Nasenhöhlen haben sich während der Entwicklung die Nebenhöhlen zur Seite hin „ausgestülpt"; sie haben ihre Verbindung zur Nasenhöhle, aus der sie entstanden sind, beibehalten (➤ Abb. 4.9). Diese Verbindungsgänge befinden sich in den Nasengängen hinter den mittleren und oberen Muscheln (Nasennebenhöhlen ➤ Kap. 4.5.5, ➤ Abb. 4.9, ➤ Abb. 4.12).

Tränennasengang

In den unteren Nasengang hinter der unteren Nasenmuschel mündet keine Nasennebenhöhle, sondern der Tränennasengang (**Ductus nasolacrimalis**, ➤ Abb. 4.12). Dieser verbindet den inneren Augenwinkel mit dem unteren Nasengang; dadurch wird die überschüssige Tränenflüssigkeit in die Nasenhöhle geleitet und dient der zusätzlichen Anfeuchtung der Atemluft. Die von den Tränendrüsen gebildete Flüssigkeitsmenge beträgt ca. 0,5 l pro Tag für beide Augen zusammen.

Ductus nasolacrimalis

ductus (lat.): Gang
nasolacrimalis: naso-: zur Nase zugehörig, lacrima (lat.): Träne

Choanen

choana (lat.): Trichter, hintere Nasenöffnung

Choanen

Nach hinten gehen die Nasenhöhlen in trichterförmige, etwa 3 cm hohe und 1,2 cm breite Öffnungen (**Choanen**) über, die sie mit dem oberen Teil des Rachens verbinden (➤ Abb. 4.15). Die Atemluft gelangt über die beiden Choanen aus den Nasenhöhlen in den nächsten Abschnitt der oberen Luftwege, den Rachen.

4.5.5 Nasennebenhöhlen

Die Nebenhöhlen, die zu jeder der beiden Nasenhöhlen gehören, werden als **Sinus paranasales** bezeichnet. Es handelt sich um luftgefüllte, sog. **pneumatische** Räume des Schädels; sie weisen eine Auskleidung mit dem gleichen respiratorischen Flimmerepithel auf wie die Nasenhöhlen selbst.

Sinus paranasales Plural von Sinus paranasalis, das „u" der Pluralform von sinus wird lang gesprochen
sinus (lat.): Hohlraum, para- (griech.): neben, bei
nasalis: von nasus (lat.): Nase
pneumatisch (auch pneumatisiert): pneuma (griech.): Luft

Die Nebenhöhlen entstehen überwiegend aus Schleimhautblasen, die sich an der Stelle in Richtung auf den dahinter liegenden Knochen ausstülpen, wo später der Verbindungsgang zu finden ist (➤ Abb. 4.9, ➤ Abb. 4.11). Hauptsächlich entstehen die Nebenhöhlen in ihrer endgültigen Form erst in der Zeit zwischen dem Vorschulalter und der Pubertät, wenn sich das bleibende Gebiss entwickelt. Die Nebenhöhlen weisen zahlreiche Unterschiede bei den einzelnen Menschen, aber auch zwischen links und rechts auf.

Die Hauptfunktion der Nebenhöhlen ist darin zu sehen, dass sie der Gewichtsersparnis des Schädels dienen. Ihre Funktion als Resonanzräume und ihr Einfluss auf den Stimmklang sind minimal.

Sinusitis

Als Sinusitis bezeichnet man die akute oder chronische Entzündung der Nasennebenhöhlenschleimhaut, kurz Nebenhöhlenentzündung. Infektionen der Nasenschleimhaut („Schnupfen") breiten sich häufig über die offenen Verbindungswege zu den Nebenhöhlen aus.
Als Folge einer akuten Entzündung kommt es in den Nebenhöhlen zur Sekretbildung; der Abfluss des Sekrets ist vielfach durch die engen und teilweise im Dach der Höhlen (➤ Abb. 4.9) liegenden Öffnungen, aber auch durch ungünstige räumliche Verhältnisse (Septumdeviation, Nasenpolypen ➤ Kap. 4.6.4 und übermäßig große Nasenmuscheln) stark behindert, sodass chronische Entzündungen entstehen.
Begleitet wird die Sinusitis oft von dumpfen Kopfschmerzen, die sich z.B. beim Bücken verstärken.

Die Nebenhöhlen werden nach den Knochen benannt, in die sie sich bei der Entwicklung „hineingestülpt" haben.

Kieferhöhle

Die Kieferhöhle (**Sinus maxillaris**) ist die größte von allen Nebenhöhlen. Sie ist nach dem Oberkiefer benannt, in dem sie sich befindet (➤ Abb. 4.9, ➤ Abb. 4.11). Mit ihrem Dach grenzt sie an die Augenhöhle, während ihr Boden enge Beziehungen zum Zahnbogen des Oberkiefers (➤ Kap. 6.2.3) aufweist. Teilweise befinden sich die aus den Wurzeln der Vormahlzähne und Mahlzähne des Oberkiefers austretenden Nerven direkt unter der Schleimhaut der Kieferhöhle.

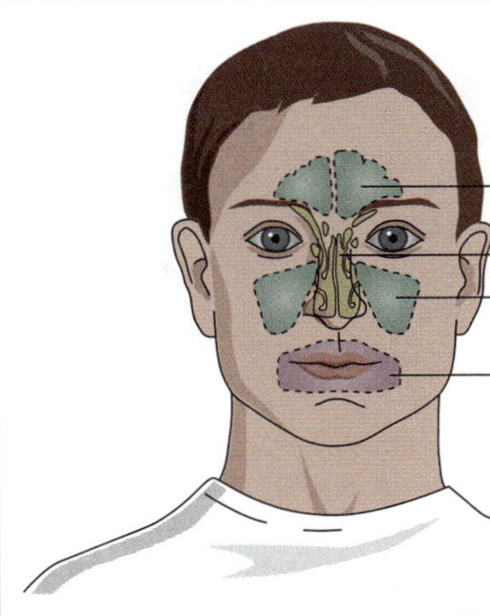

Abb. 4.11 Einige Hohlräume des Gesichtsschädels (transparent dargestellt).

Sinus maxillaris

sinus (lat.): Hohlraum; maxillaris (lat. maxilla): Oberkiefer

Der Verbindungsgang zwischen Kieferhöhle und Nasenhöhle befindet sich knapp unter dem Dach der Kieferhöhle (➤ Abb. 4.9, ➤ Abb. 4.12), sodass der Sekretabfluss stark erschwert ist.

Zahnschmerzen können auch dadurch entstehen, dass bei einer Entzündung der Kieferhöhle die entsprechenden Nerven der Oberkieferzähne gereizt werden.
Operativer Zugang zur Kieferhöhle: bei einer chronischen Sinusitis der Kieferhöhle kann es erforderlich sein, operativ einen Zugang über den unteren Nasengang hinter der unteren Nasenmuschel zu legen, damit das Sekret abfließen kann.
Die sog. **Stirnhöhlenentzündung** oder Stirnhöhlenvereiterung ist in vielen Fällen tatsächlich eine Sinusitis der Kieferhöhle; nur die Kopfschmerzen werden im Bereich der Stirn empfunden.

Stirnhöhle

Die Stirnhöhle (**Sinus frontalis**) weist individuelle und zwischen links und rechts besonders starke Schwankungen bezüglich ihrer Ausdehnung und Gestalt auf. Sie befindet sich im Stirnbein, nach dem sie benannt ist (➤ Abb. 4.9 bis ➤ Abb. 4.12).

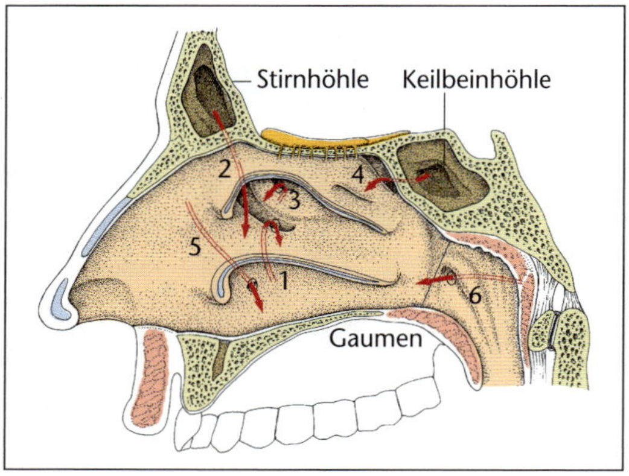

Abb. 4.12 Schematischer Schnitt durch den Gesichtsschädel mit Blick auf die Außenwand der rechten Nasenhöhle (mittlere und untere Nasenmuschel sind teilweise abgetragen). Die Pfeile kennzeichnen die Verbindungen zu den Nasennebenhöhlen, zur Augenhöhle (Tränennasengang: 5) und über die Ohrtrompete (6) zur Paukenhöhle (➤ Kap. 8.6.6).
Verbindungen zu den Nasennebenhöhlen: 1 Kieferhöhle, 2 Stirnhöhle, 3 Siebbeinzellen, 4 Keilbeinhöhle

Sinus frontalis

sinus (lat.): Hohlraum, frontalis nach Os frontale (lat.): Stirnbein (vgl. den Begriff frontal z.B. in Frontalzusammenstoß)

Der Abfluss von Sekret der Stirnhöhle erfolgt über den Verbindungsgang, der im mittleren Nasengang mündet (➤ Abb. 4.9, ➤ Abb. 4.12). Da dieser Gang sehr eng ist, kommt es auch hier oft zu Komplikationen bei Infektionen.

Siebbeinhöhle

Die Siebbeinhöhle (**Sinus ethmoidalis**) besteht links und rechts jeweils aus einer ganzen Reihe kleiner, unterschiedlich gestalteter und gelegener pneumatischer Knochenhohlräume des Siebbeins, die man als Siebbeinzellen (**Cellulae ethmoidales**) bezeichnet. Diese Knochenhohlräume befinden sich zwischen dem oberen Abschnitt der Nasenhöhle und der Augenhöhle (➤ Abb. 4.9, ➤ Abb. 4.11) und werden auch Siebbeinlabyrinth genannt.

Sinus ethmoidalis

sinus (lat.): Hohlraum, ethmoidalis nach Os ethmoidale: Siebbein
ethmoidalis/-ale: zum Siebbein gehörig, nach ethmos (griech.): Sieb
ethmoidalis: Singular Maskulinum, ethmoidale: Singular Neutrum, ethmoidales: Plural
Cellulae (lat.): Verkleinerungsform von cella (lat.): Zelle, Kammer

Sinus sphenoidalis

sinus (lat.): Hohlraum, sphenoidalis nach Os sphenoidale: Keilbein
sphenoidalis/-ale: zum Keilbein gehörig, nach sphenoeides (griech): keilförmig
Je nach Lage befinden sich die Verbindungsgänge der Siebbeinzellen zur Nasenhöhle entweder im mittleren oder im oberen Nasengang (➤ Abb. 4.9, ➤ Abb. 4.12). Entzündungen der Siebbeinzellen kommen bei Kindern häufiger, bei Erwachsenen seltener vor.

Keilbeinhöhle

Die Keilbeinhöhle (**Sinus sphenoidalis**) ist eine Abgliederung des hinteren Teils der Nasenhöhle (➤ Abb. 4.10); sie entsteht deshalb zeitlich gesehen vor den anderen Nebenhöhlen. Der Abfluss von Sekret der Keilbeinhöhle erfolgt in den oberen Nasengang und dessen Umgebung (➤ Abb. 4.12). Eine Sinusitis der Keilbeinhöhle ist selten.

Hypophysentumoren

Über dem Dach der Keilbeinhöhle (➤ Abb. 4.10) befindet sich in einer Grube die Hirnanhangsdrüse (Hypophyse, ➤ Kap. 7.12); diese kann Tumoren bilden, die überwiegend gutartig sind, aber wegen Störungen des Hormonstoffwechsels häufig operiert werden müssen. Einen Hauptzugangsweg bildet dann die Keilbeinhöhle, die über die Nasenhöhle erreicht wird (transsphenoidale Operationstechnik).

4.5.6 Riechorgan

Ein kleiner Teil der die Nasenhöhle auskleidenden Nasenschleimhaut ist zu einem Sinnesorgan, dem Riechorgan, umgewandelt. Dieses ist im Dach beider Nasenhöhlen lokalisiert; die entsprechende Schleimhaut findet sich auf der obersten Nasenmuschel und auf dem ihr gegenüberliegenden Septumabschnitt (➤ Abb. 4.13a). Durch „Schnuppern" wird die Atemluft durch die Nasenmuscheln verwirbelt, verbleibt länger in der Nasenhöhle und kommt mit den enthaltenen „Riechstoffen" in Kontakt mit dem Riechorgan.

Der Schleimhautabschnitt, den das Riechorgan bildet, hat eine gelblich-bräunliche Farbe und wird auch als **Regio olfactoria bezeichnet**; die restliche „normale" Schleimhaut bildet die **Regio respiratoria**.

Regio (lat.): Gegend, Bereich (vgl. die Begriffe Region, regional)
olfactoria weibl. Form von olfactorius (lat.): riechend, das Riechsystem betreffend (eingedeutscht: olfaktorisch)
respiratoria dem Atmungssystem zugehörig, respiratio (lat.): Atemholen

Im Epithel der Regio olfactoria befinden sich zahlreiche Sinneszellen (Riechzellen). Über Sinneshärchen tauchen die Riechzellen in den Nasenschleim ein, der auch die Regio olfactoria bedeckt. In diesem Schleim sind Geruchsstoffe gelöst, die von den Sinneshärchen der Sinneszellen wahrgenommen und unterschieden werden.

Ungewöhnlich für diese Riechzellen, die Nervenzellen entsprechen, ist ihre Fähigkeit, sich nach einer Lebensdauer von nur ca. 2 Monaten zu teilen. Damit ist die Riechschleimhaut regenerationsfähig; allerdings nimmt ihre Funktionsfähigkeit mit zunehmendem Alter ab. Die Fortsätze der Riechzellen leiten die Sinnesempfindungen durch kleine Löcher im Dach der Nasenhöhle zum Gehirn (➤ Abb. 4.13b, Bulbus olfactorius).

Die Riechfähigkeit des Menschen hat im Laufe der Evolution zugunsten der Sehfähigkeit stark abgenommen. Die Fähigkeit, verschiedene Gerüche zu unterscheiden, ist aber noch recht gut. Während das Geschmacksorgan nur 4–5 unterschiedliche Geschmacksempfindungen erkennen kann, ist das Riechorgan in der Lage, ca. 2000 verschiedene Gerüche zu unterscheiden. Der größte Teil der sinnlichen Wahrnehmung beim Essen und Trinken ist deshalb dem Riechorgan zuzuschreiben, was bei einem Schnupfen unangenehm erkennbar wird.

Beißende und ätzende Stoffe in der Atemluft werden nicht über das Riechorgan wahrgenommen, sondern sie bewirken eine Reizung sensibler Nervenfasern in der normalen Nasenschleimhaut. Diese vermitteln dann Schutzreflexe wie „Luft anhalten" oder „den Kopf wegdrehen". Durch diese sog. „**olfaktorische** Kontrolle" der Atemluft wird vermieden, dass potenziell gefährliche Stoffe in die unteren Luftwege gelangen.

Die sensiblen Nerven der Nasenschleimhaut registrieren auch Wahrnehmungen wie Schmerz, Berührung, Wärme und Kälte; sie sind Äste des 5. Hirnnerven (im oberen Nasenbereich N. ophthalmicus, im mittleren und unteren Nasenbereich

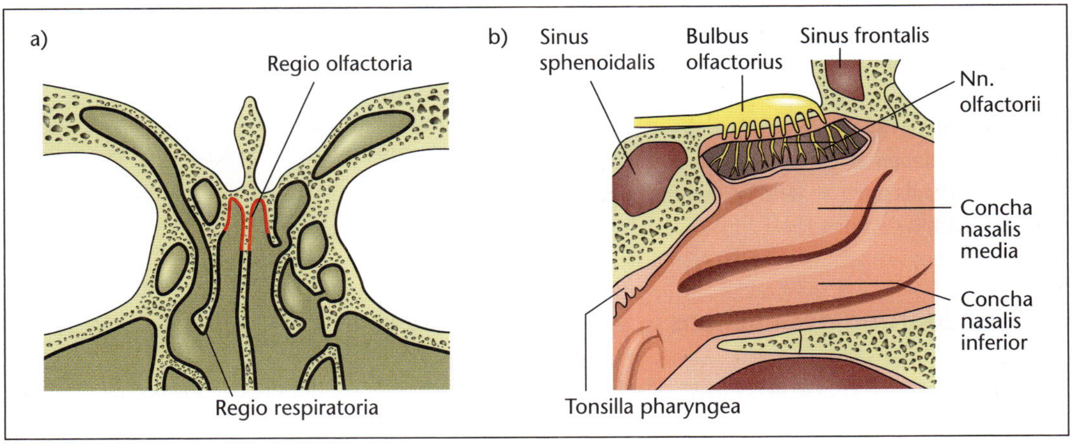

Abb. 4.13 Riechorgan (Regio olfactoria). a) Lokalisation des Riechorgans im Dach der Nasenhöhle, Frontalschnitt des Schädels, Regio olfactoria: rot, b) Riechnerven in der lateralen Wand der Nasenhöhle (Schleimhaut teilweise entfernt), Durchtritt durch das Siebbein

N. maxillaris; ➤ Kap. 7.11.1; dort ist auch die Herleitung der Fachausdrücke zu finden). Auch der Niesreflex wird über diese Nerven ausgelöst (➤ Kap. 4.5.2).

4.6 Rachen

Der Rachen wird auch als Schlund bezeichnet; der Fachausdruck lautet **Pharynx** (nicht zu verwechseln mit Larynx: Kehlkopf). Der Rachen ist ein ca. 13 cm langer, schleimhautausgekleideter Muskelschlauch, der sich von der Schädelbasis bis zum Eingang der Speiseröhre erstreckt.

Pharynx (griech. pharygx): Rachen, Schlund
Choanen (lat. choana): Trichter, hintere Nasenöffnung

Der Rachen hat verschiedene Verbindungen zu anderen Hohlräumen oder Hohlorganen des Kopfes und Halses:

- über die **Choanen** nach vorne oben mit den beiden Nasenhöhlen
- oben seitlich über die Ohrtrompeten mit den beiden Paukenhöhlen des linken und rechten Mittelohrs (➤ Kap. 8.6.6)
- im mittleren Bereich über die sog. Schlundenge nach vorne mit der Mundhöhle (➤ Kap. 6.2.5)
- nach unten vorne über den Kehlkopfeingang mit dem Kehlkopf
- nach unten über den sog. Speiseröhrenmund mit der Speiseröhre.

Damit gehört der Rachen sowohl zu den Atmungsorganen, bei denen er einen Teil des oberen Luftwegs darstellt, als auch zu den Verdauungsorganen (➤ Abb. 4.14, ➤ Abb. 4.15).

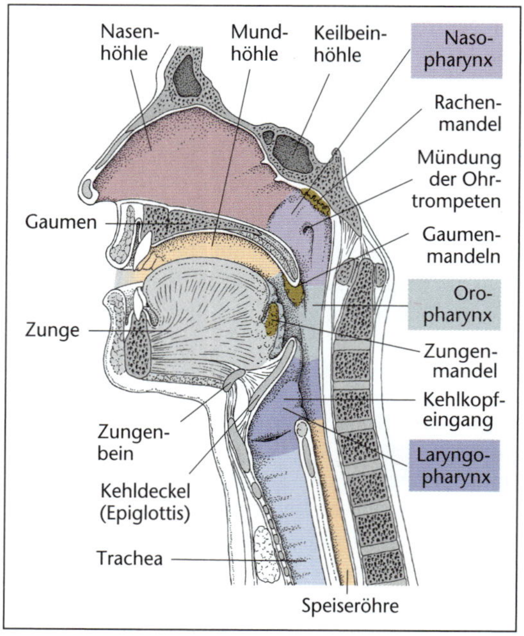

Abb. 4.14 Übersicht über die Nasenhöhle (Blick auf äußere Wand der rechten Nasenhöhle), Rachen (Nasopharynx, Oropharynx und Laryngopharynx) mit Übergang in Kehlkopf bzw. Speiseröhre, Mundhöhle mit Zunge und Gaumen.

4.6.1 Gliederung des Rachens

Der Rachen lässt sich grob in drei Etagen oder Stockwerke gliedern, für die es unterschiedliche Fachbezeichnungen gibt:

- **Epipharynx – Nasopharynx – Pars nasalis pharyngis:** Nasenrachenraum – Nasenabschnitt
- **Mesopharynx – Oropharynx – Pars oralis pharyngis:** Mundrachenraum – Mundabschnitt
- **Hypopharynx – Laryngopharynx – Pars laryngea pharyngis:** Unterrachenraum – Kehlkopfabschnitt.

Pharynx (griech. pharygx): Rachen, Schlund
epi- (griech.): darauf, darüber; **meso-** (griech.): in der Mitte, **hypo-** (griech.): unten, darunter
Pars (lat.): Teil, Anteil; pharyngis: Genitiv von Pharynx
naso-, nasalis (lat.): zur Nase gehörig
oro-, oralis (lat.): zum Mund gehörig (lat. os: Mund, nicht verwechseln mit der 2. Bedeutung von os: Knochen, Bein)
laryngo-, laryngea zum Kehlkopf gehörig (griech. larygx: Kehle)

Epipharynx

Der Epipharynx ist der oberste Rachenabschnitt, er setzt sich nach unten in den Mesopharynx fort, wobei der Übergang fließend ist. Die Grenze nach vorne unten stellt das Gaumensegel (➤ Abb. 4.15, ➤ Kap. 6.2.5) dar. Über das Gaumensegel und Teile

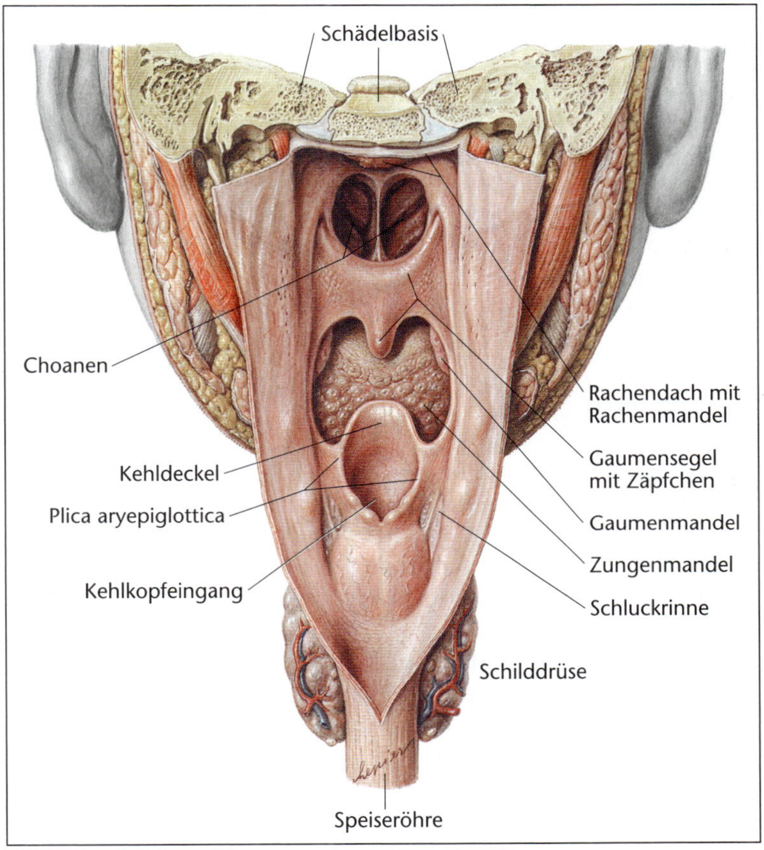

Abb. 4.15 Ansicht des Rachens von hinten (hintere Wand des Rachens durch einen Längsschnitt in der Mittellinie eröffnet und zur Seite geklappt)

der oberen Rachenwand kann der Epipharynx komplett gegen den Mesopharynx abgeschlossen werden. Dieser Verschluss ist notwendig für den Schluckakt und eine ungestörte Lautbildung.

Die Nasenhöhlen sind über die Choanen mit dem Epipharynx verbunden; das respiratorische Flimmerepithel der Nasenhöhle („Nasenschleimhaut") findet sich auch im Epipharynx. Erst in der Übergangszone zum Mesopharynx setzt sich die normale Schleimhaut der Mundhöhle durch.

Die obere Begrenzung des Epipharynx bildet das Rachendach, das mit der Schädelbasis verbunden ist. Die unpaare Rachenmandel befindet sich mittig direkt unter dem Rachendach (➤ Abb. 4.15, ➤ Abb. 4.16).

Die Öffnung der Ohrtrompete (➤ Abb. 4.10, ➤ Abb. 4.12, ➤ Abb. 4.13) liegt etwa 10–15 mm hinter der unteren Nasenmuschel in der seitlichen Wand des Epipharynx. Sie ist durch einen stärkeren oberen und einen schwächeren unteren Schleimhautwulst begrenzt. Der obere Schleimhautwulst wird durch den Knorpel in der Wand der Ohrtrompete gebildet. Über die Ohrtrompete wird das Mittelohr mit dem Epipharynx verbunden; dadurch sind eine Belüftung des Mittelohrs und ein Druckausgleich möglich.

Mesopharynx

Der mittlere Abschnitt des Rachens ist nach vorne über die sog. Schlundenge (➤ Kap. 6.2.5) mit der Mundhöhle verbunden. Speisen und Getränke gelangen damit aus der Mundhöhle in den Mesopharynx, der die Auskleidung aus der gleichen Schleimhaut besitzt wie die Mundhöhle selbst (mehrschichtiges unverhorntes Plattenepithel mit Schleimdrüsen: Mundhöhlenschleimhaut). Die Grenze des Mesopharynx nach unten vorne ist deutlich durch den Kehldeckel und die seitlichen Schleimhautfalten erkennbar (➤ Abb. 4.15), die man als Gaumenbögen bezeichnet (➤ Kap. 6.2.5).

Der Mesopharynx ist Durchgangsstation für die Atemluft, die aus dem Epipharynx kommt, den Mesopharynx durchquert und dann über den oberen Bereich des Hypopharynx in den Kehlkopfeingang gelangt. Aber auch Speisen und Getränke passieren den Mesopharynx in Richtung nach unten über den Hypopharynx zum Eingang in die Speiseröhre.

Damit stellt der Mesopharynx eine Kreuzungsstation für den Atem- und Speisenweg dar (➤ Abb. 4.14, ➤ Abb. 6.22).

Hypopharynx

Der unterste Abschnitt des Rachens befindet sich unterhalb des oberen Randes des Kehldeckels, der wie ein „Wellenbrecher" im Speiseweg liegt, und enthält nach vorne den Eingang zum unteren Luftweg, direkt nach unten den Eingang in die Speiseröhre und zum weiteren Speisenweg (➤ Abb. 4.15).

Der Kehlkopf wölbt sich stark nach hinten in den Hypopharynx vor und begrenzt zu jeder Seite die sog. Schluckrinne (**Recessus piriformis**, auch **Sinus piriformis** genannt), über die Flüssigkeiten und zerkaute, eingespeichelte feste Nahrung in die Speiseröhre gelangen. Der obere Rand dieser Schleimhautbegrenzung wird als **Plica aryepiglottica** bezeichnet (➤ Abb. 4.15), diese Falte begrenzt den seitlichen Rand des Kehlkopfeingangs zwischen Kehldeckel und Stellknorpeln. Auch der Hypopharynx ist von Mundhöhlenschleimhaut ausgekleidet.

Recessus piriformis

Recessus (lat.): Ausbuchtung, Nische, Sinus (lat.): Hohlraum, piriformis (lat.): birnenförmig
Plica aryepiglottica gebildet aus plica (lat.) Falte und aryepiglottica = zum Stellknorpel und Kehldeckel gehörig, abgeleitet aus arytaina (griech.): Stellknorpel und Epiglottis (griech.): Kehldeckel

4.6.2 Schlundschnürer und -heber

Der Rachen ist nach außen von lockerem Bindegewebe umgeben, das einen Verschiebespalt bildet und damit Bewegungen dieses schlauchförmigen Hohlorgans ermöglicht.

Die Muskulatur des Rachens besteht aus quergestreiften Skelettmuskeln, die in zwei Systemen, den innen liegenden Schlundschnürern und den von außen einstrahlenden Schlundhebern, angeordnet sind.

Schlundschnürer

Die Schlundschnürer verlaufen etwa ringförmig und können den Rachen zusammenziehen; sie werden deshalb auch als **Konstriktoren** bezeichnet, abgeleitet aus dem Fachbegriff **Mm. constrictores pharyngis**. Die Ringe sind allerdings vorne an den Ursprüngen der Muskeln offen.

Mm. constrictores pharyngis

Mm.: Abkürzung von Musculi (Plural von Musculus, lat.: der Muskel)
constrictores: Plural von constrictor (lat.): zusammenziehend
pharyngis: Genitiv von pharynx (Rachen, Schlund)
superior (lat.): der obere, medius (lat.): der mittlere, inferior (lat.): der untere
Raphe (griech. hraphe): Naht

Für jeden Abschnitt des Rachens wird ein eigener Schlundschnürer beschrieben, der von unterschiedlichen Abschnitten des Kopf- und Halsskeletts seinen Ursprung nimmt:

- **M. constrictor pharyngis superior:** entspringt im Wesentlichen von der Schädelbasis und vom Unterkiefer (teilweise aus der Zunge)
- **M. constrictor pharyngis medius:** entspringt vom Zungenbein (➤ Kap. 5.2.1)
- **M. constrictor pharyngis inferior:** entspringt vom Kehlkopf.

Die Schlundschnürer sind spiegelbildlich symmetrisch für beide Hälften des Rachens angeordnet; sie ziehen nach hinten in einen gemeinsamen schmalen Sehnenstreifen (dort verläuft die Schnittlinie des Rachens in ➤ Abb. 4.15). Dieser wird als **Raphe pharyngis** bezeichnet.

Ein Teil der Fasern der Schlundschnürer verläuft nicht genau horizontal, sondern ab- oder aufsteigend, teilweise ist auch ein überlappender oder verflochtener Faserverlauf zu finden. Deshalb können die Schlundschnürer nicht nur als Konstriktoren wirken, sondern den Rachen teilweise auch etwas anheben oder senken.

Bestimmte Abschnitte des unteren Schlundschnürers werden separat als **M. cricopharyngeus** bezeichnet, der auch am oberen Verschluss der Speiseröhre beteiligt ist.

Die genaue Funktion der Schlundschnürer wird im Zusammenhang mit dem Schluckakt besprochen (➤ Kap. 6.4).

Schlundheber

Die Schlundheber werden als **Mm. levatores pharyngis** bezeichnet. Sie strahlen von außen in die Wand des Rachens ein.

Der wichtigste Schlundheber ist der Gaumen-Rachen-Muskel (**M. palatopharyngeus**; ➤ Abb. 6.20); er wird ergänzt durch dünne Fasern von zwei weiteren, weniger bedeutenden Schlundhebern, dem Griffelfortsatz-Rachen-Muskel (**M. stylopharyngeus**) und dem Ohrtrompeten-Rachen-Muskel (**M. salpingopharyngeus**).

Mm. levatores pharyngis

levatores: Plural von levator (lat.): hebend
pharyngis: Genitiv von pharynx (Rachen, Schlund)
M. palatopharyngeus: palato- von palatum (lat.): Gaumen, pharyngeus (lat.): zum Rachen gehörig
M. stylopharyngeus: stylo- bezieht sich auf den Ursprung des Muskels vom sog. Griffelfortsatz der Schädelbasis (➤ Abb. 5.2b, Processus styloideus; Processus, lat.: Fortsatz; styloideus: griffelförmig, von lat. stylus: Griffel)
M. salpingopharyngeus: salpingo- bezieht sich auf salpinx, lat.: Trompete (gemeint ist die knorpelige Wand der Ohrtrompete)
M. cricopharyngeus: Ursprung der Vorsilbe crico- (oder kriko) aus krikos, griech.: Ring (gemeint ist der Ringknorpel des Kehlkopfs)

Auch die genaue Funktion der Schlundheber wird im Zusammenhang mit dem Schluckakt besprochen (➤ Kap. 6.4).

4.6.3 Innervation

Die sensiblen Nerven der Rachenschleimhaut registrieren Wahrnehmungen wie Schmerz, Berührung, Wärme und Kälte; sie sind Äste des 9. und 10. Hirnnerven, die hier ein Nervengeflecht (**Plexus pharyngeus**) bilden. Im oberen Rachenbereich sind es überwiegend Äste des 9. Hirnnerven (N. glossopharyngeus), im unteren Rachenbereich Äste des 10. Hirnnerven (N. vagus). Im Bereich des Rachendachs und der Ohrtrompete enthält der Plexus zusätzlich auch Äste aus dem N. maxillaris, einem Ast des 5. Hirnnerven (N. trigeminus).

Plexus pharyngeus

Plexus (lat.): Geflecht, pharyngeus (lat.): zum Pharynx gehörig
Innervation Nervenversorgung, in- (lat.): ein-, hinein-; nervus (lat.): Nerv
Die genaue Beschreibung der Hirnnerven und die Herleitung der Fachausdrücke sind in ➤ Kap. 7.11 zu finden.

Auch die Nervenäste für die Versorgung der Schlundschnürer und Schlundheber entstammen aus dem Plexus pharyngeus; allerdings sind hier nur Äste des 9. Hirnnerven (für den oberen Rachenbereich) und Äste des 10. Hirnnerven (für den unteren Rachenbereich) beteiligt.

4.6.4 Lymphatischer Rachenring

Zusammen mit der Atemluft und der Nahrung gelangen in größerer Zahl auch Erreger in den Luft- bzw. Speiseweg und damit in das Innere des menschlichen Körpers. Die Bekämpfung dieser Erreger erfolgt über das Abwehrsystem, dessen Zellen an verschiedenen Stellen in und unter der Schleimhaut der Luft- und Speisewege unterschiedlich große Ansammlungen bilden.

An einigen Stellen sind die Ansammlungen der Abwehrzellen so stark und auch durch besondere Schleimhauteinfaltungen strukturiert, dass sie mit bloßem Auge erkennbar sind. Sie werden als Mandeln oder **Tonsillen** bezeichnet.

Diese Tonsillen befinden sich sowohl in der Übergangszone der Nasenhöhle zum Rachen als auch in der Übergangszone der Mundhöhle zum Rachen. Dabei unterscheidet man vier Tonsillen, von denen zwei unpaar sind (Rachen- und Zungenmandel) und zwei paarig vorkommen (Gaumen- und Tubenman-

4

deln). Sie bilden in ihrer Gesamtheit den lymphatischen oder **Waldeyer-Rachenring** (➤ Abb. 4.16). Die Fachausdrücke für die Mandeln lauten:

- Rachenmandel: **Tonsilla pharyngealis**
- Tubenmandel: **Tonsilla tubaria**
- Gaumenmandel: **Tonsilla palatina**
- Zungenmandel: **Tonsilla lingualis.**

Tonsillen (lat. Plural tonsillae): die Mandeln
pharyngealis (lat.): zum Rachen gehörig, **tubaria** (lat.): zur Ohrtrompete (tuba) gehörig, **palatina** (lat.): zum Gaumen (palatum) gehörig, **lingualis** (lat.): zur Zunge (lingua) gehörig
lymphatisch (lat. lymphaticus) bezogen auf Lymphe, Lymphdrüsen oder Abwehrorgane
Waldeyer Eigenname (deutscher Anatom)

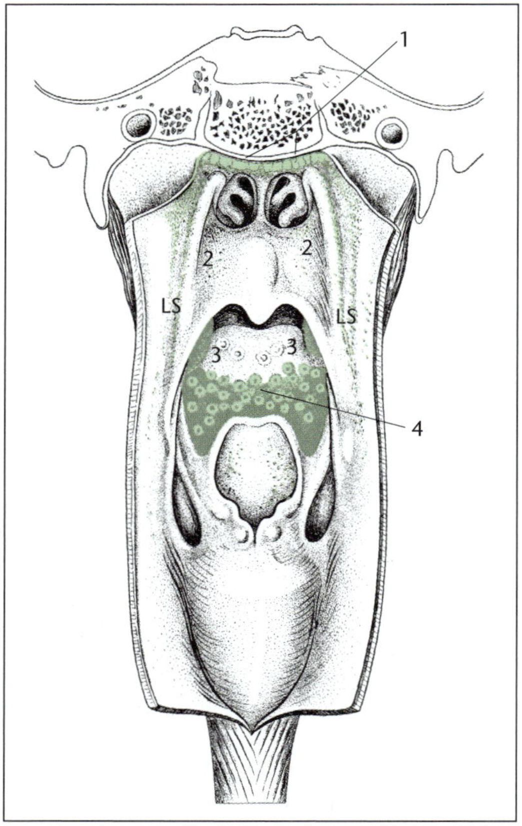

Abb. 4.16 Schematische Darstellung des Waldeyer-Rachenrings. Die Sichtweise entspricht in etwa der in ➤ Abb. 4.15. Ansammlungen von Abwehrzellen sind grün dargestellt. Tonsillen: 1 Rachenmandel, 2 Tubenmandeln, 3 Gaumenmandeln, 4 Zungenmandel, LS: lymphatischer Seitenstrang

Rachenmandel

Die Rachenmandel liegt in der Schleimhaut des Rachendachs (➤ Abb. 4.15, ➤ Abb. 4.16), die hier einige Falten bildet. Bei Kindern ist die Rachenmandel gut entwickelt und kann auch eine erhebliche Vergrößerung erfahren („Wucherungen"), wohingegen sie sich bei älteren Menschen zurückbildet und in der Schleimhaut des Rachendachs mit bloßem Auge kaum noch erkennbar ist.

Tubenmandeln

Die Tubenmandeln werden auch als Ohrtrompetenmandeln bezeichnet. Das Abwehrgewebe findet sich in der Schleimhaut am Eingang der Ohrtrompete. Von dort aus kann es sich individuell unterschiedlich in der seitlichen Rachenschleimhaut nach unten fortsetzen (lymphatischer Seitenstrang, ➤ Abb. 4.16).

Wucherungen

Während der Kindheit (Schwerpunkt im Alter von ca. 3–5 Jahren) wird eine Reihe von Infektionen durchgemacht, durch die man als Erwachsener dann gegen die entsprechenden Erreger mehr oder weniger immun ist. In diesem Zusammenhang vergrößern sich alle Mandeln während der Kindheit mehr oder weniger stark. Bei der Rachenmandel können diese Vergrößerungen in Form von Wucherungen, **Polypen** oder **adenoiden Vegetationen** die Choanen verlegen und die Nasenatmung in erheblicher Form beeinträchtigen. Die betroffenen Kinder atmen durch den offen stehenden Mund, sprechen „näselnd" (Rhinophonie), schlafen schlecht (Schnarchen) und werden anfälliger gegen Infektionen, da die Reinigungsfunktion der Nasenschleimhaut reduziert ist. Vielfach entwickeln die Kinder einen charakteristischen Gesichtsausdruck (**Facies adenoidea**) mit offen stehendem Mund und vorgeschobenem Oberkiefer. Durch die Behinderung der Belüftung des Mittelohrs über die Ohrtrompete kann die Hörfunktion beeinträchtigt werden, was sich wiederum auf die Sprachentwicklung auswirken kann. In schweren Fällen kommt es zu Störungen des Wachstums von Teilen des Gesichtsschädels (Gaumen, Oberkiefer).
Überschüssiges Gewebe der Rachenmandel wird dann in einem kurzen operativen Eingriff (**Adenotomie**) entfernt, wobei das Grundgewebe der Rachenmandel erhalten bleibt (nicht zu verwechseln mit der „Mandeloperation" oder „Mandelentfernung", bei der die Gaumenmandeln operativ meist komplett entfernt werden).

immun (lat. immunis): frei von, geschützt vor, gefeit gegen
adenoid drüsenähnlich, (griech. aden): Drüse
Vegetationen (lat. vegetatio): Wucherung, Wachstumskraft
Choanen (lat. choana): Trichter, hintere Nasenöffnung
Adenotomie operative Entfernung der Wucherungen der Rachenmandeln
-tomie (griech. tome): Schneiden, Schnitt
Polypen gestielte Wucherungen von Schleimhäuten
Facies adenoidea wörtlich: drüsiges Gesicht, abgeleitet von facies (lat.) Gesicht und adenoidea (drüsenähnlich, s.o.)

Entzündungen der Tubenmandeln und der umliegenden Schleimhaut können die Belüftung der Paukenhöhle und damit das Hörvermögen beeinträchtigen („Druck auf dem Ohr"; ➤ Kap. 8.6.6).

Seitenstrangangina

Besonders nach einer operativen Entfernung der Gaumenmandeln vermehrt sich das Abwehrgewebe des lymphatischen Seitenstrangs. Eine Entzündung und schmerzhafte Anschwellung des lymphatischen Seitenstrangs wird als Seitenstrangangina bezeichnet (Angina: lat. angere: beengen; bedeutet: Krankheit mit Beengungsgefühl, hier hervorgerufen durch eine Entzündung der Rachenschleimhaut und der Mandeln).

Gaumenmandeln

Die Gaumenmandeln haben etwa die Größe und Form einer Mandel (daher die Bezeichnung für alle Mandeln). Sie liegen in der sog. Mandelgrube zwischen den Schleimhautfalten der Gaumenbögen am Übergang der Mundhöhle zum mittleren Rachenabschnitt (➤ Abb. 4.15, ➤ Abb. 4.16, ➤ Abb. 6.20). Die Gaumenmandeln sind in der Tiefe von einer bindegewebigen Kapsel umgeben und haben eine stark zerklüftete Oberfläche mit tiefen Einsenkungen. Auch sie können speziell bei Kindern stark vergrößert sein. Bei Entzündungen („Mandelentzündung") kann es zu schmerzhaften Behinderungen des Schluckvorgangs kommen.

Zungenmandel

Die Zungenmandel ist eine Ansammlung von Abwehrgewebe, das sich in der Schleimhaut des Zungengrunds befindet (➤ Abb. 4.15, ➤ Abb. 4.16), die hier ein höckeriges Aussehen hat. Entzündungen der Zungenmandel sind eher selten und nicht so problematisch wie die der übrigen Mandeln.

Mandelentzündung

auch als Tonsillitis bezeichnet (-itis, griech.: Entzündung); damit ist in der Regel die akute oder chronische Entzündung der Gaumenmandel gemeint. Meist sind Streptokokken die Auslöser einer Mandelentzündung. Bei der akuten Tonsillitis sind Schmerzen, Fieber und Schluckbeschwerden charakteristische Symptome; die Therapie erfolgt durch Antibiotika.
Früher wurden vereiterte Mandeln relativ häufig operativ entfernt (Tonsillektomie: -ektomie, griech.: Herausschneiden), sodass ältere Menschen oft ihre Mandeln nicht mehr besitzen.
Da in den Mandeln Erreger nicht nur bekämpft, sondern nach neueren Erkenntnissen auch identifiziert werden, um das Abwehrsystem des gesamten Organismus zu informieren, ist man heute wesentlich zurückhaltender mit der Entfernung der Mandeln geworden und macht dies nur bei bestimmten Formen chronischer, häufiger auftretender bakterieller Tonsillitis.

4.7 Untere Luftwege (ohne Kehlkopf)

Der Übergang von den oberen in die unteren Luftwege ist am Kehlkopfeingang lokalisiert (➤ Abb. 4.15). Hier strömt die Atemluft aus dem Rachen in den Kehlkopf, der als Stimmorgan im nächsten Hauptkapitel 5. separat besprochen wird.

Die unteren Luftwege umfassen den Kehlkopf, die sich nach unten anschließende Luftröhre und die Aufzweigungen des Bronchialbaums bis letztlich zu den Lungenbläschen (➤ Abb. 4.20).

Das Verständnis für den Aufbau und die Struktur des Bronchialbaums wird erleichtert, wenn man sich eine Vorstellung über die Entwicklung der unteren Luftwege macht. Diese Entwicklung soll im nächsten Abschnitt kurz dargestellt werden.

4.7.1 Entwicklung

Schon beim Embryo von ca. 4 Wochen ist ein primitives Darmrohr zu erkennen, dessen Anfangsabschnitt von der Mundöffnung über einen Vorläufer des späteren Rachens und der Speiseröhre in ➤ Abb. 4.17 dargestellt ist. Aus diesem Darmrohr schnürt sich als erste Struktur der gesamten unteren Luftwege ein sog. „Lungenbläschen" (nicht zu verwechseln mit den Alveolen der fertigen Lunge) nach vorne ab.

Die Eingangszone in das Lungenbläschen entspricht dem späteren Kehlkopfeingang. Das „Lungenbläschen" vergrößert sich und wächst vor der Speiseröhre weiter nach unten. Kurze Zeit später teilt sich das untere Ende des „Lungenbläschens" in zwei Äste nach links und rechts. Aus dem unverzweigt gebliebenen Rest des „Lungenbläschens" entstehen Kehlkopf und Luftröhre, die Aufzweigung entspricht der Stelle, an der sich die Luftröhre in die beiden **Hauptbronchien** teilt (➤ Abb. 4.18, ➤ Abb. 4.20).

In der weiteren Entwicklung erfolgen zahlreiche Teilungen der Hauptbronchien zu kleineren und kleinsten Bronchien und weiteren Verästelungen bis zu den eigentlichen Lungenbläschen (Alveolen, ➤ Abb. 4.25, ➤ Abb. 4.26). Die Aufzweigungen der Bronchien kommen in Kontakt mit den **serösen Pleurahöhlen**, überziehen sich mit **viszeraler Pleura** und differenzieren sich zu den Lungen (➤ Abb. 4.19; ➤ Kap. 3.2.4, ➤ Kap. 4.7.4 und ➤ Kap. 4.8).

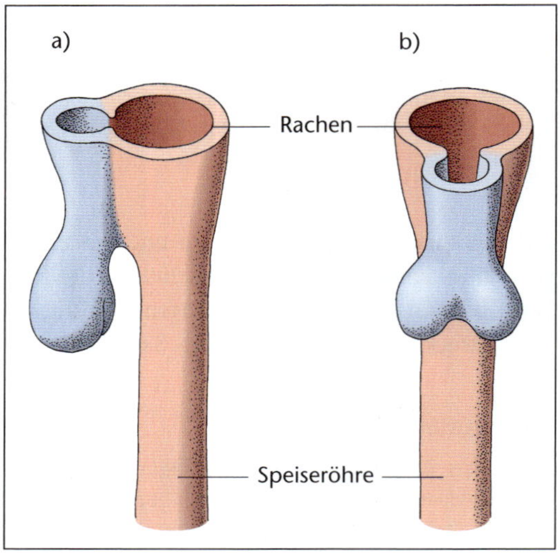

Abb. 4.18 Entwicklung des Lungenbläschens zu Kehlkopf, Luftröhre und Hauptbronchien. a) seitliche Ansicht, b) Sicht von vorne. Lungenbläschen und daraus entstehende Strukturen: blau, unterer Rachenbereich und Speiseröhre: rot

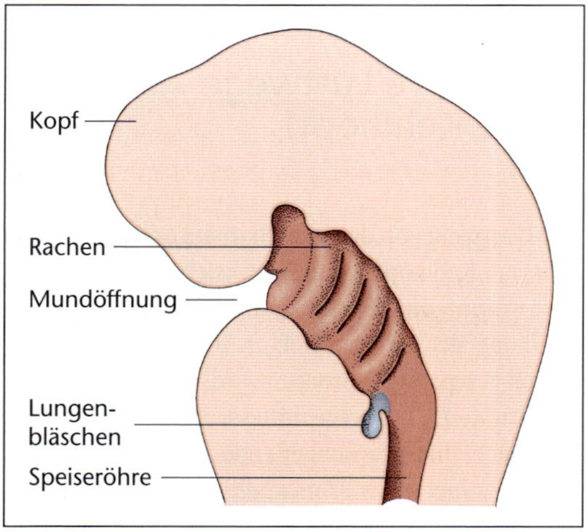

Abb. 4.17 Schnitt durch die Kopf- und obere Rumpfregion eines ca. 5 Wochen alten Embryos. Primitiver Magen-Darm-Trakt rot markiert, Lungenbläschen blau. Die als Mundöffnung, Rachen und Speiseröhre markierten Strukturen sind Vorläufer der endgültigen Organe bzw. Körperabschnitte.

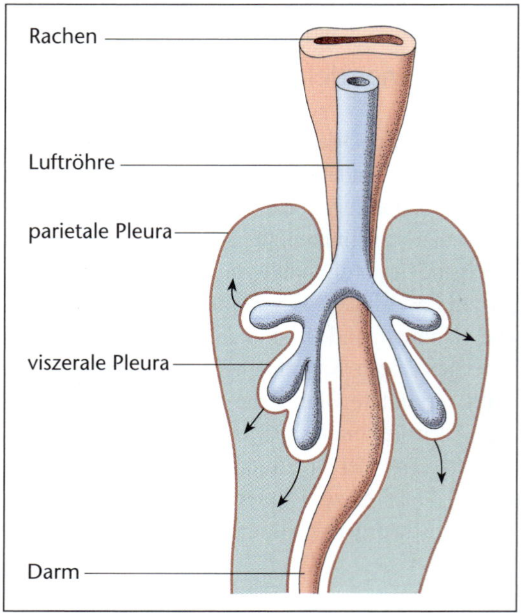

Abb. 4.19 Entwicklung des Bronchialbaums und Differenzierung der viszeralen und parietalen Pleura

Bronchien (meist im Plural benutzt): bronchia (lat.) bzw. brogchia (griech.): Luftröhrenast (brogchos, griech.: Luftröhre, Kehle)
Pleura (griech.): innere Auskleidung des Brustkorbs, Rippenfell (parietale Pleura) und Lungenfell (viszerale Pleura)
serös Flüssigkeit, die dem Blutserum entspricht
viszeral organbedeckend, viscera (lat.): die Eingeweide

4.7.2 Luftröhre

Der untere Teil des Kehlkopfs geht unmittelbar in die Luftröhre (**Trachea**) über (➤ Abb. 4.20), die vor der Speiseröhre nach unten läuft. Damit setzt sich unterhalb des Kehlkopfs das System fort, das die in zunehmendem Maße gereinigte, erwärmte und angefeuchtete Atemluft bis zu den Lungenbläschen transportiert.

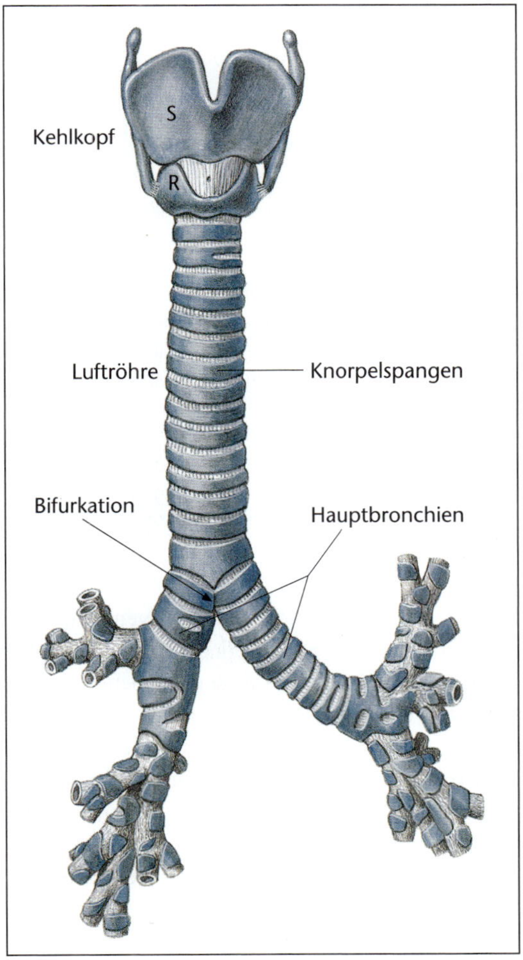

Abb. 4.20 Knorpel- und Bindegewebsanteile der unteren Atemwege vom Kehlkopf bis zu den kleineren Bronchien. S Schildknorpel, R Ringknorpel des Kehlkopfs

Trachea

trachea (lat.): Luftröhre, abgeleitet aus tracheia (griech.): weibl. Form von trachys: rau, uneben (wegen der unregelmäßigen äußeren und inneren Oberfläche)

Paries membranaceus

paries (lat.): Wand; membranaceus (lat.): membranartig, häutig

Die Trachea muss elastische Eigenschaften aufweisen, um größeren Bewegungen des oberen Rumpfes zu folgen, aber sie muss auch eine Wandversteifung besitzen, um die Transportstrecke zwischen Kehlkopf und Bronchien auch bei geringerem Druck (Einatmung) offen zu halten. Entsprechende Eigenschaften und deshalb einen ähnlichen Aufbau wie die Trachea selbst weisen auch die größeren Bronchien auf.

Die geforderten mechanischen Eigenschaften der Luftröhre werden folgendermaßen realisiert:

- Sie besteht bei einer Länge von etwa 10–13 cm aus 16–20 C-förmigen Knorpelspangen, die nach hinten offen sind; die Knorpelspangen sind untereinander verbunden durch Bindegewebe aus vor allem elastischen Fasern (➤ Kap. 1.2.2), die Dehnungen in Längsrichtung zulassen.
- Die hinteren Enden der Knorpelspangen sind durch glatte Muskulatur und Bindegewebe mit elastischen Fasern verbunden; dieser Teil der Luftröhrenwand wird als **Paries membranaceus** (➤ Abb. 4.21) bezeichnet und erlaubt in gewissem Umfang eine Änderung des Luftröhrendurchmessers (im Mittel 16–18 mm).

Bei Druckerhöhung in den Atemwegen – z.B. durch Betätigung der Bauchpresse (➤ Kap. 4.3.4) – verhindern die elastischen Fasern des Paries membranaceus eine Überdehnung der Trachea. Die glatte Muskulatur, die als M. trachealis bezeichnet wird, kann andererseits den inneren Luftröhrendurchmesser durch Kontraktion verringern und unterstützt damit die Vorgänge zur Schleimhautreinigung beim Hustenreflex. Dabei wird der Schleim mit eingefangenen Partikeln und Erregern aus den unteren

4

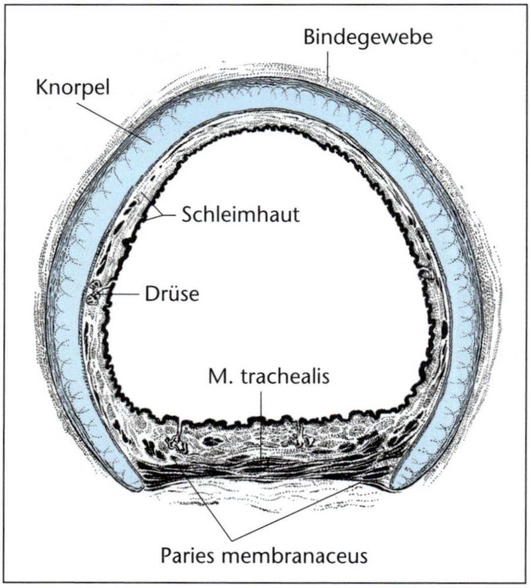

Abb. 4.21 Trachea im Querschnitt auf der Höhe einer Knorpelspange (blau)

Luftwegen heraus in Richtung Rachen oder Mundhöhle transportiert.

Die Luftröhre ist nach außen über Bindegewebe in der Umgebung befestigt; innen wird sie von einer Schleimhaut mit einem respiratorischen Flimmerepithel und Drüsen ausgekleidet. Die Luftröhrenschleimhaut ähnelt in Struktur und Funktion stark der Nasenschleimhaut.

Bei tiefen Außentemperaturen mit kalter und vor allem trockener Atemluft muss auch die Luftröhrenschleimhaut zur Anfeuchtung und Erwärmung der Atemluft beitragen, weil die Oberfläche der Nasen- und Rachenschleimhaut dazu nicht ausreicht.

Tracheostoma

Als solches bezeichnet man eine künstlich (operativ) herbeigeführte Öffnung der Trachea (griech. -stoma: Mund, Öffnung) nach außen. Der operative Vorgang zur Erzeugung eines Tracheostomas wird Tracheotomie genannt (griech. tome: durchschneiden). Diese Öffnung kann vorübergehend angelegt sein, in Einzelfällen aber auch dauerhaft verbleiben. Es wird dann in der Regel eine sog. Trachealkanüle (lat. cannula: Röhrchen) zur Luftzufuhr eingesetzt. Um in einer solchen Situation sprechen zu können, verwendet man spezielle Sprechkanülen.

Nach einer Verlaufsstrecke von ca. 10–12 cm endet die Luftröhre an einer Aufgabelung, die **Bifurcatio tracheae** genannt wird (➤ Abb. 4.20). An dieser Stelle teilt sich die Trachea in die beiden Hauptbronchien (**Bronchus principalis sinister** bzw. **dexter**). Die Hauptbronchien entsprechen im Bau noch weitgehend der Trachea, wobei der rechte Hauptbronchus weiter und kürzer und in seinem Verlauf steiler ist als der linke.

Bifurcatio, eingedeutscht Bifurkation (lat.) bi-: zweimal und furcatio (lat.): Gabelung (lat. furca: Gabel, vgl. das deutsche Wort „Forke")
tracheae Genitiv von trachea: Luftröhre
Bronchus: bronchia (lat.) bzw. brogchia (griech.): Luftröhrenast (griech. brogchos: Luftröhre, Kehle)
principalis (lat.): Haupt-
sinister (lat.): links, **dexter** (lat.): rechts

Aspirationspneumonie

Weil der rechte Hauptbronchus im Querschnitt weiter ist und steiler verläuft als der linke, befallen Aspirationspneumonien bevorzugt die rechte Lunge.
Als Aspiration (lat. aspiratio: wörtlich Anhauchen) bezeichnet man das unbeabsichtigte Einatmen von Fremdkörpern, Schleim, Blut, Erbrochenem und anderen Substanzen in die Bronchien und damit in die Lunge, z.B. bei Lähmung der Schluckmuskeln, bei Bewusstlosen, Kleinkindern oder Betrunkenen.
Dadurch kann es zu einer Entzündung der Bronchien und/oder der Lunge kommen; man spricht dann von Aspirationspneumonie oder Aspirationsbronchopneumonie.
Pneumonie (griech. pneumonia): Lungenentzündung.

Die beiden Hauptbronchien verzweigen sich nach unterschiedlich langem Verlauf (➤ Abb. 4.20) rechts und links weiter in die sog. Lappenbronchien (➤ Kap. 4.7.5). Diese treten dabei in die jeweilige Lunge ein und verzweigen sich dort weiter (➤ Abb. 4.23). Die Lage der Trachea, der Hauptbronchien mit den ersten Verzweigungen und der beiden Lungen in Bezug auf die vordere Leibeswand ist in ➤ Abb. 4.22 dargestellt. Bevor der Bronchialbaum besprochen wird, sollen zunächst die beiden Lungen, in deren Innerem die Aufzweigung des Bronchialbaums stattfindet, in der Übersicht behandelt werden.

4.7.3 Übersicht über Aufbau und Gefäße der Lungen

Die Lunge ist ein paariges Organ; so gibt es eine durch die Bifurkation der Trachea und die Hauptbronchien voneinander getrennt liegende rechte und linke Lunge (pulmo), auch wenn laienhaft oft von „Lungenflügeln" gesprochen wird (➤ Abb. 4.22, ➤ Abb. 4.23).

pulmo (lat.): Lunge, Plural: pulmones

Infolge ihrer schwammartigen Struktur füllen die Lungen den Raum zwischen Brustkorb, Zwerchfell und Mediastinum (Mittelfellraum) aus; in ihre Oberfläche prägen sich die Nachbarorgane, vor allem die Rippen und das Zwerchfell, ein (➤ Abb. 4.24). Wegen des Platzbedarfs des Herzens ist die linke Lunge etwas kleiner als die rechte.

Das Volumen einer Lunge ist stark abhängig von dem jeweiligen Luftfüllungszustand bei der Ein- und Ausatmung; es schwankt zwischen gut einem Liter bei stärkster Ausatmung und 2,5–4 Litern bei stärkster Einatmung.

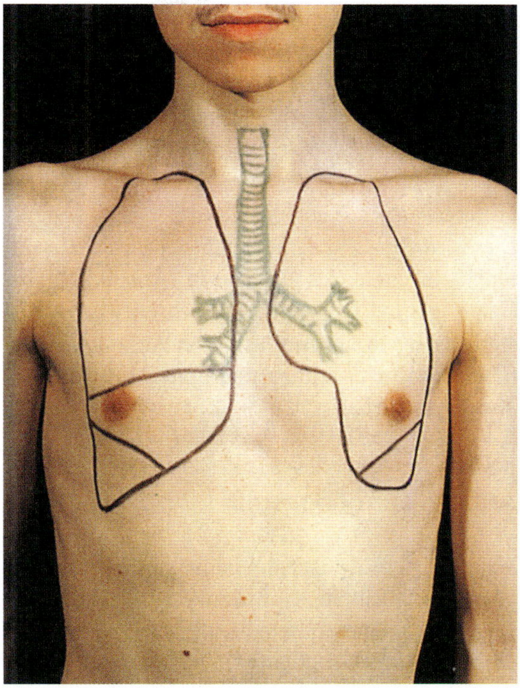

Abb. 4.22 Lage der Trachea, der Hauptbronchien mit ihren ersten Verzweigungen und der beiden Lungen in Bezug zur vorderen Leibeswand

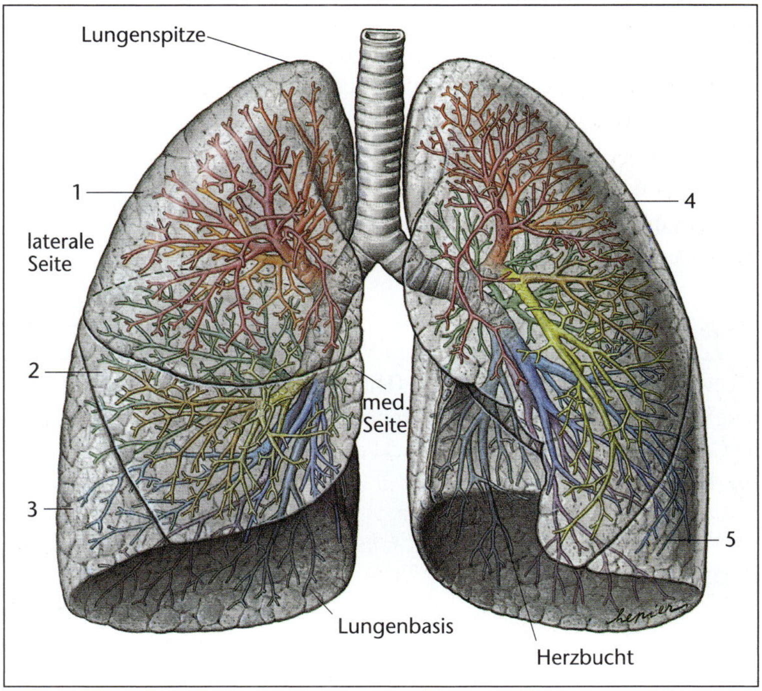

Abb. 4.23 Lungen mit Luftröhre und (durchschimmernd gezeichnetem) Bronchialbaum; Lungenbasis, Lungenspitze, laterale und mediale Seite sind bei der rechten Lunge bezeichnet. 1–3: Lappen der rechten Lunge, 4–5: Lappen der linken Lunge. Die Aufzweigungen der Bronchien in den Lappen und Segmenten sind farblich verdeutlicht.

Bei der Einatmung wird der Thorax gehoben und erweitert, die Zwerchfellkuppel senkt sich und das Lungenvolumen wird vergrößert; entsprechende Veränderungen in umgekehrter Richtung erfolgen bei der Ausatmung.

Die Veränderung des Lungenvolumens wird begleitet von einer atemabhängigen Lungenbewegung. Dies wird vor allem daran deutlich, dass sich die unteren Lungengrenzen (sichtbar in ➤ Abb. 4.22) bei einem gesunden, jungen Erwachsenen zwischen stärkster Einatmung und stärkster Ausatmung vorne um ca. 5 cm, seitlich und hinten sogar um ca. 10 cm verschieben.

Äußere Lungengestalt

Man unterscheidet an jeder Lunge eine Lungenbasis oder Zwerchfellseite, weil sie dem Zwerchfell aufliegt, eine Lungenspitze, die nach oben durch die obere Brustkorböffnung ragt, eine **laterale** und eine **mediale** Seite (➤ Abb. 4.23, ➤ Abb. 4.24).

lateralis (lat.): seitlich gelegen; **medialis** (lat.): zur Mitte hin gelegen
Mediastinum (lat.): Mittelfellraum zwischen den beiden Pleurahöhlen
Hilum oder Hilus (lat.): eigentlich „Stelle, an der der Samen bei einer Pflanze angewachsen war", bedeutet in der medizinischen Fachsprache den Bezirk an der Oberfläche eines Organs, wo Blutgefäße, Nerven oder Gänge wie hier die Bronchien in das Organ ein- bzw. aus ihm austreten.
pulmonale (lat.): zur Lunge (pulmo) gehörig
Lobi: Plural von lobus (lat.): Lappen

Im Zentrum der medialen Seite, dem Mediastinum zugewandt, liegt das **Lungenhilum** (**Hilum pulmonale**), die Eintrittsstelle der Hauptbronchien und aller Gefäße (➤ Abb. 4.24). Links drückt das Herz die sog. Herzbucht ein (➤ Abb. 4.23).

Lappen und Segmente

Der rechte Hauptbronchus verzweigt sich zu drei Lappenbronchien, diese dann weiter zu zehn Segmentbronchien. Entsprechend ist die rechte Lunge

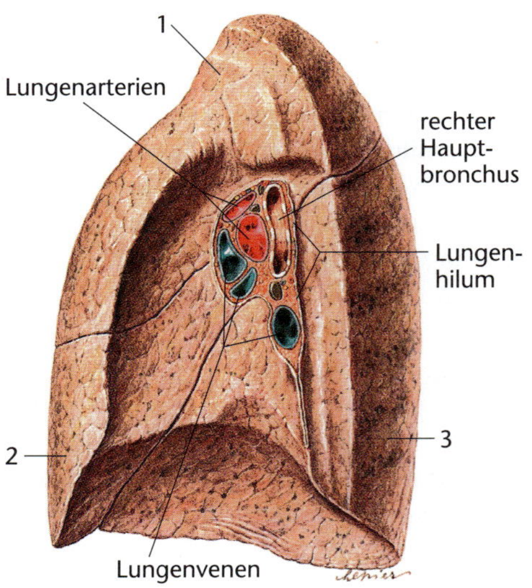

Abb. 4.24 Lungenhilum der rechten Lunge, vom Mittelfellraum aus gesehen. 1–3 Lungenlappen

in drei Lappen (**Lobi**) und die wiederum insgesamt in zehn Segmente untergliedert. Im Zentrum dieser Baueinheiten der Lunge verlaufen die entsprechenden Bronchien. Bei der etwas kleineren linken Lunge unterscheidet man zwei Lappen und insgesamt neun Segmente; die Aufzweigungen des linken Hauptbronchus sind entsprechend (➤ Abb. 4.23). Die Lappen sind durch tiefe Einschnitte voneinander getrennt, die bis fast zum Lungenhilum verlaufen (➤ Abb. 4.23, ➤ Abb. 4.24).

Lobärpneumonie

Die Einteilung der Lunge in große und kleine Baueinheiten (Lappen, Segmente) hat auch klinische Bedeutung, da sich bestimmte Lungenerkrankungen unter Umständen nur auf einzelne Segmente oder Lappen beschränken. So ist eine Lobärpneumonie eine Lungenentzündung, die auf einen Lappen beschränkt geblieben ist. Auch bestimmte operative Eingriffe können durch diese Gliederung der Lungen auf einzelne Lungenabschnitte reduziert werden.

Blutgefäße der Lungen

In den kleinsten Baueinheiten der Lungen, den Lungenbläschen (➤ Kap. 4.7.5), findet der sog. Gasaustausch zwischen Blut und Atemluft statt, d.h., Sauerstoff tritt aus der Atemluft in das Blut über, während

Kohlendioxid aus dem Blut in die Ausatemluft abgegeben wird.

Die Lungenarterien stammen aus der Verzweigung des gemeinsamen Lungenstamms, der aus der rechten Herzkammer abgeht (➢ Kap. 3.1.3). Diese Lungenarterien führen sauerstoffarmes („venöses") Blut, das aus dem Rücklauf des Körperkreislaufs zum rechten Herzen stammt. Dieses sauerstoffarme Blut soll in der Lunge „aufgefrischt", d.h. neu mit Sauerstoff versorgt, werden. Zu diesem Zweck begleiten die Aufzweigungen der rechten und linken Lungenarterie die jeweiligen Bronchien bis zu den Lungenbläschen. Dort nimmt die Luft in den Lungenbläschen auch das überschüssige Kohlendioxid aus dem Blut auf.

Nach erfolgtem Gasaustausch ist das Blut wieder sauerstoffreich und fließt aus dem Kapillargebiet der Lunge über Venolen und Venen zu den großen Lungenvenen zusammen, die in eigenen Bindegewebszügen zwischen den Lungensegmenten verlaufen und am Lungenhilum austreten. In den Lungenvenen fließt nun sauerstoffreiches („arterielles") Blut, das zum linken Vorhof gelangt.

Die Lungenarterien und -venen stellen beim Herzen neben Aorta und Hohlvenen die sog. funktionellen Gefäße dar im Gegensatz zu den nutritiven („ernährenden") Herzkranzarterien, die das Herz selbst versorgen (➢ Kap. 3.2.2). Auch bei der Lunge unterscheidet man funktionelle Gefäße (dieselben Lungenarterien und -venen wie beim Herzen) von kleinen sog. Bronchialgefäßen, die das Lungengewebe selbst mit Blut versorgen.

4.7.4 Pleura

Zum Verständnis der Serosaverhältnisse an den Lungen sollte das entsprechende Kapitel beim Herzen (➢ Kap. 3.2.4) und beim Thorax (➢ Kap. 4.1.3) noch einmal durchgearbeitet werden.

Serosa Kurzform von Tunica serosa, tunica (lat.): Hülle, serosa (lat.): Serum absondernd, serum (lat.): nicht mehr gerinnbarer Teil des Blutplasmas (ursprünglich: „Molke")
pleura (griech.): innere Auskleidung des Brustkorbs („Fell", dünne Haut), Brustfell
viszeral (lat. viscera): die Eingeweide
parietal wandständig, abgeleitet von paries (lat.): die Wand

Die **viszerale Pleura** (Lungenfell) bedeckt die gesamte Lunge mit Ausnahme des Lungenhilums (➢ Abb. 4.24); sie dringt auch tief in die Spalten zwischen den Lungenlappen ein. Der äußere Rand des Lungenhilums wird von der Umschlagfalte der viszeralen Pleura in die parietale Pleura (Rippenfell) gebildet. Die Pleura ist in der ➢ Abb. 4.24 genau an der Umschlagkante abgeschnitten.

Die **parietale Pleura** wird zwar als Rippenfell bezeichnet, bedeckt aber von innen nicht nur die Rippen und die Zwischenrippenmuskeln, sondern nach unten auch das Zwerchfell und zur Mitte hin den Mittelfellraum (Mediastinum).

Auch wenn im Deutschen für die Pleura parietalis hauptsächlich der Begriff „Rippenfell" üblich ist (manchmal findet man auch für die Pleura ganz allgemein die Bezeichnung „Brustfell"), unterscheidet man in der Fachsprache zwischen den verschiedenen Abschnitten:

- Pleura costalis (bedeckt die Rippen und Zwischenrippenmuskeln, lat. costalis: zur Rippe gehörig)
- Pleura mediastinalis (Abgrenzung zum Mediastinum, lat. mediastinalis: zum Mittelfellraum gehörig)
- Pleura diaphragmatica (Abgrenzung zum Zwerchfell, lat. diaphragmatica: zum Zwerchfell gehörig).

Zwischen Rippenfell und Lungenfell befindet sich die Pleurahöhle, die geringe Mengen seröser Flüssigkeit enthält. Diese Höhle bildet einen Spalt, der die Gleitbewegungen der Lunge gegenüber der Höhlenwand erlaubt. Die parietale Pleura produziert ständig neue seröse Flüssigkeit, die von der viszeralen, aber auch von der parietalen Pleura und von Lymphgefäßen wieder resorbiert (aufgenommen) wird.

Pleuritis

Eine Pleuritis (Rippenfellentzündung, Brustfellentzündung) ist eine Entzündung der Pleura, wie sie z.B. bei schweren Infekten der Atemwege oder anderen entzündlichen Erkrankungen auftreten kann. Sie ist durch Fieber, atemabhängige Schmerzen und Atembeschwerden charakterisiert.
Durch übermäßige Sekretion von seröser Flüssigkeit kann es dabei zu einem Erguss („nasse Rippenfellentzündung") kommen, bei der sich die normalerweise sehr geringe Menge seröser Flüssigkeit im Pleuraspalt krankhaft vermehrt. Dadurch kann es zu so schwerer Atemnot

durch Zusammendrücken der Lungen kommen, dass die Flüssigkeit im Pleuraspalt über eine Punktion (Einstich mit Hohlnadel) entfernt werden muss. Die atemabhängigen Schmerzen verschwinden dann allerdings durch den Erguss.

An den Übergängen der drei Abschnitte der parietalen Pleura befinden sich Reserveräume (Nischen). Diese sind bei der Ausatmung verschlossen, während sie sich bei der Einatmung mehr oder weniger entfalten und Platz für die an Volumen zunehmenden Lungen bieten. Diese Reserveräume werden als **Recessus** bezeichnet; sie finden sich am Übergang zwischen der Pleura costalis und Pleura mediastinalis, am Übergang zwischen Pleura costalis und Pleura diaphragmatica sowie am Übergang zwischen Pleura mediastinalis und Pleura diaphragmatica.

4

recessus (lat.): Höhle, Nische; die Schreibweise des Plurals von recessus ist identisch mit der des Singulars, nur das „u" wird lang gesprochen

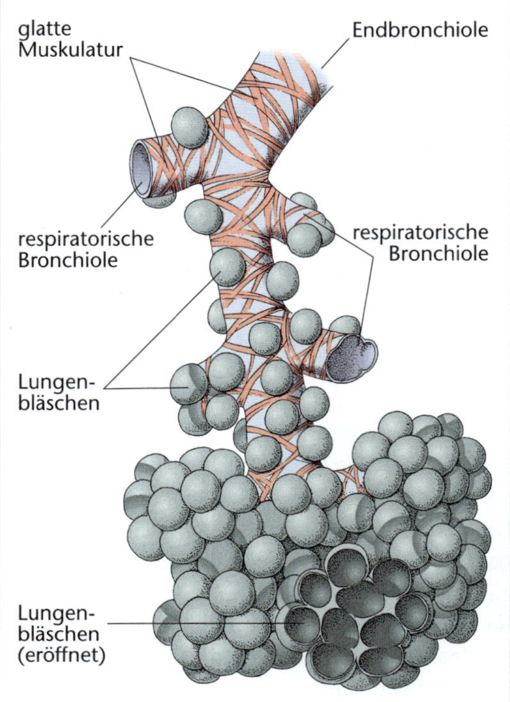

Abb. 4.25 Gasaustauschsystem der Lunge mit respiratorischen Bronchiolen und Lungenbläschen, das Ende des rein luftleitenden Systems ist an der Endbronchiole erkennbar

4.7.5 Bronchialbaum

Luftleitendes System

Die beiden Hauptbronchien der rechten und linken Lunge treten über das Lungenhilum in die Lungen ein und verzweigen sich weiter zu den Lappen- und Segmentbronchien, diese dann weiter zu immer kleineren, nicht weiter benannten Bronchien.

Die Knorpelspangen, die noch in den Hauptbronchien enthalten sind, zerfallen mit weiterer Aufzweigung zu immer kleineren, unregelmäßig angeordneten Knorpelfragmenten (➤ Abb. 4.20). Die glatten Muskeln, die bei der Trachea und den Hauptbronchien nur im Paries membranaceus (➤ Abb. 4.21) vorkommen, bilden bei den kleineren Bronchien eine mit zunehmenden Verzweigungen langsam kräftiger werdende ringförmige Muskelschicht.

Wenn überhaupt keine Knorpelplättchen mehr in der Wand zu finden sind, spricht man nicht mehr von kleinen Bronchien, sondern von **Bronchiolen**. Diese besitzen in ihrer Wand schon eine relativ kräftige Schicht aus glatter Muskulatur, die den Durchmesser dieser luftleitenden Röhren erheblich beeinflussen kann (➤ Abb. 4.25).

Bronchiolen

Verkleinerungsform von Bronchus (lat. bronchiolus, pl. bronchioli)
terminales Plural von terminalis (lat.): zum Ende gehörend

Asthma bronchiale

Wird auch als Bronchialasthma bezeichnet;
asthma (griech.): wörtlich: schweres, kurzes Atemholen (Atemnot, Beklemmung);
Tritt anfallsartig bei Menschen mit übermäßig empfindlichem Bronchialsystem auf, zeigt eine chronische Entzündung der Atemwege an und kann durch äußere und innere Reize ausgelöst werden. Neben einer anschwellenden Schleimhaut und einer übermäßigen Schleimproduktion trägt vor allem die starke Kontraktion der glatten Ringmuskulatur der kleinen Bronchien und der Bronchiolen zum Auftreten der Atemnot mit pfeifendem Atemgeräusch speziell bei der Ausatmung bei. Die Anfälle können vor allem bei Kindern von Husten und Angstzuständen begleitet sein.

Die Schleimhaut, die die Bronchien und Bronchiolen auskleidet, entspricht weitgehend der der Luftröhrenschleimhaut, besitzt also Schleim produzierende Drüsen und Flimmerhärchen. Erst bei den kleinen Bronchiolen verschwindet langsam die Fähigkeit zur Schleimproduktion.

Bis zu den kleinen Bronchiolen dient der Bronchialbaum alleine dem Transport der Atemluft; ein Gasaustausch ist nicht möglich. Die kleinsten Bronchiolen, die noch ausschließlich die Atemluft leiten, bezeichnet man als **Endbronchiolen (Bronchioli terminales**, ➤ Abb. 4.25).

Gasaustauschsystem

Die Bezeichnung Endbronchiolen bedeutet nicht, dass diese das Ende der Aufzweigungen der Bronchiolen darstellen, sondern dass hier das rein luftleitende System endet. Die darauf folgenden Bronchiolen werden als respiratorische Bronchiolen (Bronchioli respiratorii) bezeichnet, weil in ihrer Wand zum ersten Mal Lücken auftreten, in denen sich Lungenbläschen (Alveolen) befinden, die zum Gasaustausch befähigt sind (➤ Abb. 4.25). Ab hier spricht man vom Gasaustauschsystem.

Bronchioli respiratorii respiratorische Bronchiolen (respiratorii: Plural von respiratorius (lat.): mit der Atmung verbunden)
Alveolen (lat. alveolus): wörtl. „kleine Vertiefung", hier: Lungenbläschen

Die Wand der respiratorischen Bronchiolen enthält nach weiteren Aufzweigungen immer mehr Lungenbläschen, bis sie vollständig verschwunden ist. Danach finden sich nur noch gang-, sack- und traubenartige Aneinanderreihungen von Lungenbläschen (➤ Abb. 4.25). Als Folge der großen Zahl von Aufzweigungen des Bronchialbaums enthalten beide Lungen eines Erwachsenen zusammen ca. 300–400 Millionen Lungenbläschen.

4.7.6 Lungenbläschen

Die Lungenbläschen stellen die typische Baueinheit des gasaustauschenden Systems dar. Sie haben eine vieleckige bis kugelige Gestalt; ihre Größe ändert sich zwischen Ein- und Ausatmung stark. Nach Einatmung haben sie einen mittleren Durchmesser von 0,3–0,5 mm, der nach Ausatmung auf Werte von 0,1–0,2 mm zurückgeht. Die Lungenbläschen enthalten in ihrem Inneren, dem sog. Alveolarraum, Luft von Körpertemperatur und maximaler Wasserdampfsättigung; sie werden durch die Atembewegungen **ventiliert**.

ventilieren, Ventilation abgeleitet von ventilatio (lat.): Lüften; damit ist hier die Erneuerung der Atemluft in den Lungenbläschen durch die Atembewegungen gemeint
-septen eingedeutschter Plural von septum (lat.): Zwischenwand

Der Alveolarraum wird von **Alveolarsepten** (auch Interalveolarsepten genannt) begrenzt (➤ Abb. 4.26), deren Oberfläche von äußerst flachen Alveolarepithelzellen gebildet wird. Die Gesamtoberfläche aller Alveolarsepten zusammen liegt bei einem Erwachsenen zwischen 70 und 140 m^2.

Man unterscheidet zwei Arten von Alveolarepithelzellen: Typ I und Typ II. Die Typ-I-Zellen bilden den größten Anteil der inneren Oberfläche der Alveolen; sie sind verantwortlich für den Gasaustausch (➤ Kap. 4.10). Die Typ-II-Zellen produzieren einen „**Surfactant**" genannten Stoff, der wie ein Film die innere Oberfläche der Alveolen bedeckt. Dieser Stoff setzt die Oberflächenspannung der wasserdampfgesättigten Alveolen so weit herab, dass diese z.B. beim starken Ausatmen nicht kollabieren oder zumindest sich danach wieder voll entfalten können.

Surfactant (der oder das): aus den englischen Begriffen „surface active agent" (oberflächenaktiver Stoff) gebildet
kollabieren abgeleitet von collabi (lat.): in sich zusammenfallen; dieser Vorgang wird bei den Lungenbläschen auch Atelektase genannt, sodass man das/den Surfactant auch als Anti-Atelektase-Faktor bezeichnet
Atelektase abgeleitet aus ateles (griech.): unvollständig und ektasis (griech.): Ausdehnung

4

Die Alveolarepithelzellen vom Typ I sind ausgesprochen flach. Dies ist notwendig, damit der Sauerstoff im Inneren der Alveolen eine möglichst kurze Strecke bis zu den Blutkapillaren zurückzulegen hat, die sich in großer Zahl im Inneren der Alveolarsepten befinden (➤ Abb. 4.26, ➤ Abb. 4.27). Gleiches gilt auch für Kohlendioxid, das aus dem Blut in die Alveolen abgegeben wird.

Die Blutkapillaren sind umgeben von einem sehr zarten Bindegewebsgerüst mit kollagenen und vor allem elastischen Fasern (➤ Abb. 4.26). Pro Tag fließt durch die Blutkapillaren in den Wänden der Alveolen eine Gesamtmenge von 7000–8000 Litern Blut.

Trotz aller Reinigungs- und Abwehreinrichtungen der oberen und unteren Luftwege gelangen immer noch Verunreinigungen der Atemluft, also auch Erreger, bis in die Lungenbläschen. Deshalb befinden sich in den Alveolarsepten zusätzlich zu den bisher beschriebenen Zellen und Strukturen noch zahlreiche Abwehrzellen, vor allem die sog. **Alveolarmakrophagen**, die in die Alveolen gelangte Erreger und Partikel aufnehmen und unschädlich machen (➤ Abb. 4.26).

Makrophage abgeleitet von makros (griech.): groß und -phage (griech.): „Fresser", wörtlich also „Großfresser" oder „große Fresszelle"; es handelt sich um wandernde weiße Blutzellen, die als Abwehrzellen tätig sind

Lungenreife

Ein entscheidender Faktor für die Überlebensfähigkeit von Frühgeborenen ist die Lungenreife; dazu ist sowohl eine genügende Produktion von Surfactant erforderlich als auch ein ausreichendes Abflachen der Typ-I-Alveolarepithelzellen, um die Wegstrecke für die Atemgase möglichst gering zu halten. Vor der 24.–25. Entwicklungswoche sind beide Punkte kaum realisiert, sodass ein Überleben von vor diesem Zeitpunkt Geborenen nur relativ selten möglich ist. Auch bei einem Geburtsgewicht von unter 500 g sind die Überlebenschancen relativ gering. Bei extremen Frühgeburten versucht man u.a., durch Gabe von Cortison die körpereigene Produktion von Surfactant anzuregen. Außerdem kommt künstlich hergestelltes Surfactant zum Einsatz.

Die Strecke, die ein Sauerstoffmolekül aus der Alveole heraus über das Alveolarseptum hinweg bis in die Blutkapillare hinein überwinden muss, wird als „Blut-Luft-Schranke" bezeichnet (für ein Kohlendioxidmolekül analog, nur in umgekehrter Richtung). Die durch Diffusion zurückzulegende Strecke beträgt im Mittel ca. $^{1}/_{500}$ mm, teilweise noch deutlich weniger. Dabei sind folgende Strukturen, vom Lungenbläschen ausgehend, zu überwinden (➤ Abb. 4.27):

(1) Surfactant
(2) Alveolarepithelzelle Typ I
(3) Basalmembran
(4) Endothelzelle der Blutkapillare
(5) Strecke innerhalb des Blutplasmas bis zur nächsten roten Blutzelle (Erythrozyt)

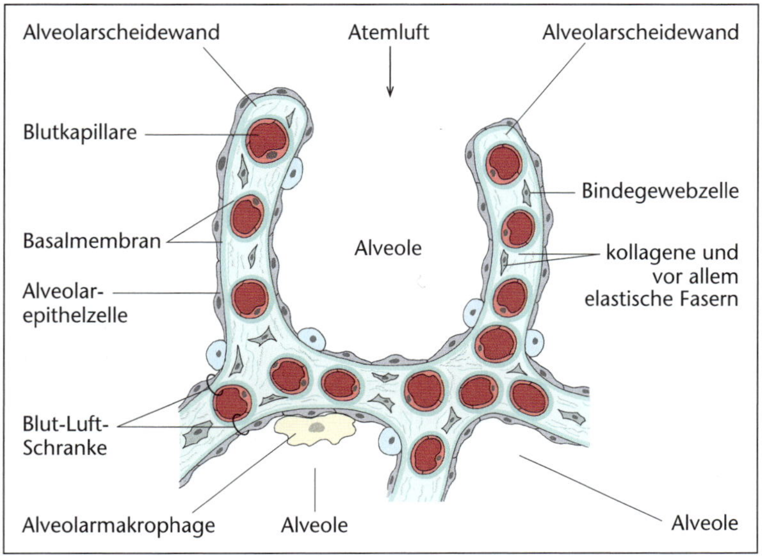

Abb. 4.26 Schnitt durch Alveole und Alveolarscheidewand

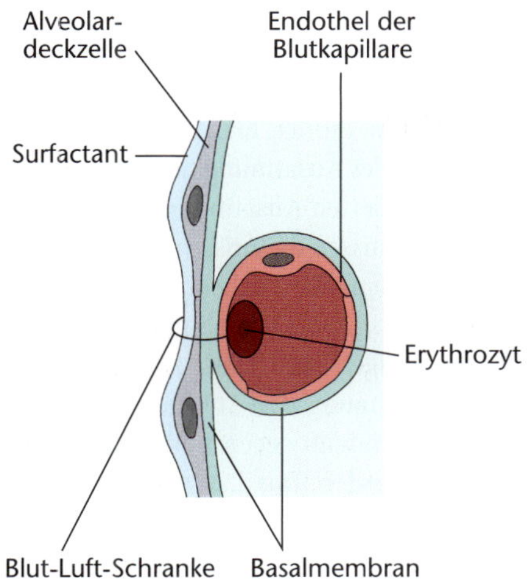

Abb. 4.27 Bestandteile der Blut-Luft-Schranke

Jedes Epithel oder Endothel besitzt eine Basalmembran (➤ Kap. 1.2.1); hier „teilen" sich Alveolarepithelzelle und Endothelzelle der Blutkapillare eine gemeinsame Basalmembran.

Diffusion (lat. diffusio): Auseinanderfließen, Hinüberfließen

4.8 Atemmechanische Grundvorgänge

Das Zusammenwirken aller Atemmuskeln, aller Strukturen des Bänderthorax und aller sonstigen bei der Atmung beteiligten physikalischen Faktoren, vor allem der sog. Atmungswiderstände, bezeichnet man als Atemmechanik.

Bei der sog. Ruheatmung wird mit einer Frequenz von ca. 15–17 Atemzügen pro Minute jeweils ein Atemvolumen von ca. 0,4–0,6 Liter ein- bzw. ausgeatmet; daraus ergibt sich in Ruhe ein Atemminutenvolumen (oder allgemein Atemzeitvolumen) von ca. 6–8 (evtl. bis 10) Litern. Bei sportlicher Höchstbelastung kann jedoch das Atemzeitvolumen Werte von 150 Litern/min erreichen oder gar noch übersteigen (dies ist dann natürlich keine Ruheatmung mehr).

4.8.1 Atemruhestellung

Am Ende der Ausatmungsphase bei Ruheatmung befindet sich der Atemapparat in der Atemruhestellung. Die Stimmritze im Kehlkopf ist geöffnet, auf den äußeren Thorax wirkt der gleiche äußere Luftdruck wie im Inneren der Alveolen. Bei diesem Zustand stehen folgende Kräfte miteinander im Gleichgewicht:

- die in dieser Stellung gedehnten elastischen Fasern innerhalb des Alveolarseptums; sie versuchen, die Lungen in Richtung auf das Hilum zusammenzuziehen (➤ Abb. 4.26),
- die trotz Surfactant noch immer recht große Oberflächenspannung der feuchten Oberflächen der Alveolarsepten und dadurch das Bestreben, diese Oberflächen zu verringern,
- der Thorax ist in der Atemruhestellung leicht zusammengezogen und hat das Bestreben, sich wieder etwas auszudehnen,
- die **Kapillaradhäsionskräfte** zwischen viszeraler und parietaler Pleura.

Während die elastischen Fasern der Lunge und die Kräfte der Oberflächenspannung „versuchen", das Volumen der Lunge zu verkleinern, ist das Bestreben des Thorax in der Atemruhestellung, sich nach außen zu erweitern. Diese entweder nach außen oder nach innen gerichteten Kräfte wirken an den beiden Pleurablättern, die durch den Pleuraspalt voneinander getrennt sind, aber sich durch die Kapillaradhäsionskräfte unter normalen Bedingungen nicht voneinander lösen können. Damit sind die Lungen zwangsweise in einer bestimmten Stellung „aufgespannt".

Kapillaradhäsionskräfte

abgeleitet von Kapillar- (lat. capillaris): haarfein; damit ist der äußerst schmale Spalt zwischen den beiden Pleurablättern gemeint (➤ Kap. 4.7.4), und Adhäsion (lat. adhaesio): Anheften

Kapillaradhäsionskräfte wirken u.a. zwischen zwei glatten, durch minimale Flüssigkeitsmengen benetzten Oberflächen; sie sind z.B. zu beobachten, wenn man zwei Glasscheiben, zwischen denen sich eine geringe Menge Wasser befindet, aufeinanderlegt und dann voneinander zu lösen versucht

4.8.2 Pleuraspalt; intrapleuraler Druck; Atmungswiderstände

Bei der Atemruhestellung sind im Pleuraspalt sowohl Kräfte wirksam, die versuchen, die parietale Pleura nach außen zu ziehen, als auch Kräfte, die versuchen, die viszerale Pleura nach innen zu ziehen. Die nach außen ziehende Kraft ist das Bestreben des Thorax, sich wieder auszudehnen. Die nach innen ziehenden Kräfte sind die der gedehnten elastischen Fasern und das Bestreben der Oberflächenspannung der Alveolen, sich zu verkleinern. Die Kapillaradhäsionskraft verhindert jedoch, dass sich die Pleurablätter voneinander lösen.

Aus den genannten Gründen ist verständlich, dass in der Atemruhestellung im Pleuraspalt ein leichter Unterdruck (verglichen mit dem Druck der Außenwelt) herrscht. Dieser Druckunterschied beträgt ca. –3 bis 4 **mm Hg**. Man bezeichnet diesen Druckunterschied vereinfacht und nicht ganz korrekt als „**intrapleuralen** Druck".

mm Hg Millimeter Quecksilbersäule (Hg: chemisches Symbol für Quecksilber, Hydrargyrum)
intrapleural (lat. intra): innerhalb, pleural: meint hier zwischen den Pleurablättern

Aus dieser Atemruhestellung heraus beginnt durch die Kontraktion der Muskeln der Brust- und Bauchatmung, evtl. mit Unterstützung der Hilfsmuskeln, eine neue Einatmungsphase, bei der die elastischen Atmungswiderstände überwunden werden müssen, die sich durch die gedehnten elastischen Fasern der Lunge, aber auch durch die Oberflächenspannung ergeben.

Bei der Einatmung wird der Thorax erweitert, d.h. sein Volumen vergrößert. Dies bedeutet letztlich eine zwangsweise Ventilation der Lungenbläschen, deren Volumen sich ebenfalls vergrößert. Dadurch wird die vorhandene Luft in den Lungenbläschen durch frische Atemluft ergänzt.

Bei starker Einatmung ist der Thorax jetzt erweitert, die elastischen Fasern der Lungen sind extrem gedehnt und die Oberflächenspannung der Lungenbläschen ist noch weiter erhöht. Der intrapleurale Druck erreicht seinen größten Wert mit –20 bis –30 mm Hg.

Für die Ausatmung bis zur Atemruhestellung sind keine Muskelkräfte erforderlich; hierbei wirken die passiven Kräfte der Muskelentspannung und der Rückstellung des Thorax. Elastische Atmungswiderstände sind bei der Ausatmung nicht zu überwinden.

Bei einer forcierten Ausatmung über die Atemruhelage hinaus müssen die Ausatmungsmuskeln tätig werden. Der Thorax wird dabei zwar relativ stark zusammengezogen, aber die Dehnung der elastischen Fasern der Lungen geht stark zurück, ebenso die Oberflächenspannung der Alveolen. Der intrapleurale Druck kann dann gegen null gehen oder sogar leicht positiv werden. Das Lungenvolumen erreicht den Minimalwert.

Pneumothorax

In der Regel herrscht im Pleuraspalt ein Unterdruck. Zum Beispiel bei einer Stichverletzung (traumatischer Pneumothorax) oder durch einen Riss im Lungengewebe (spontaner Pneumothorax) kann Luft von außen bzw. von innen in den Pleuraspalt eindringen. Dadurch kommt es zu einem Druckausgleich zwischen dem atmosphärischen Außendruck und dem Unterdruck im Pleuraspalt. Die Kapillaradhäsionskraft zwischen den beiden Pleurablättern ist dadurch ganz oder teilweise aufgehoben.

In der Folge lösen sich die beiden Pleurablätter voneinander, der Thorax nimmt seine Normalstellung ein, während die betroffene Lunge durch die nun ungehindert wirkenden Kräfte der sich zusammenziehenden elastischen Fasern und die Reduktion der Oberflächenspannung teilweise oder gar vollständig kollabiert. Man spricht von Pneumothorax (wörtlich: „Gasbrust", in der Klinik auch kurz als „Pneu" bezeichnet). Das wichtigste Symptom ist die mehr oder weniger ausgeprägte Atemnot.

Aus diagnostischen oder therapeutischen Gründen kann es unter Umständen erforderlich sein, dass durch den Arzt vorübergehend ein Pneumothorax einer Lunge erzeugt werden muss.

Ein kleiner Pneumothorax bedarf in der Regel keiner weiteren Behandlung, weil die eingedrungene Luft von den Pleurablättern rasch resorbiert wird. Ein großer Pneumothorax bedeutet erhebliche Atemnot für den Patienten; falls nötig bzw. möglich, wird der entstandene Spalt oder Riss verschlossen und die eingedrungene Luft z.B. durch eine Saugdrainage (Thoraxdrainage) vorsichtig entfernt.

drainage (franz.): Ableitung

Außer den elastischen Atmungswiderständen, die nur bei der Einatmung durch Muskelkraft zu überwinden sind, gibt es auch sog. nichtelastische, **viskö-**

se Atmungswiderstände, die sowohl bei der Ein- als auch bei der Ausatmung eine Rolle spielen. Dabei handelt es sich vor allem um die Strömungswiderstände, die auftreten, wenn die Atemgase durch die Luftwege geleitet werden, wobei die größten Strömungswiderstände in der Luftröhre und den kleinen Bronchien auftreten.

viskös (lat. viscosus): „klebrig", zähflüssig

4.9 Atemgrößen

In diesem Kapitel sollen die wichtigsten Zahlenwerte besprochen werden, die Auskunft über die Leistungsfähigkeit des Respirationstrakts geben. Diese sog. Atemvolumina sind abhängig von Körpergröße, Trainingszustand, Geschlecht und Alter, deshalb finden sich in ➤ Abb. 4.28 Mittelwerte, von denen es nach oben und unten deutliche Abweichungen geben kann. Die Zahlenangaben beziehen sich immer auf beide Lungen zusammen.

Bei maximaler Ausatmung bleibt in der Lunge noch ein Restvolumen zurück, das nicht ausgeatmet werden kann. Es wird als **Residualvolumen** bezeichnet und beträgt im Mittel 1,2 Liter (Schwankungen im Bereich von ca. 0,9–1,6 Litern).

Residual- (lat. residuus): als Rest zurückbleibend

Bei ruhiger Atmung werden aus der Atemruhestellung heraus ca. 0,5 (im Mittel zwischen 0,4 und 0,6) Liter Luft ein- und wieder ausgeatmet; dieser Wert entspricht dem Atemzugvolumen (➤ Abb. 4.28). Bei der forcierten Einatmung wird zusätzlich zum Atemzugvolumen ein Luftvolumen eingeatmet, das man als inspiratorisches Reservevolumen bezeichnet und das im Mittel 2,5 Liter (Schwankungsbreite etwa 1,5–3 Liter) beträgt.

Nach einer ruhigen Ausatmung kann aus der Atemruhestellung heraus zusätzlich noch ein Luftvolumen ausgeatmet werden, das man analog als exspiratorisches Reservevolumen bezeichnet und das etwa 1,5 Liter (oft auch etwas weniger, bis herunter zu ca. 1 l) beträgt.

Das maximal ein- bzw. ausatembare Volumen wird als Vitalkapazität bezeichnet und setzt sich zusammen aus

- Atemzugvolumen
- inspiratorischem Reservevolumen
- exspiratorischem Reservevolumen.

Diese Vitalkapazität ist eine entscheidende Größe zur Beurteilung der Lungenleistung (➤ Abb. 4.29); sie beträgt im Mittel 4,5 Liter (bei wenig Trainierten teilweise nur 3 l, bei Ausdauersportlern auch bis zu 7 l und mehr).

Vital- (lat. vitalis): zum Leben gehörend, -kapazität (lat. capacitas): Fassungsvermögen
Inspiration (lat. inspiratio): Einhauchung, Einatmen
Exspiration (lat. exspiratio): Ausdünstung, Ausatmen

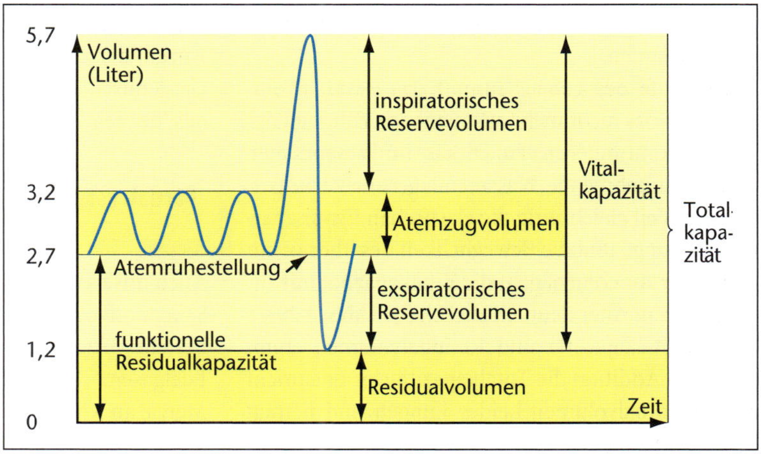

Abb. 4.28 Atemgrößen

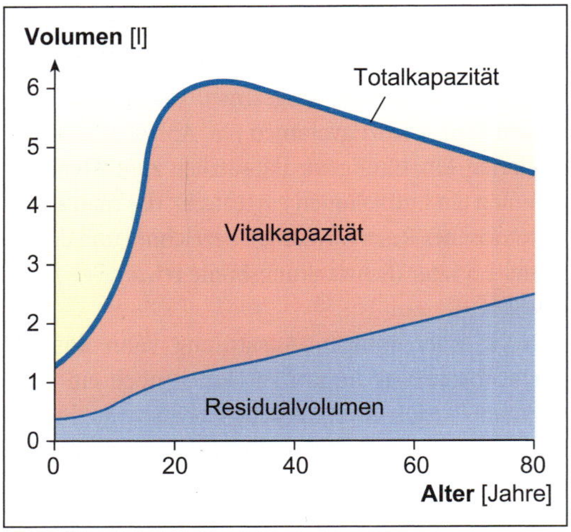

Abb. 4.29 Altersabhängigkeit der Lungenvolumina. Totalkapazität, Vitalkapazität und Residualvolumen im Verlauf des Lebens. Das Residualvolumen nimmt im Alter zu, während die Totalkapazität als Folge der eingeschränkten Thoraxbeweglichkeit abnimmt. Damit wird die Vitalkapazität immer geringer.

Als funktionelle Residualkapazität bezeichnet man das Volumen, das bei der Atemruhestellung noch in beiden Lungen zusammen enthalten ist. Es setzt sich zusammen aus dem Residualvolumen und dem exspiratorischen Reservevolumen und beträgt im Mittel 2,7 Liter. Die Bedeutung der funktionellen Residualkapazität ist darin zu sehen, dass das normale Atemzugvolumen mit frischer Atemluft (0,5 Liter) bei der ruhigen Atmung mit dem mehrfach größeren Volumen der funktionellen Residualkapazität (2,7 Liter) gemischt wird. Damit werden Konzentrationsspitzen von Sauerstoff und Kohlendioxid ausgeglichen. Der Gasaustausch mit dem Blut kann unabhängig von der Atemphase unter annähernd gleich bleibenden Bedingungen ohne Unterbrechung ablaufen.

Im Laufe des Lebens nimmt das Residualvolumen, also das nicht mehr ausatembare Volumen der Lungen, kontinuierlich zu. Dies ist im Wesentlichen auf eine zunehmende Wassereinlagerung zurückzuführen. Weil gleichzeitig die elastischen Eigenschaften der Lunge und die Beweglichkeit des Thorax mit dem Alter abnehmen, geht die Vitalkapazität mit zunehmendem Alter deutlich zurück (➤ Abb. 4.29).

Aus Vitalkapazität und Residualvolumen ergibt sich nach Addition die Totalkapazität; sie entspricht dem Maximalvolumen beider Lungen und beträgt im Mittel 5,7 Liter.

Messung der Atemvolumina

Die Atemvolumina können mithilfe eines sog. **Spirometers** bestimmt werden; nur für die Bestimmung der funktionellen Residualkapazität ist dieses Gerät nicht geeignet, für diesen Fall wird meist mit der **Körperplethysmografie** gearbeitet (für weitere Informationen wird auf Lehrbücher der Physiologie verwiesen).

Spirometer abgeleitet aus spirare (lat.): atmen und -meter (griech. metron): Maß, Messgerät

Plethysmografie abgeleitet aus plethysmos (griech.): Vergrößerung und -graphia (griech.): schreiben, aufzeichnen

4.10 Gasaustausch und Gastransport

An der Grenzzone zwischen Alveolen und Blutkapillaren, die in den Alveolarsepten verlaufen, findet der Gasaustausch statt. Sauerstoff diffundiert über die Blut-Luft-Schranke von den Alveolen zu den roten Blutzellen (**Erythrozyten**), Kohlendioxid in umgekehrter Richtung aus dem Blut zu den Alveolen, wo es sich mit der Atemluft vermischt ➤ Abb. 4.30).

Erythrozyten abgeleitet aus erythros (griech.): rot und kytos (griech.): Zelle

4.10.1 Gasgesetze

Nach den Gasgesetzen üben Gase in einem gegebenen Volumen einen Druck aus, der proportional zur Anzahl der vorhandenen Gasmoleküle ist. In einem Gasgemisch übt dabei jedes Gas einen **Partialdruck** aus, der seinem Volumenanteil entspricht.

Partial- (lat. pars): Teil

Auch unsere Atemluft stellt ein Gasgemisch dar. Ihr Sauerstoffvolumenanteil macht 20,9% aus. Der Rest besteht vorwiegend aus Stickstoff mit Spuren von Edelgasen, Wasserdampf und einer minimalen Menge an Kohlendioxid.

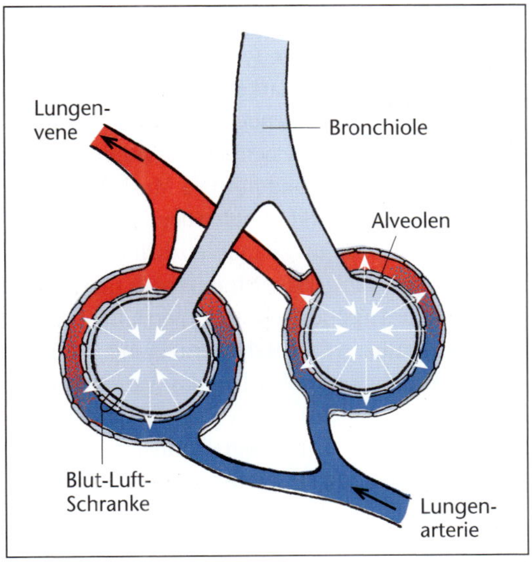

Abb. 4.30 Gasaustausch zwischen Alveolen und Blutkapillaren. Sauerstoffreiches Blut: rot, sauerstoffarmes Blut: blau. Die weißen Pfeile zeigen den Transport von Sauerstoff von der Alveole in das Blut bzw. von Kohlendioxid aus dem Blut in die Alveole. Die schwarzen Pfeile markieren die Richtung des Blutstroms.

Auf Meeresniveau (Luftdruck 760 mm Hg) hat die Einatmungsluft, die in den Luftwegen auf 37 °C aufgewärmt und mit Wasserdampf gesättigt wird (Partialdruck von Wasserdampf: 47 mm Hg) dann einen Sauerstoffpartialdruck von

P (Sauerstoff Inspirationsluft) =
(760–47) × 0,209 = 150 mm Hg

Soll der Sauerstoffpartialdruck in den Alveolen berechnet werden, muss berücksichtigt werden, dass in dem alveolären Gasgemisch ein deutlich höherer Anteil an Kohlendioxid enthalten ist als in der Einatmungsluft. Außerdem gibt es für den Sauerstoffpartialdruck immer wieder zeitliche Schwankungen, abhängig von den Atemzügen und den unterschiedlichen Verhältnissen in einzelnen Lungenbereichen. Als Mittelwert ergibt sich

P (Sauerstoff Alveolarluft) = 100 mm Hg

4.10.2 Ventilation und Perfusion

Als Folge des Wechselspiels von Einatmung (Inspiration) und Ausatmung (Exspiration) werden die Lungen, genauer gesagt die Alveolen, **ventiliert**.

Bei der Ruheatmung erfolgt diese **Ventilation** mit einer Frequenz von ca. 15–17 Atemzügen pro Minute; dabei wird – wie schon einmal berechnet (➤ Kap. 4.8) – jeweils ein Atemvolumen von ca. 0,4–0,6 Liter ein- bzw. ausgeatmet; daraus ergibt sich ein Atemminutenvolumen von ca. 6–8 Litern. Durch Steigerung der Atemfrequenz, vor allem aber durch Ausnutzung des inspiratorischen Reservevolumens kann das Atemminutenvolumen z.B. bei sportlichen Höchstleistungen bis auf 150 Liter/min und mehr gesteigert werden.

ventilieren, Ventilation abgeleitet von ventilatio (lat.): Lüften; damit ist die Erneuerung der Atemluft in den Lungenbläschen durch die Atembewegungen gemeint

Eine optimale Ventilation der Alveolen, angepasst an die jeweiligen Erfordernisse, ist damit Voraussetzung für einen guten Gasaustausch. Dabei sind allerdings einige nachfolgend beschriebene Besonderheiten zu berücksichtigen.

Anatomischer Totraum

Von jedem Atemzugvolumen (durchschnittlich 0,4–0,6 Liter bei Ruheatmung) gelangt nur ein Teil in den Alveolarraum und nimmt am Gasaustausch teil. Ein Rest von beim Erwachsenen durchschnittlich 0,15 Litern (30 % des Atemzugvolumens) bleibt im sog. anatomischen Totraum (Nase, Mund, Rachen, Kehlkopf, Luftröhre, Bronchien, Bronchiolen bis zu einschließlich den terminalen Bronchiolen), weil in diesen rein luftleitenden Wegen aufgrund der fehlenden Alveolen überhaupt kein Gasaustausch stattfinden kann, die Luft aber dennoch durch diese Wege hindurchtransportiert werden muss, bis sie im Inneren der Lunge zu den Alveolen gelangt.

Hypoventilation durch Hecheln

Da die Größe des anatomischen Totraums mit rund 30 % des Atemzugvolumens vorgegeben ist, steigt die Effektivität der alveolären Ventilation mit der Tiefe des einzelnen Atemzugs, also mit der Ausnutzung des inspiratorischen Reservevolumens.

Würde man nur die Atemfrequenz steigern (Hecheln), käme dies überwiegend dem anatomischen Totraum zugute. Eine zu hohe Atemfrequenz kann deshalb zu einer sog. **Hypoventilation** führen, da nur in den oberen Luftwegen relativ viel Luft (Totraumluft) bewegt wird, die Alveolen aber nicht ausreichend ventiliert werden. Man spricht in diesem Fall von einer Totraumventilation.

Es gibt allerdings auch noch andere Ursachen für eine Hypoventilation, z.B. chronische Lungenerkrankungen, Lähmungen der Atemmuskulatur u.a.

Hypo-, Hyperventilation

hypo- (griech.): unter, zu gering
Ventilation (s.o.): Belüftung; eine zu geringe Belüftung der Alveolen führt letztlich zu Sauerstoffmangel des Körpers
hyper- (griech.): über, zu viel

Hyperventilation

Bei sportlicher Betätigung oder bei sonstiger schwerer körperlicher Arbeit muss das Atemminutenvolumen mehr oder weniger deutlich über den Wert von ca. 6–8 Litern pro Minute gesteigert werden. Dies geschieht, wie schon oben erwähnt, vor allem durch Ausnutzung des inspiratorischen Reservevolumens und eine gewisse Erhöhung der Atemfrequenz. Damit ergibt sich die dann notwendige gesteigerte Ventilation der Alveolen.

Wird die alveoläre Ventilation jedoch z.B. nur durch Erregung, Angst oder bei Stresssituationen gesteigert ohne gleichzeitige Erhöhung der körperlichen Tätigkeit, dann spricht man von **Hyperventilation**.

Da dabei kaum ein erhöhter Sauerstoffbedarf des Körpers besteht, ist die bessere Versorgung der Alveolen mit Sauerstoff zwar nicht schädlich, hat aber auch keinen positiven Effekt.

Negativ schlägt allerdings zu Buche, dass bei dieser über den Bedarf hinaus gesteigerten alveolären Ventilation zu viel Kohlendioxid abgeatmet wird. Kohlendioxid ist nicht nur ein „Abgas" der Zellen, das möglichst schnell aus dem Körper entfernt werden müsste, sondern gleichzeitig auch eine lebensnotwendige Komponente, um in gelöster Form als Bikarbonat den pH-Wert des Blutes im Normbereich zu halten.

Das in Wasser gelöste Kohlendioxid hat – vereinfacht gesagt – Säurecharakter („Kohlensäure"); deshalb wird das Blut bei zu starker Abgabe von Kohlendioxid, also zu stark sinkendem Kohlendioxidpartialdruck, alkalischer. Man nennt dies „respiratorische Alkalose". Dieser Zustand führt zu Muskelkrämpfen und zu einer Gefäßverkrampfung der das Gehirn versorgenden Arterien und damit letztlich zu einer Bewusstlosigkeit infolge Sauerstoffmangels im Gehirn.

Die durch Angst ausgelöste Hyperventilation des Patienten kann evtl. durch Beruhigung reduziert werden. Hilfreich ist außerdem das Aufsetzen einer Plastik- oder Papiertüte (oder einer Hyperventilationsmaske mit Rückatembeutel), um das abgeatmete Kohlendioxid erneut und wiederholt einzuatmen.

Perfusion

Damit der Sauerstoff aus den Alveolen nach Diffusion über die Blut-Luft-Schranke auch optimal und bedarfsangepasst in das Blut gelangt, muss der Transport des sauerstoffarmen Blutes aus der rechten Herzkammer über die Lungenarterien an die Ventilation der Lungen angepasst werden. Dieser Transport des gesamten Blutes aus dem rechten Herzen durch die beiden Lungen wird als **Perfusion** bezeichnet. Die pro Tag durch die beiden Lungen transportierte Blutmenge liegt bei etwa 7000–8000 Litern.

Perfusion (lat. perfusio): das Durchströmen

Wird z.B. bei körperlicher Arbeit die Ventilation der Alveolen erhöht, steigt auch die Perfusion der Lungen entsprechend an. In Ruhe sind nicht alle Lungenabschnitte gleich gut durchblutet und nur durch etwa die Hälfte der Lungenkapillaren fließt überhaupt Blut. Die Steigerung der Perfusion erfolgt deshalb im Wesentlichen dadurch, dass als Folge der bei körperlicher Arbeit gesteigerten Herzleistung nun auch die in Ruhe nicht durchbluteten Lungenkapillaren bzw. Lungenabschnitte in den Gasaustausch mit einbezogen werden.

Da im Mittel nicht alle Lungenabschnitte gleichmäßig gut ventiliert und perfundiert werden, findet sich in den Lungenvenen ein Mischblut mit einem Sauerstoffpartialdruck von 97 mm Hg, der aber nur leicht unter dem theoretischen Höchstwert von 100 mm Hg liegt, wie er im Gasgemisch der Alveolen gefunden wird (➤ Kap. 4.10.1). Zusätzlich mischt sich teilweise auch sauerstoffarmes Blut aus dem nutritiven Kreislauf der Lunge und des Herzens (Bronchialgefäße, Koronargefäße) mit dem sauerstoffreichen Blut, das aus der Lunge kommt, sodass der Sauerstoffpartialdruck in der Aorta letztlich nur bei ca. 92–95 mm Hg liegt.

4.10.3 Hämoglobin

Der über die Blut-Luft-Schranke aus den Alveolen in das Blutplasma hinweg diffundierte Sauerstoff muss im Blut gebunden und in eine transportfähige Form gebracht werden, damit er auf dem Weg zu den Zellen und Geweben nicht vorzeitig wegdiffundiert.

Die Zellen, die den Sauerstoff im Blut binden, sind die **Erythrozyten** (rote Blutzellen, rote Blutkörperchen). Sie entstehen lebenslang in großer Zahl im Knochenmark und werden von dort aus an die Blutbahn abgegeben. Bei ihrer Differenzierung im Knochenmark stoßen die Erythrozyten ihren Zellkern aus, um möglichst viel des Sauerstoff bindenden und transportierenden Proteins **Hämoglobin** (abgekürzt Hb) einlagern zu können.

Kohlendioxid wird überwiegend als Bikarbonat im Blutplasma gebunden und transportiert, zu einem geringeren Anteil aber auch über die Erythrozyten.

Hämoglobin Hämo- (griech. haima-): Blut; -globin (lat. globus): Kugel, hier: kugelförmiges Proteinmolekül

Häm

Das Hämoglobin besteht aus einem Proteinanteil, der sich im Begriff „globin“ wiederfindet, und aus vier identischen Farbstoffmolekülen, die man als **Häm** bezeichnet und die dem Hämoglobin und damit dem Blut seine rote Farbe verleihen.

Im Inneren eines jeden Häms ist ein zweiwertiges Eisen enthalten, von dem jeweils ein Sauerstoffmolekül gebunden werden kann. Bei voller Sättigung kann jedes Gramm Hämoglobin ein Volumen von 1,34 ml Sauerstoff binden. Dieser Wert wird als **Hüfner-Zahl** bezeichnet.

Mit der Hüfner-Zahl lässt sich die maximale Sauerstoffbindungsfähigkeit des Blutes berechnen. Bei einem Mann beträgt die Hämoglobin-Konzentration im Blut im Mittel 160 g pro Liter (bei der Frau im Mittel 140 g pro Liter). Damit ergibt sich im Mittel bei einem Mann eine maximale Bindungsfähigkeit für Sauerstoff von 214 ml pro Liter Blut (160 × 1,34), bei der Frau von 188 ml pro Liter Blut (140 × 1,34).

Die Anlagerung von Sauerstoff an Hämoglobin bezeichnet man als **Oxygenation**; sie ist abhängig vom Sauerstoffpartialdruck. Der Sauerstoffpartialdruck von ca. 100 mm Hg, wie er in den Alveolen zu finden ist, reicht aus, um Hämoglobin nahezu vollständig zu **oxygenieren**.

Oxygenation, oxygenieren abgeleitet von oxygenium (lat.): Sauerstoff und -ation (lat.): hier am besten mit Anlagerung oder Bindung zu übersetzen, oxygenieren: mit Sauerstoff beladen
Hüfner Eigenname (deutscher Chemiker)

Sauerstoff-Bindungs-Kurve

Da Sauerstoff für unseren Körper lebensnotwendig ist, muss gewährleistet sein, dass das Hämoglobin auch bei absinkendem Sauerstoffpartialdruck in der Umgebung (z.B. im Gebirge) noch möglichst lange ausreichend **oxygeniert** wird und den Sauerstoff auch verlässlich fest bindet.

Betrachtet man jedoch die Situation in den Kapillargebieten der Organe und Gewebe, dann ist hier der Sauerstoffpartialdruck in der Umgebung praktisch gleich null. Wenn auch unter diesen äußeren Umständen die Bindung des Sauerstoffs an Hämoglobin noch genauso fest wäre wie bei einem hohen Sauerstoffpartialdruck, könnten die Zellen der Organe und Gewebe nicht mit Sauerstoff versorgt werden. Deshalb sinkt die Bindungsfähigkeit des Hämoglobins für Sauerstoff bei einem Sauerstoffpartialdruck der Umgebung von etwa null ebenfalls praktisch auf null, d.h., das Hämoglobin gibt in den Kapillargebieten der Organe und Gewebe den Sauerstoff ab, der nun zu den Zellen diffundiert (➤ Abb. 4.31, ➤ Abb. 4.32).

Diese lebensnotwendige Fähigkeit des Hämoglobins, bei ausreichendem Sauerstoffpartialdruck Sau-

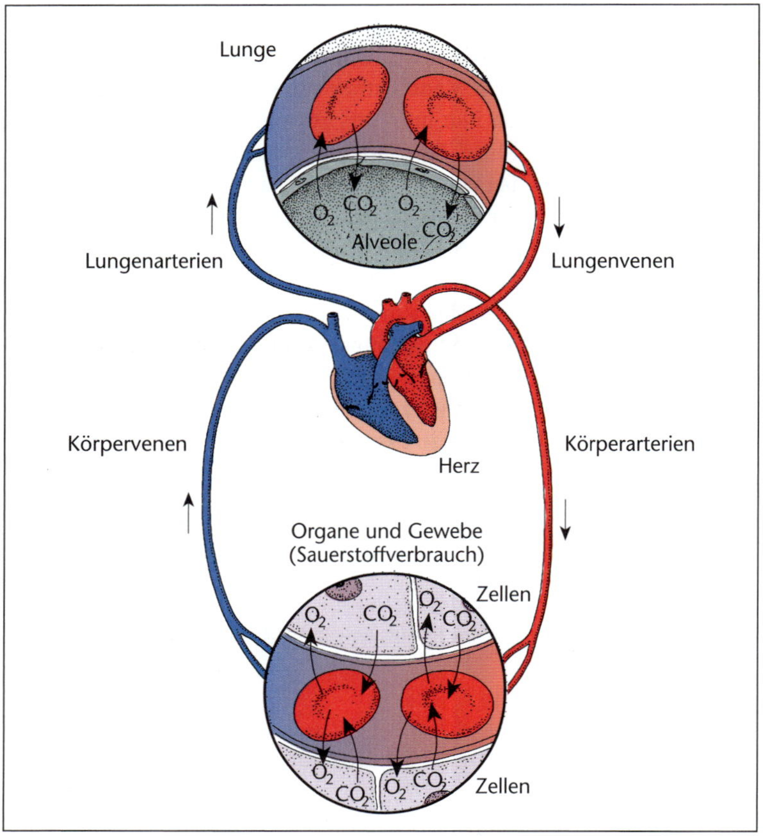

Abb. 4.31 oben: Kapillargebiet der Lungen (Sauerstoff wird vom Blut aufgenommen, Kohlendioxid wird in die Alveolen abgegeben), unten: Kapillargebiete der Organe und Gewebe (Sauerstoff wird vom Blut abgegeben und von den Zellen aufgenommen, Kohlendioxid wird von den Zellen abgegeben und vom Blut aufgenommen). Die großen Pfeile an den Blutgefäßen zeigen die Richtung des Blutstroms an.

erstoff zu binden und bei sehr geringem Sauerstoffpartialdruck Sauerstoff abzugeben, ist im S-förmigen Kurvenverlauf der sog. Sauerstoff-Bindungs-Kurve nachzuvollziehen (➤ Abb. 4.32).

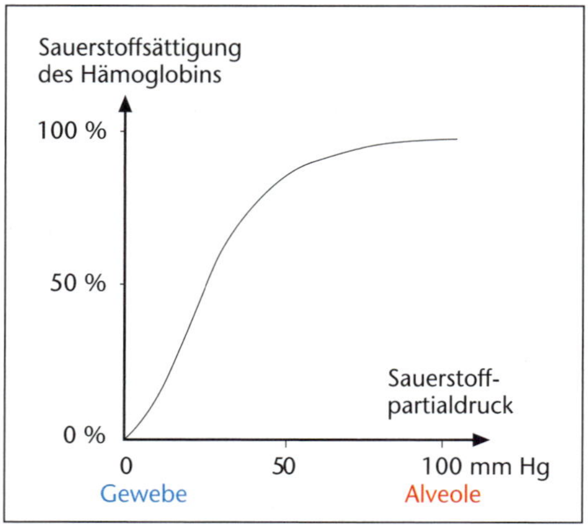

Abb. 4.32 Sauerstoff-Bindungs-Kurve des Hämoglobins

Arterielles Blut, in dem das Hämoglobin weitestgehend mit Sauerstoff gesättigt ist, hat eine kräftig hellrote Farbe. Venöses Blut, bei dem das Hämoglobin nur eine sehr geringe Sauerstoffsättigung aufweist, hat eine dunkel bläulichrote Farbe (besonders gut an den Venen des Handrückens zu sehen).

Oxymetrie/Zyanose

Der Unterschied in der Farbe des arteriellen und venösen Blutes wird ausgenutzt, um den Sättigungsgrad des Hämoglobins zu bestimmen. Dies geschieht oft über eine Durchleuchtungstechnik am Ohrläppchen oder am Finger, die als Pulsoxymetrie bezeichnet wird (z.B. bei Patienten auf einer Intensivstation).

Oxy-, oxygen (griech.): Sauerstoff, -metrie (griech. metron): Maß, Messgerät.

Bei zu geringer Sauerstoffsättigung des Kapillarblutes in der Haut oder Schleimhaut nehmen diese eine bläuliche Farbe an; man spricht von Zyanose (wörtlich: Blausucht, lat. cyaneus: blau, und -osis, griech.: Zustand). Die Zyanose ist z.B. deutlich an den Lippen zu sehen („blaue Lippen").

Hypoxie/Anoxie/Ischämie

Der Körper besitzt praktisch keine Sauerstoffspeicher und ist auf die ständige Zufuhr von Sauerstoff angewiesen. Bei Unterbrechung der Sauerstoffzufuhr z.B. durch Herzstillstand kommt es zur Anoxie oder Ischämie und damit sehr schnell zu irreversiblen Schädigungen in Organen und Geweben, vor allem aber im Gehirn: nach 5 Sekunden Unterbrechung sind erste Störungen im Gehirn festzustellen, nach 15 Sekunden tritt Bewusstlosigkeit auf, nach 4–5 min irreversible Schäden, nach 8–10 min der Hirntod.

Hypoxie: unzureichende Sauerstoffkonzentration in Geweben oder Organen, hypo- (griech.): zu wenig; **Anoxie:** vollständiger Sauerstoffmangel in Geweben oder Organen, An- oder A- (griech.): nicht-; -oxie (lat.): oxygenium: Sauerstoff.

Ischämie: ausgesprochen Is-chämie (ch wie in Bronchien), griech. ischein: zurückhalten und -ämie (griech. haima): Blut, Bedeutung: zu geringe oder vollständig fehlende Durchblutung eines Gewebes oder Organs

Kohlenmonoxidvergiftung

Kohlenmonoxid (chemisch: CO) bindet ungefähr 200-mal besser an Hämoglobin als Sauerstoff. Es entsteht durch unzureichende Verbrennung (unzureichende Sauerstoffzufuhr beim Verbrennungsprozess). Schon bei geringen Konzentrationen an Kohlenmonoxid in der Atemluft, z.B. durch Autoabgase in geschlossenen Garagen oder bei schlecht ziehenden Öfen und geschlossenen Fenstern, besteht Erstickungsgefahr.

4.11 Regulationsprinzipien der Atemfunktion

Um den Zellen des Körpers möglichst immer optimale Bedingungen für ihre Tätigkeit zu gewährleisten, muss die Atmung permanent an die wechselnden Bedürfnisse des Stoffwechsels, der körperlichen Aktivität und des Verhaltens angepasst werden. Die Steuerung der Atmung ist deshalb ein sehr komplizierter Vorgang, an dem das Nervensystem maßgeblich beteiligt ist.

Das Atemzentrum liegt in der sog. Netzsubstanz **(Formatio reticularis)** des Hirnstamms, einem Teil des Gehirns (➤ Kap. 7.9.8). Hier wird ein Grundrhythmus erzeugt, der über Nervenverbindungen zu den Atemmuskeln geleitet wird, die sich dann entsprechend kontrahieren. Dieser Grundrhythmus entsteht dadurch, dass es Nervenzellen gibt, die entweder die Einatmung oder die Ausatmung aktivieren und die unter gegenseitiger Beeinflussung im Wechsel aktiv sind.

Formatio reticularis

Formatio (lat.): Gebilde; reticularis (lat.): netzartig

Die Netzsubstanz bekommt Informationen zum einen aus der Körperperipherie, zum anderen aus höher organisierten Hirnstrukturen. Damit kann der Grundrhythmus allen Veränderungen des Stoffwechsels, der körperlichen Aktivität und des Verhaltens angepasst werden. Die wichtigsten Regel- und Steuerungsmechanismen sind nachfolgend kurz beschrieben:

- Hering-Breuer-Reflex: bei diesem Schutzreflex wird die Lunge vor zu starker Überdehnung geschützt, indem die Einatmung reflektorisch begrenzt wird (Hering, Breuer: Eigennamen)
- Nervenverbindungen von bestimmten Messfühlern in der gerade arbeitenden Körpermuskulatur führen zur Netzsubstanz und informieren diese über die körperliche Aktivität
- Eine Erhöhung der Atemfrequenz kann durch Temperaturreize (Wechselbäder, Fieber), aber auch durch Schmerzen bewirkt werden
- Auch bestimmte Hormone, die den Stoffwechsel stimulieren (z.B. Stresshormone, Schilddrüsenhormone, Schwangerschaftshormone), können den Atemantrieb stimulieren
- Höhere Hirnzentren informieren die Netzsubstanz über Verhaltensänderungen, die die Atmung antreiben können (Stress, Angst, Erregung u.a.)
- Zusätzlich existiert ein chemisches Kontrollsystem der Atmung, das im Blut speziell die von der Atmung abhängigen Größen des pH-Wertes und des Kohlendioxidpartialdrucks misst und Informationen an die Netzsubstanz weiterleitet.

Zusammenfassung

Der Bänderthorax besteht aus dem Brustbein, der Brustwirbelsäule, den 12 Rippenpaaren und den zugehörigen Bindegewebsstrukturen (Bändern). Die echten Rippen (1–7) haben vorne eine gelenkige Verbindung mit dem Brustbein, alle Rippen (1–12) besitzen hinten Gelenke mit den entsprechenden Brustwirbeln. Atembewegungen erfolgen in allen genannten Gelenken, aber auch durch Verbiegungen der Knorpelanteile der Rippen. Zwischen den Rippen befinden sich die äußeren und inneren Interkostalmuskeln.
Der Thorax enthält die linke und rechte Pleurahöhle mit den beiden Lungen; dazwischen befindet sich das Mediastinum mit Herz, Luft- und Speiseröhre sowie Nerven und Gefäßen. Der Thorax ist nach unten durch das Zwerchfell verschlossen.
Die Bauchwand besteht aus großflächigen Muskeln und ausgedehnten Aponeurosen. Bei den Muskeln unterscheidet man den vorne liegenden geraden Bauchmuskel von den seitlichen Muskeln (äußerer schräger, innerer schräger und querer Muskel).
Bei der äußeren Atmung unterscheidet man Brust- und Bauchatmung. Bei der inspiratorischen Ruheatmung sind beteiligt: Zwerchfell, Treppenmuskeln, obere äußere Interkostalmuskeln. Die exspiratorische Ruheatmung verläuft ohne Einsatz von Muskelkraft. Bei der forcierten Einatmung sind zusätzlich die restlichen äußeren Interkostalmuskeln, die vorderen inneren Interkostalmuskeln und als Atemhilfsmuskel der M. sternocleidomastoideus beteiligt. Bei der forcierten Ausatmung wirken die restlichen Anteile der inneren Interkostalmuskeln, die Bauchmuskeln und der M. latissimus dorsi.
Die luftleitenden Organe unterteilt man in obere Luftwege (Nasenhöhlen, Nebenhöhlen und Rachen) und untere Luftwege (Kehlkopf, Luftröhre, Bronchialbaum).
Die Nase besteht aus dem paarigen Vorhof und den paarigen Nasenhöhlen, die durch die Nasenscheidewand (Septum) getrennt sind. Der Boden der Nasenhöhle ist der Gaumen, das Dach wird von der Schädelbasis gebildet. Die Nasenhöhlen öffnen sich über die Choanen in den Nasenrachen. Die Nasenhöhle ist von Nasenschleimhaut (respiratorisches Flimmerepithel) ausgekleidet, die die Reinigung und Erwärmung der Atemluft sowie den Niesreflex vermittelt. Im Dach der Nasenhöhlen ist das Riechorgan lokalisiert.
In der lateralen Wand der Nasenhöhlen befinden sich drei Nasenmuscheln (Conchae nasales) mit zugehörigen Nasengängen. Der untere Nasengang enthält die Mündung des Tränennasengangs, in die anderen Nasengänge münden die Nasennebenhöhlen. Bei diesen unterscheidet man Stirnhöhle, Kieferhöhle, Keilbeinhöhle und Siebbeinzellen.
Der Rachen (Pharynx) ist ein schleimhautausgekleideter Muskelschlauch, der in drei Etagen (Epi-, Meso- und Hypopharynx) gegliedert wird. Der Epipharynx hat Verbindungen zur Nasenhöhle und über die Ohrtrompete zum Mittelohr, der Mesopharynx hat die Verbindung zur Mundhöhle, der Hypopharynx zum Kehlkopfeingang und zur Speiseröhre.
Die Rachenmuskulatur besteht aus Schlundhebern und Schlundschnürern (Konstriktoren), die beim Schluckakt beteiligt sind. Der stärkste Schlundheber ist der M. palatopharyngeus, der sich im vorderen Gaumenbogen befindet. Die Rachenmuskeln werden vom N. glossopharyngeus und N. vagus innerviert.
Als lymphatischer oder Waldeyer-Rachenring wird die Ansammlung von lymphatischem Abwehrgewebe am Übergang des Rachens zur Nasen- bzw. Mundhöhle bezeichnet. Dabei handelt es sich um die unpaare Rachenmandel, die paarigen Tuben- und Gaumenmandeln sowie die unpaare Zungenmandel.
Die Luftröhre (Trachea) ist aufgebaut aus Knorpelspangen, die hinten durch den Paries membranaceus verbunden sind, der glatte Muskeln und elastische Fasern enthält. Die Trachea endet an der Bifurkation, wo sie sich in den rechten und linken Hauptbronchus aufteilt. Das rein luftleitende System (anatomischer Totraum) setzt sich fort über Lappen- und Segmentbronchien, kleinere Bronchien, Bronchiolen bis zu den terminalen Bronchiolen. Diese gehen über in die respiratorischen Bronchiolen, die bereits Lungenbläschen

(Alveolen) in der Wand besitzen und den Beginn des gasaustauschenden Systems der Lunge darstellen.
Die Lungen sind paarig, weisen eine mediale und laterale Seite, eine Spitze und eine Basis auf. An der medialen Seite befindet sich der Lungenhilus, wo die Bronchien, Gefäße und Nerven eintreten. Die Lungen gliedern sich in Lappen und Segmente. Die Lungenarterien folgen den Bronchien im Zentrum der Lappen und Segmente, die Lungenvenen verlaufen zwischen den Segmenten und Lappen. Die Lungen sind von viszeraler Pleura (Lungenfell) bedeckt, die am Lungenhilus in die parietale Pleura (Rippenfell) übergeht.
In den Lungenbläschen (Alveolen) findet der Gasaustausch statt. Sie sind ausgekleidet von Alveolarepithelzellen, die von Surfactant bedeckt sind. In den Alveolarsepten befinden sich Blutkapillaren, Bindegewebe mit elastischen Fasern und Alveolarmakrophagen. Als Blut-Luft-Schranke bezeichnet man die Barriere, die ein Sauerstoffmolekül ausgehend von der Alveole bis zum Erreichen der Erythrozyten überqueren muss.
Die Lungen sind durch die im Pleuraspalt wirkenden Kräfte künstlich aufgespannt und verändern ihr Volumen während der Ventilation. Die Ventilation stellt sich dar durch das Atemzugvolumen und die Zahl der Atemzüge pro Minute.
Als Atemgrößen bezeichnet man folgende Werte: Atemzugvolumen, exspiratorisches und inspiratorisches Reservevolumen, Residualvolumen, funktionelle Residualkapazität, Vitalkapazität, Totalkapazität.
Sauerstoff wird durch das eisenhaltige Pigment Häm des Hämoglobins gebunden und zu den Zellen transportiert, wo er abgegeben werden kann. Kohlendioxid wird als Bikarbonat im Blutplasma bzw. ebenfalls über das Hämoglobin transportiert. Die Durchspülung der Lungen mit Blut (Perfusion) wird so mit der Ventilation verbunden, dass eine ausreichende Sauerstoffversorgung des Körpers bei unterschiedlichen Aktivitäten gewährleistet wird. Die Steuerung der Atmung erfolgt über das Atemzentrum in der Formatio reticularis des Hirnstamms. Hier werden die aus dem Körper stammenden Signale für den Sauerstoffbedarf ausgewertet und in entsprechende Impulse für die Atemmuskulatur umgesetzt.

X

KAPITEL

5 Kehlkopf

Lernziele Anatomie der Stimmorgane

- Kehlkopfknorpel und Zungenbein mit Bandverbindungen
- Gelenke des Kehlkopfes, ihre Form und Bewegungen
- Etagen und Falten des Kehlkopfes
- Conus elasticus und Stimmlippen
- Schleimhaut, sensible Innervation und Lymphabfluss
- äußere Kehlkopfmuskeln, untere und obere Zungenbeinmuskeln und muskulöse Verbindung vom Pharynx und deren Innervation
- innere Kehlkopfmuskeln mit Innervation und ihre Wirkung auf die Stimmlippe und die Weite der Stimmritze
- Kehlkopfspiegelbild

Lernziele Physiologie der Stimmorgane

- funktionelle Gliederung des Kehlkopfes und des sog. Ansatzrohres
- Phonation (Grundton, Flüstern, Frequenzumfang der menschlichen Stimme, Brust-, Mittel- und Kopfstimme)

Die oberen Luftwege beginnen mit den Nasenhöhlen. Diese haben sich in der Evolution als Hauptatemweg jedoch später entwickelt als die Mundhöhle. Da die Nasenhöhlen oberhalb der Mundhöhle liegen, kommt es deshalb im Rachen zwangsläufig zu einer Kreuzung des Luft- und Speiseweges (➤ Kap. 4.6.1). Dadurch ist beim Schluckakt ein Verschluss des Luftweges nach oben zum Nasenrachen, aber auch nach vorne unten in Richtung auf die Luftröhre erforderlich.

Der Kehlkopf (**Larynx**) hat zusammen mit dem Kehldeckel die Grundfunktion, die unteren Luftwege beim Schluckakt zu verschließen und damit vor dem Eindringen von Flüssigkeiten und festen Speisen zu bewahren. Im Inneren des Kehlkopfes befindet sich die Stimmritze (**Glottis**), die durch Muskeln des Kehlkopfs verschlossen oder unterschiedlich weit geöffnet werden kann.

Der Verschluss der Stimmritze ist nicht nur Voraussetzung für die Bauchpresse oder das Husten (➤ Kap. 4.3.4 und ➤ Kap. 4.5.2), sondern auch für die Stimmbildung. Durch die unterschiedlich weite Öffnung der Stimmritze wird der Luftstrom kontrolliert, was nicht nur für die Atemtätigkeit, sondern auch für die Stimme von entscheidender Bedeutung ist.

Larynx (griech. larygx): Kehle
Glottis (griech. glottis): eigentlich Mundstück der Flöte, im medizinischen Zusammenhang die Stimmritze mit den beiden Stimmlippen

Der Kehlkopf ist das entscheidende Stimmorgan. Da er sehr kompliziert aufgebaut ist, soll der Besprechung seines Aufbaus und seiner Funktion ein kurzes einführendes Kapitel über die Entwicklung vorgeschaltet werden.

5.1 Entwicklung des Kehlkopfs

Der Kehlkopf entwickelt sich im Zusammenhang mit der Entstehung der Lungenknospe aus dem Darmrohr (➤ Kap. 4.7.1 und ➤ Abb. 4.17, ➤ Abb.

4.18). Es entsteht eine nach vorne unten gerichtete zunächst etwa T-förmige Öffnung im unteren Rachenbereich, die nach oben von dem sich entwickelnden Kehldeckel begrenzt wird (➤ Abb. 6.13).

Pharyngeal- (griech. pharygx): Rachen, Schlund (Pharynx)
Branchial- (lat., Plural branchiae): Kiemen

Für das weitere Verständnis der Kehlkopfentwicklung, speziell seines Knorpelskeletts und seiner Muskeln, ist es sinnvoll, sich kurz mit den sogenannten Schlundbögen zu befassen. Diese stellen eine frühe Differenzierungsstruktur der seitlichen Halsregion dar (➤ Abb. 5.1).

Aus dem primitiven Bindegewebe der Halsregion entstehen bei einem 4–5 Wochen alten Embryo an der seitlichen Halsregion 6–7 Wülste, die man als Schlundbögen oder **Pharyngealbögen** bezeichnet (➤ Abb. 5.1). Allerdings wird der 5. Schlundbogen beim Menschen nicht weiter (oder nur rudimentär) angelegt, sodass nur die ersten vier und der kleine, in Abbildungen oft nicht dargestellte sechste Schlundbogen ausdifferenziert werden (dem sich möglicherweise auch noch Material eines 7. Schlundbogens zumischt).

Da sich bei Fischen aus Vorstufen dieser Schlundbögen die Kiemen entwickeln, wurden sie früher auch beim Menschen als Kiemenbögen oder **Branchialbögen** bezeichnet. Allerdings verwendet man diesen Begriff nicht mehr, da eine solche Entwicklung beim Menschen nicht durchlaufen wird.

Die von außen sichtbaren Vertiefungen zwischen den Schlundbögen werden als Schlundfurchen, die von innen sichtbaren Vertiefungen als Schlundtaschen bezeichnet (➤ Abb. 8.2).

In jedem Schlundbogen entwickelt sich eine Knorpelspange, aus der später knorpelige oder knöcherne Elemente des Skeletts von Kopf, Hals und Kehlkopf entstehen, sowie eine Skelettmuskelgruppe. In diese Anlagen wachsen dann entsprechende Nerven und Blutgefäße ein.

Der Unterkiefer entsteht aus dem Knorpel des 1. Schlundbogens, die Gehörknöchelchen (➤ Kap. 8.6.3) aus dem Knorpel des 1. und 2. Schlundbogens, das Zungenbein (➤ Kap. 5.2.1) aus dem Knorpel des 2. und 3. Schlundbogens und das Kehlkopfskelett hauptsächlich aus dem Knorpel des 4. und 6. Schlundbogens (➤ Abb. 5.1).

5.2 Anatomie des Kehlkopfs

5.2.1 Aufhängeapparat des Kehlkopfs

Der Kehlkopf ist der Anfangsabschnitt der unteren Luftwege, er besteht im Wesentlichen aus einem Knorpelskelett, aus Skelettmuskeln und Bindegewe-

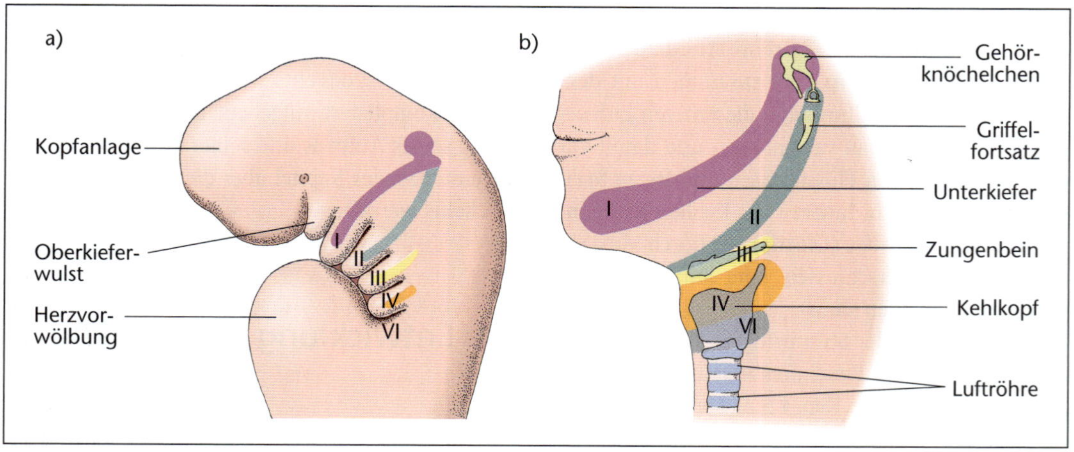

Abb. 5.1 a) 4 Wochen alter Embryo, b) endgültige Strukturen. I–VI: Schlundbögen. Oberkiefer und Unterkiefer entwickeln sich aus dem 1. Schlundbogen. Der Kehlkopf entsteht hauptsächlich aus dem 4. und 6. Schlundbogen.

be. Innen besitzt er – mit Ausnahme der Stimmlippen – eine Auskleidung aus respiratorischer Schleimhaut, wie sie ähnlich auch in der Nasenhöhle gefunden wird.

Der Kehlkopf ist in einer Art Führungsröhre am Hals nach oben und unten beweglich, in geringerem Umfang auch zu den Seiten. Diese Beweglichkeit ist erforderlich, damit der Kehlkopf den Bewegungen des Kopfes und Halses folgen, aber auch selbst verschiedene Positionen aktiv einnehmen kann, wie sie z.B. für die Stimmbildung und das Singen erforderlich sind.

Der Aufhängeapparat des Kehlkopfs besteht aus Skelettmuskeln und Bändern. Dabei spielt die Verbindung zum Zungenbein eine zentrale Rolle (➤ Abb. 5.2).

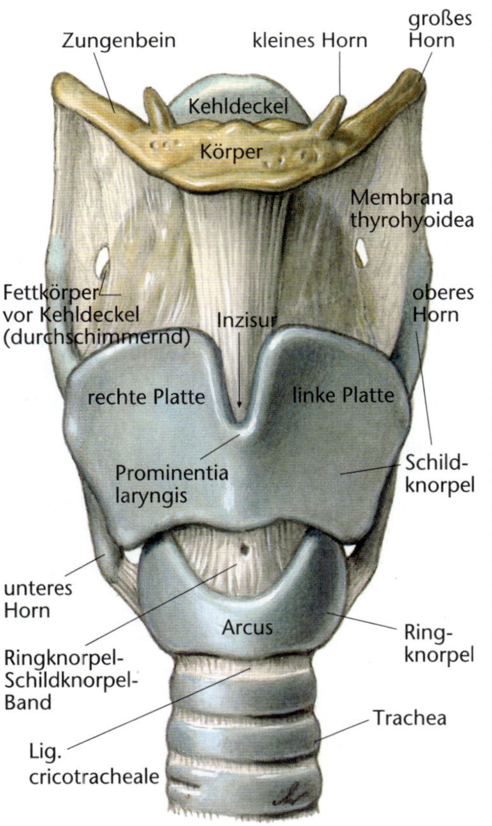

Abb. 5.2 Zungenbein sowie Knorpel- und Bindegewebsstrukturen des Kehlkopfes und der oberen Luftröhre, von vorne gesehen

Zungenbein

Das Zungenbein, **Hyoid** oder **Os hyoideum**, ist – von der Halswirbelsäule abgesehen – der einzige Knochen des Halses. Außerdem ist das Zungenbein der einzige Knochen, der nicht über Gelenke mit anderen Knochen verbunden ist, sondern eine Befestigung ausschließlich über Bänder und Muskeln aufweist.

Das Zungenbein entwickelt sich aus Knorpel des 2. und 3. Schlundbogens (➤ Kap. 5.1, ➤ Abb. 5.1); es ist hufeisenförmig nach hinten gebogen und besteht aus einem Körper, einem paarig angelegten, nach schräg oben weisenden kleinen Horn und einem paarig angelegten, nach hinten weisenden großen Horn (➤ Abb. 5.2). Das Zungenbein ist am Übergang vom Mundboden zum Hals tastbar (nicht ganz einfach).

Fachbegriffe des Hyoids (Zungenbein)

Os hyoideum: Zungenbein; Os (lat.): Knochen, Bein; hyoideum (lat.): Neutrum von hyoideus, eigentlich schweinsrüsselähnlich (wegen der Gestalt des Zungenbeins), Kurzbezeichnung für das Zungenbein: das Hyoid
Körper: Corpus (lat.)
Cornu minus: kleines Horn (cornu, lat.: Horn; minus: Neutrum von minor, lat.: klein)
Cornu majus: großes Horn (majus: Neutrum von major, lat.: groß)

Das kleine Horn steht über eine Bandverbindung mit dem sog. Griffelfortsatz des Schädels in Verbindung (➤ Abb. 5.1); alle drei genannten anatomischen Strukturen sind aus dem 2. Schlundbogen entstanden.

Membrana thyrohyoidea

Der größte Knorpel des Kehlkopfs ist der Schildknorpel (**Cartilago thyroidea**); dabei ist der obere Rand des Schildknorpels über ein elastisches Bandsystem (Schildknorpel-Zungenbein-Membran, **Membrana thyrohyoidea**) mit dem Unterrand des Zungenbeins fest verbunden, sodass der Kehlkopf allen Bewegungen des Zungenbeins zwangsweise folgen muss (➤ Abb. 5.2).

Cartilago thyroidea cartilago (lat.): Knorpel, thyroidea (lat.): zum Schildknorpel gehörig
Ursprung der Vorsilbe thyro (auch: thyreo-) ist thyreos (griech.): großer Schild
Membrana thyrohyoidea Membrana (lat.): Häutchen, hier in der Bedeutung Bandsystem, **thyro**-: von Schildknorpel abgeleitet; **hyoidea**: weibliche Form von hyoideus, zum Zungenbein gehörig

Die Aufhängung des Kehlkopfes nach unten erfolgt elastisch über den sog. „Zug der Trachea". Ursache sind die elastischen Bandverbindungen zwischen den Knorpelspangen der Luftröhre (➤ Kap. 4.7.2), die sich auch zwischen dem zweiten Hauptknorpel des Kehlkopfes, dem sog. Ringknorpel (**Cartilago cricoidea**, Krikoid), und der obersten Knorpelspange der Luftröhre befinden (➤ Abb. 5.2, Letztere werden als Krikotrachealband, Lig. cricotracheale, bezeichnet).

Cartilago cricoidea cartilago (lat.): Knorpel, und cricoidea (lat.): zum Ringknorpel gehörig
Ursprung der Vorsilbe crico- (oder kriko) aus krikos, griech.: Ring

Zungenbeinmuskulatur

Da der Kehlkopf elastisch aufgehängt ist, wird er hauptsächlich bei Bewegungen des Zungenbeins durch die relativ starre (wenn auch elastische) Verbindung der Membrana thyrohyoidea zum Schildknorpel mitbewegt.

Diese Bewegungen des Zungenbeins erfolgen überwiegend über die obere und untere Zungenbeinmuskulatur. Zu jeder Gruppe gehören vier Muskeln, wobei die oberen Zungenbeinmuskeln im Bereich des Mundbodens liegen und von oben zum oberen Rand des Zungenbeins ziehen, während die unteren Zungenbeinmuskeln vorne und seitlich am Hals liegen und eine Verbindung zum unteren Rand des Zungenbeins aufweisen (➤ Abb. 5.3 und ➤ Abb. 5.4).

Obere Zungenbeinmuskeln

Der muskuläre Mundboden (**Diaphragma oris**) wird größtenteils von den oberen Zungenbeinmuskeln (**„suprahyale"** Muskeln) gebildet (➤ Kap. 6.2.4).

Diaphragma oris diaphragma (lat./griech.): Zwischenwand zwischen einzelnen Körperteilen, oris, Genitiv von os, lat.: Mund
M. mylohyoideus M.: Abkürzung für Musculus, mylo- (mylos, griech.): Mühle, meint hier zermahlen bzw. allgemein Unterkiefer, -hyoideus: zum Zungenbein gehörig
suprahyal oberhalb des Zungenbeins, abgeleitet aus supra (lat.): darüber und Hyoid (Zungenbein)
infrahyal unterhalb des Zungenbeins, infra (lat.): darunter

Der wichtigste und größte Muskel dieser Gruppe ist der Unterkiefer-Zungenbein-Muskel (**M. mylohyoideus**); er verläuft innerhalb des Bogens, den der Unterkiefer beschreibt, etwa in querer Richtung. Da der Muskel paarig angelegt ist, treffen sich seine Fasern in der Mitte in einer schmalen bindegewebigen Naht (in ➤ Abb. 5.4a gut sichtbar). Die hinteren Anteile des Muskels erreichen den Zungenbeinkörper.

Der Muskel wirkt auf der einen Seite bei der Bewegung der Zunge und bei der Mundöffnung mit, auf der anderen Seite gehört er zu den Hebern des Zungenbeins (und damit des Kehlkopfes). Er wird in seiner Wirkung von denen der anderen, kleineren Muskeln dieser Gruppe unterstützt. Es sind unterhalb des M. mylohyoideus noch der **M. digastricus** und der **M. stylohyoideus** (➤ Abb. 5.3a), oberhalb des M. mylohyoideus noch der **M. geniohyoideus** (➤ Abb. 5.3b).

M. digastricus: zweibäuchiger Muskel, di- (griech.): zweifach, gaster (griech.): Bauch
dieser Muskel bildet zwischen seinen beiden Muskelbäuchen eine Zwischensehne, die eine Anheftung am Zungenbein aufweist
M. stylohyoideus: Griffelfortsatz-Zungenbein-Muskel, stylo- aus stilus (lat.): Griffel (gemeint ist der Griffelfortsatz der Schädelbasis, von dem dieser Muskel entspringt) und -hyoideus: zum Zungenbein gehörig
M. geniohyoideus: Kinn-Zungenbein-Muskel, genio- aus geneion (griech.): Kinn (der Muskel entspringt vorne innen am Unterkiefer) und -hyoideus: zum Zungenbein gehörig

Die Innervation (Nervenversorgung) dieser Muskeln ist kompliziert und soll nur kurz aufgelistet werden (Näheres zu den Hirnnerven ➤ Kap. 7.11):

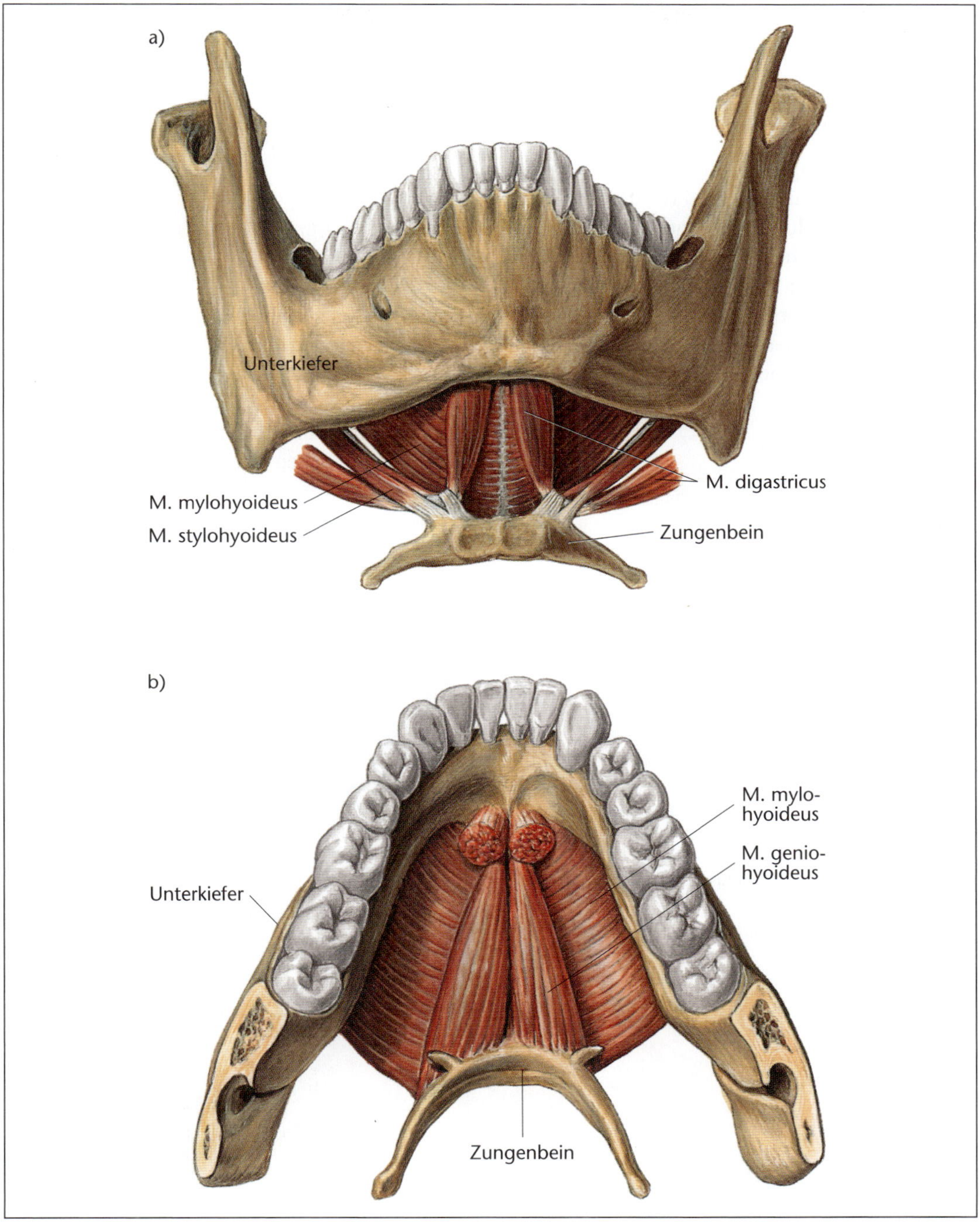

Abb. 5.3 a) Unterkiefer, Zungenbein und obere Zungenbeinmuskeln in der Sicht von unten vorne, b) in der Sicht von oben

- M. mylohyoideus und vorderer Bauch des M. digastricus: Versorgung durch einen gleichnamigen Ast aus dem 3. Ast (N. mandibularis) des 5. Hirnnerven (N. trigeminus)
- M. stylohyoideus und hinterer Bauch des M. digastricus: Versorgung durch den 7. Hirnnerven (N. facialis)

- M. geniohyoideus: Versorgung durch den 12. Hirnnerven (N. hypoglossus).

Untere Zungenbeinmuskeln

Die unteren Zungenbeinmuskeln („**infrahyale**" Muskeln) kommen überwiegend von der Region des Brustbeins, des Schlüsselbeins und der Schulter und ziehen in Längsrichtung von unten an das Zungenbein. Zwischen ihnen werden in der Mitte der Kehlkopf und darunter die Schilddrüse sichtbar (➤ Abb. 5.4). Sie werden seitlich und unten vom Kopfwender (M. sternocleidomastoideus, ➤ Kap. 4.4.2) bedeckt.

M. sternohyoideus: Brustbein-Zungenbein-Muskel, sterno- von sternum (lat.): Brustbein, -hyoideus: zum Zungenbein gehörig

M. omohyoideus: Schulterblatt-Zungenbein-Muskel, omo- aus Omoplata (lat.): veraltete Bezeichnung für Schulterblatt, hyoideus: zum Zungenbein gehörig
M. sternothyroideus: Brustbein-Schildknorpel-Muskel, sterno- von sternum (lat.): Brustbein, -thyroideus (lat.): zum Schildknorpel gehörig
M. thyrohyoideus: Schildknorpel-Zungenbein-Muskel, thyro- Abkürzung von thyroideus: zum Schildknorpel gehörig, hyoideus (lat.): zum Zungenbein gehörig

Die unteren Zungenbeinmuskeln bestehen aus einer oberflächlichen und einer tiefen Muskelschicht mit jeweils zwei Muskeln.

Die oberflächliche Schicht wird gebildet aus dem mehr zur Mitte hin gelegenen **M. sternohyoideus** und dem nach außen gelegenen **M. omohyoideus**. Der M. sternohyoideus zieht vom Brustbein und Schlüsselbein zum Zungenbein. Der M. omohyoi-

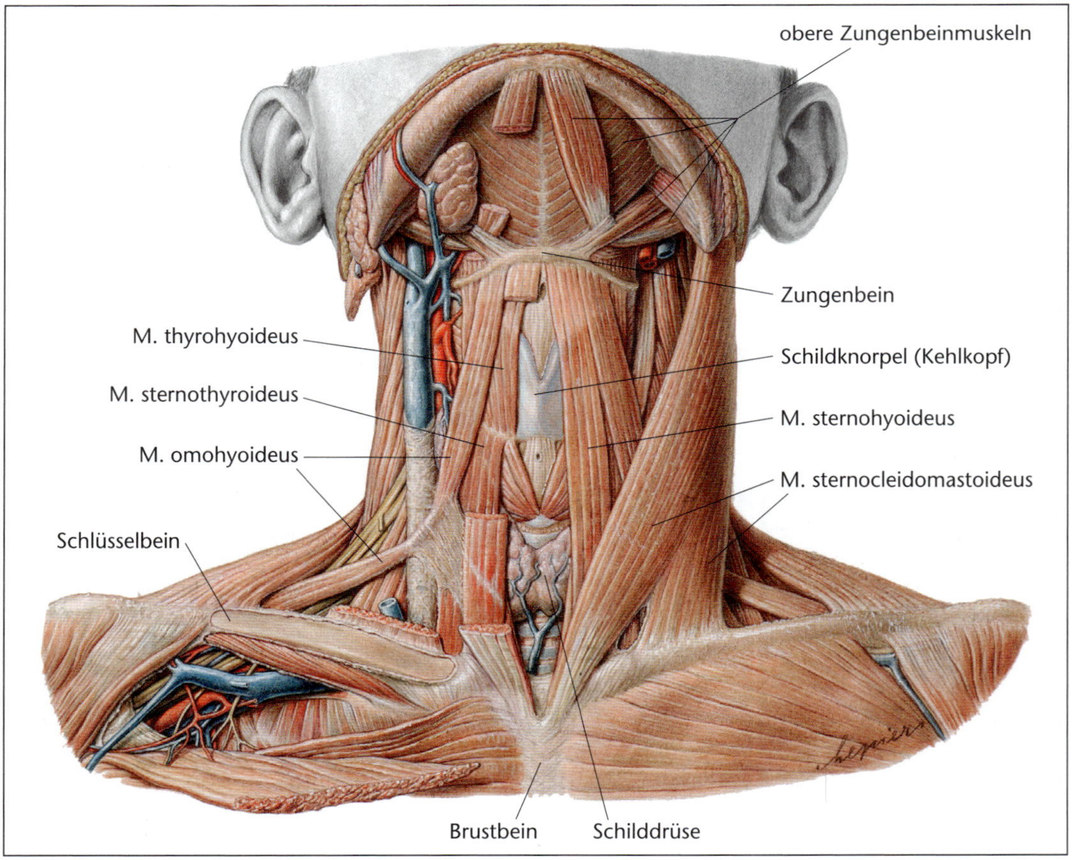

Abb. 5.4 Ansicht des eröffneten Halses von vorne mit Blick auf die unteren Zungenbeinmuskeln. Auf der rechten Halsseite sind der M. sternocleidomastoideus und die oberflächliche Schicht der unteren Zungenbeinmuskeln entfernt.

deus ist zweibäuchig; er zieht vom Schulterblatt zum Zungenbein.

Die beiden tiefer gelegenen Muskeln stellen scheinbar nur einen Muskel dar, dessen unterer Anteil als **M. sternothyroideus** bezeichnet wird und vom Brustbein zum Schildknorpel zieht. Der obere Anteil setzt den Verlauf fort; er wird als **M. thyrohyoideus** bezeichnet und zieht vom Schildknorpel zum Zungenbein.

Die Gesamtfunktion der unteren Zungenbeinmuskeln mit Ausnahme des M. thyrohyoideus besteht darin, das Zungenbein (und damit den Kehlkopf) nach unten zu ziehen. Durch die Unterteilung der tiefen Muskelgruppe in den oberen M. thyrohyoideus und den unteren M. sternothyroideus kann der Kehlkopf zusätzlich noch separat zum Zungenbein hin bewegt werden, sodass der M. thyrohyoideus als Kehlkopfheber anzusehen ist. Diese Funktion wird beim Schluckakt eingesetzt (➤ Kap. 6.4).

Ansa cervicalis ansa (lat.): Öse, Schlinge; cervicalis (lat.): zum Hals (cervix) gehörig

Die Innervation (Nervenversorgung) der unteren Zungenbeinmuskeln erfolgt über eine Nervenschlinge (**Ansa cervicalis**), die aus vorderen Ästen der entsprechenden Rückenmarksnerven des Halses gebildet wird.

Weitere kehlkopfbewegende Muskeln

Der Kehlkopf wird nicht nur durch die oberen und unteren Zungenbeinmuskeln in seiner Führungsröhre am Hals bewegt, sondern auch noch durch weitere Muskeln, die Anheftungsstellen am Kehlkopf besitzen. Auch diese Muskeln heben entweder den Kehlkopf oder sie senken ihn.

Heber sind außer den oberen Zungenbeinmuskeln und dem M. thyrohyoideus die beiden Schlundheber M. palatopharyngeus und M. stylopharyngeus sowie der untere Schlundschnürer (➤ Kap. 4.6.2).

Senker sind außer den drei genannten unteren Zungenbeinmuskeln (M. sternohyoideus, M. omohyoideus, M. sternothyroideus) zusätzlich noch die Längsmuskeln der Speiseröhre, die sich nach unten an die Rachenmuskeln anschließen.

Insgesamt ist der Aufhängeapparat des Kehlkopfs nach unten an Teilen des Brustbeins, Schlüsselbeins und Schulterblatts befestigt. Seitlich bestehen Verbindungen des Aufhängeapparats zur Schädelbasis, nach oben zum beweglichen Zungenbein, das dann wiederum Verbindungsstrukturen zum Unterkiefer und dieser letztlich über das Kiefergelenk zur Schädelbasis besitzt. Dazu kommt der elastische Zug der Trachea.

5.2.2 Knorpelskelett, Bänder und Gelenke des Kehlkopfs

Da der Kehlkopf zu den luftleitenden Wegen gehört, sollte seine Wand – ähnlich wie bei der Luftröhre – druckstabil sein. Dies wird durch ein Knorpelskelett erreicht, dessen Elemente untereinander durch innere Kehlkopfbänder verbunden sind. Da der Kehlkopf aber auch als Verschlussapparat dient, müssen seine Knorpel gegeneinander in Gelenken beweglich sein.

Das Kehlkopfskelett besteht aus dem unpaaren Schildknorpel, dem unpaaren Ringknorpel, dem unpaaren Kehldeckel und dem paarigen Stellknorpel. In den inneren Kehlkopfbändern können individuell unterschiedlich auch zusätzlich noch kleine Knorpelstückchen eingelagert sein.

Ähnlich wie bei den Knorpelanteilen des Brustkorbs findet auch beim Kehlkopf im Laufe des Lebens vor allem bei Männern eine gewisse Verknöcherung des Knorpels (mit Ausnahme des Kehldeckels) statt.

Schildknorpel

Der Schildknorpel (**Cartilago thyroidea**) besteht aus einer rechten und linken Platte (**Lamina**), die schräg stehen und vorne miteinander verbunden sind (➤ Abb. 5.2), und rechts und links hinten jeweils aus einem oberen und unteren Horn (**Cornu**).

Die beiden Platten des Schildknorpels weisen im oberen Bereich zwischen sich einen Einschnitt auf, den man als **Incisura superior** (eingedeutscht: obere Inzisur) bezeichnet. Der oberste Bereich der Verschmelzungsstelle der beiden Platten springt am weitesten nach vorne vor; diese Stelle wird als **Promi-**

nentia laryngea oder (beim männlichen Geschlecht nach der Pubertät) als Adamsapfel bezeichnet.

Oberhalb der beiden oberen Hörner des Schildknorpels findet sich im seitlichen Rand der Membrana thyrohyoidea ein kleiner paariger Knorpel, der als Weizenknorpel (**Cartilago triticea**) bezeichnet wird. Funktionell ist er bedeutungslos.

Cartilago thyroidea cartilago (lat.): Knorpel, und thyroidea (lat.): zum Schildknorpel gehörig; Ursprung der Vorsilbe thyro (auch thyreo-) ist thyreos (griech.): großer Schild; **triticea** weizenförmig, abgeleitet von triticum (lat.) Weizen
Lamina (lat.) Platte, **Cornu** (lat.) Horn
Incisura superior/Inzisur incisura (lat.): Einschnitt und superior, lat.: der/die obere …
Prominentia laryngea prominentia (lat.): Vorsprung (man vergleiche den Begriff „Prominenz"!) und laryngea (lat.): zum Kehlkopf (Larynx) gehörig

Ringknorpel

Der im Vergleich zum Schildknorpel etwas kleinere Ringknorpel (**Cartilago cricoidea**) befindet sich unter dem Schildknorpel; er stellt über ein Band (Lig. cricotracheale) auch die Verbindung zur Luftröhre her (➤ Abb. 5.2). Der Ringknorpel ähnelt grob einem Siegelring; er besteht aus der vorne liegenden Ringknorpelspange (**Arcus**) und der hinten liegenden Ringknorpelplatte (**Lamina**; ➤ Abb. 5.5). Vorne sind der Unterrand des Schildknorpels und der Oberrand des Ringknorpels durch das elastische Ringknorpel-Schildknorpel-Band (**Ligamentum cricothyroideum**) verbunden, das in Fortsetzung nach innen auch als **Conus elasticus** bezeichnet wird (➤ Kap. 5.2.7, ➤ Abb. 5.2, ➤ Abb. 5.5). Der kräftige vordere Abschnitt des Lig. cricothyroideum ist unter der Bezeichnung **Lig. conicum** bekannt.

Cartilago cricoidea cartilago (lat.): Knorpel, und cricoidea (lat.): zum Ringknorpel gehörig, Ursprung der Vorsilbe crico- (oder kriko) aus krikos (griech.): Ring
Arcus (lat.): Bogen, Spange; **Lamina** (lat.): Platte
Ligamentum (abgekürzt Lig., lat.): Band; **crico-:** zum Ringknorpel gehörig, **thyroideum** Neutrum von thyroideus (lat.): zum Schildknorpel gehörig, **conicum** (lat.): keilförmig
Conus (lat.): Keil, elasticus (lat.): elastisch

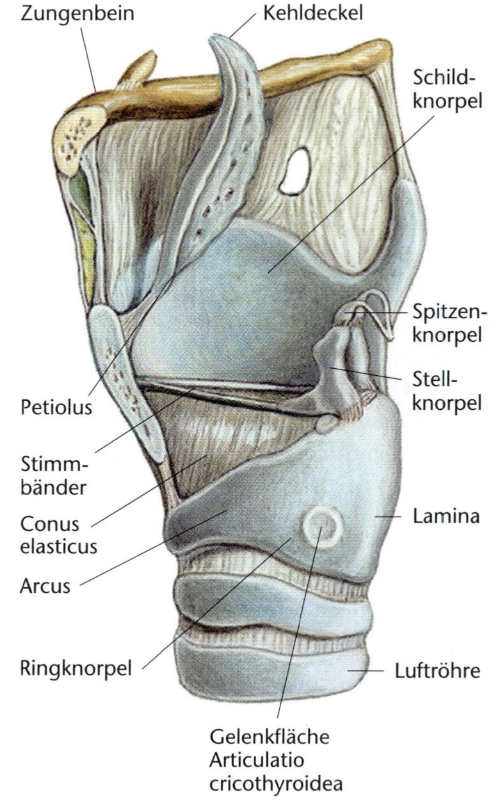

Abb. 5.5 Zungenbein, Anfangsabschnitt der Luftröhre und Kehlkopfskelett mit einigen Bändern in der Sicht von links seitlich. Die linke Hälfte des Zungenbeins und Schildknorpels sind jeweils entfernt worden, um einen besseren Blick auf die innere Struktur des Kehlkopfskeletts zu erhalten.

Stellknorpel

Der paarige Stellknorpel (**Cartilago arytaenoidea**; auch kurz: Aryknorpel genannt) wird wegen seiner Form auch als Gießbeckenknorpel bezeichnet; er hat die Form etwa einer dreiseitigen Pyramide (➤ Abb. 5.5). Die Aryknorpel befinden sich auf der Rückseite des Kehlkopfs in gelenkiger Verbindung mit der Ringknorpelplatte (Lamina).

Cartilago arytaenoidea (auch arytenoidea) cartilago (lat.): Knorpel und arytaenoidea: weibl. Form von arytaenoideus (lat.): gießbeckenförmig, nach arytaina (griech): Gießbecken, Gießkanne

Processus (abgekürzt Proc., lat.): Fortsatz, **vocalis** (lat.): zur Stimme gehörend, **muscularis** (lat.): zur Muskulatur gehörend
corniculata hornartig, abgeleitet von cornu (lat.): Horn
Santorini Eigenname (italienischer Anatom)
Wilsberg Eigenname (deutscher Anatom)
cuneiformis keilförmig, abgeleitet von cuneus (lat.): Keil

Nach vorne weisen die Stellknorpel einen Fortsatz auf, an dem die Stimmbänder (➤ Kap. 5.2.3) befestigt sind (**Processus vocalis**, ➤ Abb. 5.8). Seitlich findet sich an den Stellknorpeln ein Fortsatz für die Befestigung von Kehlkopfmuskeln (**Processus muscularis**).

Auf der nach oben zeigenden Spitze jedes Stellknorpels findet sich ein kleiner sog. Spitzenknorpel (**Cartilago corniculata**, **Santorini**-Knorpel, ➤ Abb. 5.5), der sich bei der Kehlkopfspiegelung unter der Schleimhautfalte der Plica aryepiglottica abzeichnet (➤ Abb. 5.12c, ➤ Kap. 5.2.3). Eine weitergehende Bedeutung hat dieser Knorpel nicht.

Ähnliches gilt für den etwas seitlich vom Spitzenknorpel liegenden sog. Keilknorpel (**Cartilago cuneiformis**, **Wrisberg**-Knorpel), der zwar nicht mit dem Stellknorpel verbunden ist, aber ebenfalls die Schleimhaut der Plica aryepiglottica aufwirft (➤ Abb. 5.12c).

Kehldeckel

Der Kehldeckel (Epiglottis) ist zwischen Zungenbein und Schildknorpel aufgehängt (➤ Abb. 5.2 und ➤ Abb. 5.5) und dient dem Verschluss des Kehlkopfeingangs beim Schluckakt. Zum besseren Verständnis der Position des Kehldeckels sollte auch die ➤ Abb. 4.15 noch einmal herangezogen werden.

Epiglottis epi- (griech.): über, auf; -glottis (griech.): eigentlich Mundstück der Flöte, im medizin. Zusammenhang die Stimmritze mit den beiden Stimmlippen
Tuberculum (lat.): Höckerchen
Petiolus (lat.): Stielchen
Tuberculum epiglotticum Höckerchen über dem Kehldeckel(stiel)

Die Epiglottis ist im oberen Bereich flächig-rundlich, im unteren Bereich stielartig verjüngt. Dieser „Stiel“ wird als **Petiolus** bezeichnet; die Schleimhaut über diesem Petiolus ist (bei der Kehlkopfspiegelung sichtbar) wulstartig verdickt („Petioluswulst“, auch **Tuberculum epiglotticum** genannt, ➤ Abb. 5.12c). Nach vorne oben ist der Kehldeckel durch ein Bandsystem mit dem Zungenbein verbunden (➤ Abb. 5.5). Eine gelenkige Verbindung zu den übrigen Kehlkopfknorpeln besitzt der Kehldeckel nicht.

Der Raum unterhalb dieses Bands zwischen Schildknorpel und Membrana thyrohyoidea vorne und Kehldeckel hinten wird durch einen Fettkörper ausgefüllt (➤ Abb. 5.2), der eine gewisse Bedeutung bei der Positionsveränderung des Kehldeckels beim Schluckakt hat (➤ Kap. 6.4). Dabei wird der Kehlkopf hochgezogen und nähert sich dem Zungenbein. Der Fettkörper wird dadurch verformt und drückt den Kehldeckel nach hinten unten, sodass der Kehlkopfeingang verschlossen wird (➤ Abb. 5.6).

Kehlkopfgelenke

Damit der Kehlkopf als Verschlussapparat der unteren Luftwege wirken kann, müssen die ihn aufbauenden Knorpel (mit Ausnahme des Kehldeckels) in gelenkiger Verbindung miteinander stehen.

Grundlage des Verschlussvorgangs (zur ersten Orientierung sollte ➤ Abb. 5.12 herangezogen werden) bilden die schleimhautüberzogenen Stimmbänder (➤ Abb. 5.5, ➤ Abb. 5.8), die mithilfe entsprechender Muskeln und entsprechender Bewegungen der Stellknorpel aneinandergepresst (Verschluss der Stimmritze) oder wieder voneinander gelöst werden (Öffnung der Stimmritze). Zum optimalen Verschluss der Stimmritze ist gleichzeitig eine Anspannung der Stimmbänder erforderlich.

Ringknorpel-Schildknorpel-Gelenk

Dieses Gelenk wird in der Fachsprache als **Articulatio cricothyroidea** bezeichnet. Das Gelenk wird gebildet durch jeweils das linke bzw. rechte untere Horn des Schildknorpels mit den seitlichen Flächen der Ringknorpelplatte (➤ Abb. 5.5), die miteinander „artikulieren“. Eine Bewegung ist nur in beiden

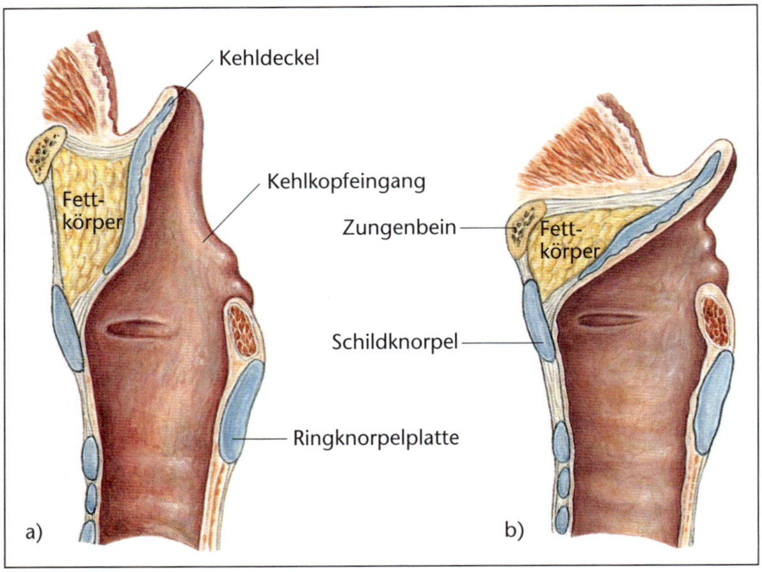

Abb. 5.6 Positionsveränderung des Kehldeckels beim Schluckakt. Kehlkopf und Zungenbein sind längs geschnitten, sodass der Kehlkopf eröffnet ist (Ansicht von links).

Gelenken gleichzeitig möglich. Der größere Schildknorpel steht dabei fest, sodass der Ringknorpel gegen ihn scharnierartig gekippt wird. Die Stimmbänder sind vorne an der Innenseite des Schildknorpels, hinten am Processus vocalis der Stellknorpel befestigt. Da die Stellknorpel mit dem Ringknorpel verbunden sind, werden die Stimmbänder bei einer Kippbewegung des Ringknorpels nach hinten gespannt, wohingegen die Spannung der Stimmbänder bei einer Kippbewegung des Ringknorpels nach vorne abnimmt.

Articulatio cricothyroidea

Articulatio (lat.): Gelenk, crico- (lat. cricoidea): zum Ringknorpel gehörig, -thyroidea (lat.): zum Schildknorpel gehörig

Die Funktion des Ringknorpel-Schildknorpel-Gelenks besteht zusammengefasst darin, die Grobspannung der Stimmbänder zu regulieren; es ist funktionell als Scharniergelenk anzusehen.

Ringknorpel-Stellknorpel-Gelenk

Dieses fachsprachlich als Articulatio cricoarytaenoidea bezeichnete Gelenk stellt die Verbindung der beiden Stellknorpel mit dem oberen seitlichen Rand der Ringknorpelplatte dar (➤ Abb. 5.5).

Articulatio cricoarytaenoidea

Articulatio (lat.): Gelenk, crico- von cricoidea (lat.): zum Ringknorpel gehörig, arytaenoidea (lat.): zum Stellknorpel gehörig

Es handelt sich um ein sog. freies Zylindergelenk, bei dem Dreh- und Gleitbewegungen der Stellknorpel um den fest stehenden Ringknorpel möglich sind. Diese Dreh- und Gleitbewegungen sind zusätzlich mit einer leichten Hebung bzw. Senkung der Stellknorpel verbunden. Da die Stimmbänder über den Processus vocalis mit den Stellknorpeln verbunden sind, ergibt sich bei Bewegungen der Stellknorpel in diesem Gelenk eine Erweiterung oder Verengung der Stimmritze bis hin zum kompletten Verschluss (➤ Abb. 5.12).

5.2.3 Binnenräume des Kehlkopfs

Im Prinzip ist der Kehlkopf nur ein mit Schleimhaut ausgekleidetes Rohr, das den Beginn der unteren Luftwege darstellt und sich in die Luftröhre fortsetzt. In die Lichtung dieses Rohrs springen jedoch in Längsrichtung zwei Schleimhautfalten unterschiedlich weit vor, sodass sich eine Gliederung in eine Abteilung oberhalb der oberen Schleimhautfalten, eine Abteilung zwischen den beiden Schleimhautfalten und eine Abteilung unterhalb der unteren Schleimhautfalte ergibt (➤ Abb. 5.7, ➤ Abb. 5.8). Speziell die unteren der beiden Schleimhautfalten lassen sich durch den Ausatemluftstrom in Schwingungen versetzen und verleihen dem Kehlkopf neben der Funktion als Verschlussapparat und Abschnitt der unteren Atemwege die zusätzliche Funktion als Stimmorgan (➤ Kap. 5.3).

Vestibulum

Folgt man dem Luftstrom bei der Einatmung, dann gelangt man vom Kehlkopfabschnitt des Rachens (Hypopharynx) über den schräg nach vorn geneigten Kehlkopfeingang (➤ Abb. 4.15) in den obersten Binnenraum des Kehlkopfs, den man als **Vestibulum** (evtl. zur Abgrenzung mit dem Zusatz „**laryngis**") bezeichnet. Die Begrenzungen des Kehlkopfeingangs sind vorne der Kehldeckel sowie seitlich eine links und rechts vom Kehldeckel ausgehende Schleimhautfalte, die nach hinten bis zu den Stellknorpeln führt (genauer gesagt über die paarigen Keil- und Spitzenknorpel hinweg). Die seitliche Schleimhautfalte wird als Stellknorpel-Kehldeckel-Falte (**Plica aryepiglottica**) bezeichnet.

Vestibulum (lat.): Vorhof (eigentlich: Vorhalle des altrömischen Hauses); da der Begriff Vestibulum anatomisch mehrfach benutzt wird (siehe z.B. Vestibulum nasi), wird ggf. „laryngis", der Genitiv des Begriffs larynx (Kehlkopf), angehängt
Plica (lat.): Falte; ary- von arytaenoidea (lat.): zum Stellknorpel gehörig, -epiglottica (lat.): zum Kehldeckel gehörig

Taschenfalten

Die erste von oben zu erreichende, in Längsrichtung verlaufende Schleimhautfalte ist die Taschenfalte (**Plica vestibularis**, ➤ Abb. 5.7, ➤ Abb. 5.8). Sie

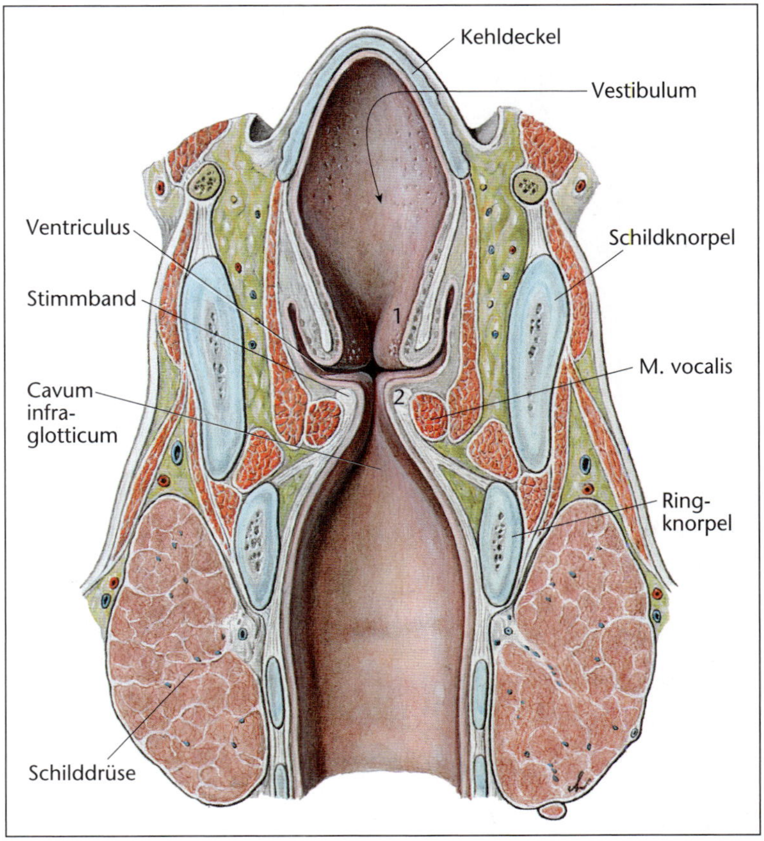

Abb. 5.7 Frontaler Schnitt durch den Kehlkopf und den Anfangsbereich der Luftröhre. Blickrichtung von hinten nach vorne.
1 = Taschenfalte, 2 = Stimmfalte mit Stimmband

5

wird aufgeworfen durch ein Bindegewebssystem, das als Taschenband, falsches Stimmband oder Ligamentum vestibulare bezeichnet wird und vorne von der Rückseite des Schildknorpels nach hinten bis zur Spitze der Stellknorpel verläuft. Die Bezeichnung „Taschenband" (**Ligamentum vestibulare**) in Analogie zum Stimmband (Ligamentum vocale) ist nicht ganz glücklich, da es sich beim „Taschenband" um Bindegewebszüge mit elastischen Elementen handelt, die die Schleimhautfalte (Plica vestibularis) aufwerfen, und nicht um ein anatomisch definiertes kräftiges Band wie das Stimmband.

Die Taschenfalten verlaufen – ebenso wie die Stimmfalten – wie ein spitzes V, dessen Spitze von der Rückseite des Schildknorpels ausgeht und dessen Schenkel sich nach hinten öffnen und die beiden Stellknorpel erreichen.

Plica vestibularis plica (lat.): Falte und vestibularis (lat.): zum Vorhof (Vestibulum) gehörig
Ligamentum vestibulare ligamentum (lat.): Band und vestibulare: Neutrumform von vestibularis, zum Vorhof gehörig

Im Gegensatz zu den Stimmfalten, die einen kompletten Verschluss der zwischen ihnen befindlichen Stimmritze bewirken können, schließt sich der Spalt zwischen den Taschenfalten nicht vollständig. Bei Bewegungen der Stimmfalten (infolge Bewegungen der Stellknorpel im Ringknorpel-Stellknorpel-Gelenk) werden die Taschenfalten parallel mitbewegt.

Die Schleimhaut, die die Taschenfalten bedeckt, entspricht dem typischen respiratorischen Flimmerepithel wie in der Nasenhöhle, in der Luftröhre oder in den Bronchien und enthält zahlreiche Drüsen in der

5

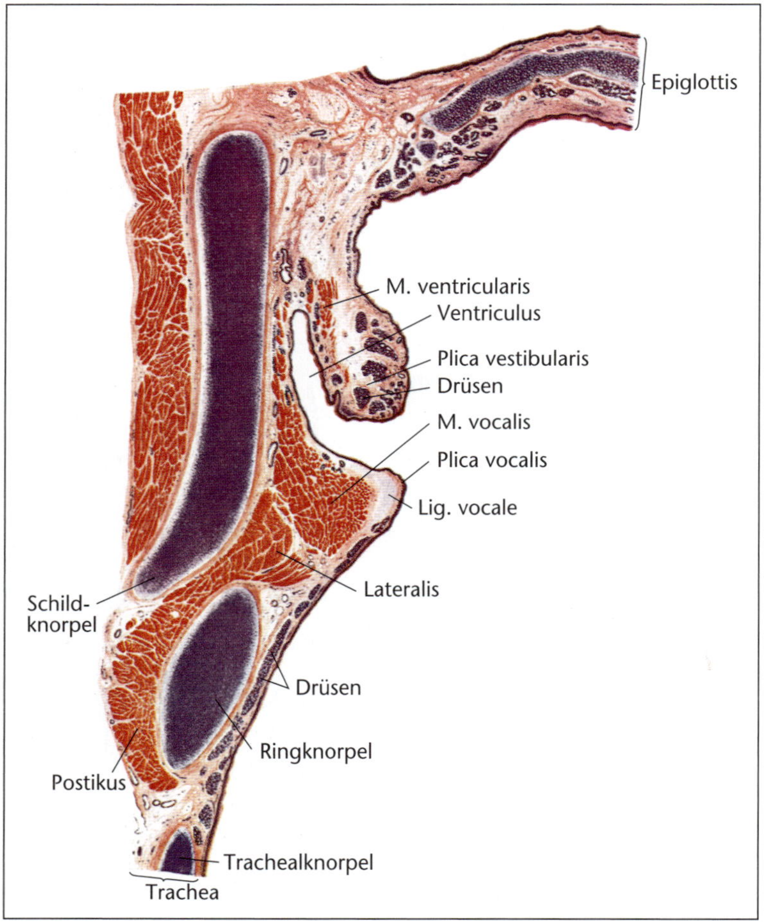

Abb. 5.8 Frontalschnitt durch eine Kehlkopfhälfte mit Darstellung des mikroskopisch-anatomischen Aufbaus speziell im Bereich der Taschen- und Stimmfalte

Lamina propria, die auch für den Feuchtigkeitsfilm der drüsenfreien Stimmfaltenkante sorgen (➤ Abb. 5.8).

Taschenfaltenstimme

Die Stimmbildung erfolgt physiologisch über die Stimmfalten, nicht über die Taschenfalten, die den Bewegungen der Stimmlippen normalerweise nur passiv folgen. Sind die Stimmlippen durch Verletzungen oder operative Eingriffe jedoch nicht mehr zur Stimmbildung einsetzbar, kann mit therapeutischer Anleitung eine Taschenfaltenstimme erlernt werden. Grundlage dafür ist ein M. ventricularis (➤ Abb. 5.8), der in der Taschenfalte parallel zum M. vocalis in der Stimmfalte verläuft, jedoch wesentlich schwächer ist. Nach neuen Untersuchungen wird dieser Muskel ebenso wie der Antikus vom N. laryngeus superior versorgt, sodass eine Innervation auch bei Ausfall des N. laryngeus recurrens erhalten bleibt.
Werden die Taschenfalten jedoch bei intakten Stimmfalten zur Stimmbildung mit verwendet, so stellt diese Taschenfaltenstimme eine krankhafte Art der Stimmbildung dar, die unerwünscht ist und stimmtherapeutisch beseitigt werden sollte, um wieder zur physiologischen Stimmbildung mit den Stimmfalten zurückzukehren.

Ventriculus

Der durchschnittlich nur 5 mm hohe Zwischenraum seitlich zwischen den Taschenfalten und den Stimmfalten wird als Kehlkopftasche, **Morgagni**-Tasche oder **Ventriculus** bezeichnet (➤ Abb. 5.7, ➤ Abb. 5.8).

Stimmfalten

Der wichtigste Anteil der Binnenstruktur des Kehlkopfs sind die beiden Stimmfalten (**Plicae vocales**) oder Stimmlippen, die die Stimmritze begrenzen. Grundlage der Stimmfalten sind die elastischen Stimmbänder (Stimmband, **Ligamentum vocale**, ➤ Abb. 5.5, ➤ Abb. 5.7, ➤ Abb. 5.8). Im klinischen Bereich wird zwischen Stimmfalte und Stimmband nicht immer sauber unterschieden. Auch die Stimmbänder laufen nach vorne V-förmig spitz zu und sind an der Innenseite des Schildknorpels befestigt; ihre Befestigungsstelle liegt unterhalb der der „Taschenbänder". Diese vordere Verbindung der Stimmbänder wird als vordere Kehlkopfkommissur (**Commissura anterior laryngis**, ➤ Abb. 5.9) bezeichnet. Die hintere Anheftungsstelle der Stimmbänder ist der Stimmfortsatz (**Proc. vocalis**) des Stellknorpels, ihre Verbindung die **Commissura posterior laryngis** (➤ Abb. 5.9).

Lamina (lat.): Blatt, propria: weibl. Form von proprius: eigen (Lamina propria: die dem Epithel zugehörige Bindegewebsschicht)
Ventriculus (lat.): Verkleinerungsform von venter (lat.): der Magen (Bauch), also wörtlich der „kleine Bauch", in medizinischen Begriffen bedeutet „ventriculus" Kammer oder Hohlraum, eingedeutscht „Ventrikel"; zur Abgrenzung der Kehlkopftasche von anderen „Ventrikeln" des Körpers ergänzt man den Begriff durch „laryngis", den Genitiv von larynx: Kehlkopf
Morgagni Eigenname (italienischer Anatom)
Reinke Eigenname (deutscher Anatom)
Commissura (lat.) Verbindung (C. anterior/posterior laryngis = vordere/hintere Kehlkopfverbindung)

Die Stimmfalten weichen in ihrem Aufbau und in ihrer Schleimhautbedeckung deutlich von den Taschenfalten ab (➤ Abb. 5.8). Um den hohen mechanischen Beanspruchungen der Stimmfalten zu genügen, sind diese nicht mit einem Flimmerepithel, sondern mit einem drüsenfreien mehrschichtigen Plattenepithel bedeckt, das größtenteils unverhornt, an besonders beanspruchten Stellen vereinzelt sogar verhornt ist (➤ Kap. 1.2.1). Das lockere Bindegewebe (Lamina propria), das direkt unter dem Glottisepithel liegt und keine Lymphgefäße enthält, wird **Reinke**-Raum genannt. Die Schleimhaut besteht also aus Epithel und Reinke-Raum – meist wird als Reinke-Raum allerdings nur der oberste Bereich der Lamina propria, direkt unter dem Epithel, bezeichnet.

Weitere Besonderheiten sind die Bündel an parallel verlaufenden elastischen Fasern des eigentlichen Stimmbandes und das Vorhandensein eines Skelettmuskels (M. vocalis, ➤ Kap. 5.2.4), der parallel zum Stimmband verläuft und dessen Feinspannung reguliert (➤ Abb. 5.8, ➤ Abb. 5.9).

Im Gegensatz zur lockeren oberflächlichen und gut beweglichen Schicht der Stimmfalten, bestehend aus Epithel und Reinke-Raum, ist die tiefe Schicht, bestehend aus Stimmband und M. vocalis, recht starr. Daraus leitet sich die Vorstellung der funktionellen Zweischichtigkeit der Stimmfalten ab („Body-Cover-Modell" nach Hirano). Dieses Modell wurde inzwischen erweitert durch eine noch genauere Differenzierung der Teilschichten der Lamina propria in ein Drei- bzw. Fünfschichtenmodell:

- (1) Epithel
- (2) obere Schicht der Lamina propria (meist als Reinke-Raum bezeichnet)
- (3) mittlere Schicht der Lamina propria, enthält u.a. elastische Fasern
- (4) tiefe Schicht der Lamina propria, enthält kollagene Fasern und das Stimmband
- (5) Schicht des M. vocalis

Das Dreischichtenmodell umfasst die Schichten (1) und (2) zusammen als Cover, die Schichten (3) und (4) als Übergangszone (transition) und die Schicht (5) als Body; das Fünfschichtenmodell differenziert weiter wie in obiger Zusammenstellung. Diese Modelle sollen die Abläufe der Bewegungen, bezogen auf die einzelnen Abschnitte der Stimmlippen, erläutern (für Details s. Lehrbücher der Phoniatrie).

Stimmlippenknötchen

Es handelt sich um symmetrisch auf beiden Stimmlippen auftretende gutartige „Tumoren", die im Kindesalter recht häufig und dann überwiegend bei Knaben, im Erwachsenenalter fast nur bei Frauen auftreten. Der Begriff „Tumor" wird hier jedoch im ursprünglichen Sinn als „Schwellung" benutzt und hat nichts mit Tumoren im Sinne von Krebsentstehung zu tun. Als Auslöser wird vor allem eine Überlastung des Kehlkopfs durch häufiges Schreien, lautes Sprechen bei Lärm oder Singen („Schreiknötchen") oder harten Stimmeinsatz angesehen, wobei hormonelle Faktoren ebenfalls eine Rolle spielen. Die Behandlung erfolgt in der Regel stimmtherapeutisch, bei Erwachsenen in gewissen Sonderfällen auch chirurgisch. Die Bezeichnung „Stimmlippenknötchen" ist zwar noch weit verbreitet, wird aber mehr und mehr durch den Begriff „Phonationsverdickungen" (oder teilweise auch phonationsassoziierte Stimmlippenveränderungen) ersetzt.
Tumor (lat.): Schwellung

Stimmbruch (Mutation)

Der Kehlkopf und – abhängig von dessen äußerer und innerer Gestalt – auch die Stimme gehören zu den sekundären Geschlechtsmerkmalen; sie sind damit von Änderungen der Hormonspiegel abhängig, wie sie sich im Laufe des Lebens bei beiden Geschlechtern ergeben.
Eine besonders auffällige Veränderung der Hormonspiegel findet während der Pubertät statt. Vor der Pubertät gibt es keine wesentlichen Unterschiede zwischen dem Kehlkopf eines Mädchens und dem eines Knaben. Durch die hormonellen Veränderungen während der Pubertät kommt es zu einem relativ starken Wachstum der Kehlkopfknorpel.
Bei Mädchen bleiben trotz des Wachstums die Proportionen der Kehlkopfknorpel einigermaßen so wie vor der Pubertät erhalten. Die rechte und die linke Platte des Schildknorpels bilden einen Winkel von mindestens 120°.
Bei Knaben ist vor allem das starke Wachstum des Schildknorpels in Richtung nach vorne deutlich. Die Schildknorpelplatten bilden dann nur noch einen ungefähr rechten Winkel und springen in ihrem vorderen Bereich als Adamsapfel deutlich sichtbar vor.
Da die Stimmbänder auf der Rückseite des Schildknorpels befestigt sind, verlängern sie sich während der Pubertät ebenfalls. Bei Mädchen und Knaben beträgt die Länge der Stimmfaltenkante vor der Pubertät 10–17 mm, bei erwachsenen Frauen 14–21 mm, bei erwachsenen Männern 20–27 mm. Während sich beim weiblichen Geschlecht die Stimmfaltenkanten also nur um 3–4 mm verlängern, ist die Zunahme beim männlichen Geschlecht ca. 10 mm; gleichzeitig werden die Stimmbänder auch etwas dicker. Die männliche Stimme sinkt dabei um etwa eine Oktave (➤ Kap. 5.3.1; dort auch Erklärung des Begriffs).
Als Stimmbruch (Mutation, lat. mutatio: Veränderung) bezeichnet man die Schwierigkeiten, die bei heranwachsenden jungen Männern stimmlich während der Pubertät auftreten, weil die Stimmfalten vorübergehend links und rechts unterschiedlich stark wachsen und die ebenfalls wachsenden Muskeln durch das Nervengewebe so koordiniert werden müssen, dass sich die Stimme sicher auf die veränderte Stimmlage einstellt.
Der Stimmbruch unterbleibt, wenn auch die Pubertät unterbleibt (z.B. durch Kastration = Ausschaltung oder Entfernung der Keimdrüsen).

Die Stimmlippenkanten selbst besitzen keine Drüsen in der Lamina propria, sodass sie von entfernteren, drüsenhaltigen Regionen der Kehlkopfschleimhaut (speziell von der Taschenfalte aus, ➤ Abb. 5.8) mit dünnflüssigem Schleim versorgt werden müssen. Diese Schleimbedeckung ist für einen sauberen Verschluss der Stimmritze und für eine klare Stimme unabdingbar. Bei nicht ausreichender Versorgung mit dünnflüssigem Schleim klingt die Stimme heiser („trockener Hals", z.B. bei zu langem Reden).

Plicae vocales, Plural von Plica vocalis, plica (lat.): Falte und vocalis (lat.): zur Stimme gehörend
Ligamentum (lat.): Band (abgekürzt Lig.), vocale: Neutrumform von vocalis

Processus (abgekürzt Proc., lat.): Fortsatz, vocalis (lat.): zur Stimme gehörend
Reinke Eigenname (deutscher Anatom)

Glottis

Die Glottis ist der innere Verschlussapparat des Kehlkopfs und damit auch die Grundlage der Stimmbildung; sie wird gebildet von den beiden Stimmfalten oder Stimmlippen und der dazwischen liegenden Stimmritze (**Rima glottidis**, ➤ Abb. 5.7, ➤ Abb. 5.9). Der Begriff Glottis wird nicht immer präzise gebraucht: manchmal wird damit nur die Stimmritze bezeichnet, manchmal ungenau der Raum von der Spalte zwischen den Taschenfalten bis zur Spalte zwischen den Stimmfalten.

Glottis (griech. glottis): eigentlich Mundstück der Flöte, im medizin. Zusammenhang die Stimmritze mit den beiden Stimmlippen
Rima (lat.): Spalte, Ritze; glottidis: Genitiv von Glottis

Wie in ➤ Abb. 5.9 deutlich zu erkennen ist, sind Länge und Lokalisation der Stimmfalten nicht identisch mit denen der Stimmbänder. Die Stimmbänder ziehen noch ein wenig über das vordere Ende der Stimmfalten hinaus, bis sie die Anheftungsstelle am Schildknorpel erreichen. Nach hinten enden die Stimmbänder an den Stimmfortsätzen der Stellknorpel, die dann die weitere Unterlage der Stimmfalten bis zu ihrem hinteren Ende bilden.

Somit unterscheidet man bei der Stimmritze bzw. bei den Stimmfalten einen vorderen Abschnitt, der als **Pars intermembranacea** bezeichnet wird, von einem kleineren hinteren Abschnitt, dessen Beziehung zu den Stellknorpeln durch die Bezeichnung **Pars intercartilaginea** gekennzeichnet ist.

Pars intermembranacea/Pars intercartilaginea

Pars (lat.): Teil, inter (lat.): zwischen
-membranacea: weibl. Form von membranaceus (lat.): häutig, membranartig
cartilaginea: weibl. Form von cartilagineus (lat.): knorpelig

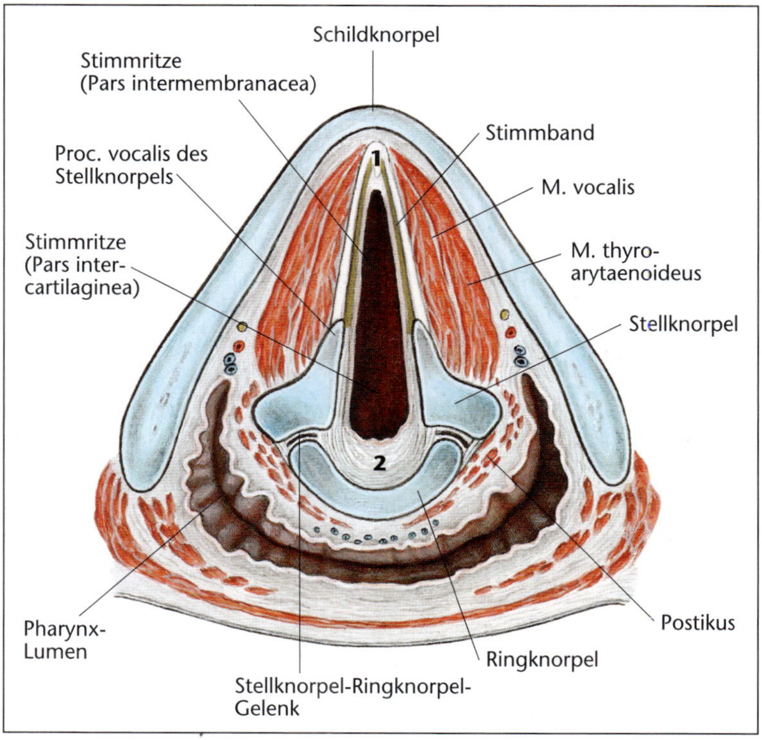

Abb. 5.9 Horizontalschnitt durch den Kehlkopf auf Höhe der Stimmritze; 1, 2 vordere/hintere Kommissur

Subglottischer Raum

Unterhalb der Stimmfalten und der Stimmritze, also der Glottis, erweitert sich der Binnenraum des Kehlkopfs stark zum subglottischen Raum (**Cavitas infraglottica**, auch: Cavum infraglotticum), der bis zum Beginn der Luftröhre reicht. Unter der Schleimhaut befindet sich der **Conus elasticus**, der aus zahlreichen elastischen Fasernetzen besteht, die vorne und seitlich vom Oberrand des Ringknorpels ausgehen und in den beiden Stimmbändern enden (➤ Abb. 5.5). Der Conus elasticus wird vorne vom Ringknorpel-Schildknorpel-Band überdeckt (➤ Abb. 5.2).

subglottisch (lat. sub-): unter und Glottis (s.o.)
Cavitas infraglottica (lat. cavitas): Höhle, infra- (lat.): unterhalb, und -glottica: weibl. Form von glotticus (lat.): zur Glottis gehörend
Conus (lat.): Keil, **elasticus** (lat.): elastisch

5.2.4 Kehlkopfmuskeln

Für die Bewegungen der Kehlkopfknorpel gegeneinander in den beiden erwähnten Gelenken und die Spannung der Stimmbänder sind die Kehlkopfmuskeln verantwortlich. Es handelt sich nicht um glatte Eingeweidemuskeln, sondern um quergestreifte Skelettmuskeln. Diese werden insgesamt von Ästen des 10. Hirnnerven (N. vagus, ➤ Kap. 5.2.6) versorgt.

Man unterscheidet einen sog. äußeren Kehlkopfmuskel von den restlichen inneren Kehlkopfmuskeln, die man in Öffner der Stimmritze, Schließer der Stimmritze und den M. vocalis unterteilen kann.

Äußerer Kehlkopfmuskel

Bewegungen im Ringknorpel-Schildknorpel-Gelenk (➤ Kap. 5.2.2) zwischen dem unteren Horn des Schildknorpels und der Seitenfläche des Ringknorpels bewirken eine Grobanspannung des Stimmbands bzw. eine Lockerung. Diese Bewegungen werden durch den Ringknorpel-Schildknorpel-Muskel (**M. cricothyroideus**) vermittelt, den man als einzigen äußeren Kehlkopfmuskel charakterisiert und deshalb auch in der klinischen Kurzform „Antikus" benennt (selten auch „Externus").

M. cricothyroideus crico- (lat. cricoidea): zum Ringknorpel gehörig, thyroideus (lat.): zum Schildknorpel gehörig
Antikus (lat. anticus): der Vordere, Äußere
Externus (lat.): außen, der Äußere
M. ventricularis Ventrikelmuskel, dem Ventriculus benachbarter Muskel

Wie aus der Bezeichnung des Muskels abzuleiten ist, zieht er vom Ringknorpel, genauer gesagt vorne vom Bogen des Ringknorpels, zum unteren Rand des Schildknorpels (➤ Abb. 5.10).

Der Antikus zieht bei Anspannung den Bogen des Ringknorpels vorne zum Schildknorpel hin hoch, sodass der hintere Teil des Ringknorpels mit der Ringknorpelplatte und den damit verbundenen Stellknorpeln nach unten bewegt wird. Dadurch werden die an den Stellknorpeln befestigten Stimmbänder

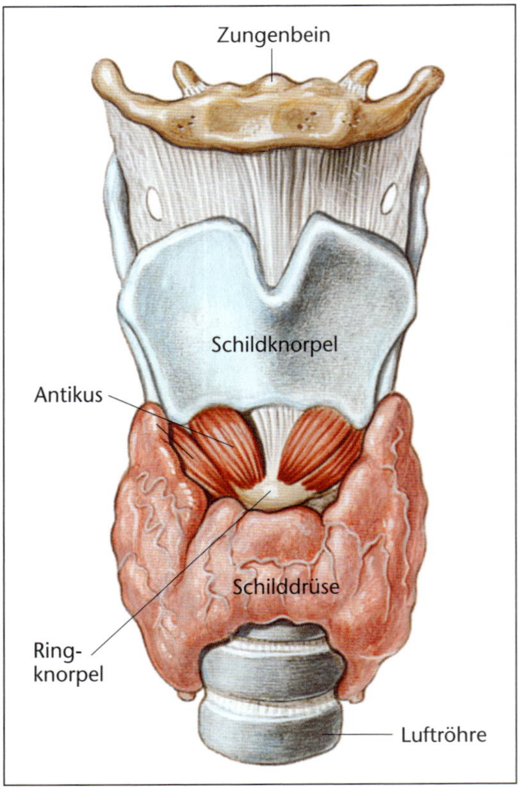

Abb. 5.10 Ansicht des Zungenbeins, Kehlkopfes, der Schilddrüse und des Anfangsabschnitts der Luftröhre von vorne

grob gespannt und die Stimmlippen strecken sich. Die Feinspannung übernimmt der M. vocalis (s.u.).

In der Taschenfalte (➤ Abb. 5.9) findet sich ein sehr kleiner, in der Stärke variabler sog. **M. ventricularis**, der – vergleichbar zur Wirkung des M. vocalis auf die Stimmfalten – eine Bewegung der Taschenfalten zur Mittelebene vermitteln und in Sonderbereichen der Stimmtherapie (s. Kasten „Taschenfaltenstimme") eine Bedeutung erlangen kann. Er ist offensichtlich genauso innerviert wie der Antikus.

Innere Kehlkopfmuskeln

Alle anderen Muskeln des Kehlkopfs werden als innere Kehlkopfmuskeln bezeichnet. Abgesehen vom M. vocalis wirken sie auf das Ringknorpel-Stellknorpel-Gelenk, öffnen oder schließen also die Stimmritze. Allerdings gibt es nur einen einzigen Öffner der Stimmritze, wohingegen alle anderen inneren Kehlkopfmuskeln als Schließer der Stimmritze wirken.

Öffner der Stimmritze

Der einzige Öffner der Stimmritze ist der hintere Ringknorpel-Stellknorpel-Muskel (M. cricoarytaenoideus posterior), in der Klinik kurz „Postikus" genannt.

M. cricoarytaenoideus posterior crico- (lat. cricoidea): zum Ringknorpel gehörig, arytaenoideus (lat.): zum Stellknorpel gehörig, posterior (lat.): hinten, der hintere (daraus abgeleitet: Postikus)

Auch hier lässt sich der Verlauf des Muskels aus seinem Namen ableiten: er zieht jeweils rechts und links von der Ringknorpelplatte zum Muskelfortsatz des Stellknorpels (➤ Abb. 5.12). Bei der Kontraktion drehen die beiden Muskeln rechts und links die Stellknorpel nach außen und erweitern dabei mehr oder weniger die Stimmritze, maximal bei tiefer Einatmung. Dabei werden auch die Stimmbänder gespannt.

Die Grundspannung der Postikus-Muskeln beider Seiten sorgt dafür, dass die Stimmritze beim Schlafen geöffnet bleibt.

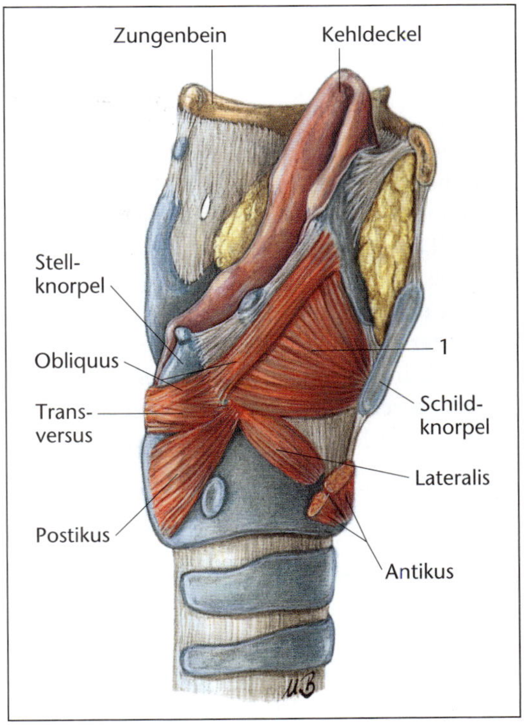

Abb. 5.11 Ansicht des Kehlkopfs von schräg hinten. Der hintere Teil des rechten Schildknorpelabschnitts und ein Teil des Zungenbeins sind entfernt, um einen besseren Blick auf die inneren Kehlkopfmuskeln zu haben. 1 M. thyroarytaenoideus

Schließer der Stimmritze

Als Schließer der Stimmritze wirken folgende Muskeln:

- seitlicher Ringknorpel-Stellknorpel-Muskel: M. cricoarytaenoideus lateralis („Lateralis")
- querer Stellknorpel-Muskel: M. arytaenoideus transversus („Transversus")
- schräger Stellknorpel-Muskel: M. arytaenoideus obliquus („Obliquus").

M. cricoarytaenoideus lateralis crico- (lat. cricoidea): zum Ringknorpel gehörig, arytaenoideus (lat.): zum Stellknorpel gehörig, lateralis (lat.): seitlich
M. arytaenoideus transversus arytaenoideus (lat.): zum Stellknorpel gehörig, transversus (lat.): quer
M. arytaenoideus obliquus arytaenoideus (lat.): s.o., obliquus (lat.): schräg

Der sog. **Lateralis** zieht seitlich vom Bogen des Ringknorpels zum Muskelfortsatz des Stellknorpels, wirkt also ebenfalls auf das Gelenk zwischen Ring- und Stellknorpel (➤ Abb. 5.11). Die Zugrichtung des Lateralis geht dergestalt nach seitlich außen (➤ Abb. 5.12), dass sich die Spitzen der Stimmfortsätze der Stellknorpel aneinanderlegen. Dabei berühren sich die vorderen, längeren Anteile der Stimmfalten und dieser Abschnitt der Stimmritze **(Pars intermembranacea)** schließt sich (➤ Abb. 5.9, ➤ Abb. 5.12, ➤ Abb. 5.13). Die Abschnitte der Stimmfalten, die die Stellknorpel bedecken **(Pars intercartilaginea)** begrenzen seitlich eine etwa dreieckige Öffnung, die man als „Flüsterdreieck" bezeichnet (➤ Abb. 5.13d). Bei der Flüstersprache ist lediglich dieser Teil der Stimmritze geöffnet.

Pars intermembranacea/Pars intercartilaginea

Pars (lat.): Teil, inter (lat.): zwischen
-membranacea: weibl. Form von membranaceus (lat.): häutig, membranartig
cartilaginea: weibl. Form von cartilagineus (lat.): knorpelig

Weitere Schließer sind der Transversus und die beiden Obliquus-Muskeln (alle drei zusammen teilweise auch als M. interarytaenoideus bezeichnet). Der Transversus verläuft quer von einer Rückseite des Stellknorpels zur anderen. Der Obliquus ist paarig; die Muskeln beider Seiten überkreuzen sich und verbinden ebenfalls die beiden Stellknorpel miteinander (➤ Abb. 5.11). Diese drei Muskeln verschließen

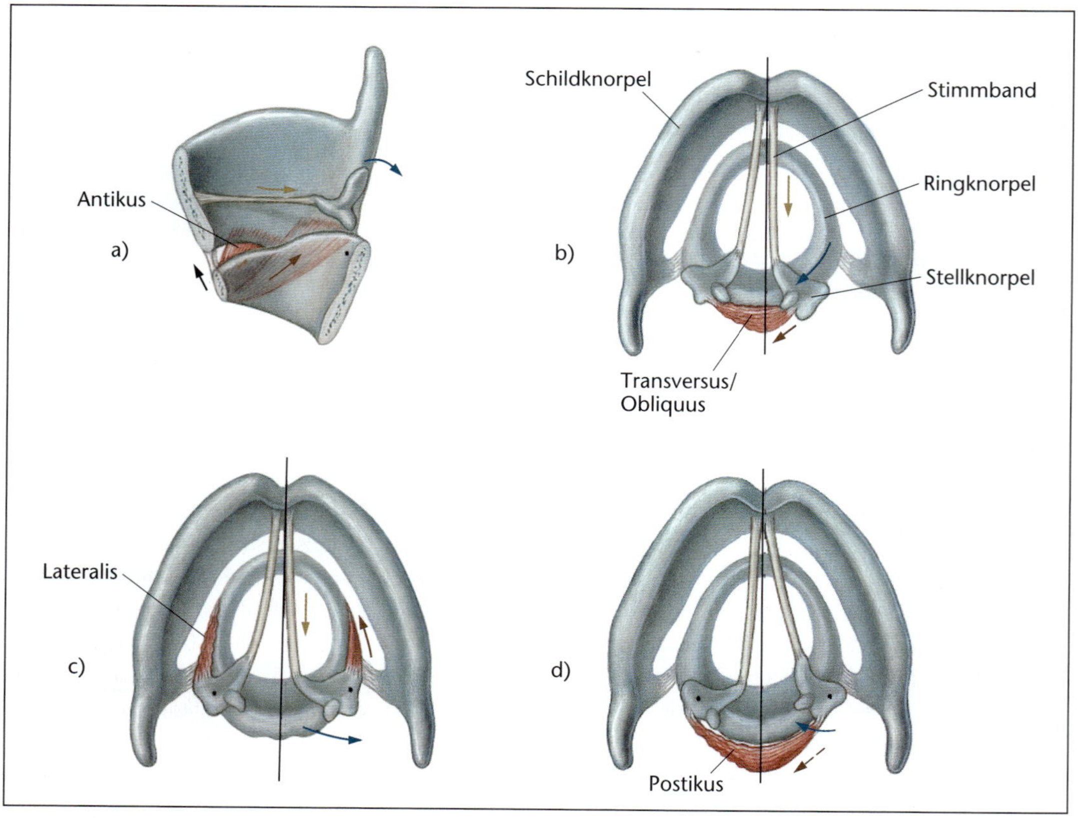

Abb. 5.12 Funktion der wichtigsten Kehlkopfmuskeln in einer Zusammenfassung.
a) Antikus, von der Seite gesehen; b) Transversus/Obliquus-Muskeln, c) Lateralis, d) Postikus. Die Abbildungen b)–d) zeigen die Muskeln in der linken Bildhälfte erschlafft, in der rechten Bildhälfte in Anspannung, jeweils von oben gesehen. Die gelben Pfeile geben die Spannung des Stimmbandes an, die blauen Pfeile die Drehrichtung der Stellknorpel, die schwarzen Pfeile die Richtung der Muskelkontraktion.

auch das Flüsterdreieck, also die Pars intercartilaginea der Stimmritze. Zusammen mit dem Lateralis bewirken sie einen vollständigen Verschluss der Stimmritze (➤ Abb. 5.12, ➤ Abb. 5.13c). Diese Stellung der Stimmritze ist die Voraussetzung für die Stimmbildung, man spricht deshalb auch von Phonationsstellung.

M. interarytaenoideus Zwischen-Stellknorpel-Muskel, inter (lat.): zwischen, -arytaenoideus (lat.): zum Stellknorpel gehörig
Phonation abgeleitet von phone (griech.): Stimme und -atio (lat.) Bildung

M. vocalis

Der Stimm- oder Stimmbandmuskel (**M. vocalis**, kurz: Vocalis) verläuft in beiden Stimmfalten parallel zu den Stimmbändern von der Rückseite des Schildknorpels bis zum Stimmfortsatz des Stellknorpels (➤ Abb. 5.8, ➤ Abb. 5.9). Erst wenn dieser Muskel sich auch kontrahiert, ist der Verschluss der Stimmritze ausreichend fest. Gleichzeitig sorgt der M. vocalis für die Feinspannung der Stimmbänder, die vom Antikus grob vorgespannt wurden.

vocalis (lat.): zur Stimme gehörend
thyroarytaenoideus thyro-: zum Schildknorpel gehörig, -arytaenoideus (lat.): zum Stellknorpel gehörig
externus (lat.): der äußere, internus (lat.): der innere

Der M. vocalis ist gleichzeitig der innere Teil des **M. thyroarytaenoideus** (➤ Abb. 5.9, ➤ Abb. 5.11), eines Muskelringsystems, das den Stimmritzenschluss unterstützt und zu dem auch der M. thyroepiglotticus und der M. aryepiglotticus gehören. In diesem Zusammenhang wird der M. vocalis auch als „Internus", der Rest des M. thyroarytaenoideus als „Externus" bezeichnet (Achtung: Verwechslungsgefahr mit der Kurzform Externus, die selten auch für den Antikus = M. cricothyroideus verwendet wird).

Die Bezeichnungen der Muskeln des Thyroarytaenoid-Systems leiten sich aus den einzelnen Knorpeln des Kehlkopfs ab, zu denen sie Anheftungsstellen besitzen (Stellknorpel, Schildknorpel, Kehldeckel). Im Vergleich zu den bisher genannten Kehlkopfmuskeln ist die Bedeutung dieser Muskelgruppe – abgesehen vom M. vocalis selbst – eher gering und wird hier nicht weiter erläutert.

Die Verlaufs- und Zugrichtung aller wichtigen Kehlkopfmuskeln ist in ➤ Abb. 5.12 noch einmal zusammengefasst.

5.2.5 Kehlkopfspiegelung

Bei der Kehlkopfspiegelung (**Laryngoskopie**) betrachtet der Arzt die Stimmlippen durch die Mundhöhle und den Rachen über ein Rohr oder ein Endoskop; wird dabei (wie meistens) ein Spiegelsystem eingesetzt, spricht man von indirekter Laryngoskopie.

Laryngoskopie

Laryngo- von Larynx: Kehlkopf, -skopie (griech. skopein): betrachten
endo- (griech.): innen
ein **Endoskop** ist ein mit Lichtquelle und sonstigen optischen Einrichtungen ausgestattetes flexibles Rohr, mit dem man z.B. Körperhöhlen oder Hohlorgane betrachten (spiegeln) kann
Petiolus (lat.): Stielchen
Plica (lat.): Falte; ary- von arytaenoidea (lat.): zum Stellknorpel gehörig, -epiglottica (lat.): zum Kehldeckel gehörig
Tuberculum (lat.): Höckerchen, **cuneiforme** (lat.): keilförmig, **corniculatum** (lat.): hornartig

Bei der Laryngoskopie erkennt man außen eine etwa ringförmige Schleimhautfalte, die vorne vom Kehldeckel (im unteren Bereich von seinem Stiel = **Petiolus**) aufgeworfen und seitlich bis hinten von der Stellknorpel-Kehldeckel-Falte (**Plica aryepiglottica**) gebildet wird (➤ Abb. 5.13a). Im hinteren Bereich der Schleimhautfalte sind die beiden Stellknorpel erkennbar, zwischen denen die Falte einen flachen Einschnitt aufweist. Genauer gesagt sind es die über bzw. auf dem Stellknorpel liegenden kleinen sog. Keil- und Spitzenknorpel, die sich unter der Schleimhaut abzeichnen. Innerhalb der ringförmigen Schleimhautfalte sind die Taschen- und Stimmfalten und damit natürlich auch die Öffnung der Stimmritze zu beurteilen.

5

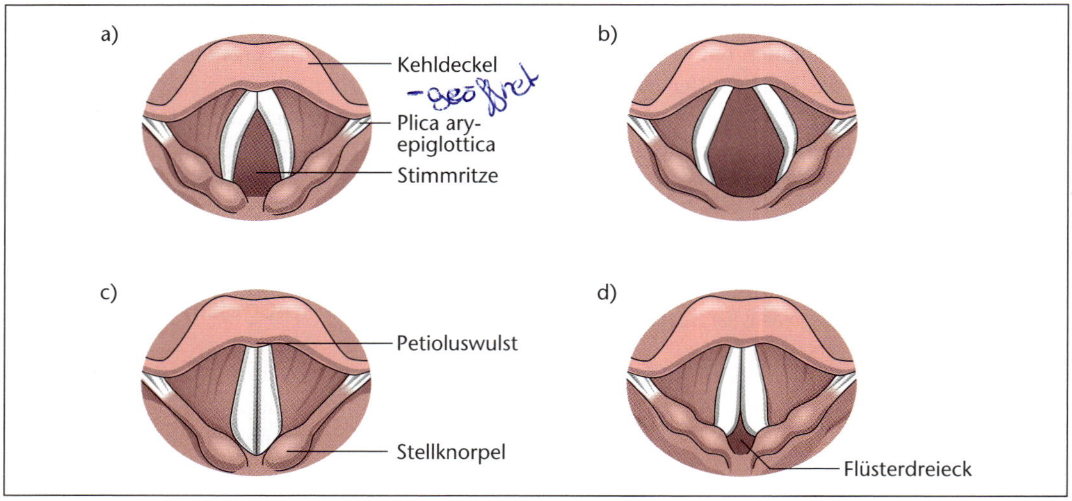

Abb. 5.13 Kehlkopfspiegelung. a) Ruhe- oder Intermediärstellung, b) Respirationsstellung, c) Phonationsstellung, d) Flüsterstellung; bei der Kehlkopfspiegelung zeigen sich die unter der Plica aryepiglottica liegenden Keil- bzw. Spitzenknorpel durch entsprechende Schleimhauthöcker (Tuberculum cuneiforme, Tuberculum corniculatum)

Abhängig von der Position der Stellknorpel lassen sich grundsätzlich vier unterschiedliche Stellungen der Stimmritze unterscheiden (➤ Abb. 5.13):

a) **Ruhestellung** (sie wird auch **Intermediärstellung** genannt, vereinzelt auch „Kadaverstellung", da diese Stellung der Stimmritze so bei der Leiche zu sehen ist). Diese Position wird eingenommen, wenn sich die Kehlkopfmuskeln in Ruhe befinden und die elastischen Anteile der Stimmbänder die Stellknorpel so einstellen, dass die Stimmlippenkante etwa eine Gerade bildet (➤ Abb. 5.13 a).

b) **Respirationsstellung**. Die Postikus-Muskeln beider Seiten drehen die Stimmfortsätze der Stellknorpel mehr oder weniger weit nach außen. Dabei wird die Stimmritze weit geöffnet, wie es für die verstärkte Respiration notwendig ist. In den Stimmfalten ist ein nach außen weisender Knick zu sehen, der sich am Übergang der **Pars intermembranacea** zur **Pars intercartilaginea** befindet (➤ Abb. 5.13 b).

c) **Phonationsstellung.** Wenn sich zusätzlich zu den Lateralis-Muskeln auch der Transversus-Muskel und die Obliquus-Muskeln kontrahieren, legen sich die Stimmfalten beider Seiten vollständig aneinander und die Stimmritze ist geschlossen (➤ Abb. 5.13 c). Aus dieser Stellung der Stimmritze heraus erfolgt die Stimmbildung. Die Phonationsstellung wird auch als **Medianstellung** bezeichnet, weil die beiden Stimmlippen parallel zur Medianebene liegen.

d) **Flüsterstellung.** Durch Zug der beiden Lateralis-Muskeln nach außen legen sich die Spitzen der Stimmfortsätze der Stellknorpel einander an. Dadurch wird die Pars intermembranacea der Stimmritze geschlossen, die Pars intercartilaginea bleibt offen (➤ Abb. 5.13 d).

Intermediär- (lat. intermedius): dazwischen stehend (gemeint ist die Zwischenstellung zwischen Respirations- und Phonationsstellung)
Respiration (lat. respiratio): Atemholen
Pars intermembranacea/Pars intercartilaginea
Pars (lat.): Teil, inter (lat.): zwischen
-membranacea: weibl. Form von membranaceus (lat.): häutig, membranartig, cartilaginea: weibl. Form von cartilagineus (lat.): knorpelig
Median- (lat. medianus): in der Mittelebene (Spiegelebene) des Körpers gelegen

5.2.6 Nerven, Gefäße und Lymphabfluss des Kehlkopfs

Entwicklungsgeschichtlich entsteht der Kehlkopf aus dem Material des 4. und 6. Schlundbogens (➤ Kap. 5.1), wobei die spätere Stimmritze etwa die Grenze zwischen diesen Schlundbögen darstellt. Dies erklärt, dass es u.a. einen Unterschied in der Blut- und Nervenversorgung, aber auch im Lymphabfluss der Schleimhaut oberhalb und unterhalb der Stimmritze gibt.

Arterielle Versorgung

Die arterielle Blutversorgung des Kehlkopfs stammt demnach aus zwei unterschiedlichen Quellen. Der obere und mehr vordere Teil des Kehlkopfs wird von der oberen Kehlkopfschlagader (**A. laryngea superior**) versorgt, der untere und mehr hintere Teil von der unteren Kehlkopfschlagader (**A. laryngea inferior**). Die Trennung der Versorgungsgebiete der beiden Arterien ist allerdings nicht ganz scharf, da sie untereinander Verbindungen aufweisen (**Anastomosen**).

Die A. laryngea superior entstammt aus der oberen Schilddrüsenschlagader (**A. thyroidea superior**), einem Ast der äußeren Halsschlagader (A. carotis externa). Einige oberflächlich liegende Teile des Kehlkopfs wie z.B. der Antikus werden aber auch direkt aus der A. thyroidea superior mit Blut versorgt. Die A. laryngea superior zieht durch eine Öffnung der Membrana thyrohyoidea (➤ Abb. 5.2).

Die A. laryngea inferior ist ein Ast der unteren Schilddrüsenschlagader (**A. thyroidea inferior**), die letztlich der Unterschlüsselbeinschlagader (**A. subclavia**) entstammt; sie verläuft hinter der Luftröhre und gelangt von hinten an den Kehlkopf und seine Muskeln.

A. laryngea superior/inferior A. (Kurzform von Arteria (lat.): Schlagader), laryngea: weibliche Form von laryngeus (lat.): zum Kehlkopf gehörig, superior (lat.): die obere, inferior (lat.): die untere
Anastomosen (griech. anastomoun): eine Schleuse öffnen (Bedeutung: Kurzschlussverbindung)
A. thyroidea superior/inferior thyroidea (lat.) bedeutet hier: zur Schilddrüse gehörig
A. subclavia: subclavia (lat.): unter dem Schlüsselbein (clavicula)

Nervenversorgung

Der gesamte Kehlkopf wird vom N. vagus, dem 10. Hirnnerven, versorgt (➤ Kap. 7.11.5). Dieser Nerv führt sowohl die **sensiblen** Fasern aus der Schleimhaut als auch die **motorischen** Fasern für die Kehlkopfmuskeln.

sensibel (lat. sensibilis): empfindsam
motorisch (lat. motorius): bewegend
Ansa (lat.) Schlinge, Verbindung
Galeni Genitiv des Eigennamens Galen (griech. Arzt und Anatom)

Die Schleimhaut des Kehlkopfs wird von zwei unterschiedlichen Hauptästen des N. vagus sensibel versorgt. Diese beiden Äste entsprechen den Schlundbogennerven des 4. und 6. Schlundbogens (teilweise gibt es eine als **Ansa Galeni** bezeichnete Verbindung).

Die Schleimhaut wird von oben bis zur Stimmritze einschließlich der Stimmlippen vom inneren Ast (**R. internus**) des oberen Kehlkopfnerven (**N. laryngeus superior**) versorgt, der dem N. vagus entstammt. Die Schleimhaut unterhalb der Stimmritze wird vom unteren Kehlkopfnerven (**N. laryngeus inferior**) aus dem rückläufigen Kehlkopfnerven (**N. laryngeus recurrens**, kurz: „Rekurrens") versorgt, der ebenfalls ein Ast aus dem N. vagus ist (➤ Abb. 5.14).

Genau genommen ist der N. laryngeus inferior der Endast des N. laryngeus recurrens, nachdem letzterer einige sensible Äste zur Luftröhre und zur Speiseröhre abgegeben hat. In der Klinik wird die Bezeichnung N. laryngeus inferior allerdings oft der Bezeichnung N. laryngeus recurrens gleichgesetzt.

Der obere Kehlkopfnerv wird schon kurz unterhalb der Schädelbasis vom Hauptstamm des N. vagus abgegeben; er verläuft durch die seitliche Halsregion nach unten und teilt sich (➤ Abb. 5.14) in einen inneren und äußeren Ast (R. internus, R. externus). Der innere Ast zieht wie die A. laryngea superior durch eine Öffnung der Membrana thyrohyoidea (➤ Abb. 5.2) und gelangt unter der Schluckrinne (**Recessus piriformis**, ➤ Abb. 4.15) zur Schleimhaut der oberen Kehlkopfhälfte.

Die Bezeichnung „Rekurrens" für den zweiten den Kehlkopf versorgenden Vagusast leitet sich daher ab, dass er erst weit unterhalb des Kehlkopfs vom Vagus abgeht und dann rückläufig wieder nach oben zieht (➤ Abb. 5.14).

Der linke Rekurrens schlingt sich knapp oberhalb des Herzens nach hinten um den Aortenbogen, der rechte auf der Höhe der Lungenspitze um den Abgang der A. subclavia herum. Der Umwendepunkt des linken Rekurrens liegt damit deutlich tiefer als der des rechten.

Zwischen Luft- und Speiseröhre verläuft der Rekurrens dann links und rechts nach oben. Er verläuft weiter auf der Rückseite der Schilddrüse, wo er bei Schilddrüsenoperationen besonders gefährdet ist, und gelangt zwischen Ring- und Schildknorpel in den Kehlkopf.

Die sensiblen Nervenfasern der Kehlkopfschleimhaut sind in der Lage, Schutzreflexe auszulösen. Ein Hustenstoß wird induziert, wenn sich Fremdkörper auf der Schleimhaut befinden. Bei Kontakt der Kehlkopfschleimhaut z.B. mit extrem kalter Luft oder stechend riechenden Gasen kann auch ein reflektorisches Verschließen der Glottis ausgelöst werden.

Zusätzlich informieren Fasern der sog. Tiefensensibilität (➤ Kap. 7.10.3) das Gehirn permanent über den Spannungszustand der Sehnen und Muskeln des Kehlkopfs, über die Stellung der Gelenke und letztlich auch über die aktuelle Lage des Kehlkopfs innerhalb seines Aufhängeapparates.

N. laryngeus superior/inferior N. (Abkürzung von Nervus (lat.): Nerv), laryngeus (lat.): zum Kehlkopf gehörig, superior (lat.): der obere, inferior (lat.): der untere, recurrens (lat.): rückläufig
R. Abkürzung von Ramus (lat.): Ast, Zweig
Recessus piriformis Recessus (lat.): Ausbuchtung, Nische; piriformis (lat.): birnenförmig

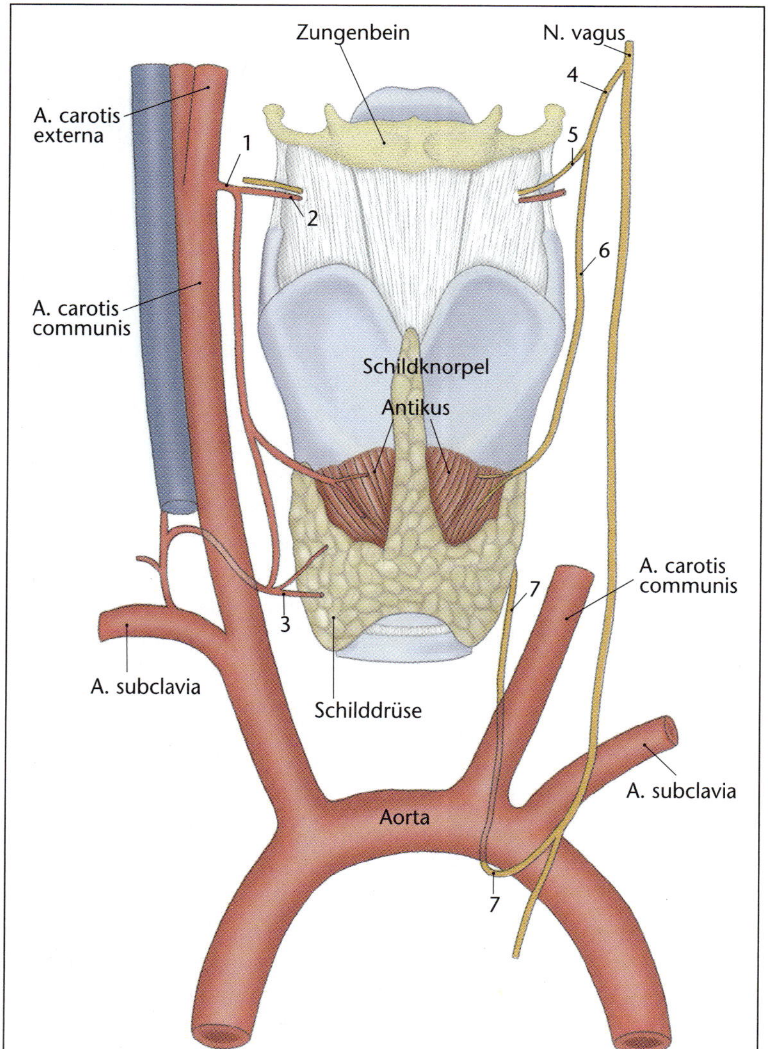

Abb. 5.14 Arterien und Nerven des Kehlkopfes. Die Kehlkopfarterien sind im rechten Teil des Bildes weggelassen. Die A. laryngea inferior und der N. laryngeus inferior befinden sich hinter der Luftröhre und der Schilddrüse und sind deshalb nicht dargestellt.
1 A. thyroidea superior,
2 A. laryngea superior,
3 A. laryngea inferior,
4 N. laryngeus superior,
5 R. internus, 6 R. externus,
7 N. laryngeus recurrens

Die motorischen Fasern der beiden Kehlkopfnerven versorgen die Kehlkopfmuskeln und bewirken deren Kontraktion. Aus dem N. laryngeus superior wird lediglich der Antikus (und vermutlich der M. ventricularis) über den R. externus versorgt (➤ Abb. 5.14), alle anderen Kehlkopfmuskeln bekommen ihre Nervenversorgung über den N. laryngeus inferior aus dem Rekurrens.

Superiorparese

Eine Parese des N. laryngeus superior, kurz „Superiorparese", kann vielfältige Ursachen haben, z.B. durch eine Nervenentzündung in Folge einer Diphtherie, durch Unfälle oder Operationen bedingt. Es kommt zum Funktionsausfall des Antikus („Antikusparese") und damit zu einer schwerwiegenden Störung beim Aufbau der Stimmbandspannung mit erheblichen Stimmstörungen.
Parese (griech. paresis): Erschlaffung, bedeutet eigentlich leichte unvollständige Lähmung oder Schwäche eines Muskels; der Begriff wird aber auch auf den Nerven übertragen, der für die Versorgung des entsprechenden Muskels zuständig ist.
Diphtherie: schwerwiegende bakterielle Infektionskrankheit (durch Schutzimpfung im Kindesalter selten geworden).

Rekurrensparese

Eine Parese des Rekurrens, kurz „Rekurrensparese", ist relativ häufig; sie tritt z.B. bei oder nach Virusinfekten, nach Schilddrüsenoperationen (vor allem Strumektomie), bei Karzinomerkrankungen im Bereich der Lunge oder der Speiseröhre – oft aber auch ohne erkennbare Ursache – auf. Die Folge ist eine ein- oder zweiseitige Stimmlippenlähmung mit Stimm- und evtl. auch Atemstörungen.
Strumektomie: operative Teilentfernung einer vergrößerten Schilddrüse (struma, lat.: Kropf), -ektomie (griech.): Herausschneiden
Karzinom- (griech. karkinoma): Krebs

Lymphabfluss der Kehlkopfschleimhaut

Unter der Kehlkopfschleimhaut finden sich zahlreiche kleine Lymphknoten, die besonders häufig unterhalb der Stimmlippen anzutreffen sind. Der Lymphabfluss aus dem Kehlkopf oberhalb der Stimmlippen erfolgt zu den oberen tiefen Halslymphknoten sowie zu den Lymphknoten im Bereich der unteren Zungenbeinmuskulatur, aus der unteren Kehlkopfhälfte ziehen die Lymphgefäße zu den Luftröhrenlymphknoten und zu den mittleren und tiefen Halslymphknoten entlang der Gefäß-Nerven-Straße des Halses.

Glottisödem

Das Gewebe direkt unter der Stimmfaltenschleimhaut besitzt im Gegensatz zur übrigen Kehlkopfschleimhaut keine Lymphgefäße. Bei Entzündungen treten in den Stimmlippen deshalb keine Schwellungen (Ödeme) auf im Gegensatz zum übrigen Kehlkopf, wo z.B. nach Insektenstichen oder bei Entzündungen erhebliche Schwellungen auftreten können, die Erstickungsgefahr mit sich bringen. Die Bezeichnung Glottisödem ist deshalb ungenau und sollte durch Larynx- oder Kehlkopfödem ersetzt werden.
oidema (griech.): Schwellung

5.2.7 Zugänge zu den unteren Luftwegen

Die Glottis stellt als Verschlusssystem für die tieferen Abschnitte der unteren Luftwege gleichzeitig auch eine Engstelle dar, die sich z.B. durch Fremdkörper oder entzündungsbestimmte Schwellungen lebensbedrohend („Ersticken") verschließen kann. Außerdem kann es unter bestimmten Bedingungen wie z.B. einer Vollnarkose notwendig sein, eine Öffnung zu den unteren Luftwegen sicherzustellen. Daher gibt es verschiedene Techniken, diesen Zugang zu den unteren Luftwegen zu gewährleisten bzw. bei lebensbedrohlichen Situationen wiederherzustellen.

Intubation

Bei einer Vollnarkose werden Medikamente gegeben, die eine Muskelerschlaffung bewirken können. Dies kann sich auch auf den Postikus, den Öffner der Stimmritze, auswirken, sodass eine sichere und ausreichende Öffnung der Glottis nicht garantiert ist. Deshalb wird der Patient **„intubiert"**, d.h., es wird ein Schlauch (Tubus, **Endotrachealtubus**) durch Mund bzw. Nase bei Sichtkontrolle über den Rachen und den Kehlkopf (zwischen den Stimmlippen) bis in die Luftröhre geschoben, um die Atmung sicherzustellen. Dadurch kann die Kehlkopfschleimhaut gereizt werden, sodass viele Patienten nach einer Intubation für einige Tage heiser sind oder auch vorübergehende leichte Schluckprobleme haben.

Andere Gründe für eine Intubation sind z.B. unzureichende Spontanatmung, Koma, Erstickungsgefahr, Untersuchungen und therapeutische Maßnahmen an den unteren Atemwegen.

intubieren, Intubation in- (lat.): ein/hinein, tubus (lat.): Röhre, Schlauch
Endotrachealtubus endo (griech.): innen, trachea (lat.): Luftröhre

Koniotomie

Wenn bei lebensbedrohlicher Schwellung der Kehlkopfschleimhaut, z.B. bei Allergien oder bestimmten Infekten, keine schnell wirksamen Medikamente zur Schleimhautabschwellung zur Verfügung stehen, keine Intubation durchgeführt werden kann und innerhalb der erforderlichen Zeit kein Operationssaal erreicht werden kann, dann kann es erforderlich werden, den Raum unterhalb der Glottis notfallmäßig zu eröffnen, indem man in der leicht tastbaren Region zwischen Schild- und Ringknorpel in das Ringknorpel-Schildknorpel-Band (**Lig. cricothyroideum**, vorderer Teil wird als **Lig. conicum** bezeichnet, ➤ Kap. 5.2.3) einen quer verlaufenden Einschnitt macht (zur Not mit einem Taschenmesser) und diesen Einschnitt dann mit einem kleinen starren Rohr (zur Not mit einer Kugelschreiberhülse) offen hält, um den betroffenen Patienten vor dem Ersticken zu bewahren (➤ Abb. 5.15).

Ähnlich würde man verfahren, wenn Fremdkörper die Stimmritze verlegen und nicht anderweitig entfernt werden können, oder bei Kehlkopfverletzungen.

Wegen des Durchtrennens des Lig. conicum wird diese Maßnahme als **Koniotomie** bezeichnet. Man

5

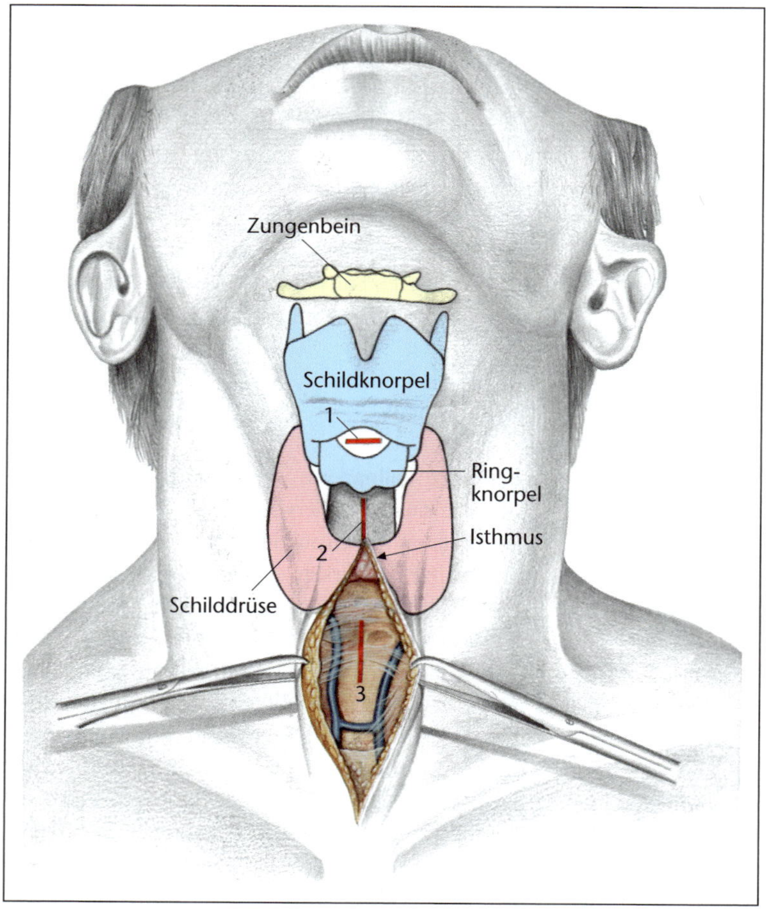

Abb. 5.15 Lage von Zungenbein, Kehlkopf, Schilddrüse und Luftröhre bei weit nach hinten überstrecktem Hals. Das Operationsfeld für eine untere Tracheotomie ist eröffnet. 1 Schnittführung bei Koniotomie, 2 Schnittführung bei oberer Tracheotomie, 3 Schnittführung bei unterer Tracheotomie. Die Schnittführung für eine mittlere Tracheotomie entspricht der bei der oberen Tracheotomie, wird aber durch den (hier verdeckten) Isthmus der Schilddrüse geführt.

spricht auch von „Not-Koniotomie“, da dieser Eingriff dem absoluten Notfall vorbehalten bleiben sollte, da vor allem bei Kindern fast unvermeidlich bleibende Schäden am Kehlkopf entstehen.

Lig. cricothyroideum

Ligamentum (abgekürzt Lig., lat.): Band; crico-: zum Ringknorpel gehörig, thyroideum ist Neutrumform von thyroideus (lat.): zum Schildknorpel gehörig
conicum keilförmig, abgeleitet von conus (lat.): Keil
Koniotomie Konio-: siehe conus; -tomie (griech. tome): durchschneiden
Trachea (lat.): Luftröhre
Isthmus (lat.): aus isthmos (griech.): schmale Verbindung, eigentlich „Landenge“

Tracheotomie

Im Deutschen als Luftröhrenschnitt bezeichnet. Dieser Zugang zu den unteren Luftwegen stellt die Standardmethode bei Erstickungsgefahr dar und erfolgt so weit vom Kehlkopf entfernt, dass an diesem kein Schaden entstehen kann.

Ein Luftröhrenschnitt erfolgt außerdem anstelle einer Intubation, wenn über längere Zeit der Zugang zu den unteren Luftwegen gesichert werden soll (z.B. künstliche Beatmung von Patienten auf Intensivstationen).

Es werden eine obere, eine mittlere und eine untere Tracheotomie unterschieden (➤ Abb. 5.15):

- Der obere Luftröhrenschnitt erfolgt nach Hautschnitt in Längsrichtung durch das Bandsystem zwischen Ringknorpel und der ersten Knorpelspange der Luftröhre; der Schnitt endet oberhalb der **Isthmus** (lat.: schmale Verbindung, Enge) genannten mittleren Brücke zwischen den beiden Schilddrüsenlappen;
- der mittlere Luftröhrenschnitt erfolgt nach Hautschnitt in Längsrichtung durch den Isthmus der Schilddrüse und den dahinter liegenden Abschnitt der Luftröhre;
- der untere Luftröhrenschnitt erfolgt nach Hautschnitt in Längsrichtung durch die Luftröhre unterhalb des Isthmus der Schilddrüse.

Der untere Luftröhrenschnitt ist operativ am aufwendigsten, da zum einen Blutgefäße der Schilddrüse hier verlaufen können und zum anderen der Weg von der Haut bis zur Luftröhre am längsten ist. Allerdings ist hierbei die Stabilisation einer in das **Tracheostoma** eingesetzten **Trachealkanüle** am besten, sodass diese Technik bevorzugt wird, wenn das Tracheostoma über längere Zeit offen bleiben soll (z.B. nach Bestrahlung zur Krebstherapie, nach Entfernung des Kehlkopfs, zur Langzeitbeatmung).

Tracheostoma, Trachealkanülen

Als solches bezeichnet man eine z.B. bei Atemnot operativ herbeigeführte Öffnung der Trachea (-stoma, griech.: Mund, Öffnung) nach außen. Es wird eine Trachealkanüle (aus cannula, lat.: Röhrchen) zur Luftzufuhr eingesetzt. Solche Trachealkanülen bestehen entweder aus Kunststoff oder Metall (meist Silber); sie können „blockbar“ sein, d.h. eine Blockadeeinrichtung außerhalb der eigentlichen Kanüle besitzen, die nach dem Aufblasen verhindert, dass Sekrete oder Nahrungsanteile an der Kanüle vorbei in die unteren Atemwege gelangen.
Andere Varianten der Trachealkanülen (die sog. Sprechkanülen) besitzen unterhalb der Glottis Öffnungen, durch die beim Sprechvorgang Luft von unten durch die Glottis geleitet werden kann. Notwendig dazu ist ein Ventil, das die Atemluft beim Ausatmen nach oben in den Kehlkopf leitet.

5.3 Funktionen des Kehlkopfs

Die wichtigsten, sprachtherapeutisch bedeutsamen Funktionen des Kehlkopfs sollen in diesem Kapitel noch einmal kurz zusammengefasst werden. Für weitergehende Informationen sei auf Lehrbücher der Phoniatrie verwiesen.

5.3.1 Phonation

Abgesehen von seiner Funktion als Verschlussorgan der unteren Luftwege für die Atmung ist der Kehlkopf als Stimmorgan oder Organ der Stimmbildung (Phonation) für die menschliche Kommunikation von größter Bedeutung. Eine gestörte Stimmbildung wird als **Dysphonie** bezeichnet; sie entsteht durch Erkrankung oder gestörte Funktion des Kehlkopfs. Im Extremfall kann es zur **Aphonie** kommen, der vollständigen Stimmlosigkeit.

Phonation phone (griech.): Stimme, -atio (lat.): Bildung
Dys- (griech.): schlecht, krankhaft, a- (griech.) fehlend

Spannungszustand der Stimmfalten

Die Mechanismen der ruhigen oder forcierten Ausatmung sorgen für einen mehr oder wenigen starken, aber kontinuierlichen Luftstrom aus den Lungen und den unteren Luftwegen. Dieser Luftstrom muss die Engstelle der Glottis passieren; dadurch geraten die freien Kanten der Stimmfalten (oder Stimmlippen) in Schwingung.

Die Stimmfalten entsprechen grob der Saite eines Musikinstruments wie z.B. einer Geige oder Gitarre. Diese Saiten werden durch entsprechende Schrauben „gestimmt", d.h. in einen bestimmten Spannungszustand versetzt. Zupft man mit dem Finger an einer solchen Saite oder streicht – wie bei der Geige – mit einem Bogen über die Saite, dann erklingt der Ton, auf den die Saite gestimmt wurde. Bei einer Erhöhung dieser Saitenspannung wird auch der Ton höher, bei Erniedrigung der Saitenspannung wird der Ton entsprechend tiefer.

Die menschlichen Stimmfalten sind durch ihre Befestigung und ihre elastischen Fasern (speziell die der Stimmbänder) „vorgespannt". Dieser Spannungszustand kann durch die Funktion des Antikus grob und durch die Funktion des M. vocalis fein reguliert werden.

Subglottischer Druck

Voraussetzung für die Phonation ist zunächst der vollständige Glottisschluss („Phonationsstellung") und die Vorspannung der Stimmfalten auf die gewünschte Tonhöhe. Durch den Ausatmungsdruck (**subglottischen** Druck) wird der Verschluss der Stimmfalten „gesprengt" und diese schwingen auseinander. Infolge ihrer elastischen Spannung schwingen dann die Stimmfalten zu einem erneuten kurzen Verschluss zurück, der unmittelbar danach wieder durch den Ausatmungsdruck gesprengt wird usw.

Ein zusätzlicher Faktor bei der Tonerzeugung ist darin zu sehen, dass der Druck im Bereich der Glottis nach Sprengung des Stimmfaltenverschlusses durch die schnell hindurchströmende Ausatemluft so weit abnimmt, dass sich die Glottis wieder verschließt. Sie wird dann durch den subglottischen Druck wieder aufgesprengt usw. Diese dadurch entstehenden Stimmlippenschwingungen werden als **Bernoulli**-Schwingungen bezeichnet, weil sie den Bernoulli-Gesetzen gehorchen (siehe Lehrbücher der Phoniatrie).

subglottisch sub- (lat.): unter, glottisch (lat. glottis): Stimmritze mit Stimmlippen
Bernoulli Eigenname (Schweizer Mathematiker)

Tonerzeugung

Durch das rasch aufeinanderfolgende Öffnen und Schließen der Glottis wird die Ausatmungsluft in „kleine Portionen" zerteilt, d.h., es wird ihr durch die schwingenden Stimmfalten selbst eine Schwingung aufgelagert. Die Zahl dieser Schwingungen pro Zeiteinheit (in der Regel eine Sekunde) wird als **Frequenz** bezeichnet und in **Hertz** (**Hz**) gemessen.

Frequenz (lat. frequentia): Häufigkeit
Hertz Eigenname (deutscher Physiker)
1 **Hz** = 1 Schwingung pro Sekunde

Diese der Ausatmungsluft aufgelagerten Schwingungen sind als Ton hörbar. Tiefe Töne haben eine niedrige Frequenz (wenige Schwingungen pro Sekunde, z.B. 50 Hz), hohe Töne haben eine hohe Frequenz (viele Schwingungen pro Sekunde, z.B. 12 000 Hz).

Stimmlagen

Genauso wie es z.B. Streichinstrumente unterschiedlicher Größe und damit auch unterschiedlicher Saitenlänge gibt (Geige, Cello, Kontrabass), finden sich auch bei einzelnen Individuen unterschiedlich lange Stimmfaltenkanten und damit auch Stimmlagen.

Bei erwachsenen Männern unterscheidet man hohe, mittlere und tiefe Stimmlagen als Tenor, Bariton und Bass, bei Kindern beiderlei Geschlechts und bei erwachsenen Frauen wird die hohe Stimmlage als Sopran, die tiefe Stimmlage als Alt bezeichnet.

Genau wie die Spannung der Saite eines Musikinstruments verändert werden kann (das Instrument wird „gestimmt"), lässt sich auch der Spannungszustand der Stimmbänder und damit der Stimmfalten durch die Kontraktion des Antikus und des M. vocalis verändern.

Zusätzlich lässt sich die Saite eines solchen Musikinstruments (Geige, Gitarre usw.) mit dem Druck eines Fingers auf die Saite „verkürzen". Auch dies lässt sich bei den Stimmfalten innerhalb der vorgegebenen anatomischen Größen der Stimmlage als Folge der unterschiedlichen Muskelkontraktion in einer Größenordnung von bis zu 5 mm beobachten.

Dadurch lässt sich in den einzelnen Stimmlagen ein je nach Veranlagung und Training unterschiedlich breites Frequenzspektrum erzeugen.

Frequenzumfang der Stimme

Männer mit einer Bassstimme haben durchschnittlich ein Stimmspektrum von 80–450 Hz, mit Tenorstimme von 120–650 Hz (Bariton liegt dazwischen). Frauen mit einer tiefen Stimme (Alt) haben ein Frequenzspektrum von etwa 160–880 Hz, mit einer hohen Stimme (Sopran) etwa 220–1400 Hz (Mezzosopran liegt dazwischen).

Zum Vergleich: der sog. Kammerton A liegt bei 440 Hz; das ist auch die Tonhöhe, in der ein Neugeborenes schreit. Der durchschnittliche menschliche Stimmumfang beträgt zwei, in Extremfällen vier Oktaven.

Dazu kommt noch der ein oder mehrere Oktaven höher liegende Obertonbereich, der für die individuelle Klangfarbe der Stimme entscheidend ist. Vom menschlichen Ohr wird besonders gut der Obertonbereich zwischen 2000 und 3000 Hz wahrgenommen. Der obere Frequenzbereich der menschlichen Stimme kann bis in die Region zwischen 4000 und 8000 Hz reichen.

Oktave (lat. octava): die Achte, d.h. der 8. Ton im Dur-Moll-Tonsystem, der auf den Grundton folgt und mit dem Grundton zusammen einen harmonischen Klang erzeugt. Die Frequenzen der Obertöne sind ganzzahlige Vielfache der Frequenz des Grundtons (z.B. Frequenz Kammerton A = 440 Hz, Obertöne: 880 Hz, 1320 Hz usw.).

Lautstärke

Die Lautstärke des erzeugten Tons steigt mit zunehmender Stärke des Luftstroms beim Ausatmen (subglottischer Druck), ist also abhängig von der Atemmuskulatur. Zusätzlich kann die Lautstärke durch die Spannung der Stimmbänder und die Öffnung der Glottis beeinflusst werden.

5.3.2 Ansatzrohr

Das Stimmorgan Kehlkopf ist für die Stimmbildung verantwortlich, beeinflusst also die Tonhöhe, den Frequenzumfang, den Stimmklang und die Lautstärke der Stimme.

Davon grundsätzlich zu unterscheiden ist die **Artikulation** (die Lautbildung), die im sog. Ansatzrohr (Vokaltrakt) stattfindet. Diese Bezeichnung entspricht den unterschiedlichen Hohlräumen der Blasinstrumente (z.B. Flöte, Trompete, Posaune) und wird für die Hohlräume des Kehlkopfs oberhalb der Glottis, des Rachens, des Mundes und der Nase verwendet. Die Öffnungen des menschlichen Ansatzrohrs sind die Mundöffnung und die beiden Nasenlöcher.

Artikulation (lat. articulatio): Gelenk, aber auch gegliederter Vortrag, Gliederung des Gesprochenen, Lautbildung

Die Form des Ansatzrohrs ist nicht nur durch die anatomischen Variationen zwischen den einzelnen Menschen individuell sehr unterschiedlich, sondern kann auch durch die Muskulatur in der Wand des Ansatzrohrs (Wangen, Lippen, Zunge, Gesicht, Rachen, Gaumen) willkürlich stark verändert werden (➤ Kap. 6).

An mehreren Stellen sind Wandabschnitte des Ansatzrohrs schwingungsfähig; sie können dann Resonanzschwingungen mit der Grundschwingung des ausgeatmeten Luftstroms eingehen. Die unterschiedliche Gestaltung der Resonanzräume des Ansatzrohrs ist die Grundlage der Lautbildung der **Vokale**.

Bei der Lautbildung der **Konsonanten** wird die Ausatemluft entweder durch Engstellen des Luftwe-

5

ges hindurch oder an ihnen vorbei geleitet oder es werden verschlossene Bereiche des Luftweges aufgesprengt (➤ Kap. 6.3).

Vokal (lat. vocalis): stimmreicher, tönender Laut (Öffnungslaut, Selbstlaut)
Konsonant (lat. consonans): mitlautend (Hemmlaut, Mitlaut; dabei Hemmung oder Einengung der Ausatemluft)
Dysarthrie dys- (griech.): schlecht, krankhaft und arthroun (griech.): gliedern (d.h. mühsames Sprechen in der Bedeutung einer gestörten Artikulation), **an**- oder a- (griech.): fehlend

Die Lautbildung stellt die Grundlage des Sprechens dar. Störungen der Lautbildung durch Erkrankung oder Fehlfunktion der Artikulationsorgane werden als **Dysarthrie**, eine absolute Unfähigkeit zur Artikulation als **Anarthrie** bezeichnet.

5.3.3 Flüsterstimme; Stimmregister

Flüsterstimme

Beim Flüstern strömt die Luft – wie bei der Ruheatmung – nur durch die Pars intercartilaginea (Flüsterdreieck) der Stimmritze aus. Die Stimmlippen sind stark angespannt. Die Lautbildung der Vokale und Konsonanten erfolgt bei der Flüster- oder Hauchsprache ausschließlich durch die unterschiedliche Gestaltung des Ansatzrohrs. Zur Stimmschonung z.B. bei Heiserkeit ist die Flüsterstimme nicht zu empfehlen (vgl. Lehrbücher über Stimmstörungen).

Stimmregister

Der Begriff **Register** bedeutet ursprünglich einen Satz von Orgelpfeifen mit gleicher Klangfarbe. Eine Orgel besitzt also mehrere Register; kleine Orgeln besitzen ca. 10, große Orgeln 30 und mehr Register.

Register (lat. registrum): Verzeichnis

Ob der Begriff auch auf die menschliche Stimme angewendet werden kann und wenn ja, welche und wie viele Register zu unterscheiden sind, ist umstritten. So sind bei ausgezeichneten Sängern Grenzen der Register oder Übergänge zwischen den Registern praktisch nicht auszumachen.

Bei weniger geübten oder ungeübten Sängern werden meist Brustregister (Bruststimme) und Kopfregister (Kopfstimme) unterschieden. Die Bruststimme ist tief, Schwingungen sind an der Brustwand zu tasten. Bei der Kopfstimme werden die Schwingungen im Kopfbereich empfunden. Das Mittelregister (Mittelstimme) stellt eine Mischung zwischen Kopf- und Brustregister dar. Zusätzlich werden Randregister unterhalb des Brustregisters („Strohbassregister") und oberhalb des Kopfregisters („Pfeifregister") beschrieben.

Beim normalen Sprechen werden Brust- und Mittelregister benutzt. Beim Jodeln pendelt die Stimme charakteristisch zwischen Kopf- und Brustregister hin und her.

Zusammenfassung

Der Kehlkopf (Larynx) ist ein Verschlussorgan der unteren Atemwege und damit beim Schluckakt beteiligt; außerdem ist er das entscheidende Stimmorgan. Er kann über einen Aufhängeapparat bewegt werden, der aus dem Zungenbein (Hyoid), der Membrana thyrohyoidea, den oberen und unteren Zungenbeinmuskeln sowie der elastischen Verbindung zur Trachea (Zug der Trachea) gebildet wird.

Der Kehlkopf besteht aus einem Knorpelskelett, das durch Bänder zusammengehalten und über Gelenke gegeneinander bewegt wird. Bei den Knorpeln unterscheidet man den Schildknorpel (mit rechter/linker Platte, oberen/unteren Hörnern, Inzisur und Prominentia laryngis), den Ringknorpel (mit Bogen und Platte), die beiden Stellknorpel (mit Proc. muscularis und Proc. vocalis) sowie den Kehldeckel (Epiglottis). Ring- und Schildknorpel sind vorne durch den Conus elasticus verbunden.

Das Ringknorpel-Schildknorpel-Gelenk dient der Grobspannung des Stimmbands, das Ringknorpel-Stellknorpel-Gelenk der Öffnung bzw. dem Schließen der Glottis. Der Kehldeckel legt sich beim Schluckakt mithilfe eines Kippmechanismus auf den Kehlkopfeingang und verschließt ihn damit reflektorisch.

Der Binnenraum des Kehlkopfs gliedert sich in Vestibulum, Taschenfalte (mit Taschenband), Ventriculus, Stimmfalte oder Stimmlippe (mit Stimmband und M. vocalis) sowie den subglottischen Raum, der in die Trachea übergeht. Die Schleimhaut bis zur Glottis wird vom N. laryngeus superior, unterhalb der Glottis vom N. laryngeus recurrens (beides Äste des N. vagus) versorgt.

Die Kehlkopfmuskeln gliedern sich in einen äußeren (vom N. laryngeus superior versorgt) und mehrere innere Muskeln (vom N. laryngeus recurrens versorgt). Der einzige äußere Muskel ist der M. cricothyroideus (Antikus), der für die Grobspannung des Stimmbands sorgt.

Die inneren Muskeln gliedern sich in einen Öffner der Stimmritze (M. cricoarytaenoideus posterior, Postikus) und mehrere Schließer der Stimmritze. Der M. cricoarytaenoideus lateralis (Lateralis) schließt die Pars intermembranacea der Stimmritze, die anderen Schließer schließen auch die Pars intercartilaginea. Der M. vocalis sorgt zusätzlich für die Feinstimmung des Stimmbands.

Bei der Kehlkopfspiegelung (Laryngoskopie) lassen sich folgende Stellungen der Glottis beobachten: Ruhestellung, Respirationsstellung, Flüsterstellung und Phonationsstellung.

Zugänge zu den unteren Atemwegen unterhalb der Glottis sind möglich durch: Intubation, Not-Koniotomie sowie verschiedene Formen der Tracheotomie.

Grundlage der Stimmbildung (Phonation) sind der Glottisverschluss, der Spannungszustand der Stimmfalten und der subglottische Druck. Die Lautstärke wird über die Stärke des Luftstroms bei der Ausatmung reguliert.

Bei der Flüsterstellung der Glottis ist nur die Pars intercartilaginea geöffnet; die dann noch mögliche Lautbildung erfolgt „stimmlos“ über das Ansatzrohr.

KAPITEL

6 Sprechorgane

Lernziele Anatomie der Sprechorgane

- Form und Bewegungsmöglichkeiten des Kiefergelenks
- Kaumuskeln: Lage, Verlauf, Innervation und Funktion
- mimische Muskeln der Mund- und Wangenregion
- Einteilung der Mundhöhle und ihre Öffnungen
- Zähne mit Zahnwechsel, Einbau in den Ober- und Unterkiefer
- Wände der Mundhöhle
- Zunge mit Abschnitten, Muskeln, Drüsen, Schleimhaut, Papillen sowie sensible, sensorische und motorische Innervation
- Waldeyer-Rachenring
- Begrenzung des Isthmus faucium mit weichem Gaumen und Gaumenbögen mit Muskeln und Innervation

Lernziele Physiologie der Sprechorgane

- Artikulation (Vokale, Konsonanten, Formanten)

6.1 Übersicht über die Sprechorgane

Genau wie die Bildung der Stimme ist das Sprechen eine motorische Funktion, d.h., es werden Muskeln der Sprechorgane (**Artikulationsorgane**) für die Bildung der Sprachlaute (**Artikulation**) eingesetzt. Das Sprechen ist so eng mit dem Hören verbunden (➤ Kap. 8), dass von Geburt an taube Menschen auch stumm sind und nur mit großer Mühe (abgesehen von der Gebärdensprache oder vom Fingeralphabet) ansatzweise das „normale" Sprechen erlernen können.

Artikulation (lat. articulatio): Gelenk, aber auch gegliederter Vortrag, Gliederung des Gesprochenen, Lautbildung

Die Artikulationsorgane sind stammesgeschichtlich ursprünglich als Organe des Verdauungstraktes angelegt, d.h. zuständig für die Aufnahme, die Zerkleinerung und den Transport der Nahrung aus der Mundhöhle über den unteren Rachen und die Speiseröhre in den Magen. Beim Menschen werden sie zusätzlich zur Lautbildung eingesetzt und zu diesem Zweck vom Nervensystem gesteuert und koordiniert.

Zu den aktiv beweglichen Teilen der Sprechorgane gehören als einziges Gelenk das von den Kaumuskeln bewegte Kiefergelenk, die mimischen Muskeln der Mund- und Wangenregion, die Zunge (mit Binnen-, Außenmuskulatur und Mundboden), das Gaumensegel mit dem Zäpfchen und die Gaumenbögen an der hinteren Öffnung der Mundhöhle. An unbeweglichen Elementen der Sprechorgane sind die Zähne, Teile des Ober- und Unterkiefers sowie der harte Gaumen zu nennen.

6.2 Entwicklung und Anatomie der Sprechorgane

Um den Aufbau, die Funktion und evtl. auch sprachtherapeutisch relevante Folgen von Fehlentwicklungen (z.B. Lippen-Kiefer-Gaumen-Spalten) im Bereich der Sprechorgane zu verstehen, soll der Darstellung der Anatomie und Physiologie an den Stellen, wo es nötig und sinnvoll erscheint, auch eine kurze Beschreibung der Entwicklung vorangestellt werden.

6.2.1 Kiefergelenk und Kaumuskeln

Entwicklung

Wie schon im ➤ Kapitel 5.1 dargestellt (Entwicklung des Kehlkopfs), gehen mehrere Strukturen im Bereich der späteren Halsregion aus dem Material der Schlundbögen hervor. Dies gilt auch für den Ober- und Unterkiefer, die sich aus dem ersten Schlundbogen entwickeln.

Aus dem Material dieses ersten Schlundbogens entstehen zwei paarige Wülste der späteren Gesichtsregion, die man als Oberkieferwulst und Unterkieferwulst bezeichnet (➤ Abb. 6.1). Die beiden Unterkieferwülste verschmelzen schon früh miteinander, die beiden Oberkieferwülste bleiben zunächst links und rechts getrennt. Zwischen die beiden Oberkieferwülste schiebt sich von oben ein weiterer Wulst, der als Stirnfortsatz bezeichnet wird. Er bildet an seinem unteren seitlichen Ende die Nasenwülste aus, die die Riechgruben (Position der späteren Nasenlöcher) umgeben und begrenzen (➤ Abb. 6.1b).

Fünf Wülste (Stirnfortsatz, zwei Ober- und zwei Unterkieferwülste) begrenzen während dieses Stadiums der Embryonalentwicklung (Alter: 5–6 Wochen) die im Zentrum der Gesichtsregion liegende primitive Mundbucht, die im Zuge der weiteren Entwicklung Anschluss an den Verdauungstrakt (Vorderdarm: Mundhöhle, Rachen, Speiseröhre, Magen) bekommt (➤ Abb. 4.15).

Im Unterkieferwulst bildet sich eine Knorpelspange, die später wieder abgebaut wird, aber die ungefähre Position des späteren Unterkiefers (**Mandibula**) angibt (➤ Abb. 6.1a).

> **Mandibula** (lat.): Unterkiefer; manchmal eingedeutscht auch als „Mandibel" bezeichnet, abgeleitet von mandere (lat.): kauen
> **Maxilla** (lat.): Oberkiefer

Aus dem embryonalen Bindegewebe der Oberkieferwülste, die erst später weitgehend miteinander verschmelzen, entstehen der Oberkiefer (**Maxilla**), das Jochbein des seitlichen Gesichtsschädels sowie ein Teil des Schläfenbeins (➤ Abb. 6.3).

Das Kiefergelenk entsteht nicht zwischen Ober- und Unterkiefer, sondern zwischen dem beweglichen Unterkiefer und einer Knochengrube des Schläfenbeins. Der Oberkiefer ist ein Teil des Gesichtsschädels, der mit der Schädelbasis verbunden und nicht eigenständig beweglich ist.

Die Muskeln, die den Unterkiefer im Kiefergelenk bewegen, sind vor allem die Kaumuskeln. Sie entstehen ebenfalls aus dem Material des ersten Schlund-

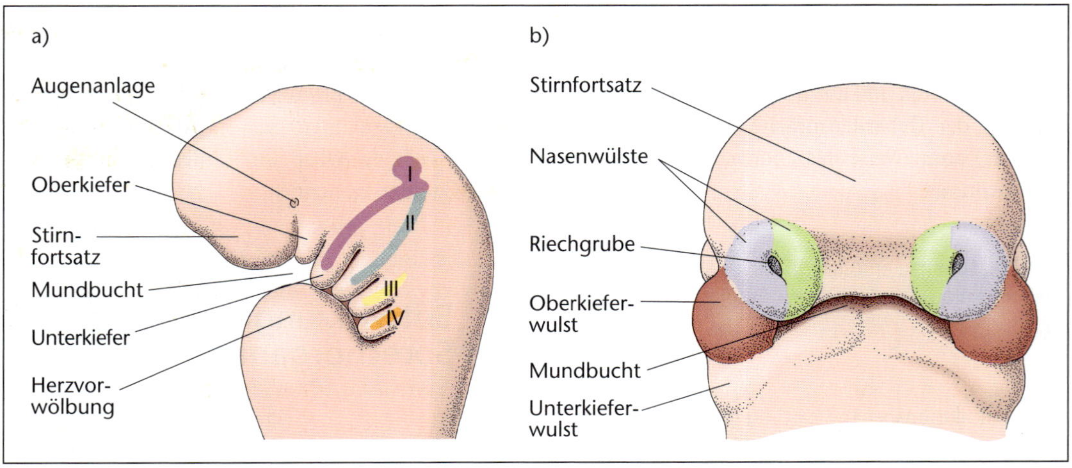

Abb. 6.1 Frühentwicklung der Gesichtsregion. a) Embryo, 4 Wochen alt, seitliche Ansicht, die Knorpelanlagen der 4 Schlundbögen (I–IV) sind farbig dargestellt; b) Embryo, 5 Wochen alt, Ansicht von vorne

Kau-muskeln = N. trigeminus

bogens. Diese Muskeln werden vom zugehörigen ersten Schlundbogennerven versorgt, der in seiner endgültigen Form als Drillingsnerv (Nervus trigeminus, 5. Hirnnerv) bezeichnet wird (siehe unten).

Aufbau des Kiefergelenks

Das Kiefergelenk (allgemeine Informationen zum Thema Gelenke ➤ Kap. 4.1.1) wird auch als Unterkiefer-Schläfenbein-Gelenk (**Articulatio temporomandibularis**) bezeichnet, weil sich in diesem Gelenk der Unterkiefer gegen den Schläfenbeinabschnitt der Schädelbasis bewegen lässt.

> **Articulatio temporomandibularis** articulatio (lat.): Gelenk, temporo- bezieht sich auf Os temporale (lat. Schläfenbein), mandibularis (lat.): zum Unterkiefer (mandibula) gehörig

Der Unterkiefer ist aus den beiden Unterkieferwülsten entstanden (➤ Abb. 6.1b). Dabei sind beide Hälften zu einem spiegelbildlich-symmetrischen Knochen zusammengewachsen (➤ Abb. 5.3). Der gebogene Teil des Knochens wird als Unterkieferkörper (**Corpus mandibulae**) bezeichnet; er geht nach hinten an beiden Seiten in den Unterkieferast (**Ramus mandibulae**) über. Der sog. Unterkiefer- oder nur Kieferwinkel (**Angulus mandibulae**) markiert den Übergang des Körpers in den Ast (➤ Abb. 6.2).

Jeder der beiden Äste des Unterkiefers gabelt sich weiter auf. Der vordere Ausläufer ist der Kronenfortsatz (**Processus coronoideus**), an dem der Schläfenmuskel (einer der Kaumuskeln) seinen Ansatz hat. Der hintere Ausläufer beteiligt sich am Kiefergelenk und wird deshalb Gelenkfortsatz (**Processus condylaris**) genannt (➤ Abb. 6.2a).

> **Mandibula (Unterkiefer)**
>
> Corpus (lat.): Körper, Ramus (lat.): Ast, Caput (lat.): Kopf, mandibulae: Genitiv von mandibula (lat.): Unterkiefer
> Processus (abgekürzt Proc., lat.): Fortsatz, Fortgang, Verlauf (vgl. den juristischen Begriff „Prozess")
> coronoideus (lat.): kronenförmig, von corona (lat.): Krone
> condylaris (lat.): gelenkknorrenförmig, von condylus (lat.): Gelenkknorren (kräftiger Knochenausläufer)

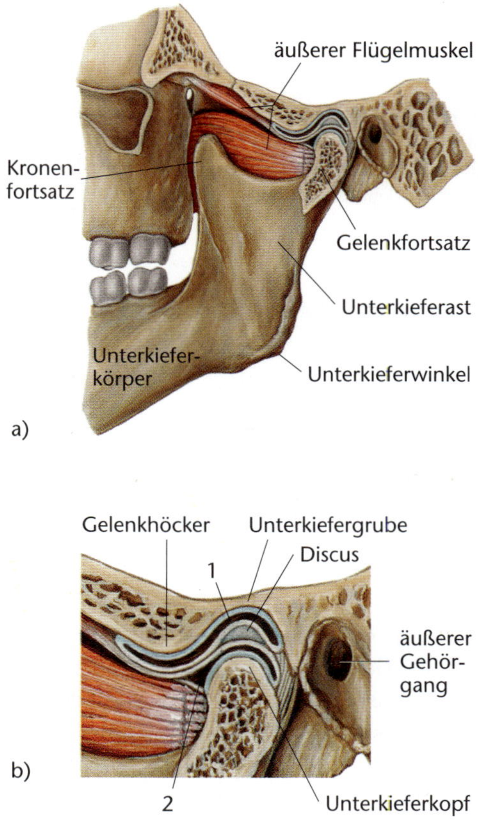

Abb. 6.2 a) seitliche Ansicht des linken Kiefergelenks und seiner Umgebung (b Ausschnitt), teilweise im Sägeschnitt. 1 diskotemporale Kammer, 2 diskomandibulare Kammer. Als einziger Kaumuskel ist der äußere Flügelmuskel dargestellt.

Das obere Ende des Gelenkfortsatzes ist der Unterkieferkopf (**Caput mandibulae;** ➤ Abb. 6.2b). Der Unterkieferkopf bildet den Gelenkkopf des Kiefergelenks, der sich in der Gelenkpfanne bewegt; Kopf und Pfanne eines Gelenks sind von Gelenkknorpel überzogen.

Die Gelenkpfanne wird vom Schläfenbein (**Os temporale**) gebildet, einem Knochen, der mit seinen Abschnitten sowohl am Aufbau der Schädelbasis als auch am seitlichen Schädeldach beteiligt ist. Die Gelenkpfanne des Kiefergelenks wird als Unterkiefergrube (**Fossa mandibularis**) bezeichnet, da sie den Unterkieferkopf aufnimmt. Die vordere Begrenzung der Unterkiefergrube bildet ein ebenfalls von Gelenkknorpel überzogenes Gelenkhöckerchen (**Tuberculum articulare**).

Os temporale Os (lat.): Knochen, Bein, temporale: Neutrumform von temporalis (lat.): zur Schläfe gehörig (von tempus, lat.: Zeit; da mit der Zeit die Schläfen grau werden …)
Fossa mandibularis Fossa (lat.): Grube, mandibularis (lat.): zum Unterkiefer gehörig
Tuberculum articulare Tuberculum (lat.): Höckerchen, articulare: Neutrumform von articularis (lat.): zum Gelenk gehörig

Verrenkung des Kiefergelenks

Weil die Gelenkkapsel des Kiefergelenks relativ schlaff ist, kann bei übermäßiger Öffnung des Mundes, z.B. durch Gähnen, beim Zahnarzt oder durch einen Unfall, eine Verrenkung (Luxation) auftreten; dabei schiebt sich der Unterkieferkopf vor das Gelenkhöckerchen und wird durch die Anspannung der Kaumuskeln dort fixiert; nur mit erheblicher Kraftanwendung kann das Kiefergelenk dann wieder „eingerenkt" werden.

Bei einigen Gelenken des menschlichen Körpers passen der Gelenkkopf und die Gelenkpfanne nicht optimal ineinander. Zum Ausgleich finden sich dann Knorpelstrukturen in der Gelenkhöhle, die diese teilweise oder vollständig unterteilen, eine Druckverteilungsfunktion besitzen und für einen Ausgleich der schlechten „Passgenauigkeit" sorgen.

Eine Knorpelstruktur, die eine Gelenkhöhle unvollständig unterteilt, wird als **Meniscus** bezeichnet; sie existiert nur im Kniegelenk. Knorpelscheiben oder -platten, die eine Gelenkhöhle vollständig unterteilen, heißen **Discus.** Ein solcher Discus findet sich im Kiefergelenk, aber auch in einigen anderen Gelenken des Körpers.

Der Discus des Kiefergelenks ist mit der bindegewebigen Gelenkkapsel verwachsen und teilt die Gelenkhöhle dadurch in zwei Abteilungen, die man als **diskotemporale** und **diskomandibulare** Kammern bezeichnet.

Meniscus (griech. meniskos): mondförmiger Körper
Discus (lat.) oder **diskos** (griech.): (Wurf-)scheibe
diskomandibular abgeleitet aus discus (Scheibe) und mandibula (Unterkiefer); Kammer zwischen Unterkieferkopf und Discus
diskotemporal abgeleitet aus discus (Scheibe) und Os temporale (Schläfenbein); Kammer zwischen Discus und Unterkiefergrube des Schläfenbeins

Mechanik des Kiefergelenks

Die Mechanik des Kiefergelenks ist recht kompliziert. Das liegt daran, dass beide Kiefergelenke immer zusammenarbeiten müssen, dass sich unterschiedliche Bewegungen in den diskotemporalen und diskomandibularen Kammern beschreiben lassen, dass bei bestimmten Bewegungen auch die Kauflächen der Zähne eine Rolle spielen und dass sich der Aufbau des Ober- und Unterkiefers im Laufe des Lebens im Zusammenhang mit Veränderungen des Gebisses ebenfalls verändert.

Vereinfacht lässt sich das Kiefergelenk als Schiebe-Scharnier-Gelenk bezeichnen. In der diskomandibularen Kammer findet hauptsächlich die Scharnierfunktion statt, die man durch das Bewegungspaar Öffnen und Schließen des Mundes oder analog Senken und Heben des Unterkiefers charakterisiert.

In der diskotemporalen Kammer dominiert die Schiebebewegung, bei der der Unterkiefer vor- und zurückgeschoben wird.

Beide Bewegungen lassen sich nicht ganz unabhängig voneinander ausführen. So ist beim Öffnen des Mundes immer auch eine Schiebebewegung nach vorne zu beobachten, beim Schließen des Mundes eine Schiebebewegung nach hinten.

Okklusion und Artikulation

Okklusion (lat. occlusio): Verschluss; bedeutet in der Zahnheilkunde die sog. Schlussbissstellung des Kiefergelenks; der Mund ist geschlossen, die Zahnreihen werden durch die Kaumuskeln aufeinandergepresst.
Artikulation (lat. articulatio): Gelenk; bedeutet in der Zahnheilkunde die durch die Kaumuskeln ausgeführten Bewegungen der Zahnkauflächen (Flächen der Zähne, die gegeneinander gerichtet sind) aufeinander.

Bei Mahlbewegungen (wie bei den Wiederkäuern) lassen sich zusätzlich auch noch jeweils auf einer Seite Drehbewegungen um eine senkrechte Achse durchführen, während sich die andere Seite nach vorne schiebt.

Kaumuskeln

Auch die je vier Kaumuskeln auf beiden Seiten haben sich aus dem Material des ersten Schlundbogens entwickelt. Man gliedert sie in eine Hauptgruppe mit drei Muskeln, die für den Kieferschluss bzw. das Heben des Unterkiefers zuständig sind, und eine Nebengruppe mit einem Muskel, der die Kieferöffnung bzw. das Senken des Unterkiefers einleitet.

Für die vollständige Kieferöffnung sind nicht die Kaumuskeln, sondern die oberen und unteren Zungenbeinmuskeln (➤ Kap. 5.2.1), die Wirkung der Schwerkraft und die nachlassende Anspannung der Schließmuskeln des Kiefergelenks verantwortlich.

Kieferschluss

Drei der vier Kaumuskeln bewirken bei ihrer Kontraktion ein Heben des Unterkiefers bzw. einen Kieferschluss mit Schließen des Mundes. Es sind dies bei wörtlicher Übersetzung des Fachbegriffs der „Kaumuskel" im eigentlichen Sinn oder zur Abgrenzung von den anderen Kaumuskeln dann eingedeutscht der „Masseter" (**M. masseter**), der Schläfenmuskel (**M. temporalis**) und der innere Flügelmuskel (**M. pterygoideus medialis**) (➤ Abb. 6.3).

M. Abkürzung für Musculus (lat.): Muskel
masseter (griech.): der Kauende
temporalis (lat.): zum Schläfenbein (Os temporale) gehörig
pterygoideus (lat.): zur Flügelgrube bzw. zum Flügelfortsatz des Keilbeins gehörig (pterygion, griech.: Flügelchen); das Keilbein ist ein kompliziert aufgebauter Knochen der Schädelbasis, der u.a. eine sog. Flügelgrube und einen Flügelfortsatz aufweist, wo die entsprechenden Flügelmuskeln ihren Ursprung haben (➤ Abb. 6.3)
medialis (lat.): zur Mitte hin gelegen, der innere
lateralis (lat.): seitlich gelegen, der äußere

Für sich alleine genommen ist der Schläfenmuskel der kräftigste Schließmuskel im Kiefergelenk. Er entspringt breit gefächert von der Schläfenregion des Schädels, die vom Schläfenbein (➤ Abb. 6.3a+b) gebildet wird. Anspannung und Entspannung des Muskels beim Kauen lassen sich unter der Haut der Schläfenregion beobachten. „Eingefallene Schläfen" deuten nicht nur auf starke Abmagerung, sondern auch auf eine Degeneration des Schläfenmuskels hin, wie sie im höheren Alter und bei Verlust der Zähne auftreten kann.

Die Muskelfasern des Schläfenmuskels laufen zu einer kräftigen Sehne zusammen, die unter dem Jochbogen zum Kronenfortsatz des Unterkiefers zieht, wo der Muskel seinen Ansatz hat. Seine Funktion besteht außer im Kieferschluss und Zubeißen auch noch darin, mit seinen hintersten Fasern den Unterkiefer zurückzuziehen (➤ Abb. 6.3a).

Der Masseter und der innere Flügelmuskel bilden eine Muskelschlinge (➤ Abb. 6.3a+b), die von oben kommend den Unterkiefer in der Gegend des Kieferwinkels umfasst. Der Masseter bildet den äußeren Teil der Muskelschlinge, der innere Flügelmuskel den inneren Teil. Der Masseter hat seinen Ursprung am Jochbogen (einem brückenartigen Abschnitt des Jochbeins, ➤ Abb. 6.3a), während der innere Flügelmuskel von der Flügelgrube und vom Flügelfortsatz des Keilbeins (➤ Abb. 6.3b), einem kompliziert aufgebauten Knochen der Schädelbasis, entspringt. Die Kraftentfaltung der Muskeln dieser Muskelschlinge ist zusammengenommen noch höher als die des Schläfenmuskels alleine.

Schräg verlaufende Fasern der Muskelschlinge aus Masseter und innerem Flügelmuskel unterstützen auch die Schiebebewegung des Unterkiefers nach vorne.

Einleitung der Kieferöffnung

Der äußere Flügelmuskel (**M. pterygoideus lateralis**) hat seinen Ursprung ebenfalls am Flügelfortsatz und an benachbarten Strukturen des Keilbeins (➤ Abb. 6.3b); seine Fasern verlaufen allerdings fast horizontal und erreichen den Discus des Kiefergelenks und den Gelenkfortsatz des Unterkieferastes. Bei Kontraktion des äußeren Flügelmuskels wird der Unterkiefer vorgeschoben und die Mundöffnung eingeleitet.

Innervation der Kaumuskeln

Die Kaumuskeln sind Abkömmlinge des ersten Schlundbogens. Der Drillingsnerv (**N. trigeminus**, 5. Hirnnerv, ➤ Kap. 7.11.2) ist für die sensible und motorische Versorgung der aus dem ersten Schlundbogen entstandenen Strukturen zuständig. Allerdings sind der erste und zweite Ast des N. trigeminus rein sensibel und versorgen nur entsprechende

6

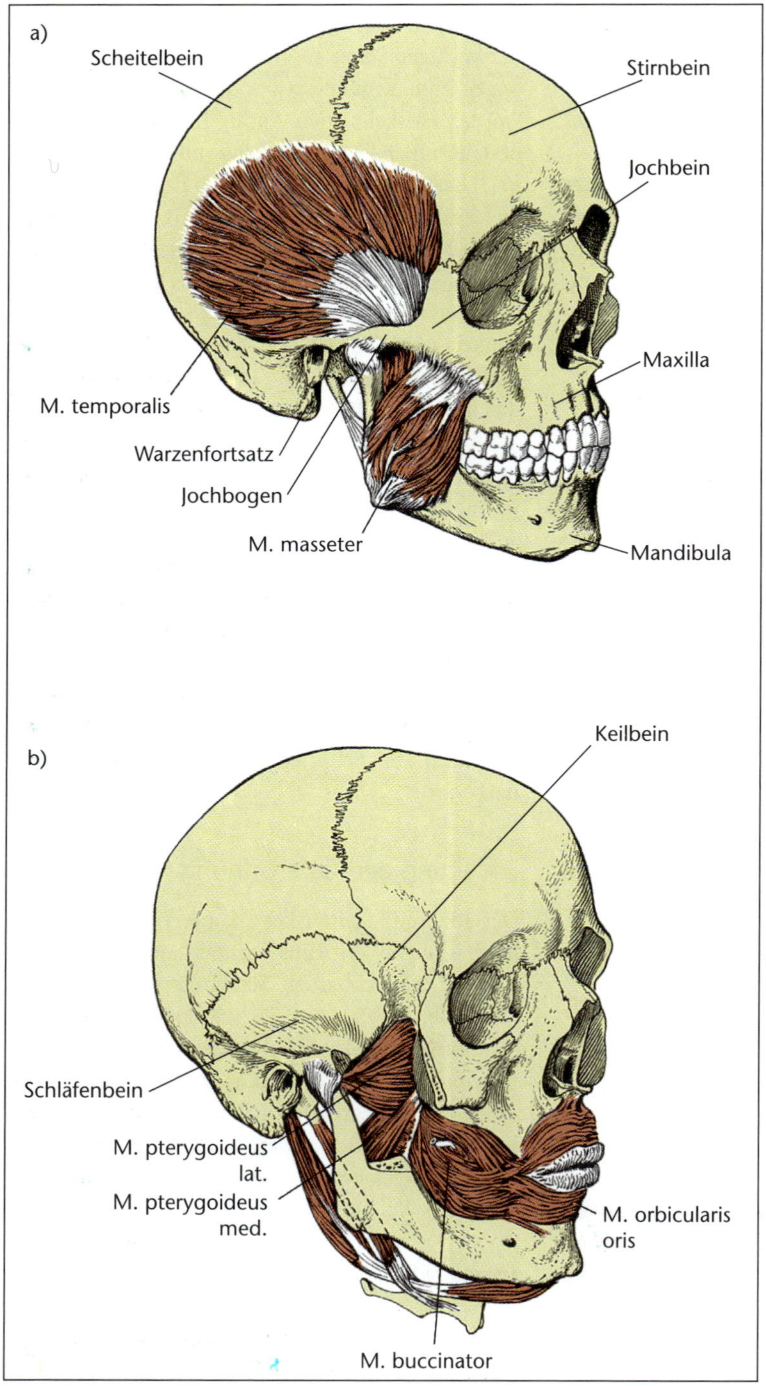

Abb. 6.3 Schematische Darstellung der Kaumuskulatur.
a) Darstellung des M. temporalis und des M. masseter,
b) Darstellung des M. pterygoideus medialis und des M. pterygoideus lateralis sowie von zwei mimischen Muskeln (➤ Kap. 6.2.2); Teile des Unterkiefers und Jochbeins wurden entfernt.

Abschnitte der Haut und Schleimhaut, während der dritte Ast des N. trigeminus sensible und motorische Äste mit sich führt. Dieser dritte Trigeminusast wird Unterkiefernerv bzw. **N. mandibularis** genannt.

Vereinfacht wird teilweise der gesamte motorische Teil des N. mandibularis auch als Kaunerv, **N. masticatorius** (eingedeutscht Mastikatorius) bezeichnet; genau gesehen ist es nur der vordere Ast des N. mandibularis, von dem allerdings die meisten Kaumuskeln versorgt werden.

N. Abkürzung von Nervus (lat.): Nerv (Plural: Nervi, abgekürzt Nn.)
trigeminus (lat.): dreifach, Drillings-
mandibularis (lat.): zum Unterkiefer (mandibula) gehörig
temporales Plural von temporalis (lat.): zur Schläfe gehörig
profundi (lat.): Plural von profundus (lat.): tief
masticatorius (lat.): zur Mastikation (Kauvorgang) gehörig

Von der motorischen Abteilung des Unterkiefernervs gehen Äste zu den Kaumuskeln ab, die wie die einzelnen Kaumuskeln genannt werden:

- Masseter: Masseternerv (N. massetericus)
- Schläfenmuskel: tiefe Schläfennerven (Nn. temporales profundi)
- innerer Flügelmuskel: innerer Flügelnerv (N. pterygoideus medialis)
- äußerer Flügelmuskel: äußerer Flügelnerv (N. pterygoideus lateralis).

Kaumuskellähmung („Mastikatoriuslähmung")

Eine einseitige Lähmung der Kaumuskeln durch Ausfall des Kaumuskelnerven wirkt sich auf den Kieferschluss kaum aus, allerdings weicht der Unterkiefer zur Seite der Lähmung ab, wenn der Mund geöffnet wird.

6.2.2 Mimische Muskeln

Die **mimischen** Muskeln entstehen aus dem Material des zweiten Schlundbogens (➤ Kap. 5.1) und werden vom zweiten Schlundbogennerven, dem Gesichtsnerven **(N. facialis,** 7. Hirnnerv, ➤ Kap. 7.11.3), versorgt. Im Folgenden sollen nur die im weitesten Sinne sprachtherapeutisch relevanten mimischen Muskeln besprochen werden.

mimisch (lat. mimicus): possenhaft, den Gesichtsausdruck betreffend
N. Abkürzung von Nervus (lat.): Nerv
N. facialis (lat.): zum Gesicht (facies) gehörig

Die Bezeichnung „mimische Muskeln" ist funktionell, weil eine Aufgabe dieser Muskeln darin besteht, den Gesichtsausdruck zu verändern und damit z.B. seelische Regungen widerzuspiegeln. Da diese Muskelgruppe aber weit mehr Funktionen, speziell auch bei der Artikulation, aufweist, ist die Bezeichnung „Hautmuskeln des Gesichts und Kopfes" oder „oberflächliche Gesichts- und Halsmuskulatur" treffender.

Diese Muskelgruppe zeichnet sich dadurch aus, dass sie im Gegensatz zu fast allen anderen Skelettmuskeln ihren Ansatz nicht an knorpeligen oder knöchernen Skelettelementen, sondern an der Gesichts- und Halshaut bzw. an Gesichtsweichteilen hat. Diese Muskeln sind überwiegend mit der Haut verwachsen und bewegen diese, wenn sie sich kontrahieren. Die Gesichtsweichteile, die von diesen Muskeln bewegt werden können, sind die Augenlider, die Nasenflügel, die Wangen und vor allem die Lippen.

Am Hals und im Bereich des Schädeldachs sind die mimischen Muskeln ausgedehnt und flach. Speziell um die Mundöffnung, die Nasenlöcher und die Lidspalten herum finden sich jedoch auch Muskelzüge, die ringförmig verlaufen und die jeweilige Öffnung verkleinern, sowie Muskelzüge, die durch ihren strahlenförmigen („radiären") Verlauf die entsprechenden Öffnungen erweitern können (➤ Abb. 6.4, ➤ Abb. 6.5).

Mimische Muskeln der Stirn- und Augenregion

Im seitlichen Gesichtsbereich verzweigt sich der Gesichtsnerv (N. facialis), der die mimischen Muskeln innerviert, in einen oberen und einen unteren Ast. Lähmungen des Gesichtsnerven (**„Fazialisparesen"**) spielen bei Artikulationsstörungen eine große Rolle; dabei unterscheidet man eine **„zentrale"** und eine **periphere** Fazialisparese.

Bei beiden Pareseformen fallen die für die Artikulation relevanten mimischen Muskeln der Mund-, Wangen- und Nasenregion, die vom unteren Ast des N. facialis versorgt werden, komplett aus und die Haut der entsprechenden Gesichtsregion hängt schlaff herunter.

Bei der zentralen Fazialisparese bleibt die Innervation der mimischen Muskeln der Stirn- und Au-

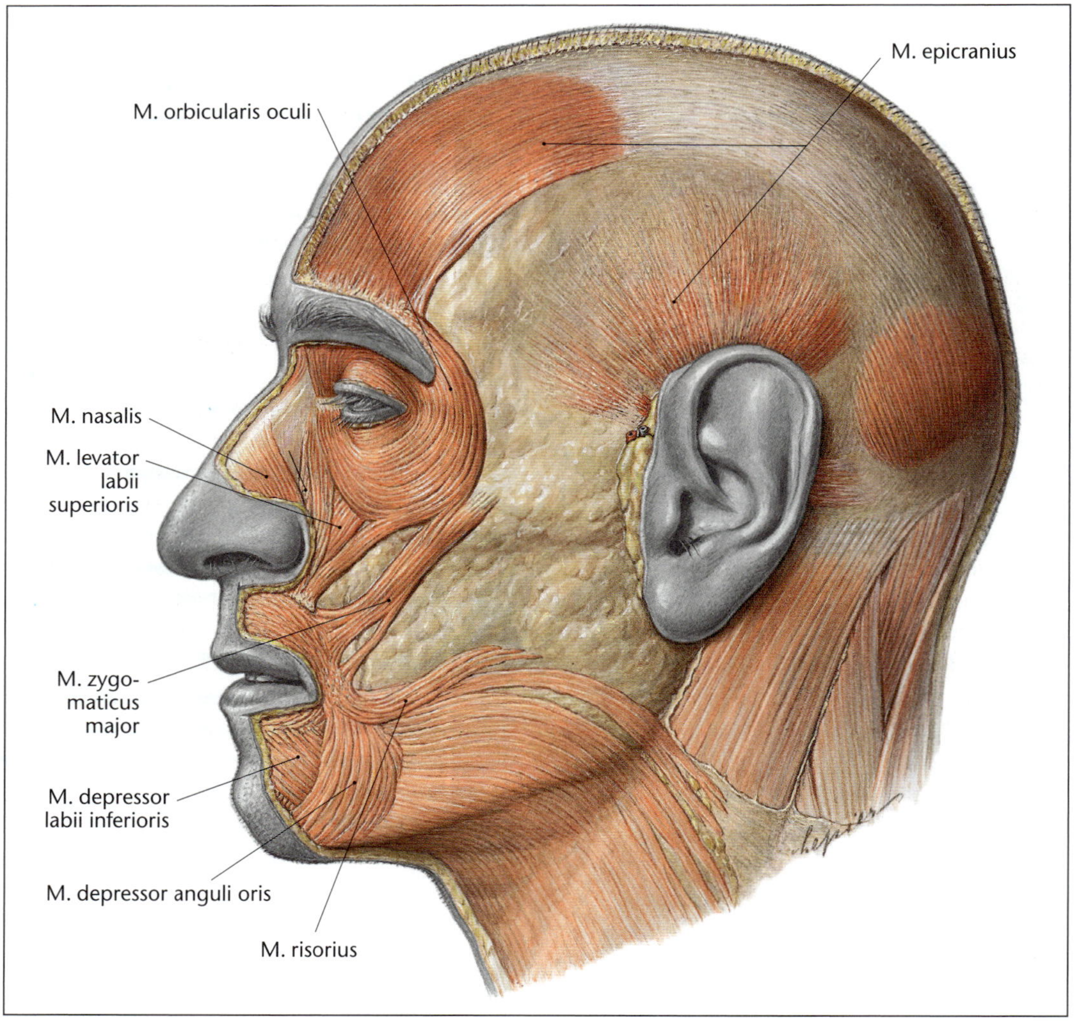

Abb. 6.4 Mimische Muskeln der linken Kopfhälfte (oberflächliche Schicht)

genregion, die vom oberen Ast des N. facialis versorgt werden, überwiegend intakt, sodass das Stirnrunzeln und der Lidschluss erhalten bleiben. Hingegen fällt die Nervenversorgung dieser mimischen Muskeln bei der peripheren Fazialisparese ebenfalls aus.

Fazialisparese

Fazialis-: gemeint ist der Ausfall des Gesichtsnerven (Nervus facialis, 7. Hirnnerv);
Parese (griech. paresis): Erschlaffung, bedeutet eigentlich leichte unvollständige Lähmung oder Schwäche eines Muskels; der Begriff wird aber auch auf den Nerven übertragen, der für die Versorgung des entsprechenden Muskels zuständig ist;
zentral: die Störung findet im Zentralnervensystem statt (genauer gesagt auf der Ebene des 1. Neurons);
peripher: die Störung betrifft den peripheren Verlauf des Nerven (genauer gesagt auf der Ebene des 2. Neurons, für Details ➤ Kap. 7.11.3).

Der mimische Muskel der Stirn- und Kopfhaut ist der **M. epicranius,** dessen Stirnabschnitt für das Stirnrunzeln verantwortlich ist (➤ Abb. 6.4).

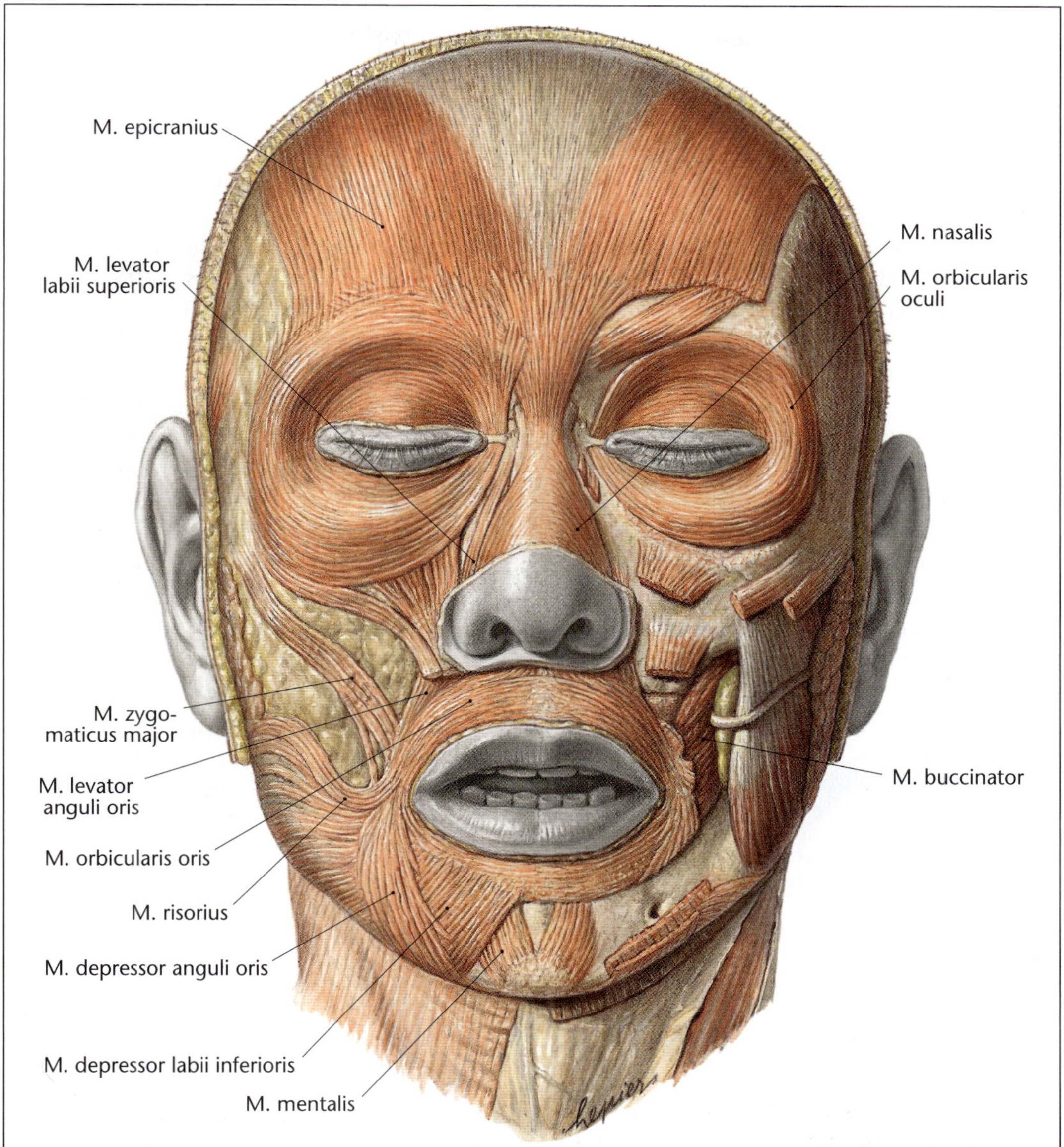

Abb. 6.5 Mimische Muskeln des Gesichts in der Ansicht von vorn. In der rechten Gesichtshälfte sind die Muskeln der oberflächlichen Schicht, in der linken Gesichtshälfte die Muskeln der tiefen Regionen nach Entfernung der oberflächlichen Muskeln dargestellt.

M. epicranius epi- (griech.): oberhalb, cranium (lat.): Schädel
orbicularis (lat.): in Form eines kleines Ringes oder Kreises (orbiculus: Verkleinerungsform von orbis, lat.: Kreis)
oculi Genitiv von oculus (lat.): Auge

Der Augenringmuskel **(M. orbicularis oculi)** ist der Schließmuskel der Lidspalte und umgibt diese gürtelförmig bis in die Augenlider hinein (➤ Abb. 6.4). Dieser Muskel hat als Schutzmuskel des Auges eine erhebliche Bedeutung:

- Er sorgt durch den Lidschlag für eine Verteilung der Tränenflüssigkeit auf dem vorderen Auge, um ein Austrocknen der Hornhaut zu vermeiden,

- er kann durch mehrfach aufeinander folgende Kontraktionen kleinere Fremdkörper aus dem Auge entfernen,
- er schützt das Auge vor mechanischer Schädigung oder vor einem Schaden durch zu starke Lichtintensität,
- ein Verschluss der Lidspalte ist für den Schlaf notwendig, aber auch bei starker körperlicher Anstrengung oder Bauchpresse (➤ Kap. 4.3.4) zum Schutz der Augenbindehautgefäße (ansonsten „geplatzte Äderchen").

Mimische Muskeln des Mundschlusses

Ähnlich wie beim Lidschluss wird die Mundöffnung von einem Ringmuskelsystem umgeben, das den Mund bei Kontraktion verschließen kann und bis in die Lippen hineinstrahlt. Dieser Muskel wird als Mundringmuskel oder **M. orbicularis oris** bezeichnet; er ist ein wesentliches Element der äußeren Gestalt der Mundöffnung und der Lippen.

M. orbicularis oris orbicularis (lat.): in Form eines kleinen Ringes oder Kreises (orbiculus: Verkleinerungsform von orbis, lat.: Kreis); oris: Genitiv von os (lat.): Mund

Der Mundringmuskel bildet kein geschlossenes Ringsystem um den Mund, sondern besitzt im Bereich der Mundwinkel Zwischensehnen, die die obere von der unteren Hälfte des Muskels trennen. Dadurch kann sich die obere Hälfte des Muskelrings unabhängig von der unteren Hälfte kontrahieren.

Wenn sich der Mundringmuskel mit allen Abschnitten schwach kontrahiert, presst er die Lippen aufeinander und bildet die schmale, längs verlaufende Mundspalte. Bei starker Kontraktion des gesamten Muskels werden die Lippen ringförmig zusammengepresst („Schnütchen"; ➤ Abb. 6.6a).

Durch unterschiedliche Kontraktion einzelner Abschnitte des gesamten Muskelrings kann die Fläche des äußerlich sichtbaren Lippenrots (➤ Kap. 6.2.3), evtl. einschließlich eines Abschnitts der Mund-

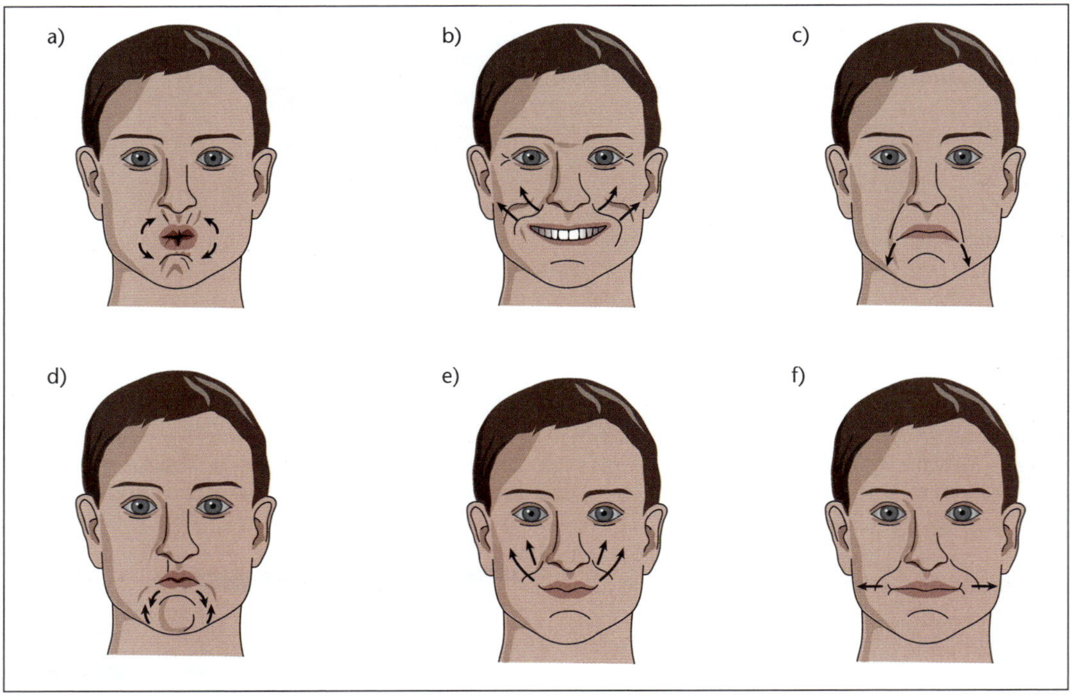

Abb. 6.6 Wirkung der mimischen Muskeln im Bereich von Mund, Nase und Wange auf Mundschluss bzw. Mundöffnung und auf den Gesichtsausdruck; a) Wirkung des M. orbicularis oris, b) Wirkung des M. risorius und des M. zygomaticus major, c) Wirkung des M. depressor anguli oris, d) Wirkung des M. depressor labii inferioris und des M. mentalis, e) Wirkung des M. levator labii superioris, f) Wirkung des M. buccinator

schleimhaut, vergrößert bzw. verkleinert werden (schmale Lippen", „wulstige Lippen").

Der Mundringmuskel beeinflusst die Mimik, spielt eine Rolle bei der Nahrungsaufnahme (vor allem beim Saugen) und bei der Artikulation. Bei einer Lähmung des Muskels (meist einseitig) ist nicht nur die Artikulation beeinträchtigt, sondern auch die Nahrungs- und Flüssigkeitsaufnahme. Der Mundwinkel hängt auf der gelähmten Seite herab, der Mundschluss ist unzureichend und es kann Speichel herausfließen.

Mimische Muskeln der Mundöffnung

Die mimischen Muskeln, die den Mund mehr oder weniger weit öffnen bzw. die Mundwinkel verziehen, müssen strahlenförmig (radiär) von der Mundöffnung weg ziehen.

Es lassen sich für jede Mundhälfte ein Heber der Oberlippe, ein Heber des Mundwinkels, ein Senker der Unterlippe und ein Senker des Mundwinkels unterscheiden (➤ Abb. 6.5, ➤ Abb. 6.6c–e). Die Fachbezeichnungen dieser Muskeln leiten sich von ihrer Funktion und Lage ab:

- Heber der Oberlippe: **M. levator labii superioris**
- Heber des Mundwinkels: **M. levator anguli oris**
- Senker der Unterlippe: **M. depressor labii inferioris**
- Senker des Mundwinkels: **M. depressor anguli oris.**

levator (lat.): Anheber; **depressor** (lat.): Senker
labii Genitiv von labium (lat.): Lippe
anguli Genitiv von angulus (lat.): Winkel, **oris** Genitiv von os (lat.): Mund
superioris Genitiv von superior (lat.): der/die obere
inferioris Genitiv von inferior (lat.): der/die untere

Weitere mimische Muskeln, die eine Mundöffnung vorbereiten oder begleiten können, vor allem aber auch eine Bedeutung bei der Gesichtsmimik haben, sind:

- Kinnmuskel: **M. mentalis**
- Lachmuskel: **M. risorius**
- großer Jochbeinmuskel: **M. zygomaticus major**

mentalis (lat.): zum Kinn (lat.: mentum) gehörig
risorius (lat.): Lach- (risus, lat.: das Lachen)
zygomaticus (lat.): zum Jochbein (lat.: Os zygomaticum) gehörig
major (lat.): groß, der große

Der Kinnmuskel ist paarig und stülpt die Unterlippe vor („Schnute", ➤ Abb. 6.6d). Der Lachmuskel und der große Jochbeinmuskel sind ebenfalls in beiden Gesichtshälften vorhanden. Beide Muskeln ziehen den Mundwinkel nach außen und etwas auch nach oben, wie es beim Lachen und bei Gemütsregungen der Freude zu finden ist (➤ Abb. 6.4, ➤ Abb. 6.5, ➤ Abb. 6.6b).

Mimischer Muskel der Wange

Das muskuläre Zentrum der Wangen bildet der Wangenmuskel (**M. buccinator**), der sich mit seinen Fasern bis in die Lippen und die Kinnregion fortsetzt (➤ Abb. 6.5, ➤ Abb. 6.6f). Er wird vom Ausführgang der Ohrspeicheldrüse durchbohrt (➤ Kap. 6.2.3). Der Muskel hat eine Reihe bedeutsamer Funktionen:

- zusammen mit dem Mundringmuskel und der Zunge ist er beim Saugakt beteiligt, indem er die Wangen stabilisiert,
- bei der Nahrungsaufnahme ist er dafür verantwortlich, Speise aus dem Mundhöhlenvorhof zwischen den Zahnreihen hindurch in die eigentliche Mundhöhle zu drücken (➤ Kap. 6.2.3),
- der Muskel verhindert beim Zubeißen (in den meisten Fällen!), dass Wangenschleimhaut zwischen die Zahnreihen gerät und dadurch verletzt wird,
- beim Blasen eines Blasinstruments (z.B. Trompete) reguliert der Wangenmuskel die Spannung der Wange gegenüber dem Druck des Ausatemluftstroms (deshalb wird er auch als „Hornbläsermuskel" oder „Trompetermuskel" bezeichnet),
- der Muskel zieht den jeweiligen Mundwinkel nach außen (➤ Abb. 6.6f) und hat entsprechende mimische Funktionen (Weinen, Lachen).

buccinator zur Wange (lat. bucca) gehörend
procerus (lat.): schlanker Nasenmuskel
nasalis zur Nase (lat. nasus) gehörig

Mimische Muskeln der Nase

Der schlanke Nasenmuskel (**M. procerus**) befindet sich am Übergang vom Nasenrücken zur Stirn und ruft bei Kontraktion eine charakteristische quere Hautfalte an der Nasenwurzel hervor (➤ Abb. 6.5).

Der Nasenmuskel (**M. nasalis**) befindet sich jeweils seitlich an der Nase in der Region zwischen Oberlippe und Nasenrücken (➤ Abb. 6.4, ➤ Abb. 6.5). Der Muskel hebt die Oberlippe und entblößt die Schneidezähne. Mimisch ist der Muskel bei emotionalen Regungen der Fröhlichkeit, aber auch der Unzufriedenheit beteiligt.

6.2.3 Mundhöhle

Begrenzungen und Gesamtaufbau der Mundhöhle

Die Mundhöhle ist ein von Mundschleimhaut ausgekleideter Hohlraum, der den Beginn des Verdauungsapparats darstellt. Die Mundschleimhaut besteht aus einem mehrschichtigen, nicht verhornenden Plattenepithel (➤ Kap. 1.2.1) und einem darunter liegenden Bindegewebe (Lamina propria) mit zahlreichen kleinen und großen Drüsen, die den Mundspeichel bilden und in die Mundhöhle münden.

Man gliedert die Mundhöhle in den Vorhof (**Vestibulum oris**) und die eigentliche Mundhöhle im engeren Sinne (**Cavitas oris**). Diese beiden Abteilungen sind bei geschlossenem Mund durch die **Alveolarfortsätze** und Zahnbögen des Ober- und Unter-

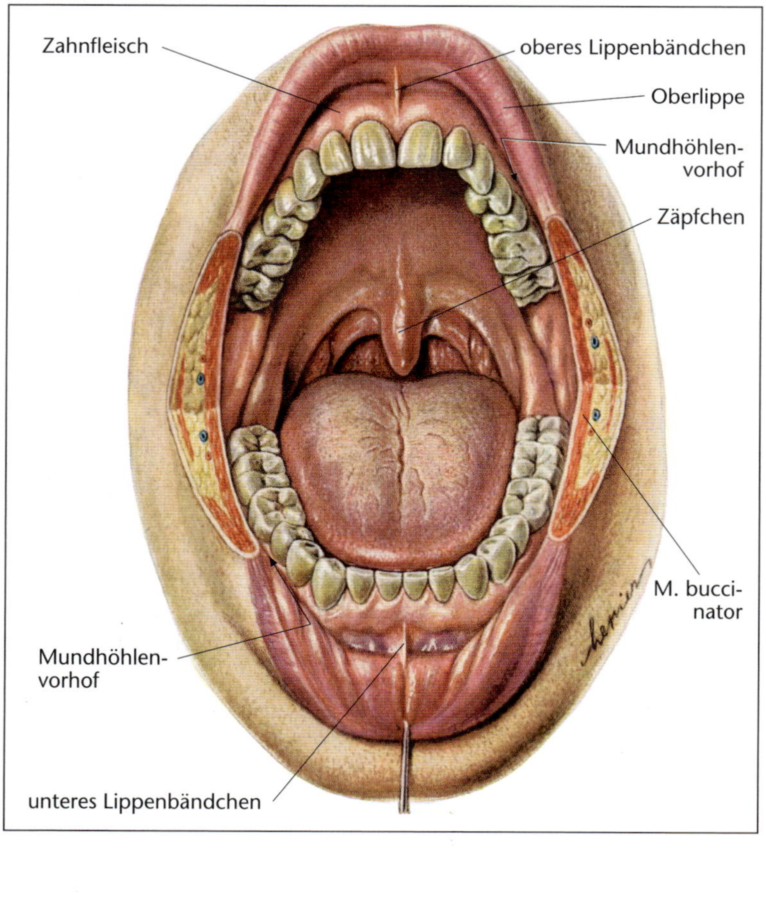

Abb. 6.7 Blick in Mundhöhlenvorhof und eigentliche Mundhöhle; zur besseren Darstellung sind die Wangen seitlich eingeschnitten und ist die Unterlippe mit einem Haken heruntergezogen

kiefers getrennt. Der Mundhöhlenvorhof wird nach außen begrenzt durch die Schleimhaut der Lippen und Wangen sowie durch die Mundspalte und nach innen durch die Zahnbögen (➤ Abb. 6.7).

Die eigentliche Mundhöhle wird nach außen begrenzt durch Zahnbögen, nach oben durch den Gaumen (➤ Kap. 6.2.5), nach unten durch den Mundboden und die Zunge (➤ Kap. 6.2.4) und nach hinten durch die Schlundenge mit den Gaumenbögen (➤ Kap. 6.2.5). Über die Schlundenge setzt sich der Verdauungstrakt weiter in den Mundrachenraum fort.

Vestibulum (lat.) Vorhof; **Cavitas** (lat.): Höhle; **oris**: Genitiv von os (lat.): Mund; die Mundhöhle im engeren Sinne wird gelegentlich mit dem Zusatz „propria" versehen (weibl. Form von proprius, lat.: der eigene, eigentliche), um sie von der Mundhöhle insgesamt zu unterscheiden.
Alveolarfortsätze bogenförmige Teile des Ober- und Unterkiefers, die die Zahnfächer (Alveolen, von alveolus, lat.: kleine Mulde) tragen

In der Mundhöhle wird die Nahrung zerkleinert und mit Speichel vermischt. Durch Inhaltsstoffe des Speichels kann die Verdauung der Nahrung bei guter Einspeichelung zu einem geringen Anteil bereits in der Mundhöhle beginnen. Die Mundhöhle mit ihren begrenzenden Strukturen stellt aber auch einen Teil des Ansatzrohrs sowie das wichtigste Artikulationsorgan dar.

Lippen und Wangen

Die Lippen (**Labia oris;** eingedeutscht „Labien") begrenzen als Ober- und Unterlippe die Mundspalte und nach innen den vorderen Abschnitt des Mundhöhlenvorhofs. Die Lippen stellen Weichteilfalten dar, die durch die in ihrem Inneren befindliche mimische Muskulatur (M. orbicularis oris, ➤ Kap. 6.2.2) eigenbeweglich sind. Diese Muskulatur bedingt auch die Funktionen der Lippen.

Auf der Oberlippe befindet sich außen in der Mitte eine kleine Längsfurche, die als **Philtrum** bezeichnet wird und durch die Verschmelzung der **medialen** Nasenwülste entstanden ist (➤ Kap. 6.2.5, vgl. auch ➤ Abb. 6.16).

Labia Plural von labium (lat.): Lippe, oris: Genitiv von os (lat.): Mund
Philtrum (lat.): aus philtron (griech.): Einbuchtung der Lippe, im alten Griechenland als „Liebeszauber" angesehen
medial (lat.): mittig, der innere

Die Lippenoberfläche wird außen durch behaarte Haut mit Haaren, Schweiß- und Talgdrüsen gebildet, nach innen durch Mundschleimhaut mit zahlreichen kleinen Speicheldrüsen, die als Lippendrüsen bezeichnet werden.

Als Übergangszone befindet sich zwischen diesen beiden Bedeckungen das sog. Lippenrot. Hier verschwinden Verhornung und Pigmentierung der äußeren Haut, sodass die Blutgefäße des Bindegewebes hindurchschimmern. Die äußere Haut besitzt zum Schutz gegen Austrocknung den von den Talgdrüsen gebildeten Fettfilm. Da im Bereich des Lippenrots diese Talgdrüsen praktisch nicht vorkommen, muss hier immer wieder durch den Mundspeichel befeuchtet werden, damit das Epithel des Lippenrots nicht austrocknet und einreißt.

Die Mundschleimhaut auf den zahntragenden Fortsätzen des Ober- und Unterkiefers ist fest mit den darunter gelegenen Knochen verbunden und nicht verschieblich. In der Mittelebene bildet diese Schleimhaut mit der verschieblichen Mundschleimhaut der Ober- und Unterlippe ein Bändchen, das als oberes und unteres Lippenbändchen (➤ Abb. 6.7) bezeichnet wird (**Frenulum labii superioris** bzw. **inferioris**).

Frenulum (lat.) Bändchen, Verkleinerungsform von frenum (lat.): Zügel, Band
labii Genitiv von labium (lat.): Lippe
superioris Genitiv von superius (lat.): das obere (Neutrumform von superior)
inferioris Genitiv von inferius (lat.): das untere (Neutrumform von inferior)
buccae Plural und Genitiv von bucca (lat.): Wange, Backe
corpus (lat.) Körper, adiposum (lat.): fettförmig; buccae, Genitiv von bucca (lat.): Wange
Bichat Eigenname (franz. Anatom)

Die Wangen (**Buccae**) haben einen sehr ähnlichen Aufbau wie die Lippen. Da sie sich seitlich an die

Lippen anschließen und nicht mehr die Mundspalte begrenzen, fehlt ihnen eine dem Lippenrot analoge Übergangszone.

Eine Besonderheit der Wangen stellt der Wangenfettpfropf (**Corpus adiposum buccae, „Bichat**-Fettpfropf") dar, der sich unter der Haut und über dem Wangenmuskel befindet. Dieser Fettpfropf versteift die Wange und verhindert speziell beim Säugling, dass die Wange beim Saugen einfällt (das „pausbäckige Aussehen" des gut genährten Säuglings wird durch diesen Fettpfropf bedingt).

Der mimische Muskel im Inneren der Wangen ist der Wangenmuskel (M. buccinator), der die oben besprochenen Funktionen der Wangen bewirkt (➤ Kap. 6.2.2).

Speicheldrüsen

Teile des Epithels der Mundschleimhaut haben sich zu **exokrinen** Drüsen entwickelt, deren **sezernierende** Abschnitte im Bindegewebe unterhalb des Epithels liegen (➤ Kap. 1.2.1). Die Drüsen stehen über Ausführgänge mit der Oberfläche des Epithels in Verbindung, bilden und sezernieren den Mundspeichel (**saliva**).

exokrin exo- (griech.): außen, draußen; krinein (griech.): ausscheiden
sezernieren (lat. secernere): absondern
seromukös gemischter Speichel mit serösen und mukösen Anteilen; serös: dünnflüssig (entspricht in der Zusammensetzung weitgehend dem Blutserum), mukös: schleimig-dickflüssig (mucus, lat.: Schleim)
saliva (lat.): Speichel (in der Regel ist damit der Mundspeichel gemeint)

Zahlreiche, meist nicht weiter benannte kleine Speicheldrüsen befinden sich im Bereich des Vorhofs und der eigentlichen Mundhöhle. Sie produzieren einen **seromukösen** Speichel, der die Schleimhaut befeuchtet und die Bissen leicht auf der Schleimhaut gleiten lässt – er wird deshalb auch als Gleitspeichel bezeichnet.

Zusätzlich gibt es noch drei große paarige Speicheldrüsen, die nach ihrer Lage als Ohrspeicheldrüse (**Glandula parotis;** eingedeutscht oft nur „**Parotis**"), Unterkieferdrüse **(Glandula submandibularis)** und Unterzungendrüse **(Glandula sublingualis)** bezeichnet werden.

Glandula (lat.): Drüse
parotis/parotideus (lat.): beim Ohr gelegen, aus para- (griech.): nahebei, ous (griech.): Ohr (otos: Genitiv von ous)
submandibularis sub- (lat.): unter, -mandibularis (lat.): zum Unterkiefer (mandibula) gehörig
sublingualis sub- (lat.): unter, -lingualis (lat.): zur Zunge (lingua) gehörig

Die größte der drei großen paarigen Speicheldrüsen ist die Ohrspeicheldrüse. Der sezernierende Anteil dieser Drüse liegt vor dem Ohr, auf dem Masseter (➤ Kap. 6.2.1), aber auch tief in der Region hinter dem Unterkieferast bis hin zum Rachen. Die Drüse hat einen mehrere Zentimeter langen Ausführgang (➤ Abb. 6.8), der aus dem oberen Drüsendrittel entspringt und zunächst nach vorne zieht. Dieser sog. **Ductus parotideus** durchbohrt dann den M. buccinator (➤ Kap. 6.2.2) und mündet auf der Schleimhaut des oberen Mundhöhlenvorhofs auf der Höhe des 2. Mahlzahns (hier legt der Zahnarzt ein Watteröllchen ein, um den Speichelfluss während einer Zahnuntersuchung oder -behandlung aufzunehmen).

Mumps

Als Mumps, Ziegenpeter oder Parotitis epidemica bezeichnet man eine vor allem im Kindesalter häufige Infektion der Ohrspeicheldrüse, aber meist auch der anderen Speicheldrüsen, mit dem Mumpsvirus. Die Ohrspeicheldrüse ist hierbei schmerzhaft angeschwollen; durch die Nähe zu den Kaumuskeln und zum Kiefergelenk ist auch das Kauen schmerzhaft. Ein sehr guter Schutz vor dieser Krankheit ist die Impfung im Kleinkindalter, z.B. als Dreifachimpfung (MMR: Mumps-Masern-Röteln). Bei einer Infektion ohne Impfschutz können Komplikationen auftreten durch Entzündung der Bauchspeicheldrüse, der Keimdrüsen (Unfruchtbarkeit!), der Hirnhäute und des Gehirns.
Parotitis (lat.): Entzündung der Parotis (Ohrspeicheldrüse)
epidemica (lat.): ansteckend

Durch das Drüsengewebe der Ohrspeicheldrüse hindurch ziehen fächerförmig nach vorne zu den mimischen Muskeln ausstrahlend die motorischen Äste

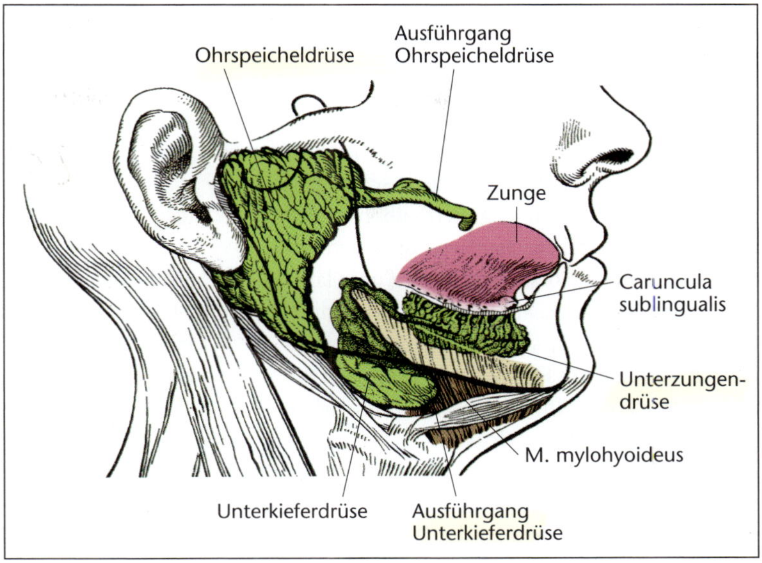

Abb. 6.8 Übersicht über die großen Speicheldrüsen (grün) der rechten Kopfhälfte, außerdem ist der vordere Zungenabschnitt (rot) dargestellt

des Gesichtsnerven (N. facialis, ➤ Kap. 7.11.3); sie können bei operativen Eingriffen an der Ohrspeicheldrüse und ihrer Umgebung gefährdet sein.

Die Ohrspeicheldrüse produziert ein seröses Sekret, das sich mit dem mehr oder weniger mukösen Sekret der anderen Drüsen unterschiedlich stark mischt. Durch unterschiedlich starke Sekretion der einzelnen Speicheldrüsen kann die Zusammensetzung des Mundspeichels variieren.

Die Unterkieferdrüse (**Glandula submandibularis**) produziert einen gemischten Speichel mit serösen und mukösen Anteilen. Sie liegt zwischen Unterkiefer und Mundboden und ist dort tastbar (➤ Abb. 6.8). Ihr Ausführgang (**Ductus submandibularis**) zieht hinten um die Muskelplatte des Mundbodens herum und gelangt in die eigentliche Mundhöhle. Dort befindet sich unter der Zunge die fast nur mukösen Speichel produzierende Unterzungendrüse (**Glandula sublingualis**), deren kurzer Ausführgang (**Ductus sublingualis**) zusammen mit dem der Unterkieferdrüse auf einem kleinen Schleimhauthöckerchen (**Caruncula sublingualis**) links und rechts vom Zungenbändchen mündet (auch hier wird Speichel bei der zahnärztlichen Untersuchung oder Behandlung mit Sauger und Watteröllchen aufgenommen) (➤ Abb. 6.9).

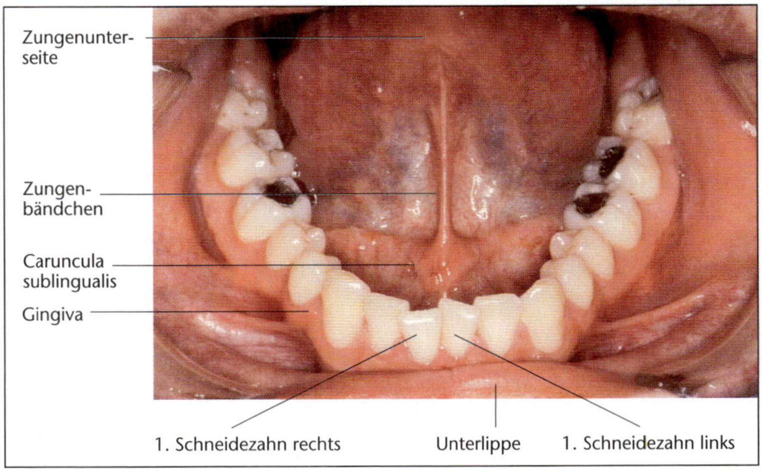

Abb. 6.9 Vorderer Abschnitt der Mundhöhle in der Region unter der erhobenen Zunge

Ductus (lat.): Gang
Caruncula (lat.): Höckerchen

Die gesamte Menge des von allen Speicheldrüsen täglich produzierten Mundspeichels schwankt zwischen einem halben und anderthalb Liter. Durch Kauen, Sinnesreize, mechanische Stimulation oder auch durch reine Vorstellungskraft („mir läuft das Wasser im Munde zusammen") lässt sich die Speichelmenge über den sog. Ruhespeichel hinaus erheblich stimulieren. Dieser dabei zusätzlich produzierte Speichel ist dünnflüssig und stammt überwiegend aus der Ohrspeicheldrüse.

Der Speichelfluss wird auch vom vegetativen Nervensystem (➤ Kap. 7.12) beeinflusst. Bei Stress- und Prüfungssituationen ist der Speichelfluss stark gehemmt, sodass man das Gefühl eines „trockenen Halses" oder einer „trockenen Kehle" hat. Dabei kann selbst das Sprechen fast unmöglich werden, sodass man durch Trinken das Speicheldefizit ausgleichen muss.

Die Funktionen des gesamten Mundspeichels lassen sich folgendermaßen zusammenfassen:

- bereitet die Nahrung zum Nahrungsbrei auf und durchfeuchtet sie
- macht die Nahrung gleit- und damit schluckfähig
- in geringem Umfang beginnt über den Speichel die Verdauung der Kohlenhydrate (sog. Mundverdauung)
- Auflösung von löslichen Nahrungsbestandteilen für das Schmecken (teilweise auch Riechen)
- erleichtert die Artikulation
- erfüllt Aufgaben der Abwehr und der Wundheilung
- allgemeine Hygiene der Mundhöhle und der Zähne

Verringerter Speichelfluss wird oft als Medikamentennebenwirkung beobachtet, tritt aber auch bei einigen psychischen Erkrankungen auf.
Vermehrter Speichelfluss wird u.a. bei Entzündungen in der Mundhöhle, aber auch beim Zahndurchbruch bei Kindern gefunden.
Speichelsteine können sich durch Kalkablagerungen in den Ausführgängen der großen Speicheldrüsen bilden; dabei können Schwellungen und kolikartige Schmerzen beim Essen auftreten.

Zahnstein kann sich bei manchen Menschen an den Zähnen besonders im Bereich der Mündungen der Speicheldrüsen bilden; es handelt sich u.a. um Abscheidungen aus dem Mundspeichel.

ZÄHNE

Alveolarfortsätze, Zahnfleisch, Zähne

Sowohl der Ober- als auch der Unterkiefer bilden bogenförmige Fortsätze (vereinfacht als **Alveolarfortsätze** bezeichnet) aus, in denen sich Fächer (**Alveolen**) für die Zahnwurzeln befinden. Der diese Fächer umgebende Knochen wird als **Alveolarknochen** bezeichnet (➤ Abb. 6.10). Durch den Zahnhalteapparat sind die Zähne federnd in die Zahnfächer eingebaut.

Der die Alveolarfortsätze bedeckende Teil der Mundschleimhaut ist fest mit dem Alveolarknochen verbunden, enthält keine Drüsen und wird als Zahnfleisch **(Gingiva)** bezeichnet.

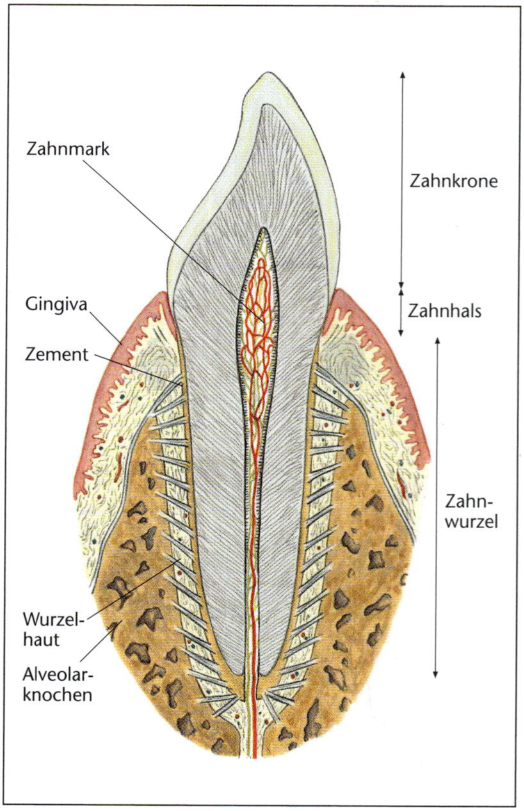

Abb. 6.10 Längsschnitt eines Schneidezahns im Kiefer

Alveole (lat. alveolus): kleine Vertiefung, Mulde, „Fach"
Gingiva (lat.): Zahnfleisch; die Bezeichnung „Fleisch" ist etwas unglücklich, da es sich hier um Schleimhaut und nicht um Fleisch (Muskelgewebe) handelt
Dentin Zahnbein (von dens, lat.: Zahn)
Enamel/Enamelum (engl.): Zahnschmelz, Glasur, Emaille

Ein Zahn besteht aus Krone, Hals und Wurzel (➤ Abb. 6.10). Das Hartgewebe des Zahns stellt das Zahnbein (**Dentin**) dar, das im Wesentlichen dem Knochengewebe entspricht. Dieses Dentin ist im Bereich der Zahnkrone, die aus dem Kiefer herausragt, vom besonders harten Zahnschmelz (**Enamel, Enamelum**) überzogen. Im Gegensatz zum Zahnschmelz, der keine zellulären Strukturen enthält, ist das Zahnbein lebendes Gewebe.

Der Zahnhals ist der Abschnitt der Zahnwurzel, der sich oberhalb des Alveolarknochens befindet und von Zahnfleisch überzogen wird. Durch Zahnfleischschwund und Abbau des zahntragenden Knochens, wie es z.B. im Alter zu beobachten ist, werden die nicht mehr von Schmelz bedeckten empfindlichen Zahnhälse freigelegt. Die Zähne erscheinen dadurch „länger".

Im Inneren des Zahns befindet sich die Zahnhöhle, die das Zahnmark (lockeres Bindegewebe) mit Blutgefäßen und Nerven enthält.

Der Zahnhalteapparat (**Parodontium**) besteht aus:

- dem Zement (**Cementum**), einer besonderen Knochenform, die das Dentin im Bereich des Zahnhalses und der Zahnwurzel bedeckt,
- der Wurzelhaut (**Periodontium**), einem straffen Bindegewebe zwischen Alveolarknochen und Zement,
- dem Alveolarknochen
- und letztlich auch dem Zahnfleisch.

Parodontium gebildet aus para- (griech.): neben, und odous (griech.): Zahn (Genitiv: odontos); vgl. Parodontose: nicht-entzündlicher Abbau des Zahnhalteapparates mit der Gefahr des Zahnverlusts, Parodontitis: Entzündung des Zahnhalteapparates
Cementum (lat.): das (!) Zement (Knochengewebe, das die Zahnwurzeln bedeckt)
Periodontium gebildet aus peri- (griech.): um herum, und odous (griech.): Zahn (Genitiv: odontos); vgl. Periodontitis: Wurzelhautentzündung

Die sog. Zahnformel beschreibt Art und Zahl der Zähne in einer Kieferhälfte, die man als **Quadrant** bezeichnet.

Quadrant

quadrans (lat.): der vierte Teil (Genitiv: quadrantis); gemeint ist ein Viertel des gesamten Kiefers, bestehend aus Ober- und Unterkiefer; ein Quadrant ist also die Hälfte entweder des Ober- oder des Unterkiefers und bezüglich der enthaltenen Zähne symmetrisch aufgebaut

Im Milchgebiss lautet die Formel 4 × 5 = 20 Milchzähne; pro Quadrant sind enthalten zwei Milchschneidezähne, ein Milcheckzahn und zwei Milchmolaren. Im bleibenden Gebiss werden die Milchschneidezähne durch die bleibenden Schneidezähne, der Milcheckzahn durch den bleibenden Eckzahn und die beiden Milchmolaren durch die Prämolaren ersetzt. Zusätzlich sind pro Quadrant drei Mahlzähne (Molaren) enthalten. Die Zahnformel für das bleibende Gebiss lautet 4 × 8 = 32 bleibende Zähne.

Zur maschinenlesbaren Bezeichnung der Zähne hat es sich eingebürgert, jedem Quadranten eine erste Kennziffer von 1–4 (bleibendes Gebiss) bzw. 5–8 (Milchgebiss) und jedem darin enthaltenen Zahn eine zweite Kennziffer von 1–8 (bleibendes Gebiss) bzw. 1–5 (Milchgebiss) von vorne nach hinten gerechnet zuzuordnen (➤ Abb. 6.11). So hat beispielsweise der Eckzahn im rechten Oberkiefer die Bezeichnung 13, der Weisheitszahn im linken Unterkiefer die Bezeichnung 38.

Fachbezeichnungen der Zähne

Incisivus (lat.): Schneidezahn (aus incidere, lat.: einschneiden), eingedeutscht: Inzisivus
Caninus (lat.): Eckzahn, wörtlich „Hundszahn" (aus canis, lat.: Hund)
Molar (lat.): Mahlzahn, Backenzahn, wörtlich „Mühlzahn" (aus mola, lat.: Mühle)
Prämolar: Vormahlzahn (prae, lat.: vor-)

Fast immer besitzen Neugeborene noch keine Zähne – die Zahnanlagen sind noch in den Kiefern verborgen. Der Durchbruch des 1. Zahns des Milchgebisses (normalerweise ein Schneidezahn des Unterkiefers) findet meist zwischen dem 7. und 9. Le-

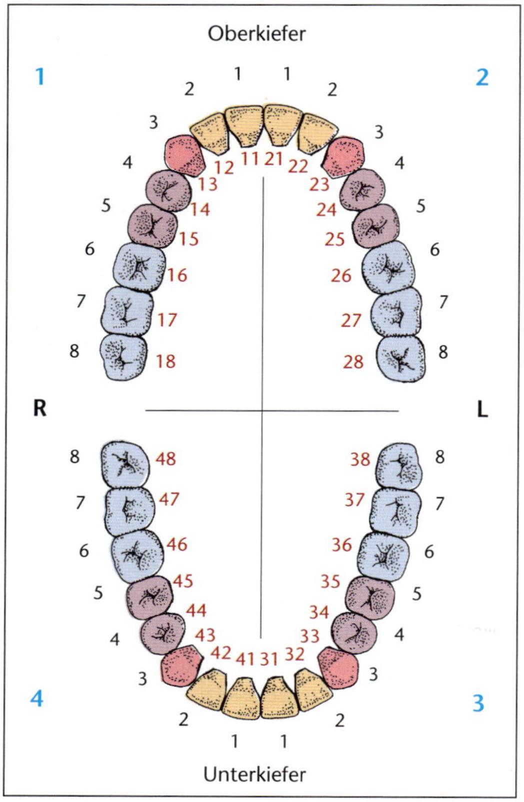

Abb. 6.11 Zahnschema des bleibenden Gebisses. L: links, R: rechts, 1 rechte Hälfte des Oberkiefers, 2 linke Hälfte des Oberkiefers, 3 linke Hälfte des Unterkiefers, 4 rechte Hälfte des Unterkiefers (1–4: die Quadranten werden im Uhrzeigersinn bei Blick auf das Gebiss durchgezählt)

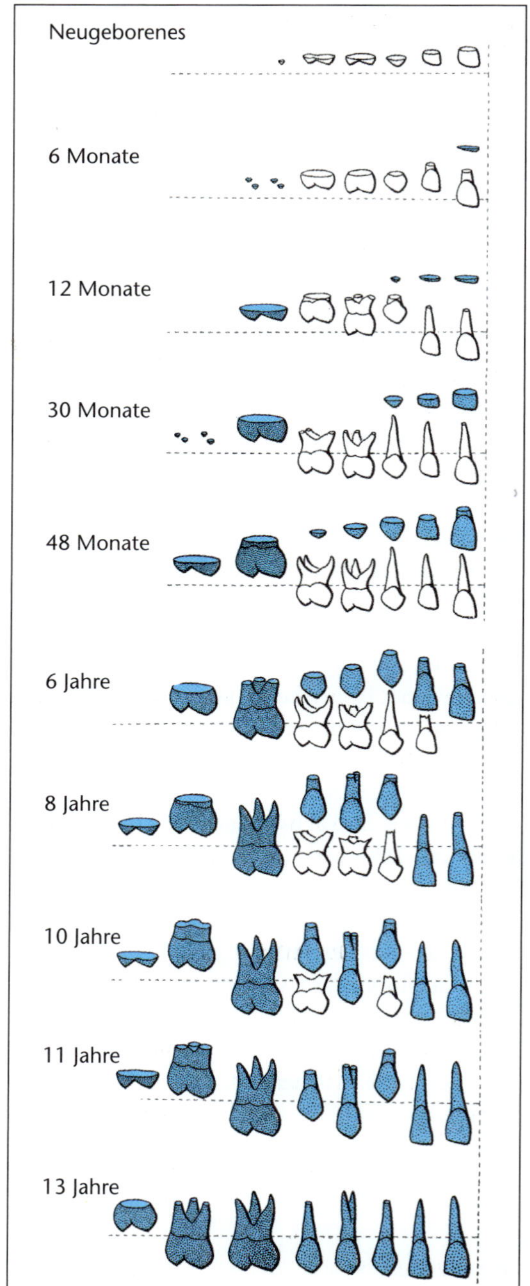

Abb. 6.12 Zahnentwicklung und Durchbruch der Zähne des Milchgebisses bzw. des bleibenden Gebisses zu verschiedenen Lebensaltern. Es sind die Zähne einer Oberkieferhälfte dargestellt (weiß: Milchzähne, blau: bleibende Zähne); die horizontale Linie stellt die „Durchbruchebene" dar – Zähne bzw. Zahnabschnitte unterhalb dieser Linie sind durchgebrochen.

bensmonat statt. Bei den meisten Kindern sind dann im Alter von 2 Jahren alle Zähne des Milchgebisses durchgebrochen (➤ Abb. 6.12).

Der Zahnwechsel beginnt im Durchschnitt im 7. Lebensjahr und endet während der Pubertät. Die Wurzeln der Milchzähne werden abgebaut, sodass sich die Milchzähne lockern und lösen. Die darunter angelegten bleibenden Zähne ersetzen die 20 Milchzähne und werden deshalb als Ersatzzähne bezeichnet. Zusätzlich bilden sich in jeder der vier Kieferhälften noch drei sog. Zuwachszähne, sodass im voll ausgebildeten bleibenden Gebiss 32 Zähne enthalten sind. Der Durchbruch des jeweils hintersten Zahns einer Kieferhälfte (der sog. „Weisheitszahn") erfolgt allerdings oft verspätet oder gar nicht.

6.2.4 Mundboden und Zunge

Mundboden

Der Boden der Mundhöhle wird von einer etwa horizontal stehenden Muskelplatte (➤ Abb. 5.3) gebildet, die nach oben von Mundschleimhaut bedeckt ist und sich zwischen Zungenbein und Unterkieferkörper befindet. Nach unten setzt sich die Muskelplatte in die bindegewebigen Räume des Halses fort.

Diese Muskelplatte wird auch als **Diaphragma oris** bezeichnet; sie besteht aus den oberen Zungenbeinmuskeln M. mylohyoideus, M. digastricus, M. stylohyoideus, M. geniohyoideus (➤ Kap. 5.2.1) und Teilen der Zungenmuskulatur (s.u.).

Diaphragma oris diaphragma (lat./griech.): Zwischenwand zwischen einzelnen Körperteilen, oris: Genitiv von os, lat.: Mund

Das Diaphragma oris stellt die Grenzstruktur zwischen Mundhöhle und Hals dar. Die enthaltenen Muskeln wirken bei der Mundöffnung mit, gehören zum Halte- und Bewegungsapparat des Kehlkopfs, haben aber auch eine wichtige Funktion im Zusammenhang mit den Bewegungen der Zunge.

Zungenentwicklung

Genauso wie viele andere Strukturen der unteren Kopf- und oberen Halsregion entsteht auch die Zunge u.a. aus dem Material der Schlundbögen (➤ Kap. 5.1). Grob kann man dabei die vorderen zwei Drittel der Zungenschleimhaut, die aus dem ersten Schlundbogen entstehen, vom hinteren Drittel der Zungenschleimhaut unterscheiden, das sich aus dem Material des zweiten bis vierten Schlundbogens entwickelt (➤ Abb. 6.13). Aus diesem Grund ist die Nervenversorgung der Zungenschleimhaut recht kompliziert, da sich daran alle vier Schlundbogennerven beteiligen (s.u.).

Die Grenze zwischen den vorderen zwei Dritteln und dem hinteren Drittel der Zunge bildet die V-förmige Grenzfurche (**Sulcus terminalis**). Die Schilddrüse entwickelt sich aus dem Zungenepithel und wandert nach unten in ihre endgültige Position; ihre Abgangsstelle ist an der Spitze des nach hinten weisenden „V“ des Sulcus terminalis noch als „blindes Loch“ (**Foramen caecum**) zu erkennen (➤ Abb. 6.13).

Sulcus terminalis sulcus (lat.): Furche, Rinne; terminalis (lat.): begrenzend, Grenz-
Foramen caecum foramen (lat.): Loch, und caecum: Neutrumform von caecus (lat.): blind

Zunge

Die Zunge (**Lingua, Glossa**) ist ein schleimhautüberzogener Muskelkörper, der am Mundboden befestigt ist und eine Reihe wichtiger Funktionen im Zusammenhang mit der Lautbildung, mit der Nahrungsaufnahme und -verarbeitung sowie als Sinnesorgan aufweist.

lingua (lat.): Zunge, Sprache (vgl. engl. language!)
glossa (lat., griech.): Zunge
corpus (lat.): Körper, apex (lat.): Spitze, radix (lat.): Wurzel
linguae Genitiv von lingua (lat.): Zunge

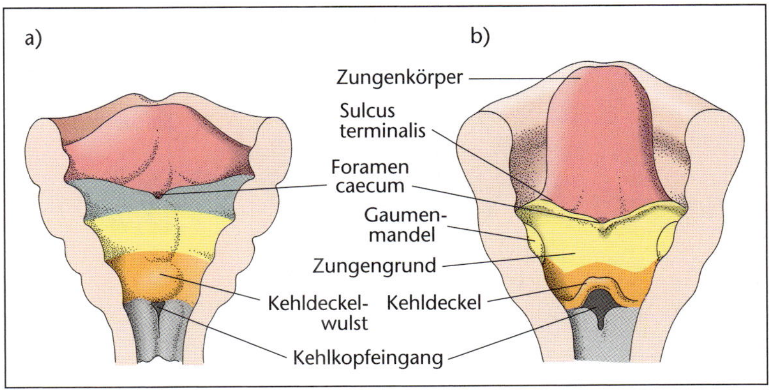

Abb. 6.13 Zungenentwicklung, a) während der späten Embryonalphase (ca. 6 Wochen), b) während der Fetalphase (5. Monat). Die Ansicht entspricht grob der in ➤ Abb. 4.15 (ohne Darstellung der Nasenhöhle). Die Herkunft des Materials aus verschiedenen Schlundbögen (1–4) ist durch unterschiedliche Farben gekennzeichnet.

6

Zungenaufbau

Die Zunge besteht bei anatomischer Betrachtung aus folgenden Organabschnitten oder -anteilen (➢ Abb. 6.14):

- Zungenkörper (**Corpus linguae**)
- Zungenspitze (**Apex linguae**)
- Zungenwurzel (**Radix linguae**)

Die Zungenwurzel wird auch als Zungengrund bezeichnet. Sie ist nur mithilfe eines eingeführten Spiegels genau zu betrachten. Die Zungenwurzel setzt sich zum Rachen und zum Kehldeckel fort (➢ Abb. 4.15). In ihrer Schleimhaut befindet sich die Zungenmandel (Tonsilla lingualis, ➢ Kap. 4.6.4).

Die bei normaler Zungenlage zum Gaumen gerichtete gesamte Oberfläche der Zunge wird bei anatomischer Definition als Zungenrücken (**Dorsum linguae**) bezeichnet. Er erstreckt sich von der Zungenspitze über die seitlichen Zungenränder bis zur Grenzfurche (**Sulcus terminalis**) und zum blinden Loch (**Foramen caecum**) (➢ Abb. 6.13). Die individuell unterschiedlich stark ausgeprägte Furche, die den Zungenrücken in Längsrichtung in zwei spiegelbildlich gleiche Hälften unterteilt, wird Mittelfurche (**Sulcus medianus**) genannt (➢ Abb. 6.14).

Die Zungenunterfläche wird erst bei hochgehobener Zunge sichtbar (➢ Abb. 6.9). Dort findet sich auch das Zungenbändchen (**Frenulum linguae**).

In der Phonetik findet sich unter Berücksichtigung funktioneller Aspekte (➢ Kap. 6.3) eine teilweise abweichende Gliederung der Zunge:

- Das Zungenblatt (**Lamina**) umfasst etwa das vordere Drittel des Zungenkörpers unter Auslassung der Zungenspitze und unter Einbeziehung der Seitenränder.
- Zungenspitze und Seitenränder der Zunge werden unter dem Begriff Zungenkranz (**Korona**) zusammengefasst.
- Der Zungenrücken (**Dorsum**) entspricht etwa dem mittleren Drittel des Zungenkörpers.

Sulcus (lat.): Furche
medianus (lat.): in der Mitte stehend, mittig, in der Mittelebene
Frenulum (lat.): Bändchen
Lamina (lat.): Blatt, Platte
Korona corona (lat.): Saum, Kranz
Dorsum (lat.): Rücken

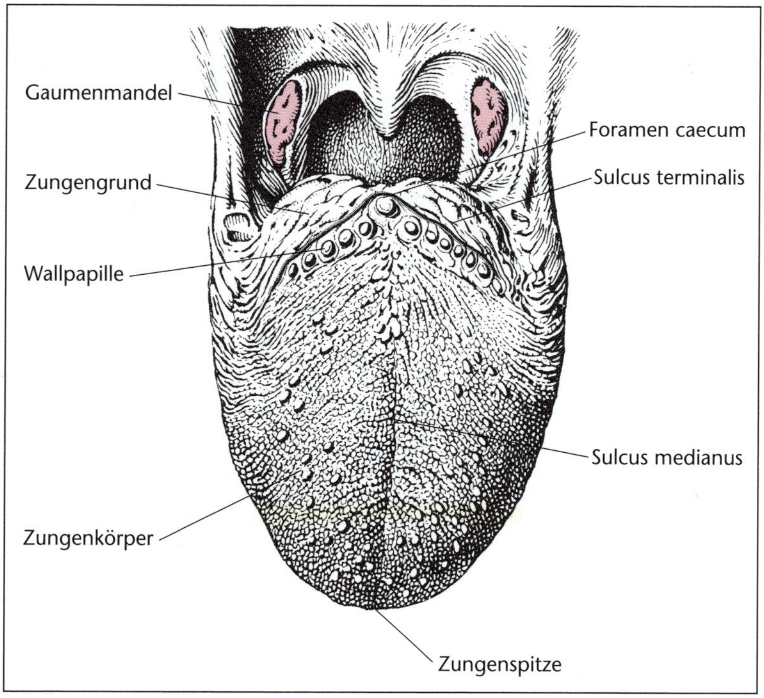

Abb. 6.14 Zungenrücken und Schlundenge

Zungenschleimhaut

Zur besseren Anpassung an mechanische Anforderungen und zur Oberflächenvergrößerung bildet die Schleimhaut des Zungenrückens unterschiedlich geformte warzenartige Gebilde, die entsprechend ihrer Gestalt als Wall-, Blatt-, Faden- und Pilzpapillen bezeichnet werden. Die Wallpapillen sind mit bloßem Auge erkennbar, sie stehen parallel vor dem Sulcus terminalis (➤ Abb. 6.14). Die unterschiedlichen Papillen spielen auch eine Rolle bei der Geschmackswahrnehmung (s.u.).

Die Zungenschleimhaut enthält zahlreiche sensible Nervenendigungen, die der Wahrnehmung von Berührung, Schmerz und Temperatur dienen. Die Zunge ist deshalb auch als ein hochempfindliches Tastorgan anzusehen, das in der Lage ist, Gegenstände durch Betasten zu erkennen (**Stereognosie**).

> **Stereognosie** stereos (griech.): räumlich und -gnosie (griech. gnosis): Erkenntnis, Wissenschaft
> **N. lingualis** N.: Abkürzung für Nervus (lat.): Nerv, lingualis (lat.): zur Zunge gehörig

Die sensiblen Nerven des Zungenrückens entstammen dem **N. lingualis,** einem Ast des N. mandibularis, dem dritten Ast des N. trigeminus (5. Hirnnerv, ➤ Kap. 7.11.2). Der N. trigeminus stellt gleichzeitig den ersten Schlundbogennerven dar (Zungenentwicklung). Die Schleimhaut des Zungengrunds wird vom N. glossopharyngeus und vom N. vagus sensibel versorgt; dabei handelt es sich um den 9. und 10. Hirnnerven bzw. um die Nerven des 3. und 4. Schlundbogens (➤ Kap. 7.11.4 und ➤ Kap. 7.11.5; der Nerv des 2. Schlundbogens, der N. facialis, ist für die Geschmackswahrnehmung der vorderen zwei Drittel der Zunge verantwortlich).

Zungenmuskeln

Abgesehen von der bedeckenden Schleimhaut besteht die Zunge hauptsächlich aus quergestreifter Skelettmuskulatur sowie zu einem geringeren Teil aus Bindegewebe und Drüsen. Teile des Zungenbindegewebes bilden kräftige Platten, die sich zum einen horizontal angeordnet am Zungenrücken direkt unter der Schleimhaut befinden, zum anderen in Längsrichtung von vorne nach hinten verlaufen und die Zunge im Inneren in zwei spiegelbildlich symmetrische Hälften teilt. Ein Teil der Zungenmuskeln setzt an diesen Bindegewebsplatten an.

Die Muskulatur der Zunge lässt sich zunächst grob in Binnenmuskeln, die nur innerhalb der Zunge verlaufen, und Außenmuskeln gliedern, die von benachbarten Skelettteilen entspringen und von außen in die Zunge einstrahlen. Die Binnenmuskeln dienen überwiegend der Verformbarkeit, die Außenmuskeln der Beweglichkeit der Zunge. Alle Zungenmuskeln werden vom 12. Hirnnerven, dem Unterzungennerv (**N. hypoglossus**), innerviert (➤ Kap. 7.11.6).

Die wichtigsten Außenmuskeln der Zunge sind (➤ Abb. 6.15):

- Kinn-Zungen-Muskel (**M. genioglossus**)
- Zungenbein-Zungen-Muskel (**M. hyoglossus**)
- Griffelfortsatz-Zungen-Muskel (**M. styloglossus**).

> **genio-** (griech. geneion): Kinn
> **hyo-** aus Os hyoideum (lat.): Zungenbein
> **stylo-** aus Processus styloideus (lat.): Griffelfortsatz (ein griffelförmiger Knochenvorsprung der Schädelbasis)
> **-glossus** (lat., griech. glossa): Zunge
> **hypo-** (griech.): unter

Die drei genannten Außenmuskeln entspringen von den genannten Skelettteilen und ziehen in das Zungeninnere. Die Hauptfunktion des M. genioglossus ist es, die Zunge nach vorne zu ziehen. Der M. hyoglossus zieht die Zunge nach hinten unten, der M. styloglossus nach hinten oben.

Die Binnenmuskeln der Zunge verlaufen in Längs- und Querrichtung sowie auch vertikal. Sie dienen der Verformbarkeit der Zunge in allen drei Raumrichtungen. Die längs verlaufenden Binnenmuskeln verkürzen die Zunge in Längsrichtung, die quer verlaufenden Muskeln verkürzen sie in Querrichtung, machen sie also „schmaler". Die vertikal verlaufenden Muskelbündel machen die Zunge flacher.

Ungewöhnlich ist, dass sich die Zunge als einziges quergestreiftes Skelettmuskelsystem bei einer Kontraktion nicht nur verkürzen, sondern auch verlängern kann. Durch gleichzeitige Kontraktion der quer und vertikal verlaufenden Binnenmuskeln wird die Zunge nach vorne hin verlängert und kann herausgestreckt werden (kann man sich z.B. an einem Luftballon deutlich machen).

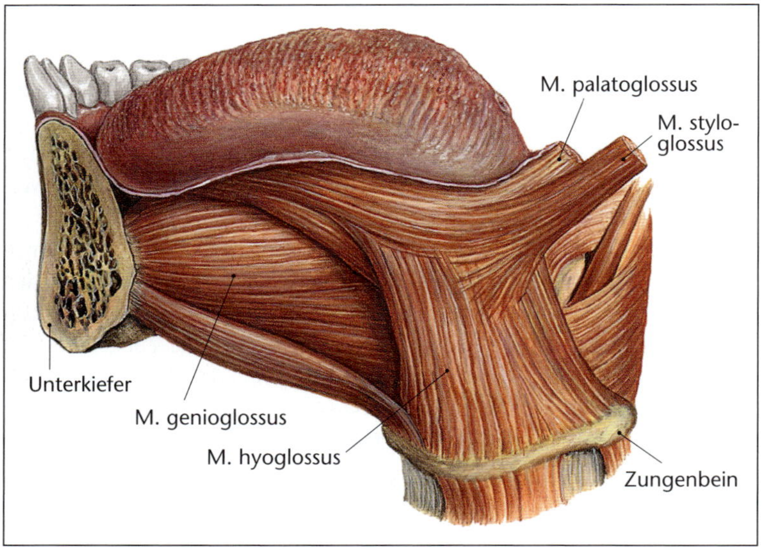

Abb. 6.15 Außenmuskeln der Zunge in der Ansicht von links seitlich; Unterkiefer in der Mitte durchgesägt

6

Die Zunge spielt nicht nur eine große Rolle bei der Lautbildung, bei der Nahrungsaufnahme und als Sinnesorgan, sondern ist auch entscheidend wichtig für den Saugakt. Voraussetzung für diesen ist die Versteifung der Wangen durch den Wangenmuskel (M. buccinator, ➤ Kap. 6.2.2) und der gasdichte Verschluss der Mundöffnung um die Brustwarze herum (oder um den Sauger eines Fläschchens) durch den Mundringmuskel (M. orbicularis oris, ➤ Kap. 6.2.2). Die Zunge verformt sich dann wie ein Stempel in der Mundhöhle, der nach hinten gerichtet den erforderlichen Unterdruck erzeugt.

Lähmung des N. hypoglossus (sog. Hypoglossus-Lähmung)

Fällt der 12. Hirnnerv für die Versorgung der Zungenmuskeln auf einer Seite aus, weicht die Zunge beim Versuch des Herausstreckens zur Seite der Lähmung ab, weil die Sonderfunktion der Zunge, sich zu verlängern, auf der gelähmten Seite ausgefallen ist. Die Lautbildung und die Nahrungsaufnahme sind dadurch behindert. Bei einer beidseitigen Lähmung kann die Zunge überhaupt nicht mehr herausgestreckt werden. Die Beeinträchtigungen für den Patienten sind dann erheblich.

Geschmacksorgan

Die Zungenschleimhaut ist neben ihren sonstigen Funktionen auch Träger des Geschmacksorgans. Die Geschmackswahrnehmung findet an den sog. Geschmacksknospen statt, die sich im Epithel der Zungenpapillen befinden. Darüber hinaus existieren auch noch einige freie Nervenendigungen mit entsprechenden Fähigkeiten. In den Geschmacksknospen haben sich Epithelzellen zu besonderen Sinnes- und Stützzellen umgewandelt, die verschiedene Geschmacksstoffe wahrnehmen können. Diese Informationen werden ebenfalls dem Nervensystem zugeleitet.

Die Unterscheidung verschiedener Geschmacksstoffe beschränkt sich auf fünf Geschmacksqualitäten, die auf unterschiedlichen Regionen der Zunge wahrgenommen werden: süß, sauer, salzig und „umami" (entspricht dem Chinagewürz, fleischbrühenähnlich) werden im Bereich der Zungenspitze und des seitlichen Zungenrandes wahrgenommen, bitter im Bereich der Wallpapillen des Sulcus terminalis. Das Vorhandensein weiterer Geschmacksqualitäten wird diskutiert, ist aber noch nicht ausreichend gesichert.

Die Wahrnehmung bitterer Stoffe, die in der Regel giftig oder zumindest unbekömmlich sind, ist nach hinten verlagert. Damit kann dann ggf. über entsprechende Nerven noch ein Würg- und Brechreflex ausgelöst werden.

Die Geschmackswahrnehmungen der vorderen zwei Drittel der Zunge (süß, sauer, salzig, umami) werden über einen Ast des 7. Hirnnerven (N. facialis, ➤ Kap. 7.11.3) zum Gehirn geleitet. Die Geschmacksqualität „bitter" wird im hinteren Zungendrittel über den 9. Hirnnerven (N. glossopharyngeus, bei Kindern teilweise zusätzlich auch noch über den 10. Hirnnerven, N. vagus, weitergeleitet; ➤ Kap. 7.11.4, ➤ Kap. 7.11.5).

Die zahlreichen unterschiedlichen Drüsen der Zungenschleimhaut dienen nicht nur dem Befeuchten der Nahrung und ihrer besseren Gleitfähigkeit, sondern auch dem Herausspülen der Geschmacksstoffe, um den Geschmacksknospen neue Sinneswahrnehmungen möglich zu machen.

6.2.5 Gaumen, Gaumenbögen und Schlundenge

Die Entstehung des Gaumens ist ein komplizierter Prozess, der mit der Gesichtsentwicklung eng verbunden ist. Fehlbildungen in diesem Bereich (Lippen-Kiefer-Gaumen-Spalten) sind relativ häufig. Patienten mit solchen Fehlbildungen benötigen neben vor allem kieferorthopädischen und chirurgischen Behandlungen meist auch eine Versorgung durch Sprachtherapeuten. Um die Anatomie des Gaumens und der umliegenden Gesichtsregion genauso wie die Entstehung der entsprechenden Fehlbildungen zu verstehen, sind etwas genauere Kenntnisse über die Entwicklungsvorgänge in diesem Bereich erforderlich.

Übersicht über die Gesichtsentwicklung

Es ist sinnvoll, den Abschnitt „Entwicklung" im ➤ Kap. 6.2.1 „Kiefergelenk und Kaumuskeln" noch einmal durchzuarbeiten (➤ Abb. 6.1).

Aus dem Material des ersten Schlundbogens entstehen im Bereich des späteren Oberkiefers zunächst die paarigen Oberkieferwülste. Dazwischen schiebt sich von oben der Stirnfortsatz als weiterer, unpaarer Wulst. An jedem seitlichen Ende des Stirnfortsatzes (➤ Abb. 6.16a) bilden sich ein innerer (medialer) und äußerer (lateraler) Nasenwulst aus. Diese Nasenwülste begrenzen die Riechgruben, die die Position der späteren Nasenlöcher darstellen (➤ Abb. 6.16b).

Die beiden Oberkieferwülste wachsen zur Mitte hin, drücken dabei die medialen Nasenwülste zunächst zusammen und verschmelzen anschließend mit ihnen. Dabei bildet sich die Oberlippe in ihrer endgültigen Form.

Die **Philtrum** genannte Einbuchtung in der Mitte der Oberlippe zeigt noch die Position der zusammengedrückten und in der Mitte verschmolzenen medialen Nasenwülste an (➤ Abb. 6.16c). Zwischen Oberkieferwulst und lateralem Nasenwulst befindet sich die Tränennasenfurche, aus der sich der Tränennasenkanal entwickelt (➤ Abb. 6.16c). Über ihn wird die überschüssige Tränenflüssigkeit aus den Augen zum unteren Nasengang abgeleitet (➤ Kap. 4.5.4). Nach Ausbildung des Kanals ver-

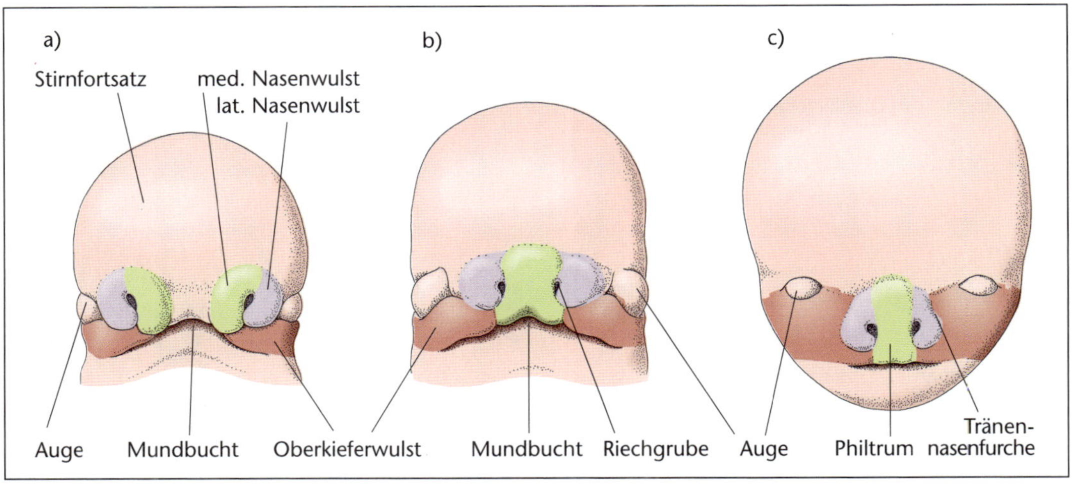

Abb. 6.16 Stadien der Gesichtsentwicklung. a) Alter 6 Wochen, b) Alter 7 Wochen, c) Alter 10 Wochen; rot: Oberkieferwulst, blau: lateraler Nasenwulst, grün: medialer Nasenwulst

schmelzen Oberkieferwülste und laterale Nasenwülste miteinander. In ihnen entsteht das knöcherne Skelett der Wangenregion und des Oberkiefers.

Philtrum (lat.) (griech. philtron): Einbuchtung der Lippe, im alten Griechenland als „Liebeszauber" angesehen

Die Nase entsteht durch Verschmelzung des Stirnfortsatzes und der medialen und lateralen Nasenwülste. Aus dem Stirnfortsatz und den medialen Nasenfortsätzen bilden sich die Nasenwurzel, der Nasenrücken und die Nasenspitze. Aus den lateralen Nasenfortsätzen bilden sich die seitlichen Nasenflügel (➤ Abb. 6.16).

Entwicklung des Gaumens

Aus dem Material der medialen Nasenwülste entstehen nicht nur Anteile der Oberlippe und der Nase, sondern in der Tiefe auch der Abschnitt des Oberkiefers mit den vier Schneidezähnen und ein vorderer dreieckiger Anteil des Gaumens, den man primären Gaumen nennt (➤ Abb. 6.17).

Der größte Teil des endgültigen Gaumens entwickelt sich jedoch aus den Oberkieferwülsten. Ursprünglich sind Nasen- und Mundhöhle noch nicht voneinander getrennt (➤ Abb. 6.17b). Von den Oberkieferwülsten wachsen horizontal verlaufende Gewebeplatten (die sog. Gaumenplatten) in der Ebene des späteren Gaumens aufeinander zu und verschmelzen zum sekundären Gaumen. Gleichzeitig wächst das **Nasenseptum** als Leiste vom Dach der Nasenhöhle nach unten und verschmilzt mit den verwachsenen Gaumenplatten. Zusätzlich vereinigen sich die beiden Gaumenplatten im vorderen Bereich mit dem primären Gaumen (➤ Abb. 6.17a, c).

Durch diese Verschmelzungsvorgänge werden der primäre und der sekundäre Gaumen zum endgültigen Gaumen vereinigt, die beiden Nasenhöhlen werden voneinander getrennt, ebenso die Nasenhöhlen von der Mundhöhle.

Die Stelle, an der der primäre Gaumen mit den beiden Gaumenplatten des sekundären Gaumens verschmilzt, bleibt am Skelett des definitiven Gaumens als Schneidezahnloch (**Foramen incisivum**) bestehen. Hier ziehen Blutgefäße und Nerven durch. Allerdings ist diese Öffnung durch Nasen- bzw. Mundschleimhaut verschlossen.

Septum (lat.): Scheidewand
Foramen (lat.): Öffnung, Loch
incisivum Neutrum von incisivus (lat.): Schneidezahn

Lippen-Kiefer-Gaumen-Spalten

Im gesamten Verschmelzungsbereich der medialen Nasenwülste mit den Oberkieferwülsten bzw. den von ihnen ausgehenden Gaumenplatten kommen relativ häufig Entwicklungsstörungen vor, bei denen die Verschmelzungen ganz oder teilweise unterbleiben. Dadurch kommt es zu

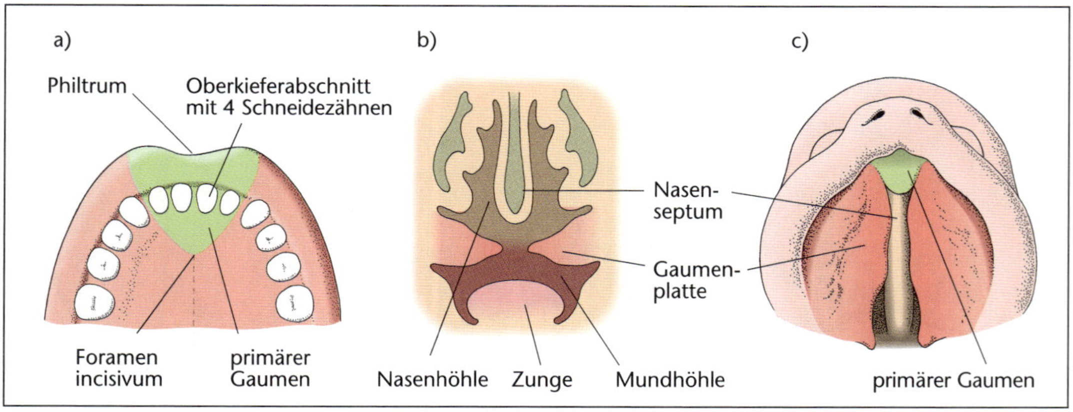

Abb. 6.17 Stadien der Gaumenentwicklung. a) Entwicklung der Oberlippe, des Oberkiefers und des Gaumens (Ansicht von unten; rot: Oberkieferwülste mit Gaumenplatten, grün: mediale Nasenwülste = primärer Gaumen); b) Frontalschnitt durch den Kopf, Nasenhöhlen sind noch untereinander und mit der Mundhöhle verbunden, die Gaumenplatten sind noch nicht verschmolzen; c) Ansicht der Oberlippe und des Gaumens von unten kurz vor dem Abschluss der Gaumenbildung

Fehlbildungen im Bereich des Gesichts, des Oberkiefers und des Gaumens, die nicht nur ästhetische Probleme mit sich bringen, sondern auch die Atmung und die Nahrungsaufnahme, vor allem aber die Lautbildung beeinträchtigen können.
Die ➤ Abb. 6.18 zeigt schematisch die wichtigsten Spaltbildungen. Wenn der Oberkieferwulst ungenügend mit dem medialen Nasenwulst verschmilzt, kommt es zu Spaltbildungen im Bereich der Oberlippe, des Oberkiefers und des primären Gaumens. Diese Spalten können ein- oder beidseitig auftreten und reichen bis maximal zum Foramen incisivum (➤ Abb. 6.18a, b, c, d).
Bei einer ungenügenden Verschmelzung der Gaumenplatten der Oberkieferwülste kommt es zu Spaltbildungen im Gaumen, die hinter dem Foramen incisivum liegen (➤ Abb. 6.18e). In schweren Fällen treten auch Kombinationen der Spaltbildungen auf (➤ Abb. 6.18f).

Harter und weicher Gaumen

Der Gaumen bildet gleichzeitig den Boden der Nasenhöhlen und das Dach der Mundhöhle (➤ Abb. 6.19). Die vorderen zwei Drittel des Gaumens weisen eine knöcherne Grundlage auf, die von Schleimhaut bedeckt ist. Dieser Teil des Gaumens wird als harter Gaumen (**Palatum durum**) bezeichnet. Der harte Gaumen wird von einer Schleimhaut bedeckt, die – ähnlich wie das Zahnfleisch – nicht verschieblich ist, sondern fest mit dem Knochen verwachsen ist.

Palatum (lat.): Gaumen
durum Neutrum von durus (lat.): hart
molle Neutrum von mollis (lat.): weich
Velum (lat.): Segel, **palatinum** Neutrumform von **palatinus** (lat.): zum Gaumen gehörig
Uvula (lat.): Zäpfchen

Die Grundlage des weichen Gaumens (**Palatum molle**), der wegen seiner Form und Beweglichkeit auch als Gaumensegel (**Velum palatinum**), oft auch nur als „Velum" bezeichnet wird, sind Skelettmuskeln und eine Sehnenplatte, in die die Muskeln einstrahlen. Das Gaumensegel setzt sich nach hinten unten in das Zäpfchen (**Uvula**) fort (➤ Abb. 4.15, ➤ Abb. 6.7, ➤ Abb. 6.19).

6

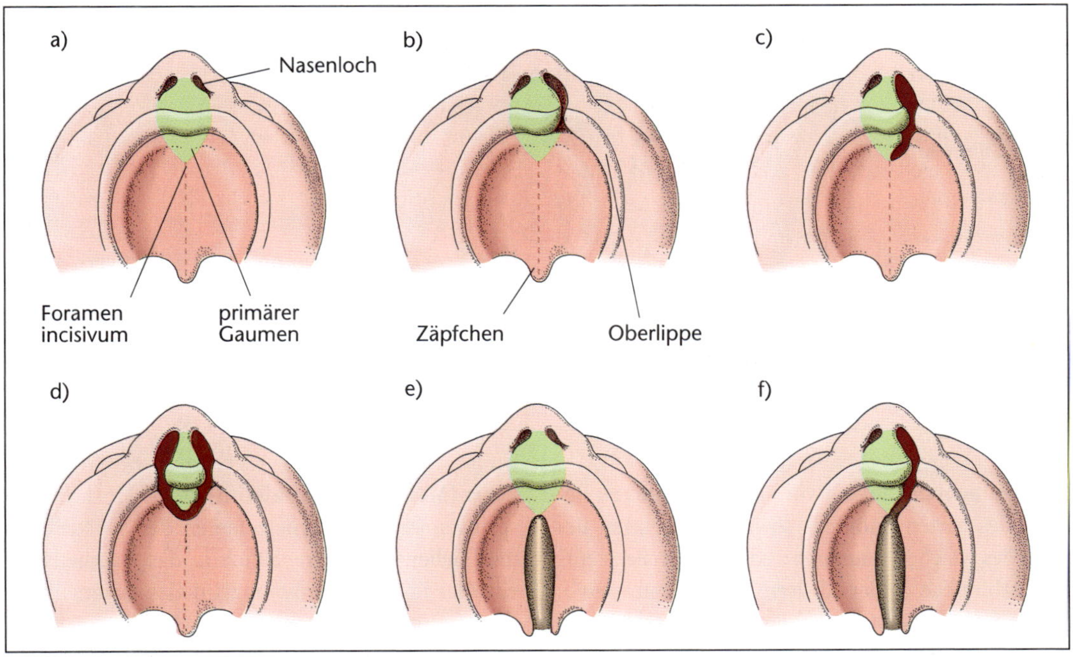

Abb. 6.18 Lippen-, Kiefer- und Gaumenspalten. Blick auf Gaumen, Oberkiefer, Oberlippe und Nase von vorne unten. a) Normale Verhältnisse, b) einseitige Lippenspalte links, die bis in die Nase hineinreicht, c) einseitige Spaltbildung links im Bereich der Lippe, des Oberkiefers und des Gaumens bis zum Foramen incisivum, d) Spaltbildung wie in ➤ Abb. 6.18c, nur beidseitig, e) Gaumenspalte vom Foramen incisivum an nach hinten bis zum ebenfalls gespaltenen Zäpfchen, f) Kombination der Spaltbildung in ➤ Abb. 6.18c und ➤ Abb. 6.18e

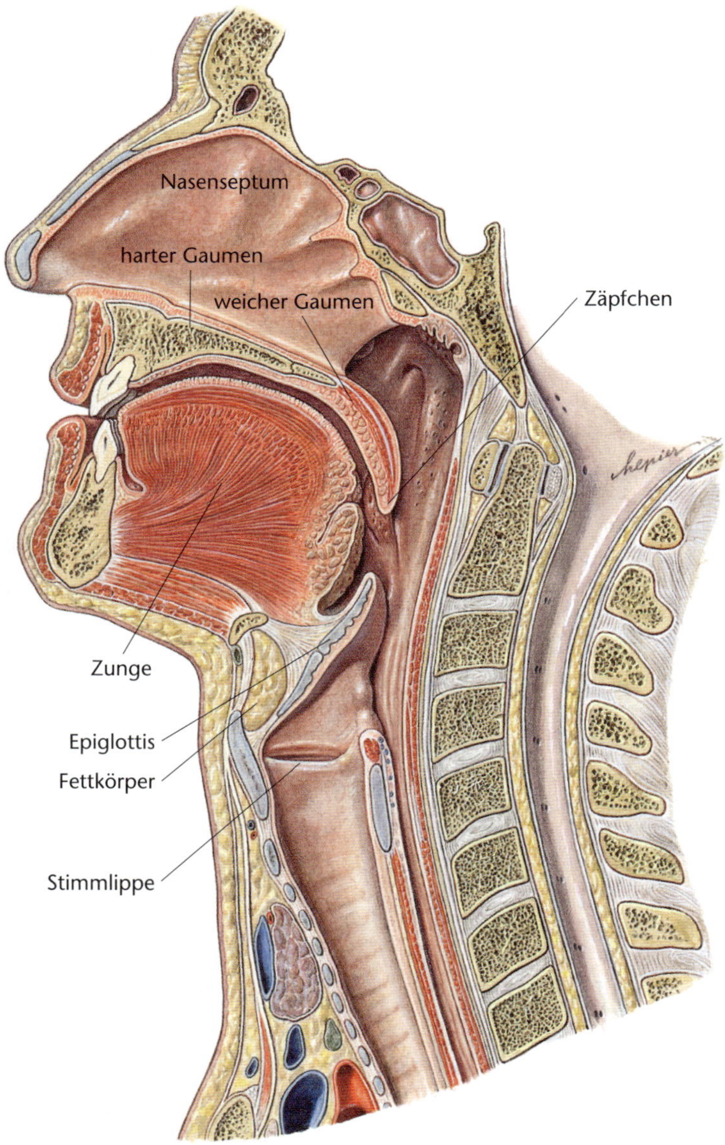

Abb. 6.19 Schnitt durch den Gesichtsschädel, Kehlkopf und Rachen; der Schnitt verläuft nicht exakt in der Mittelebene, sondern etwas links davon, sodass die Nasenscheidewand (Nasenseptum) erkennbar ist

6

Die Gaumenschleimhaut vor allem im hinteren Bereich des harten Gaumens sowie im gesamten Bereich des weichen Gaumens und des Zäpfchens enthält zahlreiche Schleimdrüsen („Gaumendrüsen"), deren Sekret die Aufgabe hat, feste, zerkleinerte Nahrung gleitfähig zu machen.

Das Gaumensegel enthält als muskuläre Grundlage zwei paarige und einen unpaaren Muskel. Die beiden paarigen Muskel sind der Gaumensegelspanner (**M. tensor veli palatini**) und der Gaumensegelheber (**M. levator veli palatini**). Beide Muskeln entspringen von Knochenelementen der Schädelbasis und ziehen von oben/seitlich in das Gaumensegel ein. Bei ihrer Kontraktion wird das Gaumensegel quer gespannt und angehoben. Damit spielt das Gaumensegel eine wichtige Rolle beim Schluckakt (➤ Kap. 6.4), aber auch bei der Artikulation (➤ Kap. 6.3).

Der Gaumensegelspanner ist mit einigen Fasern auch an der Außenwand der Ohrtrompete angeheftet, sodass bei Kontraktion dieses Muskels z.B. beim Schlucken oder Gähnen das Mittelohr belüftet wird (➤ Kap. 8.6.6).

Muskuläre Grundlage des Zäpfchens ist der Zäpfchenmuskel (**M. uvulae**), der sich bei Kontraktion in Längsrichtung zusammenzieht und dadurch zur Absonderung von Schleim aus den umliegenden Drüsen sorgt.

M. tensor (lat.): anspannend, „M. tensor": Spannmuskel, Spanner
M. levator (lat.): hebend, „M. levator": Hebemuskel, Heber
veli palatini Genitiv von velum palatinum (lat.): Gaumensegel
uvulae Genitiv von uvula (lat.): Zäpfchen

Die Innervation der Muskeln des Gaumensegels ist kompliziert, da die einzelnen Muskeln aus unterschiedlichen Schlundbögen stammen. Der M. tensor veli palatini ist entwicklungsgeschichtlich zu den Kaumuskeln zu rechnen und wird vom dritten Ast (N. mandibularis) des fünften Hirnnerven (N. trigeminus) versorgt (➤ Kap. 6.2.1, ➤ Kap. 7.11.2). Der M. levator veli palatini und der M. uvulae werden in wechselndem Ausmaß vom neunten (N. glossopharyngeus) und zehnten (N. vagus) Hirnnerven innerviert (➤ Kap. 7.11.4, ➤ Kap. 7.11.5).

Schnarchen

Der Spannungszustand („Tonus") des Gaumensegels kann z.B. beim Schlafen so weit sinken, dass es – vor allem in Rückenlage – auf die Rachenschleimhaut absinkt. Beim Einatmen mit geöffnetem Mund flattert das Gaumensegel dann geräuschvoll im Luftstrom.

Gaumenbögen und Schlundenge

Die Mundhöhle setzt sich nach hinten über die Schlundenge (**Isthmus faucium**) in den mittleren Rachenabschnitt fort (➤ Abb. 6.20). Die untere Begrenzung der Schlundenge bildet die Zungenwurzel, die obere Begrenzung das Gaumensegel mit dem Zäpfchen.

Die seitliche Begrenzung der Schlundenge wird von den beiden schleimhautüberzogenen Gaumenbögen gebildet, die sowohl nach oben in das Gaumensegel als auch nach unten in die Zunge einstrahlen (➤ Abb. 6.20). Zwischen den beiden Gaumenbögen befindet sich die Mandelgrube oder Tonsillarbucht, die die Gaumenmandel (**Tonsilla palatina**) enthält.

Isthmus (lat.) aus isthmos (griech.): schmale Verbindung, eigentlich „Landenge"
faucium Genitiv Plural von fauces (lat.): Schlund (das lat. Wort kommt nur im Plural vor)
Tonsilla (lat.): Mandel, **palatina** (lat.): zum Gaumen gehörig

6

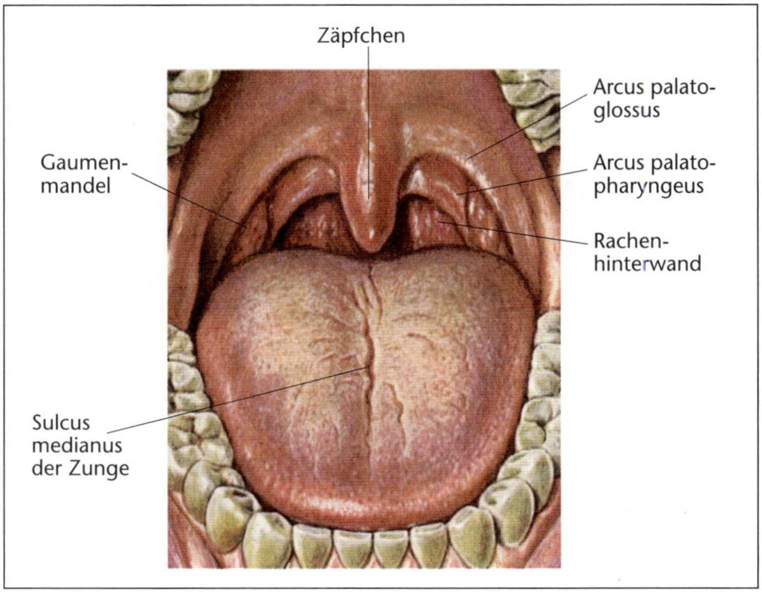

Abb. 6.20 (Ausschnitt aus Abb. 6.7): Blick auf die Zunge, die Schlundenge und den weichen Gaumen

Der vordere Gaumenbogen (**Arcus palatoglossus**) besitzt als muskuläre Grundlage den Gaumen-Zungen-Muskel (**M. palatoglossus**), der bogenförmig vom Gaumensegel zur Zungenwurzel zieht. Dieser Muskel begrenzt beim Schluckakt die Ausmaße des Bissens, der geschluckt werden soll („der Muskel schneidet den Bissen ab").

Der hintere Gaumenbogen (**Arcus palatopharyngeus**) wird vom Gaumen-Rachen-Muskel (**M. palatopharyngeus**) aufgeworfen, der als stärkster Schlundheber anzusehen ist (➤ Kap. 4.6.2), aber auch eine Hebung des Kehlkopfs unterstützt.

Arcus (lat.): Bogen
palato- (lat.): zum Gaumen gehörig, **-glossus** (lat.): zur Zunge gehörig, **-pharyngeus** (lat.): zum Rachen gehörig

Der M. palatoglossus zählt noch zu den Zungenmuskeln und wird deshalb vom N. hypoglossus innerviert (➤ Kap. 6.2.4), der M. palatopharyngeus wird vom zehnten Hirnnerven, dem N. vagus (➤ Kap. 7.11.5), versorgt.

6

6.3 Artikulation

Die Stimmbildung (Phonation) erfolgt durch das Stimmorgan Kehlkopf (➤ Kap. 5). Die Lautbildung (**Artikulation**) oder allgemein ausgedrückt das Sprechen findet hingegen mithilfe der Artikulationsorgane im Ansatzrohr und an seinen Öffnungen (➤ Kap. 5.3.2) statt. Wie schon erwähnt, existieren nicht nur erhebliche individuelle Unterschiede bezüglich des anatomischen Aufbaus des Ansatzrohrs und seinen Öffnungen bei den einzelnen Menschen, sondern es kann auch die Form des Ansatzrohrs einer Person mithilfe der Muskeln in den Weichteilen dieser Region stark verändert werden.

Artikulation (lat. articulatio): Gelenk, aber auch gegliederter Vortrag, Gliederung des Gesprochenen, hier: Lautbildung
Vokal (lat. vocalis): stimmreicher, tönender Buchstabe (Öffnungslaut, Selbstlaut)

Konsonant (lat. consonans): mitlautend (Hemmlaut, Mitlaut; dabei Hemmung oder Einengung der Ausatemluft)
Formant (lat. formare): bilden, hier: charakteristischer Teilton eines Lautes

Bei der Lautbildung wird zwischen Selbstlauten (**Vokalen**) und Mitlauten (**Konsonanten**) unterschieden. Die Bildung der Vokale und Konsonanten der deutschen Sprache soll im Folgenden nur kurz beschrieben werden; für Details sei auf entsprechende Lehrbücher der Phonetik verwiesen.

Die entscheidenden Artikulationsorgane für die Bildung der Vokale sind die Lippen, die Zunge und der weiche Gaumen mit dem Zäpfchen. Dadurch wird die Mundhöhle als Resonanzraum unterschiedlich geformt (➤ Abb. 6.21). Zusätzlich unterscheiden sich bei der Bildung der einzelnen Vokale auch noch die Position des Kehlkopfs, der z.B. bei „i" hoch und bei „u" tief steht, sowie die Stellung des Kiefergelenks.

Besonders die Klangfarbe der Vokale wird durch **Formanten** (Teiltöne, Partialtöne) charakterisiert,

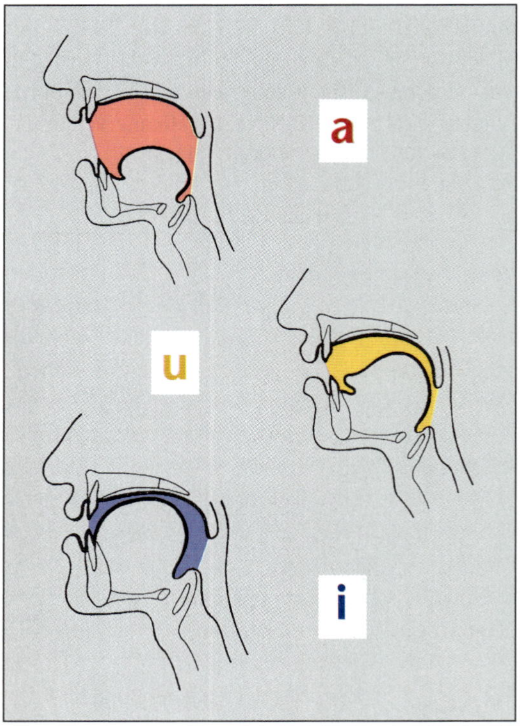

Abb. 6.21 Änderungen des Resonanzraums der Mundhöhle als Teil des Ansatzrohrs durch die Artikulationsorgane Lippen, Zunge und weicher Gaumen bei der Bildung der Vokale a, u und i

da die Vokale Klänge sind, die aus Grundtönen und einer Reihe harmonischer Obertöne gebildet werden. Auch bei Konsonanten werden Formanten beschrieben; allerdings stehen die Frequenzen der Teiltöne nicht in einfachen mathematischen Verhältnissen zueinander wie bei den Vokalen.

Konsonanten werden folgendermaßen gebildet:

- die Ausatemluft wird durch Engstellen des Luftweges hindurchgeleitet
- die Ausatemluft wird an Engstellen des Luftweges vorbeigeleitet
- verschlossene Bereiche des Luftweges werden aufgesprengt.

Hierzu werden die Artikulationsorgane Zunge, Lippen, Wangen, weicher Gaumen mit Zäpfchen und die Glottis eingesetzt. Auch das differenzierte Heben und Senken des Unterkiefers spielt bei der Artikulation eine Rolle.

Konsonanten, die im Wesentlichen durch die Lippen gebildet werden, bezeichnet man als **Labiale** (Lippenlaute). Wird die Lautbildung durch das Zäpfchen durchgeführt, spricht man von **Uvularen** (Zäpfchenlauten). Erfolgt die Lautbildung durch Muskelbewegungen im Bereich der Stimmritze, werden diese Laute als **Glottale** oder **Laryngeale** (Stimmlippen- bzw. Kehlkopflaute) bezeichnet.

Die Zunge ist in erheblichem Umfang als Artikulationsorgan tätig. Dabei unterscheidet man die Zungenlaute differenziert nach dem Zungenabschnitt, der als Artikulationsorgan tätig ist (➤ Kap. 6.2.4):

- Zungenspitze: **Apikale**
- Zungenblatt: **Laminale** (damit ist der vordere Abschnitt des Zungenkörpers gemeint, etwa das vordere Drittel der gesamten Zunge, allerdings ohne die Zungenspitze)
- Zungenspitze und Seitenränder des Zungenkörpers: **Koronale**
- Zungenrücken (befindet sich hinter dem Zungenblatt, entspricht etwa dem mittleren Drittel der Zunge): **Dorsale** (teilweise auch noch weiter nach vorderer, mittlerer und hinterer Oberfläche des Zungenrückens unterschieden).

Apikale apex (lat.): Spitze
Laminale lamina (lat.): Blatt, Platte
Koronale corona (lat.): Kranz
Dorsale dorsum (lat.): Rücken

Die genannten Artikulationsorgane bewegen sich bei der Lautbildung an die Stelle, wo der Laut gebildet wird (Lippen, Zunge, Gaumensegel), oder verändern am Artikulationsort ihre Muskelspannung (Zäpfchen, Glottis). Diese Stelle bezeichnet man als Artikulationsstelle oder Artikulationsort. Nach ihren Artikulationsorten unterscheidet man folgende Laute:

- Lautbildung an den Lippen (Ober- und Unterlippe berühren sich bzw. bilden einen festen Verschluss): **Bilabiale** (teilweise auch **Labiale** genannt), z.B. [b, m, p]
- Lautbildung an Lippen und Zähnen: **Labiodentale,** z.B. [f, pf, w]
- Lautbildung an den sog. Zahntaschen: **Alveolare,** z.B. [d, l, n, s, t, ts, z]; der Begriff „Zahntasche" und die Übersetzung „Alveole" entspricht nicht den in der Anatomie oder Zahnmedizin üblichen Definitionen; in der Zahnmedizin wird der Begriff Zahnfleischtasche für den Spaltraum zwischen Zahnfleisch (Gingiva) und Zahnhals verwendet; die Alveole ist die blasenartige Vertiefung im Kiefer für die Aufnahme der Zahnwurzel und des Zahnhalteapparats; evtl. ließe sich der Begriff Alveole als „Tasche" übersetzen; die Lautbildung findet jedoch nicht an den Alveolen, sondern am Zahnfleisch (Gingiva) statt, sodass „Alveolare" eigentlich korrekt als „Gingivale" bezeichnet werden müssten.
- Lautbildung am Übergang von den „Zahntaschen" zum harten Gaumen: **Postalveolare** bzw. **Palatoalveolare,** z.B. [sch, tsch]
- Lautbildung am harten Gaumen: **Palatale,** z.B. [ch wie in weich, j]
- Lautbildung am weichen Gaumen = Gaumensegel: **Velare,** z.B. [ch wie in Rachen, g, k, nasales ng]
- Lautbildung am Zäpfchen: **Uvulare,** z.B. [gerolltes r]
- Lautbildung in der Stimmritze: **Glottale,** z.B. [h].

Bilabiale, Labiale bi- (lat.): zweimal, labiale (lat. labia): Lippe
Labiodentale labio- (lat. labia): Lippe und -dentale (lat. dens): Zahn
Alveolare alveolus (lat.): kleine Vertiefung, Mulde, „Fach"; Postalveolare: von post- (lat.): hinter; Palatoalveolare: aus palatum (lat.): Gaumen
Palatale palatum (lat.): Gaumen

6

Velare velum (lat.): Segel (gemeint ist das Gaumensegel, Velum palatinum)
Uvulare (lat. uvula): Zäpfchen
Glottale (lat. glottis): Verschlussapparat der Stimmritze

Konsonanten können stimmlos oder stimmhaft sein. Stimmlose Laute (ch, f, h, k, p, s, sch, t) entstehen als reine Geräusche an den Artikulationsstellen, während stimmhafte Konsonanten (z.B. l, m, n) Klanggemische darstellen, bei denen in unterschiedlichem Umfang auch noch der durch den Kehlkopf erzeugte Stimmklang dazukommt.

Eine weitere Differenzierung der Laute erfolgt über ihren Bildungsmechanismus (Artikulationsmodus). Man unterscheidet:
Vokal: Öffnungslaut, z.B. [a, e, i, o u]
Plosiv: Verschlusslaut (Sprengung einer Verschlusszone des Ansatzrohrs), z.B. [b, d, g, k, p, t]
Frikativ: Reibelaute (Luftaustritt durch Engstellen), z.B. [ch, f, h, j, s, sch, v, z]
Nasal: Luftaustritt ausschließlich aus der Nasenhöhle, z.B. m, n, ng nasal]
Vibrant: Lautbildung durch Vibrationen (Schwingungen) der Zungenspitze oder des Zäpfchens [r]
Lateral: Luftaustritt entlang der Seitenränder der Zunge, wobei die Zungenspitze an den oberen „Zahntaschen" liegt [l]
Affrikat: verzögerte Lösung von Verschlusslauten, z.B. [pf, ts]

Vokal vocalis (lat.): stimmreicher, tönender Laut (Öffnungslaut, Selbstlaut)
Plosiv plodere (lat.): klatschen, schlagen (vgl. Explosion: „Herausklatschen")
Frikativ fricare (lat.): reiben

Vibrant vibrare (lat.): schwingen, zittern
lateral (lat.): seitlich
Affrikat affricare (lat.): anreiben

6.4 Schluckakt und Speiseröhre

6.4.1 Schluckakt

Der mittlere Abschnitt des Rachens (Mesopharynx; ➤ Kap. 4.6.1) ist die Kreuzungsstation für den Atem- und Speisenweg. Nahrungselemente gelangen aus der Mundhöhle durch die Schlundenge zum Mesopharynx, von dort zum unteren Abschnitt des Rachens, dann über die Speiseröhre in den Magen. Die Atemluft gelangt in der Regel über die Nasenhöhle in den Rachen, den sie vollständig passiert, bis sie im unteren Rachenbereich durch den Kehlkopfeingang die unteren Luftwege erreicht (➤ Abb. 6.22).

Eine Berührung der Schleimhaut der oberen und unteren Atemwege mit Nahrungsteilchen wird als außerordentlich unangenehm empfunden; durch heftige Hustenstöße (als Reaktion auf ein „Verschlucken") wird versucht, diese Nahrungsteilchen vor allem von der Kehlkopfschleimhaut wieder zu entfernen. Anlass für diesen Hustenreiz ist die Erstickungs- und Infektionsgefahr, die beim Eindringen von Nahrungsteilchen in die unteren Atemwege besteht.

Aus diesem Grunde ist der Schluckakt mit einer Reihe von Schutzmechanismen verbunden, die verhindern sollen, dass Nahrungsteilchen in die oberen bzw. unteren Atemwege gelangen. Diese Sicherung des Schluckaktes beruht beim Neugeborenen auf anatomischen, bei älteren Kindern und Erwachsenen auf funktionellen Mechanismen.

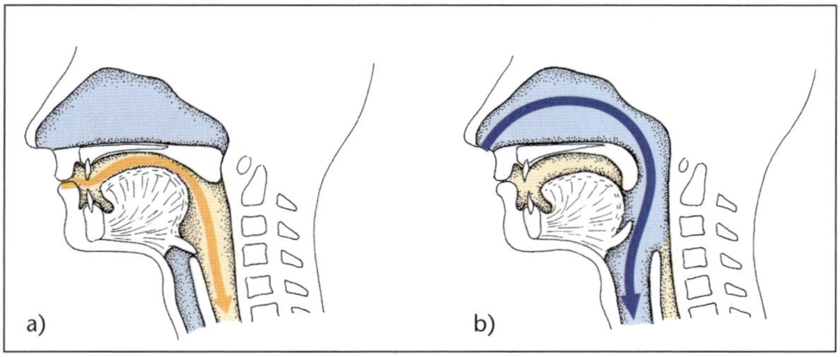

Abb. 6.22 Überkreuzung des Luft- und Speisewegs im Mesopharynx.
a) Speiseweg (gelb) geöffnet, Luftweg reflektorisch nach oben und unten verschlossen;
b) Luftweg (blau) geöffnet

Unter anatomischer Sicherung des Schluckaktes beim Neugeborenen ist zu verstehen, dass der Kehldeckel bis zum Zäpfchen reicht, sodass die Nahrung (in der Regel die Milch) durch die beiden Schluckrinnen seitlich des Kehldeckels in die Speiseröhre gelangt. Dadurch ist das Neugeborene in der Lage, beim Trinken weiter zu atmen. Die Ausatemluft wird vorwiegend durch die Nasenhöhlen, nicht durch die Mundhöhle abgeleitet.

Da sich der Kehlkopf während der weiteren Entwicklung deutlich absenkt, muss diese anatomische Sicherung durch eine funktionelle Sicherung des Schluckaktes bei älteren Kindern und Erwachsenen ersetzt werden. Dadurch ergibt sich dann die für das Sprechen und Singen essenzielle Fähigkeit, die Ausatemluft auch über die Mundhöhle abzugeben.

Nur der Beginn des Schluckaktes, bei dem der Bissen in den hinteren Bereich der Mundhöhle gelangt, ist dem Willen unterworfen. Alle weiteren Teilvorgänge werden reflektorisch durchgeführt, sodass man auch von Schluckreflex spricht. Der eigentliche Transport des Bissens wird dann ebenso reflektorisch von Verschlussvorgängen der oberen und unteren Atemwege begleitet.

Der gesamte Schluckreflex ist so automatisiert und abgesichert, dass er auch beim Schlafen, bei Bewusstlosigkeit und sogar bei Ausfall des Großhirns noch funktioniert. So finden im Laufe von 24 Stunden zwischen 1000 und 3000 Schluckvorgänge statt. Hauptsächlich bei Erkrankungen oder Hirnschädigungen im Bereich des unteren Hirnstamms (➤ Kap. 7.9.8, Rautenhirn: dort befindet sich das sog. Schluckzentrum) ist der Schluckreflex gefährdet. Es treten dann Schluckstörungen auf, die auch als **Dysphagie** bezeichnet werden. Diese können allerdings auch andere Erkrankungen als Ursache haben.

Die Einzelvorgänge des Schluckaktes sollen anhand der ➤ Abb. 6.23 besprochen werden:

a) In der Vorbereitungsphase wird ein schluckfähiger Bissen (der sog. **Bolus**) durch Bewegungen der Kaumuskeln, der Zunge, der Wangen etc. sowie durch Einspeichelung erzeugt.

b) Am Ende der Vorbereitungsphase wird die Mundbodenmuskulatur kontrahiert (➤ Kap. 5.2.1, obere Zungenbeinmuskeln); dadurch erhält die Zunge ein Widerlager, mit dessen Hilfe sie den Bolus bei geschlossenen Lippen und angespannten Wan-

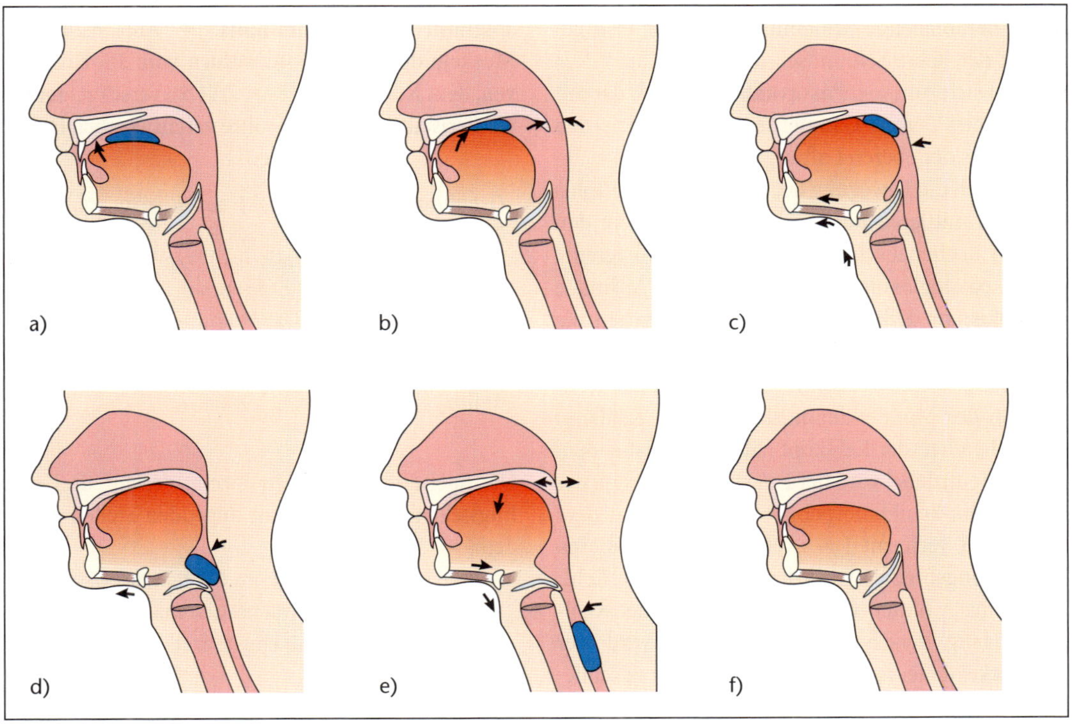

Abb. 6.23 Einzelphasen des Schluckaktes (Beschreibung siehe Text)

genmuskeln über den hinteren Rand des Gaumens hinausdrücken kann; in der Schleimhaut des Zungengrunds und der Hinterwand des Rachens befinden sich Nervenendigungen (**Rezeptoren**), die dann den eigentlichen Reflex auslösen.

Bolus bolus (lat.) bzw. bolos (griech.): Klumpen
Rezeptor recipere (lat.): aufnehmen
Passavant Eigenname (deutscher Chirurg)
peristaltisch peristaltikos (griech.): wörtlich umfassend zusammendrückend; hier: aufeinanderfolgende Kontraktionen von Ringmuskeln in Hohlorganen, wodurch der Organinhalt weiter transportiert wird (vor allem auch im Darm zu beobachten)
Dysphagie abgeleitet aus dys- (griech.): schlecht, krankhaft, und phagein (griech.): fressen, schlucken

c) Im nächsten Schritt werden die oberen Luftwege, hier beginnend mit dem oberen Rachenabschnitt, reflektorisch vor dem Eindringen des Bolus geschützt; dabei kontrahieren sich die Gaumensegelmuskeln und spannen und heben das Gaumensegel in Richtung auf die Rachenhinterwand; durch gleichzeitige Kontraktion des Zäpfchenmuskels wird dem Bolus der weitere Weg über den Zungengrund durch herabfallende Schleimtropfen schlüpfrig gemacht; der obere Schlundschnürer (➤ Kap. 4.6.2) verdickt sich zum sog. **Passavant**-Ringwulst, der mit dem kontrahierten Gaumensegel zusammen den Verschluss der oberen Luftwege sichert.

d) Durch die Bewegung der Zunge wird der Bolus über den mittleren Rachenabschnitt hinaus in den unteren Rachenabschnitt befördert; dabei begrenzt der M. palatoglossus (➤ Kap. 6.2.5) die Ausmaße des Bolus; am Kehlkopfeingang ist inzwischen die Sicherung der unteren Luftwege dadurch vollzogen worden, dass die schon unter b) beschriebene Kontraktion der Mundbodenmuskulatur den Kehlkopf angehoben hat; der Kehlkopf nähert sich dabei dem Zungenbein; dabei wird der Fettkörper zwischen der Zungenbein-Schildknorpel-Membran und dem Kehldeckel verformt (➤ Abb. 5.7); durch diesen Verformungsprozess wird der obere Teil des Kehldeckels nach hinten unten gedrückt und der Kehlkopfeingang verschlossen; gleichzeitig wird der Kehldeckel dabei nach unten gezogen und es schließen sich die Stimmlippen.

e) Die Schlundheber, vor allem der M. palatopharyngeus (➤ Kap. 6.2.5), heben sich dem Bolus entgegen; dabei erweitert sich der untere Rachenbereich, um den Bolus aufzunehmen, der dann über die Schluckrinnen beidseits des Kehldeckels Richtung Speiseröhre rutscht (vorher muss sich der sog. Ösophagusmund öffnen. (➤ Kap. 6.4.2); der Bolus wird bei seinem Weg zum Magen durch **peristaltische** Bewegungen der Schlundschnürer und der Speiseröhrenmuskulatur in der Regel „in einem Rutsch" bis zum Magen befördert.

f) Anschließend wird durch nachlassende Anspannung der genannten Muskeln der ursprüngliche Zustand wieder hergestellt.

6.4.2 Speiseröhre

Die Speiseröhre (**Ösophagus**) besteht ähnlich wie der Rachen innen aus einer Schleimhaut und außen aus einer muskulären Wand mit Ring- und Längsmuskeln. Sie weist beim Erwachsenen eine Länge von ca. 24 – 27 cm auf; in ihrem Verlauf unterscheidet man einen Halsabschnitt (**Pars cervicalis**), einen Brustabschnitt (**Pars thoracica**) und einen Bauchabschnitt (**Pars abdominalis**, ➤ Abb. 6.24). Die Muskeln der Speiseröhre werden vom 10. Hirnnerven, dem N. vagus (➤ Kap. 7.11.5), versorgt, der für die Peristaltik der Speiseröhre verantwortlich ist.

Ösophagus oesophagus (lat.), aus oisein (griech.): bringen und phagema (griech.): Speise
Pars (lat.): Teil, **cervicalis** (lat.): zum Hals gehörend, **thoracica** (lat.): zum Brustbereich gehörend, **abdominalis** (lat.): zum Bauch gehörend
-sphinkter (griech. sphigkter): Zuschnürer, Schließmuskel
Reflux refluere (lat.): zurückfließen

Die Speiseröhre weist in ihrem Verlauf drei sog. Engstellen auf, die sich an folgenden Stellen befinden (➤ Abb. 6.24):

- obere Enge (Engstelle): im Bereich des Ösophagusmunds (beim Erwachsenen maximaler Innendurchmesser 15 mm, engste Stelle der Speiseröhre insgesamt)
- mittlere Enge: auch Aortenenge genannt, da die Speiseröhre hier von der Aorta überkreuzt wird

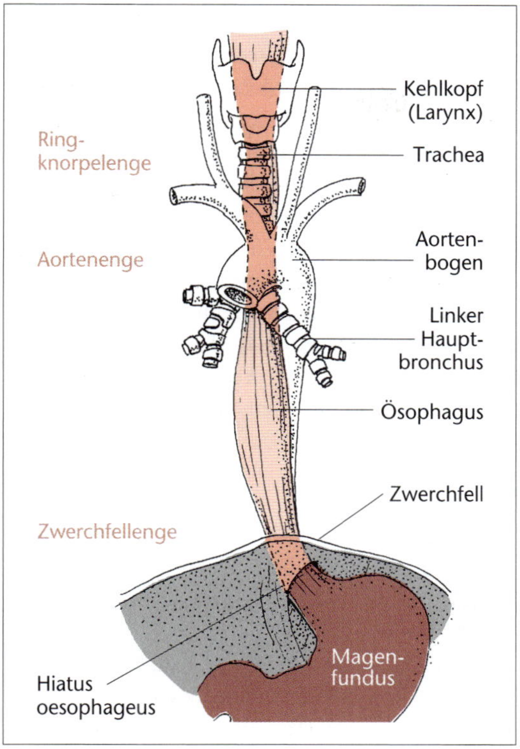

Abb. 6.24 Abschnitte, Verlauf und Engen der Speiseröhre

- untere Enge: auch Zwerchfellenge genannt, da hier die Speiseröhre durch eine Öffnung des Zwerchfells hindurchtritt

Von Bedeutung sind auch die beiden Schließsysteme der Speiseröhre an ihrem Anfang bzw. Ende. Am Eingang der Speiseröhre befindet sich ein Schließsystem, der obere **Ösophagussphinkter**, der auch die erste der Engstellen des Ösophagus, den sog. Ösophagusmund, hervorruft. Dieser muss beim Schluckakt geöffnet werden. Der obere Ösophagussphinkter wird gebildet aus:

- dem M. cricopharyngeus (einem Abschnitt des unteren Schlundschnürers, ➤ Kap. 4.6.2)
- oberen Ringmuskelanteilen der eigentlichen Ösophagusmuskulatur
- Venengeflechten

Am unteren Ende der Speiseröhre und damit am Übergang zum Magen findet sich der sog. untere Ösophagussphinkter, dessen Verschluss folgendermaßen gebildet wird:

- kräftige Venengeflechte, die dicke Polster bilden
- scherengitterartige Muskelfasergeflechte, die allerdings keinen echten Sphinkter (ringartig angeordneten Schließmuskel) wie beim oberen Sphinkter bilden

Da der untere Verschluss hauptsächlich über die Blutfüllung der Venenpolster und die besondere Anordnung der Muskeln funktioniert, spricht man hier von einem „funktionellen“ Verschluss. Er soll das Zurücksteigen von Magensäure in die Speiseröhre („**Reflux**“, „saures Aufstoßen“, „Sodbrennen“) verhindern.

Refluxösophagitis, Refluxlaryngitis

Ist der Verschluss der Speiseröhre gegen den Magen nicht ausreichend, kommt es zum Aufsteigen von Magensäure in die Speiseröhre. Daraus kann sich eine Speiseröhrenentzündung (Ösophagitis) entwickeln, die u.U. sogar zu Stimmstörungen führen kann (Refluxlaryngitis).

Zenker-Divertikel

Auch wenn das Zenker-Divertikel hier bei der Speiseröhre erwähnt wird, gehört es anatomisch dem Rachen an. Unter einem Divertikel versteht man eine Aussackung eines Hohlorgans. Da sich bei diesem speziellen Divertikel jedoch nur die Schleimhaut und das darunter liegende Bindegewebe, nicht jedoch die umliegende Muskulatur ab der Aussackung beteiligt, ist es streng genommen als Pseudodivertikel zu bezeichnen.

Das Zenker-Divertikel kann sich speziell bei älteren Männern zwischen zwei Anteilen des M. cricopharyngeus (Teil des oberen Ösophagussphinkters) bilden. Zwischen diesen beiden Anteilen befindet sich eine dreieckige Region (sog. Killian-Dreieck) ohne stärkere Muskelanteile, die sich als Folge von Funktionsstörungen des oberen Sphinkters meist nach links aussacken kann. Im fortgeschrittenen Stadium kommt es zu Schluckbeschwerden durch Nahrungsreste, die sich im Divertikel sammeln. Für weitere Details s. Lehrbücher der Dysphagie.

Divertikel abgeleitet von diverticulum (lat.) Aussackung
Zenker Eigenname (deutscher Arzt)
Killian Eigenname (deutscher Arzt)

Zusammenfassung

Die Artikulationsorgane sind ursprünglich Organe des Verdauungstraktes; beim Menschen werden sie zusätzlich zur Lautbildung (also zum Sprechen) eingesetzt; dazu erfolgt eine spezielle Steuerung und Koordination der Muskeln durch das Nervensystem.

Im Kiefergelenk (Articulatio temporomandibularis) bilden der Gelenkfortsatz des Unterkiefers und die Unterkiefergrube des Schläfenbeins ein Schiebe-Scharnier-Gelenk, das in der Gelenkhöhle einen Discus enthält. Die Funktionen des Kiefergelenks bestehen im Heben und Senken, Vor- und Zurückschieben des Unterkiefers sowie in kombinierten Bewegungen.

Die Hauptfunktion der Kaumuskeln besteht im Heben des Unterkiefers (Kieferschluss); diese Funktion üben der M. temporalis, der M. masseter und der M. pterygoideus medialis aus. Nur der M. pterygoideus lateralis leitet die Kieferöffnung ein. Die Kaumuskeln werden von motorischen Ästen des N. mandibularis versorgt.

Die mimischen Muskeln sind Hautmuskeln des Gesichts und Halses; sie werden vom N. facialis versorgt. Von besonderer Bedeutung sind der Mundringmuskel (M. orbicularis oris) mit der Funktion des Mundschlusses, das Öffnungssystem des Mundes, der M. buccinator sowie der Mundöffnung benachbarte Muskeln der Nase, der Wange und des Kinns.

Die Mundhöhle gliedert sich in eigentliche Mundhöhle und Mundhöhlenvorhof; die Grenze dazwischen bilden die mit Gingiva bedeckten Alveolarfortsätze der Kiefer und die Zahnbögen. Der Mundhöhlenvorhof wird nach außen durch Lippen und Wangen begrenzt, die Mundhöhle nach oben durch den Gaumen, nach unten durch die Zunge sowie nach hinten durch die Gaumenbögen, das Gaumensegel und die Schlundenge.

Der Mundspeichel wird von großen und kleinen Speicheldrüsen der Mundhöhle gebildet; der Speichel setzt sich aus mukösen und serösen Anteilen zusammen. Zu den großen Speicheldrüsen zählen die Ohrspeicheldrüse, deren Sekret in den oberen Mundhöhlenvorhof geleitet wird, und die Unterkiefer- sowie Unterzungendrüse, deren Ausführgang gemeinsam auf einem Schleimhauthöckerchen unter der Zunge mündet.

Die Zähne befinden sich in den Alveolen des von Gingiva (Zahnfleisch) bedeckten Alveolarknochens. Ein Zahn besteht aus Krone, die von Zahnschmelz bedeckt ist, Hals und Wurzel. Die Wurzeln sind über den Zahnhalteapparat (Parodontium) federnd in den Alveolen befestigt.

Beim Erwachsenengebiss finden sich pro Kieferhälfte (Quadrant) acht Zähne: jeweils zwei Schneidezähne, ein Eckzahn, zwei Prämolaren und drei Molaren (Zahnformel 8 × 4). Das Milchgebiss (Zahnformel 4 × 5) weist pro Quadrant zwei Milchschneidezähne, einen Milcheckzahn und zwei Milchmolaren auf. Der Zahndurchbruch beginnt im 7.–9. Lebensmonat, der Zahnwechsel im 7. Lebensjahr.

Der Mundboden (Diaphragma oris) ist eine etwa horizontal stehende Muskelplatte innerhalb des Unterkieferbogens; der Hauptmuskel ist der M. mylohyoideus.

An der Zunge lassen sich Spitze, Körper, Wurzel, Zungenrücken, seitlicher Rand und Zungenunterseite unterscheiden. Der Sulcus terminalis grenzt die vorderen zwei Drittel vom hinteren Zungendrittel ab.

Die Zunge besteht aus Außenmuskeln (M. genioglossus, M. hyoglossus, M. styloglossus), deren Hauptfunktion in der Bewegung der Zunge zu sehen ist, und aus Binnenmuskeln (in allen drei Hauptraumrichtungen), die hauptsächlich der Verformbarkeit der Zunge dienen. Alle Zungenmuskeln werden vom N. hypoglossus innerviert. Die Zungenschleimhaut enthält zahlreiche Papillen, die der Oberflächenvergrößerung dienen und Geschmacksknospen enthalten. Zahlreiche Nervenfasern in der Zunge vermitteln die Sensibilität sowie die Wahrnehmung der verschiedenen Geschmacksqualitäten.

Am Gaumen (Palatum) unterscheidet man den größeren vorderen harten Gaumen sowie das hinten liegende Gaumensegel (weicher Gaumen, Velum). Das Gaumensegel besteht aus einem M. levator veli palatini, einem M. tensor veli palatini und einem M. uvulae (Innervation durch N. glossopharyngeus und N. vagus).

Die seitliche Begrenzung der Schlundenge (Isthmus faucium) besteht aus den beiden Gaumenbögen Arcus palatoglossus sowie Arcus palatopha-

ryngeus mit gleichnamigen Muskeln und der dazwischen liegenden Mandelgrube mit der Tonsilla palatina.
Die Artikulation findet mithilfe der Artikulationsorgane am Ansatzrohr und seinen Öffnungen statt. Man unterscheidet Artikulationsorgane, Artikulationsorte sowie Artikulationsmodi.
Der Schluckakt ist mit Schutzmechanismen verbunden, die ein Eindringen von Nahrungsteilchen in die oberen bzw. unteren Atemwege verhindern. Beteiligt sind obere und untere Zungenbeinmuskeln, Muskeln der Zunge, des Gaumensegels, der Gaumenbögen sowie des Rachens. Der Passavant-Ringwulst sichert die oberen Atemwege, der Verschlussmechanismus des Kehlkopfeingangs durch den Kehldeckel die unteren Atemwege. Speisen und Getränke gelangen dann durch Aktionen der Zunge und des Rachens sowie durch peristaltische Bewegungen der Speiseröhre in den Magen.
Die Speiseröhre ist ein ca. 25 cm langer Muskelschlauch zwischen Hypopharynx und Mageneingang. Sie weist drei Engen im Verlauf (vor allem die obere Enge am Ösophagusmund) und am Anfang und am Ende ein Schließsystem auf.

KAPITEL

7 Nervensystem

7.1 Übersicht und Gliederung

Lernziele Anatomie des zentralen und peripheren Nervensystems

- Einteilung des Gehirns und des Rückenmarks
- Liquorräume, Hüllen des Gehirns und Rückenmarks
- wichtigste Großhirnrindenfelder
- wichtigste Kommissuren, Assoziations- und Projektionssysteme
- wichtigste Kerngebiete der einzelnen Hirnabschnitte
- Lage der Projektionsbahnen in der inneren Kapsel
- arterielle und venöse Versorgung des Gehirns
- Verlauf der Pyramidenbahnen
- Kerngebiete und Bahnen des extrapyramidalmotorischen Systems
- Thalamus und seine Relaiskerne
- wichtigste Teile des limbischen Systems
- Aufbau einer Nervenfaser und eines Nerven
- wichtigste motorische, sensible und sensorische Hirnnerven mit ihren Ursprungs- und Endkernen
- Ursprungsgebiete des Sympathikus und Parasympathikus im ZNS
- Aufbau eines Rückenmarkssegments
- Aufbau einer motorischen Endplatte

Lernziele Funktionen des zentralen Nervensystems

- Ruhe- und Aktionspotenzial der Nervenzellen (K^+-Diffusionspotenzial, Auslösung und Ablauf des Aktionspotenzials, Ionenströme während des Aktionspotenzials, Refraktärphase, Alles-oder-Nichts-Gesetz)
- Ionenpumpe und die Einflüsse auf die Erregbarkeit
- Erregungsleitung (Elektrotonus, saltatorische und kontinuierliche Leitung, Erregungsleitungsgeschwindigkeit
- funktionelle Einteilung der Nervenfasern (Afferenzen, Efferenzen, A-, B-, C-Fasern)
- Erregungsübertragung in zentralen Synapsen (Aufgaben und Aufbau von Synapsen, hemmende und erregende Synapsen, räumliche und zeitliche Bahnung, Überträgersubstanzen)
- Erregungsauslösung an Rezeptoren (Rezeptorpotenziale, Reiztransduktion, Reiztransformation, Frequenzcodierung, Adaptation, Proportionalrezeptoren, Differenzialrezeptoren, PD-Rezeptoren)
- motorisches System (Aufgaben, spinale Motorik, Eigenreflexe, motorische Fremdreflexe, Willkürmotorik, motorische Hirnrinde, Pyramidenbahn, extrapyramidal-motorisches System, Basalganglien, Hirnkerne, Kleinhirn, Formatio reticularis)
- sensorisches System (afferente Nerven und aufsteigende Bahnen im Rückenmark, sensorische Projektionsbahnen im Gehirn und Thalamus, sensorische Rindenfelder, unspezifisches sensorisches System, ARAS, Empfindung, Wahrnehmung)
- vegetatives System (allgemeiner Aufbau, Sympathikus, Parasympathikus, cholinerge und adrenerge Erregungsübertragung, Wirkung auf verschiedene Erfolgsorgane, vegetative Reflexe, medulläre und hypothalamische Regulationszentren, hypothalamisch-hypophysäres System, limbisches System)
- Elektroenzephalogramm = EEG (Entstehung und Ableitung, EEG-Wellen, Synchronisation und Desynchronisation)
- Schlafen und Wachen (circadiane Rhythmen, REM- und Non-REM-Schlaf)
- Durchblutung und Stoffwechsel des Gehirns

Lernziele allgemeine Sinnesphysiologie

- Grundlagen der Sinnesphysiologie
- Definition der Grundbegriffe: Modalität, Qualität, Quantität, objektive und subjektive Sinnesphysiologie
- Definition der Grundbegriffe: adäquate und inadäquate Reize
- Beschreibung der Grundbegriffe: Reizschwelle und Unterschiedsschwellen
- Kenntnis der Grundbegriffe: Kontrast und Adaptation

In unserem Körper existieren zwei Kommunikationssysteme, die sich bezüglich ihrer Reaktionsgeschwindigkeit unterscheiden und stark vergröbert und verallgemeinert Analogien zu den Kommunikationsmöglichkeiten „Telefon/SMS" und „Postwurfsendung" aufweisen. Es handelt sich um das Nervensystem und das Hormonsystem.

Das Hormonsystem ist mit der Kommunikation über eine Postwurfsendung vergleichbar, da es vergleichsweise langsam (Reaktionszeit mindestens mehrere Minuten) reagiert. Drüsenzellen endokriner Drüsen (➤ Kap. 1.2.1) sezernieren dabei Hormone an die Blutbahn, über die sie an Zielzellen transportiert werden. Diese Zielzellen erkennen die Hormone über spezifische Rezeptoren, wodurch in den Zielzellen Veränderungen ausgelöst werden. Die „Postwurfsendung" hat ihren Empfänger über dessen „Briefkasten" erreicht, ist von ihm gelesen worden und löst in der Regel eine Reaktion aus.

Die Hauptaufgaben des Hormonsystems, auf das in diesem Kapitel nur ganz am Rande (➤ Kap. 7.12.4) eingegangen werden kann, bestehen in Regulations- und Koordinationsaufgaben der inneren Organe. Allerdings kann das Hormonsystem auch auf äußere Reize reagieren, um den Körper an wechselnde Bedingungen der „Außenwelt" anzupassen (z.B. Stresshormone). Teilweise finden sich auch enge Wechselwirkungen des Hormonsystems mit dem Nervensystem.

Die Reaktionsgeschwindigkeit des Nervensystems liegt im Bereich von Sekundenbruchteilen und damit weit unter der des Hormonsystems. Die Informationsübertragung im Nervensystem verläuft überwiegend auf elektrischem Wege und zeigt auch darin Analogien zur Kommunikation über Telefon (oder SMS). Allerdings spielen auch den Hormonen vergleichbare Botenstoffe (die sog. Neurotransmitter, ➤ Kap. 7.4) bei der Signalübertragung im Nervensystem eine Rolle. Diese werden allerdings nur über winzig kleine Strecken innerhalb des Nervengewebes transportiert und nicht über die Blutbahn wie die Hormone.

Wichtige Aufgaben des Nervensystems sind die Kommunikation des Organismus mit der Außenwelt, also die Wahrnehmung und Verarbeitung von Sinnesreizen über die Sinnesorgane und angepasste Reaktionen des Körpers auf diese Reize, vor allem durch die Skelettmuskulatur. Dazu kommen Denk- und Planungsvorgänge, die sich aber zumeist ebenfalls an der Wahrnehmung der Außenwelt orientieren, die Struktur des Bewusstseins, Mechanismen der Aufmerksamkeit, Aufbau und Verwaltung des Gedächtnisses, Organisation von Sprache und Sprechen, emotionale Mechanismen u.v.m.

Die Sinnesorgane sind Teil des Nervensystems oder mit diesem eng verbunden. Über Wahrnehmungen dieser Sinnesorgane wird die „Außenwelt", zu der in diesem Sinne auch die Teile unseres eigenen Körpers gehören, die Sinneswahrnehmungen zugänglich sind, über das Nervensystem wahrgenommen oder in ihm „abgebildet" bzw. von ihm „bemerkt". Daraus leitet sich für diesen Teil des Nervensystems der funktionelle Begriff „Merksystem" (**sensorisches** System) ab. Das sensorische System nimmt unterschiedlichste Sinnesinformationen (Sehen, Hören, Riechen, Schmecken, Gleichgewicht, Tasten, Schmerz, Temperatur) auf.

sensorisch sensus (lat.): Empfindung, Wahrnehmung; die Sinneswahrnehmungen betreffend
motorisch (lat. motorius): bewegend

Als Entscheidung des freien Willens („willkürlich"), als Reaktion auf Sinnesreize, als Durchführung nahezu „automatisch" ablaufender Bewegungsmuster oder auch als Folge komplexer Denk- und Planungsvorgänge können Handlungen vollzogen werden. Im Gegensatz zu den unterschiedlichen Sinnesinformationen sind die Reaktionsmöglichkeiten des Nervensystems und damit des gesamten Körpers nahezu ausnahmslos auf Veränderungen innerhalb der Skelettmuskulatur beschränkt, die dann Tätigkeiten wie Sprechen, Schreiben, Singen, sonstige Körperbewegungen, Mienenspiel u.a. vollzieht. Diese Veränderungen innerhalb der Skelettmuskulatur werden wiederum über Anteile des Nervensystems in die Wege geleitet, sodass dieser Abschnitt als „Wirksystem" (**motorisches** System) bezeichnet wird.

Zusammengefasst wird der Teil des Nervensystems, der sich im Wesentlichen mit der Kommunikation mit der Außenwelt befasst, als **sensomotorisches** Nervensystem bezeichnet. Für die Aufnahme und Verarbeitung der Sinnesreize und die motorischen Leistungen des Körpers wird analog der Begriff **Sensomotorik** verwendet. Dieser Bereich des Nervensystems wird in den folgenden Kapiteln vergleichsweise ausführlich beschrieben, da hierüber weit mehr Kenntnisse vorliegen als über die Abläufe, die z.B. mit Bewusstsein, Aufmerksamkeit, Denken, Planung, Gedächtnis, Emotionen oder Persönlichkeitsstruktur verbunden sind. Auch die **neuropsychologischen** Erkenntnisse zum großen Komplex „Sprache und Sprechen" sind in vielen Bereichen noch sehr lückenhaft oder hypothetisch.

Nur ein sehr kleiner Bereich des Nervensystems (das **vegetative** Nervensystem, ➤ Kap. 7.12) ist auch an der Steuerung, Koordination und Überwachung der Funktionen innerhalb der Binnenwelt des Körpers beteiligt.

neuropsychologisch bezieht sich auf das Fachgebiet Neuropsychologie, das im Grenzbereich zwischen der Psychologie und den Neurowissenschaften angesiedelt ist und sich mit den neurologischen Grundlagen psychischer Vorgänge (und Veränderungen bei entsprechenden Störungen) befasst
vegetativ (lat. vegetativus) hat drei Bedeutungen: 1) pflanzlich, 2) ungeschlechtlich (bezogen auf die Fortpflanzung), 3) unwillkürlich, nicht dem Willen unterliegend
Die Bezeichnung „vegetatives" Nervensystem bezieht sich auf die dritte Wortbedeutung und stellt das vegetative Nervensystem als „nicht dem Willen unterliegend" dem sensomotorischen Nervensystem als willkürlich, d.h. „dem Willen unterliegend", gegenüber; diese Zuordnung ist aber nur bei sehr oberflächlicher Betrachtung gerechtfertigt.
zentral (lat. centralis): in der Mitte liegend
peripher (griech. peripheres): am Rande gelegen, sich herumbewegend

Außer dieser funktionellen Gliederung des Nervensystems in vor allem sensomotorisches und vegetatives Nervensystem existiert noch eine zweite Einteilungsmöglichkeit in Zentralnervensystem (**zentrales** Nervensystem, ZNS) und **peripheres** Nervensystem (PNS), die sich an den Lageverhältnissen orientiert.

Bei dieser sehr groben Unterteilung werden die Teile des Nervensystems als ZNS bezeichnet, die innerhalb des Schädels bzw. Wirbelkanals liegen; es handelt sich um das Gehirn und das Rückenmark. Alle anderen, außerhalb des Schädels bzw. Wirbelkanals gelegenen Anteile des Nervensystems werden dem PNS zugerechnet. Sowohl das sensomotorische als auch das vegetative Nervensystem haben zentral und peripher gelegene Abschnitte.

Die Unterscheidung zwischen zentralem und peripherem Nervensystem bezieht sich nicht nur auf die Lage der Anteile des Nervensystems, sondern durchaus auch auf funktionelle Aspekte im Zusammenhang mit der Informationsweiterleitung und -verarbeitung vor allem im sensomotorischen Nervensystem.

Die Informationen laufen von den Sinnesorganen über „periphere Nervenleitungen" zum ZNS; dort werden die Informationen zentral verarbeitet und ggf. über andere „periphere Nervenleitungen" zu den Muskeln der ausführenden Körperteile (Sprechorgane, Muskeln des Mienenspiels, Muskeln der sonstigen Körperbewegungen, beim Schreiben tätige Muskeln usw.) geleitet.

Der Informationsfluss zum ZNS hin wird dabei als **afferent**, der Informationsfluss vom ZNS weg in die Peripherie als **efferent** bezeichnet. Das Nervensystem hat also damit die Aufgabe, Informationen aufzunehmen, weiterzuleiten, zu verarbeiten, ggf. zu speichern und wieder auszugeben.

afferent (lat. affere): hinführend
efferent (lat. effere): wegführend

7.2 Entwicklung

In der dritten Embryonalwoche ähnelt der Keimling einer Scheibe („Keimscheibe"), die aus drei übereinanderliegenden Blättern („Keimblättern") besteht.

7

Aus dem oben liegenden Blatt (**Ektoderm**) entwickeln sich u.a. das Epithel der Haut und das Nervensystem. Aus diesem Ektoderm entsteht durch Krümmungen und Abfaltungen anschließend ein in der Aufsicht (➤ Abb. 7.1) „pantoffelartiges" Gebilde.

Ektoderm ekto- aus ektos (griech.): außen und -derm (griech. derma): Haut
Neural- zum Nervengewebe gehörig (neuron, griech.: Nerv)

Der Teil des Ektoderms, aus dem das Nervengewebe entsteht, verdickt sich zunächst zur sog. **Neuralplatte**, die sich dann in Längsrichtung zur Neuralrinne einsenkt. Die Seitenränder dieser Rinne wölben sich empor und bilden die Neuralfalten. Die Neuralfalten verschmelzen in der vierten Embryonalwoche, sodass aus der Neuralrinne das Neuralrohr entsteht. Der Verschmelzungsprozess beginnt in der Mitte (entspricht der späteren Nackenregion) und wandert von dort nach oben und unten fort, bis die gesamte Rinne verschwunden und in das Rohr übergegangen ist. Der Verschluss des Rohrs erfolgt in der späteren Kopfregion etwa am 25. Entwicklungstag, in der späteren Steißregion etwa am 27. Tag.

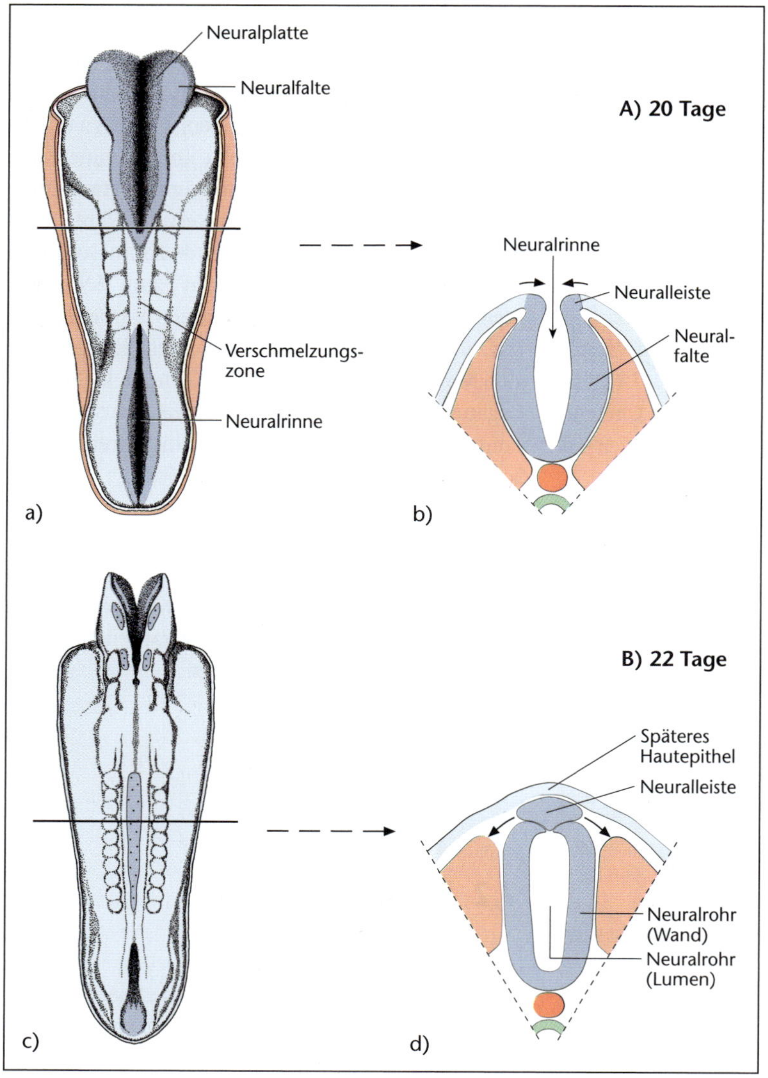

Abb. 7.1 Entwicklung des Neuralrohrs aus der ektodermalen Neuralplatte;
A) Alter 20 Tage, a) Aufsicht,
b) Querschnitt entsprechend der Markierung in a;
B) Alter 22 Tage, c) Aufsicht,
d) Querschnitt entsprechend der Markierung in c)

Neuralrohrdefekte

Der Prozess des Verschließens des Neuralrohrs am oberen bzw. unteren Ende ist recht störanfällig. Schließt sich das Neuralrohr durch weitgehend unbekannte Faktoren (Strahlung, Giftstoffe, genetische Faktoren werden als Ursachen vermutet) nicht oder unvollständig, bezeichnet man die daraus entstehenden Fehlbildungen als Neuralrohrdefekte.

Die schwerste, aber auch häufigste Störung des Neuralrohrschlusses im oberen Bereich wird als Anenzephalie bezeichnet. Die Knochen des Schädeldachs fehlen, große Teile des Gehirns bestehen nur aus undifferenziertem, gewuchertem Gewebe. Diese Störung ist nicht mit dem Leben vereinbar.

Verschließt sich das Neuralrohr im Bereich des späteren unteren Rückenmarks nicht oder nur unvollständig, kommt es zu verschiedenen Störungen mit unterschiedlichem Schweregrad, die insgesamt als Spina bifida („Spaltrücken") bezeichnet werden. Die Fehlbildungen können dabei die Wirbelsäule, die Rückenmarkshäute und das Rückenmark einbeziehen. Das Ausmaß der neurologischen Störungen ist sehr unterschiedlich.

Durch die regelmäßige Einnahme des Vitamins Folsäure während der Schwangerschaft wird die Häufigkeit solcher embryonaler Fehlbildungen offenbar verringert.

Anenzephalie: An- (griech.: a-): fehlend, -enzephalie: aus egkephalon (griech.): Gehirn

Spina (lat.): Stachel, Dorn, Grat (gemeint ist das „Rückgrat": Wirbelsäule)

bifida: Femininform zu bifidus (lat.): in zwei Teile gespalten

Ektoderm, das nicht an der Neuralrohrbildung beteiligt ist, schiebt sich über das in der Tiefe versenkte Rohr und bildet das Epithel der äußeren Haut. Ektodermale Zellen, die sich zwischen der Haut und dem Neuralrohr befinden, bilden eine Gewebeschicht („Neuralleiste", ➤ Abb. 7.1), deren Zellen in ihren Eigenschaften zwischen denen der späteren Nervenzellen und der späteren Hautepithelzellen stehen. Aus diesem Material entwickeln sich z.B. die Nervenzellen der Spinalganglien (➤ Kap. 7.9.10).

Die Zellen in der Neuralrohrwand stellen die Vorläufer der eigentlichen Nervenzellen dar; aus ihnen entwickeln sich das Rückenmark und das Gehirn. Der innere Hohlraum des Neuralrohrs bildet sich im späteren Rückenmark weitestgehend zurück, bleibt jedoch im späteren Gehirn als Ventrikelsystem (➤ Kap. 7.9.10) erhalten.

7.3 Nerven- und Gliazellen

Das Nervengewebe besteht aus Nervenzellen, die auch als **Neurone** bezeichnet werden, und **Gliazellen**. Die Nervenzellen erfüllen die schon beschriebenen Aufgaben der Verarbeitung, Speicherung, Leitung etc. der Informationen. Ausdifferenzierte Nervenzellen sind nicht mehr teilungsfähig. Angaben über die Gesamtzahl der Nervenzellen im Körper sind ungenau. Man geht von mindestens 100 Milliarden Neuronen aus, von denen sich gut 20 % in der Großhirnrinde, ca. 50 % in der Kleinhirnrinde und knapp 30 % im Rest des Nervensystems befinden (➤ Kap. 7.9).

Die Gliazellen haben Stütz- und Schutzfunktionen für die Nervenzellen; sie sind an der Nervenleitung (➤ Kap. 7.6), an der Abwehr, an der sog. Blut-Hirn-Schranke (➤ Kap. 7.9.11) und an der Aufrechterhaltung eines bestimmten Umgebungsmilieus für die Nervenzellen verantwortlich. Neuere Erkenntnisse schreiben den Gliazellen auch eine mögliche Beteiligung an der eigentlichen Informationsverarbeitung zu. Ihre Zahl liegt deutlich über der der Nervenzellen (mindestens 10× höher); sie sind teilungsfähig, deshalb gehen Hirntumoren meist von Gliazellen aus.

Neuron (griech.): eigentlich „Sehne", Nerv, hier: Nervenzelle
glia (griech.): Leim (gemeint ist das Gewebe zwischen den Nervenzellen)

Der Aufbau einer Nervenzelle weicht durch das Vorhandensein der ungewöhnlichen Fortsätze des Zytoplasmas deutlich von dem anderer Zellen ab. Das eigentliche Stoffwechselzentrum der Zelle ist der zentrale Zellkörper, der den Zellkern enthält und meist als **Perikaryon**, gelegentlich als **Soma** bezeichnet wird (➤ Abb. 7.2). Hier findet in der Regel auch die Verarbeitung der eingehenden Informationen statt.

Die meisten Neurone entsprechen dem in ➤ Abb. 7.2 a dargestellten Typus der **multipolaren** Nervenzelle mit einem mehr oder weniger stark verzweigten **Dendritenbaum**, der Informationen anderer Nervenzellen aufnimmt, und einem teilweise sehr langen **Axon** (auch **Neurit** oder Nervenfaser genannt), das die Information an Zielzellen (andere Nervenzellen bzw. quergestreifte Skelettmuskelzellen) weiterleitet.

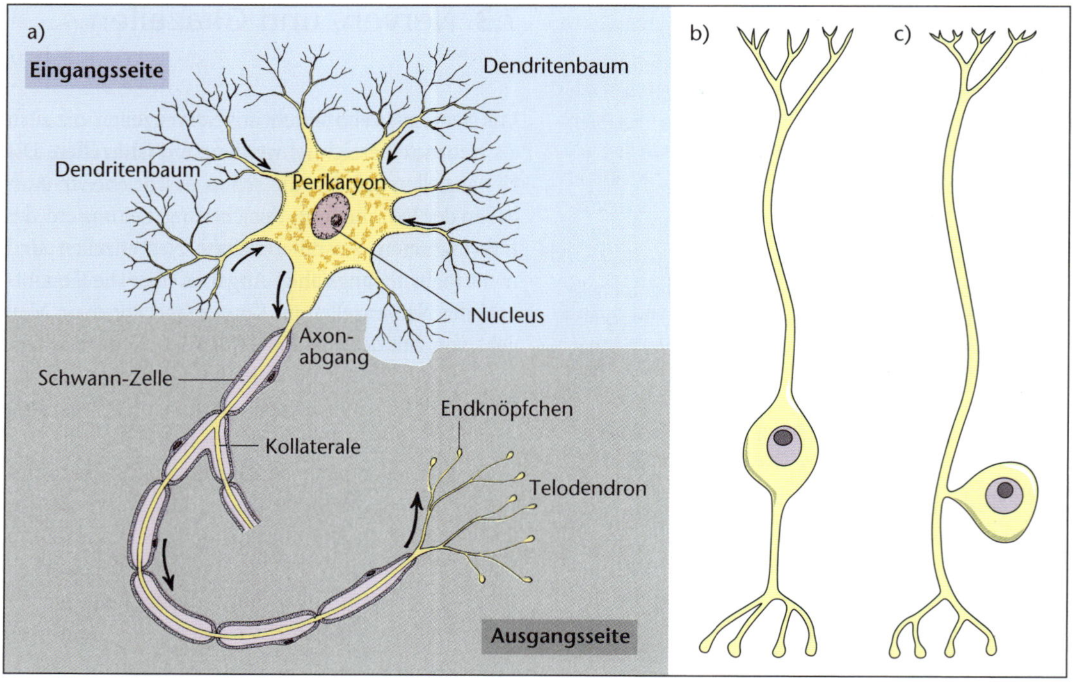

Abb. 7.2 Aufbau a) einer multipolaren Nervenzelle; die Schwann-Zellen bilden eine Hülle um die Nervenfaser herum, die sog. Markscheide (➤ Kap. 7.6); b) bipolare Nervenzelle (z.B. Ganglion spirale cochleae), c) pseudounipolare Nervenzelle (z.B. Spinalganglion)

7

Die Empfänger- oder **Rezeptorzone** der Nervenzelle umfasst allerdings nicht nur den Dendritenbaum, sondern auch das Perikaryon.

Perikaryon Peri- (griech.): um-…, herum und -karyon (griech.): Zellkern (wörtlich: Nuss)
Soma (griech.) Körper
multipolar (lat. multi-): vielfach und -polar (lat.): wörtlich gegensätzlich, hier in der Bedeutung „verzweigt", multipolar: also vielfach verzweigt; bipolar: hat zwei Fortsätze; pseudounipolar: hat nur einen Fortsatz, der sich dann aufteilt (pseudo: scheinbar, uni: ein)
Dendrit (griech. dendrites): zum Baum gehörig, baumartig
Axon (griech.) wörtlich Achse, bedeutet hier: langer Fortsatz der Nervenzelle, der der Informationsübertragung dient
Neurit abgeleitet aus neuron (griech.): Nervenzelle, Bedeutung wie bei „Axon"
Rezeptor abgeleitet aus recipere (lat.): aufnehmen

Außer dem Typus der multipolaren Nervenzelle existieren noch zwei Sonderformen: die **bipolare** Nervenzelle mit nur einem Dendriten auf der einen Seite und dem Axon auf der anderen Seite (➤ Abb. 7.2 b; diese finden sich in den für die Sinnesweiterleitung aus dem Auge und dem Ohr zuständigen Ganglien, ➤ Kap. 8.7) sowie die **pseudounipolare** Nervenzelle mit nur einem Fortsatz, der sich dann in einen als Dendrit und einen als Axon wirkenden Ast aufteilt (➤ Abb. 7.2 c; diesem Typus entsprechen die sensiblen Nervenzellen, wie sie z.B. in den Spinalganglien vorkommen, ➤ Kap. 7.10.3).

Jede Nervenzelle besitzt immer nur ein Axon; dieses kann sich allerdings unter Bildung von Seitenästen (**Kollateralen**) aufzweigen. Das Axon endet in der Region der Zielzellen unter Ausbildung eines Endbaums (**Telodendron**); die einzelnen Ästchen des Endbaums besitzen an ihrem Ende sog. Endknöpfchen, die auch als **Bouton** bezeichnet werden (➤ Abb. 7.2 a).

Kollaterale (lat. collateralis): seitlich, Seitenast
Telodendron aus tele (griech.): fern, End- und -dendron (griech. dendrites): zum Baum gehörig, baumartig, also: Telodendron: Endbäumchen, Endverzweigung
Bouton (franz.): Knopf (vgl. button, engl.: Knopf)

Die Bezeichnungen „**afferent**" für eine Informationsleitung von den peripher gelegenen Sinnesorganen zum ZNS bzw. „**efferent**" vom ZNS nach peripher zu den Skelettmuskeln (➤ Kap. 7.1) lassen sich ebenso auf die Nervenzelle selbst mit ihren Dendriten und ihrem Axon übertragen.

Auch für die Informationsübertragung vom Empfängerapparat der Nervenzelle, dem Dendritenbaum, zum „Informationsverarbeitungszentrum" Perikaryon verwendet man die Bezeichnung afferent. Analog bezeichnet man als efferent die Informationsleitung vom Perikaryon über das als „Sender" wirkende Axon an die Zielzellen.

7.4 Synapsen und Neurotransmitter

Aufbau einer Synapse

Die Endknöpfchen (Boutons) der Endaufzweigung eines Axons stellen die Strukturen dar, über die eine Nervenzelle ein Signal an ihre Zielzelle abgibt. Dazu ist eine Kontaktzone zwischen dem Endknöpfchen und einem Membranabschnitt der Zielzelle erforderlich. Diese Kontaktzone wird als **Synapse** bezeichnet (➤ Abb. 7.3). Sie besteht aus der **präsynaptischen** Membran (an der Synapse beteiligter Abschnitt des Endknöpfchens der präsynaptischen Nervenzelle), der **postsynaptischen** Membran (Membranabschnitt der Zielzelle bzw. postsynaptischen Nervenzelle) und dem dazwischen liegenden äußerst schmalen synaptischen Spalt. Da eine solcherart beschriebene Synapse mit chemischen Botenstoffen arbeitet, wird sie auch als chemische Synapse bezeichnet. Anders in Aufbau und Funktion sind sog. elektrische Synapsen, die jedoch wegen ihrer geringen Bedeutung im menschlichen Gehirn hier nicht weiter besprochen werden.

Wird eine „Information" von einer Nervenzelle an eine Zielzelle weitergeleitet (auch als „Erregungsleitung" bezeichnet), so geschieht das bis zur präsynaptischen Membran auf elektrischem Wege (➤ Kap. 7.5). Der synaptische Spalt stellt jedoch für die Weiterleitung dieser Erregung an die Zielzelle auf elektrischem Wege eine unüberwindliche Barriere dar.

Chemische Botenstoffe

In den Endknöpfchen sind deshalb neben Mitochondrien zur Energieversorgung zahlreiche Bläs-

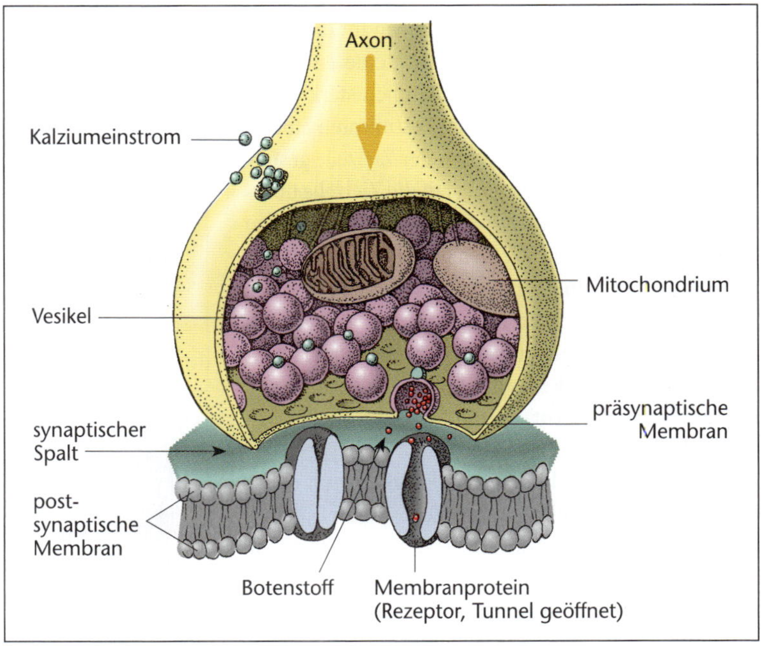

Abb. 7.3 Schematischer Aufbau einer chemischen Synapse zwischen zwei Nervenzellen

chen (**Vesikel**) enthalten. Diese Bläschen werden im Perikaryon gebildet und über das Axon bis zum Endknöpfchen transportiert und dort gespeichert. Sie enthalten chemische Botenstoffe, die sog. Neurotransmitter.

Gelangt die Erregung deshalb an die Endknöpfchen am Ende eines Axons, so wandern mit Unterstützung durch einströmendes **Kalzium** einige der Vesikel bis an die präsynaptische Membran, verschmelzen mit ihr und schütten ihren Inhalt, die **Neurotransmitter**, in den synaptischen Spalt aus (➤ Abb. 7.3).

Synapse (griech. synapsis): Verbindung
prä- (lat. prae-): vor, **post-** (lat.): nach
Vesikel (lat. vesica): Blase, vesicula (Verkleinerungsform): Bläschen
Kalzium, auch Calcium, chemisches Element, gehört zu den Mineralstoffen, liegt im Körper in positiv geladener Form als Kalziumion (Ca^{2+}) vor
-ion (griech.): das Wandernde; hier: positiv oder negativ geladenes elektrisches Teilchen
Neurotransmitter Botenstoffe der Nervenzellen, aus Neuro- von neuron (griech.): Nerv, Nervenzelle und -transmitter (lat. transmittere): übertragen

Die Neurotransmitter gelangen innerhalb kürzester Zeit an spezifische Membranproteine in der postsynaptischen Membran, die als **Rezeptoren** für diese Botenstoffe wirken. Diese Membranproteine enthalten tunnelartige Röhren, die unterschiedlich stark geöffnet bzw. geschlossen werden und bestimmten Stoffen Durchtritt über die Zellmembran der Zielzelle gestatten. Dadurch wird die Erregung auf die Zielzelle übertragen. Dort kann das jetzt chemisch weitergeleitete Signal der „sendenden" Nervenzelle wieder zurück in ein elektrisches Signal umgewandelt werden.

Nach erfolgter Erregungsübertragung werden alle ausgeschütteten Neurotransmitter innerhalb kürzester Zeit von den Rezeptoren und aus dem synaptischen Spalt entfernt, damit eine erneute Erregungsübertragung möglich ist.

Jede Nervenzelle bildet grundsätzlich nur einen Haupt-Neurotransmitter an allen Endknöpfchen aus, der diese Nervenzelle charakterisiert. Die wichtigsten Botenstoffe sind Acetylcholin, Noradrenalin (eng verwandt mit dem Stresshormon Adrenalin), Dopamin, Serotonin sowie verschiedene Aminosäuren und Peptide. In der motorischen Endplatte (s.u.) enthalten die Vesikel als Haupt-Neurotransmitter ausschließlich Acetylcholin.

Zielzellen: Neurone

In den allermeisten Fällen handelt es sich bei den Zielzellen einer Erregungsübertragung um weitere Nervenzellen, die über ihren Empfangsapparat die Information der „sendenden" Nervenzelle registrieren, diese dann verarbeiten und ggf. weiterleiten. Dabei bildet der Empfangsapparat einer durchschnittlichen multipolaren Nervenzelle im Mittel rund 17 000 Synapsen aus, steht also mit dieser Zahl anderer Nervenzellen in Verbindung (im Einzelfall, z.B. bei speziellen Zellen im Kleinhirn, kann diese Zahl auch bei über 100 000 liegen).

Zielzellen: Skelettmuskelzellen (motorische Endplatte)

Im sensomotorischen Nervensystem kann am Ende der Erregungsübertragung auch eine quergestreifte

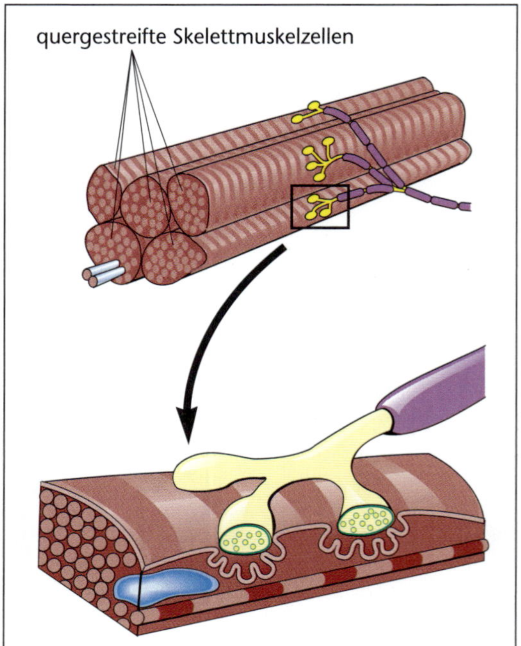

Abb. 7.4 Aufbau einer motorischen Endplatte

Skelettmuskelzelle stehen. Diese wäre die – neben anderen Nervenzellen – zweite noch mögliche Zielzelle in diesem Teil des Nervensystems. Die Synapse zwischen einer Nervenzelle und einer quergestreiften Skelettmuskelzelle bezeichnet man als motorische Endplatte (➤ Abb. 7.4). Die Erregungsübertragung erfolgt nach einem vergleichbaren Prinzip wie zwischen zwei Nervenzellen.

Zielzellen des vegetativen Nervensystems

Synapsen werden nur zwischen Nervenzelle und Nervenzelle oder zwischen Nervenzelle und quergestreifter Skelettmuskelzelle gebildet. Das vegetative Nervensystem beeinflusst vermutlich alle Körperzellen mit Ausnahme der quergestreiften Skelettmuskelzelle. Es bildet jedoch in diesem Sinne keine Synapsen aus. Die ausgeschütteten Botenstoffe gelangen über Diffusion aus synapsenähnlichen Verdickungen und über durchaus größere Entfernungen als bei den klassischen Synapsen in die Nachbarschaft der Zielzellen (z.B. Drüsenzellen, glatte Muskelzellen, quergestreifte Herzmuskelzellen u.a.) und bewirken dort entsprechende Veränderungen.

7.5 Elektrische Potenziale an der Nervenzelle

7.5.1 Ionenpumpen: Natrium und Kalium

Jede lebende Zelle benötigt in ihrem Zytoplasma ein chemisches Milieu, das u.a. durch eine wesentlich höhere **Kaliumionen**konzentration und eine wesentlich niedrigere **Natriumionen**konzentration als im Extrazellularraum gekennzeichnet ist (➤ Tab. 7.1):

Tab. 7.1 Kalium- und Natriumkonzentrationen intra- und extrazellulär

	intrazellulär	extrazellulär
Kaliumionen (mmol/l)	120–150	4–5
Natriumionen (mmol/l)	5–15	140–150

Kalium chemisches Element, gehört zu den Mineralstoffen, liegt im Körper in positiv geladener Form als Kaliumion (K^+) vor
Natrium chemisches Element, gehört zu den Mineralstoffen, liegt im Körper in positiv geladener Form als Natriumion (Na^+) vor, Bestandteil des Kochsalzes (NaCl)
mmol/l Millimol pro Liter (Konzentrationsangabe)
Ionen, -ion (griech.): das Wandernde; hier: positiv oder negativ geladenes elektrisches Teilchen

Dieses chemische Milieu muss gegen die Verhältnisse im Extrazellularraum mit völlig anderen Konzentrationen der genannten **Ionen** konstant gehalten werden. Da die Zellmembranen nicht perfekt abgedichtet sind, würden entsprechend dem Konzentrationsgefälle so lange Kaliumionen aus der Zelle heraus und Natriumionen in die Zelle hineinwandern, bis der Konzentrationsunterschied zwischen innen und außen ausgeglichen ist.

Gegen diesen „unerwünschten" Mechanismus arbeitet eine sog. Ionenpumpe an, die Natrium-Kalium-Pumpe. Sie verbraucht Energie, ist also ATP-abhängig (➤ Kap. 1.1.3) und gehört zu den Membranproteinen. Durch ihre Funktion wird das durch die Konzentrationsangaben in ➤ Tab. 7.1 charakterisierte Milieu in seiner Zusammensetzung konstant gehalten (➤ Abb. 7.5).

7

7.5.2 Ruhemembranpotenzial der Nervenzelle

Die Zellmembran von Nervenzellen weist eine Besonderheit auf: unter Normalbedingungen ist sie für Natriumionen genauso wenig durchlässig, wie es bei anderen Zellen des Körpers zu sehen ist. Ihre Durchlässigkeit für Kaliumionen ist aber größer, als dies bei anderen Zellen gefunden wird. Da die Kaliumkonzentration in der Zelle deutlich höher ist als außerhalb, strömen permanent – trotz laufender Ionenpumpen – einige positiv geladene Kaliumionen aus der Nervenzelle heraus.

Normalerweise ist eine Zelle elektrisch einigermaßen neutral, d.h. dass die Zahl der positiv geladenen Ionen genauso groß ist wie die Zahl der negativ geladenen Ionen. Um diese Neutralität trotz des Kaliumausstroms aufrechtzuerhalten, müssten auch negativ geladene Ionen in gleichem Maße wie die positiv

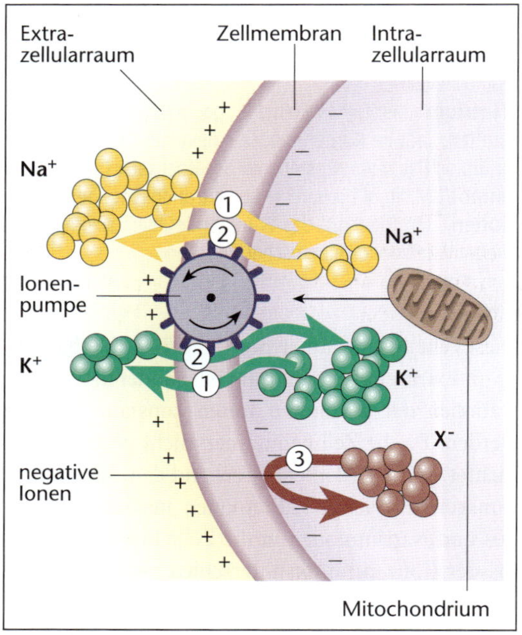

Abb. 7.5 Ruhemembranpotenzial der Nervenzelle. 1: Wirkung des Konzentrationsunterschiedes der Natrium- bzw. Kaliumionen (Natrium diffundiert in die Zelle hinein, Kalium heraus); 2: Wirkung der Ionenpumpe (Natrium wird aus der Zelle heraus, Kalium in die Zelle hinein gepumpt); 3: negativ geladene Ionen können die Zelle nicht verlassen; Gesamteffekt: es strömen mehr positive Ionen heraus als herein und es baut sich ein Membranpotenzial von -65 bis -70 mV auf

7

geladenen Kaliumionen aus der Zelle ausströmen. Dieser Prozess findet jedoch so gut wie nicht statt, da die negativ geladenen Ionen in der Zelle so groß sind, dass sie durch die tunnelartigen Membranproteine (auch „Ionenkanäle" genannt) nicht nach außen gelangen (➤ Abb. 7.5).

Durch den Verlust positiv geladener Ionen baut die Nervenzelle gegenüber dem Extrazellularraum eine Ladungsdifferenz mit einem negativen Wert auf. Es findet eine „**Polarisation**" statt, bei der der negative Pol in der Zelle (vor allem direkt unterhalb der Zellmembran, ➤ Abb. 7.5), der positive Pol außerhalb der Zelle liegt (bevorzugt im Bereich direkt auf der Zellmembran; diese Polarisation lässt sich mithilfe winzig kleiner **Elektroden** nachweisen).

Ab einem bestimmten Verlust von Kaliumionen wird diese Ladungsdifferenz bei der Nervenzelle so groß, dass durch ihre negative Ladung das weitere Ausströmen positiv geladener Kaliumionen verhindert wird. Es stellt sich ein Gleichgewichtszustand ein. Da sich die Ladungsdifferenz hauptsächlich an der Zellmembran der Nervenzelle aufbaut, wird sie als **Membranpotenzial** bezeichnet. Wirken keine weiteren Einflüsse auf die Nervenzelle ein (z.B. Signale anderer, mit ihr verbundener Nervenzellen), ist sie also in „Ruhe", bezeichnet man dieses Membranpotenzial als **Ruhemembranpotenzial**, das etwa bei -65 bis -70 mV liegt (der Begriff des sog. Gleichgewichtspotenzials bezieht sich auf einzelne Ionen und soll hier nicht näher erläutert werden; teilweise wird er mit dem Ruhemembranpotenzial gleichgesetzt, was nicht ganz korrekt ist).

Polarisation (lat. polarisatio): Ausbildung von Gegensätzen
Elektrode (engl. electrode): elektrischer Leiter, der in diesem Zusammenhang zwei ungleich geladene Flüssigkeiten miteinander verbindet
Potenzial (auch Potential): (lat.) potentia: Macht, Fähigkeit, hier: Unterschied elektrischer Ladungen oder Kräfte
mV Millivolt = $^{1}/_{1000}$ Volt, Maßeinheit für die elektrische Spannung (nach dem ital. Physiker Volta benannt)

7.5.3 Depolarisation, Hyperpolarisation

Wie in ➤ Kap. 7.4 besprochen, werden bei der Erregungsübertragung von einer „sendenden" Nervenzelle an eine „empfangende" Ziel-Nervenzelle an der Synapse Botenstoffe (Neurotransmitter) ausgeschüttet.

Diese binden an Rezeptoren (Membranproteine) und sorgen für eine Umwandlung des zwischenzeitlich chemischen Signals in ein elektrisches Signal an der Zielzelle. Je nach Struktur der Synapse und Art der Neurotransmitter können diese Signale grundsätzlich entweder „hemmend" oder „erregend" auf die Zielzelle einwirken.

Diese Zielzelle ist wiederum in der Lage, ein Signal an weitere, nachfolgende Zielzellen zu senden. Bei diesem Vorgang kann sie durch die synaptischen Verbindungen, die sie mit anderen Nervenzellen über ihren Empfangsapparat besitzt, aktiviert („erregt") oder inaktiviert („gehemmt") werden.

Diese Hemmung oder Erregung wirkt sich auf das Membranpotenzial der Nervenzelle aus, das nun nicht mehr als Ruhemembranpotenzial zu bezeichnen ist, da die Nervenzelle jetzt zusammen mit ihren aktiven synaptischen Verbindungen betrachtet wird.

Überwiegen die an der Nervenzelle eingehenden hemmenden Signale, wird ihre Polarisation größer, d.h., das Membranpotenzial schiebt sich über –65 mV hinaus zu noch negativeren Werten. Die Ursache für diese sog. **Hyperpolarisation** oder Hemmung ist darin zu sehen, dass sich durch die Wirkung der hemmenden Synapsen das Hinausdiffundieren der positiven Kaliumionen aus der Nervenzelle noch weiter steigert.

Überwiegen jedoch die an der Nervenzelle eingehenden erregenden Signale, wird ihre Polarisation geringer, d.h. das Membranpotenzial verringert sich hin zu kleineren negativen Werten. Die Ursache für diese sog. **Depolarisation** oder Erregung ist darin zu sehen, dass durch die Wirkung der erregenden Synapsen ein vermehrtes Hineindiffundieren der positiven Natriumionen aus dem Extrazellularraum in die Nervenzelle zu beobachten ist.

hyper- (griech.): über, vermehrt
de- (lat.): unter, verringert
Polarisation (lat. polarisatio): Ausbildung von Gegensätzen
refraktär (lat. refractarius): widerspenstig, halsstarrig

7.5.4 Aktionspotenzial; Bahnung

Nervenzellen stehen über zahlreiche Synapsen in Verbindung, z.B. sind es bei einer Nervenzelle in der Großhirnrinde (➤ Kap. 7.9.2) im Durchschnitt 17 000. Es kommen also laufend erregende oder hemmende Signale im Empfangsapparat einer Nervenzelle an, die von dieser „verarbeitet“ werden.

Überwiegen die erregenden Signale, wird mit Erreichen eines bestimmten Membranpotenzials (ca. –50 mV) ein Schwellenwert überschritten, wodurch es zu einer charakteristischen „Aktion“ der Nervenzelle kommt. Dabei kommt es zu einem blitzartigen Einstrom von Natriumionen aus dem Extrazellularraum in die Nervenzelle, weil sich bestimmte Kanäle kurzfristig öffnen. Die Nervenzelle wird weiter depolarisiert, bis das Membranpotenzial leicht positive Werte (ca. +20 mV) erreicht. Eine sich direkt anschließende Repolarisation (also erneuter Aufbau des Membranpotenzials) wird dadurch erreicht, dass die überschüssige positive Ladung in Form von Kaliumionen so lange aus der Zelle herausströmt, bis das Ruhemembranpotenzial erneut erreicht ist.

Dieser gerade beschriebene Vorgang wird als Aktionspotenzial oder „Erregung“ bezeichnet und dauert etwa eine tausendstel Sekunde (1 ms = 1 Millisekunde). Die Nervenzelle leitet dieses Aktionspotenzial und damit die entsprechende „Information“ über ihr Axon an die Zielzelle.

Wenn der Schwellenwert für die Auslösung des Aktionspotenzials erreicht ist, wird das Aktionspotenzial zwangsläufig nach dem „Alles-oder-Nichts-Gesetz“ ausgelöst.

Kommen am Empfangsapparat einer Nervenzelle zwei Signale, die jedes für sich die Zielzelle nicht bis zum Schwellenwert depolarisieren können, in einem gewissen zeitlichen Abstand hintereinander an, wird kein Aktionspotenzial ausgelöst. Ist der zeitliche Abstand jedoch kurz, summieren sich die einzelnen Effekte und ein Aktionspotenzial kann ausgelöst werden. Diesen Vorgang bezeichnet man als zeitliche Summation. Hierdurch, aber auch durch räumliche Summation bzw. durch die Erhöhung der Reizfrequenz kann es zu einer sog. Bahnung kommen. Dieser Begriff beschreibt Prozesse der Verbesserung der Reizweiterleitung (z.B. beim Lernen).

7.5.5 Refraktärzeit

Während eines Aktionspotenzials und auch für eine kurze Zeit danach ist eine Nervenzelle einer erneuten Depolarisation nicht zugänglich oder „blockiert“. Man bezeichnet sie als **refraktär** bzw. als in der Refraktärphase befindlich. Die notwendige Zeit, bis ein neues Aktionspotenzial ausgelöst werden kann, wird demnach als Refraktärzeit bezeichnet; sie beträgt im Durchschnitt zwei tausendstel Sekunden (2 ms = 2 Millisekunden).

Während der Refraktärzeit werden die ursprünglichen Zustände an der Nervenzellmembran wieder hergestellt. Wegen dieses Zeitraums der Nicht-Erregbarkeit können an Nervenzellen Erregungen nur mit einer begrenzten Wiederholungsfrequenz oder -häufigkeit ausgelöst werden.

7.6 Nervenfasern und Erregungsleitung

Das Aktionspotenzial entsteht am Perikaryon einer Nervenzelle und breitet sich über das Axon (Neurit, Nervenfaser) in Richtung auf die Endknöpfchen aus. Die Veränderung des elektrischen Zustands z.B. eines Axons bei Ausbreitung des Aktionspotenzials bezeichnet man auch als **Elektrotonus.**

Elektrotonus elektron (griech.): elektrisch, -tonus (lat.) bzw. tonos (griech.): Spannungszustand
Myelin- Mischung fettartiger Stoffe, von myelos (griech.): Mark (eigentlich: Knochenmark, Rückenmark)

Da Axone teilweise erhebliche Längen (in Extremfällen bis über 1 m lang) erreichen können, spielt die Geschwindigkeit der Ausbreitung der Erregung entlang des Axons eine große Rolle. Die Leitungsgeschwindigkeit bewegt sich in Bereichen zwischen ca. 1 m/sec und 120 m/sec. Sie ist im Wesentlichen abhängig von zwei Faktoren:

- Durchmesser des Axons
- Vorhandensein bzw. Fehlen einer Markscheide (**Myelinscheide**).

Weil sich der elektrische Widerstand mit steigender Dicke eines Axons verringert, erhöht sich folgerichtig die Leitungsgeschwindigkeit mit steigender Dicke.

Noch entscheidender ist die Frage, ob das Axon eine sog. Markscheide aufweist oder nicht. Das Vorhandensein einer Markscheide steigert die Leitungsgeschwindigkeit erheblich. Markscheiden finden sich vor allem bei dickeren Axonen und im sensomotorischen Nervensystem. Axone des vegetativen Nervensystems sind in der Regel sehr dünn, weisen keine Markscheiden auf und haben eine niedrige Leitungsgeschwindigkeit.

Die Markscheiden werden von bestimmten **Gliazellen** gebildet; man unterscheidet **Schwann-Zellen** im peripheren Nervensystem (➤ Abb. 7.2), die eine Markscheide um nur jeweils ein Axon herum ausbilden, von **Oligodendrozyten** im ZNS, deren Ausläufer Markscheiden um mehrere Axone (bis zu 50 gleichzeitig) herum ausbilden.

glia (griech.): Leim (gemeint ist das Gewebe zwischen den Nervenzellen)
Schwann Eigenname (deutscher Physiologe)
Oligodendrozyten Gliazellen, die mehrere (oligo, griech.: wenige, einige) Zellausläufer (dendro-: aus dendrites (griech.): zum Baum gehörig, baumartig) besitzen
Ranvier Eigenname (französischer Anatom)

Bei der Entwicklung des Nervengewebes wickeln sich diese speziellen Gliazellen so um das Axon herum, dass ihre Zellmembran viele Male übereinander zu liegen kommt und eine elektrische Isolationsschicht um das Axon bildet (➤ Abb. 7.6 b–d).

Bei Betrachtung entlang eines Axons (➤ Abb. 7.2, ➤ Abb. 7.6a) ist auffällig, dass die Markscheiden in regelmäßigen Abständen von ca. 1 mm Unterbrechungen aufweisen, die als Ranvier-Schnürringe bezeichnet werden. Diese Schnürringe stellen die Übergangszonen zwischen zwei Schwann-Zellen (bei Oligodendrozyten ist es analog) dar, an denen die elektrische Isolationsschicht der Nervenfaser unterbrochen ist.

Bei Axonen, die keine Markscheiden aufweisen (man nennt sie auch marklos oder nicht myelinisiert), breitet sich die Erregung nach Auslösung eines Aktionspotenzials kontinuierlich aus (**kontinuierliche** Erregungsleitung). Dies ist vor allem im vegetativen Nervensystem der Fall.

Der größte Teil der Axone ist jedoch myelinisiert oder „markhaltig“, besitzt also eine Markscheide. Hier „springt“ die Erregung von einem Schnürring zum nächsten, lässt demnach die dazwischen liegenden Isolationsschichten aus („**saltatorische**“ Erregungsleitung). Die Ionenkanäle befinden sich dabei konzentriert in den Schnürringen (für genauere Details der elektrischen Vorgänge bei dieser Art der Erregungsübertragung siehe Lehrbücher der Neurophysiologie). Dadurch weisen markhaltige Axone eine wesentlich höhere Leitungsgeschwindigkeit auf als marklose.

kontinuierlich continuare (lat.): zusammenhängend machen, hier: stetig, ohne Unterbrechung
saltatorisch (lat. saltatorius): sprunghaft, wie beim Tanzen

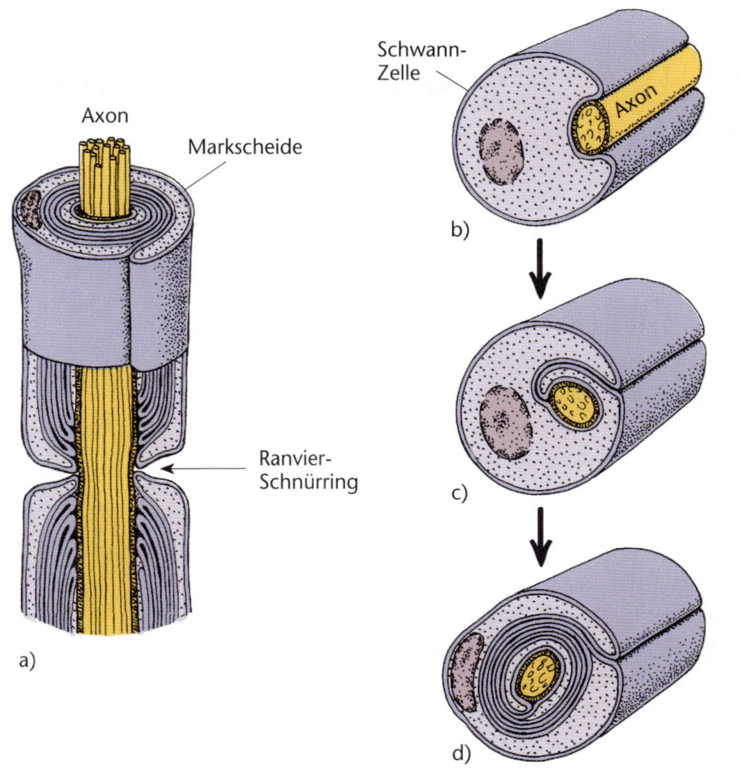

Abb. 7.6 Markscheiden: a) Axon mit Markscheide und Ranvier-Schnürring im Längsschnitt; b)–d) Entstehung einer Markscheide (Querschnitt)

Das gängigste Klassifikationssystem für Axone unterscheidet nach Dicke, Leitungsgeschwindigkeit und Vorhandensein einer Markscheide. Im somatosensorischen Nervensystem findet man nur A-Fasern; mit abnehmender Leitungsgeschwindigkeit werden sie zusätzlich mithilfe der griechischen Buchstaben α, β, γ, δ unterschieden. Aα-Fasern haben die höchste (ca. 100 m/sec), Aδ-Fasern die niedrigste Leitungsgeschwindigkeit.

griechische Buchstaben und ihre („altgriechische") Aussprache:
α: alpha, β: beta, γ: gamma, δ: delta (die Aussprache des heute gesprochenen Neugriechischen weicht zum Teil davon ab)

Im vegetativen Nervensystem finden sich nur B- und C-Fasern, die die Erregung noch langsamer als die langsamsten A-Fasern übertragen, dünner sind als diese und entweder gar keine oder nur eine sehr dünne Markscheide besitzen.

7.7 Graue und weiße Substanz

Von großer Bedeutung für das Verständnis des Nervensystems sind die Begriffe „graue" und „weiße" Substanz.

Axone oder Nervenfasern bilden im Nervensystem dichte Stränge, Bündel oder Geflechte, zwischen denen sich so gut wie keine Zellleiber (**Perikarya**) befinden. Diese Teile des Nervensystems erscheinen bei einer Untersuchung des Gehirns wegen der großen Fettmengen der dicht gepackten Zellmembranen der Markscheiden als weiß. Daher wird dafür der Begriff „weiße Substanz" verwendet. Marklose Nervenfasern kommen nur in sehr geringer Anzahl vor.

Die Perikarya der Nervenzellen lagern sich andererseits entweder in Schichten oder unterschiedlich geformten Ansammlungen zusammen, in denen sich nur wenige Markscheiden befinden. Diese Areale erscheinen als nicht-weiß. In Gehirnen Verstorbener weisen diese Areale eine graue Färbung auf, werden also als graue Substanz bezeichnet (daher auch die Bezeichnung „kleine graue Zellen“ für Nervenzellen). Lebende Nervenzellen weisen allerdings eher eine schwach rötliche Farbe auf, sodass man eigentlich von den „kleinen rosa Zellen“ sprechen müsste …

Perikaryon abgeleitet aus peri- (griech.): um-…, herum und -karyon (griech.): Zellkern (wörtlich: Nuss)

Die Verteilung der „grauen“ und weißen Substanz im Gehirn und Rückenmark (ZNS) bzw. im peripheren Nervensystem (PNS) weist charakteristische Unterschiede auf.

Im Gehirn bildet die graue Substanz eine oberflächliche Schicht, die man als „Rinde“ (**Cortex**) bezeichnet (Großhirnrinde, Kleinhirnrinde, ➤ Kap. 7.9). Unterhalb dieser Rindenzone findet sich weiße Substanz, die Marklager genannt wird. In diesem Marklager finden sich jedoch ebenfalls einige größere Ansammlungen von Nervenzellen, für die der Begriff „**Nucleus**“ (Kern; wie für den Zell„kern“) verwendet wird. Nur aus dem Zusammenhang wird deutlich, von welchen „Kernen“ oder **Nuclei** gerade die Rede ist (➤ Abb. 7.7b).

Die weiße Substanz des Marklagers enthält zahlreiche geordnete Bündel von parallel verlaufenden Axonen, die verschiedene Abschnitte des Nervensystems miteinander verbinden. Solche Bündel bezeichnet man als Bahnen (**Tractus**), bei kleineren Bündelabzweigungen spricht man von Bündelchen (**Fasciculus**).

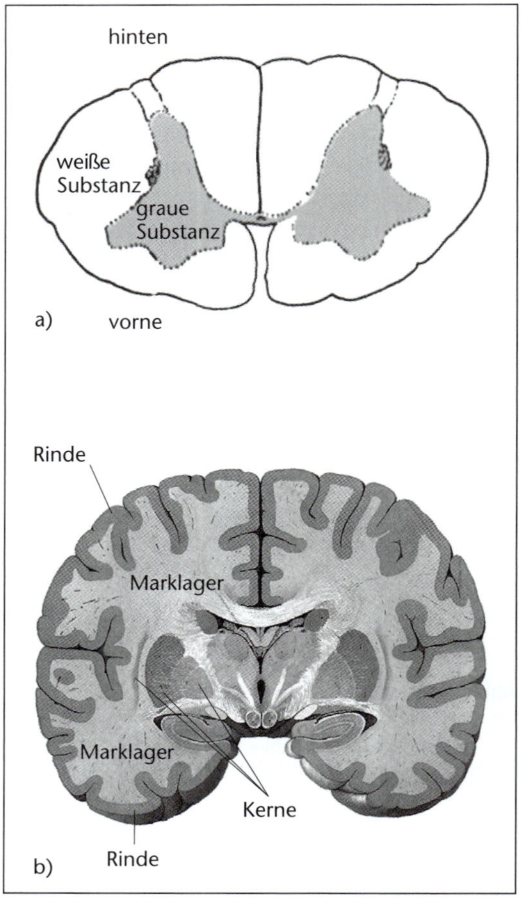

Abb. 7.7 Verteilung von grauer Substanz („rosa“) und weißer Substanz im Rückenmark und Gehirn; a) Querschnitt durch das Rückenmark, b) Frontalschnitt durch eine Großhirnhälfte; man beachte die Kerne (Kerngebiete) im Marklager

Cortex (lat.): Rinde
Nucleus (lat.): Kern, Nuclei: Plural von Nucleus
Tractus (lat.): Bahn, Strang, Bündel (der Plural von Tractus wird genauso geschrieben, nur das „u“ spricht sich lang aus)
Fasciculus (lat.): Bündelchen (eingedeutscht „Faszikel“)

Im Rückenmark (➤ Kap. 7.8) befindet sich die graue Substanz im Inneren und bildet bei Betrachtung beider Rückenmarkshälften eine „Schmetterlingsfigur“. Die weiße Substanz ist außen um die graue Substanz herum angeordnet (➤ Abb. 7.7a). Auch hier verlaufen Tractus und Faszikel.

Ansammlungen von Perikarya, also grauer Substanz, sind im PNS selten; sie werden dann als **Ganglien** bezeichnet. Der Begriff „**Nerv**“ steht korrekterweise für Bündel von parallel verlaufenden Axonen (Nervenfasern) im PNS. Eine kleinere Abzweigung eines Nerven bezeichnet man als Ast oder mit dem Fachbegriff „**Ramus**“.

Ganglien Singular: Ganglion (griech. gagglion): „Nervenknoten“, korrekt: Ansammlung von Perikarya des PNS; der Begriff „Ganglion“ wird auch noch in einem zweiten medizinischen Zusammenhang verwendet und bedeutet dann „Überbein“ (flüssigkeitsgefüllte Aussackungen von Gelenkkapseln, oft an der Hand oder am Fuß; es besteht kein Zusammenhang mit dem Ganglion des Nervensystems)

Nerv (lat. nervus): eigentlich „Sehne", hier Ansammlung parallel verlaufender Axone (Nervenfasern) des PNS
Ramus (lat.): Ast, Zweig (die Bezeichnung wird auch für kleine Äste von Blutgefäßen verwendet)

7.8 Aufbau und Funktion des Rückenmarks

Das Zentralnervensystem (ZNS) besteht aus Gehirn und Rückenmark. Das Rückenmark (**Medulla spinalis**) verläuft – beginnend am großen Loch, einer Öffnung in der Schädelbasis – innerhalb des Wirbelkanals der Wirbelsäule. Es ist ca. 45 cm lang und kleinfingerdick. Oberhalb des Rückenmarks befindet sich das sog. verlängerte Mark (**Medulla oblongata**) des Hirnstamms (➤ Kap. 7.9), das bereits zum Gehirn gerechnet wird. Das Rückenmark endet beim Erwachsenen etwa auf der Höhe des 1. bis 2. Lendenwirbels (bei Kleinkindern tiefer); unterhalb finden sich im Wirbelkanal nur noch die Wurzeln der Rückenmarksnerven (s.u.), die als „Pferdeschwanz" bezeichnet werden (➤ Abb. 7.8).

Medulla (lat.): Mark
spinalis (lat.): zur Wirbelsäule gehörig, abgeleitet von spina (lat.): Dorn, Grat (daher: Rückgrat)
oblongata (lat.): Femininform von oblongatus (lat.): verlängert
segmental, Segment (lat. segmentum): Abschnitt, sich wiederholendes Bauelement

7.8.1 Segmentale Gliederung

Am Rückenmark treten seitlich jeweils links und rechts die Wurzelfasern der 31 Rückenmarksnerven (**Spinalnerven**) in regelmäßigen Abständen aus bzw. ein (➤ Abb. 7.8). Dadurch bekommt das Rückenmark eine **segmentale** Gliederung. Man unterscheidet insgesamt fünf Abschnitte des Rückenmarks mit insgesamt 31 Segmenten (➤ Abb. 7.8):

- Halsmark: 8 **Zervikalsegmente**
- Brustmark: 12 **Thorakalsegmente**
- Lendenmark: 5 **Lumbalsegmente**
- Sakralmark: 5 **Sakralsegmente**
- Steißmark: meist nur 1 **Kokzygealsegment.**

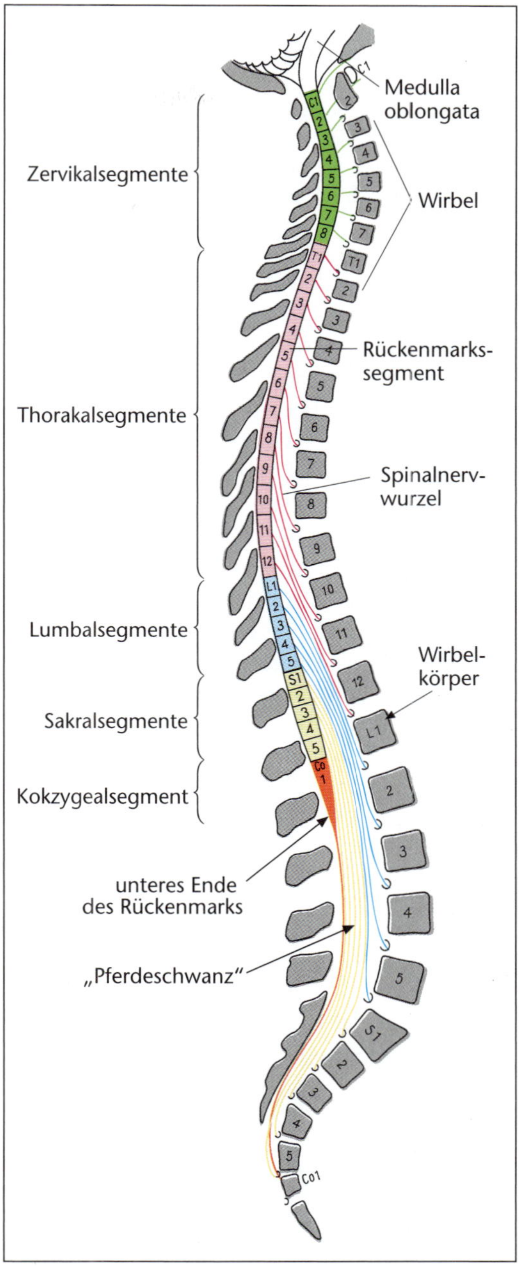

Abb. 7.8 Schematische Darstellung des Gehirns und der Abschnitte und Segmente des Rückenmarks in einer seitlichen Ansicht von rechts. Der Wirbelkanal ist eröffnet; die einzelnen Wirbel sind nur durch ihre Wirbelkörper (vorne) und ihre hinteren Fortsätze gekennzeichnet. Die Wirbel sind im jeweiligen Abschnitt des Rückenmarks von 1 bis … durchnummeriert.

7

Zervikal- (lat. cervicalis): zum Hals (cervix) gehörig
Thorakal- (lat. thoracalis): zur Brust/zum Brustkorb (thorax) gehörig
Lumbal- (lat. lumbalis): zur Lende (lumbus) gehörig
Sakral- (lat. sacralis): zum Kreuzbein (sacrum) gehörig
Kokzygeal- (lat. coccygealis): zum Steißbein gehörig, aus kokkyx (griech.): Steißbein

Während des Kindesalters endet das Längenwachstum des Rückenmarks deutlich früher als das der Wirbelsäule. Die paarigen Spinalnerven treten durch die zu ihrem Segment gehörigen seitlichen Öffnungen der Wirbelsäule hindurch. Da sich die Öffnungen der Wirbelsäule vor allem ab dem unteren thorakalen Bereich – bezogen auf die zugehörigen Spinalnerven – immer weiter nach unten entfernen, müssen die Spinalnerven bzw. ihre Wurzeln von ihrem Austritt aus dem Rückenmark bis zu ihrem Durchtritt durch die seitlichen Öffnungen der Wirbelsäule innerhalb des Wirbelkanals einen immer längeren Weg zurücklegen (im unteren Bereich als „Pferdeschwanz" bezeichnet, ➤ Abb. 7.8).

7.8.2 Vorder-, Hinter- und Seitenhorn

Betrachtet man einen Querschnitt des Rückenmarks (➤ Abb. 7.9), erkennt man deutlich die zentrale Anordnung der grauen Substanz (➤ Kap. 7.7) in Form eines Schmetterlings, außen umgeben von weißer Substanz. An der Schmetterlingsfigur lassen sich symmetrisch angeordnet nach vorne orientierte „Vorderhörner" und nach hinten orientierte „Hinterhörner" unterscheiden. Zwischen diesen finden sich in einigen Abschnitten des Rückenmarks auch die sog. Seitenhörner, die zum vegetativen Nervensystem (➤ Kap. 7.12) gerechnet werden.

Motorisches Vorderhorn

In den beiden „motorischen" Vorderhörnern des Rückenmarks liegen die **Perikarya** der sog. motorischen Vorderhornzellen (auch spinale oder periphere Motoneurone genannt). Es handelt sich um Nervenzellen, deren **Axone** aus den Vorderhörnern austreten, durch die weiße Substanz des Rückenmarks ziehen und dann die vordere Wurzel des Spinalnerven bilden. Die Axone ziehen im Spinalnerven zu den quergestreiften Skelettmuskelzellen und bil-

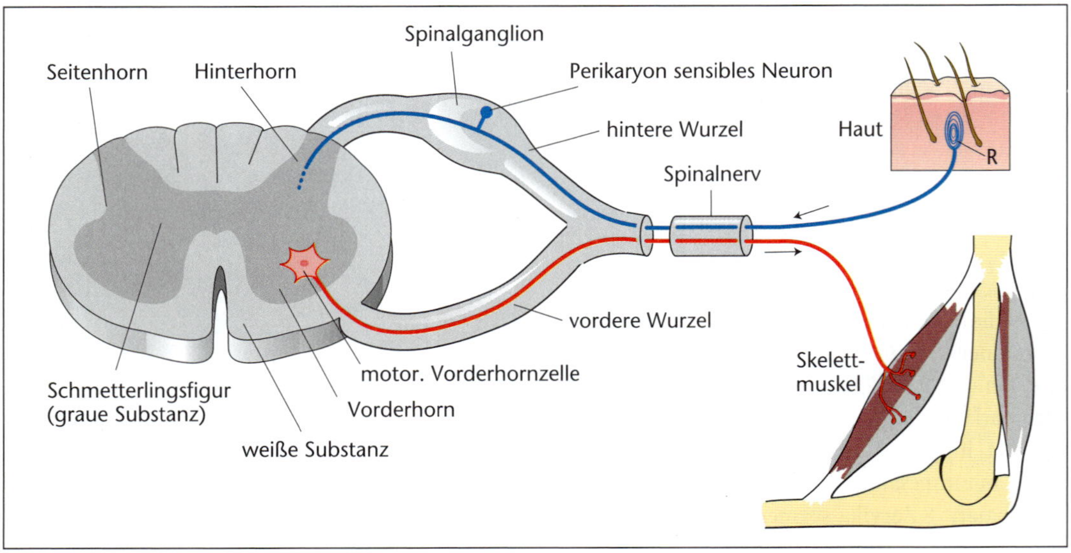

Abb. 7.9 Querschnitt des Rückenmarks mit motorischer Vorderhornzelle (rot; stark vergrößert), Spinalnerv mit Wurzeln und Spinalganglion sowie Haut (Ursprungsgebiet der sensiblen Empfindungen) und Muskeln (Zielgebiet der Axone der motorischen Vorderhornzellen). R: Rezeptororgan der Haut. Die Pfeile geben die Richtung der Erregungsleitung an.

den an deren Oberfläche die als motorische Endplatten bezeichneten **Synapsen** aus. Die Richtung der Erregungsübertragung ist als **efferent** zu bezeichnen, da sie vom ZNS zur Peripherie verläuft. Die motorischen Vorderhornzellen stehen über Synapsen mit anderen motorisch wirkenden Nervenzellen in Verbindung, deren Perikarya im Gehirn liegen („Pyramidenbahn", ➤ Kap. 7.10.4).

Perikarya Plural von Perikaryon: aus Peri- (griech.): um-..., herum und -karyon (griech.): Zellkern (wörtlich: Nuss)
Axon Nervenfaser
Synapse (griech. synapsis): Verbindung

Sensibles Hinterhorn

Im Spinalnerven verlaufen nicht nur efferente, motorische, sondern auch **afferente** Nervenfasern, die sensible Sinnesempfindungen wie Berührung, Druck, Schmerz, Kälte und Wärme (vor allem aus der Haut) aus der Peripherie zum ZNS leiten. Diese Nervenfasern gehören zu ungewöhnlichen Nervenzellen, die nicht zur Gruppe der multipolaren, sondern zu den pseudounipolaren Nervenzellen gehören (➤ Abb. 7.2; ➤ Kap. 7.3). Ihre Perikarya liegen in knotenartigen Verdickungen innerhalb der hinteren Wurzel des Rückenmarks. Diese Verdickungen werden als **Spinalganglien** bezeichnet. Im Gegensatz zu den motorischen Vorderhornzellen werden diese Nervenzellen auch als **sensibel** klassifiziert.

Spinalganglion spinalis (lat.): zur Wirbelsäule gehörig, abgeleitet von spina (lat.): Dorn, Grat (daher: Rückgrat), und -ganglion (griech.): Knötchen (Plural: Ganglien)
sensibel (lat. sensibilis): der Empfindung fähig; nur im deutschen Sprachraum existiert eine Unterscheidung zwischen sensibel (Empfindung von Berührung, Druck, Schmerz, Wärme, Kälte) und sensorisch (Empfindungen des Sehens, Hörens, Riechens, Schmeckens und des Gleichgewichts), während im angloamerikanischen Sprachraum nur der Begriff „sensoric" verwendet wird; allerdings werden auch im Deutschen die Unterscheidungen nicht konsequent verwendet („sensomotorisch" umfasst durchaus auch die „sensiblen" Empfindungen der Haut)
dendritisch: wie ein Dendrit wirkend (aus dendrites, griech.: zum Baum gehörig, baumartig)

Die sensiblen, pseudounipolaren Nervenzellen besitzen nur einen kurzen Fortsatz, der sich noch im Spinalganglion in zwei Äste aufgabelt. Der eine der beiden Äste nimmt die genannten sensiblen Empfindungen hauptsächlich aus der Haut auf. Dort liegen diese als **„dendritisch"** anzusehenden Äste entweder frei in der Haut oder sie sind mit speziellen **Rezeptororganen** verbunden, die sich auf bestimmte Wahrnehmungen spezialisiert haben (➤ Abb. 7.9). Weitere wichtige sensible Wahrnehmungen entstammen speziellen Organen in Muskeln und Sehnen (Muskelspindeln, Golgi-Sehnenorgane), die die Spannung und Dehnung in bestimmten Bereichen des Bewegungsapparates bestimmen. Sie gehören zur sog. Tiefensensibilität (s. Thema „Eigenreflex", ➤ Kap. 7.8.3, und die allgemeine Darstellung der Tiefensensibilität in ➤ Kap. 7.10.3).

Die aus der jeweiligen Sinnesempfindung z.B. in der Haut resultierende „Erregung" wird bei der pseudounipolaren Nervenzelle vom dendritischen Ast aufgenommen. Das Perikaryon ist hier ausnahmsweise an der Informationsverarbeitung nicht beteiligt, es ist lediglich als Stoffwechselzentrum dieser sensiblen Nervenzelle anzusehen. Deshalb läuft die Erregung an der Aufgabelungsstelle vorbei und erreicht über den zweiten Ast, der in seiner Funktion einem Axon ähnelt, über die hintere Wurzel des Spinalnerven das Hinterhorn des Rückenmarks (➤ Abb. 7.9). Da hier die sensiblen Informationen eintreffen, wird das Hinterhorn auch als sensibel charakterisiert.

Die Weiterleitung der sensiblen Empfindungen ist nun von der Art der Empfindung (Berührung, Druck, Schmerz, Kälte, Wärme, Tiefensensibilität) abhängig. Entweder erfolgt im Hinterhorn schon eine Umschaltung auf eine weitere hier liegende Nervenzelle oder die Empfindung wird ohne Umschaltung durch das Hinterhorn hindurch zum Gehirn geleitet (Details: ➤ Kap. 7.10.3). Deshalb ist die Fortführung der blauen Linie in ➤ Abb. 7.9, die die sensible Leitung darstellt, im Hinterhorn gestrichelt.

Spinalnerv, Spinalnervwurzeln

Als Spinalnerv bezeichnet man die Struktur, in der die efferenten motorischen Fasern parallel zu den afferenten sensiblen Fasern verlaufen (auf den zusätzlichen geringen Anteil vegetativer Nervenfasern soll hier nicht weiter eingegangen werden). Da in Spinalnerven dadurch wenigstens zwei Arten von Nervenfasern verlaufen, werden sie auch als „gemischte Nerven" charakterisiert. Die Fasern der Spinalnerven sind in Bindegewebe eingebettet, das ihnen eine kabelähnliche Struktur verleiht.

In der Nähe des Rückenmarks sind die motorischen und die sensiblen Fasern getrennt. Als vordere Wurzel des Spinalnerven wird das Bündel von motorischen Fasern bezeichnet, das auf der Höhe des Vorderhorns aus dem Rückenmark austritt und sich dann seitlich vom Spinalganglion mit den sensiblen Fasern zu einem gemeinsamen Nervenfaserstrang vereinigt.

Die hintere Wurzel des Spinalnerven enthält die sensiblen Nervenfasern, die zum Hinterhorn ziehen. Auch das Spinalganglion ist Teil der hinteren Spinalnervwurzel.

In der Peripherie findet sich wieder eine Aufspaltung des Spinalnerven: sensible Faserbündel spalten sich ab oder besser gesagt erreichen den Spinalnerv, indem sie von der Haut kommen; motorische Faserbündel spalten sich vom Spinalnerven ab, um die quergestreifte Skelettmuskulatur zu erreichen und dort motorische Endplatten auszubilden (➤ Abb. 7.9).

7.8.3 Eigen- und Fremdreflex

Der Begriff „**Reflex**" wird im allgemeinen Sprachgebrauch im Sinne einer schnellen, unwillkürlichen und oft dem Schutz des Körpers dienenden Reaktion bestimmter Muskelgruppen auf Sinnesreize verstanden.

Reflex reflexus (lat.): wörtlich das Zurückbeugen

Diese schnelle Verknüpfung zwischen einer Sinneswahrnehmung und einer Muskelantwort, die automatisch und ohne wesentliche willkürliche Beeinflussung abläuft, verläuft über einen sog. Reflexbogen, der aus dem Sinnesrezeptor, einem afferenten Verbindungsteil, einem Abschnitt des ZNS, einem efferenten Verbindungsteil und einer Muskelgruppe besteht.

Aus dem Alltag kennt man vor allem Schutzreflexe wie das „reflexartige" Zurückziehen der Hand bei der Berührung eines heißen Gegenstands, das „Zukneifen" der Augen bei plötzlich auftretendem grellen Licht u.a. Diese Reflexe sind Bestandteil des sensomotorischen Nervensystems; allerdings finden sich auch vegetative Reflexe (➤ Kap. 7.12). Auch bei einer ärztlichen Untersuchung wird oft die Auslösbarkeit von Reflexen untersucht, allgemein bekannt ist der Kniesehnen-Reflex.

Eigenreflexe

Die einfachste Möglichkeit der Verknüpfung einer sensorischen Wahrnehmung mit einer Muskelkontraktion besteht in einer direkten synaptischen Verschaltung einer sensiblen Nervenzelle mit einer motorischen Vorderhornzelle z.B. auf Rückenmarksebene (➤ Abb. 7.10). Allerdings ist dieser einfachste Reflexbogen nur realisierbar, wenn der Reflex nicht in der Haut in der Nähe des Muskels, sondern in einem Sinnesrezeptor im Muskel bzw. in seiner zugehörigen Sehne ausgelöst wird.

In Muskeln befinden sich kleine „Sinnesorgane" (**Rezeptoren**), die die Länge des Muskels genauso wie Veränderungen dieser Länge registrieren. Diese Rezeptoren werden wegen ihrer Gestalt als „Muskelspindeln" bezeichnet und reagieren auf Dehnung (deshalb wird der damit verbundene Reflex auch als Dehnungsreflex bezeichnet).

Informationen aus diesen Rezeptoren werden genauso zum Rückenmark geleitet wie sensible Informationen aus der Haut (➤ Abb. 7.9). Dabei wird über Axonkollateralen zwar die Information auch zu höher gelegenen Anteilen des ZNS geleitet, die Hauptverschaltung dieser sensiblen Nervenzelle findet aber direkt z.B. wie hier dargestellt auf Rückenmarksebene auf eine motorische Vorderhornzelle desselben Muskels statt (➤ Abb. 7.10), die dann eine Kontraktion dieses Muskels bewirkt.

Rezeptor recipere (lat.): wahrnehmen, hier: kleines Organ, z.B. in der Haut, das auf bestimmte Sinneswahrnehmungen (z.B. Vibrationen) spezialisiert ist und seine Empfindungen an das Nervensystem weitergibt
Tonus (lat.): Spannung
monosynaptisch mono- (griech. monos: einzig, alleine) und -synaptisch (aus synapsis, griech.: Verbindung)
Golgi Eigenname (italienischer Pathologe), das 2. „g" wird weich ausgesprochen

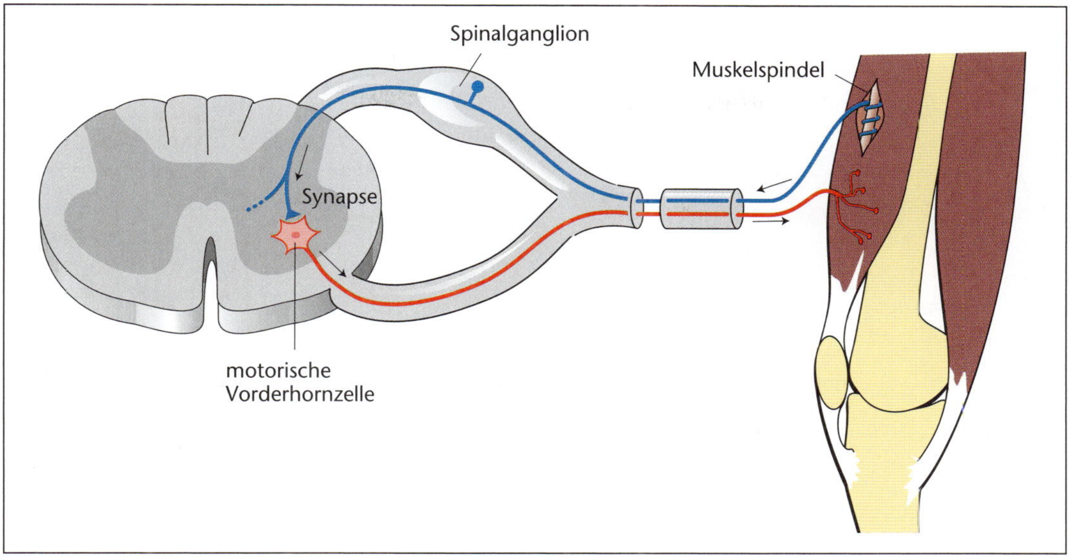

Abb. 7.10 Schema eines Eigenreflexes am Rückenmark. Die Pfeile geben die Richtung der Erregungsleitung an.

Da die Muskelspindeln zum selben „Organ", nämlich dem entsprechenden Skelettmuskel, gehören wie die Muskelzellen selbst, bezeichnet man einen solchen Reflex auch als „Eigenreflex". Der Reflexbogen eines Eigenreflexes ist **„monosynaptisch"**, da nur zwei Nervenzellen mit einer synaptischen Verbindung diesen Bogen aufbauen; dementsprechend ist die Reflexzeit sehr kurz.

Außer den Muskelspindeln gibt es noch weitere „Sinnesorgane" des Bewegungsapparats, die Informationen zu Lage, Dehnung und Spannung der Muskeln und Sehnen weiterleiten. Dazu gehören vor allem die sog. **Golgi**-Sehnenorgane, die sich am Übergang zwischen Muskel und Sehne befinden und Informationen über die Muskelspannung liefern. Weitere Rezeptoren informieren in einem Gelenk über die Lage der anatomischen Einzelstrukturen zueinander.

Die Funktion solcher Eigenreflexe ist darin zu sehen, dass das ZNS – ohne dass dazu bewusste und willentliche Steuerungsvorgänge notwendig wären – Informationen aus dem Bewegungsapparat erhält und so die jeweiligen Muskeln im Sinne einer Stütz- und Haltemotorik einsetzt; diese Reflexe werden deshalb auch als „Haltereflexe" bezeichnet. Einige dieser Eigenreflexe können vom Arzt durch einen Schlag mit einem Reflexhammer auf bestimmte Sehnen oder Muskelabschnitte ausgelöst und untersucht werden.

Fremdreflexe

Sind mehr als zwei Nervenzellen an einem Reflexbogen beteiligt, spricht man von „Fremdreflex". Hierbei liegen der Rezeptor, an dem der Reflex ausgelöst wird, und der reagierende Muskel in unterschiedlichen Strukturen (➤ Abb. 7.11). Bei mehr als zwei beteiligten Nervenzellen müssen auch zwei oder mehr synaptische Verbindungen innerhalb des Reflexbogens liegen, der entsprechend als **polysynaptisch** bezeichnet wird.

Typische Beispiele für Fremdreflexe sind z.B. die beiden oben erwähnten Schutzreflexe, aber auch so bekannte Reflexe aus der ärztlichen Untersuchung wie der Bauchdeckenreflex, bei dem sich die Bauchmuskeln anspannen, wenn die Bauchdecke z.B. mit einer stumpfen Nadel bestrichen wird, oder der Pupillenreflex, bei dem sich die Pupille bei Lichteinfall verengt.

polysynaptisch poly- (griech. polys: viel) und -synaptisch (aus synapsis, griech.: Verbindung)
Interneuron (lat. inter): zwischen und neuron (griech.): Nerv, Nervenzelle

Im einfachsten Fall eines Fremdreflexes befindet sich nur eine weitere Nervenzelle zwischen dem sensiblen und dem motorischen Neuron (➤ Abb. 7.11),

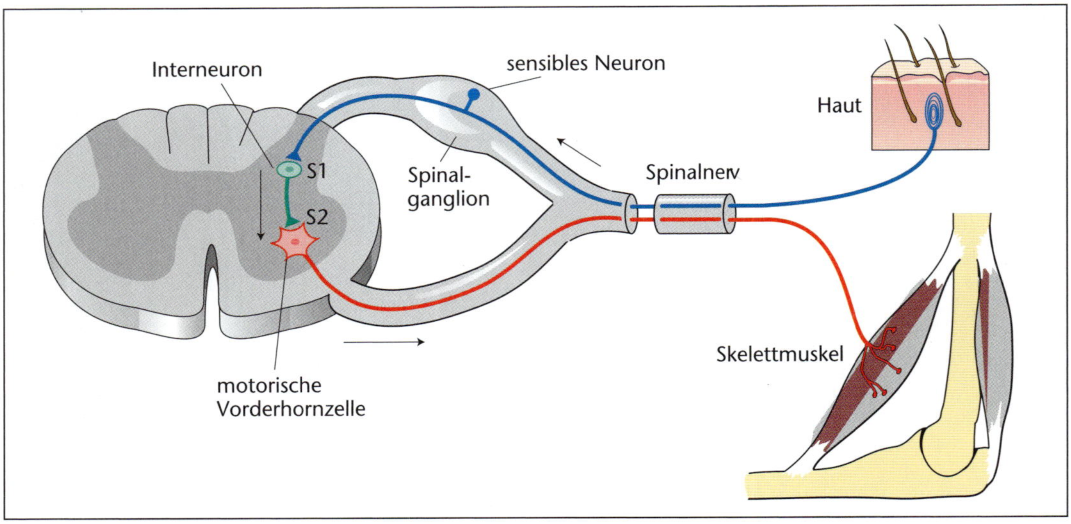

Abb. 7.11 Schema eines Fremdreflexes am Rückenmark mit einem Interneuron; S1: Synapse zwischen sensibler Nervenzelle und Interneuron, S2: Synapse zwischen Interneuron und motorischer Vorderhornzelle. Die Pfeile geben die Richtung der Erregungsleitung an.

hier dargestellt am Rückenmark (aber auch im Gehirn existieren eine Reihe von Fremdreflexbögen). Diese Nervenzelle wird dann als **Interneuron** bezeichnet.

Der Sinn solcher Fremdreflexe ist darin zu sehen, dass bestimmte Bewegungen sehr schnell, also „reflexartig", oft im Sinne von Schutzreaktionen, ohne Kontrolle durch das Bewusstsein und den Willen ausgeführt werden können. Zu diesen Fremdreflexen sind auch so bekannte und teilweise schon besprochene Reflexe wie der Schluckreflex (der allerdings nicht als Schutzreflex anzusehen ist), der Brech- und Würgreflex, das Niesen und der Hustenreflex zu zählen.

Im Gegensatz dazu steht die sogenannte Willkürmotorik, die unter Einbeziehung des Bewusstseins Bewegungsabläufe willentlich plant und ausführt. Aber auch hier besteht durch Trainieren von Bewegungsabläufen eine starke Tendenz, komplexe Bewegungsmuster zu automatisieren und dem direkten Einfluss des Willens zu entziehen, um sie schneller und geschmeidiger zu machen (EPMS, ➤ Kap. 7.10.4).

7.8.4 Funktionen des Rückenmarks

Zusammengefasst hat das Rückenmark folgende Funktionen:

- Zwischenstation der motorischen Bahnen, die vom Gehirn ausgehen und die motorischen Vorderhornzellen erreichen; über die Axone der motorischen Vorderhornzellen werden die Skelettmuskeln des Rumpfes, der Extremitäten und eines Teils des Halses innerviert,
- Durchgangsstation oder Umschaltstelle der sensiblen Wahrnehmung am Rumpf, an den Extremitäten und einem Teil des Halses,
- Vermittlung von Eigenreflexen im Sinne einer Stütz- und Haltemotorik sowie von Fremdreflexen als Möglichkeit der Ausführung schneller, unwillkürlicher motorischer Aktionen, oft auch im Sinne von Schutzreflexen.

7.9 Aufbau und Funktion des Gehirns

7.9.1 Übersicht und Entwicklung

Der wichtigste Teil des Zentralnervensystems ist das Gehirn (**Cerebrum, Encephalon**). Es entwickelt sich aus dem oberen Wandabschnitt des Neuralrohrs (➤ Kap. 7.2) unter Ausbildung verschiedener blasenartiger Verdickungen. Der oberste Teil der Neuralrohrwand entwickelt sich paarig: es entstehen die beiden Großhirnhälften. Die Hohlräume des Neuralrohrs bleiben im Gehirn als sog. Ventrikel erhalten (➤ Kap. 7.9.10).

Cerebrum (lat.): Gehirn, Großhirn
Encephalon (griech. egkephalon): Gehirn
Tel- (griech.): End-
Cerebellum (lat.): Kleinhirn, Verkleinerungsform von Cerebrum
Truncus (lat.): Stamm, cerebri Genitiv von cerebrum

Das Gehirn gliedert sich (➤ Abb. 7.12) in:
- Großhirn (Endhirn, **Telencephalon**)
- Kleinhirn (**Cerebellum**)
- Zwischenhirn (**Diencephalon**)
- Hirnstamm (**Truncus cerebri**).

Teilweise wird das Zwischenhirn in solchen Aufstellungen auch dem Hirnstamm zugeordnet.

Das Großhirn ist paarig angelegt (zwei halbkugelförmige Großhirnhälften oder Großhirn-**Hemisphären**); auch im Kleinhirn findet sich eine solche paarige Anlage (Kleinhirnhemisphären). Die Abschnitte des Hirnstamms und das Zwischenhirn sind jedoch unpaar angelegt. Das Kleinhirn entsteht als eine zur Seite und nach hinten orientierte paarige Ausstülpung aus dem Hirnstamm. Vom Großhirn in Richtung zum Rückenmark (also von „oben" nach „unten") gesehen gliedert sich der Hirnstamm (in der Darstellung ohne Zwischenhirn) weiter in die folgenden Abschnitte:
- Mittelhirn (**Mesencephalon**)
- Rautenhirn (**Rhombencephalon**).

Das Rautenhirn wiederum besteht aus dem oberen Abschnitt „Brücke" (**Pons**) und dem unteren Abschnitt „verlängertes Mark" (**Medulla oblongata**), an das sich das Rückenmark nach unten anschließt (➤ Abb. 7.14).

Hemisphäre, Halbkugel, hemi- (griech.): halb, sphaera (lat.) bzw. sphaira (griech.): Kugel; diese Halbkugeln sind nach unten allerdings so abgeplattet, dass man eher von „Viertelkugeln" sprechen könnte
Encephalon (griech. egkephalon): Gehirn
di- (griech. dia): zwischen
mes- (griech. mesos): mittig, Mittel-
Rhomb- (lat. rhombus bzw. griech. rhombos): Raute, geometrische Figur eines verschobenen, auf der Spitze stehenden Quadrats (abgeleitet von der Rautengrube (➤ Kap. 7.9.8)
Pons (lat.): Brücke
Medulla oblongata (lat.): verlängertes Mark

7.9.2 Großhirn

Das Großhirn besteht aus den beiden spiegelbildlich symmetrisch angelegten Großhirnhemisphären, die durch die große Längsfurche (auch Hemisphären-

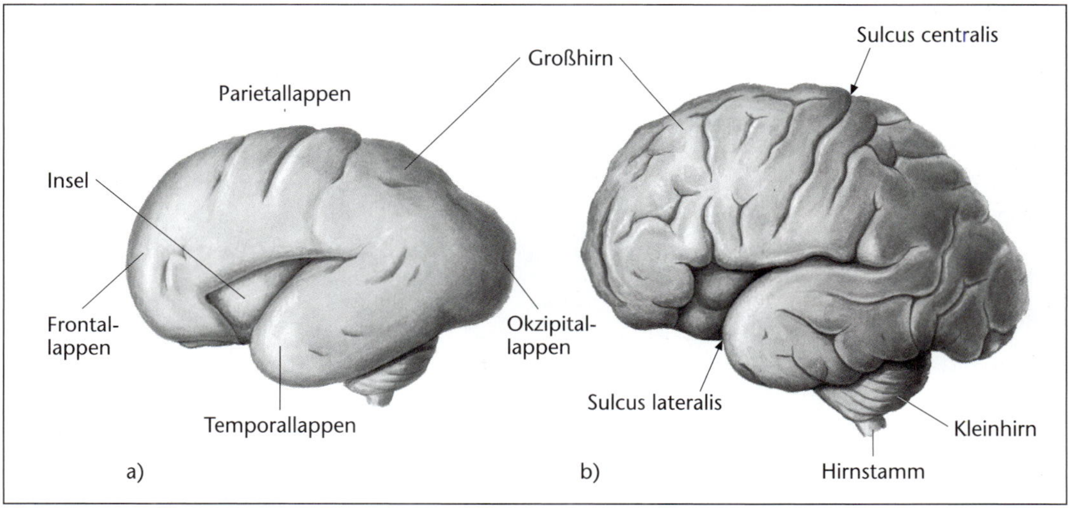

Abb. 7.12 Entwicklung des Gehirns; a) im 7. Monat (die typischen Furchen und Windungen fehlen noch weitgehend, b) im 9. Monat

7

spalte genannt) unvollständig voneinander getrennt sind (man orientiere sich an einem Hirnmodell).

An jeder Hemisphäre lassen sich fünf Lappen (**Lobi**) unterscheiden, von denen vier von außen sichtbar sind (➤ Abb. 7.13). Es handelt sich um:

- Stirnlappen (**Lobus frontalis**; eingedeutscht: Frontallappen)
- Scheitellappen (**Lobus parietalis**; eingedeutscht: Parietallappen)
- Hinterhauptslappen (**Lobus occipitalis**; eingedeutscht: Okzipitallappen)
- Schläfenlappen (**Lobus temporalis**; eingedeutscht: Temporallappen).

Teilweise sind die Grenzen zwischen den Lappen eindeutig erkennbar: so trennt die Zentralfurche (**Sulcus centralis**, früher auch als Rolando-Furche bezeichnet) den Stirn- vom Scheitellappen, die Seitenfurche (**Sulcus lateralis**, auch **Sylvius**-Furche oder Sylvi-Furche genannt) den Stirn- und Scheitellappen vom Schläfenlappen.

Der fünfte Lappen, als Insel (**Insula**) oder Insellappen (**Lobus insularis**) bezeichnet, liegt verdeckt von den übrigen Lappen in der Tiefe der Seitenfurche (Sulcus lateralis). Am Gehirn eines Fetus im 7. Monat lässt sich die Insel noch von außen ausmachen (➤ Abb. 7.12); später wird sie durch die stärkere Entwicklung des Stirn-, Scheitel- und Schläfenlappens zunehmend verdeckt. Über die Bedeutung der Insel liegen vergleichsweise wenig Erkenntnisse vor.

Lobus (lat.): Lappen (Plural: Lobi)
frontalis (lat.): zur Stirn (lat.: frons) gehörig
parietalis (lat.): zur Wand gehörig, wandständig (damit ist das Scheitelbein gemeint, das teilweise die Schädelwand bildet)
occipitalis (lat.): zum Hinterhaupt (lat. occiput) gehörig
temporalis (lat.): zur Schläfe gehörig (von tempus, lat.: Zeit; da mit der Zeit die Schläfen grau werden)
Insula (lat.): Insel, insularis (lat.): zur Insel gehörig
Sulcus (lat.): Furche, Spalt (Plural: Sulci)
lateralis (lat.): seitlich; centralis (lat.): zentral gelegen, **praecentralis** (lat.): vor der Zentralfurche gelegen, **postcentralis** (lat.): hinter der Zentralfurche gelegen
Gyrus (lat., griech.: gyros): Kreis, Windung (Plural: Gyri)
Rolando Eigenname (italienischer Anatom)
Sylvius Eigenname (niederländischer Anatom)

Die Oberfläche des reifen Großhirns weist etwa ab dem neunten Fetalmonat (➤ Abb. 7.12) Windungen (**Gyri**) und Furchen (**Sulci**) auf, von denen einige an jedem Gehirn konstant zu finden sind (z.B. Sulcus centralis, Sulcus lateralis, Gyrus **praecentralis,** Gyrus **postcentralis**), andere jedoch individuell ausgeprägt sind (➤ Abb. 7.13).

Die Vorstellung von den Oberflächenstrukturen des Großhirns erfordert nicht nur die Betrachtung der Außenseiten der Halbkugeln, sondern auch die der innen gelegenen flachen **Medialansichten** (➤ Abb. 7.14). Der Übergang der Außenfläche in die Medialfläche ist deutlich erkennbar und wird als Mantelkante (➤ Abb. 7.14) bezeichnet.

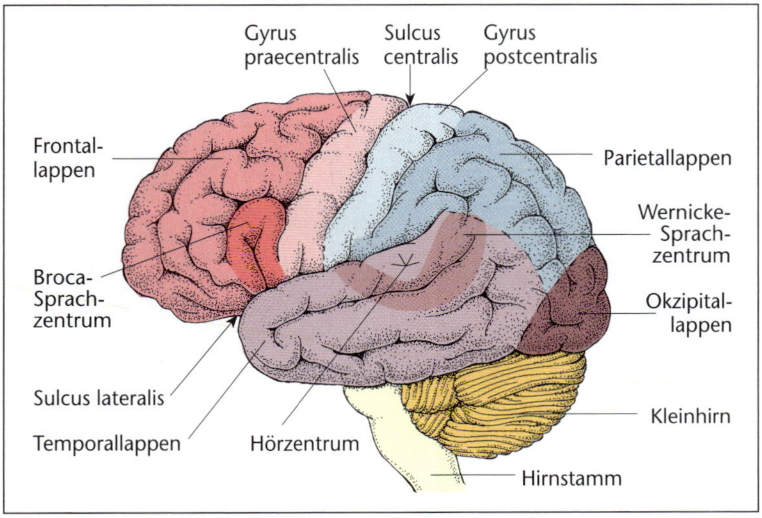

Abb. 7.13 Seitliche Ansicht der linken Großhirnhemisphäre mit Kleinhirn und Hirnstamm

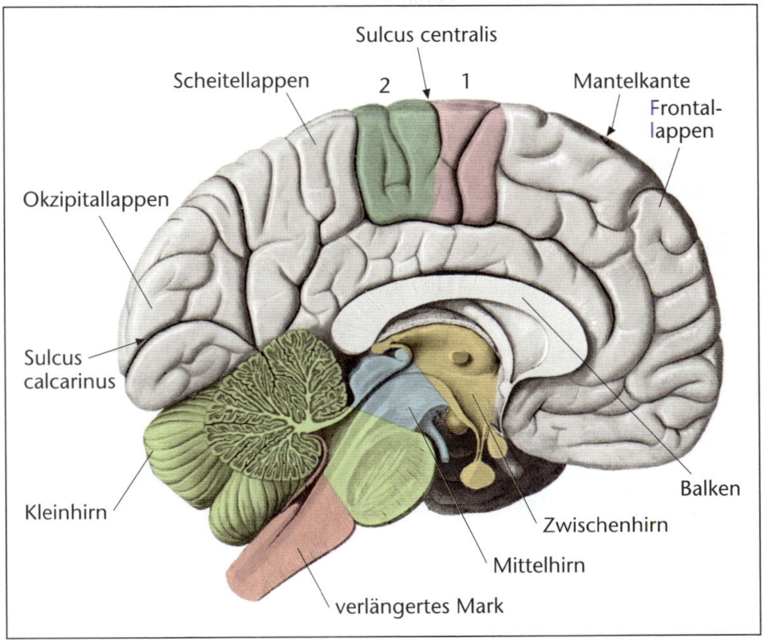

Abb. 7.14 Medialfläche der linken Großhirnhemisphäre mit Balken, Hirnstamm und Kleinhirn. 1 Gyrus praecentralis, 2 Gyrus postcentralis

Wie schon in ➢ Kap. 7.7 beschrieben, findet sich die graue Substanz des Großhirns zum größten Teil außen in Form der Großhirnrinde (**Cortex cerebri**). Die darunter liegenden Regionen füllt die weiße Substanz, das sog. Marklager, aus, in das zusätzlich graue Substanz in Form von unterschiedlich geformten und ausgedehnten Kerngebieten (**Nuclei**) eingelagert ist.

medial- (lat.): innen gelegen
Cortex (lat.): Rinde, cerebri: Genitiv von cerebrum (lat.): Gehirn
Nuclei (lat.): Plural von Nucleus: Kern; hier: Ansammlung von Zellleibern (Perikarya) der Nervenzellen
Area (lat.): Fläche

7.9.3 Rindenfelder

Nur bei sehr grober Betrachtung lassen sich bestimmten Oberflächenstrukturen, vor allem den Gyri, genauere Funktionen zuweisen, weil es zum einen zu große individuelle Unterschiede gibt und zum anderen an der Durchführung zerebraler Funktionen meist mehrere Hirnareale auf komplexe Art und Weise beteiligt sind. Gewisse Differenzierungen im Feinbau der Hirnrinde sind durch die mikroskopische Untersuchung möglich. Dies wurde bereits sehr genau und systematisch von K. Brodmann Anfang des 20. Jahrhunderts durchgeführt. Auf ihn geht eine Einteilung der Hirnoberfläche in 52 Felder (**Area** 1–52) zurück, die teilweise heute noch gebräuchlich ist. Diesen Rindenfeldern lassen sich dann mit Einschränkungen bestimmte Hirnfunktionen zuweisen. Die meisten dieser Ergebnisse sind aus neuropsychologischen Untersuchungen abgeleitet, bei denen Funktionsausfälle bei bestimmten Verletzungen oder Erkrankungen von Hirnabschnitten analysiert wurden. Allerdings lassen sich dadurch nicht immer hinreichend genaue Erkenntnisse ableiten, da es selbst im Feinbau der Großhirnrinde zu viele individuelle Unterschiede gibt und da genaue Kenntnisse über die Lokalisation vor allem höherer Hirnfunktionen oftmals noch unzureichend sind.

Primäre Rindenfelder

Die Rindenfelder, an denen die stärksten Erregungen aus der Sensorik eintreffen bzw. von denen die stärksten Erregungen für die Motorik entspringen, bezeichnet man als primäre Rindenfelder, **Projektionsfelder** oder Projektionszentren. Man unterscheidet das motorische und das sensorisch-sensible

Rindenfeld, das Sehzentrum (visuelles Rindenfeld) und das Hörzentrum (akustisches oder auditorisches Rindenfeld).

Projektion proicere (lat.): abbilden, übertragen
somatotop soma (griech.): Körper und topos (griech.): Ort
homunculus Menschlein, Verkleinerungsform von homo (lat.): Mensch

Gyrus praecentralis (motorisches Rindenfeld)

Der Gyrus praecentralis (Area 4 nach Brodmann) befindet sich im Stirnlappen; er verläuft vor der Zentralfurche (Sulcus centralis) und damit auch parallel zu ihr. Er erstreckt sich von der Großhirnaußenfläche über die Mantelkante bis zur Medialfläche (➤ Abb. 7.13, ➤ Abb. 7.14). Im Gyrus praecentralis ist das motorische Rindenfeld lokalisiert. Die hier enthaltenen motorischen Nervenzellen (auch primäre oder zentrale Motoneurone genannt) stellen das 1. Neuron der sog. Pyramidenbahn (➤ Kap. 7.10.4) dar, das in synaptischer Verbindung mit dem 2. Neuron dieser Bahn, vor allem den motorischen Vorderhornzellen des Rückenmarks, steht (das 2. Neuron für Muskeln des Kopfes, teilweise auch des Halses, befindet sich im Hirnstamm, ➤ Kap. 7.10.4).

Vom Gyrus praecentralis aus verläuft die willkürliche Steuerung der gesamten Skelettmuskulatur des Körpers (die unwillkürlich ablaufende Steuerung der Stütz- und Haltemotorik erfolgt jedoch vom Hirnstamm aus). Allerdings entstehen die Impulse für Bewegungen nicht an den Neuronen des Gyrus praecentralis selbst, sondern in anderen Zentren des Gehirns (im Wesentlichen in den kortikalen Bereichen, die im Stirnlappen als sog. prämotorischer Cortex „vor" dem Gyrus praecentralis liegen, s.u.: „sekundäre und tertiäre Rindenfelder"). Sie werden von dort an die Neurone des präzentralen Gyrus geleitet, der sie übernimmt und an die Körpermuskulatur weiterleitet.

Die Nervenzellen des Gyrus praecentralis weisen eine sog. **somatotope** Anordnung auf. Darunter versteht man eine direkte Verschaltung einer Nervenzelle (das motorische Vorderhorn ist vereinfacht dargestellt nur Umschaltstation) mit einer Gruppe von Muskelzellen im Sinne einer Punkt-zu-Punkt-Zuordnung.

Jeder Nervenzelle des Gyrus praecentralis lässt sich eine unterschiedlich große Anzahl von quergestreiften Skelettmuskelzellen des Körpers zuordnen, die von dieser Nervenzelle gesteuert werden. Diese Verbindung einer Nervenzelle mit Muskelzellen bezeichnet man als „motorische Einheit". In Bereichen der Grobmotorik steuert ein motorisches Neuron 500–1000 Muskelzellen, teilweise noch mehr. In Bereichen der Feinmotorik (Augenmuskeln, Sprechmuskeln) sind die motorischen Einheiten wesentlich kleiner (10–50 Muskelzellen pro Neuron, teilweise noch weniger).

Unter Berücksichtigung der Grob- und Feinmotorik sowie der Lage der jeweiligen Muskeln in den einzelnen Körperregionen lässt sich ein sog. „motorischer **Homunculus**" dem Gyrus praecentralis zeichnerisch zuordnen (➤ Abb. 7.15a). Dabei lässt sich zum einen erkennen, welche Abschnitte des Gyrus praecentralis für welche Körperteile zuständig sind, und zum anderen an Hand der Größe der abgebildeten Körperregionen in Bezug zu ihrer relativen Größe zueinander, wo eine fein- und wo eine grobmotorische Steuerung dominiert. Dabei ist zu beachten, dass der rechte Gyrus praecentralis die Muskulatur der linken Körperhälfte steuert und umgekehrt (➤ Kap. 7.10.4). Auffällig ist die deutlich erhöhte Größe der für die Steuerung der Finger- und Sprechmotorik zuständigen Areale.

Gyrus postcentralis (somatosensorisches Rindenfeld)

Der Gyrus postcentralis (Area 1, 2 und 3 nach Brodmann) befindet sich im Scheitellappen; er verläuft hinter der Zentralfurche (Sulcus centralis), also parallel zu ihr und zum Gyrus praecentralis. Auch er erstreckt sich von der Großhirnaußenfläche über die Mantelkante bis zur Medialfläche (➤ Abb. 7.13, ➤ Abb. 7.14). Der Gyrus postcentralis stellt das somatosensorische („sensible") Rindenfeld dar; hierhin wird die gesamte sensible Empfindung (Haut, Schleimhäute, Tiefensensibilität) projiziert. Hier enden letztlich – nach mehreren Umschaltungen – die afferenten Bahnen, z.B. aus der Haut, die über die hintere Wurzel des Rückenmarks in das Hinterhorn eingetreten waren. Im Bereich der Haut und Schleim-

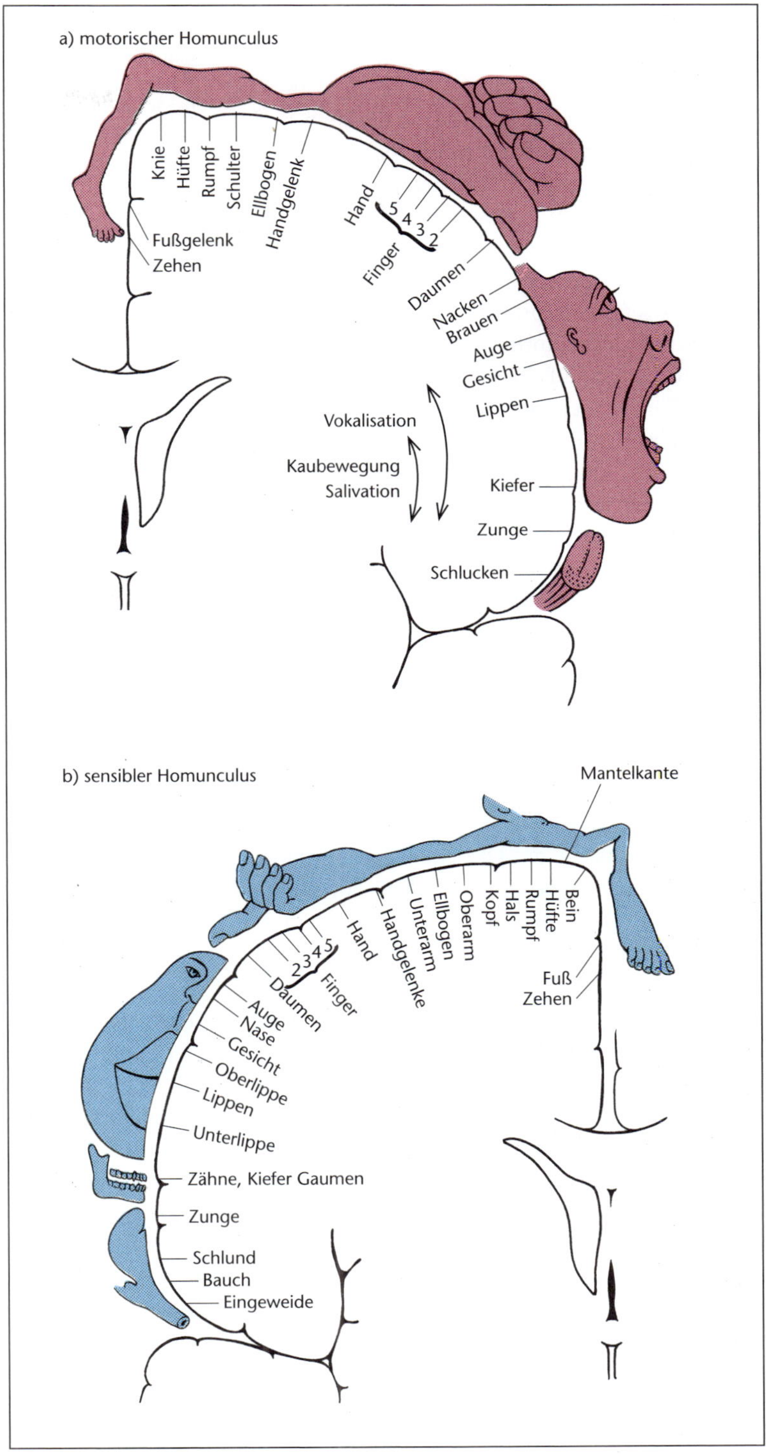

Abb. 7.15 a) Motorischer Homunculus, der rechte Gyrus praecentralis ist schematisch im Frontalschnitt dargestellt (Vokalisation: hier im Sinne der Sprechmotorik gebraucht, Salivation: Speichelbildung);
b) sensibler Homunculus; hier ist der linke Gyrus postcentralis im Frontalschnitt abgebildet

häute des Kopfes verlaufen die sensiblen Empfindungen allerdings nicht über das Rückenmark, sondern über den Hirnstamm (➤ Kap. 7.10.3).

Auch im Gyrus postcentralis sind die Nervenzellen somatotop angeordnet, sodass sich analog ein „sensibler Homunculus" zeichnerisch darstellen lässt (➤ Abb. 7.15b). Ebenso verlaufen auch die afferenten Bahnen „gekreuzt", d.h., Empfindungen der Haut der linken Körperhälfte werden im rechten Gyrus postcentralis repräsentiert und umgekehrt.

Genau wie im motorischen gibt es auch im sensiblen Bereich eine Fein- und eine Grobinnervation. Auffällig ist hier die besonders hohe Dichte von Nervenfasern an den Fingern und an den Sprechorganen (➤ Abb. 7.15b). Nicht vergessen sollte man, dass es dabei nicht nur um die sensible Wahrnehmung, sondern auch um die Tiefensensibilität geht.

Die endgültige Beantwortung der Frage, ob die sensibel-sensorische Wahrnehmung aus den Genitalorganen an der zu erwartenden Region oder – wie meist angenommen – unterhalb des Fußes und der Zehen zu lokalisieren ist, steht noch aus.

Sehzentrum (visuelles Rindenfeld)

An der Medialfläche des Okzipitallappens befindet sich beidseits die Spornfurche **(Sulcus calcarinus)**, die lippenartig von den umliegenden Windungen begrenzt wird (➤ Abb. 7.14). In diesem deshalb Kalkarinalippe genannten Areal (Area 17 nach Brodmann) befindet sich das Sehzentrum oder visuelle Rindenfeld. Hierhin werden alle visuellen Eindrücke der Augen projiziert. Dabei werden im rechten Sehzentrum die Empfindungen aus den beiden linken Gesichtsfeldhälften der jeweiligen Netzhaut, im linken Sehzentrum die Empfindungen aus den beiden rechten Gesichtsfeldhälften der jeweiligen Netzhaut verarbeitet. Die Nervenzellen in den Sehzentren weisen eine Grobeinteilung nach ihrer Spezifität einmal für Farbe, zum anderen für Formen und zum Dritten für Bewegungen auf. Die Verarbeitung dieser Informationen und die daraus resultierende Wahrnehmung der sichtbaren Außenwelt sind hochgradig komplex und erst in Ansätzen verstanden.

> **Sulcus** (lat.): Furche
> **calcarinus** (lat.): spornartig (calcar, lat.: Sporn)
> **Gyrus** (lat.; griech: gyros): Kreis, Windung, temporalis (lat.): zum Schläfenlappen gehörig, superior (lat.): der/die obere …
> **Heschl** Eigenname (österreichischer Pathologe)

Hörzentrum (akustisches oder auditorisches Rindenfeld)

Das Hörzentrum (akustisches oder auditorisches Rindenfeld) befindet sich beidseits in der obersten Windung (**Gyrus temporalis superior**) des Schläfenlappens sowie in kleineren, benachbarten Querwindungen in der Tiefe der Seitenfurche (Area 41 und 42 nach Brodmann). Diese Querwindungen werden meist als **Heschl**-Querwindungen bezeichnet. Hierhin werden alle akustischen Eindrücke beider Ohren projiziert. Jedes Hörzentrum einer Seite nimmt Informationen von beiden Ohren auf (➤ Kap. 8.7.5). Nervenzellen im Hörzentrum weisen unterschiedliche Spezifikationen für Frequenzen, Schallintensität, teilweise aber auch für bestimmte Schallmuster auf. Auch hier sind viele Detailfragen noch ungeklärt.

Sekundäre und tertiäre Rindenfelder

Allgemeines

Neben den primären Rindenfeldern, die zumeist über Punkt-zu-Punkt-Zuordnung mit den peripheren Zentren der Sensomotorik (Sinnesorgane, Muskulatur) in Verbindung stehen, existieren noch zahlreiche sekundäre und tertiäre Rindenfelder, bei denen eine solche direkte Verknüpfung nicht existiert.

Teilweise werden alle Rindenfelder, die außerhalb der primären Projektionszonen liegen, einheitlich als sekundäre Rindenfelder oder **Assoziationsfelder** (oder -zonen) bezeichnet. Beim menschlichen Gehirn umfassen diese einen deutlich höheren Anteil als die primären Felder.

Auf der Grundlage vor allem der wichtigen Arbeiten des russischen Neuropsychologen **Lurija** wird der nicht-primäre Cortex jedoch oft noch weiter in sekundäre und tertiäre Rindenfelder unterteilt. Die sekundären Rindenfelder werden den jeweils primären Rindenfeldern zugeordnet (und liegen diesen benachbart), sodass es sekundäre motorische, sensorische, visuelle und auditorische (akustische) Felder gibt.

Kurzgefasst besteht die Funktion der sekundären motorischen Felder vor allem darin, die Vorbereitung und Planung motorischer Aktionen unter Einbeziehung von Kontakten zu zahlreichen weiteren Hirnstrukturen durchzuführen, um damit die zentralen motorischen Neurone des Gyrus praecentralis anzusteuern. Von den primären Feldern noch weiter entfernte Regionen der Stirnlappen (tertiäre motorische Rindenfelder) lassen übergeordnete motorische Funktionen wie z.B. die des Antriebs zum Abruf von Handlungsprogrammen oder der Steuerung und Kontrolle von Handlungsprogrammen erkennen.

Die sensorischen, visuellen und auditorischen Assoziationsfelder weisen ebenfalls keine Punkt-zu-Punkt-Zuordnung zu den Regionen auf, wo die Sinnesreize ausgelöst werden. Diese sekundären Felder der jeweiligen Sinnesempfindungen haben übergeordnete Aufgaben der sensorischen Analyse, die man auch als **gnostisch** oder integrativ bezeichnet.

Dabei kommt es zum Abgleich mit gespeicherten Gedächtnisinhalten, um so eine akustische Empfindung z.B. zunächst als Sprache, Musik oder Geräusch (und dann im Detail) zu erkennen und zu identifizieren, visuelle Empfindungen z.B. mit bestimmten Objekten (roter Ball, Gesicht, Schrift u.v.m.) zu assoziieren oder sensorische Empfindungen komplexerer Haut- oder Körperwahrnehmungen zuzuordnen.

Die restlichen Felder des Cortex (soweit nicht schon in der Motorik beschrieben) werden dann als tertiäre Rindenfelder bezeichnet, bei denen z.B. Empfindungen mehrerer unterschiedlicher Sinnesorgane abgeglichen und übergeordnet erfasst und analysiert werden. Teilweise werden diesen tertiären Feldern auch Funktionen im Zusammenhang mit komplexesten psychischen Funktionen wie Gedächtnis, Bewusstsein, Aufmerksamkeit, Handlungsantrieb, Persönlichkeitsstruktur oder dem Denken und Planen ganz allgemein zugeordnet.

Assoziation (franz. association): Verknüpfung, Zusammenschluss
gnostisch erkennend (griech. gnostikos)
Dominanz Vorherrschaft, aus dominans (lat.): beherrschend
Broca Eigenname (französischer Arzt und Anthropologe)
Sylvius Eigenname (niederländischer Anatom)
Lurija russischer Neuropsychologe, umfassende Zusammenstellung seiner vor allem auch für die Sprache wichtigen Forschungsarbeiten in: A.R. Lurija, Das Gehirn in Aktion. Einführung in die Neuropsychologie, Rowohlt 1992

Nachfolgend sollen zwei Bereiche aus der Gruppe der nichtprimären Rindenfelder wegen ihrer überragenden Bedeutung für Sprache und Sprechen herausgenommen und genauer besprochen werden. Diese Regionen lassen sich funktionell sekundären, aber auch tertiären Rindenfeldern zuordnen.

Dabei stellte sich vor allem anhand der Untersuchungen dieser „Sprachzentren“ heraus, dass das menschliche Gehirn bezüglich vieler Funktionen unterschiedliche Schwerpunkte in der linken bzw. rechten Hemisphäre hat (**Dominanz**). So findet man eine Sprachdominanz in der linken Gehirnhälfte bei über 95 % der Rechtshänder und bei ca. 70 % der Linkshänder. Beim Rest der Menschen ist dann entweder die rechte Hemisphäre sprachdominant oder es sind beide Hemisphären an der Sprache beteiligt.

Neuere Untersuchungen zeigen bei Frauen, dass während der unterschiedlichen Phasen des Monatszyklus auch Verschiebungen der Aktivität bestimmter sprachrelevanter Regionen von der dominanten zur nichtdominanten Hemisphäre vorkommen.

Sprachzentren

Sprache lässt sich grundsätzlich zunächst einmal in „Sprachproduktion“ und „Sprachverständnis“ untergliedern.

Dabei umfasst die Sprachproduktion zum einen das lautliche, äußere Sprechen (oder Singen), das Schreiben (evtl. auch indirekt über Computertastaturen und viele vergleichbare Varianten) sowie ab einem bestimmten Reifungsgrad des kindlichen Gehirns auch das innere Sprechen, das zum großen Teil mit dem „Denken“ gleichgesetzt werden kann. Auch das Rechnen kann als ein Sonderbereich der Sprachproduktion zugeordnet werden. Soweit es sich dabei nicht um „innere" Vorgänge handelt, ist die Sprachproduktion auf motorische Abläufe angewiesen. Dies gilt auch für Menschen, die mithilfe des Fingeralphabets, der Gebärdensprache oder über z.B. elektronische Hilfsmittel kommunizieren.

Das „Verstehen" der Sprache in den genannten Varianten der Sprachproduktion ist auf eine akustische (Sprechen, Singen) oder visuelle (Lesen, Sehen der Gebärdensprache u.a.) Übermittlung angewiesen und setzt natürlich einen Lernprozess der jeweiligen Sprache voraus.

Ganz grob kann man deshalb Rindenfelder des Gehirns, die sich mit Sprachproduktion und -verständnis befassen, als motorisch oder sensorisch klassifizieren. Demzufolge unterscheidet man auch ganz global ein motorisches und ein sensorisches Sprachzentrum, auch wenn diese Differenzierung aus heutiger Sicht nur noch der Grobunterscheidung dient und hauptsächlich historisch erklärbar ist.

Broca-Sprachzentrum

In der sprachdominanten Hemisphäre befindet sich im Stirnlappen direkt oberhalb der Seitenfurche (**Sylvius**- oder Sylvi-Furche) und vor dem Gyrus praecentralis (➤ Abb. 7.13) das motorische Sprachzentrum. Es wird auch als **Broca**-Sprachzentrum (Area 44 und 45 nach Brodmann) bezeichnet.

Ursprünglich wurde das Broca-Sprachzentrum als rein motorisches Koordinationszentrum angesehen, das die beim Sprechen tätigen Muskeln (➤ Kap. 6 „Sprechorgane") so steuert, wie es für die Artikulation erforderlich ist. Dabei geht man davon aus, dass dort Handlungsprogramme gespeichert sind, mit denen die Sprechorgane zur Sprachproduktion gebracht werden können. Möglich ist aber auch, dass hier nur die Zugriffs- und Koordinationspläne dieser Handlungsprogramme liegen und die Programme selbst an anderen Stellen des prämotorischen Cortex gespeichert sind.

Bei einem Ausfall des Broca-Zentrums würden dann die entsprechenden Muskeln der „Sprechorgane" noch in ihrem ursprünglichen Sinne z.B. für die Ernährung oder die Erzeugung von Geräuschen (Pfeifen, Schnalzen, Melodie summen) funktionsfähig sein, aber nicht mehr für eine artikulierte Sprache, weil der für diesen speziellen Zweck zusätzlich erforderliche Koordinator ausgefallen ist. Das Verständnis des gesprochenen Wortes müsste bei diesen Patienten dann erhalten bleiben.

Heute weiß man, dass Zerstörungen im Broca-Sprachzentrum z.B. durch Schlaganfälle oder Hirntumoren nicht nur die genannten rein motorischen Ausfälle verursachen, sondern auch für weit komplexere Dinge wie Störungen der Grammatik und Satzstruktur, der Wortfindung, der Sprachmelodie, teilweise auch des Sprachverständnisses verantwortlich sind (Broca-**Aphasie**).

Aphasie (griech. aphasia): Sprachlosigkeit; hier: hirnorganische Sprachstörungen (verursacht z.B. durch Schlaganfälle, Hirnblutungen, Hirntumoren, Hirnverletzungen) bei Menschen, die bereits eine Sprache (oder mehrere) beherrschen
Wernicke Eigenname (deutscher Neurologe)

Für die motorischen Elemente im Dienste der Sprachproduktion ist jedoch auch ein Zugriff zu den im Langzeitgedächtnis gespeicherten Inhalten erforderlich (diese werden vermutlich in eine Art Arbeitsspeicher geladen). Um z.B. einen Gegenstand zu benennen, den ich sehe, oder ein Lied zu benennen, das ich höre, benötige ich auch eine Verbindung zu den entsprechenden lexikonartigen Langzeitspeichern, die sich außerhalb des Broca-Zentrums befinden. Außerdem muss ich in der Lage sein, z.B. den zu benennenden Gegenstand mit der *korrekten* Bezeichnung unter Unterdrückung unpassender Assoziationen zu belegen. Des Weiteren sind neurologische Mechanismen erforderlich, z.B. nach korrekter Bezeichnung eines Gegenstandes einen neuen Gegenstand mit dem neuen, dafür notwendigen Begriff zu benennen, den alten, jetzt unpassenden Begriff dabei dann aber auch zu löschen.

Auch tertiäre motorische Felder im Stirnlappen, die sich außerhalb des Broca-Sprachzentrums befinden, können die Sprachproduktion beeinflussen, indem bei entsprechenden Erkrankungen oder Verletzungen z.B. der Antrieb zum Abruf von Sprachprogrammen sowie deren Steuerung und Kontrolle gestört werden.

Für die flüssige Produktion von Sprache sind des Weiteren Anteile des Gehirns erforderlich, die sich unterhalb der Cortexebene (subkortikal) befinden, wie z.B. die sog. Basalganglien (➤ Kap. 7.9.5), über die u.a. der Tonus der eingesetzten Muskulatur sowie die Geschwindigkeit der Bewegungsprogramme der Sprache gesteuert werden. Dabei können natürlich Schädigungen in den Basalganglien selbst oder Schädigungen der Verbindungen zwischen Basalganglien und den motorischen Sprachzentren des Cortex auftreten.

Diese Auflistung möglicher Komponenten der Sprachproduktion ist unvollständig und in vielen Bereichen auch noch nicht abgesichert, dennoch kann man daraus eine gewisse Vorstellung der Komplexität dieser Regionen des Cortex ableiten.

Sprachproduktion in Gesangsform (Singen) erfordert offenbar neben der Beteiligung des motorischen Sprachzentrums auch Rindenfelder im Stirnlappen der nicht-sprachdominanten rechten Hemisphäre, die für Dinge wie Melodie und musikalischen Gesamteindruck verantwortlich sind. Die rechte Hemisphäre spielt vermutlich auch eine Rolle in Bereichen, die der eigentlichen grammatikalisch korrekten Satzstruktur überlagert sind oder sie ergänzen – z.B. Satzmelodie, unterschiedliche Betonungen und dadurch Veränderungen in der Aussage, im Satzgefüge oder in der Satzmelodie verborgene Elemente der Ironie und des Humors.

Die Steuerung der Sprachproduktion in Form der geschriebenen Sprache ist vermutlich in einem sekundären motorischen Rindenfeld direkt neben dem Abschnitt des Gyrus praecentralis der sprachdominanten Hemisphäre lokalisiert, der den Bereichen für die Hand- und Fingermotorik benachbart liegt (Schreibzentrum). Dieser Teil des Cortex enthält dann wohl eine Art Koordinator, um die geschriebene Sprache hervorzubringen. Man kann davon ausgehen, dass sehr enge Beziehungen zwischen dem Schreibzentrum und dem motorischen Sprachzentrum sowie dessen weitergehenden Verbindungen bestehen. In dieser Region werden auch die Augenbewegungen koordiniert, die beim Lesen und Schreiben erforderlich sind.

Ein ausgeprägtes Rechenzentrum konnte bisher nicht eindeutig im Cortex an einer bestimmten Stelle identifiziert werden – enge Nachbarbeziehungen zu den Regionen der Wahrnehmung und Produktion der Sprache erscheinen jedoch als plausibel.

Wernicke-Sprachzentrum

Für die Aufnahme von Sprache sind grundsätzlich die Sinnesempfindungen des Hörens und/oder Sehens zuständig. Das Hören erlaubt die Wahrnehmung des Sprechen (und ggf. des Singens), das Sehen über das Lesen die Wahrnehmung der geschriebenen Sprache in irgendeiner der heute möglichen Formen (und ggf. natürlich auch das Wahrnehmen von Gebärden etc.).

Das sprachtherapeutisch wichtigste nichtprimäre Rindenfeld ist das sensorische Sprachzentrum (**Wernicke**-Sprachzentrum, Area 22 nach Brodmann) im Schläfenlappen. Auch dieses findet sich – wie das Broca-Sprachzentrum – in der sprachdominanten Hemisphäre; es ist dem Hörzentrum und dem Sulcus lateralis (Sylvius- oder Sylvi-Furche) benachbart (➤ Abb. 7.13), grenzt aber auch an den Schläfenlappen. Die Angaben über genaue Lokalisation und Ausdehnung des Wernicke-Sprachzentrums sind allerdings etwas uneinheitlich.

In diesem Sprachzentrum geht es nicht primär um die Steuerung und Koordination der Sprechorgane, sondern um die Analyse der über das Ohr wahrgenommenen Schallfrequenzmuster im Hinblick auf die Erkennung erlernter Wortbegriffe einer Sprache. Diese werden allerdings nicht direkt aus dem primären akustischen Cortex, sondern aus sekundären akustischen Rindenfeldern der sprachdominanten Hemisphäre übernommen. Das Wernicke-Sprachzentrum ist dann vermutlich – in verschiedenen Abteilungen – tätig in dem Erkennungsvorgang von Lauten, Wörtern, Satzteilen und ganzen Sätzen, die dann wahrscheinlich wieder in den sprachrelevanten Arbeitsspeicher geladen werden, bevor eine weitergehende Verarbeitung (Denken, Gedächtnis, Reaktion) erfolgt.

Bei Zerstörungen im Wernicke-Zentrum durch gleiche Auslöser wie bei der Broca-Aphasie kommt es zur Wernicke-Aphasie, bei der ein Patient zwar die Wörter einer gesprochenen Sprache „hört“, aber nicht ihre Bedeutung versteht. In der Folge leidet darunter auch die eigene Sprache. Der Patient hört zwar noch, was er spricht, aber er kann sein eigenes gesprochenes Wort nicht mehr „verstehen“. Manche Patienten versuchen, den Sinn eines Satzes über dessen Satzmelodie und Betonung zu erraten, weil die dafür zuständigen rechtshemisphärischen Bereiche in der Regel noch intakt sind.

Aus heutiger Sicht ist auch das Wernicke-Sprachzentrum weit komplexer als bisher beschrieben, weil es auch hier nicht nur um reines Sprachverständnis geht, sondern zusätzlich auch um Elemente der Grammatik und der Sprachproduktion.

Im Grenzbereich des Scheitel-, Schläfen- und Hinterhauptslappens der sprachdominanten Hemisphäre und in direkter Nachbarschaft zum Wernicke-Sprachzentrum ist das sog. optische Schreib- und Lesezentrum lokalisiert, in dem speziell die Schriftsprache (wahrscheinlich einschließlich Zahlen) beim Schreiben und Lesen wahrgenommen wird. Dieses Zentrum ist u.a. verbunden mit sekundären und tertiären visuellen Rindenfeldern, die einzelne Buchstaben, Wörter, Satzteile und sicher auch Zahlen erkennen bzw. der Wahrnehmung zuführen. So ist es nicht verwunderlich, wenn Patienten mit einer Wernicke-Aphasie auch beim Lesen Probleme haben können.

Globale Aphasie

Besonders schwere Störungen im Bereich der Sprachproduktion und des Sprachverständnisses bezeichnet man als globale Aphasie. Hier sind sowohl Elemente der Broca-Aphasie als auch der Wernicke-Aphasie zu finden. Die Hirnschädigungen umfassen ausgedehnte Bereiche in der Nachbarschaft des Sulcus lateralis, die man auch als perisylvische Region bezeichnet.
perisylvisch: aus peri- (griech.): um-..., herum, benachbart und sylvisch: Sylvi-Furche (Sylvi: Eigenname)

Spiegelneurone

Neue Erkenntnisse haben ergeben, dass sich speziell im Stirnlappen des Großhirns Nervenzellgruppen befinden, die als Spiegelneurone bezeichnet werden, weil sie Emotionen und Handlungen anderer Menschen „widerspiegeln" und ähnliche Gefühle (Mitleid, Empathie) auslösen bzw. zur Nachahmung von gesehenen Handlungen animieren können.
Die unmittelbare motorische Ausführung solcher bei anderen gesehenen Handlungen wird zwar oft vom Gehirn „unterdrückt", wie es auch beim Träumen beobachtet wird; allerdings kann das Wahrnehmen solcher Handlungen auch den Nachahmungstrieb anregen.
Neuere Hypothesen bringen diese Spiegelneurone auch mit der Sprachentwicklung in Zusammenhang.
Als ebenso hypothetisch sind Vermutungen anzusehen, dass Störungen dieser Spiegelneurone eine gewisse Bedeutung bei der Entstehung psychologischer Störungsbilder wie Autismus oder Schizophrenie haben.
Empathie (griech. empatheia): heftige Leidenschaft, Mitgefühl, Einfühlungsvermögen (wichtige Eigenschaft in therapeutischen Berufen!)
Autismus: psychische Störung mit krankhafter Ich-Bezogenheit (auto, griech.: selbst) unter Verlust des Umweltkontaktes
Schizophrenie: psychische Störung mit Persönlichkeitsspaltung (schizein, griech.: spalten, phren, griech.: Geist)

7

7.9.4 Elektroenzephalogramm (EEG)

Die elektrischen Aktivitäten der Nervenzellen sind zumindest an der Hirnoberfläche so stark, dass sie sich mithilfe entsprechender Verstärker an der Außenseite des Schädels registrieren lassen. Die Aufzeichnung der elektrischen Ströme der Hirnrinde wird als **Elektroenzephalogramm** (EEG) bezeichnet.

Elektroenzephalogramm elektron (griech.): die Elektrizität betreffend, enzephalo- (griech. egkephalon): Gehirn, -gramm (griech. gramma): Abbildung, Aufzeichnung
evoziert (lat. evocare): hervorrufen
Potenzial (auch Potential) (lat. potentia): Macht, Fähigkeit, hier: Unterschied elektrischer Ladungen oder Kräfte

Allerdings lassen sich nicht die elektrischen Aktivitäten einzelner Nervenzellen, sondern nur grob die Aktivitäten großer Nervenzellgruppen in bestimmten Hirnarealen darstellen. Besonders deutlich sind die Signale in Hirnbereichen, bei denen stärkere Verarbeitungsprozesse ablaufen oder die einen hohen Informationsfluss z.B. von den Sinnesorganen (Hören, Sehen) erhalten.

Die im EEG bei Sinnesreizungen sichtbar werdenden Potenzialschwankungen werden als **evozierte Potenziale** bezeichnet. Das EEG ist damit auch eine Art Spiegelbild des Informationsflusses zur Großhirnrinde.

akustisch evozierte Potenziale (AEP)

Akustisch hervorgerufene Potenzialschwankungen im Bereich der Hörrinde werden vor allem bei Säuglingen und Kleinkindern eingesetzt, wenn der Verdacht auf eine Hörstörung besteht, die anderweitig noch nicht klar festzustellen ist. Bestätigt sich dadurch der Verdacht auf eine Hörstörung, können früher als mit anderen Nachweismethoden therapeutische Maßnahmen eingesetzt werden.

Das EEG wird abgeleitet, indem mithilfe eines Netzes an mindestens 12 verschiedenen Punkten des Schädels Elektroden angebracht werden. Mit Hilfe von Bezugselektroden an Orten mit nur geringen Potenzialschwankungen lassen sich Potenziale an Orten mit stärkeren Potenzialschwankungen ableiten und darstellen.

Die im EEG aufgezeichneten Potenzialschwankungen stellen sich wellenförmig dar. Dabei lassen sich die dabei auftretenden Wellen nach ihren Frequenzen (Schwingungen pro Sekunde) in vier Gruppen (EEG-Bänder) einteilen, die mit griechischen Buchstaben gekennzeichnet werden (➤ Abb. 7.16a):

- α-Wellen: 8–13/s (Alpha-Wellen)
- β-Wellen: 14–30/s (Beta-Wellen)
- ϑ-Wellen: 4–7/s (Theta-Wellen)
- δ-Wellen: 0,5–3/s (Delta-Wellen).

Bei Säuglingen und Kleinkindern dominieren ϑ- und δ-Wellen (auch beim Einschlafen eines Erwachsenen); mit zunehmendem Alter werden diese Wellen in immer stärkerem Maße durch α- und β-Wellen ersetzt. Zeichnet man das EEG eines Erwachsenen auf, der sich in völliger Ruhe befindet und die Augen geschlossen hat, finden sich überwiegend α-Wellen. Dies ist der sog. α-Grundrhythmus des EEG, das man in dieser Situation als **synchronisiert** bezeichnet.

Werden die Augen geöffnet oder treten andere Sinnesreize auf oder startet eine rege geistige Tätigkeit, dann werden die bis dahin vorherrschenden α-Wellen durch β-Wellen ersetzt (α-Blockade) und das EEG **desynchronisiert.**

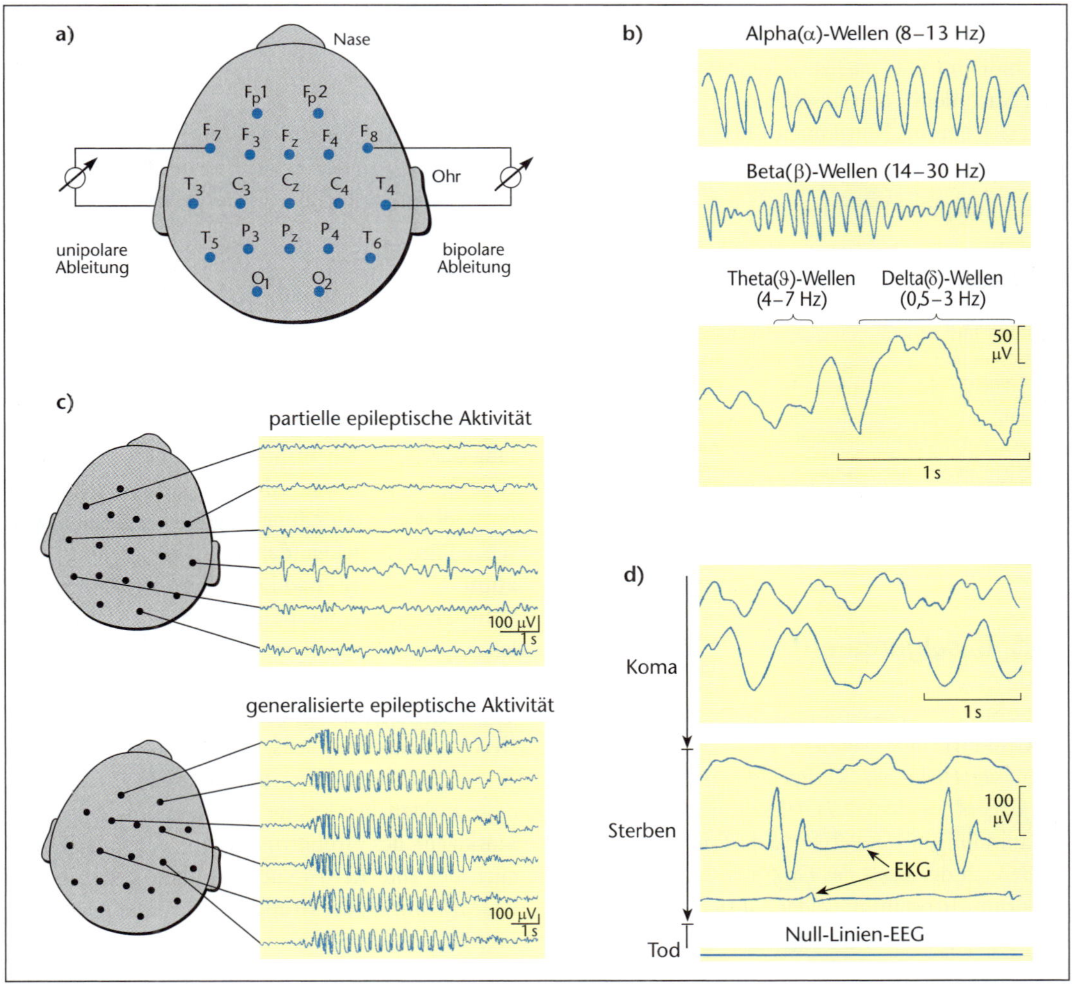

Abb. 7.16 a) Ableitungsschema mit Bezeichnung der Elektroden; b) EEG-Bänder; c) EEG bei epileptischer Aktivität (oben Spikes, unten Spike and Wave); d) Erlöschende EEG-Aktivität beim Sterben

Zellkörper

synchronisiert syn (griech.): zusammen und chronos (griech.): Zeit; also: zusammen verlaufend
desynchronisiert de- (lat.): weg-, nicht-, also: nicht zusammen verlaufend
spike (engl.): Spitze, poly- (griech.): mehrfach
wave (engl.): Welle

Vor allem bei Epilepsien, aber auch bei anderen Hirnerkrankungen treten charakteristische Veränderungen im Wellenmuster des EEG auf, die zur genauen Diagnostik herangezogen werden. Besonders während eines epileptischen Anfalls treten einzelne oder gebündelte starke Krampfwellen mit langsamen Nachschwankungen (**Spike and Wave,** ➤ Abb. 7.16b, **Polyspike and Wave,** ➤ Abb. 7.16c) auf.

Die Tiefe eines Komas lässt sich unter Umständen durch die im EEG nachzuweisenden Wellen erkennen. Nach dem Tod erlöschen die Hirnströme – es zeigt sich ein sog. Null-Linien-EEG (➤ Abb. 7.16d).

Brain-Computer-Interface

Eine ganz neue faszinierende Entwicklung ist die sog. Schnittstelle („interface") zwischen dem Gehirn („brain", entweder direkt über das EEG oder über Elektroden gesteuert) und einem Computer. Alleine durch geistige „Anstrengung" werden elektrische Veränderungen der Hirnaktivität hervorgerufen, die durch einen Computer erkannt werden. Mithilfe einer „Erkennungssoftware" kann dabei Menschen in Ansätzen eine Kommunikationsmöglichkeit eröffnet werden, die ansonsten beispielsweise wegen einer Lähmung sämtlicher Muskeln einschließlich auch der Augenmuskeln dazu nicht in der Lage sind.

7

7.9.5 Basalganglien

Graue Substanz des Großhirns findet sich nicht nur als Großhirnrinde, sondern auch „subkortikal" in Form verschiedener Kerngebiete im Bereich des Marklagers (➤ Kap. 7.7). Diese Kerngebiete stellen Ansammlungen von Perikarya dar; sie befinden sich im Bereich der Basis des Großhirns, also am Übergang zum Hirnstamm. Leider hat sich der eigentlich korrekte Begriff Basalkerne oder basale Kerne nicht durchgesetzt, sondern die Bezeichnung **Basalganglien** (seltener auch Stammganglien), obwohl der Begriff „Ganglien" ansonsten für Ansammlungen von Perikarya im Bereich des peripheren Nervensystems verwendet wird.

Basalganglien
Basal- (lat./griech. basis): Sockel, Grundfläche
-ganglien (griech. gagglion): Nervenknoten
Striatum das Gestreifte, abgeleitet aus stria (lat.): Streifen

Die Zuordnung in der Tiefe des Marklagers liegender Kerngebiete zum System der Basalganglien hat sich in letzter Zeit gewandelt. Während man früher den Schweifkern, den Linsenkern, die Vormauer und den Mandelkern zu den Basalganglien rechnete, ordnet man heute die Vormauer und den Mandelkern diesem System häufig nicht mehr zu.

Zu den Basalganglien im engeren Sinne rechnet man heute:

- Schweifkern: **Nucleus caudatus**
- Linsenkern: **Nucleus lentiformis,** bestehend aus **Globus pallidus** (bleicher Kern) und **Putamen** (Schale)

Eine Vorstellung über die Lokalisation der Basalganglien bekommt man nur, wenn man sich die dreidimensionale Lage im Marklager anhand eines Horizontal- und eines Frontalschnitts durch das Gehirn verdeutlicht (➤ Abb. 7.17, ➤ Abb. 7.18).

Schweif- und Linsenkern werden in der Entwicklung durch die sich ausbreitende innere Kapsel auseinandergedrängt (➤ Abb. 7.17), obwohl teilweise noch dünne Verbindungen grauer Substanz zwischen ihnen bestehen (daher die Bezeichnung „**Striatum**" für Schweif- und Linsenkern zusammen).

Im weiteren Sinne speziell auch unter funktionellen Aspekten rechnet man auch die sog. schwarze Substanz (Substantia nigra) des Mittelhirns (➤ Kap. 7.9.7) und ein Kerngebiet unterhalb des Thalamus (Nucleus subthalamicus, Teil des Zwischenhirns, ➤ Kap. 7.9.6) zu den Basalganglien (auch wenn diese zusätzlichen Kerngebiete damit nicht mehr im Marklager des Großhirns liegen). Vereinzelt wird auch der rote Kern (Nucleus ruber, ebenfalls Teil des Mittelhirns) der Gruppe der Basalganglien zugeordnet.

Die wegen ihres Aussehens im Schnittbild sog. Vormauer (**Claustrum**, ➤ Abb. 7.17) ist ein Kerngebiet, das im oberflächlichen Marklager des Großhirns liegt. Gesicherte Erkenntnisse über die Funktion des Claustrums liegen nicht vor.

Der sog. Mandelkern (Nucleus **amygdaloideus**, Corpus amygdaloideum) im Marklager des Schläfenlappens lässt sich funktionell nur noch sehr eingeschränkt den oben aufgelisteten „Basalganglien im engeren Sinne“ zuordnen. Er wird heute als wichtiger Bestandteil des limbischen Systems (➤ Kap. 7.10.5) angesehen und dort genauer besprochen.

Nucleus (lat.): Kern
caudatus (lat.): schwanzförmig (cauda, lat.: Schwanz)
lentiformis (lat.): linsenförmig (lens, lat.: Linse)
Globus (lat.): Kugel; pallidus (lat.): bleich, blass
Putamen (lat.): Schale, Hülle
Claustrum (lat.): Verschluss, Vormauer
Corpus (lat.): Körper
amygdaloideus, -deum (Neutrumform): aus amygdale (griech.): Mandel, also mandelförmig

Über die Funktion der Basalganglien liegen nicht allzu viele detaillierte Kenntnisse vor. Die Basalganglien gehören zu den die Motorik steuernden und beeinflussenden Elementen des extrapyramidal-motorischen Systems (EPMS, ➤ Kap. 7.10.4), auch wenn heute Vorstellungen über eine weit komplexere Funktion der Basalganglien diskutiert werden und selbst der Begriff des „EPMS“ fraglich geworden ist.

hypo- (griech): unter, zu wenig, **hyper**- (griech.): über, zu viel
Tonus (lat.): Spannung
-**kinesen** (griech. kinesis): Bewegung

Wichtige Erkenntnisse über die Bedeutung der Basalganglien für die Motorik wurden vor allem aus klinischen Untersuchungen an Patienten abgeleitet, bei denen spezifische Ausfälle der Basalganglien festgestellt worden waren. Zusammenfassend und sehr schematisiert lassen sich diese Funktionen folgendermaßen darstellen:

- Steuerung der Geschwindigkeit von Bewegungsabläufen; bei Ausfall bestimmter Anteile der Basalganglien kann es entweder zu **Hypokinesen** (Bewegungsarmut) oder **Hyperkinesen** (übermäßig heftigen Bewegungen, teilweise mit Muskelzuckungen) kommen
- Einstellung der physiologisch notwendigen Muskelspannung (**Tonus**); bei Ausfall bestimmter

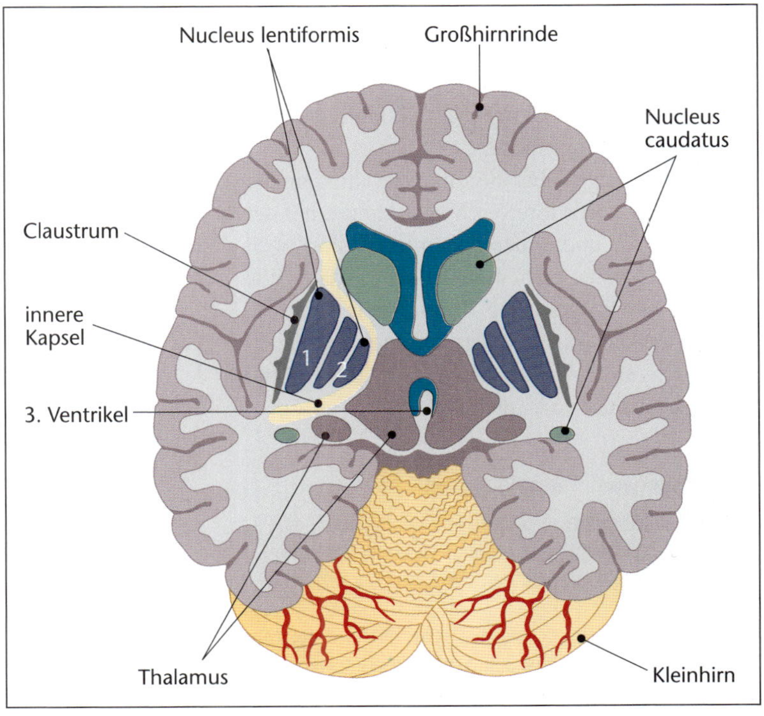

Abb. 7.17 Basalganglien im Horizontalschnitt; der Mandelkern liegt unterhalb der Schnittebene und ist deshalb nicht sichtbar; der hier eingezeichnete Thalamus gehört allerdings nicht zu den Basalganglien, sondern zum Zwischenhirn;
1 Putamen, 2 Globus pallidus

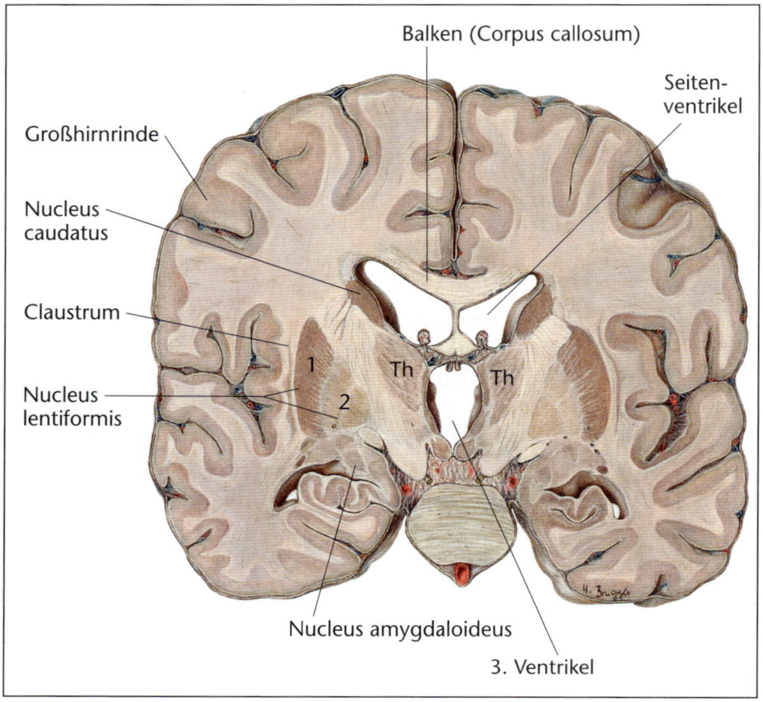

Abb. 7.18 Gehirn im Frontalschnitt mit markierten Basalganglien; beachte die Seiten- und den 3. Ventrikel (➤ Kap. 7.9.10) und ihre Lage zum Thalamus und zu den Basalganglien, 1 Putamen, 2 Globus pallidus, Th Thalamus (Thalamus gehört nicht zu den Basalganglien, sondern zum Zwischenhirn)

Anteile der Basalganglien kann es entweder zum **Hypertonus** (Muskelsteife) oder zum **Hypotonus** (Muskelschwäche) kommen
- Auswahl von jeweils gerade sinnvollen und für einen Handlungsplan notwendigen Bewegungsmustern bei gleichzeitiger Unterdrückung für den jeweiligen Handlungsplan sinnloser oder störender Bewegungsmuster

Viele Vorstellungen über die komplexe Funktion der Basalganglien sowie ihre Wechselwirkungen mit der Großhirnrinde und anderen Hirnteilen sind noch hypothetisch bzw. nicht hinreichend geklärt. Wie aus der oben dargestellten Zusammenfassung der Funktionen klar erkennbar ist, spielen die Basalganglien auch im Zusammenhang von Sprache und Sprechen eine überragende Rolle.

Erkrankungen der Basalganglien

Mehrere wichtige neurologische Erkrankungen, die auch mit Störungen des Sprechvorgangs verbunden sein können, sind durch Erkrankungen der Basalganglien verursacht.
Es seien hier nur einige Beispiele genannt (für Details s. Lehrbücher der Neurologie, z.B. Schindelmeiser: Neurologie für Sprachtherapeuten, Elsevier 2008):
Parkinson-Krankheit (➤ Kap. 7.9.7): Ausfall der Substantia nigra
Multisystematrophie (MSA): eine Art Sonderform der Parkinson-Krankheit
Dystonie und Athetosen: Störungen des Muskeltonus, Hyperkinesen
Chorea major: schwere Erbkrankheit mit u.a. ausgeprägten Hyperkinesen
Tourette-Syndrom: ausgeprägte Hyperkinesen (sog. Tics), oft auch ungewollte sprachliche Äußerungen

7.9.6 Zwischenhirn

Das Zwischenhirn (**Diencephalon**) wird teilweise als der oberste Bereich des Hirnstamms angesehen, teilweise aber auch als eigenständiger Hirnabschnitt zwischen Großhirn und Hirnstamm; es befindet sich unterhalb der Basalganglien im engeren Sinne und ist von außen nahezu nicht sichtbar. Erst nach einem Längsschnitt durch das gesamte Gehirn wird das Zwischenhirn unterhalb der Medianfläche des Großhirns sichtbar (➤ Abb. 7.14, ➤ Abb. 7.19). Im Inneren verläuft spaltförmig in Längsrichtung der 3. Ventrikel (➤ Kap. 7.9.10), der das Zwischenhirn in zwei symmetrische Hälften teilt (➤ Abb. 7.18).

Encephalon (griech. egkephalon): Gehirn
di- (griech. dia): zwischen
Thalamus (lat. thalamus bzw. griech. thalamos): Schlafgemach, Kammer; der Thalamus wurde ursprünglich als Thalamus opticus: wörtlich Schlafgemach der Sehbahn bezeichnet, da diese im Thalamus eine Relaisstation aufweist (daher auch der deutsche Name „Sehhügel").
subthalamicus (lat.): unterhalb des Thalamus gelegen

Im Inneren des Zwischenhirns finden sich mehrere Kerngebiete, deren wichtigste man als **Thalamus, Hypothalamus** und **Epithalamus** bezeichnet.

Thalamus

Der **Thalamus** (deutscher Begriff: Sehhügel) ist die wichtigste Struktur des Zwischenhirns; er besteht aus zwei spiegelbildlich angeordneten großen Kerngebieten, die sich links und rechts vom 3. Ventrikel befinden (➤ Abb. 7.17 und ➤ Abb. 7.18) und sich wiederum aus einzelnen Kernen zusammensetzen.

Im Thalamus (und seinen „Anhängseln") werden fast alle Informationen, die über entsprechende afferente Bahnen des Merksystems (sensorischen Systems) laufen, auf spezifische Kerne, die sog. Relaiskerne, umgeschaltet, bevor sie die Großhirnrinde erreichen.

Damit erhält der Thalamus Informationen über sensible Empfindungen der Haut, über Stellung der Gelenke und Spannung der Muskeln, über visuelle und akustische Eindrücke, Geschmacksempfindungen usw. und stellt eine Art Integrationszentrum des sensorischen Systems dar. Die somatotope Gliederung z.B. des sensorischen Cortex (Gyrus postcentralis) ist deshalb auch in den entsprechenden Kerngebieten des Thalamus nachzuweisen.

Der Thalamus wird auch als „Tor zum Bewusstsein" bezeichnet, da er offenbar darüber entscheidet, welche der zahlreichen Sinnesinformationen, die von der Peripherie zur Großhirnrinde laufen, uns auch „bewusst" werden (in der Regel nur ein kleiner Bruchteil der Informationen, die momentan als wichtig erscheinen).

Des Weiteren erfüllt der Thalamus als Bestandteil des EPMS (➤ Kap. 7.10.4) auch bedeutende Funktionen bei der Kontrolle und Steuerung der Motorik. In dieses System einzuordnen ist auch der unterhalb

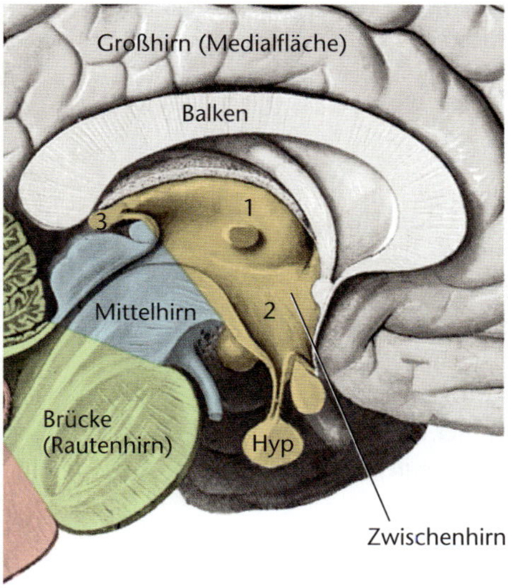

Abb. 7.19 Längsschnitt durch den Hirnstamm; Zwischenhirn (gelb), Mittelhirn (blau), Brücke (Teil des Rautenhirns, grün); Abschnitte des Zwischenhirns: 1 = Thalamus, 2 = Hypothalamus, 3 = Epithalamus; Hyp = Hypophyse (Hirnanhangsdrüse)

des eigentlichen Thalamus liegende **Nucleus subthalamicus**, der zu den Basalganglien im weiteren Sinne gerechnet wird (➤ Kap. 7.9.5).

Einige Hinweise deuten auch darauf hin, dass Erkrankungen/Ausfälle des Thalamus eine der Ursachen für einen gestörten Redefluss (Stottern, Poltern) sein können. Dies soll auf Funktionsstörungen der zeitlichen Steuerung von Bewegungsabläufen durch bestimmte Thalamusbereiche zurückzuführen sein.

Die bisher genannten Funktionen sind sog. spezifischen Kernen des Thalamus zugeordnet. Es finden sich darüber hinaus im Thalamus auch unspezifische oder generalisierte Kerne, deren Informationen diffus an größere Hirnbereiche gelangen.

Zu ihnen gehört das sog. ARAS, aus dem Englischen „ascending reticular activating system" (deutsch: aufsteigendes retikuläres Aktivierungssystem), das aus der Netzsubstanz (**Formatio reticularis**) stammt und über den Thalamus das Großhirn erreicht. Die Netzsubstanz ist ein Kerngebiet, das sich im gesamten Hirnstamm befindet (➤ Kap. 7.9.8) und bis ins Zwischenhirn reicht. Das ARAS hat eine besondere Bedeutung im Zusammenhang mit der Steuerung von Aufmerksamkeit, die sich zwischen tiefem Schlaf und höchster, wachsamer und konzentrierter Erregung (der sog. **Vigilanz**) bewegen kann.

Formatio (lat.): Formation, Substanz
reticularis (lat.): netzförmig, eingedeutscht „retikulär" (engl.: reticular)
Vigilanz abgeleitet aus vigilantia (lat.): Wachsamkeit

Hypothalamus

Der **Hypothalamus** befindet sich unterhalb des Thalamus (➤ Abb. 7.19); er ist das wichtigste Steuerungszentrum für zahlreiche Funktionen des vegetativen Nervensystems (➤ Kap. 7.12). Des Weiteren stellt der Hypothalamus einen wichtigen Abschnitt des Hormonsystems dar.

Hypothalamus hypo- (griech.): unter, -thalamus: „Sehhügel" (s.o.)
Hypophyse (griech. hypophysis): Nachwuchs, Sprössling, Anhang

Unterhalb des Hypothalamus hängt die unpaare Hirnanhangsdrüse (**Hypophyse**), die über den Hypophysenstiel mit dem Hypothalamus und damit mit dem Gehirn verbunden ist (➤ Abb. 7.19). Die Hypophyse ist ebenfalls ein wichtiger Bestandteil des Hormonsystems und bildet zahlreiche Hormone (➤ Kap. 7.12.4).

Epithalamus

Der **Epithalamus** befindet sich im hintersten Bereich des Zwischenhirns unterhalb des Balkens (➤ Kap. 7.10.1) und oberhalb des Mittelhirns. Zu ihm gehört ein kleines (Gewicht ca. 0,1 g) unpaares Organ, das meist als **Epiphyse** oder wegen der äußeren Form als **Zirbeldrüse** bzw. **Pinealorgan** bezeichnet wird und sich über der Vierhügelplatte befindet (➤ Abb. 7.20, ➤ Kap. 7.9.7).

Epithalamus (griech. epi-): daneben, darüber, -thalamus: „Sehhügel" (s.o.)
Epiphyse (griech. epiphysis): Zuwuchs, hier: Zirbeldrüse (nicht zu verwechseln mit dem Begriff Epiphysenfuge: Wachstumsfuge der Röhrenknochen)
Zirbeldrüse (althochdeutsch zirbens): Fichtenzapfen
Pinealorgan (lat. pinus): Fichte)

Die Epiphyse ist über einen komplizierten Weg mit der Netzhaut des Auges verbunden und empfängt darüber Signale über Helligkeit und Dunkelheit. Diese Informationen werden mit der Produktion des Hormons Melatonin verbunden, das in der Epiphyse gebildet wird. Dunkelheit (und damit der Schlaf) sind mit hoher, Helligkeit (und damit das Wachsein) mit niedriger Hormonbildung und -konzentration im Blut verbunden. Allerdings spielen auch noch andere Hirnabschnitte bei diesen Steuerungsvorgängen eine Rolle.

Da die meisten Zellen des Körpers auf veränderte Melatoninspiegel reagieren, können auf diese Weise die Informationen über Helligkeit bzw. Dunkelheit der Umgebung an den Körper weitergeleitet werden. Damit ist eine Anpassung der unterschiedlichen Körperfunktionen an die Tages- bzw. Jahreszeit (viel Helligkeit im Sommer, wenig Helligkeit im Winter) möglich.

Die Epiphyse synchronisiert die Rhythmik vieler Körperfunktionen, die eine Frequenz von „circa einem Tag" (**circadiane Rhythmik**) aufweisen, mit den äußeren Zeitgebern (Tag-Nacht-Rhythmus, Jahreszeiten). Dadurch wird auch der Schlaf-Wach-Rhythmus an die Außenwelt angepasst. Der Schlaf besteht aus einer Abfolge von REM- und Non-REM-Phasen. REM-Phasen (engl.: rapid eye movements) sind durch rasche, ruckartige Augenbewegungen gekennzeichnet, die bei Non-REM-Phasen fehlen.

circa (lat.): ungefähr
-dian (lat. dies): Tag
Rhythmik (griech. rhythmos): Gleichmaß

7.9.7 Mittelhirn

Das Mittelhirn (**Mesencephalon**) befindet sich zwischen der Brücke des Rautenhirns und dem Zwischenhirn (➤ Abb. 7.19). Auf der Rückseite des Mittelhirns (➤ Abb. 7.20) liegt die aus den beiden oberen und den beiden unteren Hügelchen bestehende Vierhügelplatte (**Lamina tecti**), die eine Rolle in der Seh- und Hörbahn (➤ Kap. 8.7.5) spielt.

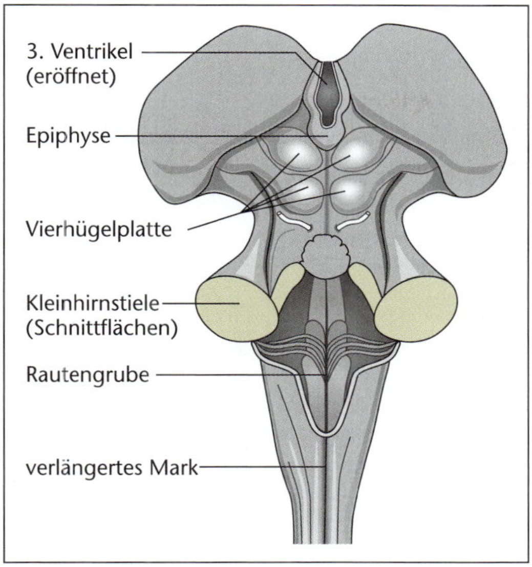

Abb. 7.20 Ansicht des Hirnstamms von hinten.

Encephalon (griech. egkephalon): Gehirn
mes- (griech. mesos): mittig, Mittel-
Lamina tecti (lat. lamina): Platte und tecti, Genitiv von tectum (lat.): Dach (von tegere: bedecken), also wörtlich „Dachplatte", im Deutschen „Vierhügelplatte"

Auf der Vorderseite des Mittelhirns (➤ Abb. 7.21) wölben sich die sog. Hirnschenkel vor, in denen vor allem die motorischen Bahnen vom Großhirn zum Rückenmark und zum Hirnstamm verlaufen (Pyramidenbahn, ➤ Kap. 7.10.4). Aus dem Mittelhirn entspringen der 3. und 4. Hirnnerv, die zusammen mit dem 6. Hirnnerven (Ursprung im Rautenhirn) für die Versorgung der Augenmuskeln zuständig sind.

Der Aufbau der Binnenstruktur des Mittelhirns wird bei einem Querschnitt (➤ Abb. 7.22) sichtbar. Man erkennt außer dem Aquädukt (Teil des Ventrikelsystems, ➤ Kap. 7.9.10) den Ursprung und Ver-

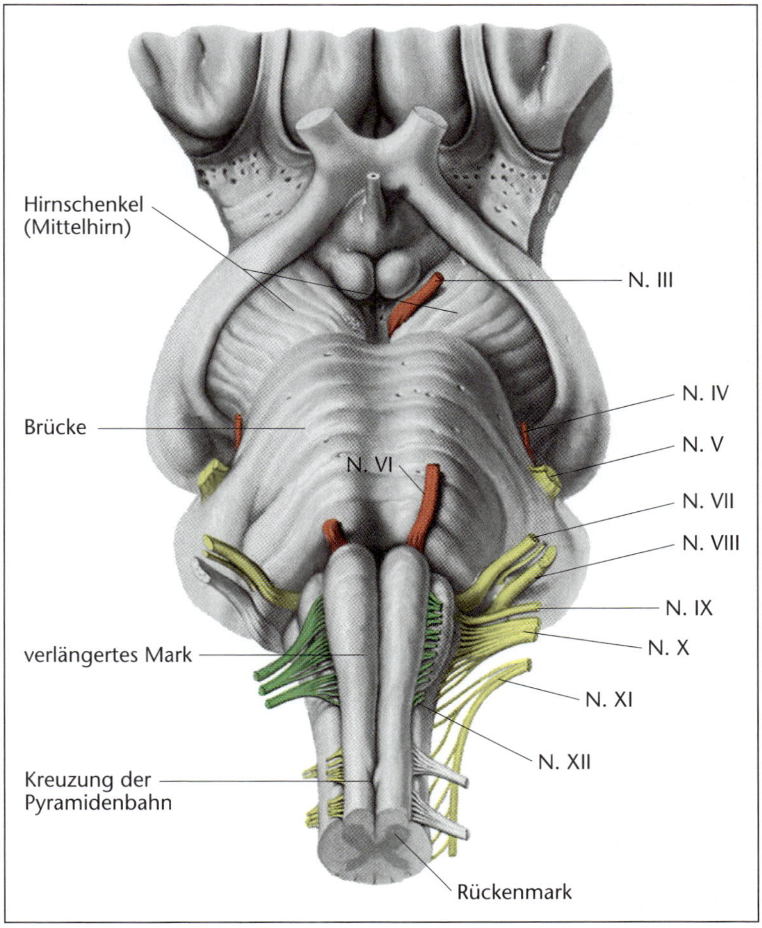

Abb. 7.21 Vorderansicht des Hirnstamms; die für die Augenmuskeln zuständigen Hirnnerven (N. III, N. IV, N. VI, ➤ Kap. 7.11) sind rot markiert, der 12. Hirnnerv (N. XII) grün, alle übrigen gelb

lauf des 3. Hirnnerven (N. III), die Bahnen der Hirnschenkel und die graue Substanz der Vierhügelplatte.

Von besonderer Bedeutung sind die paarigen Kerngebiete des roten Kerns (**Nucleus ruber**) und der schwarzen Substanz (**Substantia nigra**). Der rote Kern weist eine rotbraune Eigenfärbung auf, die durch eisenhaltige Farbstoffeinschlüsse in den Nervenzellen hervorgerufen wird. Bei der schwarzen Substanz findet sich der Farbstoff Melanin, der auch in der Haut und in den Haaren vorhanden ist und eine dunkelbraunschwarze Färbung hervorruft.

Nucleus (lat.): Kern; **ruber** (lat.): rot (vgl. „Rubin")
Substantia (lat.): Substanz, hier auch im Sinne von „Kern", **nigra**: Femininform von niger (lat.): schwarz

Beide Kerngebiete stehen im Dienste der Motorikkontrolle und sind Bestandteile des extrapyramidalmotorischen Systems (EPMS, ➤ Kap. 7.10.4); außerdem werden sie im erweiterten Sinne den Basalganglien zugerechnet (➤ Kap. 7.9.5). Besondere Bedeutung besitzt die schwarze Substanz, deren Nervenzellen den Botenstoff Dopamin bilden. Eine bekannte Erkrankung dieses Kerngebiets ist die **Parkinson**-Krankheit, die durch eine Degeneration der dopaminhaltigen Nervenzellen der schwarzen Substanz hervorgerufen wird.

Parkinson-Krankheit, Morbus Parkinson

Parkinson: Eigenname (engl. Arzt)
Die Ursache der recht häufigen Parkinson-Krankheit ist weitgehend unbekannt; es werden u.a. Erbfaktoren oder neurotoxische Faktoren vermutet. Beginn der Symptomatik meist um das 60. Lebensjahr herum, etwas häufiger bei Männern. Die Krankheit zeigt sich durch die charakteristische „Symptomentrias" Tremor – Rigor – Akinesie (Trias, lat.: Dreiheit):

- Tremor: Ruhezittern von Hand und Kopf
- Rigor: zunehmende Starre der Muskulatur (dadurch „Maskengesicht")
- Akinesie: Verlust von Bewegungsautomatismen.

Hinzu kommt eine Haltungsinstabilität. Der größte Teil der Patienten entwickelt außerdem eine Sprechstörung mit Beeinträchtigung der Artikulation und Stimmstörungen. Es treten Atemprobleme auf. Das Sprechen wird leise, monoton, murmelnd, und die Lautstärke nimmt gegen Satzende ab (siehe Lehrbücher der Neurologie, z.B. Schindelmeiser: Neurologie für Sprachtherapeuten, Elsevier 2008).
Außer bei der eigentlichen Parkinson-Krankheit gibt es Parkinson-ähnliche Symptome auch bei anderen neurologischen Erkrankungen (Drogen-Missbrauch, Vergiftungen, Hirnhaut-Hirn-Entzündung, chronische Hirnverletzungen durch Boxen u.a.).

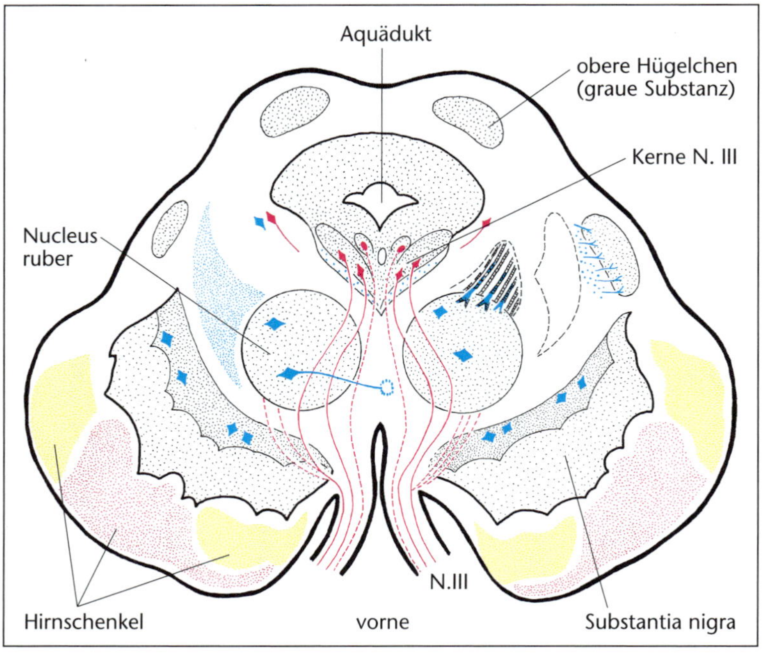

Abb. 7.22 Horizontalschnitt durch das Mittelhirn auf der Höhe der oberen Hügelchen der Vierhügelplatte

7.9.8 Rautenhirn

Der unterste Abschnitt des Hirnstamms ist das Rautenhirn (**Rhombencephalon**), das sich zwischen Mittelhirn und Rückenmark befindet (➤ Abb. 7.14, ➤ Abb. 7.20, ➤ Abb. 7.21). Es besteht aus den beiden Abschnitten Brücke (**Pons**) und verlängertes Mark (**Medulla oblongata**), das in seinem Aufbau noch sehr dem Rückenmark ähnelt und auch als **Bulbus cerebri** bezeichnet wird. Aus dem Rautenhirn hat sich das Kleinhirn entwickelt, das hier aber separat besprochen wird (➤ Kap. 7.9.9).

In einigen Darstellungen werden Brücke und Kleinhirn als **Metencephalon** (Hinterhirn) zusammengefasst und das verlängerte Mark als **Myelencephalon** (Nachhirn) beschrieben. Beide Hirnteile zusammen bilden dann das Rhombencephalon.

Encephalon (griech. egkephalon): Gehirn
Rhomb- (lat. rhombus bzw. griech. rhombos): Raute, geometrische Figur eines verschobenen, auf der Spitze stehenden Quadrats (abgeleitet von der Rautengrube)
Bulbus cerebri wörtlich: Hirnzwiebel, bulbus (lat.): Zwiebel; **cerebri** Genitiv von cerebrum (lat.) Gehirn
met- nach (griech.: meta), **Myel-** eigentlich Mark- (griech.: myelos)
Pons (lat.): Brücke
Medulla oblongata (lat.): verlängertes Mark

Auf der Rückseite des Rautenhirns befindet sich die Rautengrube, die dem gesamten Hirnabschnitt den Namen gegeben hat, aber vom Kleinhirn verdeckt wird (➤ Abb. 7.20). Diese Rautengrube stellt gleichzeitig den Boden des 4. Ventrikels (➤ Kap. 7.9.10) dar.

Die Brücke besteht im Wesentlichen aus weißer Substanz (➤ Kap. 7.7). In ihr verlaufen hauptsächlich die Verbindungen zwischen Groß- und Kleinhirn, die im hinteren Bereich des Rautenhirns (➤ Abb. 7.20) als Kleinhirnstiele sichtbar werden. In der Tiefe der Brücke finden sich aber auch noch Verbindungsbahnen zwischen Großhirn und Rückenmark.

Das Rautenhirn enthält die Ursprungskerne des 5. bis 12. Hirnnerven (➤ Abb. 7.21; die Ursprungskerne des 3. und 4. Hirnnerven liegen im Mittelhirn).

Im vorderen Abschnitt des verlängerten Marks wird die Kreuzung der sog. Pyramidenbahn (➤ Kap. 7.10.4) sichtbar, in der der größte Teil der motorischen Bahnen, die vom Gyrus praecentralis (➤ Kap. 7.9.3) kommen, zur Gegenseite kreuzt.

Ein wichtiges Kerngebiet im Inneren des Rautenhirns ist die Netzsubstanz (**Formatio reticularis**), deren Ausläufer nach unten bis in das Rückenmark, nach oben bis in das Zwischenhirn reichen.

Formatio reticularis

Formatio (lat.): Gebilde; **reticularis** (lat.): netzartig
ARAS: Akronym aus (engl.): ascending reticular activating system; die aufsteigenden, aktivitätsregulierenden Strukturanteile der Formatio reticularis

Diese Netzsubstanz hat eine Reihe von teilweise lebenswichtigen Funktionen:

- Atemzentrum (➤ Kap. 4.11)
- Kreislaufzentrum
- Steuerung des Schlaf-Wach-Zyklus und der Bewusstseinslage (Wachzustand, Schlafen, Bewusstlosigkeit, Koma); dabei wird das Wachbewusstsein mit bewusster Empfindung und Wahrnehmung durch zum Zwischen- und Großhirn aufsteigende Fasern (**ARAS**) gesteuert (siehe auch ➤ Kap. 7.9.6)
- Steuerung der Zuwendung zu neuen, interessanten Reizen
- Steuerung von Muskeltonus und Haltung (Teil des EPMS, ➤ Kap. 7.10.4)
- Koordination der Hirnnervenfunktionen
- Schluckzentrum
- Brechzentrum
- Koordination der Orientierung im Raum
- Steuerung der Schmerzwahrnehmung

7.9.9 Kleinhirn

Das Kleinhirn (**Cerebellum**) hat sich während der Entwicklung des Zentralnervensystems aus dem Rautenhirn auf Höhe der Brücke (➤ Abb. 7.14) zur Seite und nach hinten ausgestülpt. Nach neueren Untersuchungen ist etwa die Hälfte aller Nervenzellen des ZNS im Kleinhirn lokalisiert.

Cerebellum (lat.): Kleinhirn, Verkleinerungsform von Cerebrum
kognitiv erkennend (im weitesten Sinne auch zum Denkvorgang gehörend), abgeleitet aus cognitio (lat.): Erkennen

7

Das Kleinhirn ähnelt in seinem Aufbau in vielen Punkten dem Großhirn:

- Es ist paarig angelegt und besteht aus zwei Hemisphären (➢ Abb. 7.23a).
- Es weist eine zentral gelegene, unpaare Struktur auf, die als Wurm (Vermis) bezeichnet wird (➢ Abb. 7.23a).
- Es findet sich eine Grobgliederung in Rinde (graue Substanz) und Mark (weiße Substanz).
- Das Kleinhirn weist ebenfalls Strukturen auf, die der Oberflächenvergrößerung dienen (vergleichbar den Windungen und Furchen des Großhirns, nur feiner und stärker ausgeprägt, ➢ Abb. 7.23).
- Auch im Marklager des Kleinhirns findet sich graue Substanz in Form von Kerngebieten (Kleinhirnkerne, ➢ Abb. 7.23b).

Das Kleinhirn ist das wichtigste Regulationsorgan für die motorischen Leistungen des Körpers; dabei

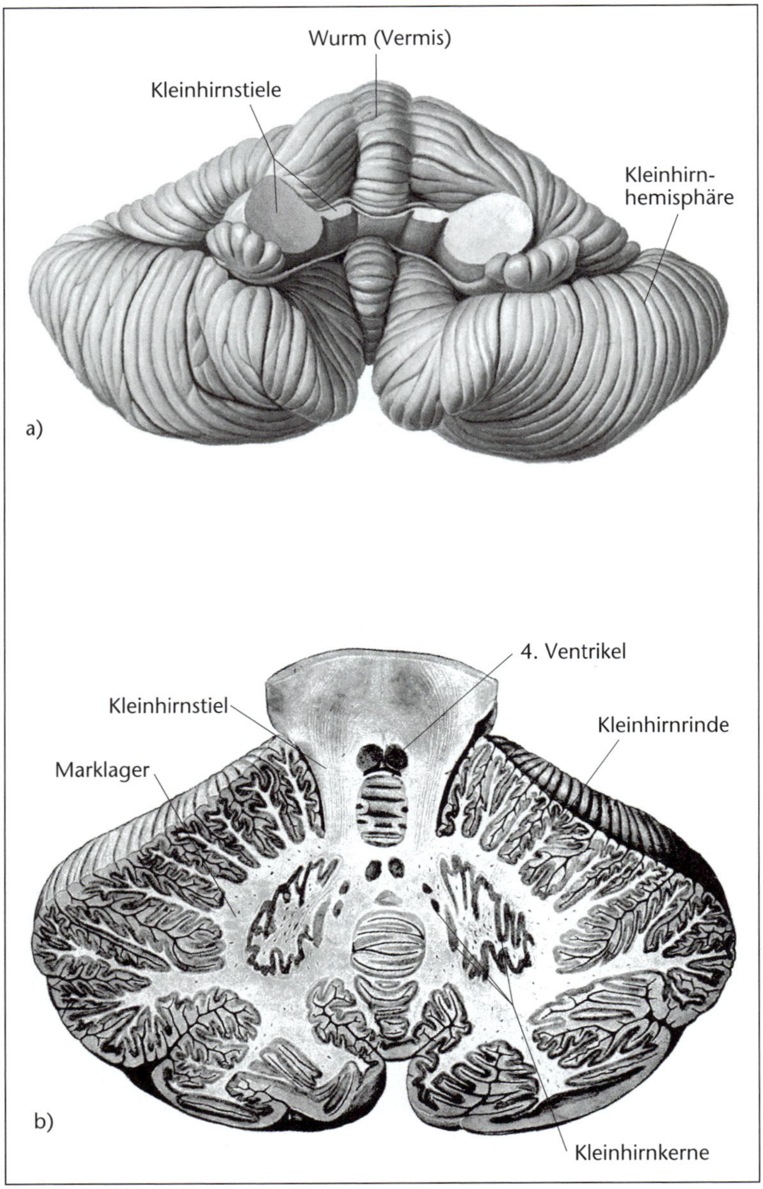

Abb. 7.23 a) Kleinhirn von vorne gesehen, Kleinhirnstiele durchtrennt;
b) schräg nach hinten unten verlaufender Schnitt durch das Kleinhirn

7

werden die motorischen Funktionen mit den Informationen von den Sinnesorganen, speziell dem Gleichgewichtsorgan (➤ Kap. 8.7.2) und der Tiefensensibilität (➤ Kap. 7.10.3), abgestimmt. Eine besondere Bedeutung hat dabei auch die Kontrolle der Stütz- und Haltemotorik.

Weitere wichtige Funktionen des Kleinhirns sind die Regulation der Muskelspannung (Muskeltonus) und die Kontrolle über die zeitliche Abfolge von zielgerichteten Bewegungen (kann man sich leicht bei dem Versuch verdeutlichen, mit dem Zeigefinger bei geschlossenen Augen die Nase zu berühren).

Das Kleinhirn dämpft außerdem zu grobe Bewegungen im Sinne der Förderung der feinmotorischen Abläufe und spielt eine Rolle bei den Abläufen, die mit dem „Automatisieren" von neuen Bewegungsmustern (natürlich auch beim Sprechen) verbunden sind. Bei dieser Automatisierung werden die Bewegungen im Rahmen kontrollierter Wiederholungen „erlernt" und vermutlich im prämotorischen Cortex abgespeichert.

In letzter Zeit wurden anhand neuerer bildgebender Untersuchungen Überlegungen angestellt, dass das Kleinhirn auch eine gewisse Rolle bei **kognitiven** Vorgängen (z.B. räumliche Wahrnehmung) oder auch bei einigen nicht-motorischen Aspekten der Sprache (z.B. Wortfindung) spielte. Allerdings sind diese Überlegungen wissenschaftlich noch nicht hinreichend belegt.

Zerebellare Ataxie

Als zerebellare Ataxie (Kleinhirn-Ataxie) wird die Symptomatik bezeichnet, die bei einem Komplett- oder Teilausfall der Kleinhirnfunktionen zu beobachten ist. Hauptursachen für eine erworbene zerebellare Ataxie sind Durchblutungsstörungen des Kleinhirns und chronischer Alkoholmissbrauch. Daneben gibt es noch eine Reihe erblich bedingter angeborener Ataxien, z.B. den Morbus Friedreich (Eigenname: deutscher Arzt)
Die dabei entstehende „Unordnung" (Ataxie wörtlich übersetzt) bezieht sich z.B. auf Störungen des Gehens und Stehens sowie auf mangelnde Koordination der Bewegungsabläufe. Des Weiteren kann ein Zittern der Hände (Tremor) beobachtet werden sowie eine Störung der sog. Diadochokinese.
Ataxia (griech.): Unordnung
Tremor (lat.): Zittern
Diadochokinese (griech. diadochos): abwechselnd und kinesis (griech.): Bewegung; Bedeutung: die Fähigkeit, rasch aufeinanderfolgende und dabei sich abwechselnde Bewegungen (schnelle Umwendebewegungen der Hand, motorische Abläufe beim Klavierspielen usw.) durchzuführen.

7.9.10 Hirnhäute und Liquorräume

Hirnhäute

Zum Schutz des Gehirns befinden sich zwischen dem Schädelknochen und der Hirnoberfläche die Hirnhäute (**Meningen**). Nahezu analog wird auch das Rückenmark von den Rückenmarkshäuten (ebenfalls Meningen genannt) umgeben.

Meningen meninx (lat. bzw. griech. menigx): Hirn-/Rückenmarkshaut, (Plural: meninges)

Bei den Hirnhäuten unterscheidet man drei Schichten oder Blätter (analog bei den Rückenmarkshäuten). Von außen nach innen lassen sich abgrenzen (➤ Abb. 7.24a und b):

- **Dura mater** harte Hirnhaut (mit dem Knochen verwachsen)
- **Arachnoidea mater** Spinnwebshaut
- **Pia mater** weiche Hirnhaut (mit der Hirnoberfläche verwachsen)

mater (lat.): wörtlich Mutter, hier: Umhüllung (wird bei der Bezeichnung der Hirnhäute auch oft weggelassen)
dura (lat.): Femininform von durus: hart; epi- (griech.): darüber, sub- (lat.): darunter
Arachnoidea (aus griech. arachne): Spinne
Tentorium cerebelli aus tentorium (lat.): Zelt und cerebelli = Genitiv von cerebellum (lat.): Kleinhirn
pia (lat.): Femininform von pius: fromm, weich
Liquor cerebrospinalis (lat.): Hirn-/Rückenmarkswasser, aus liquor (lat.): Flüssigkeit; meist nur als „Liquor" bezeichnet; cerebrospinalis: zu Gehirn und Rückenmark gehörig

Die **Dura** besteht aus straffem Bindegewebe und ist mit dem Schädelknochen verwachsen. Arterien und Venen, die sie versorgen, verlaufen in einem Spaltraum zwischen der Dura und dem Knochen („**Epiduralraum**", ➤ Abb. 7.24b). Ein abzweigen-

7

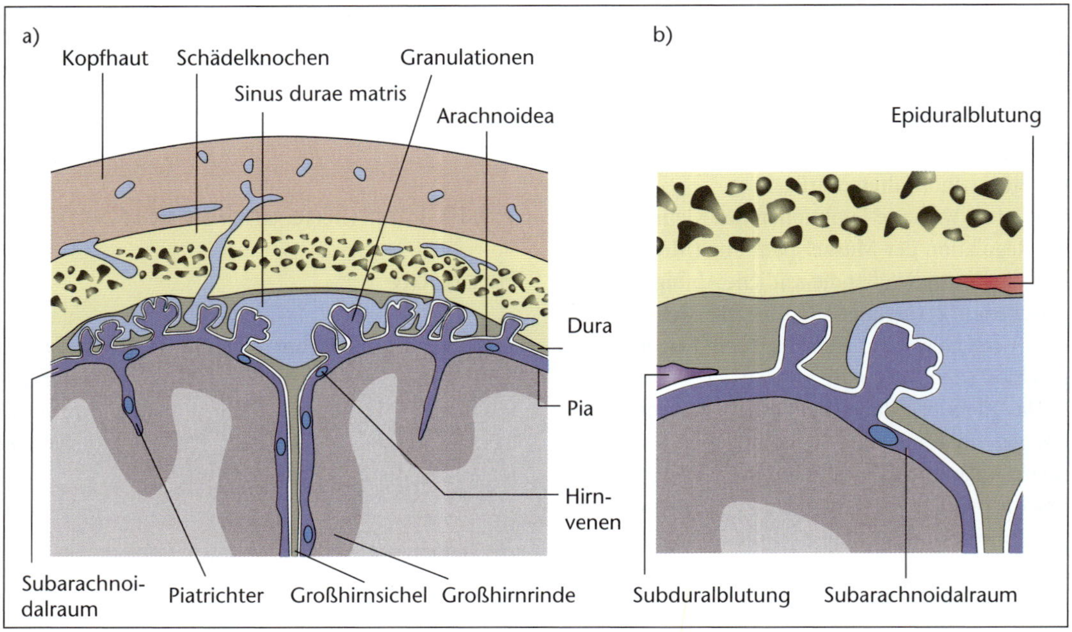

Abb. 7.24 a) Frontalschnitt durch Kopfhaut, Schädeldach, Hirnhäute und Hirnoberfläche im Bereich der Großhirnsichel (➤ Abb. 7.29). Bei den Gefäßen im Subarachnoidalraum handelt es sich überwiegend um Hirnvenen; allerdings verlaufen hier auch Hirnarterien;
b) stark vergrößerter Ausschnitt aus dem Bereich zwischen Schädelknochen und Hirnoberfläche (➤ Abb. 7.24a); Epi- und Subduralraum sind normalerweise äußerst schmale Spalträume – nur bei Einblutungen in diese Räume (z.B. durch Kopfverletzungen) können sie sich sichtbar erweitern.

des Blatt der Dura befindet sich zwischen den beiden Großhirnhemisphären; dieses Blatt wird als Großhirnsichel (➤ Abb. 7.24a, ➤ Abb. 7.29) bezeichnet. Eine ähnliche Struktur findet sich als sog. Kleinhirnzelt (**Tentorium cerebelli**) zwischen der Unterseite der Hinterhauptslappen und dem Kleinhirn (➤ Abb. 7.29a).

Die **Arachnoidea** besteht aus einer dünnen Geweschicht, die mit der Dura verwachsen ist, und spinnwebartigen „Bälkchen", die bis zur Pia reichen. Diese Bälkchen erstrecken sich in einem Raum, der mit Hirnwasser gefüllt ist (➤ Abb. 7.24) und als äußerer **Liquorraum** oder **Subarachnoidalraum** bezeichnet wird (s.u.).

Die Pia ist eine hauchdünne Gewebeschicht, die mit der Hirnoberfläche untrennbar verbunden ist und auch als sog. „Piatrichter" (➤ Abb. 7.24a) alle Furchen der Hirnoberfläche auskleidet.

Meningitis

Meningitis: Hirnhautentzündung, meist ausgelöst durch Viren oder Bakterien. Eine Meningitis kann u.a. dadurch entstehen, dass Erreger aus dem Mund-Rachen-Raum über die Blutbahn zu den Hirnhäuten gelangen, dass Bakterien aus benachbarten vereiterten Räumen (Nasennebenhöhlen, Mittelohr) über den Knochen auf die Hirnhäute übergreifen oder dass Erreger bei einer Verletzung des Schädels und/oder Gehirns eindringen.
Klassische Symptome einer Meningitis sind Kopfschmerzen, Fieber und Nackensteifigkeit. Bei Verdacht auf eine Meningitis wird Liquor entnommen, der normalerweise fast keine Zellen, bei einer Meningitis aber Erreger und Abwehrzellen enthält. Da eine Meningitis auf das Gehirn übergreifen kann, sind lebensbedrohliche Komplikationen möglich.

Der Spaltraum zwischen Arachnoidea und Dura wird als **Subduralraum** (➤ Abb. 7.24b) bezeichnet. Er wird durchquert von Venen der Hirnoberfläche, die Verbindungen zu venenartigen Spalträumen in der Dura haben (➤ Kap. 7.9.11).

Epiduralhämatom

Nach Kopfverletzungen kann ein Ast der Arterien zerreißen, der die Dura versorgt. Es kommt zu einem Bluterguss (Hämatom) in den Epiduralraum, der sich dabei vergrößert (➤ Abb. 7.24a). Dadurch entwickelt sich innerhalb von wenigen Stunden ein lebensbedrohlich steigender Hirndruck; als erstes Anzeichen trübt sich das Bewusstsein ein. Dann ist eine Schädelöffnung (Trepanation; aus trypanon, griech. = Drehbohrer) erforderlich, wodurch der Hirndruck sinkt. Die Blutung kann dann gestoppt und der Bluterguss beseitigt werden.

Subduralhämatom

Bei meist etwas leichteren Kopfverletzungen, teilweise aber auch durch Hirnschrumpfungsprozesse im Alter kann es zum Zerreißen der Venen kommen, die von der Hirnoberfläche zu den venenartigen Spalträumen in der Dura ziehen (sog. Brückenvenen) und das verbrauchte Blut aus dem Gehirn transportieren. Dabei kommt es zu venösen Sickerblutungen in den sich dann erweiternden Subduralraum (➤ Abb. 7.24b). Bevor es dann zu Symptomen des steigenden Hirndrucks kommt, können Tage oder Wochen vergehen.

Liquorräume

Der Subarachnoidalraum wird auch als äußerer Liquorraum bezeichnet, da er sich außerhalb des Gehirns befindet. Die Liquorräume im Inneren des Gehirns (innere Liquorräume) sind Relikte des Neuralrohrlumens (➤ Abb. 7.1, ➤ Kap. 7.2). Sie haben sich an einigen Stellen zu den sog. **Ventrikeln** erweitert.

Ventrikel Verkleinerungsform von venter (lat.): Bauch; vgl. die Bezeichnung „Ventrikel" für die Herzkammern
Aquädukt aquae ductus (lat.): Wasserleitung
serum (lat.): nicht mehr gerinnbarer Teil des Blutplasmas

Die ursprüngliche rohrartige Form des inneren Liquorraums ist noch im Bereich des Rückenmarks (dort allerdings stark degeneriert) und im Bereich des Mittelhirns zu sehen. Dort verbindet der sog. „**Aquädukt**" den 4. Ventrikel im Rautenhirn mit dem 3. Ventrikel im Zwischenhirn (➤ Abb. 7.25; siehe auch im Querschnitt in ➤ Abb. 7.22).

Die paarige Entwicklung der Großhirnhemisphären spiegelt sich auch in der Ausbildung des 1./2. Ventrikels (auch „Seitenventrikel" genannt) wider, die sich im Inneren der Großhirnhemisphären befinden und jeweils in Verbindung mit dem 3. Ventrikel stehen (➤ Abb. 7.25).

Der Liquor ist weitgehend zellfrei und ähnelt in seiner Zusammensetzung zwar dem **Blutserum**, weist aber dennoch einige Unterschiede auf. Er wird überwiegend in sog. Adergeflechten (**Plexus choroidei**) gebildet, die sich in allen 4 Ventrikeln befinden (➤ Abb. 7.24a, ➤ Abb. 7.26). Pro Tag werden etwa 500–650 ml Liquor gebildet. Dieser strömt durch alle Ventrikel und gelangt über Abflüsse des 4. Ventrikels (➤ Abb. 7.26) in den äußeren Liquorraum. Dort wird er vor allem über Zotten der Arachnoidea (die sog. **Granulationen**) zurück in die Blutbahn gegeben, da diese Zotten in die venenartigen Blutleiter der Dura ragen (➤ Abb. 7.24a, ➤ Abb. 7.26).

Plexus (lat.): Geflecht
choroideus (lat.; Plural: choroidei): hautartig, aus **chorion** (griech.): (gefäßreiche) Haut
Granulation (lat. granulum): Korn, hier: körnige Struktur oder Oberfläche

Da das Volumen der gesamten Liquorräume im Mittel nur ca. 150 ml beträgt, kommt der angemessenen Resorption des Liquors in den Granulationen eine große Bedeutung zu. Wird mehr Liquor gebildet, als resorbiert werden kann, sind die Granulationen z.B. nach einer Meningitis verklebt oder sind Verbindungen der Ventrikel verengt bzw. verlegt, kommt es zu steigendem Hirndruck bzw. zum Wasserkopf (**Hydrozephalus**).

Hydrozephalus

Lateinisch auch „hydrocephalus" geschrieben, aus hydor (griech.): Wasser- und kephale (griech.): Kopf
Man unterscheidet inneren und äußeren Wasserkopf. Beim inneren Wasserkopf gelangt der Liquor nicht mehr in ausreichender Menge vom inneren in den äußeren Liquorraum (oft durch eine entwicklungs- oder tumorbedingte Einengung im Bereich des Aquädukts bedingt). Beim äußeren Wasserkopf (meist nach einer Meningitis) ist die Resorption des Liquors im Bereich der Hirnhäute (Granulationen) eingeschränkt.
Sind die Schädelknochen bereits fest miteinander verwachsen (etwa ab dem 2. Geburtstag), äußert sich ein Hydrozephalus durch steigenden Hirndruck. Vorher kann

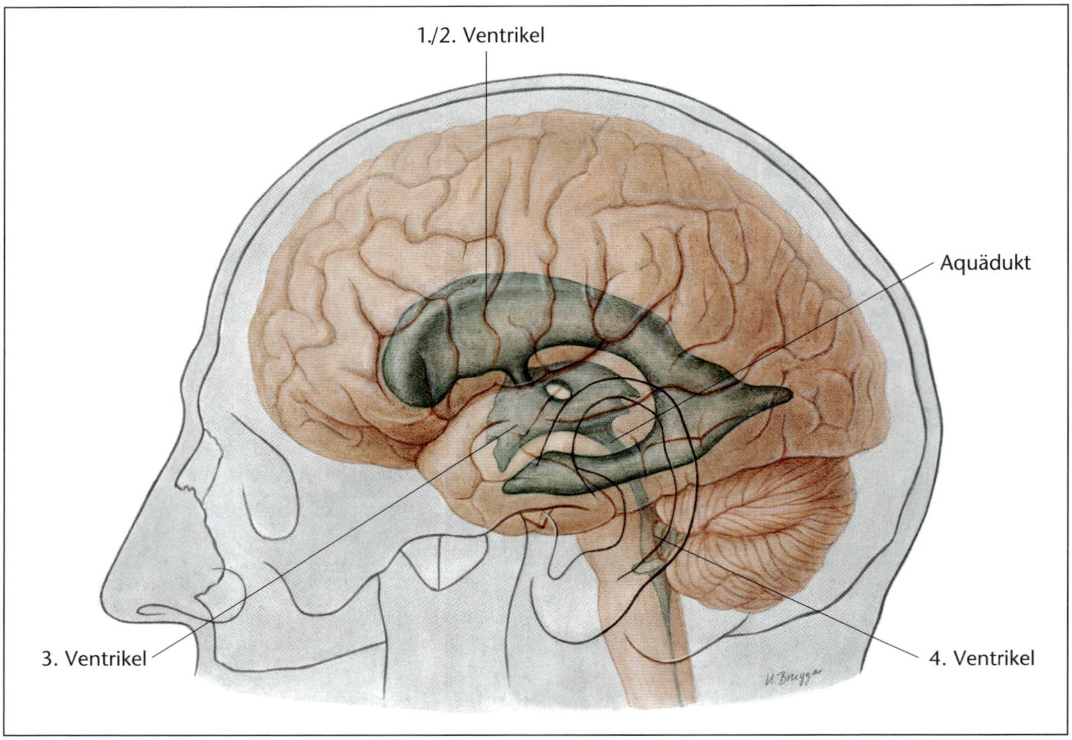

Abb. 7.25 Innere Liquorräume (grün), transparent gezeichnet, Ansicht von links seitlich; 1./2. Ventrikel sind paarig (nur der linke Ventrikel ist in der Zeichnung sichtbar)

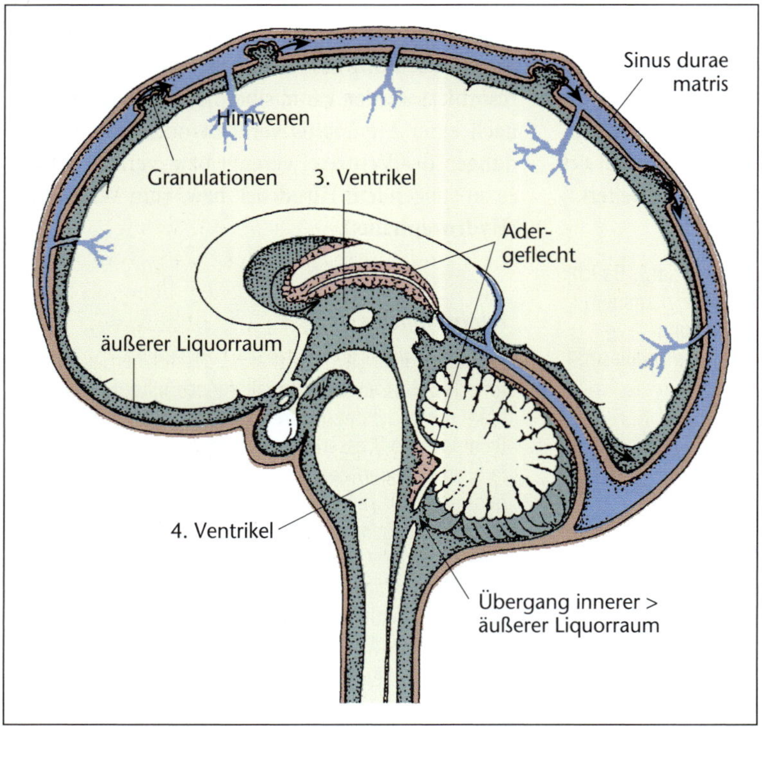

Abb. 7.26 Schematische Darstellung der Liquorproduktionsorte im inneren Liquorraum (dargestellt sind die Adergeflechte im 3. und 4. Ventrikel) und der Liquorresorptionsorte im äußeren Liquorraum (die Pfeile zeigen den Übertritt des Liquors in das venöse Blut der Sinus durae matris)

der Schädel dem Druck von innen nachgeben und sich entsprechend vergrößern (u.a. darum die Kopfumfang-Messungen des Kinderarztes bei den Vorsorgeuntersuchungen).
Therapeutisch muss der ungenügende Abfluss des Liquors wieder verbessert werden, was meist operativ durch Anbringen eines „shunts" (engl.: Kurzschluss-Verbindung), z.B. in Form eines Plastikschlauchs erfolgt. Der überschüssige Liquor wird aus den gestauten Liquorräumen meist in die Bauchhöhle, selten in den rechten Herzvorhof abgeleitet.

Aa. cerebri posteriores Plural von A. cerebri posterior (lat.): hintere Hirnschlagader (cerebri: Genitiv von cerebrum, lat.: Gehirn; posterior: der/die hintere)
media (lat.): die mittlere (Femininform von medius)
anterior (lat.): der/die vordere
A. communicans (lat.): Verbindungsschlagader
A. **praerolandica** Arterie vor der Rolando-Furche (= Sulcus centralis), Rolando Eigenname (italienischer Anatom), prae- (lat.): vor
A. temporalis posterior hintere Schläfenarterie, temporalis (lat.): zur Schläfe gehörig (von tempus, lat.: Zeit), posterior (lat.): der/die hintere

7.9.11 Hirnarterien, Sinus durae matris

Hirnarterien

Bevor man sich detailliert mit der arteriellen Versorgung des Gehirns beschäftigt, ist es sinnvoll, die zum Kopf ziehenden Äste der Aorta noch einmal zu wiederholen (➤ Kap. 3.1.4, ➤ Abb. 3.3).

Jede Hälfte des Gehirns wird von jeweils zwei Arterien, der inneren Kopfschlagader (A. carotis interna) und der Wirbelschlagader (A. vertebralis) jeder Seite versorgt. Diese Arterien gelangen über Öffnungen in der Schädelbasis zum Gehirn. Sie verlaufen mit ihren Ästen im Subarachnoidalraum auf der Hirnoberfläche (Legende ➤ Abb. 7.24a).

Die beiden Wirbelarterien vereinigen sich am Übergang des verlängerten Marks zur Brücke zur unpaaren **A. basilaris,** die in einer mittig gelegenen Rinne auf der Brücke nach oben zieht (➤ Abb. 7.27a). Vor ihrer Vereinigung geben die Wirbelarterien u.a. Äste an das Kleinhirn und das verlängerte Mark ab.

Im Bereich der Hirnanhangsdrüse (Hypophyse, ➤ Abb. 7.27) schließen sich die beiden inneren Karotisarterien und die A. basilaris zu einem Arterienring (**Circulus arteriosus Willisii**) zusammen (➤ Abb. 7.27b).

A. basilaris wörtlich „Basisschlagader"
Circulus arteriosus Circulus (lat.): kleiner Kreis, arteriosus (lat.): aus Arterien gebildet
Willisii Genitiv des Eigennamens Willisius (lat. Form von Willis)

Die Arteria basilaris versorgt das Kleinhirn und Teile des Rautenhirns; sie gabelt sich T-förmig zu den beiden **Aa. cerebri posteriores** auf, die vor allem Teile des Schläfen- und Hinterhauptlappens des Großhirns mit Blut versorgen (➤ Abb. 7.27a, b).

Die A. carotis interna setzt sich auf jeder Seite in die **A. cerebri media** fort, die als wichtigste Hirnarterie mit dem größten Versorgungsgebiet (vor allem die außen liegenden Abschnitte des Stirn-, Scheitel- und Schläfenlappens) anzusehen ist.

An der Stelle, wo die A. carotis interna in die A. cerebri media übergeht, zweigt die **A. cerebri anterior** ab; sie verläuft auf der Unterseite und Medianfläche des Großhirns nach vorne und versorgt die dort benachbart liegenden Großhirnabschnitte.

Der Circulus arteriosus verbindet die Hirnarterien beider Seiten untereinander, um einen gleichmäßigeren Blutfluss zu gewährleisten. Diese Verbindung erfolgt durch zwei hintere und eine vordere Verbindungsarterie (➤ Abb. 7.27b):

- **A. communicans posterior** (paarig; verbindet die A. cerebri posterior mit dem Übergang der A. carotis interna in die A. cerebri media)
- **A. communicans anterior** (unpaar; verbindet die beiden Cerebri-anterior-Arterien miteinander).

Die A. cerebri media gibt in ihrem Verlauf zahlreiche Äste ab. Ein kleiner Ast wird als **A. praerolandica** bezeichnet; er versorgt u.a. das Broca-Sprachzentrum, sodass es bei Verschlüssen dieser Arterie zur Broca-Aphasie kommt. Ein anderer Ast der A. cerebri media ist die A. **temporalis posterior**, die u.a. das Wernicke-Sprachzentrum mit Blut versorgt (bei Verschluss Wernicke-Aphasie).

7

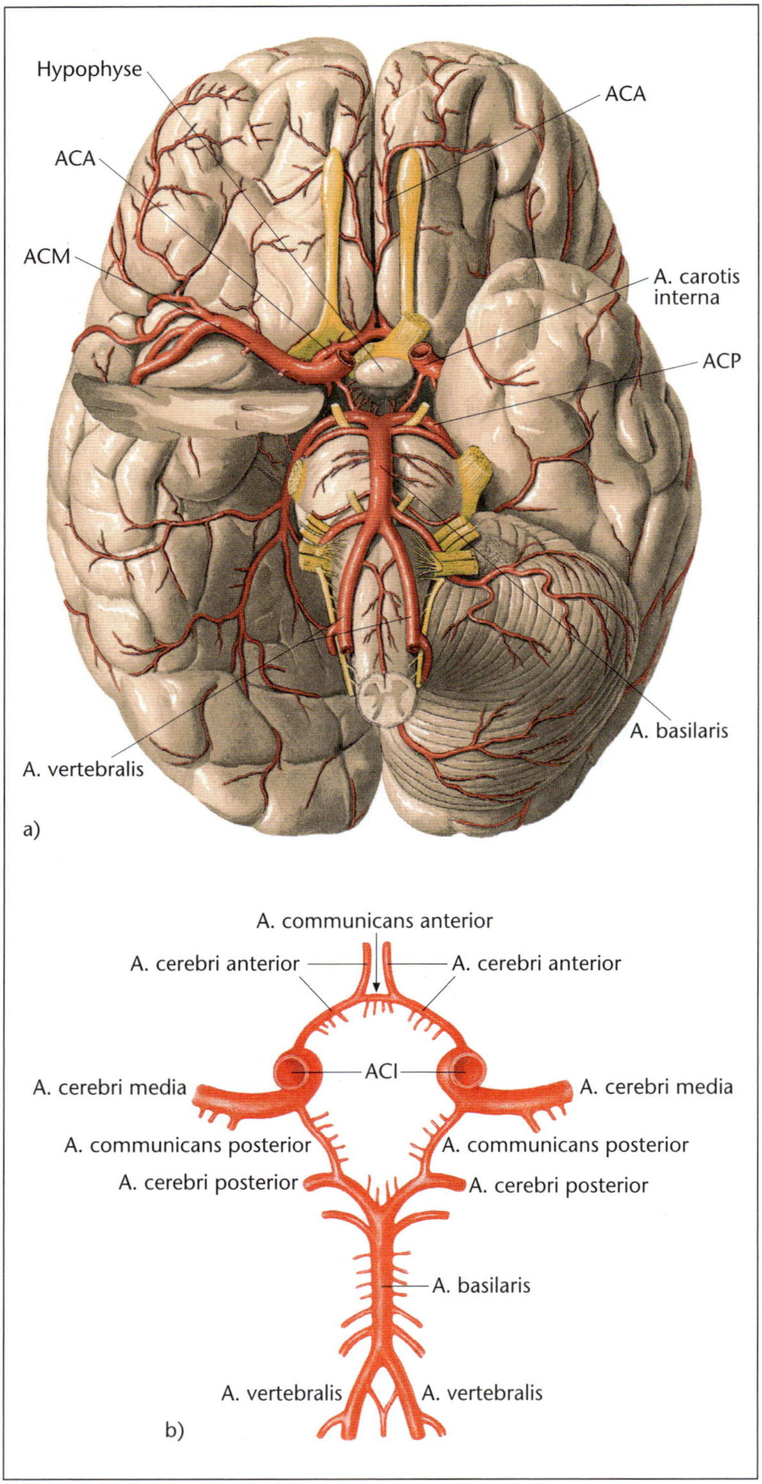

Abb. 7.27 a) Ansicht der Hirnarterien von basal aus (Kleinhirn und Teile des Schläfenlappens sind rechts entfernt);
ACA: A. cerebri anterior, ACM: A. cerebri media, ACP: A. cerebri posterior;
b) schematische Darstellung des Circulus arteriosus; ACI: A. carotis interna

Blut-Hirn-Schranke

Die Äste der genannten Hirnarterien verlaufen im Subarachnoidalraum (Legende ➤ Abb. 7.24a). Nach entsprechenden Aufzweigungen dringen die Hirnarterien bzw. -arteriolen in von Pia ausgekleidete Trichter (Piatrichter, ➤ Abb. 7.24a) in das Hirninnere ein. Dort finden sich nur noch Kapillaren, keine größeren Gefäße mehr.

Die Hirnkapillaren weisen eine Besonderheit in ihrem Aufbau auf, die man als Blut-Hirn-Schranke bezeichnet. Anders als in praktisch allen sonstigen Organen und Geweben ist der Stoffaustausch zwischen Blut und Gewebe im Gehirn sehr starken Kontrollen unterworfen, da die Nervenzellen bezüglich der Zusammensetzung ihrer Extrazellularflüssigkeit (die weitgehend der des Liquors entspricht) sehr empfindlich sind. Außerdem sollen über die Blut-Hirn-Schranke Krankheitserreger aus dem Blut abgehalten werden, in das eigentliche Hirngewebe einzudringen, was allerdings nicht immer gelingt (dann kommt es zur Hirnentzündung = **Encephalitis**).

Die Hauptstrukturen der Blut-Hirn-Schranke sind (➤ Abb. 7.28):

- undurchdringliche Zellkontakte der Endothelzellen der Hirnkapillaren
- Basalmembran (➤ Kap. 1.2.1)
- geschlossene Schicht von füßchenartigen Fortsätzen spezieller Gliazellen (**Astrozyten**).

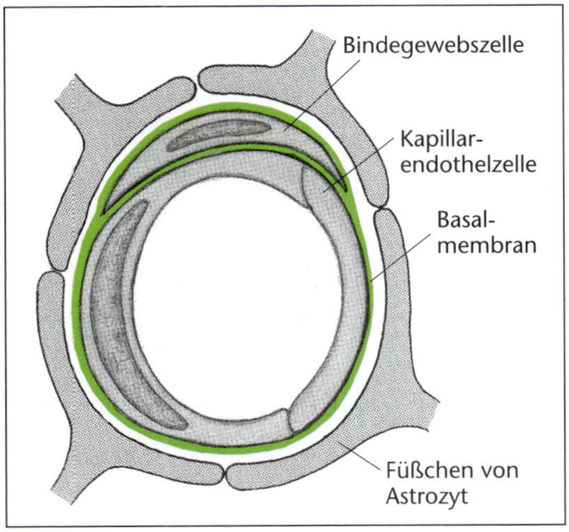

Abb. 7.28 Schematische Darstellung der Blut-Hirn-Schranke; Hirnkapillare im Querschnitt mit Basalmembran (grün) und geschlossener Schicht von füßchenartigen Astrozyten-Fortsätzen

Astrozyt, sternförmige Gliazelle, Astro- (griech): Stern, -zyt (griech.): Zelle
Encephalitis Hirnentzündung, abgeleitet aus egkephalon (griech.): Gehirn und -itis (griech.): Entzündung

Durch die Blut-Hirn-Schranke gelangen viele für die Nervenzellen schädliche Stoffe nicht aus der Blutbahn in das eigentliche Umgebungsmilieu der Nervenzellen. Dieser positive Aspekt ist mit dem Nachteil verbunden, dass andererseits bestimmte Medikamente überhaupt nicht oder in zu geringer Dosis an die Nervenzellen gelangen (typisches Beispiel: Dopamin bei der Behandlung von Parkinson-Patienten).

Hirnvenen, Sinus durae matris

Das verbrauchte Blut des Gehirns gelangt über Piatrichter wieder zurück an die Hirnoberfläche (➤ Abb. 7.24a). Dort findet sich ein dichtes Netz von Hirnvenen, die im Subarachnoidalraum verlaufen. Der venöse Blutabfluss erfolgt über Verbindungsvenen (sog. Brückenvenen) zu venenartigen Spalträumen in der Dura (➤ Abb. 7.24a, b). Diese Spalträume sind keine echten Venen; sie sind starrwandig, allerdings mit einem Endothel ausgekleidet. Sie werden als **Sinus durae matris** bezeichnet und verlaufen vor allem in der Großhirnsichel und im hinteren Bereich der Schädelbasis (➤ Abb. 7.24a, ➤ Abb. 7.29).

Sinus durae matris

Sinus (lat.): Hohlraum (gleiche Schreibweise für Singular und Plural; im Plural wird das „u" allerdings lang gesprochen)
durae matris: Genitiv von dura mater (lat.): harte Hirnhaut
V. jugularis interna jugularis (lat. iugulare): erdrosseln
interna (lat.): die innere (Femininform von internus)

Im hinteren Teil des mittleren Abschnitts der Schädelbasis (➤ Abb. 7.29) sammelt sich der größte Teil des venösen Bluts aus dem Sinussystem; das Blut gelangt in die unterhalb der Schädelbasis beginnende und dann am Hals nach unten verlaufende sog. innere Drosselvene (**V. jugularis interna**), die das ver-

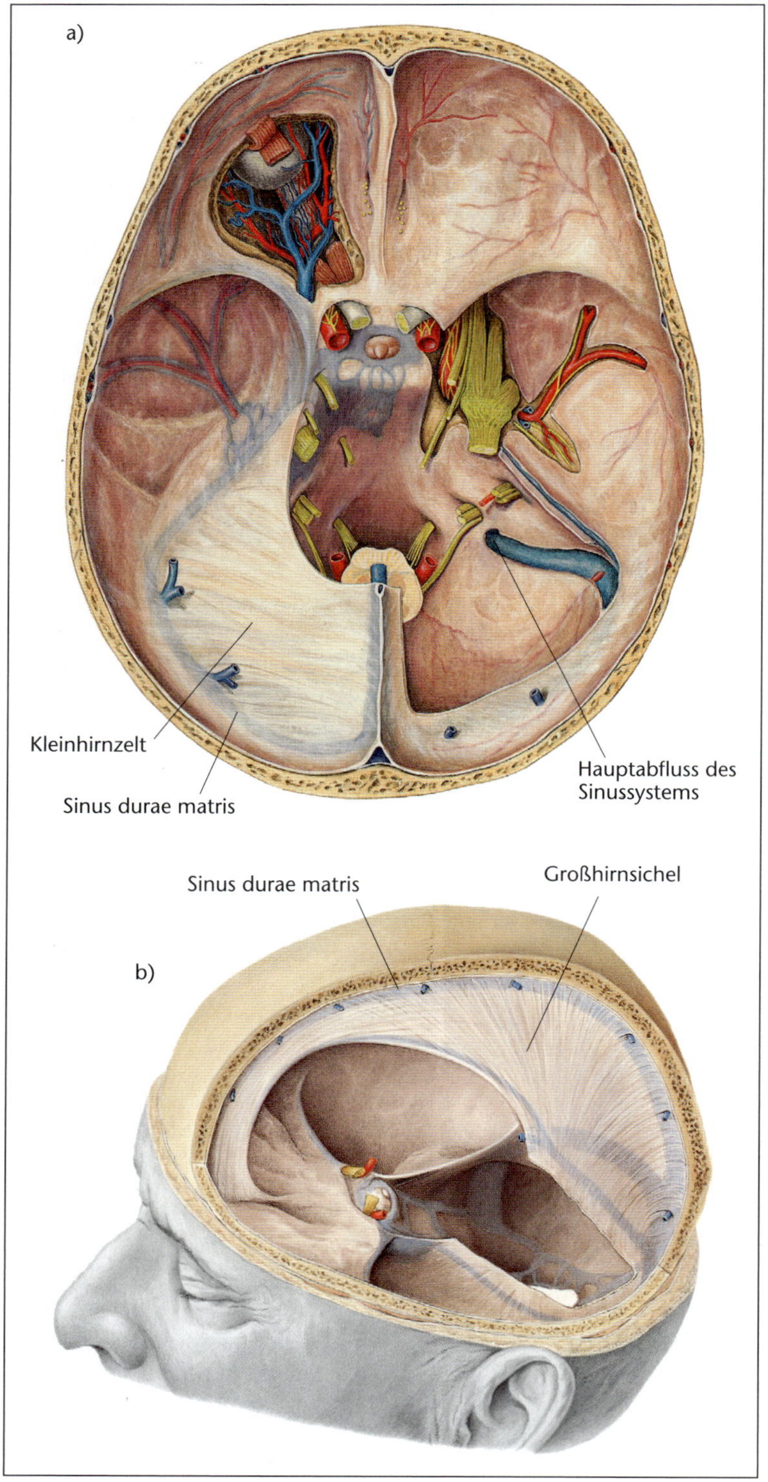

Abb. 7.29 Darstellung der Sinus durae matris;
a) Ansicht von oben auf die Schädelbasis,
b) Ansicht von links seitlich;
man beachte die Sonderstrukturen der Dura (Großhirnsichel, Kleinhirnzelt)

brauchte Blut aus dem Gehirn letztlich in die obere Hohlvene einbringt.

Durchblutung und Stoffwechsel des Gehirns

Obwohl das Hirngewicht nur rund 2 % des Körpergewichts beträgt, verbraucht das Gehirn bis zu 20 % des gesamten Sauerstoffs, der mit der Aorta an den Körper geliefert wird. Als Energielieferant wird dabei hauptsächlich Traubenzucker (Glucose) verwendet und verstoffwechselt.

Nennenswerte Speicher für Sauerstoff oder Traubenzucker besitzen die Nervenzellen nicht. Aus diesem Grunde sind sie außerordentlich empfindlich gegenüber irgendwelchen Unterbrechungen der Nährstoff- und Sauerstoffzufuhr, also gegenüber Störungen oder Unterbrechungen der Durchblutung.

Wird die Blutzufuhr zum Gehirn, z.B. durch Herzstillstand, um mehr als ca. 10–12 Sekunden unterbrochen, tritt Bewusstlosigkeit auf. Nach einer Unterbrechung von 4–5 Minuten bei normaler Außentemperatur und bei Erwachsenen kommt es zu ersten unwiderruflichen Zellschäden an den Nervenzellen (bei schockartiger Unterkühlung des Gehirns von Kindern tritt dieser Prozess unter Umständen erst deutlich später ein).

Nach einer vollständigen Unterbrechung der Hirndurchblutung von mehr als 8–10 Minuten tritt der unumkehrbare Hirntod mit massiven Gewebeschäden auf.

Auch bei einer extremen Unterzuckerung können Bewusstseinsstörungen und Hirnschäden auftreten. Dabei ist die Versorgung der Nervenzellen mit Traubenzucker unzureichend. Eine solche extreme Unterzuckerung kann z.B. bei Diabetikern auftreten, die versehentlich zu viel Insulin gespritzt haben und dann keine oder zu wenig Kohlenhydrate zu sich genommen haben.

Sind nur Teile des Gehirns für eine gewisse Zeit ohne ausreichende Blutversorgung, wie es z.B. bei einem Schlaganfall auftritt, kommt es zu schwerwiegenden Funktionsausfällen mit Gewebeuntergang der mangelversorgten Hirnareale.

7.10 Bahnsysteme des ZNS

7.10.1 Bahnentypen, innere Kapsel

Als Bahnen (lat.: Tractus) bezeichnet man geordnete Bündel von parallel verlaufenden Axonen innerhalb des Zentralnervensystems (im peripheren Nervensystem werden diese Strukturen als „Nerven“ bezeichnet, ➤ Kap. 7.7).

Diese Bahnen verbinden Ansammlungen von Nervenzellleibern in verschiedenen Abschnitten des Zentralnervensystems miteinander. Die Bezeichnung solcher Bahnen richtet sich in den meisten Fällen entweder nach ihrer Funktion (Sehbahn, Hörbahn, Gleichgewichtsbahn, motorische Bahnen) oder nach den miteinander verbundenen Abschnitten des ZNS, z.B. verbindet der Tractus corticospinalis die Großhirnrinde („cortico“) mit dem Rückenmark („spinalis“).

Grundsätzlich unterscheidet man drei verschiedene Bahnentypen:

- **Assoziationsbahnen**
- **Kommissurenbahnen**
- **Projektionsbahnen**.

Assoziationsbahnen verbinden unterschiedliche Rindenfelder derselben Großhirnhemisphäre miteinander, also in Längsrichtung (deshalb auch „Längsbahnen“ genannt). Man findet oberflächliche Fasern, die benachbarte Rindenareale miteinander verbinden, aber auch tiefe Fasern, die Verbindungen sogar zwischen entfernten Hirnlappen darstellen. So werden z.B. auch Informationen vom motorischen Broca-Sprachzentrum zum sensorischen Wernicke-Sprachzentrum (und umgekehrt) geleitet.

Assoziation (franz. association): Verknüpfung, Zusammenschluss
Kommissur (lat. commissura): Verbindung
Corpus (lat.): Körper, callosum (lat.): schwielenartig, dickhäutig
Projektion proicere (lat.): abbilden, übertragen
Capsula (lat.): Kapsel, interna (lat.): die innere (Femininform von internus)

Kommissurenbahnen verbinden einander entsprechende Rindenfelder (z.B. das primäre motorische Rindenfeld rechts mit dem Feld links) der beiden

Hemisphären; da sie quer verlaufen, werden sie auch als „Querbahnen" bezeichnet. Der größte Teil der Kommissurenbahnen der beiden Großhirnhemisphären verläuft durch eine kräftige Platte in der Tiefe des Großhirns, die man als Balken (**Corpus callosum**) bezeichnet (➤ Abb. 7.14, ➤ Abb. 7.18, ➤ Abb. 7.19).

Projektionsbahnen verbinden die Großhirnrinde mit verschiedenen Abschnitten des Hirnstamms oder des Rückenmarks. Sie können sowohl **efferent** von der Großhirnrinde in tiefer gelegene Zentren verlaufen (motorische Bahnen) als auch **afferent** von Abschnitten des Rückenmarks oder Hirnstamms zur Großhirnrinde (z.B. sensible Bahnen aus der Haut oder sensorische Bahnen wie die Hörbahn).

Der größte Teil der Projektionsbahnen muss auf dem Weg zwischen Großhirnrinde und tiefer gelegenen Zentren des ZNS in dicht gedrängter Formation durch die Region der Basalganglien und des Thalamus. Dabei ergibt sich im Horizontalschnitt ein bumerangähnliches Durchtrittsgebiet der Fasern, das man als innere Kapsel (**Capsula interna**) bezeichnet (➤ Abb. 7.17).

Im vorderen Schenkel des „Bumerangs" verlaufen die sensiblen Bahnen vom Thalamus zur Großhirnrinde, im „Knie" die motorischen Bahnen zu den Hirnnervenkernen (➤ Kap. 7.10.4), im hinteren Schenkel von vorne nach hinten die übrigen motorischen Bahnen, weitere Thalamusbahnen sowie die Sehbahn und die Hörbahn.

Blutungen in die innere Kapsel

Da in dieser Region im höheren Alter relativ häufig Hirnblutungen oder Gefäßverschlüsse („Schlaganfall") auftreten, kommt es durch den dicht gedrängten Verlauf der Projektionsbahnen oft zu recht ausgedehnten, vor allem motorischen Schädigungen. Wegen der Kreuzung der motorischen Bahnen zur Gegenseite findet sich dann eine Halbseitenlähmung auf der dem Ereignis gegenüberliegenden Körperseite.

7.10.2 Allgemeine Sinnesphysiologie

In den nächsten Kapiteln werden die sprachtherapeutisch wichtigen Projektionsbahnen im Einzelnen besprochen. Die ebenfalls wichtige Hör- und Gleichgewichtsbahn kann allerdings erst mit genaueren Kenntnissen des Hör- und Gleichgewichtsorgans behandelt werden und findet sich deshalb in ➤ Kap. 8.7.3 bzw. ➤ 8.7.5. Da ein großer Teil der Projektionsbahnen afferent verläuft und damit Sinnesempfindungen zum Gehirn leitet, sollen hier zunächst die wichtigsten Grundkenntnisse der allgemeinen Sinnesphysiologie erarbeitet werden.

Informationen über unsere Umwelt, aber auch über unseren Körper erhalten wir über unsere „Sinne" (Sehen, Hören, Schmecken, Riechen, Gleichgewicht, Tasten, Schmerz, Temperatur, Tiefensensibilität). Diese Sinne werden über Sinnesorgane vermittelt, die entweder mit dem Nervensystem in Verbindung stehen oder Teil des Nervensystems sind. Über afferente Bahnen werden diese Sinneswahrnehmungen dann an das Zentralnervensystem geleitet.

Subjektive und objektive Sinnesphysiologie

Bei der Untersuchung der Wirkung von Sinnesreizen unterscheidet man die **subjektive** von der **objektiven** Sinnesphysiologie. Wenn die Tätigkeit des menschlichen Geistes bei der Wahrnehmung eines Sinnesreizes zu beschreiben ist, spricht man von subjektiver Sinnesphysiologie. Da die Sinnesreize aber physikalischen und/oder chemischen Phänomenen entstammen, lassen sich die entsprechenden Erregungen auch mit Hilfe von Messinstrumenten registrieren – dann handelt es sich um die objektive Sinnesphysiologie.

subjektiv (lat. subiectivus): hier etwa zu übersetzen „von einem Menschen wahrgenommen"
objektiv (lat. obiectivus): hier etwa zu übersetzen „sachlich, mit Hilfe von Messinstrumenten etc. wahrgenommen"

Wahrnehmung von Reizen

Bestimmte physikalische oder chemische Vorgänge (Licht, Schall, mechanische Reize, Chemikalien u.a.) in unserer Umwelt, aber auch an der Oberfläche oder im Inneren unseres Körpers „reizen" spezifische **Sinnesrezeptoren,** die diese „Reize“ dann aufnehmen können. Als „Wahrnehmung“ bezeichnet man das bewusste Registrieren solcher Reize in einem Sinnesorgan, wobei wir mit Sinnesreizen vergleichen, die wir schon einmal erlebt oder erfahren haben.

Rezeptor recipere (lat.): aufnehmen; der Begriff Rezeptor wird nicht nur für Moleküle z.B. in der Zellmembran, sondern auch für Zellen insgesamt benutzt, wenn sie eine Wahrnehmungs- oder Aufnahmefunktion haben (z.B. Zellen in Sinnesorganen)
adäquat (lat. adaequatus): angemessen, übereinstimmend; in- (lat.): nicht

Die Sinnesrezeptoren sind Abschnitte von bestimmten Sinneszellen, die sich auf die Registrierung unterschiedlicher Sinnesreize spezialisiert haben. Oftmals werden auch die Sinneszellen insgesamt als Rezeptoren oder Rezeptorzellen bezeichnet.

Man unterscheidet primäre und sekundäre Sinneszellen (➤ Abb. 7.30):

- Eine primäre Sinneszelle ist eine Nervenzelle, die sich in einem Sinnesorgan befindet und sich auf die Wahrnehmung bestimmter Reize spezialisiert hat. Diese Nervenzelle wird durch den Reiz „erregt“ und leitet die Erregung afferent zum ZNS weiter. Solche primären Sinneszellen finden sich im Riechorgan („Riechzellen“, ➤ Kap. 4.5.6) und im Auge.
- Eine Sonderform primärer Sinneszellen stellen die sensiblen Nervenzellen dar, deren Perikarya sich in den Spinalganglien oder sensiblen Kopfganglien befinden. Ihre dendritischen Endigungen befinden sich entweder frei oder verbunden mit bestimmten Verstärkerorganen in der Haut oder Schleimhaut, ihre axonalen Endigungen erreichen das Zentralnervensystem (➤ Kap. 7.8.2).
- Eine sekundäre Sinneszelle ist eine umgewandelte Epithelzelle, die den Sinnesreiz aufnimmt. Zur Weiterleitung der Erregung wird sie von dendritischen Endigungen einer Nervenzelle „umsponnen“, die die Informationen dann wieder Richtung ZNS leiten. Sekundäre Sinneszellen, die auch Sinnesepithelzellen genannt werden, finden sich im Geschmacksorgan (Geschmackszellen der „Geschmacksknospen, ➤ Kap. 6.2.4) sowie als „Haarzellen“ im Hör- und Gleichgewichtsorgan (➤ Kap. 8.7).

Die Mindestmenge an chemischer oder physikalischer „Reizenergie“, die nötig ist, um eine Erregung an einem Sinnesrezeptor auszulösen, wird als „Reizschwelle“ bezeichnet.

Der typische Reiz, auf den ein Sinnesrezeptor maximal reagiert, wird als „**adäquater**“ Reiz bezeichnet – so reagiert das Hörorgan natürlich auf Schallwellen, das Geschmacksorgan auf Geschmacksstoffe.

Allerdings lassen sich auch **inadäquate** Reize beschreiben, z.B. das „Sterne sehen“ nach einem Schlag auf den Kopf oder Geschmackswahrnehmungen durch mechanische Reizung des Geschmacksnerven, der durch das Mittelohr verläuft. Die folgenden Betrachtungen beziehen sich immer auf adäquate Reize.

Modalität, Qualität und Quantität

Die Erregung eines einzelnen Sinnesorgans (Auge, Ohr usw.) vermittelt seinem „Besitzer“ charakteristische Sinneserlebnisse und Empfindungen, die man insgesamt als **Modalität** zusammenfasst. So kann man die Modalitäten „Sehen, Hören, Riechen, Fühlen usw.“ unterscheiden.

Die jeweiligen primären Rindenfelder im Schläfen-, Scheitel- und Hinterhauptslappen „beschäfti-

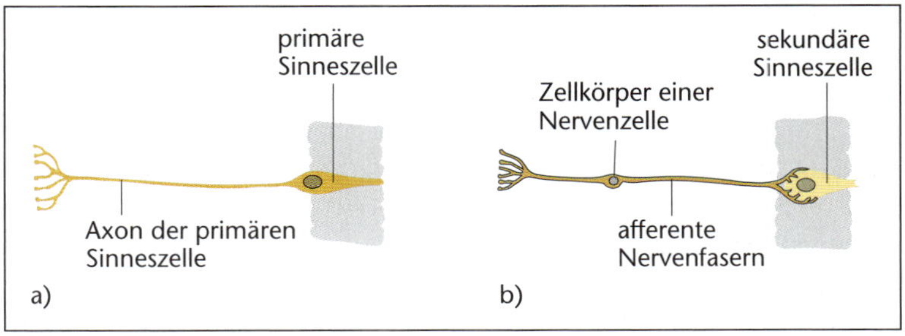

Abb. 7.30 a) Darstellung einer primären Sinneszelle (als Sonderform einer Nervenzelle) und b) einer sekundären Sinneszelle (Sonderform einer Epithelzelle)

7

gen sich also auch nur jeweils mit der Wahrnehmung der entsprechenden Modalität Hören, Sensibilität und Sehen. Die sekundären Rindenfelder arbeiten teilweise jedoch auch multimodal, d.h., hier werden Wahrnehmungen einer Modalität durch weitere Modalitäten ergänzt (z.B. Anschauen und Betasten eines Gegenstandes).

Modalität (lat. modulus): Art und Weise, hier: Empfindung eines Sinnesorgans
sub- (lat.): unter-
Qualität (lat. qualitas): Beschaffenheit, Eigenschaft
Quantität (lat. quantitas): Größe, Menge

Analysiert man eine solche Modalität, z.B. die des Sehens, kann man darin auch noch verschiedene Submodalitäten unterscheiden, z.B. Farben, Erkennen von Formen und Bewegungen usw. Diese Submodalitäten sind spezifisch für jedes Sinnesorgan und werden auch als „**Qualitäten**" oder genauer als Sinnes- oder Empfindungsqualitäten bezeichnet. Im Gegensatz dazu bezeichnet man die Stärke oder Intensität eines Reizes als „**Quantität**" (z.B. Helligkeit). Zur vollständigen Beschreibung einer Sinnesempfindung ist dann noch ihr Auftreten in Raum und Zeit von Bedeutung.

7

Reizweiterleitung

Wird an einem Sinnesrezeptor die „Reizschwelle" überschritten, spricht man von überschwelligen Reizen. Die aufgenommenen Sinnesreize, die ursprünglich chemischer oder physikalischer Natur waren, werden dann in elektrische Reize der Rezeptorzelle umgewandelt – diese Umwandlung bezeichnet man als „**Transduktion**".

Im Gegensatz zur Reizschwelle gibt es dabei sog. Unterschiedsschwellen, die überschritten werden müssen, um unterschiedliche Reize auch als solche festzustellen.

Werden bestimmte Wahrnehmungen dabei verstärkt, während Nachbarwahrnehmungen abgeschwächt werden, dient dies der Wahrnehmung besonderer Sinnesreize, die dann mit einem besseren „**Kontrast**" registriert werden.

Ähnlich den Vorgängen an einer Synapse (➤ Kap. 7.4) verringert sich durch überschwellige Reize das Membranpotenzial der Sinneszelle – dieser Vorgang wird als **Rezeptorpotenzial** bezeichnet.

Bei der Frage der Weiterleitung dieses Rezeptorpotenzials muss nun unterschieden werden, ob es sich um eine primäre oder eine sekundäre Sinneszelle handelt.

Transduktion (lat. transductio): Übertragung, Umwandlung
Kontrast contra (lat.): gegen, stare (lat.): stehen, im Sinne von starker Gegensatz
Potenzial (auch Potential) (lat. potentia): Macht, Fähigkeit, hier: Unterschied elektrischer Ladungen oder Kräfte
Transformation (lat. transformatio): Umwandlung, Überführung (die Unterscheidung der Begriffe Transduktion und Transformation wird nicht immer konsequent eingehalten)

Da die primären Sinneszellen umgewandelte Nervenzellen sind, entspricht die Weiterleitung eines solchen überschwelligen Sinnesreizes den Vorgängen bei der Weiterleitung eines Aktionspotenzials in Richtung ZNS (➤ Kap. 7.5.4, ➤ Abb. 7.30).

Bei einer sekundären Sinneszelle, die aus einer Epithel- und nicht aus einer Nervenzelle entstanden ist, führt das Rezeptorpotenzial zur Ausschüttung eines Botenstoffs an den Stellen, wo die sekundäre Sinneszelle von dendritischen Endigungen einer Nervenzelle umgeben ist (➤ Abb. 7.30). Die Wahrnehmung der Ausschüttung dieser Botenstoffe führt dann bei der mit der sekundären Sinneszelle verbundenen Nervenzelle zu einem Aktionspotenzial, das sich dann weiter in Richtung ZNS fortpflanzt. Diese Übertragung des physikalischen oder chemischen Reizes über die sekundäre Sinneszelle auf eine Nervenzelle wird als „**Transformation**" bezeichnet.

Frequenzcodierung

Jedem ist bewusst, dass es nach Überschreiten der Reizschwelle nicht eine „Alles-oder-Nichts"-Wahrnehmung des Reizes gibt (z.B. ich höre oder ich höre nicht), sondern dass die Fähigkeit besteht, unterschiedliche Intensitäten des Reizes wahrzunehmen (vom leisesten bis zum lautesten Ton oder Geräusch), also Quantitäten zu registrieren.

Die Erhöhung der Reizstärke führt zur Zunahme der dadurch letztlich ausgelösten Aktionspotenziale pro Zeiteinheit an den weiterleitenden Nervenzellen. Vereinfacht gesagt: je lauter man einen Ton wahrnimmt, desto mehr Aktionspotenziale pro Zeiteinheit werden an dem entsprechenden Abschnitt des Hörnerven ausgelöst, oder anders ausgedrückt: die Frequenz der Aktionspotenziale steigt.

Frequenz- (lat. frequentia): Häufigkeit
-codierung (engl./franz. code): Verschlüsselung (aus codex, lat.: Verzeichnis)
Hertz Eigenname (Physiker)
1 **Hz** = 1 Schwingung (oder hier: Aktionspotenzial) pro Sekunde
Adaptation (lat. adaptio): Anpassung
Proportionalrezeptor proportio (lat.): Verhältnis, Gleichmaß, -rezeptor (lat.): Empfänger, Differenzial: (lat. differentia): Verschiedenheit

Die steigende Intensität des Reizes wird also von unseren Sinnesorganen in Form einer Frequenzerhöhung der Aktionspotenziale an den Sinnesnerven verschlüsselt oder „**codiert**", daher die Bezeichnung „**Frequenzcodierung**".

Als Folge der Refraktärzeit (➤ Kap. 7.5.5) liegt die maximale Frequenz bei Nervenzellen, die mit Sinneswahrnehmungen beschäftigt sind, meist bei 500–1000 Hertz (**Hz**).

Bei Dauerreizen kommt es zu einer Anpassung oder Gewöhnung, die man als **Adaptation** bezeichnet. Dabei sinkt die Frequenz der Aktionspotenziale trotz gleich bleibender Intensität des Reizes je nach Rezeptortyp unterschiedlich stark ab. Die meisten Rezeptoren haben eine sog. PD-Charakteristik (PD-Rezeptoren), bestehend aus einer Proportionalantwort (**Proportionalrezeptoren**) und einer Differenzialantwort (**Differenzialrezeptoren**). Die Proportionalantwort informiert über unterschiedliche Reizgrößen, die Differenzialantwort über rasche Reizänderungen.

Weber-Gesetz, Weber-Fechner-Gesetz

Der minimale Unterschied, der zwischen einem schwächeren und einem stärkeren Reiz so gerade eben noch wahrgenommen werden kann (z.B. minimale Erhöhung der Lautstärke eines Tons) wird als Unterschiedsschwelle bezeichnet.

Vergleicht man dabei auf der einen Seite zwei sehr laute Töne miteinander, auf der anderen Seite zwei sehr leise Töne, dann stellt man fest, dass die beiden lauten Töne sich stärker in der Lautstärke voneinander unterscheiden müssen als die beiden leisen Töne, um als unterschiedlich wahrgenommen zu werden.

Diese Erfahrung findet sich bei allen Sinneswahrnehmungen; sie ist im sog. **Weber**-Gesetz formuliert, das vereinfacht besagt, dass die Unterschiedsschwelle mit steigender Reizstärke ebenfalls ansteigt.

Weber Eigenname (deutscher Anatom und Physiologe)
Fechner Eigenname (deutscher Arzt und Physiker)

Durch die zusätzlichen Untersuchungen von Fechner wurde das Weber-Gesetz zum **Weber-Fechner**-Gesetz verallgemeinert. Dieses wird auch als psychophysisches Grundgesetz bezeichnet und besagt, dass die Empfindungsstärke nicht linear mit der Reizstärke zunimmt, sondern dem Logarithmus der Reizstärke proportional ist. Aufgrund dieses Gesetzes wurden z.B. logarithmische Skalen wie die Phon- oder Dezibelskala der Lautstärken entwickelt (➤ Kap. 8.5).

7.10.3 Sensible Bahnen

Als sensible Bahnen bezeichnet man die Projektionsbahnen, die Informationen über Berührung, Druck, Schmerz und Temperatur aus der Haut und den Schleimhäuten zum Gyrus postcentralis (➤ Kap. 7.9.3) des Scheitellappens leiten. Hinzu kommen die Bahnen der sog. Tiefensensibilität.

Oberflächen- und Tiefensensibilität

Die Wahrnehmung mechanischer Kräfte (z.B. Berührung oder Druck) auf Haut und Schleimhäuten wird als **Mechanorezeption** bezeichnet, die Wahrnehmung von Schmerzen als **Nozizeption** sowie die Wahrnehmung von Wärme und Kälte als **Thermo-**

rezeption. Die Summe aller Wahrnehmungen aus der Haut und den Schleimhäuten wird als **Oberflächensensibilität** charakterisiert.

Mechanorezeption Mechano-: durch mechanische Reize erfolgend (letztlich aus, griech. mechanikos: den Gesetzen der Mechanik entsprechend) und -rezeption (lat. receptio): Aufnahme
Nozizeption (lat. nocere): schaden und (re)zeption, s.o.
Thermorezeption Thermo- (griech. thermos): warm, heiß (bezieht sich aber auch auf die Wahrnehmung von Kälte)
Sensibilität (lat. sensibilitas): Empfindsamkeit
Propriozeption Eigenwahrnehmung, proprius (lat.), (re)zeption, s.o.

Der bei der Nozizeption wahrgenommene Schmerz kann auch durch übermäßigen Druck, große Hitze und Kälte erfolgen, sodass es zu Übergängen zwischen den Einzelwahrnehmungen kommen kann.

Mechanische und Schmerzreize können zusätzlich auch im Bereich von Muskeln, Sehnen, Knochenhaut und Gelenkkapseln wahrgenommen werden (z.B. die Muskel- und Sehnenspindeln des Eigenreflexes, ➤ Kap. 7.8.3). Diese Wahrnehmungen werden als **Tiefensensibilität** (**Propriozeption**) bezeichnet.

Auf die sog. Eingeweidesensibilität, die außer bei Hunger und Völlegefühl sowie Schmerzen meist unter der Bewusstseinsschwelle liegt, soll hier nicht weiter eingegangen werden.

Epikritische und protopathische Sensibilität

Die oben genannten Wahrnehmungen der Sensibilität werden über zwei teilweise voneinander getrennte Bahnen zum Gehirn geleitet. Dieser Trennung entspricht die funktionelle Bedeutung dieser Wahrnehmungen, die man in der Physiologie als **epikritische** und **protopathische** Sensibilität unterscheidet.

epikritisch (griech. epikrisis): Beurteilung
protopathisch proto- (griech.): vor allen Dingen, pathos (griech.): Leiden, Schmerz
gnostisch (griech. gnosis): Erkennen

Die epikritische Sensibilität wird auch als Feinwahrnehmung oder **gnostische** Sensibilität bezeichnet. Hierüber werden leichte mechanische und Temperaturreize wahrgenommen, die dem Erkennen und Unterscheiden z.B. von Formen dienen; sie umfasst den Tastsinn, aber auch den Bewegungs- und Lagesinn, der über die Tiefensensibilität vermittelt wird.

Die protopathische Sensibilität dient der Erkennung drohender Gefahren; hierüber werden Schmerzen sowie extreme Temperatur und Druckreize registriert.

Projektionsbahnen der Sensibilität

Wie schon früher dargestellt, sind „Bahnen" Bündel parallel verlaufender Nervenfasern des Zentralnervensystems (entsprechend den „Nerven" des Peripheren Nervensystems).

Um die Projektions„bahnen" der Sensibilität vollständig darzustellen, muss natürlich auch die Strecke der Weiterleitung sensibler Informationen mit einbezogen werden, die sich im peripheren Nervensystem findet, also die Leitung über Spinal*nerven* bzw. Hirn*nerven*. Insofern wird der Begriff „sensible Bahnen" bei den nachfolgenden Beschreibungen etwas unpräzise benutzt.

Wie allgemein üblich und dem besseren Verständnis dienend, werden die einzelnen „Stationen" der Projektionsbahnen mit den Begriffen „1. Neuron", „2. Neuron" usw. charakterisiert. Bei der Beschreibung der Lokalisation dieser Neurone bezieht man sich ähnlich unpräzise auf die Lage der Zellleiber (Perikarya) dieser Neurone. Natürlich gehören aber auch die Nervenfasern (Axone), die die „Bahnen" bilden, zur vollständigen Beschreibung einer Nervenzelle hinzu.

Im Folgenden sollen die sensiblen Bahnen beschrieben und insofern differenziert dargestellt werden, dass zunächst die Weiterleitung der Reize der protopathischen Sensibilität bis zum Thalamus (**Tractus spinothalamicus**), dann die Weiterleitung der Reize der epikritischen Sensibilität bis zum Thalamus (**Tractus spinobulbaris**, **Lemniscus medialis**) und abschließend die gemeinsame Weiterleitung aller sensiblen Reize vom Thalamus zum Gyrus postcentralis (Thalamusstrahlung) beschrieben werden.

Zum Schluss wird noch einmal separat auf die Weiterleitung sensibler Reize eingegangen, die über Hirnnerven erfolgt.

Tractus spinothalamicus

Der **Tractus** spinothalamicus ist eine sensible Bahn, die das Rückenmark (spino-) mit dem Thalamus (➤ Kap. 7.9.6; Zwischenhirn) verbindet. Hierüber wird die Wahrnehmung protopathischer Reize (grober Druck, Schmerz, extreme Temperatur) aus der Haut des Rumpfes und der Extremitäten geleitet.

Die Reize werden über dendritische Nervenendigungen in der Haut „registriert"; diese gehören zu den Nervenzellen, die sich in den Spinalganglien befinden (➤ Kap. 7.8.2: pseudounipolare Nervenzellen). Diese Nervenzellen werden als „1. Neuron" der Bahn der protopathischen Sensibilität bezeichnet (P1 in ➤ Abb. 7.31). Über die axonalen Nervenfasern erreicht der Reiz das sensible Hinterhorn des Rückenmarks. Dort erfolgt die synaptische Umschaltung auf das 2. Neuron dieser Bahn (P2).

Die Axone des 2. Neurons kreuzen bereits auf Rückenmarksebene zur Gegenseite und ziehen bis zum Thalamus hoch, wo die Umschaltung auf das 3. Neuron erfolgt (P3). Nur die gebündelten Axone des 2. Neurons dieser Bahn werden in ihrem Verlauf bis zum Thalamus als Tractus spinothalamicus bezeichnet. Innerhalb des Rückenmarks verläuft diese Bahn bereits auf der Gegenseite des Reizursprungs (**kontralateral**).

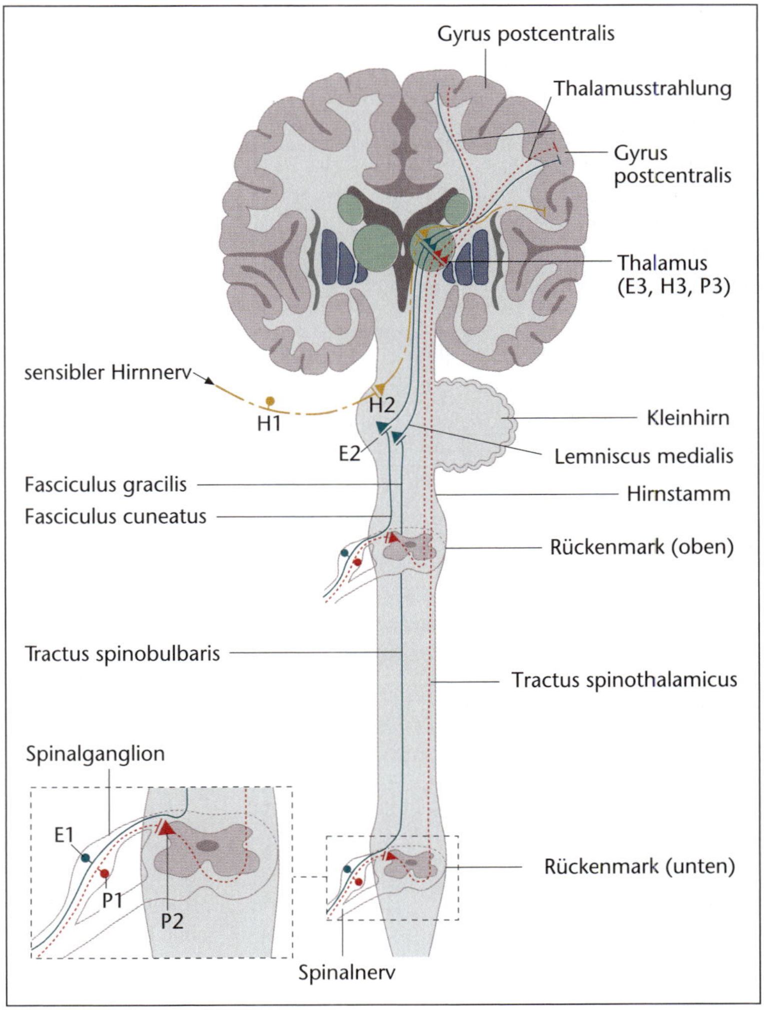

Abb. 7.31 Schematische Darstellung der epikritischen (blau) und protopathischen (rot) sensiblen Bahnen; E1, E2, E3: 1.–3. Neuron der epikritischen Sensibilität, P1, P2, P3: 1.–3. Neuron der protopathischen Sensibilität, H1–H3 stellen die Neurone der epikritischen und protopathischen Fasern der sensiblen Hirnnerven (z.B. N. trigeminus) dar (gelb)

Tractus (lat.): Bahn
kontralateral contra (lat.): entgegengesetzt, lateral (lat.): seitlich
ipsilateral (aus lat. ipse): selbst
Bulbus (lat.): Zwiebel, hier zwiebelartige Verdickung des Rückenmarks zum Hirnstamm

Tractus spinobulbaris, Lemniscus medialis

Auch die hier zu beschreibenden Reize der epikritischen Sensibilität (Tastsinn, leichte Temperaturveränderungen) entstammen aus der Haut des Rumpfes und der Extremitäten. Hinzu kommen die Reize der Tiefensensibilität.

Wie bei der protopathischen Sensibilität befindet sich das 1. Neuron im Spinalganglion (E1 in ➤ Abb. 7.31). Der Reiz erreicht analog das sensible Hinterhorn des Rückenmarks, wo jedoch keine Umschaltung erfolgt. Die axonalen Nervenfasern des 1. Neurons kreuzen nicht zur Gegenseite, sondern verlaufen noch auf derselben Seite der Reizentstehung (**ipsilateral**) im Rückenmark aufwärts (**Tractus spinobulbaris**). Das 2. Neuron (E2) wird erst im Hirnstamm erreicht, dessen ansonsten nicht mehr gebräuchliche Bezeichnung „**Bulbus**" sich im Namen dieser Bahn wiederfindet.

7

Der Tractus spinobulbaris gliedert sich in zwei Unterbahnen, den **Fasciculus gracilis**, der die Empfindungen der Oberflächen- und Tiefensensibilität der unteren Extremitäten und unteren Rumpfhälfte weiterleitet, und den **Fasciculus cuneatus**, der dies für die oberen Extremitäten und die obere Rumpfhälfte vollzieht.

Fasciculus (lat.): Bündelchen, Teilbahn
gracilis (lat.): fein, cuneatus (lat.): keilförmig
Nucleus (lat.): Kern
Lemniscus (lat.): Schleife, Schleifenbahn
medialis (lat.): nach innen gerichtet

Im verlängerten Mark erreichen beide Teilbahnen das 2. Neuron, das sich entsprechend in zwei getrennten Kernen (**Nucleus gracilis, Nucleus cuneatus**: E2 in ➤ Abb. 7.31) befindet. Hier erfolgt die Umschaltung, die bei der protopathischen Bahn bereits im Hinterhorn des Rückenmarks stattgefunden hat.

In einer sog. medialen Schleifenbahn (**Lemniscus medialis**) kreuzen nun die Axone des 2. Neurons gebündelt zur Gegenseite und erreichen im Thalamus das 3. Neuron (E3).

Thalamusstrahlung

Für alle sensiblen Bahnen findet im Thalamus die Umschaltung auf das 3. Neuron statt. Von hier ziehen die Axone zunächst durch den hinteren Schenkel der inneren Kapsel und dann strahlenförmig auseinander, um ihre jeweilige Region im Gyrus postcentralis zu erreichen. Die Bahnverbindung zwischen Thalamus und Gyrus postcentralis wird deshalb als Thalamusstrahlung (**Radiatio thalamica**) bezeichnet (➤ Abb. 7.31)

Radiatio (lat.): das Strahlen, hier: strahlenförmig auseinander laufende Bahn
thalamica Femininform von thalamicus (lat.): zum Thalamus gehörig

Sensible Hirnnerven

Sensible Empfindungen im Bereich der Haut und Schleimhäute des Halses und Kopfes werden überwiegend nicht über Spinalnerven (und damit über den Tractus spinothalamicus bzw. Tractus spinobulbaris), sondern über sensible Hirnnerven vermittelt (➤ Kap. 7.11).

Die Entstehung der sensiblen Reize aus der Oberflächen- und Tiefensensibilität erfolgt bei den Hirnnerven analog wie bei den Spinalnerven. Das 1. Neuron findet sich in entsprechenden sensiblen Kopfganglien (H1 in ➤ Abb. 7.31, z.B. das sog. Trigeminusganglion für den N. trigeminus, ➤ Kap. 7.11.2), die Umschaltung auf das 2. Neuron in unterschiedlichen sensiblen Hirnnervenkernen im Hirnstamm (H2).

Dann erfolgt eine Kreuzung zur Gegenseite. Die Umschaltung auf das 3. Neuron im Thalamus und der weitere Verlauf der Fasern in der Thalamusstrahlung entsprechen den Verhältnissen, wie sie oben beschrieben wurden.

7.10.4 Motorische Bahnen

Die motorischen Bahnen sind – abgesehen vom vegetativen Nervensystem – die einzigen efferenten Projektionsbahnen; hier werden die Impulse von der Großhirnrinde bis in die Peripherie zu den Skelettmuskeln geleitet. Die Impulse für motorische Aktionen entstehen willkürlich oder unwillkürlich mithilfe zahlreicher Strukturen des ZNS; dennoch ist der Gyrus praecentralis des Stirnlappens (➤ Kap. 7.9.3) der wichtigste Ort, von dem diese Impulse über das Rückenmark (**Tractus corticospinalis**) und die Spinalnerven bzw. über den Hirnstamm (**Tractus corticonuclearis**) und die Hirnnerven an die Skelettmuskulatur des Körpers geleitet werden.

Tractus (lat.): Bahn
corticospinalis cortico- (von cortex, lat.: Rinde), -spinalis (spina, lat.: Dorn, Rückgrat, hier: Rückenmark)
corticonuclearis -nuclearis (nucleus, lat.: Kern) bezieht sich auf die motorischen Hirnnervenkerne im Hirnstamm)

In der Regel wird für diese motorischen Bahnen zusammenfassend der Begriff „Pyramidenbahn" verwendet. Allerdings verläuft nur ein Teil dieser Bahnen, nämlich der Tractus corticospinalis, durch die Pyramide (Pyramis) genannte Struktur des verlängerten Marks, wo auch der größte Teil dieser Fasern in der sog. Pyramidenkreuzung zur Gegenseite kreuzt (➤ Abb. 7.21, ➤ Abb. 7.32). Der Tractus corticonuclearis, der die motorischen Hirnnervenkerne im Hirnstamm erreicht, verläuft nicht durch die Pyramide.

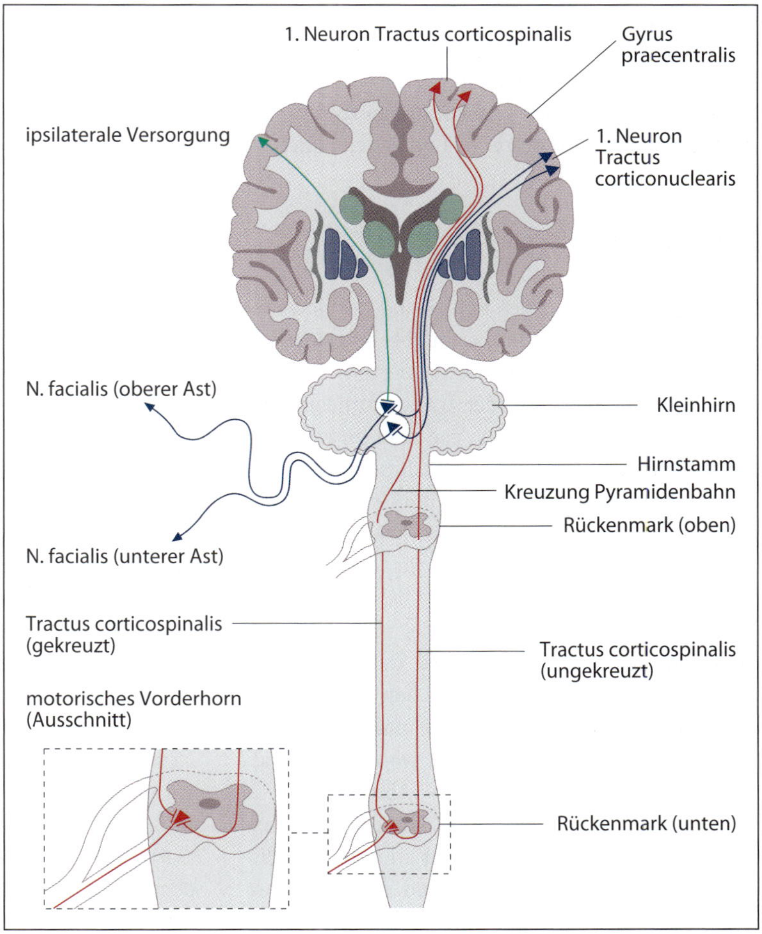

Abb. 7.32 Schematische Darstellung der motorischen Bahnen; rot: Tractus corticospinalis, violett: Tractus corticonuclearis, grün: zusätzliche ipsilaterale Versorgung des motorischen Kerns des oberen Fazialisastes. Zur besseren Übersichtlichkeit sind nur die Bahnen einer Körperhälfte dargestellt.

7

Tractus corticospinalis

Der Tractus corticospinalis ist die motorische Bahn, die im Gyrus praecentralis beginnt (1. motorisches Neuron), durch den hinteren Schenkel der inneren Kapsel und dann durch die Großhirnschenkel des Mittelhirns (➤ Kap. 7.9.7) bis zur Pyramide des verlängerten Marks zieht. Diese Pyramide hat ihren Namen durch eine oberflächliche, pyramidenartige Vorwölbung an der Vorderseite des verlängerten Marks.

In der Pyramide kreuzen ca. 80% der motorischen Fasern zur Gegenseite und erreichen das motorische Vorderhorn der unterschiedlichen Rückenmarkssegmente. Ca. 20% der Fasern verlaufen zunächst ungekreuzt; sie kreuzen dann auf Segmentebene, unmittelbar bevor auch sie das motorische Vorderhorn erreichen (➤ Abb. 7.32).

Im motorischen Vorderhorn erfolgt die Umschaltung der Fasern des 1. motorischen Neurons auf das 2. motorische Neuron, das auch als motorische Vorderhornzelle bezeichnet wird. Die Axone des 2. motorischen Neurons verlaufen durch die vordere Wurzel zu den Spinalnerven und mit diesen zu den Skelettmuskeln, wo sie motorische Endplatten bilden.

Tractus corticonuclearis

Die Skelettmuskulatur des Kopfes und des überwiegenden Teils des Halses wird nicht über Spinalnerven, sondern über motorische Hirnnerven versorgt (➤ Kap. 7.11). Hierfür ist der Tractus corticonuclearis (➤ Abb. 7.32) zuständig, den man im weitesten Sinne auch als Teil der Pyramidenbahn ansehen kann.

Auch hier liegt das 1. Neuron im Gyrus praecentralis und zwar in den Bereichen (➤ Abb. 7.15a, motorischer Homunculus), die für die genannte Muskulatur verantwortlich sind. Die Fasern des 1. Neurons ziehen durch das Knie der inneren Kapsel und kreuzen an unterschiedlichen Stellen im Hirnstamm zur Gegenseite. Dort erreichen sie eine komplexe Ansammlung verschiedener motorischer Kerne der motorischen Hirnnerven, wo die Umschaltung auf das 2. Neuron erfolgt (➤ Abb. 7.32).

Die Axone der jeweiligen 2. Neurone verlassen mit den motorischen Hirnnerven an unterschiedlichen Stellen den Hirnstamm und erreichen ihre Zielmuskulatur (➤ Abb. 7.35).

Beim 7. Hirnnerven, dem Gesichtsnerven (N. facialis, ➤ Kap. 7.11.3), findet man eine Aufspaltung in einen oberen Ast, der die mimische Muskulatur der Stirn und der Augenlider versorgt, und einen unteren Ast, der die sprachtherapeutisch wichtigen mimischen Muskeln u.a. der Wangen und Mundregion versorgt (➤ Kap. 6.2.2). Hier findet sich der ungewöhnliche Fall, dass der motorische Kern des oberen Fazialisastes nicht nur von den Axonen des kontralateralen Abschnitts des Gyrus praecentralis, sondern zusätzlich auch von Axonen des ipsilateralen Gyrus praecentralis versorgt wird (➤ Abb. 7.32).

Bei einer Schädigung der kontralateralen Fasern z.B. durch eine Blutung im Bereich der inneren Kapsel fallen die vom unteren Fazialisast versorgten Muskeln aus (sprachtherapeutisch wichtige Lähmungen), während die Muskeln des Stirnrunzelns und des Lidschlusses durch eine noch intakte ipsilaterale Versorgung nicht vollständig, aber ausreichend funktionsfähig bleiben (zentrale faziale Parese, ➤ Kap. 7.11.3).

Extrapyramidal-motorisches System (EPMS)

Eine angepasste und sinnvolle motorische Aktion umfasst nicht nur die reine Ausführung durch die Pyramidenbahn, sondern auch eine entsprechende Planung, Vorbereitung und Kontrolle. Diese finden in zahlreichen Abschnitten des Zentralnervensystems statt, die man in der Gesamtheit als extrapyramidal-motorisches System (EPMS) bezeichnet, da es sich „außerhalb“ des pyramidalen Systems, also der Pyramidenbahn, befindet (➤ Abb. 7.33).

Da das EPMS-Konzept eine tatsächlich nicht existierende Trennung zwischen pyramidalen und extrapyramidalen Anteilen der Motorik suggeriert, wird es hauptsächlich nur noch aus didaktischen Gründen beibehalten. Aus genau diesen Gründen soll diese Bezeichnung hier aber weiterhin benutzt werden.

Zum Kontrollsystem gehören außer dem Kleinhirn (➤ Kap. 7.9.9) noch die Basalganglien im engeren Sinne (➤ Kap. 7.9.5), der Thalamus (➤ Kap. 7.9.6), Kerngebiete des Mittelhirns wie die schwarze Substanz und der rote Kern (➤ Kap. 7.9.7), Kerngebiete des Rautenhirns wie die Formatio reticularis

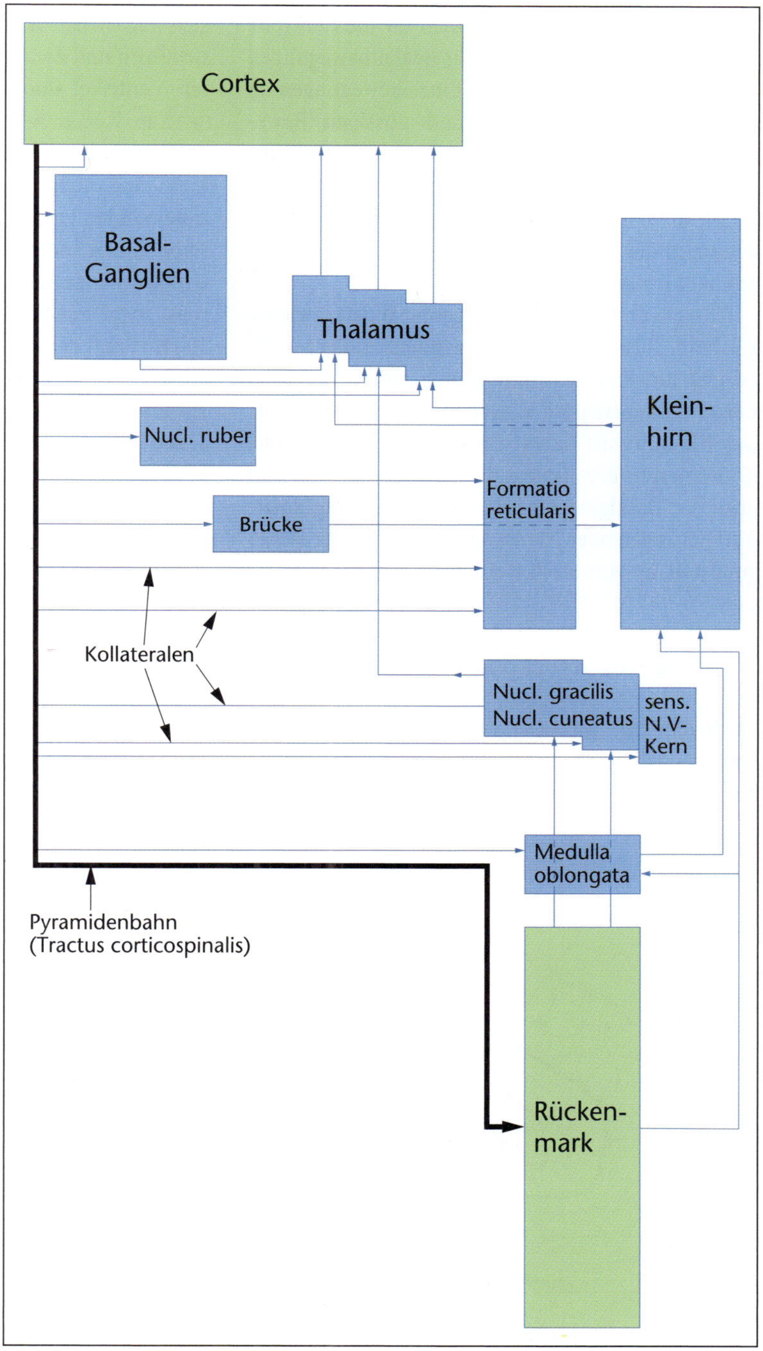

Abb. 7.33 Schema des EPMS. Der Tractus corticospinalis der Pyramidenbahn (schwarz) verbindet Gyrus praecentralis (Cortex) mit motorischem Vorderhorn (Rückenmark); die dargestellten Kerngebiete des EPMS werden über Kollateralen (blaue Pfeile) der Axone der Pyramidenbahn erreicht; darüber hinaus gibt es zahlreiche weitere Verschaltungen und rückläufige Signale innerhalb der Strukturen des EPMS.

(➤ Kap. 7.9.8) u.a. (➤ Abb. 7.33). Ebenso liefern sensible und sensorische Informationen, speziell auch Signale der Tiefensensibilität, Rückmeldungen über den Ablauf motorischer Aktionen („Sensomotorik", ➤ Kap. 7.1).

Planung und Vorbereitung motorischer Aktionen finden in einer Reihe von sekundären (und tertiären) motorischen Rindenfeldern (➤ Kap. 7.9.3) im Stirnlappen, teilweise auch anderen Großhirnlappen statt. Auch hierbei spielt das Kleinhirn eine wichtige Rolle.

7

Das EPMS ist hauptverantwortlich für die Kontrolle der Stütz- und Haltemotorik, für Begleitbewegungen und für eine Koordination der Einzelbewegungen im Sinne eines zielgerichteten und flüssigen Bewegungsablaufs. Dabei fließen vor allem auch die Informationen aus dem Gleichgewichtsorgan (➤ Kap. 8.7.2), die u.a. Informationen über die Schwerkraft liefern, in die „Berechnungen" der die Motorik steuernden Elemente ein.

Flüssige und trainierte Bewegungsmuster, wie sie z.B. beim Sprechen eingesetzt werden, erfolgen weitgehend unwillkürlich und greifen auf einzelne, im EPMS abgespeicherte Bewegungselemente zurück. Das Kleinhirn ist dabei vor allem für die zeitliche Koordination der Bewegungen zuständig, während über die Basalganglien die Tonussteuerung sowie Aktivierungen oder Hemmungen bestimmter Bewegungsmuster vermittelt werden.

7.10.5 Limbisches System

Auch das sog. „limbische System" gehört zu den Projektionsbahnen. Die Bezeichnung leitet sich vom Begriff „Limbus" (lat.: Saum, Rand) ab und bezieht sich auf Hirnstrukturen im Grenzbereich zwischen Großhirn und Zwischenhirn, die saumartig den dritten Ventrikel und den Balken (Corpus callosum, ➤ Kap. 7.10.1, ➤ Abb. 7.34) umgeben.

Die zum limbischen System zugehörigen Kerngebiete sind nicht nur komplex, teilweise ringartig, miteinander (➤ Abb. 7.33) verbunden (meist als **Papez**-Kreis bezeichnet), sondern auch mit der Großhirnrinde, dem Thalamus und dem Hypothalamus, sogar mit tiefer gelegenen Gebieten des Hirnstamms und des Rückenmarks.

Nach heutiger Darstellung gehören u.a. folgende Hirnabschnitte zum limbischen System (➤ Abb. 7.34):

- Anteile des Thalamus, Epithalamus und Hypothalamus (➤ Kap. 7.9.6)
- Mandelkern (den man früher den Basalganglien zugeordnet hat) (➤ Kap. 7.9,5)
- Hippocampus und Umgebung (s.u.)
- Gyrus cinguli und Umgebung (s.u.)
- Teile der Riechbahn und des Riechhirns
- Formatio reticularis (➤ Kap. 7.9.8).

Der Mandelkern (**Nucleus amygdaloideus**, Kurzform auch „**Amygdala**") ist ein großes paariges Kerngebiet im Marklager des Schläfenlappens (➤ Abb.

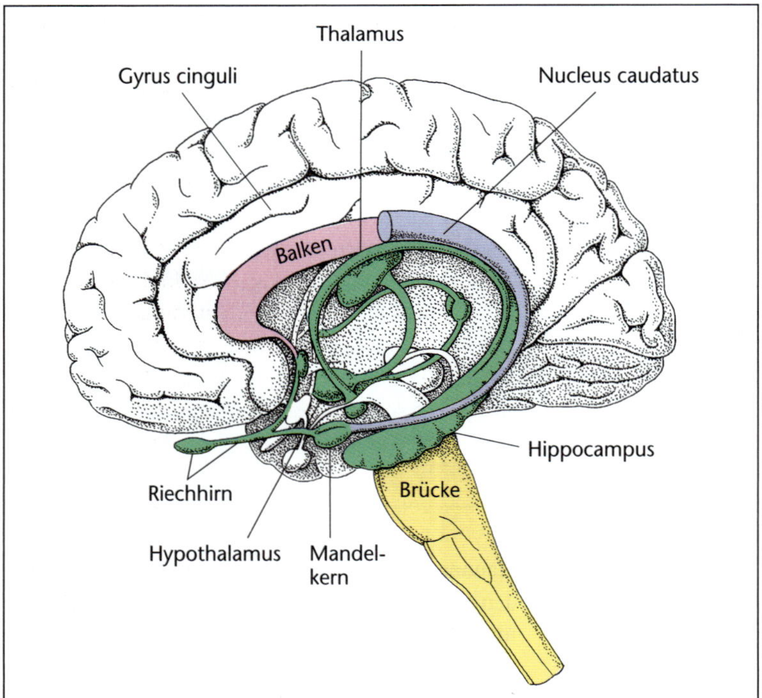

Abb. 7.34 Schematische Darstellung wichtiger Strukturen des limbischen Systems (grün) am Medianschnitt des Gehirns

7.18, ➤ Abb. 7.34). U.a. folgende Funktionen werden der Amygdala zugeordnet:

- Beteiligung an der Entstehung von Angst, Wut, Traurigkeit, Ekel und vergleichbaren Emotionen (zusammen mit anderen Hirnabschnitten)
- Erkennung von Angst oder Zorn anhand eines Gesichtsausdrucks
- Verknüpfung von Sinnesempfindungen mit Emotionen (emotionales Gedächtnis)
- wesentliche Mitwirkung bei aggressiven und asozialen Verhaltensweisen
- Steuerung sexueller Reaktionen, Verknüpfung mit Riechempfindungen

Der **Hippocampus** (auch Hippocampusformation genannt) ist ein charakteristisch gebogenes paariges Kerngebiet ebenfalls in der Tiefe des Schläfenlappens (➤ Abb. 7.34). Er hat eine überragende Bedeutung im Zusammenhang mit der Übertragung von Informationen aus dem Kurzzeitgedächtnis in das Langzeitgedächtnis, also den Lernvorgängen (bei Alzheimer-Patienten ist diese Region des Gehirns besonders schwer betroffen). Bei einer Schädigung des Hippocampus bleibt der Zugriff zum Langzeitgedächtnis jedoch erhalten.

Neue Erkenntnisse zeigen, dass es beim Erwachsenen im ZNS praktisch nur im Bereich des Hippocampus zur Neubildung von Nervenzellen kommt, was für die funktionellen Aspekte dieser Region (Lernen, Gedächtnis) eine große Rolle spielt.

Hippocampus (griech. hippokampos): Seepferdchen (wegen des Aussehens); die Hauptteile des Hippocampus werden im Deutschen auch als Ammonshorn bezeichnet (nach einem griech. Gott mit widderartigen Hörnern)
Gyrus (lat.; griech: gyros): Kreis, Windung (Plural: Gyri)
cinguli Genitiv von cingulum (lat.): Gürtel
Papez Eigenname (amerikanischer Anatom)
amygdaloideus, -deum (Neutrumform): aus amygdale (griech.): Mandel, also mandelförmig

Der **Gyrus cinguli** ist eine Hirnwindung, die an der Medianfläche des Großhirns parallel zum Balken verläuft (➤ Abb. 7.34). Seine Funktion besteht in der Steuerung emotionaler und vegetativer Abläufe; außerdem ist er am sogenannten Antrieb beteiligt (sowohl psychisch als auch motorisch bedeutsam).

Auch andere Bereiche des limbischen Systems (vor allem der Hypothalamus) sind für die Steuerung vegetativer Funktionen zuständig, sodass man dem limbischen System insgesamt auch die Funktion des sog. „Eingeweidegehirns“ oder der obersten Zentrale des vegetativen Nervensystems zuweist (➤ Kap. 7.12).

Die Funktionen des limbischen Systems sind insgesamt sehr komplex und auch heute noch nicht annähernd vollständig verstanden.

7.11 Hirnnerven

7.11.1 Übersicht

31 Paare von Rückenmarksnerven (Spinalnerven) treten aus den entsprechenden Segmenten des Rückenmarks über die vordere und hintere Wurzel aus; in ihnen verlaufen überwiegend motorische Fasern für die Skelettmuskulatur des Rumpfes, unteren Halses und der Extremitäten sowie sensible Nervenfasern für die entsprechenden Hautareale bzw. aus der Tiefensensibilität (➤ Kap. 7.8.3).

Zusätzlich finden sich im Bereich des Hirnstamms noch weitere 12 Paare peripherer Nerven, die als Hirnnerven bezeichnet werden. Im Gegensatz zu den Spinalnerven unterscheiden sie sich teilweise sehr deutlich voneinander und führen funktionell sehr unterschiedliche Arten von Nervenfasern.

Jeder der 12 Hirnnerven besitzt eine eigene Bezeichnung (s.u.); in der Kurzform findet sich für einen Hirnnerven meist die Abkürzung N. (für Nervus) und eine zugehörige Zahl in römischen Ziffern (z.B. N. VII: 7. Hirnnerv – N. facialis, Gesichtsnerv). Die Nummerierung der 12 Hirnnerven entspricht der Reihenfolge ihres Abgang aus dem Hirnstamm (➤ Abb. 7.35).

Im Folgenden sollen die Hirnnerven I, II, III, IV, VI, VIII und XI nur kurz vorgestellt werden, da sie entweder keine weitere sprachtherapeutische Bedeutung haben oder (N. VIII) im Kapitel 8 noch ausführlich behandelt werden.

7

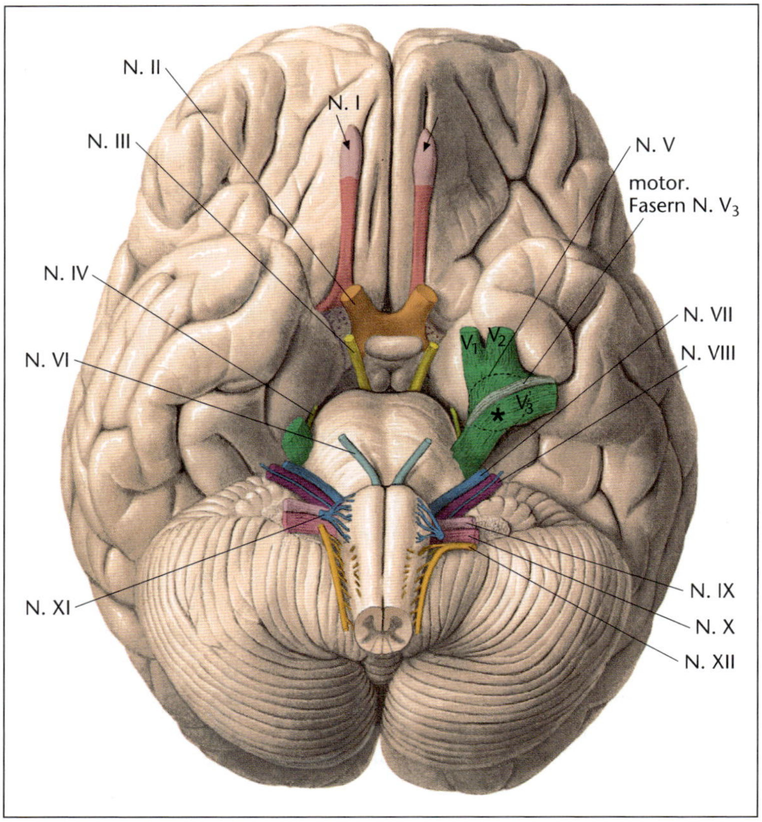

Abb. 7.35 Übersicht über den Abgang der Hirnnerven aus dem Hirnstamm; auf der rechten Bildhälfte sind die sprachtherapeutisch wichtigen Hirnnerven dargestellt; * Ganglion trigeminale (fehlt in der linken Bildhälfte)

N. I – Nn. olfactorii

Der erste Hirnnerv (N. I, **Nn. olfactorii**) ist im eigentlichen Sinne der Definition kein Nerv, sondern stellt einen Abschnitt der zentralnervösen Riechbahn dar, die an den Riechzellen der Riechschleimhaut beginnt. Die Axone der Riechzellen bilden mehrere Bündel, die als Nn. olfactorii bezeichnet werden und das 2. Neuron der Riechbahn im sog. **Bulbus olfactorius** unterhalb des Gehirns erreichen (rosa gefärbte Verdickung in ➤ Abb. 7.35). Dort erfolgt die Umschaltung auf das 2. Neuron der Riechbahn, dessen Axone den **Tractus olfactorius** (kräftig rot gefärbter Strang in ➤ Abb. 7.35) bilden, der zu weiteren Abschnitten des Riechhirns gelangt.

Nn. olfactorii Plural von olfactorius (lat.): zum Riechorgan gehörend
Bulbus (lat.): Zwiebel, Verdickung
Tractus (lat.): Bahn
opticus (lat.): zum Sehorgan gehörig

N. II – N. opticus

Auch der 2. Hirnnerv, der Sehnerv (**N. opticus**), ist im klassischen Sinn nicht als Nerv zu bezeichnen, sondern ist ein Teil der Sehbahn (➤ Abb. 7.35), die bereits in der Netzhaut des Auges beginnt.

N. III, N. IV, N. VI – Augenmuskelnerven

Die Augäpfel besitzen ein komplexes System kleiner Muskeln, die sie in allen Raumrichtungen bewegen können. Drei der zwölf Hirnnerven beschäftigen sich ausschließlich mit der Versorgung dieser Augenmuskeln:

N. III: **N. oculomotorius** (versorgt zusätzlich auch noch zwei glatte Muskeln im Inneren des Augapfels)
N. IV: **N. trochlearis**
N. VI: **N. abducens**.

N. oculomotorius Augenbewegungsnerv, von oculo- (lat.): zum Auge zugehörig und -motorius (lat.): bewegend
N. trochlearis Augenrollnerv; der zugehörige Muskel schlingt sich um eine knöcherne „Gelenk- oder Umlenk-Rolle" (lat.: trochlea)
N. abducens Augenabziehnerv, abducens (lat.): abziehend, wegen der Bewegungsrichtung des zugehörigen Augenmuskels
N. accessorius (lat. accessorius): zusätzlich

N. VIII – N. vestibulocochlearis

Der Hör-Gleichgewichts-Nerv leitet die Informationen aus dem Hör- und Gleichgewichtsorgan zum Zentralnervensystem; er wird in ➤ Kap. 8.7.3 und ➤ 8.7.5 ausführlich besprochen.

N. XI – N. accessorius

Dieser im Deutschen als zusätzlicher Nerv oder „Bei-Nerv" bezeichnete Hirnnerv enthält ausschließlich motorische Fasern; er versorgt den M. sternocleidomastoideus („Kopfwender", auch als Hilfsmuskel der Einatmung von Bedeutung, ➤ Kap. 4.4.2) sowie den M. trapezius (Trapezmuskel), den großen oberflächlichen Muskel des Schultergelenks.

Die bisher noch nicht aufgeführten Hirnnerven V, VII, IX, X und XII haben erhebliche sprachtherapeutische Bedeutung und sollen deshalb in den nachfolgenden Abschnitten ausführlicher besprochen werden.

7.11.2 N. trigeminus

Der fünfte Hirnnerv (N. V, **N. trigeminus,** Drillingsnerv) tritt im seitlichen Bereich der Brücke aus (➤ Abb. 7.35). Er teilt sich dann in drei Einzeläste auf, die als

- N. V_1: **N. ophthalmicus** (Augennerv)
- N. V_2: **N. maxillaris** (Oberkiefernerv)
- N. V_3: **N. mandibularis** (Unterkiefernerv)

bezeichnet werden. Alle drei Äste führen sensible, der dritte Ast zusätzlich auch motorische Fasern.

trigeminus (lat.): dreifach, Drillings-
ophthalmicus (lat.): zum Auge gehörig, (griech. ophthalmos): Auge
maxillaris (lat.): zum Oberkiefer gehörig, (lat. maxilla): Oberkiefer
mandibularis (lat.): zum Unterkiefer gehörig, (lat. mandibula): Unterkiefer

N. ophthalmicus

Der erste Ast des N. trigeminus ist rein sensibel; er versorgt hauptsächlich die Haut im Bereich des oberen Gesichtsdrittels (Stirn, Teile der äußeren Nase, Oberlid und Umgebung, ➤ Abb. 7.36), die Schleimhaut von Teilen der Nasenhöhle sowie die Hornhaut und Bindehaut des Auges.

N. maxillaris

Auch der zweite Trigeminusast führt ausschließlich sensible Nervenfasern. Er versorgt die Haut des mittleren Gesichtsdrittels (unteres Augenlid, Oberlippe, Haut über dem Oberkiefer, ➤ Abb. 7.36), die Schleimhaut der restlichen Nasenhöhle und des Gaumens sowie die Zähne und das Zahnfleisch des Oberkiefers.

N. mandibularis

Der dritte Trigeminusast hat als einziger nicht nur sensible, sondern auch motorische Nervenfasern.

Mit den sensiblen Fasern versorgt der N. mandibularis die Haut im Bereich des unteren Gesichtsdrittels (Kinn, Unterlippe, Haut über dem Unterkiefer bis zum Ohr) sowie die Zähne und das Zahnfleisch des Unterkiefers (➤ Abb. 7.36).

Schon beim Austritt aus der Schädelbasis (➤ Abb. 7.35, ➤ Abb. 7.36) sind die motorischen Fasern des N. mandibularis deutlich getrennt von den sensiblen sichtbar. Sie versorgen die genannten Muskeln aus den folgenden Muskelgruppen:

- Kaumuskeln: M. temporalis, M. masseter, M. pterygoideus medialis, M. pterygoideus lateralis (➤ Kap. 6.2.1)
- obere Zungenbeinmuskeln: M. mylohyoideus, vorderer Bauch des M. digastricus (➤ Kap. 5.2.1)
- Gaumensegel: M. tensor veli palatini (➤ Kap. 6.2.5)

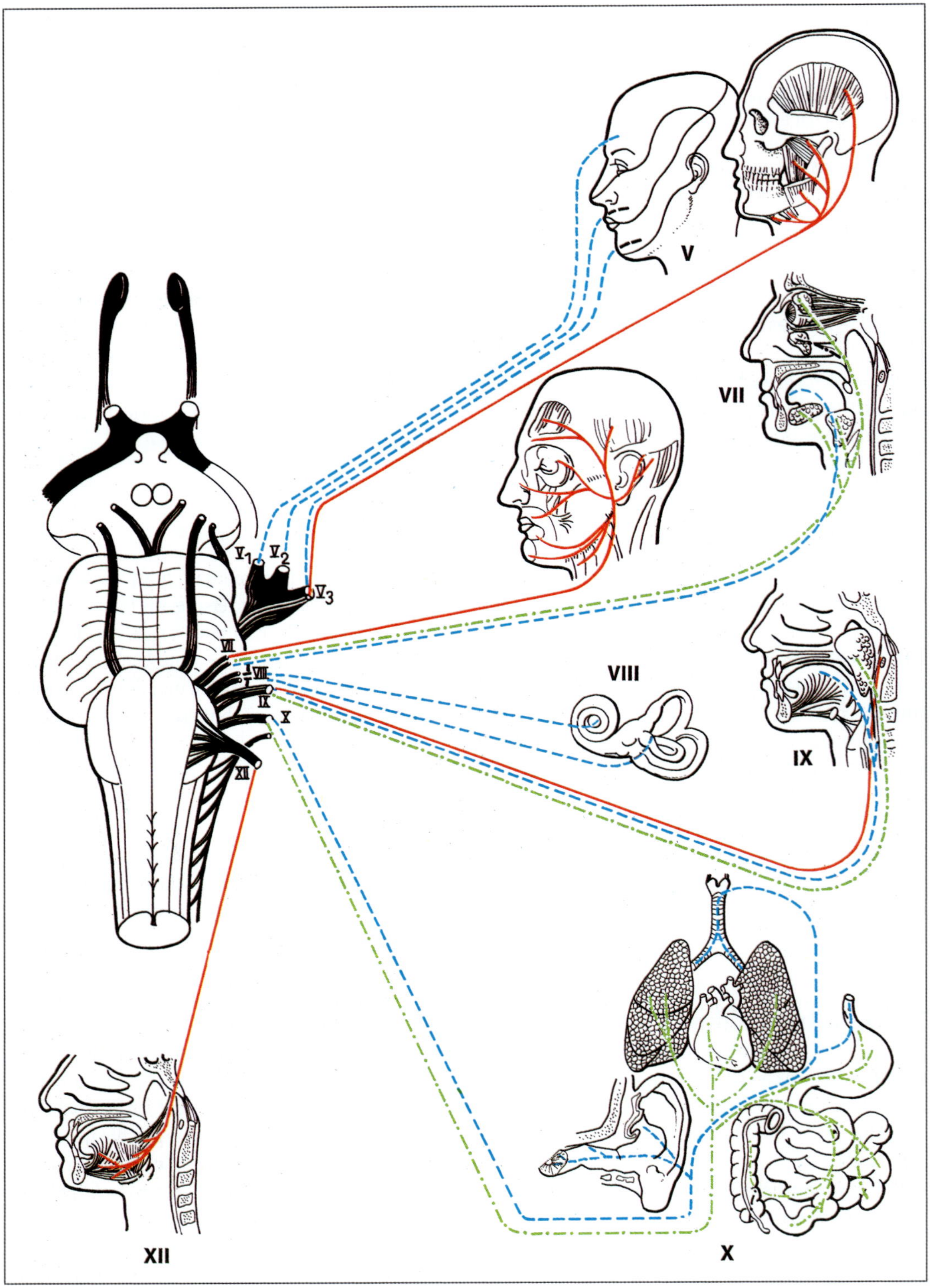

Abb. 7.36 Schematische Übersicht über die Versorgungsgebiete der motorischen (rot) und sensiblen Fasern (blau) der sprachtherapeutisch relevanten Hirnnerven; vegetative Nervenfasern sind grün dargestellt

- Muskeln der Paukenhöhle: M. tensor tympani (➤ Kap. 8.6.4).

Der Ast des N. mandibularis, der hauptsächlich die Kaumuskeln innerviert, wird auch als Kaunerv (**N. masticatorius**) bezeichnet.

N. masticatorius Kaunerv, (lat. masticare): kauen

Kerngebiete des N. trigeminus

Die Informationen aus allen sensiblen Ästen des N. trigeminus werden zum Hirnstamm geleitet (➤ Kap. 7.10.3); dabei befinden sich die Perikarya des 1. Neurons in einem großen sensiblen Ganglion, dem Ganglion trigeminale, das sich an der Stelle befindet, wo sich die drei Trigeminusäste vom Hauptstamm des Nerven abspalten (➤ Abb. 7.35). Die axonalen Nervenendigungen ziehen dann zu einem ausgedehnten Kerngebiet im Hirnstamm (teilweise bis zum Rückenmark reichend), wo sie das 2. Neuron der sensiblen Bahn erreichen, und gelangen nach Kreuzung zur Gegenseite über den Thalamus zum Gyrus postcentralis (vgl. auch ➤ Abb. 7.32).

Die motorischen Fasern des N. trigeminus stammen aus dem motorischen Trigeminuskern (2. Neuron) in der Brücke; das 1. Neuron befindet sich im Gyrus praecentralis, seine Fasern bilden einen Teil des Tractus corticonuclearis und erreichen nach Kreuzung zur Gegenseite den motorischen Trigeminuskern (➤ Kap. 7.10.4, vgl. auch ➤ Abb. 7.31).

Kaumuskellähmung

Bei einem einseitigen Ausfall der motorischen Fasern des N. mandibularis (z.B. durch einen Tumor oder eine Verletzung) kommt es zu einer einseitigen Kaumuskellähmung. Dabei weicht der Kiefer beim Versuch des Schließens zur gelähmten Seite aus. Bei der sehr seltenen beidseitigen Lähmung steht der Mund offen, ein Kieferschluss ist nicht mehr möglich.

7.11.3 N. facialis

Verlauf

Der 7. Hirnnerv (N. VII, **N. facialis**, Gesichtsnerv) entspringt zusammen mit dem 8. Hirnnerven (N. vestibulocochlearis) am seitlichen Brückenrand, genauer gesagt am klinisch wichtigen „Kleinhirnbrückenwinkel" (➤ Abb. 7.35) aus dem Hirnstamm. Er zieht dann zur Schädelbasis, wo er in einen verwinkelten Kanal (Fazialiskanal) eintritt, in dem er bereits mehrere Äste abgibt, u.a. den Ast für den M. stapedius (s.u.). Der Kanal endet zwischen dem Griffel- und Warzenfortsatz der Schädelbasis im Griffelfortsatz-Warzenfortsatz-Loch (**Foramen stylomastoideum**).

Nach Abgabe der Äste für die beiden oberen Zungenbeinmuskeln (s.u.) dringt der Hauptstamm des peripheren Nerven in die Ohrspeicheldrüse ein; hier bildet er ein Nervengeflecht (➤ Abb. 7.37), aus dem die einzelnen Äste für die mimischen Muskeln „fingerförmig" abgehen.

N. facialis Gesichtsnerv, (lat. facialis): zum Gesicht (lat.: facies) gehörig
Foramen (lat.) Öffnung, Loch
stylo- bezieht sich auf den Griffelfortsatz (Processus styloideus), einen spitzen, griffelartigen Knochenfortsatz der Schädelbasis, Processus (lat.): Fortsatz, styloideus (lat.): griffelartig, ➤ Abb. 5.2b
-mastoideum Neutrum von mastoideus, bezieht sich auf den Warzenfortsatz (Processus mastoideus), einen hinter dem Ohr deutlich zu fühlenden kräftigen Knochenvorsprung der Schädelbasis, mastoideus (lat.): warzenartig
Parese (griech. paresis): Schwäche, unvollständige Lähmung

Kleinhirnbrückenwinkeltumor (meist: Akustikusneurinom)

Tumor im Bereich des Kleinhirnbrückenwinkels, der u.a. zu Ausfallerscheinungen des 8. Hirnnerven (Hör- und Gleichgewichtsstörungen) sowie des 7. Hirnnerven (periphere Fazialisparese, s.u.) führen kann. Die Behandlung erfolgt operativ und/oder durch Bestrahlung.

Faserarten des N. facialis

Der Fazialisnerv wird in der Regel in den eigentlichen N. facialis sowie den **N. intermedius** (Zwischennerv, wegen seiner Lage zwischen 7. und 8. Hirnnerven) unterteilt; vereinzelt ist für den Gesamtnerven auch die Bezeichnung N. intermediofacialis mit Unterteilung in N. facialis und N. intermedius gebräuchlich.

7

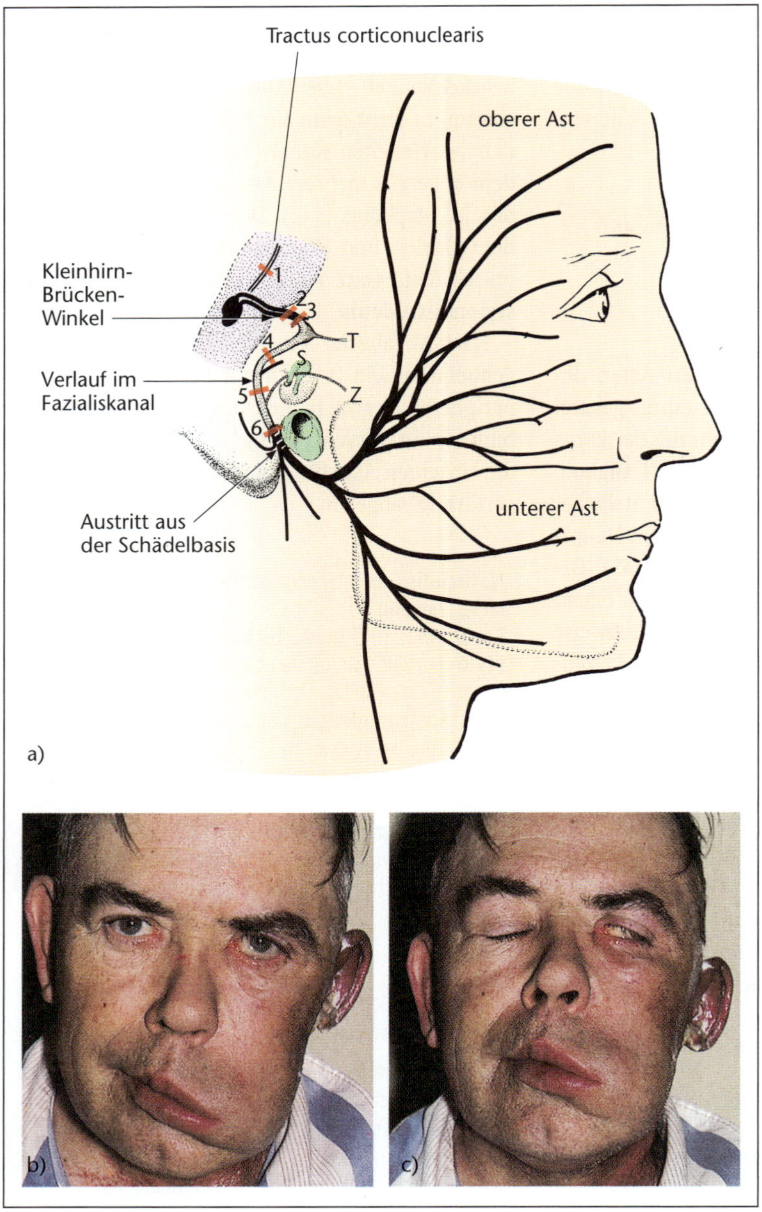

Abb. 7.37 a) Verlauf und Aufzweigungen des N. facialis, weitere Erklärungen siehe unter „Zentrale faziale Parese und periphere Fazialislähmung"; b) und c) Patient mit zerstörtem N. facialis auf der linken Seite infolge eines Tumors der Ohrspeicheldrüse; b) Gesichtsausdruck in Ruhe; c) Gesichtsausdruck beim Versuch des Lidschlusses

Der N. intermedius führt sensorische und vegetative Fasern. Die sensorischen Fasern stammen aus der Schleimhaut der vorderen beiden Drittel der Zunge und vermitteln die Empfindung aller Geschmacksqualitäten außer bitter. Die vegetativen Fasern wirken **sekretorisch** und ziehen zur Tränendrüse und zu allen Speicheldrüsen der Mundhöhle mit Ausnahme der Ohrspeicheldrüse.

intermedius (lat.): in der Mitte dazwischen
sekretorisch die Sekretion anregend, (lat. secretio): Absonderung

Der eigentliche N. facialis enthält überwiegend motorische Fasern. Einige wenige sensible Fasern hauptsächlich vom äußeren Ohr haben keine größere Bedeutung. Die motorischen Fasern versorgen die genannten Muskeln aus den folgenden Muskelgruppen:

- alle mimischen Muskeln (➤ Kap. 6.2.2)
- obere Zungenbeinmuskeln: hinterer Bauch des M. digastricus, M. stylohyoideus (➤ Kap. 5.2.1)
- Muskeln der Paukenhöhle: M. stapedius (➤ Kap. 8.6.4).

Von großer sprachtherapeutischer Bedeutung ist dabei die Innervation der mimischen Muskeln. Aus dem Geflecht des Fazialisnerven innerhalb der Ohrspeicheldrüse bilden sich zunächst zwei Hauptäste, die sich weiter zu den verschiedenen Regionen des Gesichts verzweigen (➤ Abb. 7.37a):

- oberer Ast: versorgt mimische Muskeln der Stirn und der Augenlider
- unterer Ast: versorgt mimische Muskeln der Wange, des Mundes, der Kinnregion und des Halses.

Kerngebiete des N. facialis

Die motorischen Fasern des N. facialis stammen aus den motorischen Fazialiskernen (2. Neuron) in der Brücke (➤ Abb. 7.37a); das 1. Neuron befindet sich im Gyrus praecentralis, seine Fasern bilden einen Teil des Tractus corticospinalis und erreichen nach Kreuzung zur Gegenseite die motorischen Fazialiskerne (➤ Kap. 7.10.4).

Die motorischen Fazialiskerne bestehen vereinfacht dargestellt aus einem Kern für den oberen Fazialisast (Versorgung der mimischen Muskeln der Stirn und der Augenlider) und einem Kern für den unteren Fazialisast (Versorgung der sprachtherapeutisch bedeutsamen mimischen Muskeln der Wange des Kinns und des Mundes, ➤ Abb. 7.32).

Im Hirnstamm finden sich außerdem noch sog. Speichel- und Geschmackskerne des fazialen Systems, die Stationen der entsprechenden sensorischen (Geschmack) bzw. vegetativen (Speichelsekretion) Bahnen darstellen und komplex untereinander und mit Geschmacks- und Speichelkernen anderer Hirnnerven (N. IX, N. X) verbunden sind.

Zentrale faziale Parese und periphere Fazialislähmung (periphere Fazialisparese, PFP)

Bei der zentralen fazialen Parese (fälschlich oft als „Zentrale Fazialisparese" oder „Zentrale Fazialislähmung" bezeichnet) findet sich eine Schädigung im Bereich der vom kontralateralen Gyrus praecentralis kommenden Nervenfasern des 1. Neurons (➤ Abb. 7.32, Block 1 in ➤ Abb. 7.37a), z.B. verursacht durch einen Gefäßverschluss, eine Hirnblutung oder einen Hirntumor im Verlauf des Tractus corticonuclearis.

Da das Kerngebiet für den oberen Ast des N. facialis jedoch auch vom ipsilateralen Gyrus praecentralis eine zusätzliche Versorgung erhält (➤ Kap. 7.10.4), ist es dem betroffenen Patienten immer noch möglich, auf beiden Seiten des Gesichts in ausreichendem Maße die Stirn zu runzeln und die Lider zu schließen. Die Parese betrifft dann „nur" die Muskeln der Wange, des Mundes und des Kinns, weil hier keine ipsilaterale Versorgung zu finden ist. Neben der Muskelschwäche kommt es bei zentralen Paresen längerfristig gesehen oftmals zu einer Spastik und Vergröberung der Bewegungen.

Als periphere Fazialisparese wird eine Schwäche oder schlaffe Teillähmung der vom N. facialis innervierten Muskeln bezeichnet, die durch eine Schädigung der motorischen Fazialiskerne (2. Neuron) bzw. der davon abgehenden Nervenfasern hervorgerufen wird (Block 2–6 in ➤ Abb. 7.37a). Ursachen sind hier u.a. Autoimmunerkrankungen (Bell-Lähmung), Verletzungen oder Entzündungen des N. facialis, Tumoren im Bereich der Schädelbasis oder der Ohrspeicheldrüse.

Da es sich hier um die Fasern des 2. Neurons handelt, auf das im Hirnstamm umgeschaltet wurde, trifft eine Schädigung dieser Nervenfasern dann alle mimischen Muskeln der entsprechenden Gesichtshälfte. Bei den Patienten, die von einer PFP betroffen sind, treten dann nicht nur Probleme bei der Artikulation und Nahrungsaufnahme wie bei Patienten mit zentraler fazialer Parese auf, sondern zusätzlich auch noch Schwierigkeiten, die Augenlider zu schließen (➤ Abb. 7.37b, c).

Je nach Lokalisation der Schädigung des N. facialis, also der Nervenfasern des 2. Neurons (motorische Fazialiskerne), treten u.U. zusätzliche Beeinträchtigungen der Patienten auf, weil während des Verlaufs des N. facialis durch z.B. den Fazialiskanal verschiedene Äste des mitlaufenden N. intermedius, aber auch andere motorische Fasern schon vor Austritt aus der Schädelbasis abgegeben wurden (➤ Abb. 7.37a):

- Block 2 (Kleinhirnbrückenwinkel-Tumor): außer den Symptomen der PFP noch Beeinträchtigung des Hör- und Gleichgewichtsvermögens (N. VIII, s.o.) sowie Störung der Geschmackswahrnehmung, der Tränen- und Speichelsekretion sowie Hyperakusis (krankhafte Feinhörigkeit durch Ausfall des den M. stapedius versorgenden Nerven)
- Block 3 (Schädigung am Eingang des Fazialiskanals): entsprechend den Symptomen bei Block 2 ohne gleichzeitige Schädigung des Hör- und Gleichgewichtsvermögens

7

- Block 4 (Schädigung im Fazialiskanal nach Abgang des Astes T zur Tränendrüse): Symptome der PFP mit Störung der Geschmackswahrnehmung und Speichelsekretion sowie Hyperakusis
- Block 5 (Schädigung im Fazialiskanal nach Abgang des Astes S zum M. stapedius): Symptome der PFP mit Störung der Geschmackswahrnehmung und Speichelsekretion
- Block 6 (Schädigung nach Austritt aus dem Fazialiskanal und nach Abgang des Astes Z zur Zunge und zu den Speicheldrüsen): Symptome der PFP ohne zusätzliche Störungen.

Da es jedoch auch Teillähmungen im peripheren Verlauf des N. facialis geben kann (z.B. überwiegender Ausfall nur des unteren oder des oberen Astes), kann die Unterscheidung zwischen zentraler fazialer Parese und PFP noch schwieriger sein. Für die Unterscheidung muss dann auch die Art der Lähmung (zentral: spastisch betont, peripher: schlaff) herangezogen werden.
Hyperakusis: aus hyper (griech.): über- und -akusis (griech. akousis): Hören

7.11.4 N. glossopharyngeus

Der neunte Hirnnerv (N. IX, N. glossopharyngeus, Zungenrachennerv) entspringt am seitlichen Rand des verlängerten Marks, direkt unterhalb des 8. Hirnnerven, aus dem Hirnstamm (➤ Abb. 7.35, ➤ Abb. 7.36). Der N. glossopharyngeus zieht zunächst durch die Schädelbasis und dann in Richtung Zungenwurzel.

N. glossopharyngeus glosso- (lat., griech. glossa): Zunge und -pharyngeus (lat.): zum Rachen (Pharynx) gehörig

Bezüglich der in ihm verlaufenden Nervenfaserarten ist der 9. Hirnnerv dem N. facialis sehr ähnlich. Auch er enthält motorische und sensible Fasern sowie Geschmacksfasern und vegetative (sekretorische) Fasern.

Die motorischen Fasern versorgen die genannten Muskeln aus den folgenden Muskelgruppen:

- Gaumensegel: M. levator veli palatini und M. uvulae (zusammen mit dem 10. Hirnnerven, N. vagus; ➤ Kap. 6.2.5)
- Muskeln des Rachens: überwiegender Anteil der oberen Schlundschnürer und -heber (➤ Kap. 4.6.3).

Die sensiblen Fasern des N. glossopharyngeus leiten die Empfindungen „Berührung, Druck, Schmerz, Temperatur“ aus der Schleimhaut des hinteren Drittels der Zunge, des Gaumensegels, der beiden Gaumenbögen und der oberen Rachenhälfte. Aus dem hinteren Drittel der Zunge werden auch Geschmacksempfindungen (sensorische Fasern), und zwar ausschließlich von bitteren Stoffen, über Äste des 9. Hirnnerven wahrgenommen.

Der N. glossopharyngeus stellt den sensiblen Anteil des Würgreflexes dar, der oft mit Brechreiz verbunden ist. Der Würgreflex kann ausgelöst werden durch Berührung der Schleimhaut des Gaumensegels und des hinteren Zungenbereichs, aber auch durch Wahrnehmung extrem bitterer (und dann meist auch unbekömmlicher oder giftiger) Stoffe. Über den motorischen Anteil des Würgreflexes kommt es zu Kontraktionen der Muskulatur des Rachens und des Gaumensegels. Da auch der Vagusnerv (➤ Kap. 7.11.5) am motorischen Anteil des Würgreflexes beteiligt ist, kann es zum Erbrechen kommen.

Die vegetativen Fasern des N. glossopharyngeus stimulieren die Bildung und Sekretion von Speichel durch die Ohrspeicheldrüse.

Folgen einer ein- oder beidseitigen Lähmung des N. glossopharyngeus werden zusammen mit den Folgen einer Vaguslähmung im nächsten Kapitel besprochen.

7.11.5 N. vagus

Der zehnte Hirnnerv (N. X, **N. vagus,** Vagusnerv) entspringt am seitlichen Rand des verlängerten Marks, direkt unterhalb des 9. Hirnnerven, aus dem Hirnstamm (➤ Abb. 7.35). Der Vagusnerv zieht durch die Schädelbasis, verläuft dann entlang des Rachens und der Speiseröhre zum Magen und mit einigen Fasern darüber hinaus noch bis zu bestimmten Anteilen des Dickdarms (daher auch die Bezeichnung „Vagus“, ➤ Abb. 7.36). Die beiden großen Äste des N. vagus, die den Kehlkopf versorgen, sind der N. laryngeus superior und der N. laryngeus recurrens (➤ Kap. 5.2.6).

vagus (lat.): weit umherschweifend (vgl. „vagabundieren“)

Lähmungen des N. glossopharyngeus und/oder des N. vagus

Abgesehen von den Lähmungen des N. laryngeus superior bzw. recurrens und dadurch Auswirkungen auf die Kehlkopffunktionen (Superiorparese, Rekurrensparese, ➤ Kap. 5.2.6) betreffen sprachtherapeutisch relevante Lähmungen des N. vagus im Wesentlichen das Gaumensegel und die Rachenmuskulatur.

N. glossopharyngeus und N. vagus bilden im Bereich des Gaumensegels und des Rachens ein Nervengeflecht (Plexus pharyngeus), aus dem u.a. die motorischen Äste für die entsprechenden Muskeln abgehen.

Isolierte Lähmungen des N. glossopharyngeus und des N. vagus sind eher selten; deshalb ist es sinnvoll, den Ausfall der motorischen Äste dieser Hirnnerven, bezogen auf das Gaumensegel und die Rachenmuskeln, gemeinsam zu besprechen.

Bei einer einseitigen Lähmung der für Gaumensegel und Rachen verantwortlichen Äste des 9. und 10. Hirnnerven findet sich folgende Symptomatik:

Das Gaumensegel hängt auf der gelähmten Seite schlaff herab (Gaumensegelparese); bei Auslösen des Schluckreflexes beobachtet man das sog. Kulissenphänomen, bei dem das Zäpfchen und die Rückwand des Rachens „kulissenartig" zur gesunden Seite abweichen. Sprech- und Stimmstörungen („nasale Stimme") können beobachtet werden.

Bei beidseitigem Ausfall der motorischen Äste für Gaumensegel und Rachenmuskeln kommt es zu Schluckstörungen (Dysphagie) bis hin zur lebensbedrohlichen Schlucklähmung, damit verbunden zur Regurgitation von Speisen und Getränken in den Nasenrachen und die Nasenhöhle sowie zur Aspiration von Speisen und Getränken in die unteren Atemwege.

Plexus (lat.): Geflecht, pharyngeus (lat.): zum Pharynx gehörig

Dysphagie: aus Dys- (griech.): gestört, und -phagie (griech. phagein): fressen, schlucken

Regurgitation: aus Re- (lat.): wieder und -gurgitation (aus lat. gurges): Zurückströmen

Aspiration (lat. aspiratio): wörtlich Anhauchen, hier: unbeabsichtigtes Einatmen von Fremdkörpern, Schleim, Blut, Erbrochenem und anderen Substanzen in die Bronchien und damit in die Lunge

Auch der Vagusnerv führt – darin vergleichbar mit dem N. facialis und dem N. glossopharyngeus – motorische, sensible, sensorische und vegetative Nervenfasern.

Die motorischen Fasern versorgen die genannten quergestreiften Skelettmuskeln aus den folgenden Muskelgruppen:

- Gaumensegel: M. levator veli palatini und M. uvulae (zusammen mit dem N. glossopharyngeus; ➤ Kap. 6.2.5)
- Muskeln des Rachens: kleiner Anteil der oberen Schlundschnürer und -heber (➤ Kap. 4.6.3), Hauptanteil der unteren Schlundschnürer
- alle Muskeln des Kehlkopfs (➤ Kap. 5.2.6).

Die sensiblen Fasern des N. vagus innervieren die Haut bzw. Schleimhaut folgender Regionen:

- äußerer Gehörgang
- Zungengrund
- untere Rachenhälfte
- Kehlkopf.

Bei Kleinkindern finden sich einige sensorische Fasern des N. vagus für die Wahrnehmung bitterer Geschmacksqualitäten am Zungengrund; diese spielen bei älteren Kindern und Erwachsenen keine Rolle mehr. Die Funktion des N. vagus im vegetativen Nervensystem wird in ➤ Kap. 7.12 besprochen.

7.11.6 N. hypoglossus

Der zwölfte Hirnnerv (N. XII, **N. hypoglossus**, Unterzungennerv) entspringt unterhalb des 9. und 10. Hirnnerven aus dem verlängerten Mark (➤ Abb. 7.35). Der N. hypoglossus zieht durch die Schädelbasis und dann zu den inneren und äußeren Zungenmuskeln (➤ Abb. 7.36).

N. hypoglossus gebildet aus hypo- (griech.): unter und -glossus (lat.): zur Zunge gehörig (glossa, lat./griech.: Zunge)

Lähmung des N. hypoglossus

Bei einer einseitigen Lähmung des 12. Hirnnerven ist eine deutliche Abweichung der Zunge zur gelähmten Seite feststellbar, wenn man versucht, die Zunge gerade herauszustrecken. Besteht dieser Befund schon seit Längerem, ist auch meist eine Atrophie der betroffenen Zungenhälfte zu bemerken. Es kommt zu erheblichen Problemen bei der Artikulation und beim Nahrungstransport im Mund. Außerdem wird Speichelfluss beobachtet und dass sich die betroffenen Patienten häufiger unbeabsichtigt auf die gelähmte Zungenhälfte beißen.

Ist die Zunge beidseitig gelähmt (selten), kann sie überhaupt nicht mehr bewegt werden. Auch hier kommt es

7

zur Atrophie. Die oben genannten Probleme der einseitigen Lähmung verstärken sich erheblich.
Atrophie (lat. atrophia): Auszehrung, Organschwund – hier bedingt durch die ausgefallene Innervation

Im N. hypoglossus verlaufen ausschließlich motorische Fasern; sie versorgen die gesamte äußere sowie Binnenmuskulatur der Zunge (➤ Kap. 6.2.4).

7.12 Übersicht über das vegetative Nervensystem

7.12.1 Funktionen; Zielzellen

Wegen der überwiegend eher geringen Bedeutung des **vegetativen** Nervensystems im Zusammenhang mit sprachtherapeutischen Aufgaben soll im Folgenden nur eine kurze Übersicht über das vegetative (oder „**autonome**“) Nervensystem gegeben werden.

7

vegetativ vegetare (lat.): „vegetieren, leben, wuchern“; vegetativ wird im medizinisch-biologischen Zusammenhang entweder als „pflanzlich“, als „ungeschlechtlich“ (bezogen auf Fortpflanzung) oder als „unwillkürlich“, d.h. nicht dem Willen unterliegend, verwendet – die letztgenannte Version erklärt am besten den Begriff „vegetativ“ im Zusammenhang mit dem Nervensystem; allerdings sind nicht alle vegetativen Funktionen einem willentlichen Einfluss unzugänglich; und es arbeitet auch nicht immer und ausschließlich unbewusst.
Anstelle der Bezeichnung „vegetativ“ wird teilweise auch der Begriff „autonom“ für diesen Teil des Nervensystems verwendet (autonomos, griech.: unabhängig); allerdings wird dabei der Einfluss des limbischen Systems („Eingeweidegehirn“) und seiner Verbindungen zu anderen Arealen des Großhirns auf die meisten peripheren vegetativen oder „autonomen“ Funktionen nicht berücksichtigt.

Die Bedeutung des vegetativen Nervensystems liegt vordringlich in der Steuerung und Koordination der inneren Organe des Körpers; es arbeitet dabei vielfach mit dem Hormonsystem zusammen. Seine Hauptaufgaben liegen in der Regulation der Atmung, des Kreislaufs, der Verdauung; außerdem steuert das vegetative Nervensystem die Körpertemperatur und beeinflusst die Sexualfunktion.

Die übergeordnete Zentrale des vegetativen Nervensystems befindet sich im Gehirn und wird als limbisches System („Eingeweidegehirn“) bezeichnet (➤ Kap. 7.10.5).

Ähnlich wie im sensomotorischen Nervensystem finden sich **afferente** Fasern, die Informationen über z.B. den Funktionszustand der inneren Organe, aber auch über Schmerzen an die vegetativen Strukturen im ZNS leiten, und **efferente** Fasern, die von vegetativen Zentren zur Peripherie, also zu den Zielorganen, ziehen.

Abgesehen von Verbindungen der Nervenzellen untereinander ist die einzige Zielzelle des sensomotorischen Nervensystems die quergestreifte Skelettmuskelzelle, die mit dem Nervensystem über die motorische Endplatte verbunden ist (➤ Kap. 7.4).

Für das vegetative Nervensystem bilden vermutlich alle Körperzellen mit Ausnahme der quergestreiften Skelettmuskelzellen Zielzellen, die von vegetativen Nervenimpulsen beeinflussbar sind.

Hier werden jedoch keine Synapsen im klassischen Sinne, vergleichbar mit den motorischen Endplatten, gebildet. Die von entsprechenden Abschnitten der vegetativen Nervenfasern ausgeschütteten Botenstoffe gelangen vielmehr über Diffusion und dann über größere Entfernungen in die Nachbarschaft der Zielzellen (z.B. Drüsenzellen, glatte Muskelzellen, quergestreifte Herzmuskelzellen, Abwehrzellen, Fettzellen, Bindegewebszellen u.a.) und bewirken dort entsprechende Veränderungen.

7.12.2 Sympathikus, Parasympathikus

Das limbische System als Zentrale steuert viele wichtige periphere Anteile des vegetativen Nervensystems, dessen Ursprünge aber im Hirnstamm bzw. im Seitenhorn des Rückenmarks liegen. Traditionell gliedert man das periphere vegetative Nervensystem in zwei Komponenten, die funktionell weitgehend als Gegenspieler zu sehen sind:

- **Sympathikus** (sympathisches Nervensystem)
- **Parasympathikus** (parasympathisches Nervensystem).

Sympathikus Kurzform aus Nervus sympathicus, aus heutiger Sicht nur ein bestimmter Abschnitt des sympathischen Nervensystems, der einen paarig angeordneten Strang bildet, der parallel zum Rückenmark verläuft (aus griech. sympatheia: Mitgefühl, Mitleiden)
Die Bezeichnung Sympathikus beruht auf der veralteten und überwiegend irrigen Vorstellung, dass der Sympathikus ein „Mit-Leiden" verschiedener, fälschlich als miteinander verbunden angesehener Organe vermittelt.
para- (griech.): gegen (Gegenspieler)

Am deutlichsten wird die Funktion des Sympathikus und des Parasympathikus, wenn man die von ihnen meist gegenläufig beeinflussten Organfunktionen betrachtet (➤ Abb. 7.38).

Der Sympathikus unterstützt die Körperfunktionen, die zur Bewältigung von Stressreaktionen (z.B. Kampf, Flucht) benötigt werden (dabei hemmt er alle der Verdauung und Ausscheidung dienenden Organe):

- Steigerung der Leistung des Herz-Kreislauf-Systems (Verbesserung der Herzleistung, Erhöhung des Blutdrucks, Verengung aller Gefäße, die nicht für die Versorgung des Herzens und der Skelettmuskulatur benötigt werden)
- Weitstellung der Bronchien
- Weitstellung der Pupille (**Mydriasis**).

Der Parasympathikus ist der Gegenspieler des Sympathikus, der in Ruhe oder nach Beendigung der Stressreaktion überwiegt (er senkt die Leistung des Herz-Kreislauf-Systems bis zurück zu den in Ruhe benötigten Erfordernissen):

- Aktivierung aller der Verdauung dienenden Organe (Erhöhung der Magensaftproduktion, der Darmbewegungen und -entleerung sowie der Blasenentleerung)
- Engstellung der Bronchien
- Engstellung der Pupille (**Miosis**).

Zum Vergleich: Der efferente Teil des sensomotorischen Nervensystems (Pyramidenbahn, ➤ Kap. 7.10.4) besteht aus der Verbindung zwischen dem 1. Neuron im Gyrus praecentralis und dem 2. Neuron entweder im Hirnstamm oder im motorischen Vorderhorn des Rückenmarks. Die Fasern des 2. Neurons erreichen dann entweder über Hirnnerven oder Rückenmarksnerven ihre Zielzellen, die quergestreiften Skelettmuskelzellen.

Mydriasis (griech.): Pupillenerweiterung
Miosis (lat.): Pupillenverengung, (griech. meiosis): Verkleinerung (siehe Meiose, ➤ Kap. 2.1)
prä-/postganglionär (lat. prä- bzw. prae-): vor, post- (lat.): nach, ganglionär: auf das Ganglion (griech.: Nervenknötchen) bezogen; im vegetativen Ganglion findet allerdings die Umschaltung der „präganglionären" Fasern auf die „postganglionären" Nervenzellen statt

Der efferente Teil des vegetativen Nervensystems besteht vereinfacht dargestellt aus der Verbindung zwischen dem „Eingeweidegehirn" (limbisches System) und Anteilen grauer Substanz im Mittelhirn und im Rückenmark. Dort liegt das erste periphere vegetative Neuron, das man in der Regel als **präganglionäres** Neuron bezeichnet, da hier auf dem Weg zur Zielzelle noch ein weiteres Neuron „zwischengeschaltet" ist. Dieses zweite Neuron liegt in vegetativen **Ganglien** und wird als **„postganglionär"** bezeichnet. Erst die Nervenfasern des zweiten vegetativen Neurons erreichen die Zielzellen, vereinzelt auch über noch weitere zwischengeschaltete Nervenzellen.

Das erste vegetative Neuron des Sympathikus befindet sich im Seitenhorn des Rückenmarks im unteren Hals, gesamten Brust- und oberen Lendenbereich (➤ Abb. 7.9). Das zweite vegetative Neuron des Sympathikus bildet den Grenzstrang (ursprüng-

7

Abb. 7.38 Aufgaben des Sympathikus und des Parasympathikus

lich als „Nervus sympathicus" bezeichnet, s.o.), eine paarige Kette von sympathischen Ganglien entlang des Rückenmarks, die durch Nervenfasern verbunden sind.

Das erste vegetative Neuron des Parasympathikus befindet sich entweder in Kerngebieten des Hirnstamms oder im Seitenhorn des Rückenmarks im Kreuzbeinbereich. Das zweite vegetative Neuron des Parasympathikus liegt in organnahen parasympathischen Ganglien.

Die parasympathischen Nervenfasern, die aus Kerngebieten im Hirnstamm abgeleitet werden können, verlaufen zusammen mit dem 3., 7., 9. und 10. Hirnnerven. Die parasympathischen Fasern des 3. Hirnnerven (N. oculomotorius, ➤ Kap. 7.11.1) ziehen zum Auge, wo sie u.a. für die Engstellung der Pupillen (Miosis) verantwortlich sind. Die parasympathischen Fasern des 7. und 9. Hirnnerven (N. facialis, ➤ Kap. 7.11.3, N. glossopharyngeus, ➤ Kap. 7.11.4) bewirken die Sekretion der Tränendrüse und der Drüsen der Nasen- und Mundhöhle. Der N. vagus (➤ Kap. 7.11.5) ist der wichtigste parasympathische Nerv mit Fasern u.a. für Herz, Gefäße, Bronchien und viele Baucheingeweide.

Der chemische Botenstoff (Neurotransmitter) des ersten vegetativen Neurons ist Acetylcholin und findet sich sowohl im Sympathikus als auch im Parasympathikus. Das zweite vegetative Neuron verwendet im Sympathikus das dem Stresshormon Adrenalin verwandte Noradrenalin, im Parasympathikus wiederum Acetylcholin.

7.12.3 Vegetative Reflexe

Das vegetative Nervensystem arbeitet überwiegend durch **Reflexe** (➤ Kap. 7.8.3). Dabei finden sich sog. Reflexzentren im Hirnstamm und im Rückenmark.

Reflexe (lat. reflexus): wörtlich das Zurückbeugen

Über die vegetativen Reflexzentren im Rückenmark werden vor allem folgende Vorgänge gesteuert oder beeinflusst: Entleerung des Darms und der Harnblase, Erektion und Ejakulation, Schweißausbrüche, Erweiterungen und Verengungen von Blutgefäßen.

Im Hirnstamm befinden sich weitere bedeutende vegetative Reflexzentren, z.B.:

- Atemzentrum: hier werden u.a. auch Informationen aus der Lunge und den Blutgefäßen registriert, die reflektorisch die Funktionen des Atemzentrums beeinflussen
- Kreislaufzentrum: ist eng verbunden mit der Funktion des Atemzentrums; im Kreislaufzentrum laufen auch vegetative Informationen aus dem Herzen und den Blutgefäßen, vor allem auch über den Blutdruck, ein; das Kreislaufzentrum wird ebenso über den Aktivierungsgrad des Sympathikus (Stress!) bzw. Parasympathikus informiert
- Speichelzentrum: hier gehen u.a. Informationen über Geruch und Geschmack, aber auch von sensiblen Reizen der Mundschleimhaut ein, die dann vom Speichelzentrum in efferente Aktionen umgesetzt werden, die die Speicheldrüsen beeinflussen.

7.12.4 Hypothalamus und Hypophyse

Der **Hypothalamus** (➤ Kap. 7.9.6) ist sowohl Teil des limbischen Systems und damit Bestandteil des „Eingeweidegehirns" als auch Teil des Hormonsystems. Hier finden sich ungewöhnliche Nervenzellen, die in der Lage sind, Hormone zu bilden und an die Blutbahn auszuschütten (**neuroendokrine** Zellen).

Als Teil des neuroendokrinen Systems bildet der Hypothalamus zwei Hormongruppen:

- Effektorhormone: so genannt, weil sie nach Ausschüttung an die Blutbahn direkt zu den Zielzellen gelangen; diese Hormone wirken zum einen auf die Niere und regulieren den Wasserhaushalt, zum anderen haben sie Einfluss auf die Gebärmutter.
- Steuerhormone: so genannt, weil sie eine nachgeschaltete Hormondrüse, nämlich die Hirnanhangsdrüse (**Hypophyse**), stimulieren oder hemmen können.

neuroendokrin Nervenzellen (griech. neuron), die gleichzeitig Hormone bilden (endokrin: endo, griech.: innen, krinein, griech.: ausscheiden)
Hypothalamus Hypo- (griech.): unter, -thalamus (lat.): Sehhügel
Hypophyse (griech. hypophysis): Nachwuchs, Sprössling, Anhang

In der Hypophyse (Hirnanhangsdrüse) wird zum einen das Wachstumshormon gebildet, das das Größenwachstum des gesamten Körpers steuert, zum anderen werden hier ebenfalls Steuerhormone produziert, die wiederum auf noch einmal nachgeschaltete Hormondrüsen (Schilddrüse, Nebennierenrinde, Geschlechtsdrüsen) wirken. Ein weiteres Hormon der Hypophyse beeinflusst die Milchbildung durch die Milchdrüse.

Zusammenfassung

Kap. 7.1–7.3:

Das Nervensystem besteht aus Nervenzellen (Neuronen), die der Aufnahme, Weiterleitung, Speicherung und Verarbeitung von Informationen dienen, und Gliazellen, die Schutz- und Stützfunktionen für die Nervenzellen haben, aber auch bei der Nervenleitung eine Rolle spielen.
Man unterscheidet das sensomotorische Nervensystem, das Informationen aus den Sinnesorganen (über Afferenzen) verarbeitet und motorische Ereignisse (über Efferenzen) bewirkt, vom vegetativen Nervensystem, das der Funktionssteuerung und Koordination der inneren Organe dient.
Das Zentralnervensystem (ZNS) besteht aus Gehirn und Rückenmark und befindet sich innerhalb des Schädels bzw. Wirbelkanals; alle Anteile des Nervensystems außerhalb dieser Knochenhöhlen bilden das Periphere Nervensystem (PNS).
Eine typische multipolare Nervenzelle ist aufgebaut aus Perikaryon, Dendritenbaum (Empfangsapparat) und Axon (Sendeapparat) mit Kollateralen, Telodendron und Boutons. Außerdem gibt es bipolare und pseudounipolare Nervenzellen.

Kap. 7.4–7.7:

Die Kontaktstruktur zwischen Boutons einer Nervenzelle und Membranstrukturen der Zielzelle wird als Synapse bzw. motorische Endplatte bezeichnet, wenn die Zielzelle eine quergestreifte Skelettmuskelzelle ist. An Synapsen wird die Erregung einer Nervenzelle chemisch mit Hilfe von Neurotransmittern auf die Zielzelle übertragen.
An der Membran einer Nervenzelle bildet sich ein elektrisches Potenzial (Ruhemembranpotenzial) aus, das durch hemmende Synapsen vergrößert (Hyperpolarisation), durch erregende Synapsen verringert (Depolarisation) wird. Bei Erreichen eines Schwellenwertes durch eine ausreichende Aktivität erregender Synapsen wird ein Aktionspotenzial ausgelöst, das sich über das Axon bis zu den boutons ausbreitet und von dort auf die Zielzellen übertragen wird. Zwischen zwei Aktionspotenzialen befinden sich Nervenzellen in einer Refraktärphase und sind nicht erregbar.
Das Aktionspotenzial wird über das Axon übertragen. Die Geschwindigkeit der Übertragung hängt von der Dicke des Axons und vom Vorhandensein einer Markscheide (Myelinscheide) ab. Die schnellste Leitung findet sich in dicken, markhaltigen Axonen. Schwann-Zellen (bzw. Oligodendrozyten im ZNS) bauen die Markscheide auf; an den Zellübergängen finden sich Ranvier-Schnürringe, die eine schnelle, saltatorische Erregungsleitung erlauben.
Ansammlungen von Perikarya werden als graue Substanz, Bereiche mit überwiegend markhaltigen Nervenfasern als weiße Substanz bezeichnet. Im Gehirn bildet graue Substanz den Cortex und die im Marklager (weiße Substanz) eingebetteten basalen Kerne („Basalganglien"). Im Rückenmark findet sich die graue Substanz zentral als Schmetterlingsfigur. Im PNS kommt graue Substanz nur selten und dann in Form von Ganglien vor. Parallel verlaufende Nervenfaserbündel werden im ZNS als Bahnen (Tractus), im PNS als Nerven bezeichnet.

Kap. 7.8:

Das Rückenmark weist eine segmentale Gliederung aus 8 Zervikal-, 12 Thorakal-, 5 Lumbal-, 5 Sakral- und einem Kokzygealsegment auf. Die graue Substanz gliedert sich in motorisches Vorderhorn, sensibles Hinterhorn und ggf. vegetatives Seitenhorn.
Im motorischen Vorderhorn liegt das 2. Neuron der Pyramidenbahn, das die entsprechenden Signale vom Cortex zur Skelettmuskulatur weiterleitet. Im Hinterhorn findet sich eine Durchgangs-

bzw. Umschaltstelle für sensible Informationen aus der Haut bzw. Schleimhaut. Die sensiblen Nervenzellen sind pseudounipolar mit einem dendritischen Fortsatz, der die Informationen aus der Haut/Schleimhaut aufnimmt, und einem axonalen Fortsatz, der zum Hinterhorn des Rückenmarks führt. Die Perikarya befinden sich in den Spinalganglien.
Ein Spinalnerv entsteht aus einer vorderen und hinteren Wurzel am Rückenmark und leitet motorische bzw. sensible Signale zur Körperperipherie bzw. von ihr zurück zum ZNS.
Ein Eigenreflex ist monosynaptisch und verbindet auf kürzestem Weg sensibles und motorisches Neuron. Das sensible Signal entsteht z.B. in Muskelspindeln, das motorische Signal besteht in der Kontraktion desselben Muskels. Eigenreflexe dienen der Steuerung der Stütz- und Haltemotorik.
Bei Fremdreflexen (polysynaptisch) sind auslösendes und reagierendes Organ nicht identisch. An der Neuronenkette sind mindestens drei Neurone beteiligt. Fremdreflexe sind meist Schutzreflexe, dienen aber auch der Ernährung (Schluckreflex).

Kap. 7.9:

Das Gehirn besteht aus Großhirn, Zwischenhirn, Hirnstamm und Kleinhirn. Der Hirnstamm gliedert sich in Mittelhirn und Rautenhirn (mit Brücke und verlängertem Mark).
Das Großhirn besteht aus zwei Hemisphären, die durch eine Längsfurche voneinander getrennt sind. In jeder Hemisphäre unterscheidet man einen Stirn-, Scheitel-, Hinterhaupts-, Schläfen- und Insellappen. Die Oberfläche des Großhirns weist eine Strukturierung aus Furchen und Windungen (Sulci und Gyri) auf.
Im Gyrus praecentralis des Stirnlappens ist das 1. Neuron der Pyramidenbahn in einer somatotopen Anordnung lokalisiert (primäres motorisches Rindenfeld). Ebenfalls im Stirnlappen liegt meist links das motorische (Broca-)Sprachzentrum.
Zum Gyrus postcentralis des Scheitellappens projizieren die Informationen aus der Oberflächen- und Tiefensensibilität ebenfalls in einer somatotopen Gliederung.
Im Hinterhauptslappen findet sich das Sehzentrum. Das Hörzentrum (im Schläfenlappen) besteht aus dem Gyrus temporalis superior und den Heschl-Querwindungen. Ebenfalls im Schläfenlappen liegt meist links das sensorische (Wernicke-) Sprachzentrum.
Mithilfe eines Elektroenzephalogramms (EEG) werden die elektrischen Aktivitäten der Nervenzelle in der Großhirnrinde aufgezeichnet. Je nach Entwicklungsgrad und Aktivität des Gehirns werden verschiedene Wellenmuster produziert.
Im basalen Bereich des Marklagers des Großhirns liegen die Basalganglien: Nucleus caudatus und Nucleus lentiformis. Sie haben vor allem Funktionen im Bereich der Motoriksteuerung.
Das Zwischenhirn (Diencephalon) enthält als wichtige Kerngebiete den Thalamus, Hypothalamus und Epithalamus. Der Thalamus ist eine Schaltstation der sensorischen Bahnen, bildet das Tor zum Bewusstsein und hat motorische Steuerungsfunktionen. Der Hypothalamus ist Teil des vegetativen Nervensystems, der Epithalamus besitzt eine wichtige Funktion bei der Steuerung des Tag-Nacht-Rhythmus.
Das Mittelhirn (Mesencephalon) weist im vorderen Bereich die beiden Hirnschenkel (motorische Bahnen), im hinteren Bereich die Vierhügelplatte (Umschaltstationen der Seh- und Hörbahn) auf. Im Mittelhirn entspringen 3. und 4. Hirnnerv. Im Inneren des Mittelhirns finden sich der Nucleus ruber und die Substantia nigra, deren Funktionen ebenfalls in der Motoriksteuerung liegen.
Das Rautenhirn (Rhombencephalon) besteht aus Brücke (Pons) und verlängertem Mark (Medulla oblongata). Die Brücke stellt eine Verbindungsstation zwischen Großhirn, Hirnstamm und Kleinhirn dar. Auf der Vorderseite des verlängerten Marks ist die Kreuzung der Pyramidenbahn sichtbar, auf der Rückseite die Rautengrube (Boden des 4. Ventrikels).
Im Inneren des Rautenhirns liegt die Formatio reticularis, ein Kerngebiet mit der Funktion des Atem- und Kreislaufzentrums, Steuerung der Bewusstseinslage und weiteren vitalen Funktionen. Aus dem Rautenhirn entspringen der 5.–12. Hirnnerv.

Das Kleinhirn (Cerebellum) weist in vielen Aspekten eine vergleichbare Struktur wie das Großhirn auf. Es verarbeitet Informationen aus den Sinnesorganen, speziell aus dem Gleichgewichtsorgan, zur Steuerung der Motorik, es reguliert den Muskeltonus, die Stütz- und Haltemotorik und kontrolliert die zeitliche Abfolge der Bewegungen.
Die Hirnhäute (Meningen) stellen neben dem Schädel eine Schutzeinrichtung des Gehirns dar. Sie bestehen aus Dura, Arachnoidea und Pia. Zwischen Dura und Schädel befindet sich der Epiduralraum, zwischen Dura und Arachnoidea der Subduralraum und zwischen Arachnoidea und Pia der Subarachnoidalraum oder äußere Liquorraum. Der innere Liquorraum besteht aus den vier Ventrikeln und ihren Verbindungen untereinander. Am 4. Ventrikel stehen innerer und äußerer Liquorraum miteinander in Verbindung. Der Liquor wird in den Adergeflechten der Ventrikel gebildet und in den Granulationen der Arachnoidea im äußeren Liquorraum in die venöses Blut enthaltenden Sinus durae matris resorbiert.
Das Gehirn wird auf jeder Seite von der A. carotis interna und der A. vertebralis mit Blut versorgt. Die A. carotis interna zweigt sich in A. cerebri media und A. cerebri anterior auf. Die beiden Aa. vertebrales verschmelzen zur A. basilaris, die sich in die beiden Aa. cerebri posteriores aufzweigt. Die verschiedenen Hirnarterien stehen an der Hirnbasis über einen Arterienring, Circulus arteriosus Willisii, in Verbindung, der als Blutverteiler fungiert. Innerhalb des Gehirns verlaufen ausschließlich Kapillaren, bei denen der Stoffaustausch über die Blut-Hirn-Schranke reglementiert wird. Das venöse Blut sammelt sich in oberflächlichen Hirnvenen und gelangt von da in die Sinus durae matris, deren Inhalt an der Schädelbasis an die V. jugularis interna weitergegeben wird.

Kap. 7.10:

Bahnen sind geordnete Bündel parallel verlaufender Nervenfasern innerhalb des ZNS. Assoziationsbahnen verbinden unterschiedliche Rindenfelder innerhalb derselben Hemisphäre. Kommissurenbahnen (vor allem der „Balken") verbinden entsprechende Rindenfelder der beiden Hemisphären. Projektionsbahnen verbinden afferent oder efferent den Cortex mit tiefer gelegenen Abschnitten des ZNS bzw. umgekehrt. Der größte Teil der Projektionsbahnen zieht durch die Capsula interna, einer Durchtrittsstelle zwischen den Basalganglien.
Die Wahrnehmung von Sinnesreizen erfolgt subjektiv durch den menschlichen Geist oder objektiv durch Messinstrumente. Bei der Wahrnehmung von Reizen durch den Menschen werden bei Überschreiten eines Schwellenwertes Rezeptoren an spezifischen Sinneszellen erregt. Primäre Sinneszellen sind Nervenzellen, sekundäre Sinneszellen leiten sich von Epithelzellen ab und sind mit Nervenfasern verbunden.
Die Empfindungen durch einen bestimmten „Sinn" werden als Modalitäten bezeichnet; dabei differenziert man weiter in Submodalitäten (Qualitäten) und Quantitäten.
Nach Überschreiten der Reizschwelle wird an der Sinneszelle ein Rezeptorpotenzial ausgelöst, das einem Aktionspotenzial einer Nervenzelle entspricht oder nach Transformation in ein Aktionspotenzial einer Nervenzelle umgewandelt wird. Die Reizstärke wird in Form unterschiedlicher Frequenzen der Aktionspotenziale codiert, wobei die maximale Frequenz durch die Refraktärzeit der Nervenzellen limitiert ist. Nach dem Weber-Fechner-Gesetz ist die Empfindungsstärke dem Logarithmus der Reizstärke proportional.
Sensible Bahnen sind Projektionsbahnen, die Informationen der Oberflächensensibilität (Mechanorezeption, Thermorezeption, Nozizeption der Haut und Schleimhaut) bzw. Tiefensensibilität (Propriozeption) weiterleiten.
Es wird in epikritische Sensibilität (Beurteilung einer sensiblen Wahrnehmung, Tastsinn) und protopathische Sensibilität (Schmerzwahrnehmung) unterschieden. Das erste Neuron beider sensibler Bahnen befindet sich im Spinalganglion. Die Weiterleitung der Schmerzwahrnehmung erfolgt über das sensible Hinterhorn des Rückenmarks, dort Umschaltung auf das 2. Neuron, Kreuzung nach kontralateral und Verlauf im Tractus spinothalamicus bis zum Thalamus.

Die Weiterleitung des Tastsinns erfolgt am Hinterhorn des Rückenmarks vorbei, dann ipsilateral aufsteigend im Tractus spinobulbaris bis zum Nucleus gracilis und Nucleus cuneatus im Hirnstamm, dort Umschaltung auf das 2. Neuron, Kreuzen zur Gegenseite im Lemniscus medialis und Erreichen des Thalamus.
Beide sensible Bahnen schalten im Thalamus auf das 3. Neuron um und erreichen über die Radiatio thalamica den Gyrus postcentralis.
Bei den sensiblen Hirnnerven liegt das 1. Neuron in den sensiblen Kopfganglien (z.B. Trigeminusganglion), die Umschaltung auf das 2. Neuron im Hirnstamm. Nach Kreuzung zur Gegenseite und Erreichen des Thalamus erfolgt der Anschluss an den Rest der sensiblen Bahnen.
Der Tractus corticospinalis (Pyramidenbahn) ist die wichtigste efferente Projektionsbahn; das 1. Neuron dieser motorischen Bahn liegt im Gyrus praecentralis, das 2. Neuron (nach Kreuzung zur Gegenseite) im motorischen Vorderhorn. Über den Tractus corticonuclearis werden die motorischen Fasern für die motorischen Hirnnerven geführt. Sie erreichen ihr 2. Neuron in entsprechenden motorischen Kerngebieten des Hirnstamms.
Als extrapyramidal-motorisches System (EPMS) werden alle Abschnitte des Nervensystems zusammengefasst, die sich – abgesehen von der reinen Pyramidenbahn – mit der Planung, Vorbereitung und Kontrolle motorischer Aktionen befassen; im Wesentlichen sind das: motorische Assoziationszentren im Stirn- und Schläfenlappen, Kleinhirn, Basalganglien, Thalamus und verschiedene Kerngebiete des Hirnstamms.
Das limbische System stellt eine Projektionsbahn im Grenzbereich zwischen Großhirn und Zwischenhirn dar. Zu diesem System zählt man folgende Kerngebiete (und ihre Bahnverbindungen): Thalamus, Epithalamus, Hypothalamus, Mandelkern, Hippocampus, Gyrus cinguli, Riechhirnanteile, Formatio reticularis. Das limbische System hat komplexe Funktionen, z.B. als oberste Zentrale des vegetativen Nervensystems, Ursprung von Emotionen, Gedächtnisleistungen.

Kap. 7.11:

Man unterscheidet zwölf unterschiedliche Hirnnervenpaare. Von sprachtherapeutischer Bedeutung sind die Folgenden (sowie N. VIII, ➤ Kap. 8):
N. V (N. trigeminus): mit 3 Ästen (N. ophthalmicus, N. maxillaris, N. mandibularis); versorgt sensibel Haut und Schleimhaut des Gesichts; der 3. Ast (N. mandibularis) enthält zusätzlich auch motorische Fasern für Kaumuskeln, Teile der oberen Zungenbeinmuskulatur, Teile der Gaumensegelmuskulatur und den M. tensor tympani.
N. VII (N. facialis): enthält motorische Äste für die mimischen Muskeln, Teile der oberen Zungenbeinmuskeln und den M. stapedius; im Intermedius-Anteil des N. facialis verlaufen Geschmacksfasern von den vorderen zwei Dritteln der Zunge sowie vegetative (sekretorische) Fasern für die Tränendrüse und alle Speicheldrüsen des Kopfes mit Ausnahme der Parotis.
N. IX (N. glossopharyngeus): enthält motorische Äste für einen Teil der Gaumensegel- und Rachenmuskulatur, sensible Fasern für das hintere Zungendrittel und Teile des Rachens, Geschmacksfasern für das hintere Zungendrittel und vegetative (sekretorische) Fasern für die Glandula parotis.
N. X (N. vagus): enthält motorische Fasern für den Kehlkopf sowie für Teile der Gaumensegel- und Rachenmuskulatur sowie sensible Fasern für die Schleimhaut von Kehlkopf und Teilen des Rachens. Außerdem hat der Vagus eine zentrale Rolle im parasympathischen Nervensystem.
N. XII (N. hypoglossus): enthält motorische Fasern für alle Zungenmuskeln.

Kap. 7.12:

Die Funktion des vegetativen Nervensystems besteht in der Steuerung und Koordination der inneren Organe des Körpers. Die übergeordnete Zentrale befindet sich im limbischen System; periphere Anteile des vegetativen Nervensystems sind mit der Zentrale über afferente und efferente Fasern verbunden. Die Zielzellen des vegetativen

Nervensystems stellen vermutlich alle Zellen des Körpers mit Ausnahme der quergestreiften Skelettmuskelzellen dar.
Der periphere Teil des vegetativen Nervensystems gliedert sich in Sympathikus und Parasympathikus. Der Sympathikus hat seine höchste Aktivität während einer Stressreaktion und aktiviert alle dabei benötigten Organe (Herz, Kreislauf, Atmung). Der Parasympathikus hat seine höchste Aktivität während der Ruhephasen und aktiviert alle der Verdauung dienenden Organe.
Das vegetative Nervensystem arbeitet überwiegend mit Reflexen; entsprechende Reflexzentren (Atemzentrum, Kreislaufzentrum, Speichelzentrum u.a.) befinden sich im Hirnstamm und im Rückenmark.

KAPITEL

8 Hör- und Gleichgewichtsorgan

Lernziele Anatomie Hör- und Gleichgewichtsorgan

- embryonale Entwicklung des Hör- und Gleichgewichtsorgans
- Teile des peripheren und zentralen Hör- und Gleichgewichtsorgans
- Relief der Ohrmuschel, Form, Verlauf und Wände des äußeren Gehörgangs
- Aufbau, Teile, Einteilung und Befestigung des Trommelfells
- Einteilung des Mittelohrs
- Einteilung der Paukenhöhle, Wände und Inhalt
- Gehörknöchelchenkette mit Gelenken, Bändern, Achsen und Muskeln
- wichtigste Zellen im Felsenbein
- Abschnitte, Öffnungen und Wandaufbau der Ohrtrompete
- Teile des Innenohrs mit knöchernem und häutigem Labyrinth sowie perilymphatischen Räumen
- Lage des Labyrinths im Felsenbein
- Sinnesflächen des häutigen Labyrinths
- Wände des Ductus cochlearis
- Aufbau des Corti-Organs mit Haarzellen, Tunneln, Stützzellen, Synapsen und Nervenfasern
- Lage und innerer Aufbau der Ganglien des VIII. Hirnnerven
- zentrale Hör- und Gleichgewichtsbahnen

Lernziele Funktionen des Hör- und Gleichgewichtsorgans

- funktionelle Gliederung des Hörorgans
- Schallreize (Schwingungen in bestimmter Frequenz und Intensität, Ton, Klang, Geräusch, Schwebung, Tonfrequenz, Grenzen, Amplitude, Wellenlänge)
- Schallstärke, Lautstärke (Hörschwellenkurven, dB-Skala, Schalldruck, Fühlgrenze, Hauptsprachbereich, Lautstärkepegel verschiedener Geräusche, Unterschiedsschwelle)
- Schallübertragung im Mittelohr (Schallleitungsapparat, Impedanzmessung, Verstärkung des Schalldrucks, Luftleitung, Knochenleitung, osseotympanale Leitung, Mittelohrmuskeln)
- Reizaufnahme im Innenohr (mechanische Vorgänge an der Reissner-Membran und an der Basilarmembran, Wanderwellen, Frequenzdispersion, Scherbewegung, Potenziale des Innenohrs, Adaptation)
- Erregungsleitung zur Hörrinde (Vergleichsmöglichkeiten für akustische Signale, Heschl-Querwindung)
- Richtungswahrnehmung, Entfernungswahrnehmung
- Funktionelle Gliederung des Gleichgewichtsorgans (Utriculus, Sacculus, Bogengänge)
- Funktionsweise der Maculaorgane
- Funktionsweise der Bogengangsorgane
- Erregungsleitung in vestibulären Bahnen
- vestibulärer Nystagmus

8.1 Übersicht

Im Innenohr sind zwei Sinnesorgane lokalisiert, das Hörorgan und das Gleichgewichtsorgan, die in vielen Aspekten miteinander verwandt sind (z.B. bezüglich der Mechanismen der Sinneswahrnehmung oder der Entwicklung, ➤ Kap. 8.2).

Nur das Hörorgan benötigt dabei über das äußere Ohr und das Mittelohr eine direkte Verbindung zur Außenwelt, um die Schallwellen zu leiten. Dabei

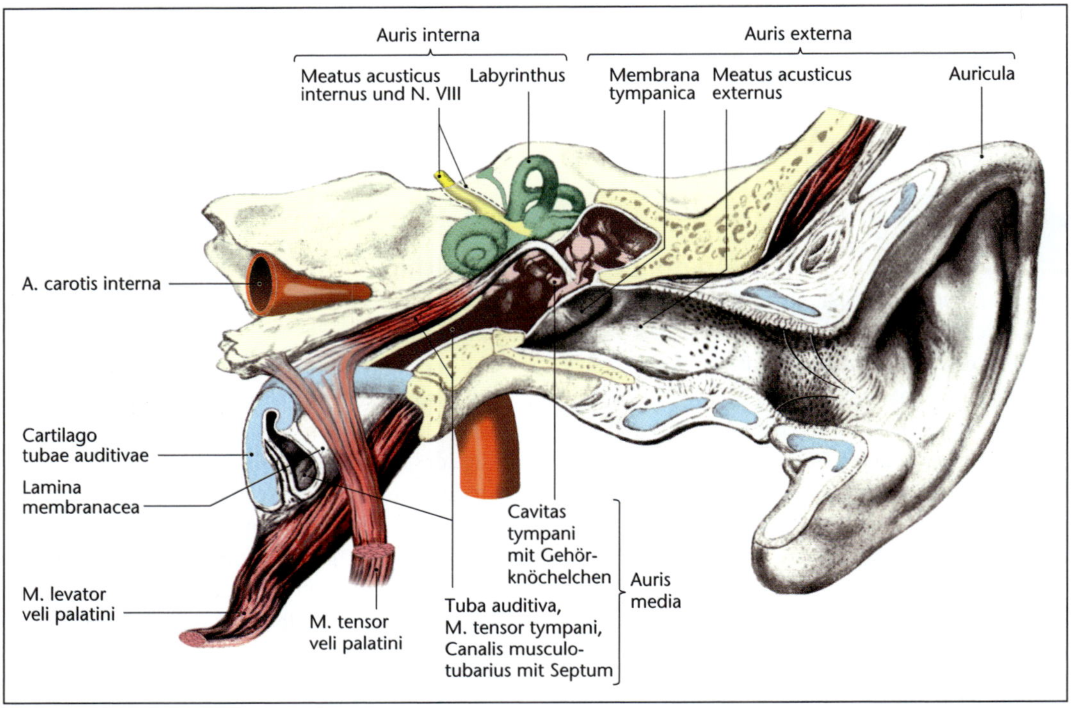

Abb. 8.1 Übersicht über die drei Abschnitte des Ohrs: äußeres Ohr, Mittelohr und Innenohr; äußerer Gehörgang und Paukenhöhle eröffnet, Trommelfell angeschnitten

wirkt das äußere Ohr, bestehend aus Ohrmuschel und äußerem Gehörgang, als Schalltrichter.

Das Mittelohr hat die Funktion eines Verstärkerapparats für die Schallwellen und umfasst die Paukenhöhle, das Trommelfell und die Gehörknöchelchen. Über die Ohrtrompete erfolgt der notwendige Druckausgleich zum Nasenrachen (➤ Abb. 8.1).

Das Gleichgewichtsorgan misst Dreh- und Linearbeschleunigungen; damit registriert es die Stellung des Kopfes, bezogen auf den Erdmittelpunkt („Schwerkraft"), sowie Drehbewegungen des Kopfes. Dazu sind keine anatomischen Verbindungen zur Außenwelt erforderlich.

8.2 Entwicklung

Die Entstehung des äußeren Ohrs, des Trommelfells, der Paukenhöhle und der Ohrtrompete sind eng mit der Entstehung der Schlundbögen verbunden (➤ Kap. 5.1), die eine frühe Differenzierungsstruktur der seitlichen Halsregion darstellen. Der äußere Gehörgang entwickelt sich aus der Vertiefung, die außen zwischen dem 1. und 2. Schlundbogen sichtbar ist und als 1. Schlundfurche bezeichnet wird (➤ Abb. 8.2a, b). Aus dem Gewebe, das die 1. Schlundfurche außen umgibt, entwickelt sich die Ohrmuschel.

Die von innen sichtbaren, aus dem späteren Rachen abgehenden Vertiefungen zwischen den Schlundbögen werden als Schlundtaschen bezeichnet. Die Ohrtrompete, die den Nasenrachen mit der Paukenhöhle im Sinne eines Druckausgleichs- und Belüftungskanals verbindet, entsteht aus der 1. Schlundtasche (➤ Abb. 8.2a, b). Das Ende dieser 1. Schlundtasche erweitert sich zur Paukenhöhle.

Aus den Schnittbildern (➤ Abb. 8.2b) ist ersichtlich, dass die 1. Schlundfurche und die 1. Schlundtasche aufeinander zu wachsen. Aus den Gewebeanteilen, die sich dann von innen und außen gesehen berühren, entsteht das Trommelfell (➤ Abb. 8.1, ➤ Abb. 8.2b).

Aus dem Knorpelmaterial der ersten beiden Schlundbögen entwickeln sich die drei Gehörknö-

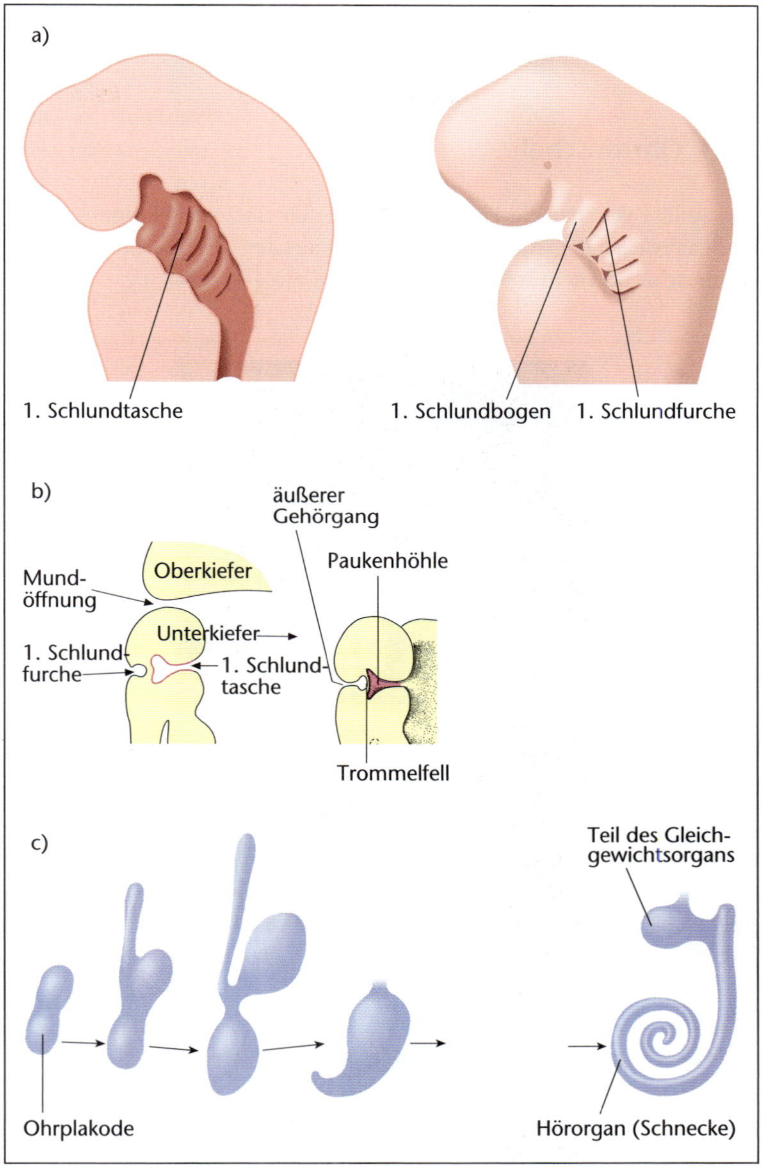

Abb. 8.2 Entwicklung des äußeren Ohrs, Mittelohrs und Innenohrs; a) links: Schnitt durch die Kopf- und obere Rumpfregion eines ca. 5 Wochen alten Embryos mit Ansicht der Schlundtaschen, rechts: Kopf- und Halsregion eines 4 Wochen alten Embryos mit Schlundbögen und Schlundfurchen von links außen gesehen; b) Entwicklung der Region zwischen den ersten beiden Schlundbögen mit Entstehung des äußeren Gehörgangs, des Trommelfells, der Paukenhöhle und der Ohrtrompete; c) Entwicklungsschritte des Innenohrs während der Embryonalperiode; dargestellt ist die Differenzierung des häutigen Labyrinths (➤ Kap. 8.7.1)

chelchen Hammer, Amboss und Steigbügel (➤ Abb. 5.2 im Kapitel „Kehlkopf").

Plakode (griech. plakos): Platte

Die beiden Sinnesorgane des Innenohrs bilden sich aus einer Verdickung der äußeren Haut, die als **Ohrplakode** bezeichnet wird (➤ Abb. 8.2c). Dieses Gebilde löst sich von der Körperoberfläche und wandert in das Innere des Kopfes; dabei entsteht ein kompliziertes System aus Hohlräumen, das als häutiges Labyrinth bezeichnet wird und in dessen Wandung sich die Sinnesfelder entwickeln. Die Sinneszellen des Hörorgans bilden sich im dritten Schwangerschaftsmonat aus und sind ab dem fünften Schwangerschaftsmonat funktionsfähig.

8.3 Aufbau und Funktion des äußeren Ohrs

8.3.1 Ohrmuschel

Das äußere Ohr hat die Funktion eines Trichters für Schallwellen (➤ Abb. 8.1) und besteht aus der Ohrmuschel und dem äußeren Gehörgang. Abgesehen vom Ohrläppchen, das nur Binde- und Fettgewebe enthält, ist die Ohrmuschel aus einem elastischen Knorpelskelett aufgebaut. Die mimischen Muskeln des Ohrs sind weitgehend degeneriert und funktionslos. Einige charakteristische Strukturen der Ohrmuschel werden als **Helix**, **Antihelix** und **Tragus** (➤ Abb. 8.3a) bezeichnet. Der Tragus verdeckt teilweise den Eingang zum äußeren Gehörgang.

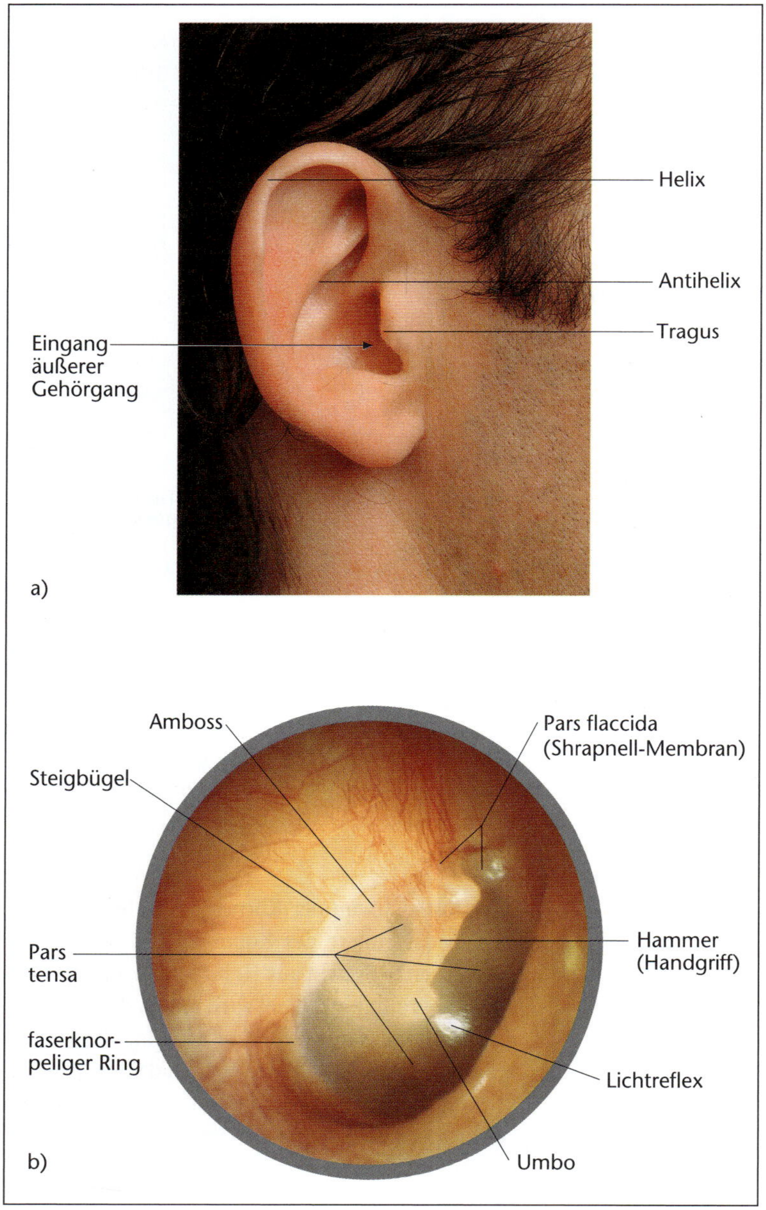

Abb. 8.3 a) Wichtige Strukturen der rechten Ohrmuschel; b) Ansicht des rechten Trommelfells wie bei einer Ohrspiegelung; der Lichtreflex stammt von der Beleuchtungsquelle des Ohrspiegels und weist die typische Stellung wie bei einem gesunden Ohr auf

Fachbegriffe des äußeren Ohrs

Ohrmuschel: auricula (lat.)
äußerer Gehörgang: Meatus acusticus externus (lat.), meatus (lat.): Gang
Helix (lat.): Schnecke, Windung, Spirale
Antihelix (lat.): „Gegen"-Windung (auch als Anthelix bezeichnet)
Tragus (griech. tragos): Ziegenbock, hier Knorpelvorsprung

Bei der durchschnittlichen Größe einer menschlichen Ohrmuschel werden bevorzugt Schallwellen mit höheren Frequenzen („hohe Töne") wahrgenommen. In der Regel nehmen die beiden Ohren von links und rechts unterschiedliche Klangmuster auf. Dadurch und durch unterschiedliche Laufzeiten der Nervensignale von beiden Ohren sind nach entsprechender Verarbeitung durch das Gehirn Lokalisation der Schallquelle und räumliches Hören möglich.

8.3.2 Äußerer Gehörgang; Cerumen

Der äußere Gehörgang stellt die Verbindung zwischen der Ohrmuschel und dem Trommelfell dar (➤ Abb. 8.1). Der äußere Gehörgang ist leicht schraubenartig gekrümmt, von äußerer Haut ausgekleidet und hat durchschnittlich eine Gesamtlänge von ca. 3–4 cm. Seine Wand ist im äußeren Bereich knorpelig; hier finden sich auch Haare und Drüsen. In Richtung zum Trommelfell sind keine Haare und Drüsen mehr zu finden; hier ist die Gehörgangswand knöchern (➤ Abb. 8.1).

Die Drüsen im knorpeligen Abschnitt des Gehörgangs produzieren das fettreiche Ohrenschmalz (**Cerumen**), das abgestorbene Hautschüppchen und eingedrungene Verunreinigungen festhält. Dieses Cerumen wird durch einen speziellen Transportmechanismus des äußeren Gehörgangs, unterstützt durch Kaubewegungen, nach außen transportiert.

Cerumen, auch Zerumen, cera (lat.): Wachs

Otoskopie

Die Ohrspiegelung (Otoskopie) erlaubt die Inspektion des äußeren Gehörgangs, des Trommelfells und teilweise auch der Paukenhöhle mithilfe eines Ohrspiegels (Otoskop). Beim Erwachsenen ist die Ohrspiegelung wegen des längeren und stärker gekrümmten äußeren Gehörgangs in der Regel erst dann möglich, wenn die Ohrmuschel nach hinten oben gezogen wird, um die Krümmung auszugleichen. Bei Kindern ist dies meist noch nicht erforderlich.
Otoskopie: aus ous (griech.): Ohr und -skopie (griech. skopein): betrachten

Zeruminalpfröpfe

Größere Ansammlungen von Ohrenschmalz (Zeruminalpfröpfe) beeinträchtigen die Durchleitung der Schallwellen durch den äußeren Gehörgang und führen zu einer Schallleitungs-Schwerhörigkeit. Diese wird durch den HNO-Arzt festgestellt und beseitigt, indem mit speziellen Instrumenten oder mit Hilfe von Spülungen das überschüssige Zerumen entfernt wird.
Eine Reinigung des äußeren Ohrs durch den Laien sollte auf keinen Fall weiter reichen als bis zu der Stelle, die mit dem kleinen Finger erreicht werden kann. Das Einführen von Wattestäbchen oder anderen Gegenständen in den Gehörgang kann zu schmerzhaften Entzündungen, zu Verletzungen des Trommelfells oder zur Ausbildung von Zeruminalpfröpfen führen und sollte deshalb unterbleiben.

8.4 Aufbau und Funktion des Trommelfells

Das Trommelfell (**Membrana tympani**) stellt die Grenzstruktur zwischen äußerem Gehörgang und Paukenhöhle dar. Traditionell wird es jedoch meist zum Mittelohr gezählt, obwohl es embryologisch auch aus Material des äußeren Ohrs gebildet wird.

Das Trommelfell ist nach innen-unten-vorn um einen Winkel von 45° gekippt und wie der Trichter eines Grammofons etwas in die Paukenhöhle vorgewölbt; es hat einen Durchmesser von bis zu 10 mm und eine Dicke von 0,1 mm. Die vom äußeren Ohr aus gesehen tiefste Stelle des Trommelfells wird als Nabel (**Umbo**) bezeichnet. In seiner knöchernen Umgebung ist das Trommelfell mithilfe eines faserknorpeligen Rings verankert (➤ Abb. 8.3b).

Membrana (lat.): Membran, Häutchen
tympani Genitiv von tympanon (griech.): Handtrommel (für das Trommelfell wird auch noch der ähnliche Fachbegriff Membrana tympanica verwendet)

Das Trommelfell besteht von außen nach innen aus äußerer Haut (allerdings ohne Anhangsorgane wie Drüsen und Haare), einer dünnen Bindegewebsschicht und dann innen aus der Schleimhaut, die auch die Paukenhöhle auskleidet. Die genannten Schichten sind jedoch so dünn, dass das Trommelfell bei der Ohrspiegelung etwas durchsichtig erscheint.

Auf der Innenseite ist das Trommelfell mit dem Hammer aus der Kette der Gehörknöchelchen verwachsen (genauer gesagt mit dem Handgriff des Hammers), der teilweise, wie auch bestimmte Abschnitte der anderen Gehörknöchelchen, bei der Ohrspiegelung durchschimmern kann (➤ Abb. 8.3b).

umbo umbilicus (lat.): Nabel
Pars (lat.): Anteil, tensa: Femininform von tensus (lat.): straff, flaccida: Femininform von flaccidus (lat.): schlaff
Shrapnell Eigenname (britischer Anatom)

Der Hauptanteil des Trommelfells ist straff gespannt; er wird als **Pars tensa** bezeichnet. Ein kleiner Teil im oberen Bereich ist jedoch mechanisch weniger belastbar; dieser Bereich wird als **Pars flaccida** oder **Shrapnell-Membran** unterschieden und kann sich – sichtbar bei der Ohrspiegelung – je nach den Druckverhältnissen zwischen Mittelohr und äußerem Ohr nach innen oder außen vorwölben (➤ Abb. 8.3b).

Mittelohrentzündung (Otitis media)

Das Vorliegen z.B. einer eitrigen Mittelohrentzündung kann gut über eine Ohrspiegelung festgestellt werden; das Trommelfell ist gerötet und nach außen vorgewölbt; dabei sind einzelne Blutgefäße sichtbar. Ebenso können Menge und Art des Sekrets im Mittelohr durch das teilweise durchsichtige Trommelfell hindurch beurteilt werden.
Die Shrapnell-Membran gilt auch als „Sollbruchstelle" des Trommelfells, die bei übermäßigem Druck aus dem Mittelohr, z.B. wegen einer eitrigen Mittelohrentzündung reißt, sodass der Eiter in das äußere Ohr abfließen kann.
Otitis (lat.): Ohrentzündung, media (lat.): Mittel(ohr)

8.5 Physikalische Grundlagen der Schallleitung

8.5.1 Schallwellen, Frequenzen

Wegen seiner geringen Dicke wird das Trommelfell von Schallwellen aus dem äußeren Gehörgang (➤ Abb. 8.1) in Schwingungen versetzt. Schallwellen sind Druckschwankungen der Luft, die sich mit einer Geschwindigkeit von rund 330 Metern pro Sekunde ausbreiten (in vertrautere Größenordnungen „übersetzt“ entspricht dies knapp 1200 Stundenkilometern).

Wie jedem Hörenden vertraut ist, gibt es unterschiedlich „tiefe“ und „hohe“ Töne. Sie werden durch ihre **Frequenz,** also die Zahl der Schwingungen pro Sekunde, unterschieden, die in **Hertz** (**Hz**) angegeben wird.

Frequenz (lat. frequentia): Häufigkeit, hier Zahl der Schwingungen pro Sekunde
Hertz Eigenname (deutscher Physiker), daraus ist die Abkürzung „Hz" abgeleitet
Hz = 1 Schwingung pro Sekunde (gesprochen: Hertz)
kHz = Kilohertz: Tausend Schwingungen pro Sekunde
MHz = Megahertz: 1 Million Schwingungen pro Sekunde

Je geringer die Zahl der Schwingungen pro Sekunde ist, desto „tiefer“ erscheint uns der gehörte Ton, je größer die Zahl der Schwingungen pro Sekunde, desto „höher“ der Ton. Ein gesundes, jugendliches Ohr kann Schallwellen in einem Frequenzbereich von 16–20 Hz (tiefste Töne) bis 20 000 Hz (= 20 kHz, höchste Töne) hören. Die obere Grenze sinkt mit zunehmendem Alter ab und liegt für einen 70-Jährigen bei ca. 13 000 Hz.

Schallwellen mit einer Frequenz über dem oberen Grenzwert (20 kHz) des Frequenzbereichs sind für das menschliche Ohr nicht hörbar; dieser Bereich wird als **Ultra**schall bezeichnet. Genauso sind auch Schallwellen unterhalb des unteren Grenzwerts des Frequenzbereichs für den Menschen nicht wahrnehmbar (**Infra**schall).

Der Frequenzbereich, in dem Sprache „stattfindet“, bewegt sich von rund 250 bis 5000 Hz.

Mit Kenntnis der Schallgeschwindigkeit und der Frequenz lässt sich die Wellenlänge einer Schallwelle nach folgender Formel berechnen:

Wellenlänge = Geschwindigkeit/Frequenz

Am unteren Ende des Frequenzbereichs des menschlichen Ohrs, also bei 16 Hz, beträgt die Wellenlänge nach dieser Formel dann gut 20 m, am oberen Ende, also bei 20 kHz, liegt sie bei unter 2 cm.

ultra- (lat.): oberhalb; **infra-** (lat.): unterhalb
Amplitude (lat. amplitudo): Größe, Umfang, Weite; hier bezogen auf eine Schwingung
Impedanz impedire (lat.): hemmen

Im für das menschliche Ohr optimalen Bereich um 1000 Hz lassen sich noch Töne unterscheiden, die sich nur um 3 Hz in der Frequenz unterscheiden; dies bezeichnet man als Frequenzunterschiedsschwelle.

Eine weitere Eigenschaft einer Schallwelle ist die **Amplitude**. Darunter versteht man die Differenz zwischen der höchsten Stelle des Wellenbauchs und der tiefsten Stelle des Wellentals.

Als **Impedanz** bezeichnet man den Widerstand, der der Ausbreitung einer Schallwelle entgegenwirkt, z.B. bei der Übertragung der Schallwelle über das Trommelfell auf die Gehörknöchelchen und dann auf das Innenohr.

Impedanzmessungen

Der Sinn einer Impedanzmessung in der HNO-Heilkunde/Audiologie besteht darin, Ursachen für eine Schallleitungsschwerhörigkeit festzustellen.
Die wichtigste Messmethode in diesem Zusammenhang ist die Tympanometrie. Dabei wird ein Ton einer bestimmten Frequenz über den äußeren Gehörgang zum Trommelfell geleitet und dann die Reflexion dieses Tons durch das Trommelfell gemessen. Behinderungen der Schwingungsfähigkeit des Trommelfells durch Probleme z.B. im Mittelohr (Erguss, Entzündung, Schädigungen der Gehörknöchelchen u.a.) können dabei festgestellt werden.
tympanon (griech.): Handtrommel
-metrie aus metron (griech.): Maß, Messgerät

Wenn ein Schallereignis nur aus einer einzigen Frequenz besteht, bezeichnet man dieses als Ton. Klänge als Grundlage der Musik bestehen aus mehreren Tönen, die gleichzeitig wahrgenommen werden. Der Klang setzt sich meist zusammen aus einem Grundton und mehreren Obertönen, deren Frequenzen in einem ganzzahligen Verhältnis zum Grundton stehen. Geräusche hingegen enthalten einen mehr oder weniger großen Ausschnitt aller Frequenzen des Hörbereichs.

Wenn zwei Schallquellen Schallwellen aussenden, deren Frequenzen ganz nahe beieinanderliegen, so hört man diese Töne nicht getrennt, sondern als einen einzigen Ton, dessen Lautstärke zu- und abnimmt; dies wird als Schwebung bezeichnet.

8.5.2 Hörschwelle, Schalldruck

Da es sich bei Schallwellen um Druckwellen (Druckschwankungen der Luft) handelt, lässt sich als weiteres wichtiges Charakteristikum von Schallwellen außer der Frequenz auch die Schallintensität, gemessen als Schalldruck und empfunden als unterschiedliche Lautstärke der Töne, Klänge und Geräusche, beschreiben.

Der Druck einer Schallwelle wird wie jeder andere Druck auch in der Messeinheit **Pascal** (Pa) bestimmt. Der Druck wird berechnet aus Kraft pro Fläche; dabei ist ein Pascal definiert als 1 **Newton** (N) pro Quadratmeter. Newton ist dabei die Einheit der Kraft.

Pascal Eigenname (französischer Physiker)
Einheit: Pa = 1 N/m^2 (Druck)
Newton Eigenname (englischer Physiker)
Einheit: N (1 N = Kraft, die eine Masse von 1 kg auf 1 m/sec^2 beschleunigt)

Der Schalldruck entspricht der Druckamplitude der Schallwelle (s.o.) und lässt sich mit speziellen Mikrophonen messen.

Man kann sich leicht vorstellen, dass es bei Schallwellen einen so geringen Druck geben kann, dass er vom menschlichen Ohr nicht mehr wahrgenommen wird. Der Schwellenwert, ab dem gerade eben ein Schallereignis wahrgenommen werden kann, wird als absolute Hörschwelle oder Schwellenintensität bezeichnet. Sie liegt für die Frequenz von 1000 Hz bei einem gesunden Ohr bei 2×10^{-5} Pa.

Diese Hörschwelle verändert sich deutlich, wenn sie über den gesamten Bereich des Hörspektrums untersucht wird (Intensitätsschwellenkurve); sie ist am niedrigsten im Bereich zwischen 2000 bis 5000 Hz, also im oberen Sprachbereich, und steigt zu niedrigeren und höheren Frequenzen stark an. Man hört deshalb am besten im oberen Sprachbereich.

Audiometrie

Bei der Audiometrie (meist als Tonaudiometrie oder Schwellenaudiometrie durchgeführt) wird mit einem Audiometer gearbeitet, bei dem reine Töne unterschiedlichster Frequenzen erzeugt werden. Fast ausschließlich wird damit die Hörschwelle von Probanden bei Tönen aus verschiedensten Bereichen des Hörspektrums untersucht.
Der Proband gibt dabei den Schalldruck an, ab dem er einen bestimmten Ton hört. In der Regel werden dabei in einem Tonaudiogramm die Abweichungen zum Durchschnitt der Hörfähigkeit gesunder Jugendlicher bestimmt. Bei Schwerhörigkeit des Probanden in bestimmten Frequenzen steigt dann die Hörschwelle, verglichen mit dem Durchschnittswert, an. Dieser Unterschied zum Normalwert wird als Hörverlust bezeichnet.

8.5.3 Schalldruckpegel, Dezibel

Wie schon in ➤ Kap. 7.10.2 (Weber-Fechner-Gesetz oder psychophysisches Grundgesetz) besprochen, nimmt die Empfindung eines Reizes, hier also des Schalldrucks, nicht linear mit steigender Reizstärke zu, sondern nur proportional zum Logarithmus der Reizstärke.

Aus diesem Grund wird im medizinischen Bereich selten mit dem Schalldruck direkt, sondern meist mit einem abgeleiteten Wert, dem Schalldruckpegel, gearbeitet, der dem Weber-Fechner-Gesetz Rechnung trägt. Dieser Schalldruckpegel wird in **Dezibel (dB)** gemessen.

Dezibel (abgekürzt: dB): abgeleitet aus dezi- (lat.): ein Zehntel und Bel (Abkürzung aus Bell, Eigenname: amerikanischer Erfinder u.a. des Telefons)

Das **Bel** ist eine dimensionslose Größe, die auf die menschliche Hörschwelle für einen Ton mit einer Frequenz von 1000 Hz bezogen ist. Der Schalldruckpegel an der Hörschwelle entspricht 0 dB. Bei jeder Erhöhung des Schalldrucks um den Faktor 10 erhöht sich der Schalldruckpegel um 20 dB. Dies beruht auf folgender Formel

Schalldruckpegel (meist als „L“ angegeben) = 20 × log P_x/P_0

Dabei ist P_x der gerade gemessene Schalldruck und P_0 der Schalldruck an der Hörschwelle. Entspricht der gemessene Schalldruck dem Schalldruck der Hörschwelle, wird der Quotient der Formel = 1; der Logarithmus von 1 ist gleich null, 20 multipliziert mit null bleibt null, also ist der Schalldruckpegel an der Hörschwelle 0 dB.

Erhöht sich der gemessene Schalldruck um den Faktor 10, dann ergibt der Quotient ebenfalls als 10, der Logarithmus von 10 ist gleich 1, 20 × 1 = 20, also beträgt der Schalldruckpegel 20 dB. Bei einem gegenüber der Hörschwelle hundertfach erhöhten Schalldruck ist der Schalldruckpegel 40 dB, tausendfach erhöht 60 dB usw. Die Schmerzgrenze liegt bei ca. 120 dB, bedeutet also einen um 10^6 erhöhten Schalldruck gegenüber der Hörschwelle. Bei einer Dauerbeschallung ab 85–90 dB treten Hörschäden auf. Die Schalldruckpegel verschiedener Geräuschquellen sind in der ➤ Abb. 8.4 zusammengestellt.

Um den Unterschied in der Lautstärke von zwei Tönen wahrnehmen zu können, müssen sich diese bezüglich des Schalldruckpegels um durchschnittlich 1 dB unterscheiden – die bezeichnet man auch als Unterschiedsschwelle.

Hat ein Patient bei einer tonaudiometrischen Messung gegenüber dem Normalwert einen „Hörverlust“ von beispielsweise 60 dB, dann bedeutet das, dass er einen tausendfach erhöhten Schalldruck zur Wahrnehmung eines bestimmten Tons benötigt, verglichen mit einem Normalhörigen (das bedeutet dann z.B. die Notwendigkeit eines Hörgeräts).

In der Praxis sind noch einige kleinere Korrekturen bei der Messung der Schalldruckpegel erforderlich, auf die hier nicht näher eingegangen werden kann (vergleiche Lehrbücher der Audiologie).

8

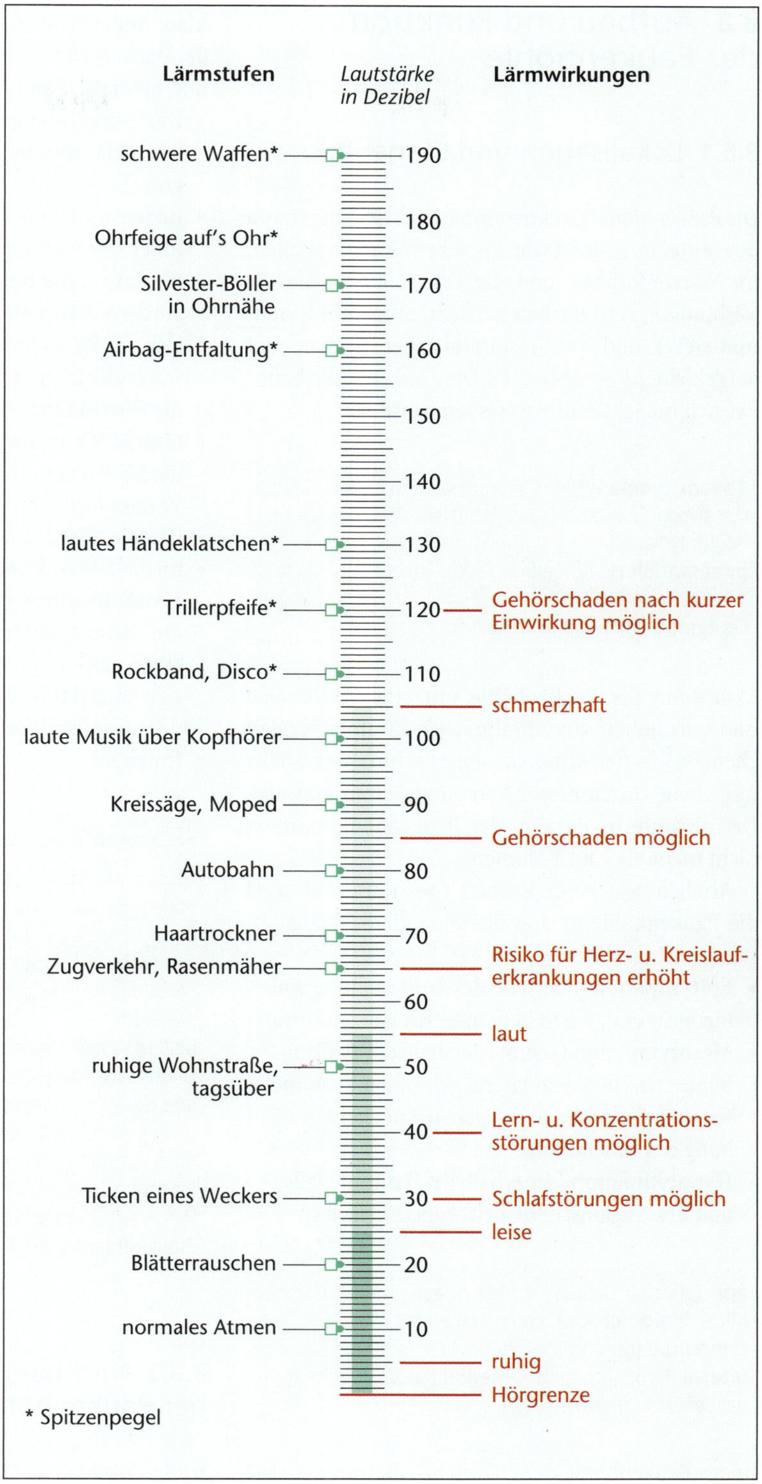

Abb. 8.4 Schalldruckpegel verschiedener Geräuschquellen und Auswirkungen auf den menschlichen Organismus

8

8.6 Aufbau und Funktion der Paukenhöhle

8.6.1 Lokalisation und Etagenbau

Die Paukenhöhle (**Cavum tympani**) ist der Hauptraum des Mittelohrs; sie ist wie die Nebenräume, vor allem im Warzenfortsatz, und die Ohrtrompete, die die Verbindung zum Rachen darstellt, luftgefüllt (**pneumatisiert**) und von respiratorischer Schleimhaut ausgekleidet (➤ Abb. 8.1). Die Paukenhöhle befindet sich im Schläfenbein (**Os temporale**).

Cavum tympani (lat. Cavum) Höhle, tympani: Genitiv von tympanum (lat.): Pauke, abgeleitet aus dem griech. Begriff tympanon
pneumatisiert luftgefüllt (auch: pneumatisch), aus pneuma (griech.): Luft
Os temporale (lat.): Schläfenbein

Man kann die Paukenhöhle mit einem schmalen und sehr hohen sanduhrähnlichen Zimmer vergleichen, das in der Mitte, an seiner schmalsten Stelle, nur einen Durchmesser von rund 2 mm aufweist. Der gesamte Innenraum der Paukenhöhle umfasst nicht mehr als 1 ml Volumen.

Ähnlich wie beim Rachen (➤ Kap. 4.6) wird die Paukenhöhle in drei übereinanderliegende Abschnitte eingeteilt:

- **Epitympanon** (oberhalb des Trommelfells; von hier geht es in die Nebenräume im Warzenfortsatz)
- **Mesotympanon** (schmalste Stelle der Paukenhöhle zwischen dem lateral gelegenen Trommelfell und einer medial gelegenen Knochenvorwölbung des Innenohrs)
- **Hypotympanon** (unterhalb des Trommelfells und des Abgangs der Ohrtrompete gelegen).

epi- (griech.): darauf, darüber; **meso-** (griech.): in der Mitte, **hypo-** (griech.): unten, darunter
tympanon (griech.): Pauke
lateral (lat.): nach außen, **medial** (lat.): zur Mitte (Mittelebene) hin gerichtet

In der Paukenhöhle finden sich als „Bewohner" drei Gehörknöchelchen (➤ Kap. 8.6.3) und zwei kleine Skelettmuskeln (➤ Kap. 8.6.4).

Man unterscheidet an der Paukenhöhle sechs Wände: Dach, Boden, vordere und hintere sowie **laterale** und **mediale** Wand:

- Dach: eine dünne Knochenplatte, die an die mittlere Schädelgrube mit Hirnhäuten und Gehirn grenzt
- Boden: eine Knochenplatte, unterhalb derer die innere Drosselvene (V. jugularis interna) verläuft, die das venöse Blut aus dem Gehirn transportiert
- vordere Wand: ein Knochenabschnitt, in dem sich der Kanal für die innere Kopfschlagader, A. carotis interna, befindet; von hier geht auch die Ohrtrompete zum Nasenrachen ab
- hintere Wand: hier sind die Öffnungen enthalten, die zu den pneumatisierten Hohlräumen des Warzenfortsatzes führen
- laterale Wand: enthält das Trommelfell
- mediale Wand: vorgewölbt durch das sog. **Promontorium**, einen Knochenvorsprung, der durch die unterste Windung der Schnecke des Hörorgans hervorgerufen wird; hier befinden sich auch das ovale und das runde Fenster; hinter der medialen Wand der Paukenhöhle liegt das Innenohr.

Fachbegriffe der Paukenhöhlenwände

Dach: Paries tegmentalis (tegmentum, lat.: Dach)
Boden: Paries jugularis (jugularis: aus iugulare (lat.): erdrosseln, bezogen auf die Drosselvene)
vordere Wand: Paries caroticus (caroticus: dem Knochenkanal der A. carotis interna, innere Kopfschlagader, benachbart)
hintere Wand: Paries mastoideus (mastoideus: zum Warzenfortsatz, Processus mastoideus, zugehörig)
laterale Wand: Paries membranaceus (membranaceus: häutig, membranartig)
mediale Wand: Paries labyrinthicus (dem Labyrinth des Innenohrs benachbart)
Paries (lat.): Abschnitt
Promontorium (lat.): Vorsprung

8.6.2 Nachbarstrukturen der Paukenhöhle

In der Nachbarschaft der Wände der Paukenhöhle, vor allem im hinteren Bereich, finden sich zahlreiche pneumatisierte Hohlräume, die auch als „Zellen" be-

8

zeichnet werden. Von besonderer Bedeutung sind dabei die Warzenfortsatzzellen (**Cellulae mastoideae**), die sich in dem hinter dem Ohr gut tastbaren Warzenfortsatz (**Processus mastoideus**) befinden.

In der Wand der Paukenhöhle bzw. in der weiteren Nachbarschaft verlaufen wichtige Leitungsbahnen wie die oben genannten Blutgefäße (A. carotis interna, V. jugularis interna, ➤ Abb. 8.6) und einige Hirnnerven (vor allem der N. facialis verläuft über eine gewisse Strecke unter der Schleimhaut der Paukenhöhle). Ebenso gibt es enge Nachbarbeziehungen der Paukenhöhlenwände zu bestimmten Abschnitten der Hirnhäute und der darin verlaufenden venösen Blutleiter (Sinus, ➤ Abb. 8.6).

Cellulae Plural von cellula (lat.): Kämmerchen
mastoideae Plural der Femininform von mastoideus (lat.): warzenartig
Processus (lat.): Fortsatz

Ausbreitung von Eiterungen der Paukenhöhle

Die Warzenfortsatzzellen können genauso wie die meisten anderen hinter den Paukenhöhlenwänden liegenden Nachbarstrukturen bei einer eitrigen Mittelohrentzündung mit einbezogen werden. Problematisch ist dabei nicht nur, dass der Übergriff der Eiterungen schlecht behandelt werden kann, sondern dass Eitererreger auf Blutgefäße, Nerven und Hirnhäute übergreifen können, die sich in der Nachbarschaft der Paukenhöhle befinden. Ebenso besteht das Risiko einer Meningitis, einer Sinusthrombose oder eines Hirnabszesses.
Meningitis (lat.): Hirnhautentzündung
Sinusthrombose: Bildung eines Pfropfes in einem venösen Blutleiter (Sinus) der harten Hirnhaut
Hirnabszess: Eiteransammlung (Abszess) im Gehirn
Als Warzenfortsatzentzündung (Mastoiditis) bezeichnet man das Übergreifen einer eitrigen Mittelohrentzündung auf die Warzenfortsatzzellen. Eine solche Entzündung ist nur schwer zu behandeln, häufig ist ein operativer Eingriff erforderlich.

8.6.3 Gehörknöchelchen

Von großer Bedeutung für die Übertragung der Schallwellen vom Trommelfell auf das Innenohr sind die Gehörknöchelchen (➤ Abb. 8.5a):

- Hammer (Malleus), bestehend aus Kopf und Handgriff (letzterer mit dem Trommelfell verwachsen)
- Amboss (Incus), aufgebaut wie ein Mahlzahn mit zwei unterschiedlich langen „Wurzeln“ (Fortsätze, Schenkel)
- Steigbügel (Stapes), aufgebaut aus Kopf, vorderem und hinterem Schenkel sowie der Steigbügelplatte.

Dabei bilden Hammerkörper und Ambosskörper ein Gelenk, ebenso der lange Fortsatz des Ambosses mit dem Steigbügelkopf (➤ Abb. 8.5a). Hammer und Amboss sind durch verschiedene Bänder mit der Wand der Paukenhöhle verbunden. Im Prinzip bilden die drei Gehörknöchelchen eine Knochenkette, die federnd aufgehängt und untereinander befestigt ist. Die Bewegungsmöglichkeiten in den beiden Gelenken sind nur sehr gering.

Die Schwingungen des Trommelfells werden auf den mit ihm verwachsenen Hammerhandgriff übertragen; wegen der geringen Beweglichkeit in den Gehörknöchelchen-Gelenken überträgt sich diese Schwingung unter leichter Verstärkung des Schalldrucks durch Hebelkräfte direkt auf die Steigbügelplatte (➤ Abb. 8.7). Die Bewegungen, die der Hammer ausführt, sind dabei als Drehschwingungen zu charakterisieren, die über den Amboss auf den Steigbügel übertragen werden. Die Drehachse des Hammers befindet sich am Übergang des Hammerhandgriffs zum Hammerkopf.

Das Innenohr ist ein labyrinthartiger, mit Flüssigkeit gefüllter Knochenhohlraum. Es weist zur Paukenhöhle zwei Öffnungen auf, die sich in der medialen Wand der Paukenhöhle befinden. Diese Öffnungen werden als ovales und rundes Fenster bezeichnet (➤ Abb. 8.7). Das runde Fenster ist durch eine dem Trommelfell vergleichbare, nur wesentlich kleinere Membran verschlossen.

Die Steigbügelplatte verschließt das ovale Fenster; sie ist von Knorpel überzogen, der auch den äußeren Rand umschließt. Ebenso weist auch die Wand des ovalen Fensters einen Knorpelüberzug auf. Zwischen der Steigbügelplatte und der Wand des ovalen Fensters befindet sich ein Ringbandsystem aus überwiegend elastischen Fasern (**Ligamentum anulare stapedis**, ➤ Abb. 8.5a).

Ligamentum (lat.): Band (abgekürzt: Lig.)
anulare Neutrum von anularis (lat.): ringartig
stapedis Genitiv von stapes (lat.): Steigbügel

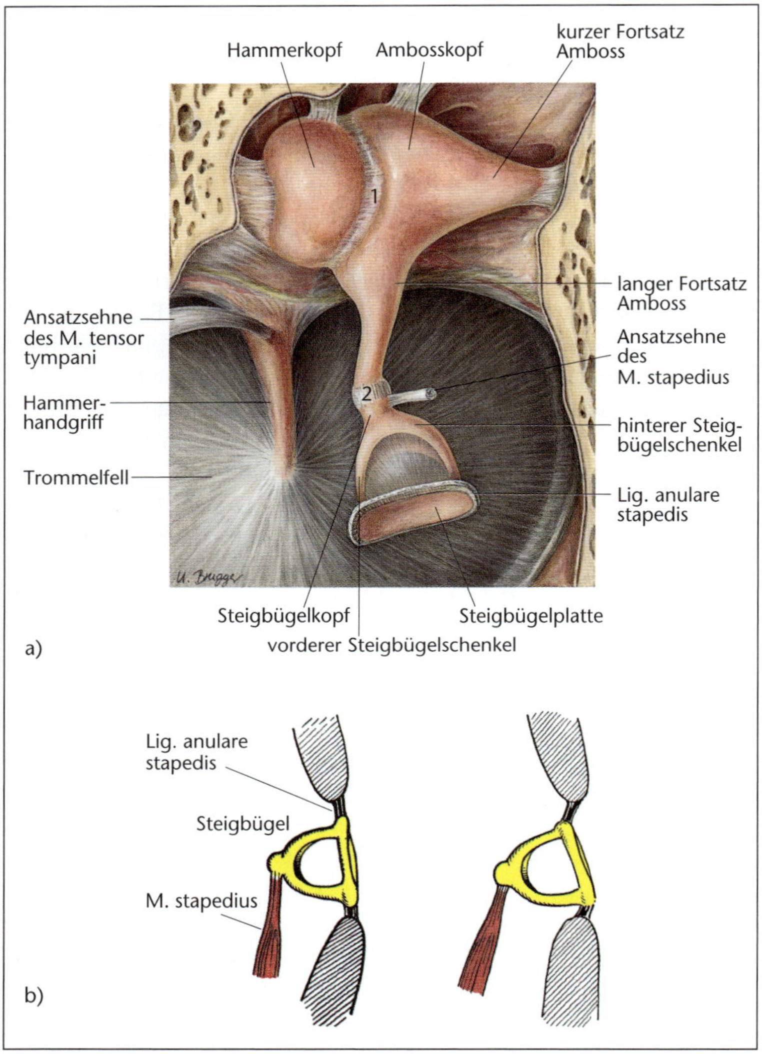

Abb. 8.5 a) Blick auf die Gehörknöchelchen und das Trommelfell, vom Innenohr aus gesehen; 1 Gelenk zwischen Hammer und Amboss, 2 Gelenk zwischen Amboss und Steigbügel; b) Auswirkung einer Kontraktion des M. stapedius (rechte Bildhälfte) auf die Position der Steigbügelplatte im ovalen Fenster (Stapediusreflex)

Bei Übertragungen von Schallwellen über das Trommelfell auf die Steigbügelplatte führt diese Kippbewegungen aus, bei hohen Schalldrücken sind auch kolbenartige Bewegungen im ovalen Fenster zu beobachten, wodurch die Schallwellen auf die Flüssigkeit des Innenohrs weitergeleitet werden.

8.6.4 Muskeln der Paukenhöhle

Im Mittelohr befinden sich als „Bewohner" neben den Gehörknöchelchen auch zwei winzige, quergestreifte Skelettmuskeln:

- Trommelfellspanner (**M. tensor tympani**)
- Steigbügelmuskel (**M. stapedius**).

M. tensor tympani M.: Abkürzung für Musculus (lat.): Muskel, tensor (lat.): Anspanner, tympani, Genitiv von tympanum (lat.): Pauke (bezogen auf das Trommelfell)
stapedius (lat.): zum Steigbügel (stapes) gehörig

Die Aufgabe dieser Muskeln ist es, u.a. die Gehörknöchelchenkette so in Spannung zu halten, dass sie die Schallwellen optimal übertragen kann.

Der Trommelfellspanner zieht von der Wand der Paukenhöhle in der Nähe des Abgangs der Ohrtrompete zum Hammerhandgriff (➤ Abb. 8.5a, ➤ Abb. 8.6). Wie der Name erkennen lässt, besteht die Funktion dieses Muskels darin, das Trommelfell aktiv anzuspannen. Vermutlich soll damit ein Schutz der Gehörknöchelchen und des Innenohrs vor zu hohen Schalldruckpegeln, speziell im oberen Frequenzbereich, bewirkt werden.

Der nur 7 mm lange Steigbügelmuskel ist der kleinste Skelettmuskel des Körpers; er zieht von der Hinterwand der Paukenhöhle zum Steigbügelkopf (➤ Abb. 8.5a). Bei Anspannung des Muskels wird die Steigbügelplatte im ovalen Fenster so gekippt, dass eine Dämpfung der Steigbügelbewegungen in Richtung auf die Flüssigkeit des Innenohrs erfolgt (➤ Abb. 8.5b). Auch damit soll ein Schutz des Innenohrs vor zu hohem Schalldruck erreicht werden.

Kurz vor Beginn und während des eigenen Sprechens oder Singens kontrahieren sich die beiden Mittelohrmuskeln, um die Übertragung der eigenen Stimme abzuschwächen.

Stapediusreflex, Hyperakusis

Die Kippbewegung der Steigbügelplatte bei einem akustischen Reiz wird als Stapediusreflex bezeichnet; dieser dient als Selbstschutz des Ohrs vor zu hoher Lärmbelastung.
Bei einer Lähmung des Stapediusmuskels kommt es zur sog. Hyperakusis, einer krankhaften „Feinhörigkeit", die sich als Lärmempfindlichkeit, besonders gegenüber hohen Frequenzen, zeigt, die als unangenehm und evtl. sogar als schmerzhaft wahrgenommen werden.
Hyperakusis: aus Hyper- (griech.): über(mäßig), akusis (griech. akousis): hören

8.6.5 Funktionelle Betrachtungen

Die Gehörknöchelchenkette hat die Funktion eines Verstärkerapparats; eine solche Verstärkung des Schalldrucks ist notwendig, da es bei der Übertragung der Schallwellen von Luft auf Flüssigkeit des Innenohrs zu einem erheblichen Schalldruckverlust durch Reflexion der Schallwellen kommt.

Die Hebelwirkung der Gehörknöchelchen erhöht dabei den Schalldruck um rund 30 %; viel entscheidender ist jedoch der Flächenunterschied zwischen Trommelfell (ca. 55 mm^2) und Steigbügelplatte (3 mm^2). Da sich der Schalldruck aus Kraft pro Fläche (➤ Kap. 8.5.2) errechnet, wird er alleine durch die Verringerung der Fläche um den Faktor 17 erhöht. Zusammen mit der Hebelwirkung der Gehörknöchelchen erreicht der Verstärkerapparat des Mittelohrs damit eine Druckerhöhung um den Faktor 22, der in etwa dem Schalldruckverlust bei Übertragung auf die Innenohrflüssigkeit entspricht.

Otosklerose

Als Otosklerose („Ohrverhärtung") beschreibt man eine degenerative, chronisch fortschreitende Erkrankung des Aufhängeapparats des Steigbügels, des ovalen Fensters und der weiteren Umgebung. Diese Erkrankung hat eine erbliche Komponente und tritt bevorzugt bei Frauen ab dem 4.–5. Lebensjahrzehnt auf. Es kommt zu einer meist beidseitigen zunehmenden Schallleitungsschwerhörigkeit, evtl. mit Ohrgeräuschen (Tinnitus). Die degenerative Erkrankung, bei der die Steigbügelplatte unbeweglich wird, kann auch auf das Innenohr und den Hörnerven übergreifen, sodass auch eine Schallempfindungsschwerhörigkeit hinzukommen kann.
Therapeutisch kann z.B. der Steigbügel entfernt (Stapedektomie) und durch geeignetes Ersatzmaterial (Stapesplastik) ersetzt werden, um die Schallleitungskette wieder herzustellen. Meist erfolgt jedoch eine Stapedotomie, bei der ein Teil des Steigbügels entfernt wird. Ein sog. Stapespiston wird am Amboss befestigt und durch ein meist mit einem Laser erzeugtes Loch in der Steigbügelplatte geführt.

Außer der Schallleitung über die Luft, das Trommelfell und die Gehörknöchelchenkette zum Innenohr („Luftleitung") unterscheidet man auch noch die sog. Knochenleitung, die über den Schädelknochen direkt zum Innenohr verläuft, sowie die sog. osseotympanale Leitung, die vom Unterkiefer zum äußeren Gehörgang bzw. zum Trommelfell führt. Die Knochenleitung wird bei bestimmten klinischen Untersuchungen des Hörvermögens (Rinne-Versuch, Weber-Versuch, siehe Lehrbücher der HNO-Heilkunde oder Audiologie) eingesetzt.

8.6.6 Ohrtrompete

Die Ohrtrompete (**Tuba auditiva, Eustachi**-Röhre) ist ein Belüftungskanal, der die Paukenhöhle mit dem Nasenrachen verbindet, um Druckunterschiede zwischen beiden Räumen zu vermeiden, die ein Taubheitsgefühl auslösen. Das Trommelfell kann nur optimal schwingen, wenn der Druck in der Paukenhöhle dem des äußeren Ohrs und damit der Außenwelt entspricht.

Tuba auditiva (lat. tuba): Trompete, Röhre und auditiva, Femininform von auditivus (lat.): zum Ohr gehörig
Eustachi Eigenname, eigentlich Eustachio (italienischer Anatom)

Die Ohrtrompete hat beim Erwachsenen eine Länge von ca. 3,5 bis 4 cm; ihre Wand ist von der Paukenhöhle aus gesehen (➤ Abb. 8.6) zunächst knöchern (etwa ein Drittel der Gesamtlänge), beim Übergang zum Nasenrachen besteht sie aus einem hakenförmigen elastischen Knorpel und Bindegewebe. Die Tube von Kindern ist kürzer und weiter, was die Ausbreitung von Erregern aus dem Nasenrachen in die Paukenhöhle erleichtert. An der Mündung der Tube im Nasenrachenraum befindet sich die Tubenmandel (Tonsilla tubaria, ➤ Kap. 4.6.4).

Wenn relativ schnell große Höhen- und damit Druckunterschiede überwunden werden (Aufzug in Hochhäusern, Passfahrten im Gebirge, Flugzeug), wird das Trommelfell entweder in die Paukenhöhle oder den äußeren Gehörgang hineingedrückt. Der dann zwischen äußerem Ohr und Mittelohr bestehende Druckunterschied wird als „Druck auf dem Ohr“, verbunden mit Schwerhörigkeit, empfunden. Da einige der beim Schluckakt beteiligten Muskeln (Gaumensegelmuskeln, Schlundheber) eine Verbindung zum elastischen Knorpel der Tubenwand aufweisen (➤ Abb. 8.1, ➤ Abb. 8.6), kann der Druckunterschied durch mehrfaches Schlucken beseitigt werden. Die Tube wird dabei erweitert, sodass der Druckausgleich zur Paukenhöhle erfolgen kann.

8.7 Aufbau und Funktion des Innenohrs

8.7.1 Knöchernes und häutiges Labyrinth

Knöchernes Labyrinth

Das Innenohr mit dem Hör- und Gleichgewichtsorgan befindet sich in einer labyrinthartigen Knochenhöhle im sog. Felsenbein (➤ Abb. 8.7), das einen Abschnitt des Schläfenbeins darstellt und als härtester Knochen des Körpers gilt.

Dieses als knöchernes Labyrinth bezeichnete Hohlraumsystem wird vollständig von einer **Perilymphe** genannten Flüssigkeit ausgefüllt (➤ Abb. 8.7):

8

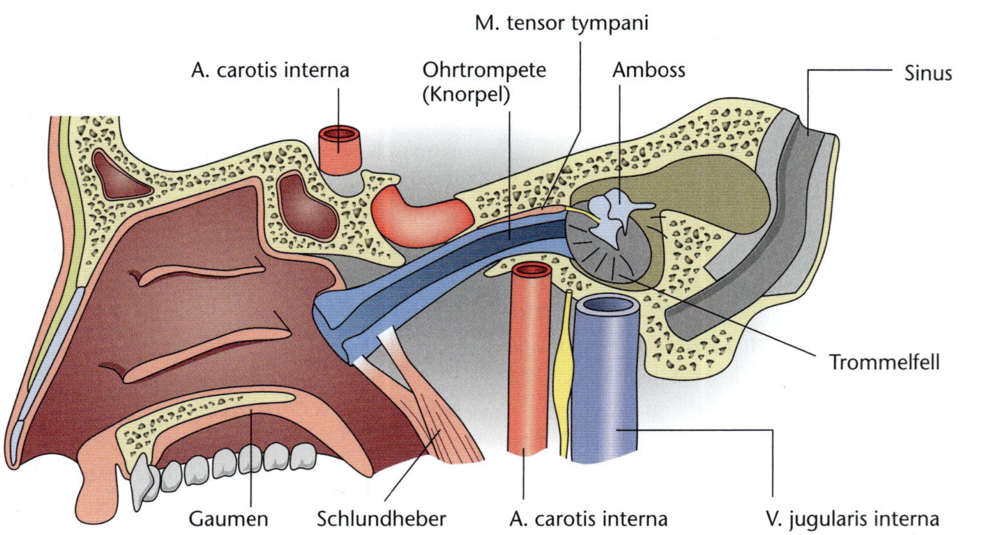

Abb. 8.6 Ansicht der teilweise aufgeschnittenen Ohrtrompete zwischen Paukenhöhle und Nasenrachen mit Darstellung wichtiger umliegender Strukturen

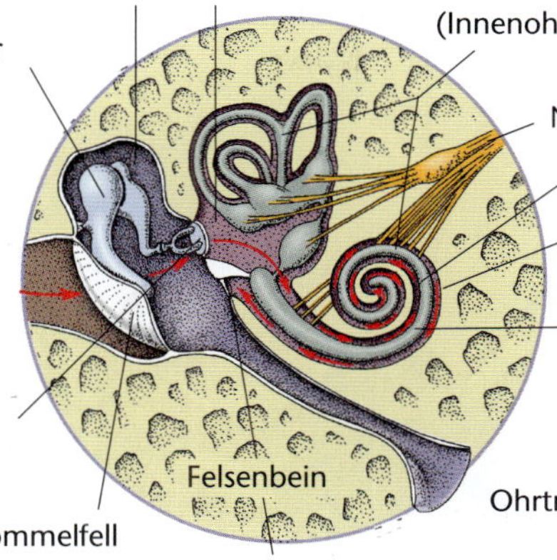

Abb. 8.7 Schematische Darstellung von Mittel- und Innenohr; die roten Pfeile stellen die Schallwellen auf ihrem Weg über das Trommelfell, die Gehörknöchelchen und dann durch den Perilymphraum des knöchernen Labyrinths dar; die Perilymphe ist rotviolett, die Endolymphe türkisfarben dargestellt.

Das knöcherne Labyrinth besteht aus zwei Abschnitten: im Schneckenlabyrinth befindet sich das Hörorgan, im Vorhoflabyrinth mit seinen zusätzlichen Kanälen („Bogengänge") das Gleichgewichtsorgan (➤ Abb. 8.7, ➤ Abb. 8.8). Zur medialen Wand der Paukenhöhle finden sich die Öffnungen des knöchernen Labyrinths (ovales Fenster: **Fenestra ovalis**, rundes Fenster: **Fenestra rotunda**).

Perilymphe peri (griech.): um-…, herum, damit ist gemeint, dass die Perilymphe das häutige Labyrinth (s.u.) umgibt; -lymphe: serumähnliche Flüssigkeit
Fenestra rotunda fenestra (lat.): Fenster und rotunda (lat.), Femininform von rotundus (lat.): rund, auch als Fenestra cochleae bezeichnet, weil es in Verbindung mit der Schnecke (cochleae, Genitiv von cochlea, lat.: Schnecke) steht
Fenestra ovalis (lat.): ovales Fenster, auch als Fenestra vestibuli bezeichnet, weil es in Verbindung mit dem Vorhof (vestibuli, Genitiv von vestibulum, lat.: Vorhof) des Gleichgewichtsorgans steht

Das knöcherne Schneckenlabyrinth weist die Form einer Schnecke (**Cochlea**) auf, die beim Menschen 2½ Windungen besitzt, die sich um eine zentrale Achse (**Modiolus**) drehen (➤ Abb. 8.9). Der Hohlraum der Schnecke entspricht einem etwa 30–37 mm langen Kanal, der in der Schneckenkuppel endet. Von der zentralen Achse (Modiolus) geht eine etwa 1 mm breite Knochenleiste aus, die als knöcherne Spiralleiste (**Lamina spiralis ossea**) bezeichnet wird und sich spiralig bis nach oben zur Schneckenkuppel zieht.

Cochlea (lat.): Schnecke, Muschel
Modiolus (lat.): Radnabe, Spindel
Lamina spiralis ossea Lamina (lat.): Platte, spiralis (lat.): spiralförmig, ossea, Femininform von osseus (lat.): knöchern
Vestibulum (lat.): Vorhof
Canales Plural von canalis (lat.): Kanal
semicirculares Plural von semicircularis (lat.): halbkreisförmig
Meatus (lat.): Gang, acusticus (lat.): zum Hörorgan gehörig, internus (lat.): der innere

Das knöcherne Vorhoflabyrinth, in dem sich das Gleichgewichtsorgan befindet, besteht aus einem großen Hohlraum, der als Vorhof (**Vestibulum**) bezeichnet wird (➤ Abb. 8.7). Daraus und aus der Bezeichnung für die Schnecke (Cochlea) leitet sich der Begriff „Organum vestibulocochleare" ab, der für das Hör- und Gleichgewichtsorgan zusammen verwendet wird. Von diesem Vorhof gehen drei halbkreisförmige Knochenkanäle (**Canales semicirculares**) ab, die den Vorhof auch jeweils wieder erreichen (➤ Abb. 8.7)

Zum knöchernen Labyrinth wird auch der etwa 10 mm lange innere Gehörgang (**Meatus acusticus internus**) gerechnet, in dem der N. facialis, der N. vestibulocochlearis sowie Blutgefäße verlaufen (➤ Abb. 8.1).

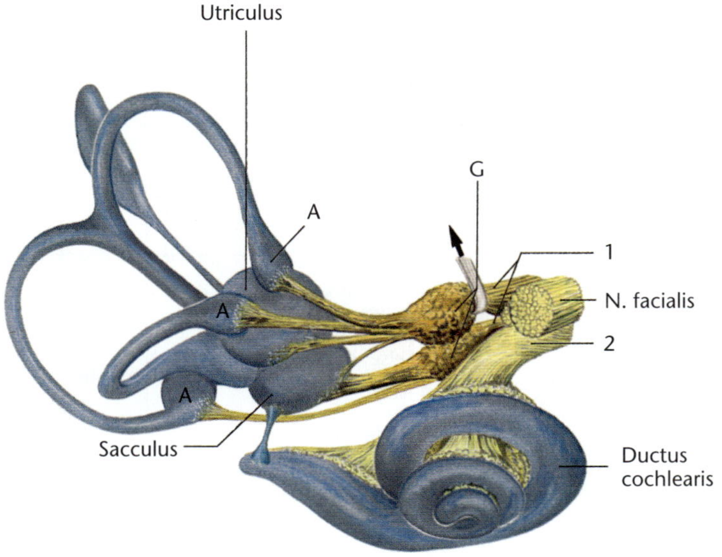

Abb. 8.8 Darstellung des häutigen Labyrinths sowie des N. vestibulocochlearis. A: Ampullen, G: Ggl. vestibulare,
1 Pars vestibularis, 2 Pars cochlearis des N. vestibulocochlearis (N. VIII)

Häutiges Labyrinth

Man kann das knöcherne Labyrinth grob mit einer Wanne vergleichen, die vollständig mit Wasser („Perilymphe") gefüllt und mit einem Deckel verschlossen ist. In diesem Deckel befinden sich in diesem Vergleich zwei Öffnungen, das ovale und das runde Fenster. Über die Steigbügelplatte im ovalen Fenster werden die Schallwellen auf die Flüssigkeit übertragen, wobei der Druckausgleich über die Membran des zweiten Trommelfells erfolgt, das das runde Fenster verschließt. Wand und Deckel dieser Wanne stellen die Wände des knöchernen Labyrinths dar.

In dieser „Wanne" befindet sich nun ein mit einer etwas anders zusammengesetzten Flüssigkeit (**Endolymphe**) gefülltes, komplex gestaltetes Schlauchsystem, das von Perilymphe umgeben und an einigen Stellen an der Wand des knöchernen Labyrinths befestigt ist. Dieses Schlauchsystem wird als häutiges Labyrinth bezeichnet (➤ Abb. 8.7, ➤ Abb. 8.8).

Endolymphe (griech. endo-): innerhalb, damit ist die Flüssigkeit gemeint, die sich im häutigen Labyrinth befindet; -lymphe: serumähnliche Flüssigkeit

Wie schon das knöcherne Labyrinth besteht auch das häutige Labyrinth aus einem Abschnitt, der dem Hörorgan zugeordnet ist („Schneckengang" in ➤ Abb. 8.7, ➤ Abb. 8.8), und einem Abschnitt, in dem die Sinnesfelder des Gleichgewichtsorgans lokalisiert sind. Beide Teile hängen miteinander zusammen und haben einen durchgehenden Hohlraum, der mit Endolymphe gefüllt ist.

8.7.2 Hörorgan

Ductus cochlearis

Der dem Hörorgan zuzurechnende Teil des häutigen Labyrinths schließt sich über einen kleinen Verbindungsgang an den Abschnitt an, der zum Gleichgewichtsorgan gehört (➤ Abb. 8.7, ➤ Abb. 8.8), und bildet den häutigen Schneckengang (**Ductus cochlearis**), der mit Endolymphe gefüllt ist.

Ductus cochlearis (lat. ductus): Gang und cochlearis (lat.): zur Schnecke (lat. cochlea) gehörig
Modiolus (lat.): Radnabe, Spindel
Lamina spiralis ossea (lat. lamina): Platte, spiralis (lat.): spiralförmig,
ossea Femininform von osseus (lat.): knöchern

8

Der häutige Schneckengang folgt den Windungen des knöchernen Schneckengangs, nimmt aber nur einen recht kleinen Teil des mit Perilymphe gefüllten übrigen Schneckenvolumens ein. Dabei wird der Perilymphraum der knöchernen Schnecke durch die von der zentralen Achse (**Modiolus**) ausgehende Spiralwendel (**Lamina spiralis ossea**) und den sich anschließenden Schneckengang in zwei Abteilungen unterteilt, die nur im Bereich der Schneckenkuppel miteinander in Verbindung stehen, da hier der Schneckengang blind endet (➤ Abb. 8.7, ➤ Abb. 8.9).

Die obere Abteilung des Perilymphraums wird als Vorhoftreppe (**Scala vestibuli**), die untere als Paukentreppe (**Scala tympani**) und die Verbindung zwischen beiden in der Schneckenspitze als **Helicotrema** bezeichnet (➤ Abb. 8.9, ➤ Abb. 8.10).

Die Bezeichnung der beiden Skalen rührt daher, dass die Schallwelle von der Steigbügelplatte auf die Perilymphe im Vestibulum übertragen wird (➤ Abb. 8.7). Von dort pflanzt sie sich durch die Scala vestibuli bis zur Schneckenspitze fort und folgt von da an der Scala tympani bis zu deren Ende (➤ Abb. 8.9). Dieses Ende ist das durch das sog. 2. Trommelfell verschlossene runde Fenster in der medialen Paukenhöhlenwand, wodurch der Druckausgleich der sich in der Perilymphe fortbewegenden Schallwelle erfolgt. Der Haupthohlraum des Schneckengangs (Ductus cochlearis) wird in Analogie zu den beiden genannten Skalen auch manchmal als **Scala media** bezeichnet.

Scala (lat.): Treppe
vestibuli Genitiv von vestibulum (lat.): Vorhof
tympani Genitiv von tympanum (lat.): Pauke
media (alt.): die mittlere
Helicotrema (griech.): Schneckenloch

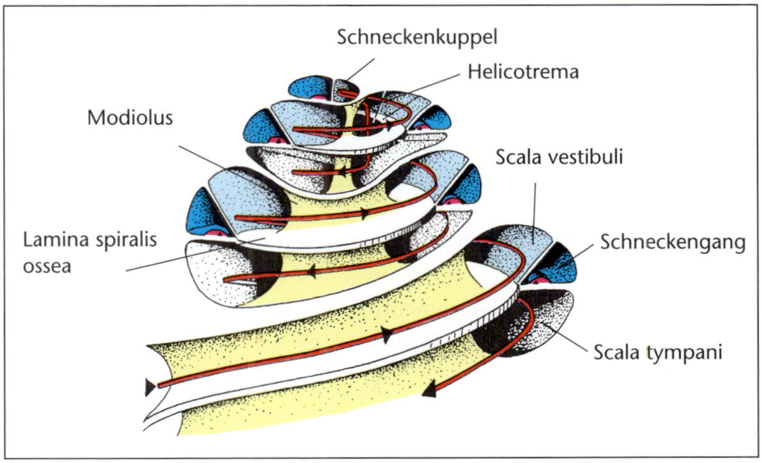

Abb. 8.9 Schematische Darstellung der Ausbreitung der Schallwellen (rote Pfeile) im Perilymphraum der eröffneten Schnecke

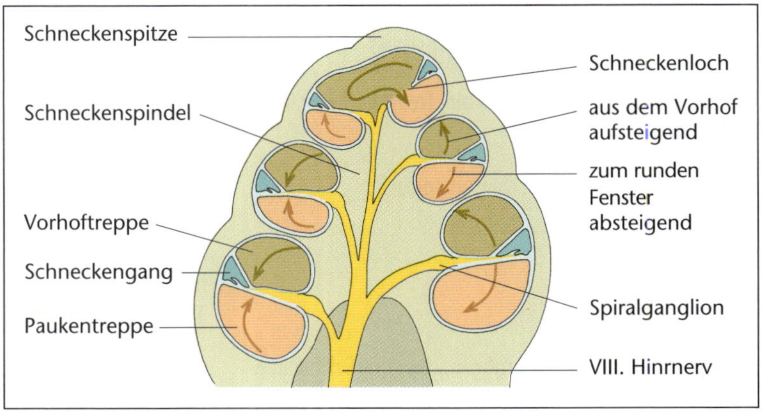

Abb. 8.10 Schnittbild der Schnecke

8

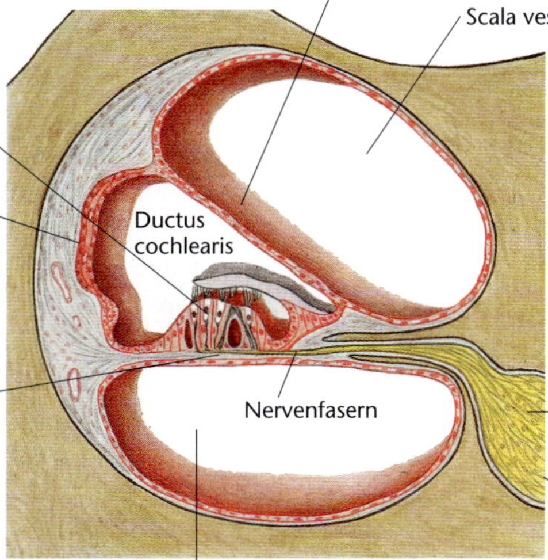

Abb. 8.11 Querschnitt durch eine Schneckenwindung mit Perilymphraum (Scala vestibuli und Scala tympani) und Endolymphraum (Ductus cochlearis mit „Scala media")

Der im Querschnitt dreieckige häutige Schneckengang (➤ Abb. 8.9 bis ➤ 8.11) weist folgende Wände auf:

- Vorhofmembran (**Membrana vestibularis**), meist als **Reissner**-Membran bezeichnet: Grenze zur Scala vestibuli
- **Basilar**membran (Lamina basilaris): Grenze zur Scala tympani
- Außenwand (Spiralband, **Ligamentum spirale**): Verankerung an der Wand der knöchernen Schnecke.

Membrana (lat.): Häutchen, Membran
vestibularis (lat.): zum Vorhof (vestibulum) gehörig
Reissner Eigenname (deutscher Anatom)
Lamina (lat.): Häutchen, Schicht; **basilaris** (lat.): an der Basis gelegen
Ligamentum (lat.): Band; **spirale**, Neutrum von spiralis (lat.): spiralartig
Organum (lat.): Organ
Corti Eigenname (italienischer Anatom)

Corti-Organ

Das Epithel der Basilarmembran, das zum Schneckengang orientiert ist, hat sich teilweise zu einem Sinnesepithel umgewandelt, das die Hörempfindungen vermittelt. Dieses ebenfalls spiralig gewundene Sinnesepithel mit seinen speziellen Differenzierungen wird als **Corti**-Organ oder Spiralorgan (**Organum spirale**) bezeichnet (➤ Abb. 8.11). Die hier enthaltenen Sinneszellen entsprechen in etwa denen des Gleichgewichtsorgans und werden als Haarzellen bezeichnet.

Das Corti-Organ weist zusätzlich verschiedene sog. Stützzellen und tunnelartige Hohlräume auf, die wie der Rest des Schneckengangs mit Endolymphe gefüllt sind (➤ Abb. 8.12), deren chemische Zusammensetzung aber teilweise Besonderheiten aufweist. Über dem Sinnesepithel befindet sich die gallertige Deckmembran (**Membrana tectoria**), die mit den entsprechenden Strukturen des Gleichgewichtsorgans (Cupula, Statokonienmembran; ➤ Kap. 8.7.4) vergleichbar ist.

tectoria (lat.): bedeckend
Dispersion (lat. dispersio): Spreizung, Verteilung, Streuung

Innere und äußere Haarzellen, Transduktion und Transformation

Bei den Sinneszellen lässt sich die spiralig angeordnete Reihe aus einzelnen sog. inneren Haarzellen

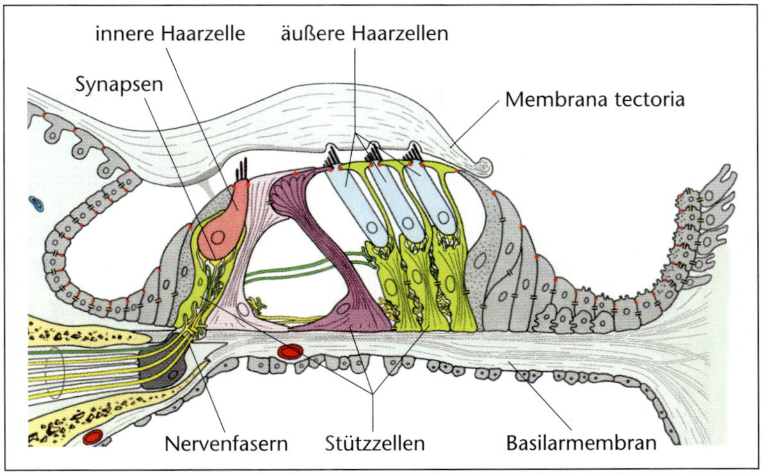

Abb. 8.12 Schnitt durch das Corti-Organ; Nervengewebe ist gelb bzw. grün markiert

von der spiralig angeordneten Reihe aus je 3–4 sog. äußeren Haarzellen unterscheiden (➤ Abb. 8.12).

Die Haarzellen sind sekundäre Sinneszellen und enthalten hochempfindliche Sinneshärchen, die charakteristisch angeordnet sind. Die längsten Sinneshärchen der äußeren Haarzellen stecken in der gallertigen Deckmembran und werden durch Resonanzvorgänge, die die eintreffenden Schallwellen ausgelöst haben, mechanisch ausgelenkt.

Die Scherbewegungen der Sinneshärchen der inneren Haarzellen erfolgen jedoch durch Flüssigkeitsströmungen zwischen ihnen und der knapp darüber liegenden Deckmembran. Dadurch wird der Transduktionsprozess (➤ Kap. 7.10.2) ausgelöst, der zur Entstehung eines Rezeptorpotenzials der inneren Haarzellen führt. Die dabei entstehende „Erregung" wird in einem Transformationsprozess auf dendritische Nervenfasern übertragen, die mit den inneren Haarzellen verbunden sind (➤ Abb. 8.12). Die Übertragung erfolgt durch den Botenstoff Glutamat.

Nur die inneren Haarzellen sind zur Transformation des Rezeptorpotenzials auf den Hörnerven in der Lage. Die äußeren Haarzellen wirken als eine Art Verstärker der inneren Haarzellen (s.u.).

Die mechanischen Vorgänge bei der „Registrierung" der Schallereignisse durch die inneren Haarzellen (Transduktionsprozess) sind mit komplizierten elektrischen Vorgängen an diesen Zellen verbunden, die sich aus unterschiedlichen Konzentrationen an Kaliumionen in der Nachbarschaft der Haarzellen bzw. aus Veränderungen dieser Konzentrationen als Folge der mechanischen Auslenkung der Sinneshärchen ergeben.

Frequenzdispersion

Die Steigbügelplatte überträgt die Schallwellen auf die Perilymphe; dabei entstehen in dieser Flüssigkeit Wellenbewegungen (Wanderwellen) von der Schneckenbasis zur Schneckenspitze. Abhängig von der Frequenz der Schallwellen gerät die Basilarmembran (und mit ihr natürlich der gesamte Ductus cochlearis) am jeweiligen Amplitudenmaximum der Welle in unterschiedlichen Abschnitten des Schneckengangs in Schwingungen, wodurch die Sinneshärchen der Haarzellen ausgelenkt werden.

Bei hohen Frequenzen (z.B. 15 000 Hz) wird nur die Basilarmembran der Schneckenbasis in Resonanzschwingungen versetzt, bei niedrigen Frequenzen (z.B. 50 Hz) geschieht dies erst an der Schneckenspitze. Dadurch kann die Schnecke Schallwellen unterschiedlicher Wellenlängen unterscheiden: dies wird als mechanische Frequenzanalyse (**Frequenzdispersion**) in der Schnecke bezeichnet (➤ Abb. 8.13).

Die Aufgabe der äußeren Haarzellen ist es dabei, die bestehenden Wanderwellen an einer bestimmten Stelle massiv zu verstärken, sodass durch das Ohr eine optimale Frequenzanalyse erfolgen kann. Das verstärkte Signal wird dann an die inneren Haarzellen weitergeleitet.

Vielfach bestehen Innenohrschwerhörigkeiten, bei denen diese Verstärkung durch die äußeren Haarzel-

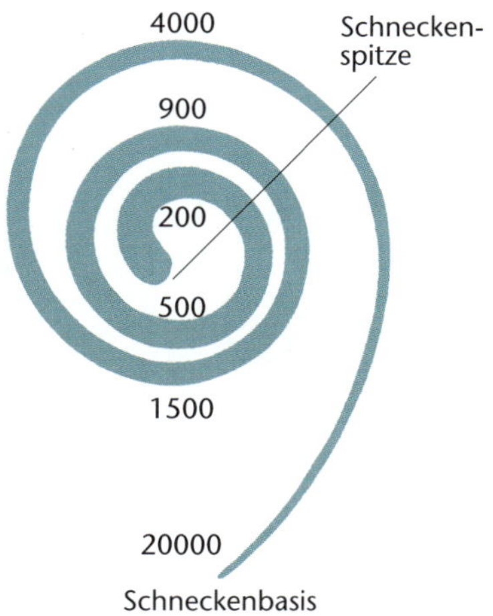

Abb. 8.13 Schematische Darstellung der Basilarmembran zwischen Schneckenbasis und Schneckenspitze mit Zuordnung der Tonhöhen in Hz

len ausgefallen ist; dadurch sind die getrennte Wahrnehmung von Tönen unterschiedlicher Frequenzen und damit das Sprachverständnis erheblich gestört.

8.7.3 N. cochlearis, Hörbahn

Die Sinneshärchen der Haarzellen des Hörorgans werden durch die Wirkung der Schallwellen mechanisch ausgelenkt, wie es analog auch im Gleichgewichtsorgan stattfindet (s.u.). Über synaptische Verbindungen der inneren Haarzellen (➤ Abb. 8.12) wird die Erregung auf dendritische Endigungen des 1. Neurons der Hörbahn übertragen. Bei diesen Nervenzellen handelt es sich wie bei der Gleichgewichtsbahn auch um bipolare Nervenzellen (➤ Abb. 7.2b). Ihre Perikarya bilden das spiralig verlaufende **Ganglion spirale cochleae** (➤ Abb. 8.10, ➤ Abb. 8.11), das sich in der zentralen Achse (**Modiolus**) der knöchernen Schnecke befindet (➤ Abb. 8.10).

Ganglion (griech.): Nervenknötchen
spirale, Neutrumform von spiralis (lat.): spiralig
cochleae, Genitiv von cochlea (lat.): Schnecke
Modiolus (lat.): Radnabe, Spindel
Pars cochlearis pars (lat.): Teil, cochlearis (lat.): zur Schnecke gehörig

Cochleaimplantat (engl. cochlear implant, CI)

Wenn der Hörnerv und die weiterführende Hörbahn intakt, die Haarzellen aber abgestorben oder schwer geschädigt sind, ist der Patient dennoch taub. Wenn auch ein Hörgerät keine Besserung bringt, besteht in einem solchen Fall jedoch u.U. die Möglichkeit, ein sog. Cochleaimplantat (CI) operativ einzusetzen. Ein solches CI-System besteht aus einem Mikrofon, verschiedenen elektronischen Bauteilen und einem Sprachprozessor. Dieser wandelt Sprachlaute in elektrische Signale um, die über geeignete Elektroden direkt an den Hörnerven geleitet werden. Diese Elektroden werden in die Cochlea implantiert, daher die Bezeichnung. Andere Anteile des CI-Systems werden unter bzw. über der Haut hinter der Ohrmuschel angebracht.
Für welche Kleinkinder, Jugendlichen und Erwachsenen ein Cochleaimplantat sinnvoll ist, wird anhand von verschiedenen Kriterien wie Ausmaß der Schwerhörigkeit, Alter bei und Dauer der Ertaubung etc. festgelegt. Nach einer CI-Operation ist u.a. eine lang dauernde sprachtherapeutische Betreuung erforderlich.

Die Axone der im Ganglion spirale cochleae gelegenen Perikarya bilden die Pars cochlearis des 8. Hirnnerven (N. vestibulocochlearis; ➤ Abb. 8.10). Die Pars cochlearis zieht zusammen mit der Pars vestibularis (➤ Abb. 8.7) durch den inneren Gehörgang und erreicht das Gehirn am Kleinhirnbrückenwinkel; dort erreicht der 8. Hirnnerv das Rautenhirn und die ebenfalls in der Rautengrube befindlichen sog. **Cochleariskerne**. Dort erfolgt die Umschaltung auf das 2. Neuron der Hörbahn (➤ Abb. 8.14).

Hier erfolgt eine dem Richtungshören dienende Aufteilung der Hörbahn in einen Teil, der zur Gegenseite kreuzt, und einen zunächst noch nicht auf die Gegenseite kreuzenden Teil (➤ Abb. 8.14). Zusätzlich sind noch weitere Zwischenschaltstellen vorhanden.

Das 3. Neuron befindet sich in den unteren Hügeln der Vierhügelplatte des Mittelhirns (➤ Kap. 7.9.7); anschließend kreuzen auch die noch auf der ursprünglichen Seite verlaufenden Fasern zur Gegenseite. Grundsätzlich treffen an diesen Nervenzellen des Mittelhirns aber die Informationen von beiden Innenohren ein; durch Messung der Unterschiede in der Laufzeit und der Intensität der Signale von beiden Ohren ist ein Richtungshören möglich.

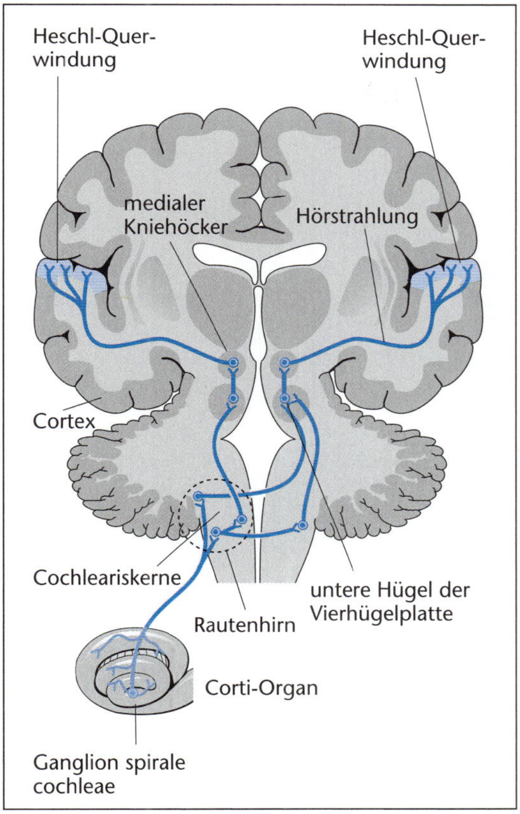

Abb. 8.14 Schematische Darstellung der Hörbahn mit Stationen im Ganglion spirale cochleae, im Rautenhirn, im Mittelhirn, im Zwischenhirn und im Cortex

Radiatio (lat.): Strahlung; gemeint ist hier der Verlauf der Axone des 4. Neurons der Hörbahn vom medialen Kniehöcker zum Thalamus
acustica Femininform von acusticus (lat.): zum Hörorgan gehörig

Das 4. Neuron der Hörbahn befindet sich im medialen Kniehöcker, einem Anhängsel des Thalamus (➤ Kap. 7.9.6). Nach einer weiteren Umschaltung beginnt hier die Hörstrahlung (**Radiatio acustica**), die am Gyrus temporalis superior und an den Heschl-Querwindungen (Hörzentrum; ➤ Kap. 7.9.3) des Schläfenlappens endet (➤ Abb. 8.14). Auch die Hörzentren jeder Hirnhälfte erhalten Schallinformationen von beiden Ohren.

Minimale Unterschiede in der Intensität und Laufzeit von Signalen, die aus beiden Ohren stammen, werden in der Hörrinde registriert und analysiert, um die Entfernung und Lokalisation der Schallquellen zu orten.

Die Nervenzellen in den Hörzentren des Cortex reagieren zwar auch auf einzelne Töne, vor allem aber auf charakteristische Klangmuster, wie sie z.B. bei der Sprache oder der Musik entstehen. Diese Klangmuster werden dann rasch analysiert und „verstanden", indem sie mit im Gedächtnis gespeicherten Mustern abgeglichen werden.

8.7.4 Gleichgewichtsorgan

Der dem Gleichgewichtsorgan zuzurechnende Teil des häutigen Labyrinths besteht aus folgenden Abschnitten (➤ Abb. 8.8, ➤ Abb. 8.15):

- **Sacculus** (Säckchen, kleines Vorhofsäckchen)
- **Utriculus** (Schläuchlein, großes Vorhofsäckchen)
- **Ductus semicirculares** (Bogengänge, gehen vom Utriculus aus).

Sacculus Verkleinerungsform von saccus (lat.): Sack
Utriculus Verkleinerungsform von uter (lat.): Schlauch
Ductus (lat.): Gang, hier mit langem 2. „u", da es sich um den Plural handelt
semicirculares Plural von semicircularis (lat.): halbkreisförmig
Macula (lat.): Fleck (vgl. „Makel")

Sacculus und Utriculus befinden sich im Vorhof (Vestibulum) des knöchernen Labyrinths. Der Sacculus steht über eine kleine Verbindung mit dem Schneckengang des Hörorgans, aber auch mit dem Utriculus in Verbindung (➤ Abb. 8.15). Die drei Bogengänge, die in allen Raumrichtungen jeweils senkrecht zueinander stehen, gehen vom Utriculus aus, kehren aber auch dorthin wieder zurück, wobei sie an einer Stelle einen gemeinsamen Verlauf haben (➤ Abb. 8.8). Entweder am Abgang oder an der Einmündungsstelle eines Bogengangs in den Utriculus befindet sich eine kleine Erweiterung, die als Ampulle („A" in ➤ Abb. 8.8) bezeichnet wird.

In der Wand der zum Gleichgewichtsorgan gehörenden Abschnitte des häutigen Labyrinths befinden sich an insgesamt fünf Stellen sog. Sinnesfelder, die als „**Maculaorgane**" bzw. „Bogengangsorgane" bezeichnet werden.

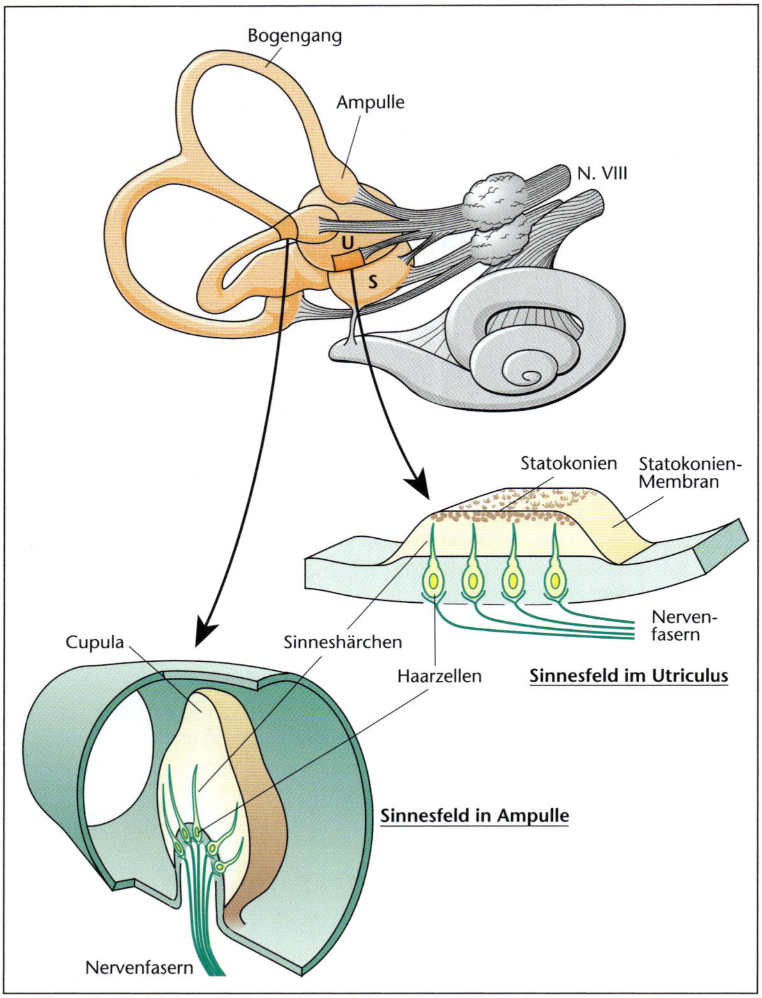

Abb. 8.15 Darstellung der Sinnesfelder des Gleichgewichtsorgans; N. VIII: N. vestibulocochlearis, S: Sacculus, U: Utriculus; dargestellt ist jeweils nur ein Sinnesfeld aus dem Sacculus-Utriculus-System bzw. aus den Ampullen der Bogengänge

Je eines dieser Sinnesfelder findet sich im Utriculus bzw. Sacculus; drei der Sinnesfelder (Bogengangsorgane) finden sich in den Ampullen am Übergang des Utriculus zu den Bogengängen (➤ Abb. 8.8). Die beiden Sinnesfelder in Sacculus und Utriculus registrieren geradlinige Beschleunigungen, also in der Regel die Erdanziehung, die Sinnesfelder in den Ampullen reagieren auf Drehbeschleunigungen des Kopfes.

Messung der Linearbeschleunigung

Die Sinnesfelder im Sacculus bzw. Utriculus enthalten spezifische Sinneszellen, die wie die entsprechenden Zellen des Corti-Organs als Haarzellen bezeichnet werden, da sie auf ihrer Oberfläche Sinneshärchen tragen. Bei diesen Haarzellen handelt es sich um sekundäre Sinneszellen, also umgewandelte Epithelzellen und nicht um Nervenzellen (➤ Kap. 7.10.2). Diese Sinneshärchen befinden sich in einer Gallertschicht, die als Statokonienmembran bezeichnet wird, weil sie von winzigen Kalkkörnchen (Statokonien, Statolithen, Otolithen) beschwert ist (➤ Abb. 8.15).

Da die Sinnesfelder im Utriculus und Sacculus senkrecht zueinander angeordnet sind (➤ Abb. 8.16), werden durch die Schwerkraft beim aufrechten Stand jeweils bei einem der Sinnesfelder durch die in Richtung Schwerkraft gezogene Statokonienmembran die Sinneshärchen maximal umgebogen, während die Sinneshärchen bei dem anderen Sinnesfeld nicht abgelenkt werden (➤ Abb. 8.16a). Gelangt der Kopf in

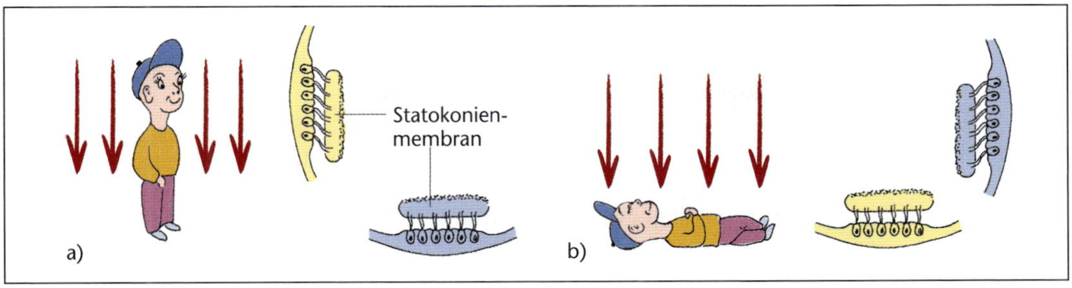

Abb. 8.16 Darstellung der unterschiedlichen Wirkung der Schwerkraft auf die Statokonienmembran des Utriculus bzw. Sacculus; gelb: Sacculus, blau: Utriculus; a) beim aufrechten Stand, b) beim Liegen

die Horizontale, z.B. beim Liegen (➤ Abb. 8.16b), wird die Wirkung der Schwerkraft auf die Sinneshärchen beider Sinnesfelder genau umgekehrt. Dadurch erhält der Körper Informationen zur Stellung des Kopfes in Bezug auf die Richtung der Schwerkraftwirkung (also normalerweise nach unten in Richtung zum Erdmittelpunkt).

Messung von Drehbeschleunigungen

Die Sinnesfelder in den drei Ampullen der Bogengänge enthalten ebenfalls Haarzellen, die sich allerdings in Länge und Anordnung der Härchen unterscheiden. Hier befinden sich die Sinneshärchen in kuppelförmigen Gallertschöpfen (**Cupula**), die keine Kalksteinchen enthalten und die Ampullen fast bis zum oberen Rand ausfüllen (➤ Abb. 8.15).

Die Sinneshärchen werden durch Endolymph-Strömungen in den Bogengängen umgebogen (➤ Abb. 8.17), wie sie durch Drehbeschleunigungen des Kopfes entstehen. Die Auslenkungen der Sinneshärchen erfolgen durch „Beschleunigungen", d.h. bei zu- oder abnehmender Geschwindigkeit der Kopfbewegungen. Ursache für die Flüssigkeitsströmungen in den Bogengängen ist die Massenträgheit der Endolymphe, die sich bei Beschleunigungs- bzw. Abbremsvorgängen nicht gleichmäßig mit den Bewegungen der Wand der Bogengänge mitbewegt, sondern mit einer Verzögerung der Bewegungsänderung folgt.

Mithilfe dieser Abteilung des Gleichgewichtsorgans erhalten wir Informationen über Bewegungen unseres Kopfes.

8.7.5 N. vestibularis, Gleichgewichtsbahn

Die Sinneshärchen der Haarzellen aller Sinnesfelder des Gleichgewichtsorgans werden durch die Wirkung der Schwerkraft bzw. der Drehbewegungen des

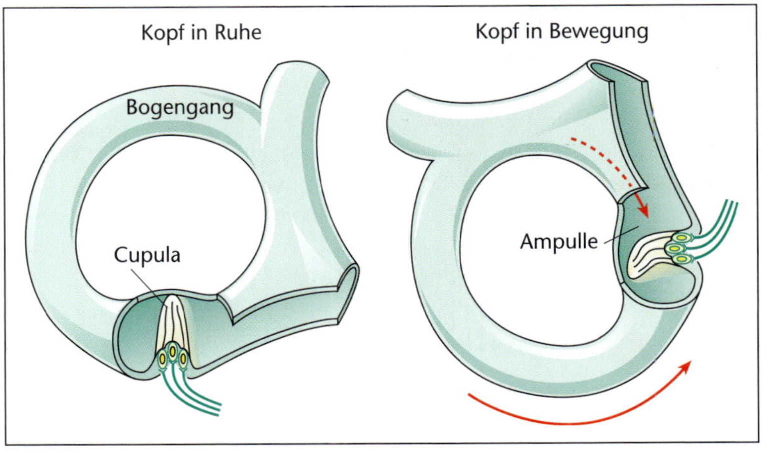

Abb. 8.17 Wirkung von Drehbewegungen des Kopfes (rechte Bildhälfte) auf die Sinnesfelder in den Ampullen; zum Vergleich links die Situation in Ruhe; die roten Pfeile zeigen an, dass sich die Endolymphe in den Bogengängen und Ampullen infolge ihrer Massenträgheit scheinbar in andere Richtung als die Ampullenwand bewegt; tatsächlich folgt sie der Bewegung der Ampullenwand verzögert nach, wodurch sich die Ablenkung der Cupula ergibt.

Kopfes mechanisch ausgelenkt; es entsteht ein Rezeptorpotenzial (Transduktionsprozess). Da es sich um sekundäre Sinneszellen handelt und nicht um Nervenzellen (➤ Kap. 7.10.2), stehen sie in **synaptischer** Verbindung mit **dendritischen** Nervenendigungen des 1. Neurons der Gleichgewichtsbahn. Der Übergang der „Erregung" von der Haarzelle auf die Endigung einer Nervenzelle ist demnach wieder als **Transformation** (➤ Kap. 7.10.2) anzusehen.

Die hier wirkenden Nervenzellen stellen eine Sonderform dar, da sie auf gegenüberliegenden Seiten der **Perikarya** nur jeweils einen Fortsatz haben; sie werden deshalb auch als **„bipolar"** bezeichnet (➤ Kap. 7.3). Der mit den Haarzellen verbundene Fortsatz ist als Dendrit anzusehen, da er die Erregung von der Peripherie (der Haarzelle) zum Perikaryon leitet. Der zweite Fortsatz ist das **Axon**, das die Erregung über den für den Gleichgewichtssinn zuständigen Teil (**Pars vestibularis**) des **N. vestibulocochlearis** zum Hirnstamm leitet (➤ Abb. 8.18). Die zugehörigen Perikarya befinden sich im **Ganglion vestibulare.** (➤ Abb. 8.8).

synaptisch (griech. synapsis): Verbindung
dendritisch, Dendrit (griech. dendrites): zum Baum gehörig, baumartig
Axon (griech.): wörtlich Achse, bedeutet hier: langer Fortsatz der Nervenzelle, der der Informationsübertragung dient
Transformation (lat.): Umwandlung, Überführung
Perikaryon Zellleib der Nervenzelle; aus Peri- (griech.): um-..., herum und -karyon (griech.): Zellkern
bipolar hat zwei Fortsätze
Pars vestibularis pars (lat.): Teil, vestibularis (lat.): zum Vestibulum (Vorhof) bzw. Gleichgewichtsorgan gehörig (anstatt Pars vestibularis findet man gelegentlich auch den Begriff N. vestibularis)
N. vestibulocochlearis 8. Hirnnerv
Ganglion vestibulare ganglion (griech.): Nervenknötchen (abgekürzt Ggl.) und vestibulare, Neutrum von vestibularis (lat.): zum Gleichgewichtsorgan gehörig

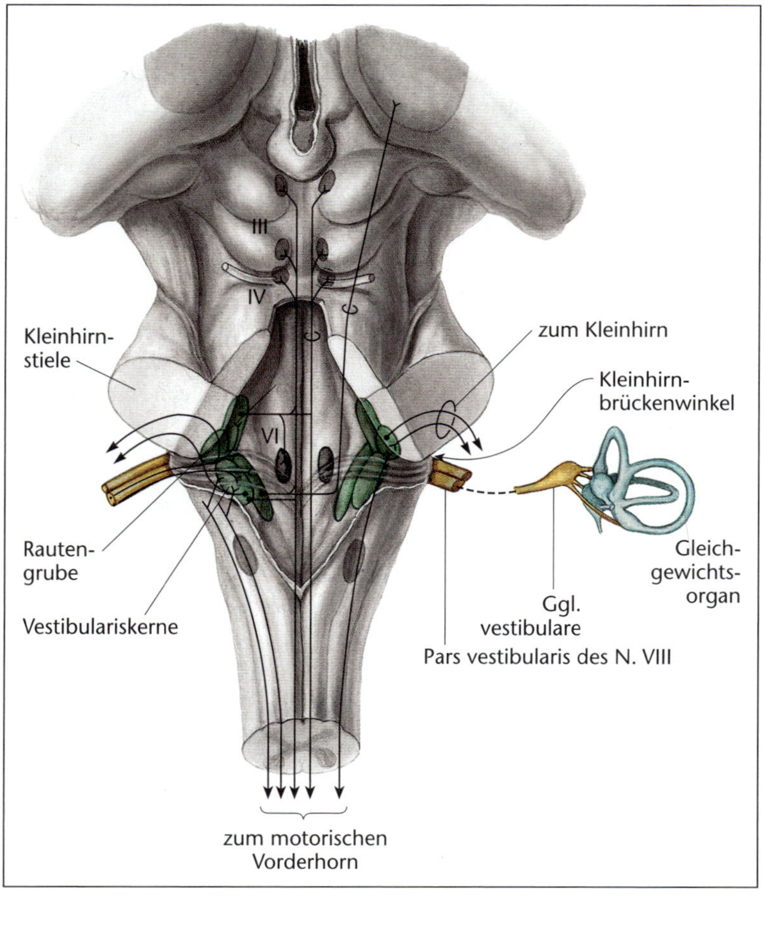

Abb. 8.18 Schematische Darstellung der Gleichgewichtsbahn; abgebildet ist die Rückseite des Hirnstamms nach Durchtrennung der Kleinhirnstiele, Entfernung des Kleinhirns und Eröffnung der Rautengrube (➤ Abb. 7.20); III, IV und VI: Kerngebiete der entsprechenden Hirnnerven (Augenmuskelnerven)

Die in der Pars vestibularis des 8. Hirnnerven verlaufenden Axone erreichen den Hirnstamm am Kleinhirnbrückenwinkel. Dort treten die Nervenfasern in das Rautenhirn ein und erreichen die am Boden der Rautengrube (➤ Kap. 7.9.8) gelegenen sog. Vestibulariskerne (**Nuclei vestibulares**), in denen die Umschaltung auf das 2. Neuron der Gleichgewichtsbahn erfolgt.

Die Axone der verschiedenen Vestibulariskerne erreichen das Kleinhirn (in ➤ Abb. 8.18 nicht dargestellt), die motorischen Vorderhornzellen des Rückenmarks und die motorischen Kerne der Hirnnerven N. III, N. IV, N. VI und N. XI (➤ Abb. 8.18).

Die das Kleinhirn erreichenden Informationen über Kopfbewegungen und die Lage des Kopfes zur Schwerkraft werden zusammen mit den Informationen aus anderen Sinnesorganen (vor allem dem Sehorgan) zur Anpassung der motorischen Leistungen des Körpers an die Verhältnisse der Außenwelt verwendet.

Zusammen mit den Signalen aus den Muskelspindeln und Sehnenorganen (Tiefensensibilität; ➤ Kap. 7.10.3) wird im Gehirn mithilfe der Informationen aus dem Gleichgewichtsorgan und Sehorgan ein Gesamtbild der Stellung des Körpers und der Körperteile im Raum erstellt, das zur Steuerung der Haltung und Beweglichkeit dient („Gleichgewicht"). Diesem Zweck dienen auch die Fortsätze der Vestibulariskerne, die direkt das motorische Vorderhorn erreichen (➤ Abb. 8.18).

Nystagmus

Bei einer Drehbewegung des Kopfes weichen die Augäpfel unwillkürlich unter Steuerung des Gleichgewichtsorgans langsam in entgegengesetzter Richtung ab, um möglichst lange das ursprüngliche Blickfeld beizubehalten. Unter optischer Kontrolle wird diese abweichende Bewegung dann ruckartig wieder korrigiert, sodass sich das Auge wieder in Drehrichtung des Kopfes bewegt. Dadurch kommt eine „Zitterbewegung" der Augäpfel zustande. Die Untersuchung des vestibulären Nystagmus spielt z.B. bei der klinischen Untersuchung des Gleichgewichtssinns eine große Rolle.
Nystagmus (griech. nystagmos): Nicken, hier in der Bedeutung „Augenzittern"

Kinetosen

Als Kinetosen (Bewegungskrankheiten, von kinein, griech.: bewegen) werden Störungen bezeichnet, die entweder durch starke Reizung des Gleichgewichtsorgans (Achterbahn, Karussell) entstehen oder dadurch, dass die Informationen des Sehorgans nicht mit den Informationen übereinstimmen, die das Gleichgewichtsorgan erhält (Seekrankheit, Reisekrankheit). Dadurch können vegetative Zentren im Hirnstamm gereizt werden, sodass es in der Folge zu Blässe, Schweißausbruch, Übelkeit, Erbrechen und anderen unangenehmen Begleiterscheinungen kommt.

N. III, N. IV und N. VI sind motorische Hirnnerven, die die Augenmuskeln steuern (➤ Kap. 7.11.1). Die Informationen, die ihre motorischen Kerne im Hirnstamm vom Gleichgewichtssystem bekommen (➤ Abb. 8.18), werden zur Steuerung der Augenmuskeln bei gleichzeitigen Bewegungen des restlichen Körpers verwendet, damit die Augen z.B. einen bestimmten Gegenstand „fixieren" können. Einem ähnlichen Zweck dient die Verschaltung mit dem Kern des N. accessorius (N. XI), der den Kopfwender (M. sternocleidomastoideus, ➤ Kap. 4.4.3) und einen großen Schultermuskel innerviert.

Zusammenfassung

Die Sinnesorgane des Innenohrs sind das Hörorgan und das Gleichgewichtsorgan. Nur das Hörorgan benötigt dabei eine Verbindung über äußeres Ohr und Mittelohr zur Außenwelt.
Das äußere Ohr besteht aus Ohrmuschel und äußerem Gehörgang und besitzt die Funktion eines Schalltrichters.
Der äußere Gehörgang stellt die Verbindung zum Trommelfell her und ist mit äußerer Haut ausgekleidet; hier finden sich spezielle Drüsen, die das Ohrenschmalz (Cerumen) produzieren.
Das Trommelfell stellt die Grenzstruktur zwischen äußerem Ohr und Mittelohr dar. Es hat einen Durchmesser von ca. 10 mm und eine Dicke von ca. 0,1 mm. Innen ist es mit dem Hammerhandgriff verwachsen. Das Trommelfell besteht aus Pars tensa und Pars flaccida.
Durch Schallwellen, die durch ihre Frequenz und ihren Schalldruck charakterisiert sind, wird das Trommelfell in Schwingungen versetzt, die auf die Kette der Gehörknöchelchen übertragen werden.

Die Gehörknöchelchen (Hammer, Amboss, Steigbügel: durch Gelenke verbunden) befinden sich in der Paukenhöhle, dem Hauptraum des Mittelohrs. Die Paukenhöhle wird gegliedert in Epi-, Meso- und Hypotympanon und ist charakterisiert durch ihre Wände und Nachbarstrukturen (Teile der Schädelbasis, Warzenfortsatz, Ohrtrompete).
Die Platte des Steigbügels ist federnd im ovalen Fenster, einer Öffnung des Innenohrs, aufgehängt. Dadurch werden die Schwingungen der Gehörknöchelchenkette auf die Flüssigkeit des Innenohrs übertragen. Der Druckausgleich erfolgt über das runde Fenster, das vom zweiten Trommelfell verschlossen wird.
Zwei Muskeln der Paukenhöhle (M. tensor tympani, M. stapedius) schützen das Innenohr vor zu hohen Schalldrücken.
Die Ohrtrompete verbindet die Paukenhöhle mit dem Nasenrachen und dient dem Druckausgleich.
Am Innenohr werden knöchernes und häutiges Labyrinth unterschieden, die sich im Felsenbein befinden. Das knöcherne Labyrinth ist mit Perilymphe, das häutige Labyrinth mit Endolymphe gefüllt.
Das knöcherne Labyrinth besteht aus zwei Abschnitten: Vorhoflabyrinth (Vestibulum und Kanäle) und Schneckenlabyrinth. Das Schneckenlabyrinth hat die Form einer Schnecke (Cochlea) mit einer zentralen Achse und einer knöchernen Spiralleiste.
Auch das häutige Labyrinth weist zwei Abschnitte auf: das Hörorgan und das Gleichgewichtsorgan. Das Hörorgan ist im häutigen Schneckengang lokalisiert, der sich zwischen Scala vestibuli und Scala tympani befindet. Der häutige Schneckengang trägt das Corti-Organ und wird begrenzt von Reissner-Membran, Basilarmembran und Außenwand. Im Corti-Organ sind die Haarzellen lokalisiert, die hier auf unterschiedliche Frequenzen der Schallwellen ansprechen (Frequenzdispersion der häutigen Schnecke). Am Amplitudenmaximum der Schallwelle gerät die Basilarmembran in Resonanzschwingungen, die durch die äußeren Haarzellen verstärkt werden.
Die Empfindungen der inneren Haarzellen des Corti-Organs werden auf dendritische Endigungen des 1. Neurons der Hörbahn übertragen; die Perikarya liegen im Ggl. spirale cochleae, die Axone bilden die Pars cochlearis des 8. Hirnnerven. Die Umschaltung auf das 2. Neuron erfolgt in den Cochleariskernen der Rautengrube. Weitere Stationen der Hörbahn sind die unteren Hügel der Vierhügelplatte, der Thalamus und die Hörrinde.
Das Gleichgewichtsorgan ist in dem Teil lokalisiert, der aus Sacculus, Utriculus und den Bogengängen besteht. Im Sacculus und Utriculus befinden sich Sinnesfelder, die Linearbeschleunigungen (Schwerkraft) registrieren. Sie enthalten Haarzellen, deren Sinneshärchen in einer Statokonienmembran stecken. In den Bogengängen befinden sich Sinnesfelder, deren Haarzellen Drehbeschleunigungen des Kopfes registrieren.
Die Empfindungen der Haarzellen werden auf dendritische Endigungen des 1. Neurons der Gleichgewichtsbahn übertragen; die Perikarya liegen im Ggl. vestibulare, die Axone bilden die Pars vestibularis des 8. Hirnnerven. Die Umschaltung auf das 2. Neuron der Gleichgewichtsbahn erfolgt in den Vestibulariskernen der Rautengrube. Die Weiterleitung erfolgt von dort auf das Kleinhirn, die Kerne verschiedener Hirnnerven und das Rückenmark.

KAPITEL

9 Die medizinische Fachsprache

9.1 Herkunft und Bedeutung der medizinischen Fachausdrücke

In vielen Tätigkeitsbereichen, sei es Beruf oder Freizeit (z.B. Sport, Hobbys), gibt es spezifische Fachsprachen, die oft auf alten Traditionen beruhen und die Beschreibung besonderer Begriffe und Tätigkeiten präzisieren und erleichtern. Über diese Fachsprache erfolgt die Verständigung unter „Eingeweihten".

Besondere Bedeutung hat dabei die medizinische Fachsprache (**Terminologie**), die eine internationale Verständigung von allen im medizinischen Bereich Tätigen, also auch zwischen Ärzten und Sprachtherapeuten, über Dialekte und Muttersprache hinaus möglich machen soll. Wie allgemein bekannt ist, besteht dabei aber auch die Gefahr, diese Fachsprache gegenüber „Nicht-Eingeweihten" (**Laien**) zu verwenden und sich diesen gegenüber unnötig abzugrenzen.

Terminologie terminus (lat.): Fachbegriff, -logie (griech. logos): Lehre
Laie (griech. laikos): dem (gemeinen) Volk angehörig, Nichtfachmann
Nomenklatur (lat. nomenclatura): Namensverzeichnis

Die Kenntnis der medizinischen Fachsprache ist dennoch für Sprachtherapeuten insoweit erforderlich, wie sie dem Verstehen von Fachbüchern, ärztlichen Berichten, Gutachten und Fachartikeln dient. Zum anderen kann die medizinische Terminologie auch die Kommunikation erleichtern, weil viele Fachbegriffe trotz ihrer zumeist griechischen oder lateinischen Herkunft Strukturen und Vorgänge kürzer und eindeutiger beschreiben als die meisten deutschen Übersetzungen solcher Fachwörter.

Der größte Teil der in der Sprachtherapie verwendeten Fachbegriffe stammt aus dem Lateinischen oder Griechischen, wobei viele ursprünglich griechische Begriffe in das Lateinische übernommen und umgeformt wurden (das lateinische „larynx": Kehlkopf, aus dem ursprünglichen griechischen „larygx": Kehle).

Auch die Vermischung lateinischer und griechischer Wortelemente in komplexeren Fachausdrücken kommt gelegentlich vor (z.B. Basalmembran aus dem griechischen „basis": Grundlage und dem lateinischen „membrana": Haut).

9.2 Grundregeln der anatomischen Nomenklatur

Die dem anatomischen Bereich zugeordneten Fachbegriffe unterliegen zusätzlich einer recht strengen **Nomenklatur**, durch die die Teile des menschlichen Körpers geordnet und benannt werden. Die Bildung der anatomischen Bezeichnungen unterliegt festen Regeln. Dabei werden Hauptwörter (Substantive) mit verschiedenen Eigenschaftswörtern (Adjektiven) oder weiteren erläuternden Begriffen kombiniert (z.B. Musculus obliquus externus abdominis: äußerer schräger Muskel des Bauches).

Im Folgenden sollen nur die wenigen Grundregeln der lateinischen Grammatik vermittelt werden, die für das Verständnis der im sprachtherapeutischen Zusammenhang verwendeten anatomischen Fachbegriffe notwendig sind.

Dabei wird das Substantiv mit großem Anfangsbuchstaben, alle folgenden Begriffsbestandteile klein geschrieben, z.B.:

- Arteria coronaria dextra (rechte Herzkranzarterie)
- Nervus hypoglossus (Unterzungennerv)

- Vena jugularis interna (innere Drosselvene)
- Musculus obliquus externus abdominis (äußerer schräger Bauchmuskel)

Bei den Substantiven unterscheidet man im Lateinischen wie im Deutschen das Geschlecht (Genus), den Fall (Casus) und die Zahl (Numerus). Eine Unterscheidung in drei Geschlechter (weiblich: Femininum, männlich: Masculinum, sächlich: Neutrum) findet im Lateinischen ebenso wie im Deutschen statt, wird im Lateinischen aber durch entsprechende Endungen der Substantive deutlich, z.B.:

- Femininum: Vena, Formatio
- Masculinum: Nervus, Masseter
- Neutrum: Ligamentum, Ganglion, Abdomen

Außer dem Nominativ (Werfall, 1. Fall) wird in den sprachtherapeutisch verwendeten Fachbegriffen praktisch nur noch der Genitiv (Wesfall, 2. Fall) verwendet, z.B.:

- Musculus … … abdominis

Dabei ist „abdominis“ (des Bauches) der Genitiv des Begriffs „abdomen“ (Bauch). Die übrigen Ergänzungen des Substantivs in der anatomischen Nomenklatur sind in der Regel Adjektive, deren Geschlecht dem des Substantivs entspricht:

- Plica vestibularis: Femininum (Taschenfalte)
- Ligamentum vestibulare: Neutrum (Taschenband)

Kommt das Substantiv im Plural vor, wird auch das Adjektiv im Plural verwendet, z.B.

- Arteria vertebralis: Femininum Singular
- Arteriae vertebrales: Femininum Plural

Viele Fachbegriffe werden im medizinischen Alltag nicht in der strengen lateinischen Nomenklatur verwendet, sondern in eingedeutschten Begriffen. Dabei kommt es oftmals zu geänderten Schreibweisen, die eine Anpassung an die Aussprache darstellen.

Verschiedene Konsonanten tauchen im Lateinischen nicht oder praktisch nicht auf, z.B. „j“, „k“, „w“, „z“. Zur Anpassung der Aussprache werden dann lateinische Begriffe in der eingedeutschten Version anders geschrieben, wobei vor allem die Umwandlung des lateinischen „c“ in das deutsche „k“ bzw. „z“ auffällt. Typische Beispiele sind (jeweils links der lateinische, rechts der eingedeutschte oder deutsche Ausdruck):

accessorius	akzessorisch
acusticus	akustisch
aquae ductus	Aquädukt
articulatio	Artikulation
cerebralis	zerebral
commissura	Kommissur
cytoplasma	Zytoplasma
frequentia	Frequenz
incisura	Inzisur
oesophagus	Ösophagus
prominentia	Prominenz
ventriculus	Ventrikel

9.3 Wortbestandteile medizinischer Fachausdrücke

In vielen medizinischen Fachausdrücken kommen charakteristische Vorsilben oder Wortendigungen vor, die aus dem Lateinischen oder Griechischen stammen. Die wichtigsten dieser Begriffe sind:

Vorsilbe, Wortendigung	Bedeutung	Beispiel
An- (A-)	Fehlen, Nichtvorhandensein	Anenzephalie: Fehlen des Großhirns
-atio, -ation	Bildung	Phonation: Stimmbildung
Bi-	zweigeteilt	Bifurkation: Aufteilung, z.B. der Trachea
De-	verringert	Depolarisation: verringerte Polarisation
Di-	zweifach, getrennt	Dienzephalon: Zwischenhirn
Dys-	schlecht, krankhaft	Dysphagie: Schluckstörung
-ektomie	Herausschneiden	Laryngektomie: Entfernen des Kehlkopfs
Endo-	innen	Endolymphe, Flüssigkeit des innen liegenden häutigen Labyrinths
Epi-	darauf	Epipharynx: oberer Rachenanteil

Ex-/Exo-	aus, heraus, außen	Exspiration: Ausatmung
Extra-	außerhalb	Extrasystole: zusätzliche Systole außerhalb des normalen Rhythmus
Hemi-	halb	Hemisphäre: Halbkugel
Hyper-	über, darüber	Hypertonus: zu hoher Tonus
Hypo-	unter, darunter	Hypotonus: zu niedriger Tonus
In-	ein, hinein	Inspiration: Einatmung
Infra-	unterhalb	Cavitas infraglottica: Hohlraum unterhalb der Glottis
Inter-	zwischen	Interkostalmuskeln: Zwischenrippenmuskeln
Intra-	innerhalb	Intrazellularraum, Raum innerhalb der Zellen
-ismus	Lehrmeinung, Vorgänge, Abweichung	Autismus: Ichbezogenheit
-itis	Entzündung	Otitis media: Mittelohrentzündung
-logie, -logia	Lehre	Histologie: Gewebelehre
Meso-	in der Mitte	Mesopharynx: mittlerer Rachenabschnitt
-ose, -osis	Vorgang, Zustand	Otosklerose: Ohrverhärtung
Para-	neben, bei	paranasal: neben der Nase
Peri-	um – herum	Perikard: Herzbeutel
Post-	nach, hinter	postnatal: nach der Geburt
Prae-, Prä-	vor	pränatal: vor der Geburt
Re-	wieder	Respiration: Atmen
Sub-	unter	sublingualis: unter der Zunge gelegen
Syn-	zusammen	Synapse: Verbindung
Supra-	oberhalb	supraglottisch: oberhalb der Glottis
-tomie	Durchtrennung	Tracheotomie: Luftröhrenschnitt

9.4 Vokabel- und Begriffsverzeichnis

Bei den lateinischen Substantiven sind angegeben:
m: Masculinum, f: Femininum, n: Neutrum, ggf. pl: Plural

abdomen (n)	lat.	Bauch (Genitiv: abdominis)
abducens	lat.	abziehend
Abszess		Eiteransammlung
accessorius	lat.	zusätzlich
acusticus	lat.	zum Hörorgan gehörend
Adaptation		Anpassung (lat. adaptio)
adenoide Vegetationen		„drüsenähnliche" Wucherungen; bezogen auf Wucherungen der Rachenmandel („Lymphdrüse")
adäquat		angemessen, übereinstimmend (lat. adaequatus)
Adenotomie		Entfernung von Wucherungen der Rachenmandel
adhaesio (f)	lat.	Anheftung
adiposus	lat.	fettförmig, fetthaltig (n: adiposum)
afferent		hinführend (affere, lat. hinführen)
africare	lat.	anreiben

Affrikat		verzögert gelöster Verschlusslaut (➤ affricare)
akousis	griech.	Hören
albus	lat.	weiß (f: alba)
Alveolar		an Zahntaschen gebildeter Laut
Alveole		Tasche, Vertiefung, Bläschen (Zahntasche, Lungenbläschen)
alveolus (m)	lat.	kleine Vertiefung, Bläschen
Amplitude		Schwingungsausschlag (lat. amplitudo)
amygdaloideus	lat.	mandelförmig (amygdale, griech. Mandel)
An- (A-)	griech.	Nicht-
Anastomose		Kurzschlussverbindung (➤ anastomoun)
anastomoun	griech.	eine Schleuse öffnen, verbinden
Anenzephalie		Fehlen des Großhirns (➤ an, egkephalon)
Angina		Krankheit mit Engegefühl, hier meist als Halsentzündung (angere, lat. beengen)
angulus (m)	lat.	Winkel
Anoxie		Sauerstoffmangel (➤ an-, oxygenium)
ansa (f)	lat.	Öse, Schlinge
anti	lat.	gegen
Antihelix		Gegenwindung (➤ anti, helix)
Antikus		Kurzform für M. cricothyroideus (anticus, lat. der Vordere, Äußere)
anularis		ringförmig (n: anulare)
aorta (f)	lat.	Hauptschlagader des menschlichen Körpers (griech. aorte)
Apertur		Öffnung (des Brustkorbs; lat. apertura, f)
apex (m)	lat.	Spitze
Aphasie		Sprachlosigkeit (lat. aphasia)
Apikal		durch Zungenspitze gebildeter Laut (➤ apex)
Aponeurose		flächige Sehne (griech. aponeurosis)
Aquädukt		Wasserleitung, Verbindung zwischen 3. und 4. Ventrikel (lat. aquae ductus)
arachne	griech.	Spinne
Arachnoidea mater		Spinnwebshaut (➤ arachne, mater)
ARAS		aufsteigende, aktivitätsregulierende Strukturanteile der Formatio reticularis
arcus (m)	lat.	Bogen
area (f)	lat.	Fläche
arteria (f)	lat.	Schlagader (pl arteriae) (abgekürzt A., pl Aa.)
Arterie		Schlagader (➤ arteria)
Arteriole		kleine Schlagader (Verkleinerungsform von Arterie)
arteriosus	lat.	aus Arterien gebildet
articulatio (f)	lat.	Gelenk
articularis	lat.	zum Gelenk gehörig (n: articulare)
Artikulation		Lautbildung, deutliche Aussprache, gegliederter Vortrag, Gelenkbewegung (➤ articulatio)
aryepiglotticus	lat.	zu Stellknorpel und Kehldeckel gehörig (aryepiglottica) (➤ arytaina, epiglottis)
Aryknorpel		Stellknorpel, Cartilago arytaenoidea (➤ cartilago, arytaenoideus)
arytaenoideus	lat.	zum Stellknorpel gehörig (f: arytaenoidea) (➤ arytaina)
arytaina	griech.	Gießbecken, Gießkanne, Stellknorpel
aspiratio (f)	lat.	Anhauchen
Aspirationspneumonie		Lungenentzündung (➤ Pneumonie) infolge von unbeabsichtigtem Einatmen (➤ aspiratio) von Fremdkörpern, Schleim, Blut

Assoziation		Verknüpfung, Zusammenschluss (franz. association)
asthma	griech.	schweres, kurzes Atemholen (Atemnot, Beklemmung)
astro	griech.	Stern
Astrozyt		sternförmige Gliazelle (➤ astro, kytos, glia)
Ataxie		Koordinationsstörungen, Unordnung (griech. ataxia)
Atelektase		Kollabieren der Lungenbläschen (➤ ateles, ektasis)
ateles	griech.	unvollständig
-atio	lat.	Bildung (deutsch: -ation)
atrium (n)	lat.	Innenhof, Vorhof (des Herzens)
Atrioventrikular-		zum Atrium (Herzvorhof) und zum Ventrikel (Herzkammer) gehörig (➤ atrium, ventriculus)
Atrophie		Auszehrung, Organschwund (lat. atrophia)
Audiometrie		meistens Untersuchung der Hörschwelle von Probanden bei verschiedenen Frequenzen
auditivus	lat.	zum Ohr gehörend (f: auditiva)
auricula (f)	lat.	Ohrmuschel
Autismus		psychische Störung mit krankhafter Ichbezogenheit (➤ auto, ismus)
Autophagie		Selbstverdauung (➤ auto, phagein)
auto-	griech.	selbst
Autosom		nicht geschlechtsgebundenes Chromosom (➤ auto, chroma, soma)
axon	griech.	Achse, langer fortleitender Nervenzellfortsatz
Basallamina		dünne Gewebsplatte unter jedem Epithel (➤ basis, lamina)
Basalmembran		dünne Gewebsplatte unter jedem Epithel (➤ basis, membrana)
basilaris	lat.	zur Basis gehörig (➤ basis)
basis	griech.	Sockel, Grundlage, Grundfläche
bi-	lat.	zweiteilig, doppelt
bifidus	lat.	in zwei Teile gespalten (f: bifida)
bifurcatio (f)	lat.	Aufgabelung (der Trachea)
Bilabial		mit beiden Lippen gebildeter Laut (➤ bi-, labia)
bipolar		mit zwei Fortsätzen (➤ bi, polaris)
blastos	griech.	Keim
Blastozyste		Keimbläschen (➤ blastos, kystis)
bolus (m)	lat.	Klumpen, Bissen
bouton	franz.	Knopf
brachialis	lat.	zum Arm gehörig
Branchialbögen		Kiemenbögen (Kiemen, griech. branchiae, pl)
Bronchien		Luftröhrenäste (➤ bronchus) (Bronchen)
bronchiolus (m)	lat.	kleiner Luftröhrenast, Verkleinerungsform von ➤ bronchus
bronchus (m)	lat.	Luftröhrenast (Plural bronchia, griech. brogchos, Plural brogchia)
bucca (f)	lat.	Wange
buccinator	lat.	zur Wange gehörig (➤ bucca)
bulbus (m)	lat.	Zwiebel, Verdickung des Rückenmarks zum Hirnstamm
caecus	lat.	blind (n: caecum)
calcarinus	lat.	spornartig (calcar, lat. Sporn)
callosus	lat.	schwielenartig, dickhäutig
canalis (m)	lat.	Kanal
Caninus		Eckzahn, Hundszahn (Hund, lat. canis)
cannula (f)	lat.	Röhrchen

capacitas (f)	lat.	Fassungsvermögen
capillus (m)	lat.	Haar
capsula (f)	lat.	Kapsel
Capsula interna		innere Kapsel (Durchtrittsstelle von Projektionsbahnen am Großhirn)
caput (n)	lat.	Kopf
caroticus	lat.	zur Halsschlagader (➤ carotis) gehörig
carotis (f)	lat.	Halsschlagader (= karotis, griech.)
cartilagineus	lat.	knorpelig (➤ cartilago)
cartilago (f)	lat.	Knorpel
caruncula (f)	lat.	Höckerchen
caudatus	lat.	schwanzförmig (cauda, lat. Schwanz)
cavitas (f), cavum (n)	lat.	Hohlraum, Höhle
Cavum tympani		Paukenhöhle (➤ cavum, tympanon)
cavus	lat.	geräumig, bauchig (f: cava)
cella (f)	lat.	Kammer, Zelle
cellula (f)	lat.	kleine Kammer, Verkleinerungsform von ➤ cella (Plural: cellulae)
cementum (n)	lat.	das Zement, Knochengewebe der Zahnwurzel
centralis	lat.	in der Mitte liegend
cerebellum (n)	lat.	Kleinhirn, Verkleinerungsform von ➤ cerebrum
cerebrospinalis	lat.	zu Gehirn und Rückenmark gehörig (➤ cerebrum, spinalis)
cerebrum (n)	lat.	Gehirn, Großhirn
cerumen (n)	lat.	Wachs, Ohrschmalz (cera, lat. Wachs)
cervicalis	lat.	zum Hals gehörig (➤ cervix)
cervix (f)	lat.	Hals
choana (f)	lat.	Trichter, hintere Nasenöffnung
Choanen		hintere Nasenöffnungen (➤ choana)
chondrion	griech.	Körnchen
choroideus	lat.	hautartig (aus chorion, griech. gefäßreiche Haut)
chroma	griech.	Farbe
Chromosomen		Erbsubstanz-Körperchen (➤ chroma, soma)
chronos	griech.	Zeit
cingulum (n)	lat.	Gürtel (Genitiv: cinguli)
circa	lat.	ungefähr
circadian		ungefähr einen Tag dauernd (➤ circa, dies)
circularis	lat.	kreisförmig
circulus (m)	lat.	kleiner Kreis, Verkleinerungsform von circus
Circulus arteriosus		Arterienkreis an der Hirnbasis (➤ circulus, arteriosus)
claustrum (n)	lat.	Verschluss, Vormauer
clavicula (f)	lat.	Schlüsselbein
cleis	griech.	Schlüssel(bein), lat. clavicula
coccygealis	lat.	zum Steißbein gehörig (Os coccygis)
cochlea (f)	lat.	Schnecke
cochlearis	lat.	zur Schnecke (lat. cochlea) gehörend
Codierung (Kodierung)		Verschlüsselung (engl./franz. code, lat. codex)
collabi	lat.	in sich zusammenfallen
collateralis	lat.	seitlich
commissura (f)	lat.	Verbindung

communicans	lat.	verbindend
communis	lat.	gemeinsam
compartment	engl., frz.	Abteilung
concha (f)	lat.	Muschel (Nasenmuschel)
condylaris	lat.	gelenkknorrenförmig, zum Gelenk gehörig (➤ condylus)
condylus (m)	lat.	Gelenkknorren
conicus	lat.	keilförmig (➤ conus, Keil), n: conicum
consonans	lat.	mitlautend
constrictor (m)	lat.	Zusammenzieher (Plural: constrictores)
continuare	lat.	zusammenhängend machen
contra	lat.	entgegengesetzt
contractio (f)	lat.	Zusammenziehen
conus (m)	lat.	Keil
cor (n)	lat.	Herz
cornu (n)	lat.	Horn
corona (f)	lat.	Krone, Kranz
coronarius	lat.	kranzförmig (➤ corona)
coronoideus	lat.	kronenförmig (➤ corona)
corpus (m)	lat.	Körper
Corpus callosum		Balken (Kommissurenbahn des Großhirns; ➤ corpus, callosus)
cortex (m)	lat.	Rinde
corticonuclearis		Hirnrinde (➤ Cortex) und Kerne (➤ nucleus) der Hirnnerven betreffend
corticospinalis		Hirnrinde (➤ cortex) und Rückenmark (➤ spina) betreffend
costa (f)	lat.	Rippe
cranium (n)	lat.	Schädel
cricoarytaenoideus	lat.	zum Ring- und Stellknorpel gehörig (➤ krikoid, arytaina)
cricoideus	lat.	zum Ringknorpel gehörig (f: cricoidea)
cricothyroideus	lat.	zum Ring- und Schildknorpel gehörig (➤ krikoid, thyroid)
cuneatus	lat.	keilförmig
cupula (f)	lat.	Kuppel
cuspis (f)	lat.	Zipfel, Segel
cyaneus	lat.	blau
Cytologie		Zellenlehre (➤ kytos, logia)
Cytoplasma		Zellbestandteil außer Zellkern und Zellmembran (➤ kytos, plasma)
de-	lat.	unter, verringert
Dendrit		empfangender Ast einer Nervenzelle (➤ dendrites)
dendrites	griech.	baumartig, zum Baum gehörig
dendritisch		wie ein Dendrit wirkend (➤ Dendrit)
dens (m)	lat.	Zahn
Dentin		Zahnbein (➤ dens)
Depolarisation		verringerte Polarisation (➤ de, polarisatio)
depressor (m)	lat.	Senker
derma	griech.	Haut
desynchronisiert		zeitlich nicht zusammen verlaufend (➤ de-, syn, chronos)
deviatio (f)	lat.	Abweichung
dexter	lat.	rechts, der rechte (Femininum-Form: dextra, Neutrumform: dextrum)

Dezibel		$^{1}/_{10}$ Bel, Einheit des Schalldruckpegels (dezi, lat. ein Zehntel)
di-	griech.	zweifach, dazwischen
Diadochokinese		Fähigkeit, rasche alternierende Bewegungen durchzuführen (➤ diadochos, kinesis)
diadochos	griech.	abwechselnd
diaphragma (n)	lat./ griech.	Zwischenwand (z.B. Zwerchfell, Mundboden)
diastole	griech.	Auseinanderziehen (Erschlaffen des Herzmuskels)
Dienzephalon		Zwischenhirn (➤ di-, egkephalon)
dies (m)	lat.	Tag
differentia (f)	lat.	Unterschied
Differenzialrezeptor		auf rasche Reizänderungen reagierender Rezeptor (➤ differentia, Rezeptor)
differre	lat.	abweichen, sich unterscheiden
Differenzierung		Unterscheidung (➤ differre)
Diffusion		Hinüberfließen, Hinüberwandern (lat. diffusio, f)
digastricus		zweibäuchig (➤ di, gaster)
diploid		doppelt (bezogen auf den Chromosomensatz; ➤ diploos; Nachsilbe „-id" kommt von eides, griech. förmig)
diploos	griech.	doppelt
discus (m)	lat.	Scheibe (griech. diskos)
Dispersion		Spreizung, Verteilung, Streuung (lat. dispersio)
Divertikel		Aussackung (lat. diverticulum)
Dominanz		Vorherrschaft, aus dominans (lat.): beherrschend
Dorsal		durch Zungenrücken gebildeter Laut (➤ dorsum)
dorsum (n)	lat.	Rücken (Genitiv: dorsi)
drainage	franz.	Ableitung (z.B. Saugdrainage bei Pneumothorax)
ductus (m)	lat.	Gang
Dura mater		harte Hirnhaut (➤ durus, mater)
durus	lat.	hart (f: dura, n: durum)
dys-	griech.	schlecht, krankhaft
Dysarthrie		Artikulationsstörung
Dysphagie		Schluckstörung (➤ dys, phagein)
Dysphonie		Stimmstörung (➤ dys-, phone)
effere	lat.	wegführen
efferent		wegführend (➤ effere)
egkephalon	griech.	Gehirn (lat. encephalon)
ektasis	griech.	Ausdehnung
ektos	griech.	außen
Ektoderm		Außenhaut (eines der Keimblätter; ➤ ektos, derma)
-ektomie	griech.	herausschneiden
elasticus	lat.	elastisch
Elektrode		elektrischer Leiter (engl. electrode)
Elektroenzephalogramm (EEG)		Aufzeichnung der Hirnströme (➤ elektron, egkephalon, gramma)
elektron	griech.	elektrisch, die Elektrizität betreffend
Elektrotonus		elektrischer Spannungszustand (➤ elektron, tonus)
Embryo		ungeborene Leibesfrucht (➤ embryon)
embryon	griech.	ungeborene Leibesfrucht

empatheia	griech.	heftige Leidenschaft, Mitgefühl, Einfühlungsvermögen
Empathie		Mitgefühl (➤ empatheia)
enamel (enamelum)	engl.	Zahnschmelz, Glasur, Emaille
endo-	griech.	innen
endokrin		nach innen (Blutbahn) ausschleusend (➤ endo, krinein)
Endolymphe		Flüssigkeit des häutigen Labyrinths (➤ endo, lympha)
endoplasmatisches Retikulum		Netzwerk innerhalb des Zytoplasmas (➤ endo, plasma, reticulum)
Endoskop		Instrument zur Untersuchung von Hohlorganen, mit Lichtquelle (➤ endo, skopein)
Endothel		hohlraumauskleidendes Epithel (z.B. bei Blutgefäßen) (➤ endo, thele, thelein)
Endotrachealtubus		Schlauch zur ➤ Intubation (➤ endo, trachea)
Enzephalon		Gehirn (➤ egkephalon)
Enzyme		Proteine, die Stoffwechselvorgänge des Körpers beschleunigen
epi-	griech.	darauf
epicranius	lat.	oberhalb des Schädels (➤ epi, cranium)
epidemicus	lat.	ansteckend (f: epidemica)
Epiduralraum		Raum zwischen Schädel und Dura mater (➤ epi-, dura)
Epiglottis		Kehldeckel (➤ epi-, glottis)
epikrisis	griech.	Beurteilung
epikritisch		beurteilend (➤ epikrisis)
Epiphyse		Zirbeldrüse (➤ epiphysis)
epiphysis	griech.	Zuwuchs, Zirbeldrüse (➤ epi-, zirbens)
Epithalamus		Hirnregion oberhalb/hinter Thalamus (➤ epi, thalamus)
Epithel		oberflächliche Gewebedeckschicht (➤ epi, thele, thelein)
erythros	griech.	rot
Erythrozyten		rote Blutzellen: rote Blutkörperchen (➤ erythros, kytos)
ethmoidalis	lat.	zum Siebbein gehörig (n: ethmoidale)
evozieren		hervorrufen (lat. evocare)
exo-	griech.	außen, nach außen
exokrin		nach außen ausschleusend (➤ exo, krinein)
Exspiration		Ausatmung (lat. exspiratio, f)
externus	lat.	außen, der äußere (f: externa)
extra-	lat.	außerhalb
facialis	lat.	zum Gesicht gehörig (➤ facies)
facies (f)	lat.	Gesicht
fascia (f)	lat.	Bindegewebshülle (Faszie)
fasciculus (m)	lat.	Bündelchen
Fazialisparese		Ausfall des Gesichtsnerven (N. facialis)
fenestra (f)	lat.	Fenster
fetus (m)	lat.	Leibesfrucht (deutsch: Fetus, Fötus)
flaccidus	lat.	schlaff
foramen (n)	lat.	Loch
Formant		Teilton eines Lauts (➤ formare)
formare	lat.	bilden
formatio (f)	lat.	Gebilde (Formation)
fossa (f)	lat.	Grube
frenulum (n)	lat.	Bändchen

Frequenz		Häufigkeit (lat. frequentia)
Frequenzcodierung		Darstellung von unterschiedlichen Reizstärken durch unterschiedliche Frequenzen (➢ Frequenz, C(K)odierung)
fricare	lat.	reiben
Frikativ		Reibelaut (➢ fricare)
frontalis	lat.	zur Stirn/zum Stirnbein gehörig (n: frontale)
Ganglion		Nervenknoten, auch: Überbein (griech. gagglion, lat. ganglion, n)
gaster (m)	lat.	Bauch
geneion	griech.	Kinn
geniohyoideus	lat.	zum Kinn und Zungenbein gehörig (➢ geneion, hyoid)
gingiva (f)	lat.	Zahnfleisch
glandula (f)	lat.	Drüse
Glia	griech.	Gewebe zwischen den Nervenzellen (eigentlich: Leim)
globus (m)	lat.	Kugel (globin: kugelförmiges Protein)
glossa (f)	lat./ griech.	Zunge
glossopharyngeus	lat.	zu Zunge (➢ glossa) und Rachen (➢ pharygx) gehörig
Glottal		an ➢ Glottis gebildeter Laut
glotticus	lat.	zur Stimmritze gehörend
Glottis	griech.	Mundstück der Flöte, Stimmritze mit Stimmlippen (Genitiv: glottidis)
gnosis	griech.	Erkennen, Wissenschaft
gnostisch		erkennend (➢ gnosis)
gone	griech.	Geschlecht
Gonosom		Geschlechtschromosom (➢ gone, chroma, soma)
gracilis	lat.	fein
gramma	griech.	Aufzeichnung, Abbildung
Granulation		körnige Struktur der Arachnoidea zur Liquorabgabe (➢ granulum, liquor)
granulum (n)	lat.	Korn
graphia	griech.	schreiben, aufzeichnen
gurges (m)	lat.	Strudel, Zurückströmen
gyrus (m)	lat.	Windung (pl gyri, griech. gyros)
Hämatom		Bluterguss (➢ haima)
Hämoglobin		Sauerstoff bindendes Protein der Erythrozyten (➢ haima, globus, Protein, erythros, kytos)
haima	griech.	Blut
haploid		einfach (bezogen auf den Chromosomensatz; ➢ haploides; Nachsilbe „-id" kommt von eides, griech. förmig)
haploides	griech.	einfach
helicotrema	griech.	Schneckenloch
helix (f)	lat.	Schnecke, Windung, Spirale (Genitiv: helicis)
hemi-	griech.	halb
Hemisphäre		Halbkugel (➢ hemi, sphaera)
Hg		chemisches Symbol für Quecksilber (Hydrargyrum)
hilum (n) (auch: hilus, m)	lat.	Eintrittsstelle für Nerven und Gefäße an einem Organ
Hippocampus		Kerngebiet in der Tiefe des Schläfenlappens (wörtl. Seepferdchen)
Histologie		Gewebelehre (➢ histos, logia)
histos	griech.	Gewebe

homunculus	lat.	Menschlein, Verkleinerungsform von homo (lat.) Mensch
hraphe	griech.	Naht
hydor	griech.	Wasser
Hydrozephalus		Wasserkopf (lat. hydrocephalus, ➤ hydor, kephale)
hyoid		Zungenbein, Os hyoideum (➤ os[1], hyoideum)
hyoideus	lat.	zum Zungenbein gehörig (n: hyoideum)
hyper-	griech.	über, darüber, zu viel
Hyperakusis		krankhafte Feinhörigkeit (➤ hyper, akousis)
Hyperkinesen		übermäßig schnelle und heftige Bewegungen (➤ hyper, kinesis)
Hyperpolarisation		erhöhte Polarisation (➤ hyper, polarisatio)
Hypertonus		Muskelsteife, zu hohe Muskelspannung (➤ hyper, tonus)
Hyperventilation		zu starke Atmung, dadurch Krampf der Hirnarterien
hypo-	griech.	unten, darunter
hypoglossus	lat.	unter der Zunge liegend (➤ hypo, glossa)
Hypokinese		Bewegungsarmut (➤ hypo, kinesis)
Hypophyse		Hirnanhangsdrüse (➤ hypophysis)
hypophysis	griech.	Nachwuchs, Sprössling, Anhang, Hirnanhangsdrüse
Hypothalamus		Hirnregion unterhalb des Thalamus (➤ hypo, thalamus)
Hypotonus		Muskelschwäche, zu geringe Muskelspannung (➤ hypo, tonus)
Hypoventilation		zu geringe Atmung, dadurch Sauerstoffmangel (➤ hypo-, ventilatio)
Hz		Hertz (Häufigkeit pro Sekunde)
immun		frei von, geschützt vor, gefeit gegen (lat. immunis)
Impedanz		Hemmung (impedire, lat. hemmen)
Implantation		Einpflanzung, Einnistung (lat. implantatio)
in-	lat.	ein, hinein
inadäquat		nicht angemessen, nicht übereinstimmend (➤ in, adäquat)
incidere	lat.	einschneiden
Incisivus		Schneidezahn (➤ incidere)
incisura (f)	lat.	Einschnitt
incus (m)	lat.	Amboss
infarcire	lat.	absterben
Infarkt		Gewebeuntergang bei Gefäßverschluss (➤ infarcire)
inferior	lat.	unten gelegen, der/die/das untere
infra-	lat.	unterhalb
infraglotticus	lat.	unterhalb der Stimmritze (f: infraglottica) (➤ infra, glotticus)
Innervation		Nervenversorgung
inspiratio (f)	lat.	Einhauchung, Einatmung
Inspiration		Einatmung (➤ inspiratio)
Insuffizienz		Schwäche, Unzulänglichkeit (z.B. des Herzens; lat. insufficientia, f)
insularis	lat.	zur Insel gehörig (lat. insula, f)
inter-	lat.	zwischen
interarytaenoideus	lat.	zwischen den Stellknorpeln (➤ inter, arytaenoideus)
intercartilagineus	lat.	zwischen den Knorpeln (f: intercartilaginea) (➤ inter, cartilago)
intercostalis	lat.	zwischen den Rippen (➤ inter, costa)
intermediär		dazwischen stehend (➤ intermedius)
intermedius	lat.	dazwischen stehend

intermembranaceus	lat.	zwischen den Membranen (f: intermembranacea) (➤ inter, membranaceus)
Interneuron		zwischengeschaltete Nervenzelle (➤ inter, neuron)
internus	lat.	innen, der innere (Femininform: interna)
Interphase		Zwischenphase (zwischen zwei Zellteilungen; ➤ inter, phasis)
intra-	lat.	innerhalb
Intubation		Einführung einer Röhre, eines Schlauchs (➤ in, tubus)
Inzisur		Einschnitt (➤ incisura)
ion	griech.	das Wandernde (elektrisch geladenes Teilchen)
ipse	lat.	selbst
ipsilateral		auf der selben Seite bleibend (➤ ipse, lateralis)
Ischämie		Blutmangel (➤ ischein, haima)
ischein	griech.	zurückhalten
-ismus	lat.	Lehrmeinung, Vorgänge, Abweichung
isthmos	griech.	Landenge, schmale Verbindung
Isthmus		schmale Verbindung (Teil der Schilddrüse; ➤ isthmos)
-itis	griech.	Entzündung
jugularis	lat.	Drossel- (vgl. V. jugularis interna: innere Drosselvene)
Kapillaradhäsion		Anheftungskraft an haarfeinen Spalten (➤ capillus, adhaesio)
Kapillare		Haargefäß (➤ capillus)
kardia	griech.	Herz
karkinoma	griech.	Krebs (lat. carcinoma)
karyon	griech.	Kern, Nuss, Zellkern
Karzinom		Krebs (➤ karkinoma)
kephale	griech.	Kopf
kinesis	griech.	Bewegung
Kinetose		Bewegungskrankheit (➤ kinein, -ose)
Körperplethysmografie		Gerät zur Bestimmung der Lungenvolumina (➤ plethysmos, graphia)
kognitiv		erkennend (im weitesten Sinne auch zum Denkvorgang gehörend), abgeleitet aus cognitio (lat.): Erkennen
kokzygeal-		zum Steißbein gehörig (Os coccygis) (➤ coccygealis)
kollabieren		in sich zusammenfallen (➤ collabi)
Kollaterale		Seitenast (eines ➤ Axons) (➤ collateralis)
Kommissur		Verbindung (➤ commissura)
Kompartiment		Abteilung der Zelle (➤ compartment)
Koniotomie		Durchtrennung des Conus elasticus (➤ tomie, conus, elasticus)
Konsonant		Mitlaut (➤ consonans)
kontinuierlich		zusammenhängend (➤ continuare)
kontralateral		entgegengesetzt (➤ contra, lateralis)
Kontraktion		Zusammenziehen (➤ contractio)
Kontrast		Gegensatz
Koronal		durch Zungenkranz gebildeter Laut (➤ corona)
Korona		Zungensaum, -kranz (➤ corona)
Krikoid		Ringknorpel, cartilago cricoidea (➤ cartilago, cricoideus, krikos)
krikos	griech.	Ring
krinein	griech.	ausscheiden
Kuspidal-		Segel(-klappen) (➤ cuspis)
kystis	griech.	Blase

kytos	griech.	Zelle
Labiodental		an Zähnen und Lippen gebildeter Laut (➢ labia, dens)
labium (n)	lat.	Lippe
labyrinthicus	lat.	zum Labyrinth (Innenohr) gehörig
Laie		Nicht-Fachmann (griech. laikos)
lamina (f)	lat.	Blatt
Lamina propria		die einem Epithel zugehörige Bindegewebsschicht (➢ lamina, propria)
Lamina spiralis ossea		knöcherne Spiralleiste (Innenohr; ➢ lamina, spiralis, osseus)
Lamina tecti		Vierhügelplatte (➢ lamina, tectum)
Laminal		durch Zungenblatt gebildeter Laut (➢ lamina)
laryngeus	lat.	zum Kehlkopf gehörig (f: laryngea)
Laryngoskopie		Kehlkopfspiegelung (➢ larynx, skopein)
larynx (f)	lat.	Kehlkopf (griech. larygx), Genitiv: laryngis
lateral		außen, seitlich, äußerer (lat. lateralis)
Lateralis		Kurzform für M. cricoarytaenoideus lateralis
latissimus	lat.	sehr breit, sehr groß
lemma	griech.	Haut, Hülle
lemniscus (m)	lat.	Schleife, Schleifenbahn
lens (f)	lat.	Linse
lentiformis	lat.	linsenförmig (➢ lens)
leukos	griech.	weiß
Leukozyten		weiße Blutzellen: weiße Blutkörperchen (➢ leukos, kytos)
levator (m)	lat.	Anheber (Plural: levatores)
ligamentum (n)	lat.	Band (abgekürzt Lig.)
limbus (m)	lat.	Rand, Saum
linea (f)	lat.	Linie
lingua (f)	lat.	Zunge
lingualis	lat.	zur Zunge gehörig
lipos	griech.	Fett
liquor (m)	lat.	Wasser, Flüssigkeit
Lobärpneumonie		auf einen Lungenlappen beschränkte Lungenentzündung (➢ lobus, pneumonia)
lobus (m)	lat.	Lappen (Plural: lobi)
-logia	griech.	Lehre
lumbalis	lat.	zur Lende gehörig
lumen	lat.	Licht, Lichtung, Hohlraum
Luxation		Verrenkung
lympha (f)	lat.	Quellwasser, Gewebewasser
lymphatisch		bezogen auf Lymphe, Lymphdrüsen oder Abwehr
Lymphe		Gewebewasser (➢ lympha)
lysis	griech.	Lösung
Lysosom		Auflösekörperchen (Zellorganelle)
macula (f)	lat.	Fleck
mandibula (f)	lat.	Unterkiefer (Genitiv: mandibulae)
mandibularis	lat.	zum Unterkiefer gehörig
major (maior)	lat.	groß (Neutrumform: majus)
malleus (m)	lat.	Hammer
Makrophagen		zur ➢ Phagozytose befähigte weiße Blutzellen (➢ makros, phage)

makros	griech.	groß
masseter	griech.	der Kauende
masticatorius	lat.	zum Kauvorgang gehörend (masticare, lat. kauen)
Mastikation		Kauvorgang
Mastikatorius		Kurzform für Kaumuskelnerv (➤ masticatorius)
mastoideus	lat.	warzenförmig
Mastoiditis		Entzündung des Warzenfortsatzes (➤ Processus, mastoideus, -itis)
mater (f)	lat.	Mutter, Umhüllung
maxilla (f)	lat.	Oberkiefer
maxillaris	lat.	zum Oberkiefer gehörig
meatus (m)	lat.	Gang (Nasengang)
Meatus acusticus		Gehörgang
mechanikos	griech.	den Gesetzen der Mechanik entsprechend
Mechanorezeption		Wahrnehmung mechanischer Reize (➤ mechanikos, Rezeption)
medial		mittig, zur Mitte hin gelegen, der innere (lat. medialis)
medianus	lat.	in der Mitte befindlich
Mediastinum	lat.	Mittelfell(raum)
medius	lat.	der mittlere (f: media)
medulla (f)	lat.	Mark
Meiose		Reifeteilung (➤ meiosis)
meiosis	griech.	Verringern (der Chromosomensätze)
membrana (f)	lat.	Haut
membranaceus	lat.	membranartig, häutig
Membrana tectoria	lat.	Deckmembran (➤ membrana, tectorius)
Membrana tympani		Trommelfell (➤ membrana, tympanon) (tympanica)
Meningen (pl)		Hirnhäute (➤ meninx)
Meningitis		Hirnhautentzündung (➤ meningen, -itis)
meninx (f)	lat.	Hirn-, Rückenmarkshaut (pl meninges, griech. menigx)
meniskos	griech.	mondförmiger Körper
Meniskus		mondförmiger Knorpel im Kniegelenk (➤ meniskos)
mentalis	lat.	zum Kinn gehörig (➤ mentum)
mentum (n)	lat.	Kinn
Mesenzephalon		Mittelhirn (➤ mesos, egkephalon)
mesos	griech.	in der Mitte
metron	griech.	Maß, Messgerät
mimicus	lat.	possenhaft, den Gesichtsausdruck betreffend
mimisch		den Gesichtsausdruck betreffend (➤ mimicus)
minor	lat.	klein (Neutrumform: minus)
miosis	lat.	Pupillenverengung (➤ meiosis)
Mitochondrien		„Fadenkörnchen" (Zellorganellen für Energiestoffwechsel; mitos, chondrion)
mitos	griech.	Faden
Mitose		normale Zellteilung (➤ mitos, osis)
mitra	lat., griech.	Bischofsmütze
Modalität		Art und Weise (lat. modulus), Empfindung eines Sinnesorgans
modiolus (m)	lat.	Radnabe, Spindel, Achse
mola (f)	lat.	Mühle

Molar		Mahlzahn, Backenzahn (➤ mola)
mollis	lat.	weich (n: molle)
monos	griech.	einfach
Monosomie		ein Chromosom nur einfach vorhanden (statt doppelt) (➤ monos, soma)
monosynaptisch		Verbindung über nur eine Synapse (➤ monos, synapsis)
morula (f)	lat.	kleine Maulbeere (Verkleinerungsform von morum)
motorisch		bewegend (➤ motorius)
motorius	lat.	bewegend
mucus (m)	lat.	Schleim
mukös	lat.	dickflüssig (➤ mucus)
multi-	lat.	vielfach
multipolar		vielfach verzweigt (➤ multi, polaris)
muscularis	lat.	zur Muskulatur gehörig (➤ musculus)
musculus (m)	lat.	Muskel (Plural: musculi)
mutatio (f)	lat.	Veränderung
Mutation		Stimmbruch (➤ mutatio)
mydriasis	griech.	Pupillenerweiterung
Myelin		Mischung fettartiger Stoffe (➤ myelos)
myelos	griech.	Mark (Knochenmark, Rückenmark)
mylohyoideus		zum Unterkiefer und zum Zungenbein gehörig (➤ mylos, hyoid)
mylos	griech.	Mühle, Unterkiefer
myo-		zum Muskel gehörig (➤ mys)
mys	griech.	Maus, Muskel
nasalis	lat.	zur Nase gehörig (n: nasale) (➤ nasus)
nasolacrimalis	lat.	zur Nase und Tränendrüse gehörig
Nasopharynx		Nasenrachenraum (➤ nasus, pharynx)
nasus (m)	lat.	Nase (Genitiv: nasi)
natalis	lat.	zur Geburt gehörig
nervus (m)	lat.	Nerv (pl nervi) (abgekürzt N., pl Nn.)
Neurit		gleiche Bedeutung wie ➤ Axon (langer leitender Nervenzellfortsatz)
neuroendokrin		gleichzeitig dem Nervensystem und dem Hormonsystem angehörend (➤ neuron, endokrin)
neuron	griech.	Nervenzelle (eigentlich: Sehne, Nerv)
Neurotransmitter		Botenstoff des Nervengewebes (➤ neuron, transmittere)
niger	lat.	schwarz (f: nigra)
nocere	lat.	schaden
Nomenklatur		Namensverzeichnis (lat. nomenclatura)
Nozizeption		Wahrnehmung von Schmerzen (➤ nocere, Rezeption)
nucleus (m)	lat.	Kern (pl nuclei)
nutrire	lat.	ernähren
nutritiv		ernährend (➤ nutrire)
Nystagmus		Augenzittern (aus nystagmos, griech. Nicken)
objektiv		sachlich, mit Hilfe von Messinstrumenten wahrgenommen (lat. obiectivus)
obliquus	lat.	schräg
Obliquus		Kurzform für M. arytaenoideus obliquus
oblongatus	lat.	verlängert (f: oblongata)
occipitalis	lat.	zum Hinterhaupt (lat. occiput, n) gehörig

occlusio (f)	lat.	Verschluss
octava (f)	lat.	Oktave, die Achte
oculo-	lat.	zum Auge zugehörig
oculomotorius		die Augenmuskeln betreffend (➤ oculo, motorius)
odous	griech.	Zahn (Genitiv: odontos)
Ödem		Schwellung unter der Haut oder Schleimhaut (➤ oidema)
oesophagus (m)	lat.	Speiseröhre
Ösophagitis		Speiseröhrenentzündung (➤ oesophagus, -itis)
Ösophagus		Speiseröhre (➤ oesophagus)
oidema	griech.	Schwellung
Okklusion		Schlussbissstellung des Kiefergelenks (➤ occlusio)
Oktave		die Achte (der 8. Ton im Dur-Moll-Tonsystem, lat. octava)
olfactorius	lat.	riechend, das Riechsystem betreffend (Femininform: olfactoria)
oligo-	griech.	wenige, einige
Oligodendrozyten		verzweigte Gliazellen (➤ oligo, dendrites, kytos, glia)
omohyoideus	lat.	zum Schulterblatt und Zungenbein gehörig (➤ omoplata, hyoid)
omoplata	lat.	Schulterblatt (veraltet)
ophthalmicus	lat.	zum Auge (griech. ophthalmos) gehörig
opticus	lat.	zum Sehorgan gehörig
oralis	lat.	zum Mund gehörig
orbicularis	lat.	ringförmig (➤ orbis)
orbis (f)	lat.	Kreis
Organelle		Verkleinerungsform von Organ
organum (n)	lat.	Organ
Oropharynx		Mundrachenraum (➤ os^2, oralis, pharynx)
os^1 (n)	lat.	Bein, Knochen (Genitiv: ossis)
os^2 (n)	lat.	Mund (Genitiv: oris)
-osis	griech	Vorgang oder Zustand (auch „ose" in Wortverbindungen)
osseus	lat.	knöchern (f: ossea)
Otitis media		Mittelohrentzündung (➤ ous, -itis, medius)
Otosklerose		Ohrverhärtung (➤ ous, Sklerose)
Otoskopie		Ohrspiegelung (➤ ous, skopein)
ous	griech.	Ohr (Genitiv: otos)
ovalis	lat.	oval, eiförmig
Ovar		Eierstock (➤ ovarium)
ovarium (n)	lat.	Ei, Eierstock
Oxygenation		Sauerstoffbeladung (➤ oxygenium)
oxygenieren		mit Sauerstoff beladen (➤ oxygenium)
oxygenium	lat.	Sauerstoff
Oxymetrie		Messung des Sauerstoffgehalts des Blutes (➤ oxygenium, metron)
Palatal		am Gaumen gebildeter Laut (➤ palatum)
palatinus	lat.	zum Gaumen gehörig (f: palatina)
palatoglossus	lat.	zum Gaumen und zur Zunge gehörig (➤ palatum, glossa)
palatopharyngeus	lat.	zum Gaumen und Rachen gehörig (➤ palatum, pharynx)
palatum (n)	lat.	Gaumen
pallidus	lat.	bleich

para-	griech.	neben, bei
paranasalis	lat.	neben der Nase gelegen
Parasympathikus		einer der beiden Gegenspieler des vegetativen Nervensystems (➤ para, Sympathikus)
Parese		Erschlaffung, Schwäche (➤ paresis)
paresis	griech.	Erschlaffung
paries (m)	lat.	Wand
parietalis		wandständig (➤ paries) (deutsch: parietal)
Parodontitis		Entzündung des Zahnhalteapparats (➤ parodontium, itis)
Parodontium		Zahnhalteapparat (➤ para, odous)
Parodontose		nicht-entzündlicher Abbau des Zahnhalteapparats (Parodontium)
parotis/parotideus	lat.	beim Ohr gelegen (➤ para, ous)
Parotis		Kurzform für Ohrspeicheldrüse
Parotitis		Entzündung der Ohrspeicheldrüse (➤ parotis, itis)
pars (f)	lat.	Teil, Anteil
Partial-		Teil- (➤ pars)
pathos	griech.	Leiden, Schmerzen
Perfusion		Durchströmen, z.B. von Blut (lat. perfusio, f)
peri-	griech.	um – herum
Perikard		Herzbeutel (➤ peri, kardia)
Perikaryon		Zellleib der Nervenzelle (➤ peri, karyon)
Perilymphe		Flüssigkeit im knöchernen Labyrinth (➤ peri, lympha)
Periodontitis		Wurzelhautentzündung (➤ periodontium, itis)
Periodontium		Wurzelhaut des Zahns (➤ peri, odous)
peripher		am Rande liegend (griech. peripheres)
peristaltikos	griech.	umfassend zusammendrückend
peristaltisch		aufeinanderfolgende Kontraktionen von Ringmuskeln in Hohlorganen (➤ contractio, peristaltikos)
petiolus	lat.	Stielchen
phage	griech.	Fresser
phagein	griech.	Fressen
Phagozytose		Verdauen von Zellen (➤ phagein, kytos, osis)
pharyngeus (auch: pharyngealis)	lat.	zum Rachen gehörig
pharynx (f)	lat.	Rachen, Schlund (griech. pharygx), Genitiv: pharyngis
phasis	griech.	Zustand
philtron	griech.	Liebeszauber, Einbuchtung der Oberlippe
Philtrum		Einbuchtung der Oberlippe (➤ philtron)
Phonation		Stimmbildung (➤ phone, -atio)
phone	griech.	Stimme
phren	griech.	Geist
phrenicus	lat.	zum Zwerchfell gehörig
Pia mater		weiche Hirnhaut (➤ pius, mater)
Pinealorgan		Zirbeldrüse, Epiphyse (➤ pinus)
pinus (m)	lat.	Fichte
piriformis	lat.	birnenförmig
pius	lat.	weich, fromm (f: pia)
Plakode		Platte (griech. plakos)

plasma	griech.	das Geformte
Plasmalemm		Zellmembran (➤ plasma, lemm)
plethysmos	griech.	Vergrößerung
pleura	griech.	Leibesseite, Fell (Lungenfell, Rippenfell: Pleura), dünne Haut
Pleuritis		Rippenfellentzündung (➤ pleura, -itis)
plexus (m)	lat.	Geflecht
Plexus choroideus		Adergeflecht (➤ plexus, choroideus)
plica (f)	lat.	Falte (pl: plicae)
plodere	lat.	klatschen, schlagen
Plosiv		Verschlusslaut (➤ plodere)
pneuma	griech.	Luft
pneumatisch		luftgefüllt (auch: pneumatisiert)
pneumonia	griech.	Lungenentzündung
Pneumonie		Lungenentzündung (➤ pneuma, pneumonia)
Pneumothorax		Gasbrust, Lungenkollaps nach Eindringen von Luft in den Pleuraspalt (➤ pneuma, thorax)
polaris	lat.	gegensätzlich
polarisatio (f)	lat.	Ausbildung von Gegensätzen
Polarisation		Ladungstrennung (➤ polarisatio)
polys	griech.	viel
Polypen		gestielte Schleimhautwucherungen
polysynaptisch		Verbindung mit zwei oder mehr Synapsen (➤ polys, synapsis)
pons (m)	lat.	Brücke
post-	lat.	nach
postcentralis	lat.	hinter der Mitte liegend (➤ post, centralis)
posterior	lat.	hinten, der hintere
postganglionär		hinter dem Ganglion (➤ post, Ganglion)
Postikus		Kurzform für M. cricoarytaenoideus posterior
postnatal		nach der Geburt (➤ post, natalis)
potentia (f)	lat.	Macht, Fähigkeit
Potenzial (= Potential)		Unterschied elektrischer Ladungen oder Kräfte (➤ potentia)
prae-	lat.	vor
praecentralis	lat.	vor der Mitte liegend (➤ prae, centralis)
präganglionär		vor dem Ganglion (➤ prae, Ganglion)
Prämolar		Vormahlzahn (➤ prae, Molar)
pränatal		vor der Geburt (➤ prae, natalis)
präpubertär		vor der Geschlechtsreife (➤ prae, pubertas)
principalis	lat.	Haupt-
procerus	lat.	schlank (schlanker Nasenmuskel)
processus (m)	lat.	Fortsatz (abgekürzt Proc.)
profundus	lat.	tief
Projektion		Abbilden, Übertragen (lat. proiectio, f)
Prominenz		Vorsprung (lat. prominentia, f)
promontorium (n)	lat.	Vorsprung
proportional		verhältnismäßig (lat. proportio: Verhältnis, Gleichmaß)
Proportionalrezeptor		proportional reagierender Rezeptor (➤ proportional, Rezeptor)
Propriozeption		Eigenwahrnehmung, Tiefensensibilität (➤ proprius, Rezeption)

proprius	lat.	eigen (f: propria)
Proteine		aus Aminosäuren aufgebaute Eiweißkörper
proto-	griech.	vor allen Dingen
protopathisch		Schmerz und grobe Reize betreffend (➤ proto, pathos)
pseudein	griech.	belügen, täuschen
pseudo-		falsch, getäuscht (➤ pseudein)
pseudounipolar		scheinbar nur mit einem Fortsatz versehen (➤ pseudo, polaris, uni)
pterygion	griech.	Flügelchen
pterygoideus	lat.	zu den Flügelstrukturen des Keilbeins gehörend (➤ pterygion)
Pubertät		Geschlechtsreife (➤ pubertas)
pubertas (f)	lat.	Geschlechtsreife
pulmo (m)	lat.	Lunge (Plural: pulmones)
pulmonalis	lat.	zur Lunge gehörig (n: pulmonale)
putamen (m)	lat.	Schale, Hülle
quadrans (m)	lat.	ein Viertel (des Gesamtkiefers)
Quadrant		Kieferhälfte (➤ quadrans)
Qualität		Beschaffenheit, Eigenschaft (lat. qualitas)
Quantität		Größe, Menge (lat. quantitas)
radiatio (f)	lat.	Strahlung
radix (f)	lat.	Wurzel
ramus (m)	lat.	Ast
raphe (f)	lat.	Naht (➤ hraphe)
re-	lat.	wieder
recessus (m)	lat.	Ausbuchtung, Nische
recipere	lat.	aufnehmen
rectus	lat.	gerade
recurrens	lat.	rückläufig
Reflex		schnelle Muskelreaktion auf Sinnesreize (➤ reflexus)
reflexus (m)	lat.	Zurückbeugen, Reflex
refluere	lat.	zurückfließen
Reflux		Rückfluss von Mageninhalt in die Speiseröhre (➤ refluere)
refractarius	lat.	widerspenstig, halsstarrig
refraktär		nicht reagierend (➤ refractarius)
regio (f)	lat.	Gegend, Bereich
Register		Verzeichnis (➤ registrum)
registrum (n)	lat.	Verzeichnis
Regurgitation		Zurückströmen von Nahrung (➤ re, gurges)
Rekurrens		Kurzform für N. laryngeus recurrens
Residual-		Rest- (➤ residuus)
residuus	lat.	als Rest zurückbleibend
respiratio (f)	lat.	Atemholen, Wiederatmen, Atmen
Respiration		Atmen (➤ respiratio)
respiratorius	lat.	dem Atmungssystem zugehörig (f: respiratoria)
reticularis	lat.	netzartig
reticulum (n)	lat.	Netzwerk
Rezeption		Wahrnehmung (lat. receptio)
Rezeptor		Empfänger (Empfangsstruktur einer Zelle; auch: Empfangszelle; ➤ recipere)

Rhombenzephalon		Rautenhirn (➤ rhombus, egkephalon)
rhombus (m)	lat.	Raute
Rhythmik		Gleichmaß (➤ rhythmos)
rhythmos	griech.	Gleichmaß
ribo-		leitet sich von Ribose, einem Zucker, ab, der in der Erbsubstanz (Desoxyribonucleinsäure) enthalten ist
Ribosomen		Zellkörperchen, die der Proteinbiosynthese dienen (➤ ribo, soma, Protein)
rima (f)	lat.	Spalte, Ritze
risorius	lat.	zum Lachen gehörig, Lach- (➤ risus)
risus (m)	lat.	das Lachen
rotundus	lat.	rund (f: rotunda)
ruber	lat.	rot
Rudiment		Überbleibsel (➤ rudimentum)
rudimentum (n)	lat.	erster Versuch, Überbleibsel
sacculus (m)	lat.	kleiner Sack
sacrum (n)	lat.	Kreuzbein (auch: os sacrum)
sakral-		zum Kreuzbein (sacrum) gehörig
salpingopharyngeus	lat.	zur Ohrtrompete und zum Rachen gehörig
salpinx (f)	lat.	Trompete (Ohrtrompete), Genitiv: salpingis
saltatorisch		sprunghaft (➤ saltatorius)
saltatorius	lat.	sprunghaft, wie beim Tanzen
scala (f)	lat.	Treppe
scalenus	lat.	treppenförmig (➤ scala)
schizein	griech.	spalten
Schizophrenie		psychische Störung mit Persönlichkeitsspaltung (➤ schizein, phren)
secernere	lat.	absondern
secretio (f)	lat.	Absonderung
secundarius	lat.	zweitrangig
segmental		in Segmenten (Abschnitten) gegliedert (➤ segmentum)
segmentum (n)	lat.	Abschnitt
sekundär		zweitrangig (➤ secundarius)
Sekretion		Absonderung (➤ secretio)
semi-	lat.	halb-
semicircularis	lat.	halbkreisförmig (➤ semi, circularis)
senium (n)	lat.	Greisenalter
sensibel		empfindsam (➤ sensibilis)
sensibilis	lat.	empfindsam
Sensibilität		Empfindsamkeit (lat. sensibilitas)
sensorisch		Sinneswahrnehmungen betreffend (➤ sensus)
septum (n)	lat.	Scheidewand, Zwischenwand (z.B. in Herz, Nase, Lungenbläschen)
Septumdeviation		Verbiegung der Nasenscheidewand (➤ septum, deviatio)
serös		dünnflüssig (serumartig) (➤ Serum)
seromukös		Mischung aus dünn- und dickflüssig (➤ serös, mukös)
serosa	lat.	Femininform von serosus: Serum absondernd
Serosa		Kurzform von ➤ Tunica serosa: Serum absondernde Hülle
Serum		nicht mehr gerinnbarer Teil des Blutplasmas
Singultus		Schluckauf

sinister	lat.	links, der linke (Femininform: sinistra, Neutrumform: sinistrum)
sinus (m)	lat.	Hohlraum (z.B. Nasennebenhöhle, Blutleiter der harten Hirnhaut, Schluckrinne)
Sinusitis		Entzündung der Nasennebenhöhlen
Sklerose		Verhärtung (griech. skleros)
skopein	griech.	betrachten
soma	griech.	Körper (lat. soma, n)
somatotop		nach Körperarealen gegliedert (➤ soma, topos)
Spermium		zum Samen gehörend (griech. spermeios)
sphaera (f)	lat.	Kugel (griech. sphaira)
sphenoeides	griech.	keilförmig
sphenoidalis	lat.	zum Keilbein gehörig (Neutrumform: sphenoidale)
sphigkter	griech.	Zuschnürer, Schließmuskel
Sphinkter		Schließmuskel (➤ sphigkter)
spike	engl.	Spitze
spina (f)	lat.	Stachel, Dorn, Grat (Rückgrat), Rückenmark
spinalis	lat.	zum Rückgrat (Rückenmark) gehörig (➤ spina)
spirare	lat.	atmen
spiralis	lat.	spiralig (n: spirale)
Spirometer		Gerät zur Messung der Lungenvolumina (➤ spirare, metron)
Stapedektomie		Entfernung des Steigbügels (➤ stapes, -ektomie)
stapedius	lat.	zum Steigbügel (➤ stapes) gehörend
Stapedotomie		Durchtrennung des Steigbügels (➤ stapes, -tomie)
stapes (m)	lat.	Steigbügel (Genitiv: stapedis)
Stereognosie		räumliche Erkennung (➤ stereos, gnosis)
stereos	griech.	räumlich
sternocleido-masto-ideus	lat.	zum Brustbein, Schlüsselbein und Warzenfortsatz gehörig (➤ sternum, cleis, Processus mastoideus)
sternohyoideus	lat.	zum Brustbein und Zungenbein gehörig (➤ sternum, hyoid)
sternothyroideus	lat.	zum Brustbein und Schildknorpel gehörig (➤ sternum, thyroid)
sternum (n)	lat.	Brustbein (Sternum), griech. sternon
stoma	griech.	Mund, Öffnung
Striatum		das Gestreifte, abgeleitet aus stria (lat.): Streifen
struma (f)	lat.	Kropf
Strumektomie		Entfernung überschüssigen Schilddrüsengewebes (Kropf: Struma) (➤ ektomie)
stylohyoideus		zum Griffelfortsatz und Zungenbein gehörig (➤ Processus, styloideus, hyoid)
styloideus	lat.	griffelförmig
stylopharyngeus	lat.	zum Griffelfortsatz und Rachen gehörig (➤ Processus, styloideus, pharynx)
stylus (m)	lat.	Griffel
sub-	lat.	unter
Subarachnoidalraum		äußerer Liquorraum, Raum zwischen Arachnoidea und Pia (➤ sub, arachnoidea, pia)
subclavius	lat.	unter dem Schlüsselbein gelegen (f: subclavia; ➤ sub, clavicula)
Subduralraum		Raum zwischen Dura und Arachnoidea (➤ sub, dura, arachnoidea)
subjektiv		von einem Menschen wahrgenommen (lat. subiectivus)
sublingualis	lat.	unter der Zunge gelegen (➤ sub, lingua)
submandibularis	lat.	unter dem Unterkiefer gelegen (➤ sub, mandibula)
Submodalität		Untergruppe einer ➤ Modalität
substantia (f)	lat.	Substanz

sulcus (m)	lat.	Furche
superior	lat.	oben gelegen, der/die/das obere
supra	lat.	oberhalb
surfactant	engl.	Kunstwort aus „surface active agent“ (oberflächenaktiver Stoff)
Sympathikus		einer der beiden Gegenspieler des vegetativen Nervensystems (griech. sympatheia: Mitleid)
Symptom		Krankheitszeichen (➤ symptoma)
symptoma	griech.	vorübergehende Eigentümlichkeit (Krankheitszeichen)
syn	griech.	zusammen
Synapse		Verbindung (griech. synapsis)
synaptisch		über ➤ Synapse verbunden, zu einer Synapse gehörend
synchronisiert		zusammen verlaufend (➤ syn, chronos)
Syndrom		gleichzeitiges Auftreten bestimmter Krankheitszeichen (➤ syndrome)
syndrome	griech.	Zusammenkommen
systole	griech.	Zusammenziehen (des Herzmuskels)
tectorius	lat.	bedeckend (f: tectoria)
tectum (n)	lat.	Dach (Genitiv: tecti)
tegmentalis	lat.	zum Dach gehörig (➤ tegmentum)
tegmentum (n)	lat.	Dach
tele	griech.	fern, End-
Telenzephalon		Endhirn (➤ tele, egkephalon)
Telodendron		Endbäumchen, Endverzweigung (➤ tele, dendrites)
temporalis	lat.	zum Schläfenbein (Os temporale) gehörig (n: temporale)
temporo-mandibularis	lat.	zum Schläfenbein und Unterkiefer gehörig (➤ temporalis, mandibula)
tensor (m)	lat.	Anspanner
tensus	lat.	straff
terminalis	lat.	zum Ende gehörend
Terminologie		Fachsprache (➤ terminus, -logos)
terminus (m)	lat.	Fachbegriff
thalamicus	lat.	zum ➤ Thalamus gehörig (f: thalamica)
thalamos	griech.	Schlafgemach, Relaisstation, Sehhügel (lat. thalamus)
Thalamus		Sehhügel (➤ thalamos)
thele	griech.	Brustwarze
thelein	griech.	üppig wachsen
Thermorezeption		Wahrnehmung von Wärme und Kälte (➤ thermos, Rezeption)
thermos	griech.	warm, heiß
thoracodorsalis	lat.	zum Brustkorb und Rücken gehörig (➤ thorax, dorsum)
thorax (m)	lat.	Brust, Brustpanzer, Brustkorb (Thorax)
thrombos	griech.	Blutpfropf (lat. Thrombus)
Thrombozyten		Blutplättchen (➤ thrombos, kytos)
thyreos	griech.	großer Schild
thyroarytaenoideus	lat.	zum Schild- und Stellknorpel gehörig (➤ thyro, arytaina)
thyrohyoideus	lat.	zum Schildknorpel und Zungenbein gehörig (f: thyrohyoidea; ➤ thyreos, hyoid)
Thyroid		Schildknorpel, Cartilago thyroidea (➤ cartilago, thyroideus)
thyroideus	lat.	zum Schildknorpel gehörig (f: thyroidea) (➤ thyreos)
Tinnitus		Ohrgeräusche
tome	griech.	durchschneiden

-tomie		Durchtrennung (➤ tome)
tonsillae (f, pl)	lat.	Mandeln
Tonsille(n)		Mandel(n)
Tonsillektomie		operative Entfernung der Gaumenmandeln (➤ tonsillae, -ektomie)
Tonsillitis		Mandelentzündung (➤ tonsillae, -itis)
tonus (m)	lat.	Spannungszustand (griech. tonos)
topos	griech.	Ort
trachea (f)	lat.	Luftröhre (griech. tracheia), Genitiv: tracheae
Trachealkanüle		Röhrchen in einem ➤ Tracheostoma (➤ cannula)
Tracheostoma		operativ herbeigeführte Öffnung der Luftröhre (➤ trachea, stoma)
Tracheotomie		Luftröhrenschnitt (➤ trachea, tomie)
tractus (m)	lat.	Bahn
tragus (m)	lat.	Ziegenbock, Knorpelvorsprung in der Ohrmuschel
Transduktion		Übertragung, Umwandlung (lat. transductio)
Transformation		Umwandlung, Überführung (lat. transformatio)
transmittere	lat.	übertragen
transversus	lat.	quer
Transversus		Kurzform für M. arytaenoideus transversus
tremor (m)	lat.	Zittern
tri-	lat.	dreifach
trias (f)	lat.	Dreiheit (drei charakteristische Symptome einer Krankheit)
trigeminus	lat.	dreifach, Drillings-
Trisomie		ein Chromosom dreifach vorhanden (statt doppelt)
trochlearis		zur Umlenkrolle (lat. trochlea) gehörig
truncus (m)	lat.	Stamm
tuba (f)	lat.	Röhre
Tuba auditiva		Ohrtrompete (➤ tuba, auditivus)
Tuba uterina		Eileiter (➤ tuba, uterina)
tubarius	lat.	zur Tube (Ohrtrompete) gehörig, f: tubaria
tuberculum (n)	lat.	Höckerchen
tubus (m)	lat.	Röhre
tumor (m)	lat.	Schwellung
Tunica (f)	lat.	Hülle
tympanon	griech.	Handtrommel (Paukenhöhle)
ultra-	lat.	oberhalb, jenseits
umbilicus (m)	lat.	Nabel
umbo (m)	lat.	Schildbuckel, Nabel (➤ umbilicus) des Trommelfells
uni-	lat.	einzig
uterinus	lat.	zur Gebärmutter gehörig (f: uterina)
uterus (m)	lat.	Gebärmutter, Leib, Unterleib
utriculus (m)	lat.	kleiner Schlauch
uvula (f)	lat.	Zäpfchen (Genitiv: uvulae)
Uvular		am Zäpfchen gebildeter Laut (➤ uvula)
vagus	lat.	weit umherschweifend (Vagus: 10. Hirnnerv)
vegetativ		pflanzlich, ungeschlechtlich, unwillkürlich (lat. vegetare: vegetieren, leben, wuchern)
Velar		am Gaumensegel gebildeter Laut (➤ velum)
velum (n)	lat.	Segel, Gaumensegel

vena (f)	lat.	Blutader (pl venae) (abgekürzt V., pl Vv.)
Vene		Blutader (➤ vena)
Venole (Venule)		kleine Blutader, Verkleinerungsform von Vene
venter (m)	lat.	Magen, Bauch
ventilatio (f)	lat.	Lüften, Belüften
Ventilation		Belüftung (der Lungen, Lungenbläschen) (➤ ventilatio)
ventilieren		belüften (➤ ventilatio)
ventriculus (m)	lat.	kleiner Bauch, Verkleinerungsform von venter, Herzkammer, Kehlkopftasche
Ventrikel		Kammer, Herzkammer, Hirnkammer (➤ ventriculus),
vertebra (f)	lat.	Wirbel
vertebralis	lat.	zum Wirbel/zur Wirbelsäule gehörig (➤ vertebra)
vesica (f)	lat.	Blase
vesicula (f)	lat.	Bläschen, Verkleinerungsform von vesica
Vesikel		Bläschen (➤ vesicula)
vestibularis	lat.	zum Vorhof gehörig (n: vestibulare) (➤ vestibulum)
vestibulocochlearis	lat.	zum Gleichgewichts- und Hörorgan gehörend (➤ vestibulum, cochlea)
vestibulum (n)	lat.	Vorhof (Kehlkopf, Nase, Mundhöhle, Teil des knöchernen Labyrinths)
Vibrant		Schwingungslaut (➤ vibrare)
vibrare	lat.	schwingen
Vigilanz		abgeleitet aus vigilantia (lat.): Wachsamkeit
viscera (n, pl)	lat.	Eingeweide
viscosus	lat.	klebrig, zähflüssig
viskös		zähflüssig (➤ viscosus)
viszeral		die Eingeweide betreffend (➤ viscera)
vitalis	lat.	zum Leben gehörend
Vitalkapazität		maximal ein- bzw. ausatembares Lungenvolumen (➤ vitalis, capacitas)
vocalis	lat.	zur Stimme gehörig (n: vocale)
Vokal		Selbstlaut (➤ vocalis)
wave	engl.	Welle
zentral		in der Mitte liegend (➤ centralis)
Zerumen		Ohrenschmalz (➤ cerumen)
zirbens	althdt.	Fichtenzapfen
Zyanose		Blausucht (Sauerstoffmangel, z.B. „blaue" Lippen; ➤ cyaneus, -osis)
zygomaticus	lat.	zum Jochbein (Os zygomaticum) gehörig
Zygote		befruchtete Eizelle (➤ zygotos)
zygotos	griech.	durch ein Joch verbunden (befruchtete Eizelle)
Zytologie		➤ Cytologie (Zellenlehre)
Zytoplasma		➤ Cytoplasma (Zellbestandteil außer Zellkern und Zellmembran)

Index

T

U